에너지관리
기사 실기

머리말

필자가 에너지관리기사, 산업기사 실기 교재를 저술한 동기는 2009년부터 변경된 실기시험 방식으로 시험을 보는 수검자 여러분을 위해서입니다. 본서는 저자가 그 누구보다 가장 먼저 만든 실기 교재로서, **에너지관리 분류별 예상문제와 기출문제, 실기 필답형 과년도 기출문제** 등이 수록되어 있습니다.

그리고 실기시험을 처음 보는 수험생 중에는 산업 현장에서 직접 근무를 하는 분들도 계시지만 실질적으로 근무를 하지 않는 분들도 계시기 때문에 그런 분들을 위하여 심혈을 기울여 보일러, 부속 장치, 자동 제어 장치, 계측 장치 등 많은 양의 예상문제를 곁들여서 저술하였습니다.

실기시험 대비로는 우리나라에서 최초로 만들어진 이 교재로 시험에 대비하시는 여러분께서는 모든 예상문제를 자세하게 탐지하시고, 2020년 제4회 실기시험부터는 필답형, 동영상 실기시험이 출제기준 변경으로 실기문제가 전부 필답형 시험으로 바뀌었으므로, 이를 반영하여 개정판을 만들었으니 참고하시기 바랍니다. 또한 앞으로 계속되는 시험의 최신 기출문제도 함께 수록·보강하여 더욱 알찬 교재가 되도록 노력하겠습니다. 감사합니다.

실기 교재 저자 권오수·문덕인 올림

에너지관리기사 출제기준

○직무분야 : 환경・에너지	○직무종목 : 에너지・기상	○자격종목 : 에너지관리기사	○적용기간 : 2024.1.1~2027.12.31
○직무내용 :	각종 산업, 건물 등에 생산공정이나 냉・난방을 위한 열을 공급하기 위하여 보일러 등 열사용기자재의 설계, 제작, 설치, 시공, 감독을 하고 보일러 및 관련 장비를 안전하고 효율적으로 운전할 수 있도록 지도, 점검, 진단, 보수 등의 업무를 수행하는 직무이다.			
○수행준거 :	1. 에너지관리 기법을 이용하여 에너지관리실무에 전문지식을 활용할 수 있다. 2. 에너지 사용설비 원리를 이용하여 설비 점검 및 진단과 설계를 할 수 있다. 3. 에너지절약 기법을 활용하여 손실요인 개선과 관리를 할 수 있다.			
○실기검정방법 : 필답형		○시험시간 : 3시간	

실기 과목명	주요항목	세부항목	세세항목
열관리 실무	1. 에너지 설비 설계	1. 보일러/온수기 설계하기	1. 적정 열사용기자재를 선정할 수 있다. 2. 열사용기자재의 종류 및 특징을 파악할 수 있다. 3. 열사용기자재 부속장치의 종류 및 특성을 파악할 수 있다. 4. 열교환기의 종류 및 특성을 파악할 수 있다. 5. 열사용 용량을 산정할 수 있다. 6. 보일러 열효율을 산출할 수 있다. 7. 관의 설계 및 관련 규정을 이해하고 숙지할 수 있다. 8. 열손실량을 산출할 수 있다. 9. 사용용도에 적정한 단열자재를 선정할 수 있다.
		2. 연소설비 설계하기	1. 이론 및 실제공기량을 계산할 수 있다. 2. 연소열량을 산출할 수 있다. 3. 연소가스량을 산출할 수 있다. 4. 연소장치 및 제어장치를 설계할 수 있다. 5. 적정 통풍력을 계산할 수 있다.
		3. 요로 설계하기	1. 요로의 종류 및 특징을 파악할 수 있다. 2. 요로의 설계, 설치, 관리를 할 수 있다.
		4. 배관/보온/단열 설계하기	1. 배관자재 및 용도를 파악할 수 있다. 2. 밸브의 종류와 용도를 파악할 수 있다. 3. 배관부속장치 및 패킹의 용도를 파악할 수 있다. 4. 배관 설계할 수 있다. 5. 단열 설계할 수 있다. 6. 보온 설계할 수 있다.

실기 과목명	주요항목	세부항목	세세항목
	2. 에너지 설비 관리	1. 보일러/온수기 설치 및 관리하기	1. 자재 및 재료를 준비할 수 있다. 2. 보일러/온수기 설치위치를 정할 수 있다. 3. 급수관을 시공할 수 있다. 4. 난방공급관(가스관 포함)을 설치(연결)할 수 있다. 5 방열관을 설치할 수 있다. 6. 난방환수관을 설치할 수 있다. 7. 급수/순환 펌프를 설치할 수 있다. 8. 증기/온수 헤더를 설치할 수 있다. 9. 팽창밸브를 설치할 수 있다. 10. 급탕 공급관을 설치할 수 있다. 11. 분출(배수)관을 설치할 수 있다. 12. 보일러/온수기 사용법을 숙지할 수 있다. 13. 보일러/온수기 설치 후 안전 검사를 할 수 있다.
		2. 연료/연소장치의 설치 및 관리하기	1. 연료의 종류와 특징 및 시험방법에 대하여 숙지할 수 있다. 2. 연소방법과 연소장치의 종류 및 특징에 대하여 숙지할 수 있다. 3. 통풍장치와 대기오염방지장치의 종류 및 특징에 대하여 숙지할 수 있다. 4. 연소 관련 계산과 열정산을 할 수 있다. 5. 연료/연소장치를 설치하고 관리할 수 있다.
		3. 보일러/온수기 부속장치 및 관리하기	1. 도면을 숙지할 수 있다. 2. 도면을 기준으로 적산을 할 수 있다. 3. 내역서를 작성할 수 있다. 4. 작업공정 계획을 세울 수 있다. 5. 본체 부속기기를 설치할 수 있다. 6. 절단 및 가공을 할 수 있다. 7. 수주 설치 및 주위 배관을 할 수 있다. 8. 인젝터를 설치할 수 있다. 9. 부속기기 설치 후 검사할 수 있다. 10. 수압시험을 할 수 있다. 11. 최종 운전점검을 하고 관리할 수 있다.

실기 과목명	주요항목	세부항목	세세항목
	3. 계측 및 제어	1. 계측원리 및 이해하기	1. 계측기의 구비조건 및 특징을 파악할 수 있다. 2. 차원과 단위를 파악할 수 있다. 3. 측정의 종류를 파악할 수 있다. 4. 측정의 방식과 특성을 파악할 수 있다. 5. 오차의 종류를 파악할 수 있다. 6. 측정값의 의미를 파악할 수 있다. 7. 계측기의 보전을 위한 검사와 수리 및 교정을 파악할 수 있다.
		2. 계측기 구성/제어하기	1. 계측계의 구성에 대하여 파악할 수 있다. 2. 계측 신호의 특성을 파악할 수 있다. 3. 제어계의 구성에 대하여 파악할 수 있다. 4. 자동제어의 종류에 대하여 파악할 수 있다. 5. 제어동작의 특성을 파악할 수 있다. 6. 열사용 기기에서 사용하고 있는 자동제어를 파악할 수 있다.
		3. 유체 측정하기	1. 유체의 압력, 유량, 액면의 측정원리를 이해하고 숙지할 수 있다. 2. 측정 방식에 따른 압력계, 유량계, 액면계의 종류를 이해하고 숙지할 수 있다. 3. 계측결과로부터 유량을 산출할 수 있다. 4. 적절한 압력계, 유량계, 액면계를 선정할 수 있다.
		4. 열 측정하기	1. 열측정의 측정원리를 이해하고 숙지할 수 있다. 2. 측정 방식에 따른 온도계, 열량계, 습도계의 종류를 이해하고 숙지할 수 있다. 3. 계측결과로부터 전열량을 산출할 수 있다. 4. 적절한 온도계, 열량계, 습도계를 선정할 수 있다.
	4. 에너지 실무	1. 에너지 이용/진단하기	1. 에너지 설비의 종류 및 특징을 이해하고 숙지할 수 있다. 2. 에너지이용 및 회수방법 종류 및 특징을 이해하고 숙지할 수 있다. 3. 이용 및 진단 작업을 할 수 있다. 4. 석유 환산량 및 에너지 원단위에 대하여 이해하고 숙지할 수 있다. 5. CO_2 환산량 및 절감량에 대하여 이해하고 숙지할 수 있다. 6. 입열량 및 출열량을 산출할 수 있다. 7. 열손실량을 산출할 수 있다. 8. 열효율을 산출할 수 있다.
		2. 에너지 관리하기	1. 에너지관리기준에 따라 올바른 시공을 할 수 있다. 2. 에너지사용의 합리적으로 이용할 수 있도록 시공할 수 있다.
		3. 에너지 안전 관리하기	1. 에너지사용시설의 안전을 위해 예방법을 파악할 수 있다. 2. 에너지사용 설비의 제조, 설치, 시공기준에 대하여 파악할 수 있다. 3. 에너지사용 시설의 운전관리, 보수, 보존, 정비를 할 수 있다. 4. 안전장치의 종류 및 특징을 파악할 수 있다.

에너지관리기사 검정현황

종목명	연도	필기			실기		
		응시	합격	합격률(%)	응시	합격	합격률(%)
에너지관리기사	2024	6,995	2,406	34.4	5,455	1,486	27.2
	2023	8,997	3,041	33.8	5,209	2,052	39.4
	2022	7,187	2,529	35.2	4,240	1,126	26.6
	2021	5,497	2,149	39.1	2,815	622	22.1
	2020	3,409	1,299	38.1	2,242	1,210	54
	2019	3,534	1,527	43.2	2,260	1,221	54
	2018	2,947	1,229	41.7	1,776	617	34.7
	2017	2,666	956	35.9	1,450	886	61.1
	2016	2,611	981	37.6	1,168	722	61.8
	2015	2,180	651	29.9	1,212	790	65.2
	2014	1,988	563	28.3	1,208	185	15.3
	2013	1,749	479	27.4	1,013	206	20.3
	2012	1,597	371	23.2	655	245	37.4
	2011	1,358	350	25.8	893	338	37.8
	2010	1,268	449	35.4	664	156	23.5
	2009	805	218	27.1	283	80	28.3
	2008	590	185	31.4	337	191	56.7
	2007	477	189	39.6	394	185	47
	2006	564	201	35.6	548	82	15
	2005	575	157	27.3	387	65	16.8
	2004	509	151	29.7	370	157	42.4
	2003	461	150	32.5	398	55	13.8
	2002	449	108	24.1	352	91	25.9
	2001	688	177	25.7	377	142	37.7
	1977~2000	38,159	11,579	30.3	11,880	3,571	30.1
소계		97,260	32,095	33	47,586	16,481	34.6

차 례

제1편 에너지관리 설비 예상문제

제1장 산업용 보일러 종류, 특성 ······ 3
제2장 산업용 보일러 부속장치 특성 ······ 23
제3장 보일러용량 및 열효율 계산 ······ 36
제4장 보일러 연소 이론 및 집진장치 ······ 51
제5장 통풍과 집진장치 ······ 75
제6장 연소공학 및 통풍력 계산 ······ 80
제7장 열정산 ······ 98
제8장 내화물 및 보온단열재 ······ 109
제9장 보일러 급수처리 ······ 123
제10장 보일러 부식 및 청관제 ······ 126
제11장 보일러 안전운전 ······ 132
제12장 증류, 증발, 건조 ······ 138

제2편 계측 및 제어, 에너지 실무 예상문제

제1장 유체역학, 열역학 기초 ······ 145
제2장 정수역학 ······ 161
제3장 액주계 및 베르누이 정리 ······ 164
제4장 유체의 유속 및 유량 측정 ······ 173
제5장 엔트로피, 벤투리미터 ······ 177
제6장 복사열, 대류열전달 ······ 183
제7장 이상기체, 카르노 사이클 ······ 188
제8장 랭킨 사이클, 재열 사이클 ······ 194
제9장 벽체의 전열 ······ 202
제10장 증기 ······ 216

제11장 동력 사이클 ·· 219
제12장 열교환 ·· 226
제13장 절대습도, 상대습도 ·· 232
제14장 건조 ·· 238
제15장 펌프 동력 ··· 241
제16장 송풍기 동력 ·· 244

제3편 분류별 필답형 기출문제

제1장 에너지관리, 에너지 절감, 전열 ·· 249
제2장 에너지설비, 설비장치 ·· 321
제3장 연소 및 연소장치 ·· 382
제4장 보일러 자동제어 ·· 399
제5장 보일러 설치검사기준 ··· 406
제6장 보일러 안전관리 및 급수처리 ·· 417

제4편 과년도 기출문제

- 2010년 에너지관리기사 실기 ·· 433
- 2011년 에너지관리기사 실기 ·· 454
- 2012년 에너지관리기사 실기 ·· 477
- 2013년 에너지관리기사 실기 ·· 508
- 2014년 에너지관리기사 실기 ·· 537
- 2015년 에너지관리기사 실기 ·· 566
- 2016년 에너지관리기사 실기 ·· 593
- 2017년 에너지관리기사 실기 ·· 618
- 2018년 에너지관리기사 실기 ·· 638
- 2019년 에너지관리기사 실기 ·· 666
- 2020년 에너지관리기사 실기 ·· 700
- 2021년 에너지관리기사 실기 ·· 730
- 2022년 에너지관리기사 실기 ·· 763
- 2023년 에너지관리기사 실기 ·· 809
- 2024년 에너지관리기사 실기 ·· 833

제1편 에너지관리 설비 예상문제

제1장 산업용 보일러 종류, 특성

문제 1
관류 보일러의 특징을 3가지 쓰시오.

해답
① 드럼이 없으므로 고압에 적당하다.
② 증기 발생 시간이 짧다.
③ 관의 구조가 자유롭고 연소효율이 높다.
④ 정밀한 급수 처리가 필요하다.(이 중 3가지)

문제 2
수관식 보일러의 수냉노벽 구조의 종류 3가지를 쓰시오.

해답
① 탄젠샬 튜브
② 스페이스 튜브
③ 스킨 케이싱

문제 3
노통 보일러에서 노통을 동의 좌, 우 편심에 설치하는 경우가 있다. 그 이유를 간단히 설명하시오.

해답 물의 순환 촉진

문제 4
수관 보일러에서 수냉노벽의 설치 목적 4가지를 쓰시오.

해답
① 노 내의 지주 역할을 한다.
② 노 내의 기밀을 유지한다.
③ 전열 효율을 증가한다.
④ 증발이 빠르고 증발량이 증대한다.

제1편 에너지관리 설비 예상문제

문제 5
초임계 압력하에서 증기를 얻을 수 있고 드럼이 없는 관류 보일러의 종류 2가지를 쓰시오.

해답 벤손, 슐저, 앳모스(이 중 2가지)

문제 6
주철제 보일러는 주로 난방용으로 많이 사용되며 증기 보일러인 경우 사용 압력의 상한은 몇 MPa인가?

해답 0.1MPa

문제 7
다음은 보일러의 형식에 따른 안전 저수위의 표시이다. ( ) 안에 적당한 낱말을 기입하시오.

보일러의 형식	안전 저수위 표시
입형 보일러	(②)
(①)	화실 천청판 최고부 연관 길이 1/3 상방
연관 보일러	(③)
노통 보일러	(④)

해답
① 입형 연관 보일러
② 화실 천장판 최상부 75mm 상방
③ 연관 최상부 75mm 상방
④ 노통 최고 부위 100mm 상방

문제 8
열매체 보일러에 사용되는 열매체의 종류를 2가지 쓰시오.

해답 ① 다우삼 ② 카네크롤

제1장 산업용 보일러 종류, 특성

문제 9
다음 (　) 안에 알맞은 답을 쓰시오.
　보일러 마력이란 (①)atm에서 (②)℃의 포화수 (③)kg을 (④)시간에 (⑤)℃의 건포화증기로 바꿀 수 있는 보일러 능력을 말한다.

해답　① 1　② 100　③ 15.65　④ 1　⑤ 100

문제 10
포화증기 발생용 관류 보일러의 장점 및 단점을 각각 4가지 쓰시오.

해답
- 장점 : ① 열효율이 높다.
　　　② 수관의 구조(배치)가 자유롭고 연소효율이 높다.
　　　③ 드럼이 없으므로 고압에 적당하다.
　　　④ 보유 수량이 적으므로 증기 발생이 빠르다.
- 단점 : ① 부하 변동에 민감하다.
　　　② 자동화가 필요하다.
　　　③ 스케일 부착이 쉽고 청소가 곤란하다.
　　　④ 정밀한 급수 처리가 필요하다.

문제 11
초임계 압력하에서 증기를 얻을 수 있고 드럼이 없는 관류 보일러의 종류 3가지를 쓰시오.

해답　벤손, 슐저, 람진

문제 12
다음 문장의 (　) 내에 적당한 말을 넣어 문장을 완결하시오.
　보일러에는 보일러 본체, 과열기, 절탄기, 공기 예열기, 부속 장치, 부품 등으로 이루어져 있는데 본체는 보일러 동(胴 ; drum) 또는 다수의 (①)으로 구성되어 있고, 연소 시 발생하는 열을 물에 전달하는 절연면은, 열전달 방식에 따라 (②)와 (③) 전열면이 있으며, 노는 연료의 연소열을 발생하는 부분으로 연소 장치 및 (④)로 이루어져 있다.

해답　① 관　② 복사
　　　③ 접촉　④ 연소실

제1편 에너지관리 설비 예상문제

문제 13

노통 보일러는 (①) 보일러이며, 강제 순환식 보일러는 (②) 보일러이며, 연관식 보일러는 (③) 보일러이며, 노통 보일러에서 노통이 1개뿐인 보일러는 (④) 보일러이며, 벤슨 보일러는 (⑤) 보일러이다. <보기>에서 적당한 것을 골라 답안지에 답하시오.

<보기>
- 코르니시
- 랭커셔
- 라몬트
- 케와니
- 관류
- 폐열
- 타쿠마
- 단동
- 코크란
- 대형 방사

 해답
① 단동　　② 라몬트
③ 케와니　　④ 코르니시
⑤ 관류

문제 14

다음 (　) 안에 알맞은 말을 써 넣으시오.

관류 보일러의 장점은 보유 수량이 적으므로 (①) 발생 시간이 매우 빠르고, 관계(管系)만으로 구성되어 있어 압력은 (②)용으로 알맞으며, 관의 배치가 자유로워 전체를 간편한 구조로 할 수 있다.

해답　① 증기　　② 고압

문제 15

다음 공식은 증발 계수 계산식이다. (　)에 적당한 용어를 써 넣으시오.

$$증발\ 계수 = \frac{(①)의\ (②) - (③)의\ (④)}{2{,}257}$$

해답
① 발생 증기
② 엔탈피(전열량) : kJ/kg
③ 급수
④ 엔탈피(전열량) : kJ/kg

제1장 산업용 보일러 종류, 특성

문제 16

상부에 증기 드럼을 두고 드럼 양단에는 파형 관모음을 하부에 설치하고 그 사이에 수관을 물 드럼 대신에 비스듬히 경사지게 배열한 보일러로서 수관군의 경사도가 수평에서 15° 정도이고 증기 드럼의 밑부분에서 170mm의 높이를 안전 저수위로 하고 CTM형 및 WIF형으로 이루어진 보일러의 명칭은?

해답 밸브 콕 보일러

문제 17

보일러 성능 진단 결과 연료 1kg당 증기 발생량은 13.05kg이고, 사용 연료의 발열량은 40,813.5kJ/kg이다. 이때 건포화증기 엔탈피는 2,754.388kJ/kg이고, 증기 건도는 90%이며, 포화수의 엔탈피는 665.574kJ/kg일 때 이 보일러의 열효율을 구하시오.(단, 급수의 엔탈피는 188.37kJ/kg이다.)

해답 보일러 효율(%) = $\dfrac{\text{시간당 증기 발생량}(\text{발생 증기 엔탈피} - \text{급수 엔탈피})}{\text{시간당 연료 소비량} \times \text{연료의 저위 발열량}} \times 100$

$= \dfrac{13.05\,\text{kg} \times (2,545.5066 - 188.37)\,\text{kJ/kg}}{1\,\text{kg} \times 40,813.5\,\text{kJ/kg}} \times 100 = 75.37\%$

(1) 습포화증기 엔탈피(kcal/kg) = 포화 엔탈피 + 증발잠열 × 증기의 건도
   $= 665.574 + (2,754.388 - 665.574) \times 0.9$
   $= 2,545.5066\,\text{kJ/kg}$

(2) 증발잠열(kcal/kg) = 건포화증기 엔탈피 - 포화수 엔탈피
   $= 2,754.388 - 665.574 = 2,088.814\,\text{kJ/kg}$

문제 18

원통형 보일러와 비교한 수관 보일러의 단점 5가지를 쓰시오.

해답
① 구조가 복잡하다.
② 청소, 검사, 제작, 취급이 어렵다.
③ 증발이 빨라 비수 현상이 발생한다.
④ 보유 수량이 적어 부하 변동에 따른 압력 변화가 크다.
⑤ 양질의 급수를 요한다.

문제 19
연소실에 이웃한 제1연도에서 설치하여 복사와 접촉으로 가열되는 과열기는?

해답 복사 대류 과열기

문제 20
원통 보일러를 형식에 따라 4가지로 구분하시오.

해답
① 입형 보일러
② 노통 보일러
③ 연관 보일러
④ 노통 연관 보일러

문제 21
수관식 보일러를 형식에 따라 3가지로 분류하시오.

해답
① 자연 순환식 수관 보일러
② 강제 순환식 수관 보일러
③ 관류 보일러

문제 22
직립 수관 보일러에서 곡관식과 직관식을 구별하여 대표적인 보일러의 명칭을 쓰시오.

해답
① 곡관식 : 스털링 보일러
② 직관식 : 가르베 보일러, 타쿠마 보일러

문제 23
수관의 경사도 45° 정도의 경사 수관 보일러의 종류 중 대표적인 보일러를 하나만 쓰시오.

해답 야로우 보일러

제1장 산업용 보일러 종류, 특성

문제 24
강제 순환식 보일러의 종류를 2가지만 쓰시오.

해답 ① 라몽 보일러 ② 배록스 보일러

문제 25
간접 가열 보일러의 종류를 2가지만 쓰시오.

해답 ① 뢰플러 보일러 ② 슈미트 하트만 보일러

문제 26
관류 보일러를 3가지만 쓰시오.

해답 ① 벤손 보일러 ② 쓸저어 보일러 ③ 앳모스 보일러

문제 27
원자로의 종류를 5가지만 쓰시오.

해답
① 콜더 홀형 원자로   ② 가압수형 원자로
③ 비등수형 원자로   ④ 가압 중수형 원자로
⑤ 고속 증식 원자로

문제 28
보일러에는 수관식과 연관식이 있다. 비교하여 간단히 쓰시오.

해답
① 수관식 : 관 속에 물이 있다.
② 연관식 : 관 속에 연소가스가 있다.

문제 29
15℃ 칼로리란 표준 대기압에서 (①)℃의 물 1g을 (②)℃로 온도 1℃ 높이는 데 소요되는 열량으로 (③)Joule에 해당된다. ( ) 안에 알맞은 답을 쓰시오.

해답 ① 14.5 ② 15.5 ③ 4.2

제1편 에너지관리 설비 예상문제

문제 30
다음 ( ) 내에 적당한 용어를 기입하시오.
(1) 주철제 보일러의 단점은 다음과 같다.
    A. 주철은 (①) 및 (②)에 약하다.
    B. (③) 및 대용량에 부적당하다.
    C. 내부 (④)가 곤란하다.
    D. 열에 의한 (⑤) 때문에 (⑥)이 생기기 쉽다.
(2) 원통형 연관식 보일러의 단점은 다음과 같다.
    A. 수부가 커서 (①)의 소요 시간이 길다.
    B. (②)이 작아 증발량이 적다.
    C. 보유 수량이 많아 (③)시 피해가 크다.
    D. 내분식이므로 (④)의 크기가 제한을 받는다.

해답
(1) A. ① 인장 강도, ② 충격   B. ③ 고압
    C. ④ 청소   D. ⑤ 부동 팽창, ⑥ 균열
(2) A. ① 증발   B. ② 전열면적
    C. ③ 파열   D. ④ 연소실

문제 31
보일러의 크기(용량)를 나타내는 표시 방법 5가지를 쓰시오.

해답
① 상당 방열 면적
② 정격 용량
③ 정격 출력
④ 보일러 마력
⑤ 전열면적

문제 32
입형 보일러의 대표적인 종류 3가지를 열효율이 큰 순서로 나열하시오.

해답 코크란 보일러 → 입형 연관 보일러 → 입형 횡관 보일러

제1장 산업용 보일러 종류, 특성

문제 33
보일러수가 격렬하게 비등했을 때에 일어나는 현상으로서 다음 용어들이 있는데, 각각에 대해 설명하시오.
(1) 프라이밍(Priming)
(2) 거품일기(Foaming)
(3) 캐리 오버(Carry over ; 氣水共發)

해답
(1) 프라이밍 : 거품일기가 심한 경우에 있어서, 이때는 기포가 수열면에서 파괴하고, 수면을 교란함으로써 물방울이 증기와 혼합하는 현상
(2) 거품일기 : 보일러의 부하가 크던지 불순물이 다량으로 포함되었을 때, 수열면에서 발생한 기포가 파괴되지 않고 수면에 누적하여 증기와 혼합하는 현상
(3) 캐리 오버 : 프라이밍, 포밍의 원인에 의하여 증기가 약간의 물방울과 같이 증기 배관으로 흘러가는 현상

문제 34
강제 순환에 있어서 순환비란 무엇인지 간단히 설명하시오.

해답 강제 순환에서 순환비란 순환수량과 발생 증기량의 비를 말한다.

문제 35
Gusset stay를 사용하는 보일러는 어떤 보일러인가 1개만 쓰시오.

해답 노통 보일러

참고 거싯 스테이가 필요한 보일러는 노통 보일러이다. 설치 이유는 경판에 부착하는 거싯 스테이와 노통 사이에 강도 보강을 하기 위함이며 반드시 브리징 스페이스(노통의 신축 호흡 거리 230mm 이상)를 설치하는 간격을 둔다.

문제 36
다음 환형 보일러의 종류를 3가지만 쓰시오.

해답
① 입형 보일러
② 연관식 보일러
③ 노통 연관식 보일러

문제 37
다음 ( ) 안에 알맞는 말을 써 넣으시오.

노통(연관) 보일러에서 경판과 동판을 지지하는데 사용하는 3각 모양의 평판을 (①)라고 하며, 이 스테이(Stay)는 그루빙(Grooving) 현상을 일으키지 않도록 (②) 스페이스(Space)를 충분히 취하여야 한다.

해답
① 거싯 버팀(거싯 스테이)
② 브리징

문제 38
노통 보일러에서 전열면적이 얼마인 경우에 1마력의 보일러에 해당하는가?

해답 $0.465\text{m}^2(5\text{ft}^2)$

문제 39
파형 노통의 종류 6가지의 이름을 쓰시오.

해답
① 모리슨형   ② 브라운형   ③ 파브스형
④ 데이톤형   ⑤ 폭스형   ⑥ 리즈포지형

문제 40
수냉로관의 종류 4가지는?

해답
① 스킨 케이싱   ② 휜 패널식
③ 탄젠샬 튜브   ④ 스페이스 튜브

문제 41
동의 외경이 3,000mm, 두께가 10mm, 길이가 4,200mm인 코르니시 보일러의 전열면적은 얼마인가?(단, π : 3.14, 소수 2째 자리까지 구하시오.)

해답 코르니시 전열면적$(HS) = \pi Dl$, $3.14 \times 3 \times 4.2 = 39.56\text{m}^2$

제1장 산업용 보일러 종류, 특성

문제 42
보일러 경판의 종류 4가지를 쓰시오.

해답
① 반구형 경판 ② 반타원형 경판
③ 접시형 경판 ④ 평경판

참고 경판의 강도 순서는 반구형 경판 > 반타원형 경판 > 접시형 경판 > 평경판

문제 43
입형 횡관 보일러에서 횡관을 설치하는 목적 3가지는?

해답
① 화실을 보강하기 위함
② 보일러수의 순환을 촉진
③ 전열면적 증가

문제 44
보일러 용량을 결정하는 데 필요한 부하를 4가지만 쓰시오.

해답
① 난방 부하
② 급탕 부하
③ 배관 부하
④ 예열 부하(시동 부하)

문제 45
외분식 보일러의 장점 4가지를 쓰시오.

해답
① 연료를 완전 연소시킬 수 있다.
② 저질의 연료도 사용할 수 있다.
③ 연소실의 구조를 마음대로 할 수 있다.
④ 매연 발생률이 적다.

제1편 에너지관리 설비 예상문제

문제 46
파형 노통의 장점 및 단점을 3가지씩 쓰시오.

해답
(1) 장점
① 고열에 의한 신축과 팽창이 용이하다.
② 전열면적이 증가된다.
③ 외압으로부터 강도가 증가된다.

(2) 단점
① 내부 청소가 곤란하다.
② 통풍 저항을 일으킨다.
③ 제작에 값이 비싸다.

문제 47
노통 보일러에 겔로웨이관(Galloway tube)을 설치하는 목적 3가지를 쓰시오.

해답
① 전열면적을 증가시키기 위해서
② 물 순환을 좋게 하기 위해서
③ 노통을 보강하기 위해서

문제 48
수관 보일러에서 전열면적의 얼마가 보일러 1마력에 해당하는가?

해답 $0.93m^3(10ft^2)$

문제 49
수냉벽을 설치하므로 인한 이점을 3가지만 쓰시오.

해답
① 내화물의 과열을 방지하고 수명을 길게 한다.
② 노벽이 얇아지므로 무게를 경감시킨다.
③ 노벽의 지주 역할을 한다.
④ 급수를 예열하므로 효율이 상승한다.
⑤ 연소실이 기밀하므로 가압 연소가 가능하다.(이 중 3가지)

문제 50
평형 노통의 장단점을 각각 3가지씩 쓰시오.

해답
(1) 장점
① 제작이 간편하며 가격이 싸다.
② 내부 청소가 용이하다.
③ 통풍 저항을 일으키지 않는다.

(2) 단점
① 고열로 인한 노통의 신축과 팽창이 용이하지 못하다.
② 전열면적이 파형 노통보다 작다.
③ 외압으로부터의 강도가 감소한다.

문제 51
파형 노통에서 골의 길이가 200mm 이하이고, 골의 깊이가 38mm 이상인 노통의 이름을 무엇이라 하는가?

해답 모리슨형

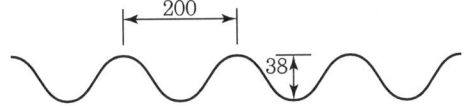

문제 52
가압 연소를 하는 보일러의 장점 5가지를 쓰시오.

해답
① 연소실 열발생률이 크다.
② 전열 효율 및 연소효율이 크다.
③ 증발 시간이 짧다.
④ 동일한 크기를 갖는 보일러에 비하여 매시 증발량이 크다.
⑤ 노 내가 고온으로 유지되며 연소실의 온도 분포가 균일하다.

문제 53
다음 개략적인 그림으로 주어진 보일러를 보고 다음에 답하시오.
(1) 보일러의 명칭은?
(2) 주요 부분의 명칭 ①, ②, ③, ④는?

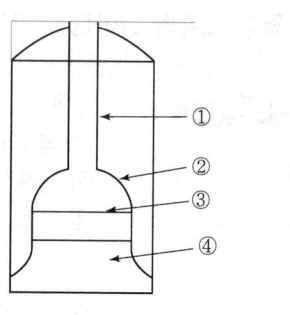

해답 (1) 입형 횡관식 보일러
(2) ① 연돌관 ② 화실 천장판 ③ 횡관 ④ 연소실

문제 54
경사도 15° 정도인 횡수관 보일러의 대표적인 보일러 명칭을 쓰시오.

해답 밸브 콕 보일러(섹셔널 보일러)

문제 55
태양열 시스템의 구조를 2가지로 분류하시오.

해답 ① 집열기 ② 축열로

문제 56
태양열 난방 급탕 시스템의 구조를 4가지로 분류하시오.

해답 ① 집열기 ② 축열로 ③ 배관 및 순환 펌프 ④ 방열기

문제 57
보일러의 3대 구성 요소를 3가지만 쓰시오.

해답 ① 보일러 본체 ② 연소 장치 ③ 부속 장치

제1장 산업용 보일러 종류, 특성

문제 58
보일러의 전열면적을 2가지만 쓰시오.

해답 ① 복사 전열면적 ② 접촉 전열면적

문제 59
수관 보일러에서 물의 순환이나 유동 방식에 따라 3가지로 분류하시오.

해답 ① 자연 순환식 보일러 ② 강제 순환식 보일러 ③ 관류 순환식 보일러

문제 60
보일러에서 가열 방식에 따라 2가지로 분류하시오.

해답 ① 직접 가열 방식 ② 간접 가열 방식

문제 61
수관식 보일러에서 수관의 경사별로 3가지로 분류하시오.

해답 ① 횡수관 보일러 ② 직립 수관 보일러 ③ 경사 수관 보일러

문제 62
혼식 보일러의 종류를 3가지만 쓰시오.

해답 ① 케와니 보일러 ② 기관차 보일러 ③ 선박용 보일러

문제 63
다음 (   ) 안에 알맞은 답을 쓰시오.
 강제 순환식 보일러의 장점으로서 (①)의 직경이 작아도 되고, 두께가 얇은 관을 사용할 수 있어, (②)에 좋으며, 보일러수의 (③)이 양호하여 증기 발생의 (④)이 짧고, (⑤)의 배치가 자유롭고 (⑥)가 용이하다.

해답 ① 수관 ② 전열 ③ 순환 ④ 시간 ⑤ 수관 ⑥ 설치

문제 64
액상 열매체 보일러의 효율 계산식을 쓰시오.(단, 열매체는 용적당(m³/h) 사용된다.)

해답 효율 = $\dfrac{\text{시간당 열매체 사용량} \times \text{비중량} \times \text{비열} \times \text{열매체 입·출구 온도차}}{\text{시간당 연료소비량} \times \text{연료의 발열량}} \times 100\%$

문제 65
히트펌프의 용도를 쓰시오.

해답 증발기에서 발생하는 냉열을 이용하여 냉방에 사용하고 고온부인 응축기에서 방열량을 이용하여 동절기 난방을 이용함으로써 기기 1대로 냉방, 난방이 겸용된다.

문제 66
태양열을 이용한 냉난방에 대하여 기술하시오.

해답
① 동절기에는 축열조의 온수를 순환펌프를 이용하여 난방수로 사용하며 건물에 온수난방을 가동한다.
② 진공관형 태양열 집열기로 흡수한 태양열을 열교환기를 이용하여 축열조에 온수로 저장하였다가 이 온수를 흡수식 냉동기의 고온재생기 구동열원으로 사용하여 냉수를 생산한 후 냉방용 FCU에 냉수를 공급하여 냉방을 가동한다.

문제 67
팬코일 유니트(FCU) 사용 시 냉·난방온도 조절방법을 쓰시오.

해답
① 에어컨트롤 스위치 사용
② 풍량조절밸브 사용
③ 풍량실 내 공급온도센서 사용
④ 팬의 회전수 조절

제1장 산업용 보일러 종류, 특성

문제 68
보일러 노벽에 사용되는 노벽을 3가지로 분류하시오.

해답
① 벽돌벽
② 공냉 노벽
③ 수냉 노벽

문제 69
LED(발광다이오드) 조명의 장점을 쓰시오.

해답 전력 소비가 적고 기존의 램프에 비하여 수명이 길다.

문제 70
터보형 냉동기의 사이클 4대 과정을 쓰시오.

해답 증발과정 → 압축과정 → 응축과정 → 팽창과정

문제 71
흡수제 리튬브로마이드 사용 흡수식 냉온수기의 가동 시 다음 물음에 답하시오.(단, 재생기는 1개 뿐이다.)

(1) 유입열량을 쓰시오.
(2) 유출열량을 쓰시오.
(3) 성적계수를 쓰시오.

해답
(1) 유입열량 : 재생기열 + 증발기열
(2) 유출열량 : 응축기열 + 흡수기열
(3) 성적계수 : $\dfrac{\text{증발열}}{\text{재생기열}}$

문제 72

다음 히트(Heat) 파이프를 보고 물음에 답하시오.

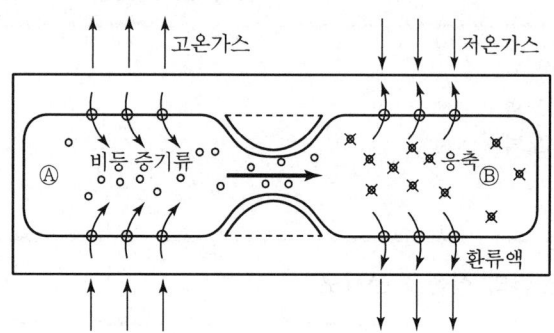

(1) Ⓐ, Ⓑ 중 어느 부분의 압력이 높은가?
(2) Ⓐ, Ⓑ 중 설치 시 어느 부위가 더 높은가?

해답 (1) : Ⓐ   (2) : Ⓑ

참고
- Heat Pipe Type 재질 : 용도에 따라(구리, 스테인리스 등의 파이프 사용)
- 용도 : 산업용 전열 회수장치, 공기조화용, 고온용 열회수장치
- 열회수율 : 50~65%, 통과유속(3~7m/s)

문제 73

수냉 노벽의 설치 시 장점 3가지만 쓰시오.

해답
① 노벽을 보호할 수 있다.
② 노 내의 기밀을 유지할 수 있다.
③ 전열 효율을 증가시킬 수 있다.

문제 74

보일러수(관수)를 강제 순환시키는 이유를 3가지만 쓰시오.

해답
① 보일러 압력이 높아짐에 따라 비중량 차에 의한 자연 순환이 곤란하기 때문
② 관수의 순환 속도를 증가함으로써 전열 효과를 높일 수 있으므로
③ 보일러의 증발량을 증가시키기 위하여

문제 75
태양열 집열기의 구비 조건을 3가지만 쓰시오.

해답
① 집열 효율이 높을 것
② 내구성, 내후성이 우수할 것
③ 오래 사용하여도 스케일 등으로 인한 집열 효율이 저하되지 말 것

문제 76
태양열 온수 급탕 시스템에서 다음 물음에 답하시오.
(1) 자연 순환식 온수 급탕 시스템 2가지
(2) 강제 순환식 온수 급탕 시스템 2가지

해답
(1) ① 일체식형　　② 자연 대류식
(2) ① 히트 펌프식　② 구조식 집열 시스템

문제 77
태양광 발전 시스템 구성의 특징을 7가지만 쓰시오.

해답
① 연료비가 들지 않는다.
② 신뢰성이 높고 유지가 간편하다.
③ 반영구적이다.
④ 발전 장치의 규모에 제약이 없다.
⑤ 공해가 없다.
⑥ 이용 분야가 매우 다양하다.
⑦ 발전 시스템의 설치 용량 최적화가 용이하다.

문제 78
신축 이음의 종류를 4가지만 쓰시오.

해답
① 만곡형　　② 벨로스형
③ 미끄럼형　④ 스위블 이음

제1편 에너지관리 설비 예상문제

문제 79
섬유 공업 혹은 화학 공업에 주로 이용되며 200~400℃의 비교적 고온도로 특수한 건조 작업을 하기 위하여 사용되는 보일러는?

해답 열매유 보일러

참고 열매유 보일러는 고온에서 압력이 비교적 낮은 다우삼 A, E 등의 열매 섬유를 사용하여 200~400℃의 비교적 고온도로 특수한 조작을 하는 섬유 공업이나 화학 공업에 주로 이용되고 있다. 특수 유체 보일러에는 수은을 사용하는 2유체 사이클의 수은 보일러와 열매유 보일러가 있다. 즉, 낮은 저압에서 높은 고온의 증기가 발생된다.

문제 80
다음 ( ) 안에 적당한 용어를 보기에서 골라 쓰시오.

"노통 보일러 중에서 (①) 보일러는 노통이 (②)개이므로 교대로 운전이 가능하며 노통이 (③)개인 (④) 보일러보다 전열 면적이 크다."

〈보기〉
코르니시, 1, 2, 3, 4, 5, 랭커셔, 타쿠마

해답 ① 랭커셔 ② 2 ③ 1 ④ 코르니시

문제 81
보일러 성능 시험시 열정산 기준이다. ( ) 안에 알맞는 내용을 써 넣으시오.
(1) 측정 시간은 ( )시간 이상 실시해야 한다.
(2) 입열 또는 출열 계산시 고체 연료 및 액체 연료는 1(①)당, 기체 연료는 (②)당으로 한다.
(3) 연료의 발열량은 ( ) 발열량으로 한다.
(4) 시험 부하는 ( ) 부하로 하고 필요에 따라 3/4, 1/2, 1/4로 한다.
(5) 열정산의 기준 온도는 시험시의 ( ) 온도로 한다.

해답
(1) 2
(2) ① kg, ② Nm^3
(3) 고위
(4) 정격
(5) 외기

제2장 산업용 보일러 부속장치 특성

문제 1
증기트랩 설치 시 주의할 점을 4가지만 쓰시오.

해답
① 드레인 배출구에서 트랩 입구에의 배관은 될수록 굵고 짧게 한다.
② 트랩 입구의 배관은 트랩 입구에 향해서 내림 구배로 한다.
③ 트랩 입구에의 배관을 입상관으로 하지 않는다.
④ 트랩 입구의 배관을 보온하지 않는다.

문제 2
기계식 증기트랩의 종류 4가지를 쓰시오.

해답
① 하향 버킷
② 상향 버킷
③ 레버 플로트
④ 프리 플로트

문제 3
증기트랩을 간단히 설명하면, 배관 내에 고인 응결수를 제거하여 수격 작용을 방지함에 있다. 종류를 4가지만 쓰시오.

해답
① 하향 버킷 트랩
② 상향 버킷 트랩
③ 바이메탈 트랩
④ 벨로스 트랩

문제 4
증기트랩의 구비 조건이 될 수 있는 보편적인 조건을 5가지만 쓰시오.(5가지 이상 쓰면 감점함)

해답
① 소정 내에서 유량, 유압 변화가 있어도 작동이 확실할 것
② 마찰 저항이 적을 것
③ 정지 후에도 응결수 배출이 가능할 것
④ 공기빼기가 양호할 것
⑤ 봉수가 확실할 것

문제 5
다음은 스팀 트랩(증기트랩)에 관한 것이다. 빈칸을 채우시오.

분류	원리	종류(2가지씩)
기계적 트랩	①	④ ⑤
온도 조절식 트랩	②	⑥ ⑦
열역학적 트랩	③	⑧ ⑨

해답
① 증기와 응축수와의 비중 차이
② 증기와 응축수와의 온도 차이
③ 증기와 응축수와의 열역학적 특성 차이
④ 상향 버킷형
⑤ 하향 버킷형
⑥ 벨로즈형
⑦ 바이메탈형
⑧ 오리피스형
⑨ 디스크형

문제 6
온도 조절 트랩의 원리 및 그 종류 2가지는?

해답
① 원리 : 응축수와 증기와의 온도차를 이용한 것
② 종류 : 바이메탈 트랩, 벨로즈 트랩

문제 7
구조상 견고하고 응축수의 배출 온도를 넓게 변화시키며 고압력에 적합한 트랩의 명칭은?

해답 바이메탈 트랩

문제 8
바이메탈 트랩의 장단점을 각기 3가지씩을 쓰시오.

해답
(1) 장점
  ① 동결의 우려가 없다.
  ② 밸브 폐색의 우려가 없다.
  ③ 배기 능력이 탁월하다.
(2) 단점
  ① 과열 증기에 사용할 수 없다.
  ② 개폐 온도의 차가 크다.
  ③ 사용 기간 동안에 바이메탈의 특성이 변화한다.

문제 9
보일러 증기 라인에 증기트랩을 설치하므로 얻을 수 있는 장점을 3가지만 쓰시오.

해답
① 수격 작용 방지(워터 해머 방지)
② 배관 내의 부식 방지
③ 유체 흐름의 저항 감소
④ 증기의 열손실 방지

문제 10
다음 중 원동기의 작업 유체로 사용하기 위하여 보일러 본체에서 발생한 고온의 증기를 가열하여 건포화증기로 한 다음 다시 같은 압력하에서 온도를 상승시키는 장치는 어느 것인가?

해답 과열기

문제 11
보일러의 부속 장치를 6가지 계통으로 구분하고 그 계통에 속하는 부속 명칭을 2가지씩 쓰시오.

해답
① 안전 장치(안전변, 고저수위 경보기)   ② 급유 장치(기어 펌프, 여과기)
③ 송기 장치(주 증기변, 주 비수 방지관)   ④ 급수 장치(급수 펌프, 급수 내관)
⑤ 여열 장치(과열기, 절탄기)   ⑥ 통풍 장치(송풍기, 댐퍼)

제1편 에너지관리 설비 예상문제

문제 12
다음 물음에 대한 답을 〈보기〉 중에서 3가지씩 선택하여 해당되는 번호를 쓰시오.(단, 각 문제의 전항이 맞아야 정답임)

〈보기〉
① 서비스 탱크   ② 신축관   ③ 과열기
④ 여과기(스트레이너)   ⑤ 재열기   ⑥ 가용 마개
⑦ 분연 펌프(메타링 펌프)   ⑧ 화염 검출기   ⑨ 증기 트랩
⑩ 절탄기   ⑪ 헤더   ⑫ 수면계

(1) 폐열 회수 장치   (2) 급유 계통 장치
(3) 송기 계통 장치   (4) 안전 계통 장치

해답
(1) ③, ⑤, ⑩   (2) ①, ④, ⑦
(3) ②, ⑨, ⑪   (4) ⑥, ⑧, ⑫

문제 13
소형 급수설비인젝터의 장점 5가지를 쓰시오.

해답
(1) 장점
 ① 구조가 간단하며 소형이다.
 ② 별도의 소요 동력이 필요 없다.
 ③ 취급이 간단하고 가격이 싸다.
 ④ 설치(세팅)에 장소를 크게 요하지 않는다.
 ⑤ 급수를 예열하므로 열효율이 좋다.
(2) 단점
 ① 급수율이 낮다.(40~50%)
 ② 급수 온도, 증기 압력이 낮으면 급수가 곤란하다.
 ③ 인젝터가 과열하면 급수가 곤란하다.
 ④ 급수중 불순물이 많으면 고장이 발생하기 쉽다.

문제 14
제1연도에서 제2연도로 옮겨지는 위치에 설치하는 과열기는 어떤 과열기인가?

해답 대류 과열기

문제 15
과열기의 종류를 증기와 연소가스의 흐름 방향에 따라 3가지로 분류하시오.

해답 병류형, 향류형, 혼류형

문제 16
과열기에서 과열도의 조절 방법 4가지를 쓰시오.

해답
① 과열기를 가열하는 연소가스 온도의 변화
② 접촉 과열기와 복사 과열기 조합
③ 과열 저감기 사용
④ 과열기를 가열하는 연소가스량 조절

문제 17
열관리의 한 방법으로 사이클의 이론적 열효율을 증대하기 위해 또한 포화증기를 건포화증기로 변화시켜 증기 소비량을 감소시키기 위해 설치하는 부속 설비의 명칭을 쓰시오.

해답 과열기

문제 18
과열관을 보통 수냉관과 노벽 사이에 설치되는 과열기는 어떤 과열기인가?

해답 복사 과열기

문제 19
보일러에서 고온 부식의 발생이 심하게 일어날 수 있는 폐열 회수 장치의 명칭은?

해답 과열기

문제 20
증기트랩(Steam Trap)을 간단히 설명하고 종류를 3가지만 쓰시오.

해답 ① 설명 : 배관 내에 고인 응축수를 제거하여 수격 작용을 방지(워터 해머)
② 종류 : 하향 버킷 트랩, 상향 버킷 트랩, 바이메탈 트랩

문제 21
다음 그림에서 급수설비인 인젝터에 의한 급수를 중단하려고 한다. A, B, D, E를 어떤 순서로 조작하는지 쓰시오.(단, C는 닫힌 상태임)

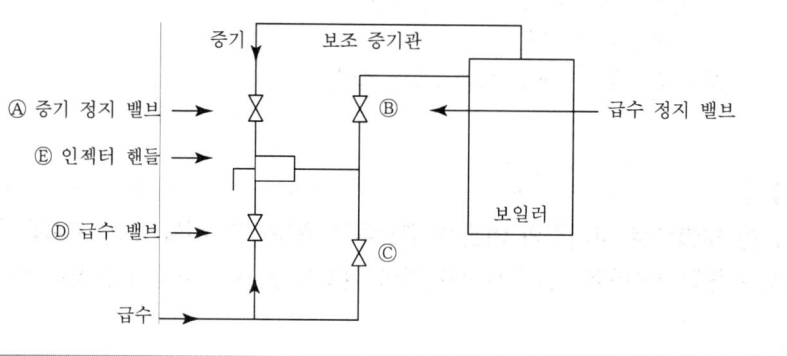

해답 ⒺⓐⒶⓐⒹⓐⒷ

문제 22
인젝터의 작동 불능 원인 7가지를 기술하시오.

해답 ① 급수 온도가 높을 때(메트로폴리탄형 65℃, 그레샴형 50℃)
② 증기 압력이 낮거나($2kg/cm^2$ 이하) 높을 때($10kg/cm^2$ 이상)
③ 흡입관에 공기가 누입되었을 때
④ 관 속에 불순물이 누입되었을 때
⑤ 인젝트 자체가 과열되었을 때
⑥ 역지 밸브가 고장났을 때
⑦ 증기 속에 수분이 과대할 때

문제 23
보일러 점검에서는 계통도에 따라 각 개선별(라인) 중요 부품과 눈금 등을 점검 기록하여야 한다. 이때 각 개선별(라인)을 크게 4가지로 분류하시오.(단, 유류 연소용 증기 보일러이다.)

해답 급수 계통, 급유 계통, 송기 계통, 통풍 계통(배기 라인)

문제 24
탄성을 이용한 압력계 종류 3가지를 쓰시오.

해답 벨로즈 압력계, 다이어프램 압력계, 부르동관 압력계

문제 25
용기 내부에 증기 사용처의 증기 압력 또는 열수 온도보다 높은 압력과 온도의 포화수를 저장하여 증기 부하를 조절하는 장치의 명칭은?

해답 스팀 어큐뮬레이터

참고 스팀 어큐뮬레이터(증기 축열기)는 송기 장치로서 용기 내부에 증기 사용처의 증기 압력 또는 열수 온도보다 높은 압력과 온도의 포화수를 저장하여 증기 부하를 조절하는 장치이다.

문제 26
보일러 내부에 설치하는 부속 장치의 명칭을 3가지만 쓰시오.

해답
① 기수 분리기
② 비수 방지관
③ 급수 내관

문제 27
증기 보일러에서 감압변이 사용되는 목적 3가지를 쓰시오.

해답
① 고압의 증기를 저압으로 유지할 경우
② 증기 압력을 일정하게 유지할 경우(부하 측 압력을 일정하게 유지한다.)
③ 고압과 저압의 증기를 동시에 사용할 경우

문제 28
감압 밸브의 종류 3가지를 쓰시오.

해답
① 스프링식 감압 밸브
② 추식 감압 밸브
③ 다이어프램식 감압 밸브

문제 29
보일러의 급수 내관은 안전 저수면의 어느 곳에 설치하는가?

해답 안전 저수위보다 50mm 낮게

문제 30
보일러의 부속 장치는 크게 6가지 계통으로 나눌 수 있다. 각 계통을 6가지 쓰시오.

해답
① 안전 계통   ② 송기 계통
③ 급수 계통   ④ 급유 계통
⑤ 통풍 계통   ⑥ 분출 계통

문제 31
압력계 중 탄성식 압력계의 종류 3가지를 쓰시오.

해답 벨로즈, 다이어프램, 부르동관

문제 32
원통 보일러의 증기 취출부에는 비수 방지관(Anti-Priming pipe)을 설치하는데, 비수 방지관에 뚫는 구멍들의 전체 면적은 주 증기관 단면적의 몇 배 이상이 되게 해야 하는가?

해답 1.5배

문제 33
안전밸브는 주로 스프링식이 많이 사용된다. 스프링식 안전 밸브의 종류를 4가지 쓰시오.

해답
① 저양정식 안전 밸브 ② 고양정식 안전 밸브
③ 전양정식 안전 밸브 ④ 전양식 안전 밸브

문제 34
다음 그림은 인젝터(Injector)의 단면도이다. 물음에 답하시오.
(1) ㉮, ㉯는 무슨 관(管)인지를 쓰시오.
(2) 인젝터의 작동 불능 원인을 3가지만 쓰시오.
(3) 인젝터의 작동 순서를 쓰시오.

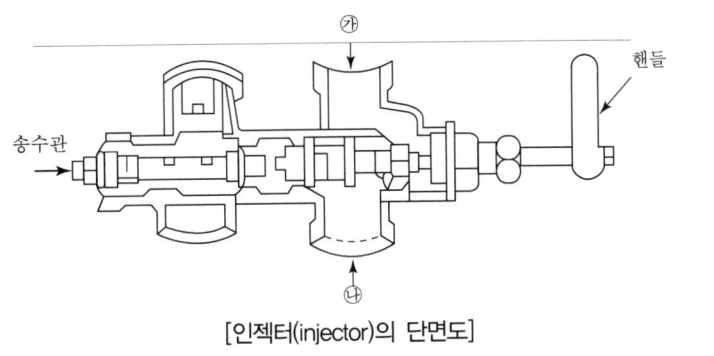

[인젝터(injector)의 단면도]

해답
(1) ㉮ 증기관, ㉯ 급수관
(2) ① 인젝터의 과열(55℃ 이상)
  ② 증기의 압력 과소($2kg/cm^2$ 이하)
  ③ 흡입관로 및 변으로부터의 공기 누입 시
  ④ 증기의 수분 과대(이 중 3가지)
(3) ① 인젝터의 정지 밸브를 연다.
  ② 급수 밸브를 연다.
  ③ 증기 밸브를 연다.
  ④ 인젝터 핸들을 연다.

참고 인젝터 핸들에 가까운 것은 증기관이라는 것을 기억하면 혼란이 생기지 않는다.

문제 35
보일러에 절탄기가 부착되었을 때 절탄기의 취급 순서를 3가지로 구분하시오.

해답
① 보일러에 급수하여 절탄기의 물을 유동시킨다.
② 절탄기의 주연도 출구 댐퍼를 열고 다음에 입구 댐퍼를 연다.
③ 바이패스 연도의 입구 댐퍼를 닫고 다음에 출구 댐퍼를 닫는다.

문제 36
분출 장치의 설치 목적을 4가지만 기술하시오.

해답
① 보일러수의 농축을 방지한다.
② 포밍이나 프라이밍 현상을 방지한다.
③ 스케일 및 슬러지 고착을 방지한다.
④ 보일러수의 pH를 조절하기 위하여 행한다.

문제 37
두 개 이상의 보일러에 보내는 급수를 1개의 절탄기로 예열하는 절탄기는?

해답 집중식 절탄기

문제 38
공기 예열기는 전열 과정에 따라 관류식(전열식)과 재생식이 있다. 관류식과 재생식의 공기 예열기를 하나씩 쓰시오.

해답
① 관류식 : 판형의 공기 예열기, 관형의 공기 예열기
② 재생식 : 융그스트롬

문제 39
증기압이 2MPa 이하인 경우에 주철관 절탄기가 많이 사용된다. 대표적인 것은 어느 것인가?

해답 그리인 절탄기

문제 40
인젝터의 정지 순서를 4단계로 쓰시오.

해답 핸들 닫고 → 증기 밸브 닫음 → 흡수 밸브 닫음 → 정지 밸브 닫음

참고 시동 순서는 정지 밸브(인젝터 출구용) → 흡수 밸브 → 증기 밸브 → 핸들 조작

문제 41
보일러마다 각각 부설되는 절탄기는?

해답 부속식 절탄기

문제 42
열교환기의 능률을 향상시키기 위한 방법 4가지를 쓰시오.

해답
① 유체의 유속을 적절하게 한다.
② 유체의 흐르는 방향을 향류로 한다.
③ 열교환기 입구와 출구의 온도차를 크게 한다.
④ 열전도율이 높은 재료를 사용한다.

문제 43
복사 난방의 패널 종류를 3가지만 쓰시오.

해답 ① 바닥 패널　② 천장 패널　③ 벽 패널

문제 44
방열기의 종류를 5가지만 쓰시오.

해답
① 주형 방열기
② 벽걸이 방열기
③ 길드 방열기
④ 대류 방열기
⑤ 관 방열기

제1편 에너지관리 설비 예상문제

문제 45
열교환기의 종류 4가지는?

해답 ① 소용돌이 열교환기　② 2중관식 열교환기
③ 플레이트 열교환기　④ 다관식 원통형 열교환기

문제 46
증기 과열기에서 전열 방식에 따른 종류 3가지를 쓰시오.

해답 ① 대류 과열기　② 복사 과열기　③ 복사 대류과열기

문제 47
보일러의 안전 장치 5가지를 쓰시오.

해답 안전 밸브, 고저수위 경보기, 화염 검출기, 방출 밸브, 가용 마개, 방폭문(이 중 5가지)

문제 48
절탄기와 공기 예열기를 설치하였을 때 발생되는 문제점 2가지를 쓰시오.

해답 ① 저온 부식의 원인이 된다.
② 통풍 저항이 유발된다.
③ 연도 등에서 청소가 어렵다.(이 중 2가지)

문제 49
다음 각 원리에 해당되는 스팀 트랩의 종류를 각각 2가지씩 쓰시오.
(1) 증기와 드레인의 비중차 이용
(2) 증기와 드레인의 온도차 이용
(3) 증기와 드레인의 열역학적 특성을 이용

해답 (1) 플로트, 버킷
(2) 바이메탈, 벨로스
(3) 오리피스, 디스크

문제 50

다음 문장의 (   ) 안에 적당한 말을 넣어 문장을 완결하시오.

보일러에는 보일러 본체, 과열기, 절탄기, 공기 예열기, 부속 장치, 부품 등으로 이루어져 있는데, 본체는 보일러 동(胴;drum) 또는 다수의 (①)으로 구성되어 있고, 연소 시 발생하는 열을 물에 전달하는 절연면은 열전달 방식에 따라 (②)와 (③) 전열면이 있으며, 노는 연료의 연소열을 발생하는 부분으로 연소 장치 및 (④)로 이루어져 있다.

해답   ① 관   ② 복사   ③ 접촉   ④ 연소실

문제 51

다음 (   ) 속에 알맞는 말을 쓰시오.

"보일러에 급수를 함에 있어 급수를 보일러수 전체로 분포시키기 위하여 (①)을 설치하며, 이것은 통상 보일러의 (②)보다 (③)cm를 낮게 설치한다."

해답   ① 급수 내관   ② 안전 저수위   ③ 5

제3장 보일러용량 및 열효율 계산

문제 1

정격 용량 3ton/hr인 보일러의 열출열(kcal/hr)을 구하시오.(단, 물의 증발잠열은 539kcal/kg이다.)

해답 보일러의 열출력(kcal/h) = 정격 용량(kg/h) × 539kcal/kg
= 3,000 kg/h × 539 kcal/kg = 1,617,000 kcal/h

참고 $3 \times 10^3 \times 2,256 \text{kJ/kg} = 6,768,000 \text{kcal/kg}$

문제 2

전열면적 481m²의 수관 보일러에서 발열량 25,368kJ/kg의 석탄을 매시 1,585kg 연소하여 압력 2.3MPa, 온도 339℃의 과열 증기를 매시 11,200kg 증발시킨다. 급수 온도가 23℃일 때 다음 사항을 구하시오.(단 1kcal=4.2kJ로 하며, 압력 2.3MPa, 온도 339℃의 과열 증기의 엔탈피는 3,116.82kJ, 100℃ 물의 증발열은 2,262.96kJ이다.)
(1) 기준 증발량(환산 증발량)(kg/hr)을 구하시오.
(2) 보일러 효율(%)을 구하시오.

해답 (1) $\dfrac{11,200 \times (3,116.82 - 23 \times 4.2)}{2,262.96} = 14,947.88 \text{kg/h}$

(2) $\dfrac{11,200 \times (3,116.82 - 23 \times 4.2)}{25,368 \times 1,585} \times 100 = 84.13\%$

참고 상당 증발량(kg/h) = $\dfrac{\text{시간당 증기 발생량(발생 증기 엔탈피} - \text{급수 엔탈피)}}{2,257}$

문제 3

취사에 5kg/h, 건조용에 10kg/h, 난방용에 25kg/h의 증기를 소모하는 보일러의 전열면 증발률이 20kg/m²h일 때 이 보일러의 전열면적은 얼마인가?

해답 전열면적(m²) = $\dfrac{\text{시간당 증기 발생량}}{\text{전열면의 증발률}}$
= $\dfrac{(5+10+25) \text{kg/h}}{20 \text{kg/m}^2 \text{h}} = 2\text{m}^2$

제3장 보일러용량 및 열효율 계산

문제 4
워싱턴 펌프의 물 실린더 단면적은 25cm²이고 증기 실린더의 단면적은 50cm²이다. 증기 압력이 0.46MPa일 때 토출 압력을 구하시오.

해답 워싱턴 펌프의 토출 압력 = $\dfrac{\text{증기 실린더 단면적}}{\text{물 실린더 단면적}} \times$ 증기 압력(kg/cm²)

$= \dfrac{50}{25} \times 0.46\text{MPa} = 0.92\text{MPa}$

문제 5
어느 보일러의 증발률이 20kg/m²·h일 때 접촉 전열면적은 얼마인가?(단, 복사 전열면적은 15m², 총제(실제) 증발량은 500kg/hr이다.)

해답 증발률 $= \dfrac{G_a}{F_r + F_c}$ 에서 (F_r: 대류, F_c: 복사)

$20 = \dfrac{500}{15 + F_c}$ ∴ $F_c = 10\text{m}^2$

문제 6
방열 유체의 유량, 비열, 온도차는 각각 6,000kg/h, 2.21858kJ/kg℃, 100℃이고 저온 유체(200kg/h)와의 사이의 전열에 있어서 열관류율 및 보정 대수 평균 온도차는 각각 837.2kJ/m²·h·℃, 30.4℃이었다. 전열면적은 얼마인가?(단, 전열에 있어서 손실은 없는 것으로 생각한다.)

해답 $Q = kF\Delta t_m$에서

$6{,}000 \times 2.21858 \times 100 = 200 \times F \times 30.4$

$F = \dfrac{Q}{K(\text{LMTD})} = \dfrac{6{,}000 \times 2.21858 \times 100}{837.2 \times 30.4} = 52.3\text{m}^2$

문제 7
외경 56.0mm, 내경 50.2mm, 길이 5,000mm의 수관을 100개 설치한 수관식 보일러가 있다. 전열면적은 몇 m²인가?(단, π는 3.14로 계산)

해답 $0.056 \times 3.14 \times 5 \times 100 = 87.92\text{m}^2$
수관의 전열면적 = $\pi \times$ 외경 × 길이 × 개수(m²)
$56.0\text{mm} = 0.056\text{m},\ 5{,}000\text{mm} = 5\text{m}$

문제 8
보일러 급수 펌프(원심)를 설치하고자 한다. 유량 Q : 0.5m³/min, 양정 H : 8m, 펌프 효율 η=60%일 때 소요 동력은 몇 kW인가?

해답 $\dfrac{0.5\text{m}^3/\text{min} \times 1,000\text{kg/m}^3 \times 8\text{m}}{60 \times 102\text{kg, m/sec, kW} \times 0.6} = 1.09\text{kW}$

문제 9
어떤 수관 보일러의 전열면적을 구하려고 하는데 다음과 같은 결과를 얻었다. 이때 전열면적을 구하시오.(소수점 이하 반올림)

〈결과〉
수관은 나관이며 수관의 외경은 50mm, 수관의 길이 7m, 수관은 모두 150개이었다.

해답 전열면적(S) = $\pi \times$ 외경(D) $\times$ 수관의 길이(l)
$S = \pi D l n = 3.14 \times 0.05 \times 7 \times 150 = 164.85\text{m}^2$
∴ $S = 165\text{m}^2$

참고 연관의 전열면적을 구하는 것을 생각하라.

문제 10
증기 압력은 0.6MPa, 급수량은 1,400kg/hr, 급수 온도는 30℃(125.58kJ/kg), 매시 연료 소비량은 1,200kg인 보일러의 증발 계수 및 상당 증발 배수를 구하시오.(단, 증기 압력 0.6MPa에서 포화증기 엔탈피는 2,754.388kJ/kg이며, 1기압 100℃에서 물의 증발잠열은 2,257kJ/kg이다.)

해답 증발 계수 = $\dfrac{\text{포화 증기 엔탈피} - \text{급수 엔탈피}}{2,257}$

$= \dfrac{2,754.388 - 125.58}{2,257} = 1.165$ ∴ 1.17

상당 증발 배수 = $\dfrac{1,400}{1,200} \times 1.17 = 1.36\text{kg/kg}$

참고 상당 증발 배수 = $\dfrac{\text{상당 증발량(kg/h)}}{\text{연료 소비량(kg/h)}} = \dfrac{1,400(2,754.388 - 125.58)}{2,257 \times 1,200} = 1.36\text{kg/kg}$

문제 11

보일러 성능 진단 결과 연료 1kg당 증기 발생량은 13.05kg이고, 사용 연료의 발열량은 41,370kJ/kg이다. 이때 건포화증기 엔탈피는 2,763.6kJ/kg이고, 증기 건도는 90%이며, 포화수의 엔탈피는 667.8kJ/kg일 때 이 보일러의 열효율을 구하시오.(단, 급수의 엔탈피는 189kJ/kg이다.)

해답
$$\frac{13.05\text{kg} \times \{667.8 + (2,763.6 - 667.8) \times 0.9 - 189\}\text{kJ/kg}}{1\text{kg} \times 41,370\text{kJ/kg}} \times 100 = 74.60\%$$

문제 12

어느 수관 보일러의 급수량이 1일 70ton이다. 급수중의 염화물의 농도는 15ppm이고 보일러수의 허용 농도는 400ppm이다. 다음 물음에 답하시오.
(1) 분출하는 양(ton)은 얼마인가?
(2) 분출량(%)은 얼마인가?

해답
(1) 분출량(ton/day)

$$= \frac{1일\ 급수\ 사용량(1-응축수\ 회수율) \times 급수\ 중의\ 불순물의\ 허용\ 농도}{관수\ 중의\ 불순물의\ 허용\ 농도 - 급수\ 중의\ 불순물의\ 허용\ 농도}$$

$$= \frac{70 \times 15}{400 - 15} = 2.727272 \quad \therefore\ 2.73\text{ton/day}$$

(2) 분출률(%) $= \dfrac{1일\ 분출량}{1일\ 급수\ 사용량} \times 100$

$$= \frac{급수\ 중의\ 불순물의\ 허용\ 농도}{관수\ 중의\ 불순물의\ 허용\ 농도 - 급수\ 중의\ 불순물의\ 허용\ 농도} \times 100$$

$$= \frac{15}{400 - 15} \times 100 = 3.90\%$$

또는, $\dfrac{2.73}{70} \times 100 = 3.90\%$

문제 13

급수량 50,000kg/hr의 물을 절탄기를 통해 60℃에서 90℃까지 높였다고 한다. 절탄기 입구 가스 온도가 340℃이면 출구 가스의 온도는 몇 ℃인가?(단, 배기가스량은 75,000kg/hr이고, 배기가스 비열은 1.05kJ/kg℃이며, 절탄기 효율은 80%이다.)

해답
$50,000 \times 1(90 - 60) = 75,000 \times 1.05(340 - x) \times 0.8$

$\therefore\ x = 340 - \dfrac{50,000 \times 1(90 - 60)}{75,000 \times 1.05 \times 0.8} = 240℃$

문제 14
60℃의 물 200kg과 100℃의 포화증기를 적당량 혼합하면 90℃의 물이 된다. 이때 혼합하여야 할 포화증기의 양은?(단, 100℃에서의 증발잠열은 539kcal/kg이다.)

해답 $200 \times 1 \times 60 + x(539+100) = (200+x)90$, $12,000 + 639x = 90x + 18,000$
$549x = 6,000$
$\therefore x = \dfrac{6,000}{549} = 10.93 \text{kg}$

문제 15
수평 연관 보일러의 연관의 바깥 지름은 75mm, 살의 두께는 4mm, 길이 5m인 관을 50개 설치한 경우에 연관부의 전열면적은?

해답 연관부 전열면적$(A) = 50 \times \pi \times \dfrac{75-8}{1,000} \times 5 = 52.6 \text{m}^2$

참고 연관의 전열면적은 내경이 기준이고 수관의 전열면적은 외경이 기준이다. 두께 4mm의 양쪽은 8mm이다. 1,000mm는 1m이다.

문제 16
용적 5m³의 용기에 20℃의 물이 가득차 있다. 1atm(표준대기압)에서 건포화증기(2,683.8kJ/kg)를 이용하여 20℃(84kJ/kg)의 물을 70℃(294kJ/kg)로 만들어서 급탕탱크에서 아파트로 온수를 공급하고자 하면 증기소비량은 몇 kg이 되는가?(단, 물의 비열은 4.2kJ/kg·℃이다.)

해답 물이 필요한 열량 $= 5 \times 1,000 \times 4.2 \times (294-84) = 1,050,000 \text{kJ}$
증기가 소비되는 열량 $= G \times (2,683.8 - 84)$
$\therefore G = \dfrac{1,050,000}{2,683.8 - 294} = 439.37 \text{kgf}$ (1kgf=9.8N, 439.37×9.8=4,305.80N)

문제 17
수관의 피치가 90mm인 수관식 보일러의 연소실 벽에 지름이 50mm, 길이가 4,500mm인 메인 휜패널형 수관이 80개 매입되어 있다. 이 수관군의 전열면적은 몇 m²인가?(단, 계수는 0.2이다.)

해답 전열면적 $= \left[\dfrac{\pi d}{2} + (w-b)a\right] \times l \times n \,(\text{m}^2)$
$= \left\{\dfrac{3.14 \times 0.05}{2} + (0.09 - 0.05)0.2\right\} 4.5 \times 80 = 31.14 \text{m}^2$

문제 18
증발률이 54kg/m²·hr이고 실제 증발량이 15t/hr인 보일러에서 복사 전열면적이 150m²라 할 때 접촉 전열면적은 몇 m²인가?

해답 접촉(대류) 전열면적$(F) = F_r = \dfrac{G_e}{g_a} = \dfrac{15,000}{54} = 277.8 \text{m}^2$

∴ $F = 277.8 - 150 = 127.8 \text{m}^2$

문제 19
20℃의 물 100kg을 1atm하에서 가열한 후 100℃의 건포화증기로 만들려면 소요열량은 몇 kcal가 필요한지 계산하시오.(단, 물의 비열은 4.186kJ/kg·K, 물의 증발잠열은 2,250kJ/kg로 한다.)

해답 물의 현열$(Q_1) = 100 \times 4.186 \times (100-20) = 33,488 \text{kJ}$

물의 증발열$(Q_2) = 100 \times 2,250 = 225,000 \text{kJ}$

∴ 총 소요열량$(Q) = 33,488 + 225,000 = 258,488 \text{kJ}$

문제 20
보일러 화실로 공급된 총 입열량이 1,500MJ/kg이고 수증기에 의한 배기가스 손실열량이 100MJ/kg, 방사열손실이 50MJ/kg이면 열손실법에 의한 보일러 효율은 몇 %인가?

해답 $\eta = \left(1 - \dfrac{\text{손실열량}}{\text{공급열량}}\right) = 1 - \dfrac{100+50}{1,500} = 0.9(90\%)$

문제 21
보일러 효율 75%에서 연료소비량이 100kg/h, 연료의 발열량이 24,000kJ/kg(고위발열량 26,000kJ/kg), 보일러 급수의 급수 엔탈피가 100kJ/kg, 증기엔탈피가 2,950kJ/kg일 때 이 보일러의 실제 증기발생량(kg/h)을 구하시오.(단, 열정산 기준은 고위발열량 기준으로 하고 보일러 압력은 15MPa이다.)

해답 $0.75 = \dfrac{S_w(2,950-100)}{100 \times 26,000}$

∴ 실제 증기발생량$(S_w) = \dfrac{0.75 \times (100 \times 26,000)}{2,950-100} = 684.21 \text{kg/h}$

제1편 에너지관리 설비 예상문제

문제 22
보일러 운전을 위하여 연간 한전으로부터 15,830MWh의 전기를 수전받아서 사용하였다. 에너지 총계상 석유환산계수는 전기의 경우 0.25이면 몇 toe를 소비한 것인가?

해답 $15,830 \times 0.25 = 3,957.5\,\text{toe}\,(3,957,500\,\text{kg})$

참고 $1\text{MWh} = 1,000,000\text{Wh} = 1,000\text{kWh}$

문제 23
최고 사용 압력 12kg/cm², 전열면적 280m²인 수관식 보일러에 설치한 스프링식 안전판의 합계 면적은 얼마인가?(단, 전열면적 1m²당의 최대 증발량은 50kg/hr인 저양정식이다.)

해답 수관식 보일러에는 스프링식 안전 밸브를 설치해야 하는데 안전 밸브의 면적은 보일러의 전열면적에 정비례하고 증기압에 반비례하며 최고 사용 압력이 1kg/cm²를 초과하는 증기 보일러의 안전 밸브 안전판의 총 면적은 다음 식에 의한다.

안전밸브 면적$(A) = \dfrac{22W}{103P+1} = \dfrac{22 \times 280 \times 50}{1.03 \times 12 + 1} = 23053.89\,\text{mm}^2$

안전밸브 분출량$(W) = \dfrac{(1.03P+1)}{22}AC(\text{kg/h})$ (저양정식으로 계산한 값)

문제 24
어느 공장의 보일러에서 진발열량이 41,160kJ/kg인 중유를 1일 8시간에 8kℓ를 사용하여 1MPa의 증기를 95,000kg 증발시켰다. 이때 급수 온도는 20℃(84kJ/kg)이고, 중유의 비중은 0.950이다. 보일러의 효율을 소수점 이하 2자리까지 계산하시오.(단, 1MPa의 전열량은 2,739.66kJ/kg이다.)

해답 보일러 효율$(\%) = \dfrac{\text{시간당 증기 발생량(발생 증기 엔탈피} - \text{급수 엔탈피)}}{\text{시간당 연료 소비량} \times \text{연료의 저위 발열량}} \times 100$

$= \dfrac{11,875(2,739.66 - 84)}{(1,000 \times 0.95) \times 41,160} \times 100 = 80.65\%$

문제 25
어느 보일러의 마력을 구하기 위하여 급수 및 발생 증기의 엔탈피를 측정한 값이 각각 $h_1 = 420\text{kJ/kg}$, $h_2 = 966\text{kJ/kg}$이었다. 실제 증발량이 $G = 4,500\text{kg/h}$일 때 이 보일러의 마력을 구하시오.(단, 증발열은 2,263.8kJ/kg이다.)

해답 보일러 마력$(\text{HP}) = \dfrac{\text{상당 증발량}}{15.65} = \dfrac{4,500 \times (966 - 420)}{2,263.8 \times 15.65} = 69.35(\text{HP})$

문제 26
다음과 같은 〈조건〉일 때의 보일러 효율을 구하시오.

〈조건〉
- 급수량 : 10,638kg/h
- 급유량 : 860l/h
- 증기 열량 : 2,762.76kJ/kg
- 급수 온도 : 13.5℃ (56.7kJ/kg)
- C중유의 비중 : 0.916
- C중유의 저위발열량 : 41,160kJ/kg

해답

$$보일러\ 효율(\%) = \frac{시간당\ 증기\ 발생량(발생\ 증기\ 엔탈피 - 급수\ 엔탈피)}{시간당\ 연료\ 소비량 \times 연료의\ 저위\ 발열량} \times 100$$

$$\eta = \frac{10,638(2,762.76 - 56.7)}{860 \times 0.916 \times 41,160} \times 100 = 88.78\%$$

문제 27
실제 증발량이 14,000kg/h인 보일러의 전열면적은 500m²이다. 이 보일러의 증발률을 구하시오.

해답

$$전열면\ 증발률 = \frac{실제\ 증발량}{전열\ 면적} = \frac{14,000}{500} = 28\text{kg/m}^2 \cdot \text{h}$$

문제 28
보일러 동체 안지름이 1,300mm, 동판의 두께가 12mm, 길이가 4,200mm인 코르니시 보일러의 전열면적(m²)을 구하시오.

해답

코르니시 보일러의 전열면적 = 3.14 × 외경 × 길이
$$H_s = 3.14 \times (1.3 + 0.012 \times 2) \times 4.2 = 17.4609 \quad \therefore\ 17.46\text{m}^2$$

문제 29
압력 0.5MPa에서 건조도 0.95인 증기를 이용하여 시간당 보일러용수 2.5톤을 25℃에서 80℃로 예열하고자 한다. 이때 발생하는 응축수량은 몇 kg/h인가?(단, 증기는 잠열만 사용되고 포화증기 엔탈피 : 654kcal/kg, 포화수 엔탈피 154kcal/kg이다.)

해답

증발잠열(r) = 654 − 154 = 500kcal/kg
$$2.5 \times 1,000 \times 1 \times (80 - 25) = G \times 0.95 \times 500$$
$$\therefore\ G = \frac{137,500}{475} = 289.47\text{kg/h}$$

문제 30
연소용 공기예열기에서 배기가스는 입구온도 350℃에서 출구온도 200℃로 열교환되고 3,000 Nm³/h의 배기가스가 방출하여 10℃의 물 500kg/h을 가열하면 압력 0.5MPa의 증기(엔탈피 2,750kJ/kg)가 된다. 배기가스 평균비열이 6kJ/kg·℃일 때 예열기 통과 배기가스량의 열손실은 몇 kJ/h인가?(단, 물의 비열은 4.18kJ/kg·℃)

해답 배기가스 현열 = 6×3,000×(350−200) = 2,700,000kJ/h
증기발생열 = 500×(2,750−10×4.18) = 1,354,100kJ/h
∴ 손실열량(Q) = 2,700,000 − 1,354,100 = 1,345,900kJ/h

문제 31
B-C유 120kg/h을 사용하는 보일러의 증기압력이 1MPa이고, 급수온도 60℃, 매시 증기발생량이 1,450kg/h일 때 보일러 효율(%)을 구하시오.(단, 중유의 저위발열량은 40,950kJ/kg, 증기의 엔탈피는 2,768kJ/kg, 급수엔탈피는 252kJ/kg이다.)

해답 보일러 효율 = $\dfrac{G_s \times (h_2 - h_1)}{G_t \times Hl} \times 100 = \dfrac{1,450 \times (2,768 - 252)}{120 \times 40,950} \times 100 = 71.59\%$

문제 32
고압(1MPa) 증기보일러에서 증기사용량 1,500kg/h을 플래시탱크(재증발증기탱크)로 이송하여 에너지 소비량을 감소시키고자 플래시탱크 내 증기압력을 0.1MPa로 할 경우 재증발증기탱크에서 회수가 가능한 재증발증기량은 몇 kg/h인가?(단, 증기압력 1MPa에서 포화수엔탈피는 180kcal/kg, 증기압력 0.1MPa에서 포화수엔탈피는 105.5kcal/kg, 증기 0.1MPa에서 증기엔탈피는 639kcal/kg이다.)

해답 포화수 엔탈피차 = 180 − 105.5 = 74.5kcal/kg
0.1MPa에서 증발잠열 = 639 − 105.5 = 533.5kcal/kg
∴ 재증발증기량 = $1,500 \times \dfrac{74.5}{533.5} = 209.47$kg/h

문제 33
압력 1MPa, 온도 400℃의 과열 증기 50kg에 온도 20℃의 물을 주입할 경우 이 압력에서 건도 98%의 습증기가 되었다고 할 때 주입 수량은?(단, 1MPa, 온도 400℃의 과열 증기의 엔탈피는 3,276kJ/kg이며 1MPa에서 포화수 엔탈피 및 증발열은 760.2 및 2,024.4kJ/kg)

해답 주입 수량을 x kg이라 하면 과열 증기와 물이 가진 엔탈피의 합은 혼합 후의 엔탈피와 같아야 하므로(1kcal=4.2kJ로 본다.)
$50 \times 3,276 + x \times 1 \times 20 \times 4.2 = (50+x)(760.2 + 0.98 \times 2024.4)$
$163,800 + 84x = (50+x) \times 2,744.28$
∴ 주입수량(x) $= \dfrac{26,594.4}{2,660.28} = 10.0$ kg

문제 34
압력 1.6MPa, 온도 200℃에서 포화수의 엔탈피가 856.5kJ/kg, 포화증기의 엔탈피가 2,801.4 kJ/kg이다. 같은 온도에서 건도가 0.9인 습증기의 엔탈피는?

해답 습포화증기 엔탈피(h) $= 856.8 + 0.9(2,801.4 - 856.8) = 2,606.94$ kJ/kg

문제 35
플래시탱크(재증발증기탱크)에서 재증발증기를 이용하여 보일러용 급수를 60℃에서 85℃로 승온시켜서 공급하고자 한다. 이 경우 연료절감률은 몇 %인가?(단, 증기압력 10.5bar에서 증기 엔탈피가 690.55kcal/kg, 물의 비열은 1kcal/kg · ℃이다.)

해답 연료절감률 $= \dfrac{(85 \times 1) - (60 \times 1)}{690.55 - (60 \times 1)} \times 100 = \dfrac{25}{630.55} \times 100 = 3.96\%$

문제 36
스크루 냉동기의 성적계수(COP) 산정식을 쓰시오.(단, 1kW-h=860kcal이다.)

해답 $\text{COP} = \dfrac{(냉각수량 \times 냉각수 비열) \times 냉각수\ 입출구\ 온도차 - 압축기\ 일당열량}{입력전력 \times 860}$

제1편 에너지관리 설비 예상문제

문제 37
어느 난방용 증기 보일러의 상당 방열 면적은 1,200m²이다. 증기의 증발잠열이 535kcal/kg이고 증기 배관 내의 응축수량은 방열기 내 응축수량의 20%로 할 때 시간당 응축수량을 구하시오.

해답 증기 보일러 전 장치 내 응축수량(kg/h)

$= \dfrac{650}{\text{잠열}} \times \text{상당 방열 면적} \times \text{증기 배관 내 응축수량}$

$= \dfrac{650}{535} \times 1,200 \times 1.2 = 1,749.53271$

∴ 1,749.53kg/h

참고 $650 \text{kcal}/\text{m}^2\text{h} = 0.76 \text{kW}/\text{m}^2$

문제 38
다음 ( ) 안에 적당한 용어(혹은 숫자)를 쓰시오.
(1) 보일러 마력은 1시간당 (①)kg/h의 (②)을 갖는 능력을 말한다.
(2) 1보일러 마력은 압력 (①)atg하에서 37.8℃의 급수에서 1시간당 (②)kg의 비율로 (③)를 발생하는 능력을 말하며, kcal/hr의 단위로는 (④)의 값을 갖는다.

해답
(1) ① 15.65
② 상당 증발량
(2) ① 4.9kg/cm²
② 13.6
③ 증기
④ 8435.35

문제 39
최고 사용 압력이 3kg/cm²·g의 증기 건도 X가 0.977일 때 이 증기의 엔탈피(h_x)를 산출하는 계산식을 세우고 소수점 이하 첫째자리까지 구하시오.(단, 3.8kg/cm²·g 습증기의 포화수 엔탈피 $i' = 150.5$kcal/kg, 3.8kg/cm²·g, 물의 잠열 $r = 504.9$kcal/kg)

해답 발생 증기 엔탈피(kcal/h) = 포화수 엔탈피 + 증발잠열 × 건조도
$= 150.5 + 0.977 \times 504.9$
$= 643.8 \text{kcal/kg}$

문제 40
그림과 같은 노냉수벽의 전열면적은?(단, 수관의 바깥 지름 30mm, 수관의 길이 5m, 수관의 수 200개)

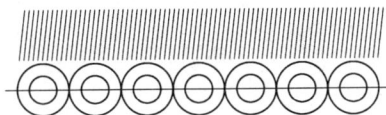

해답 매입 스페이스 튜브형 전열면적(HS)

$$HS = \frac{\pi}{2} d \cdot L \cdot n \,(\text{m}^2), \quad \frac{3.14}{2} \times 0.03 \times 5 \times 200 = 47.1 \text{m}^2$$

문제 41
냉동기 성적계수(COP) 계산식을 3가지만 쓰시오.(단, $T_1 > T_2$, Q : 고열원 열량, Q_2 : 저열원 열량이다.)

해답
① $COP = \dfrac{Q_2}{W}$

② $COP = \dfrac{Q_2}{Q_1 - Q_2}$

③ $COP = \dfrac{T_2}{T_1 - T_2}$

④ 히트펌프 COP = 냉동기 COP + 1

문제 42
방열기에 0.5kg/cm²의 증기를 사용했을 때 1m²당 방열량을 표를 참고하여 구하면?(단, 실온은 18.5℃, 0.5kg/cm²의 증기의 포화 온도는 80.8℃이다.)

【 주철제 방열기의 표준 방열량 】

열 유체	표준 방열량 (kcal/m²h)	표준 상태에 있어서의 온도	
		열 유체의 온도	방안 공기 온도
증기	650	증기 온도 102℃	18.5℃
온수	400	온수의 평균 온도 77℃	18.5℃

해답 보정 계수 $C_s = \left(\dfrac{102 - 18.5}{80.8 - 18.5}\right)^{1.3} = 1.46$

∴ 실제 방열기 방열량$(q) = \dfrac{q_0}{C_s} = \dfrac{650}{1.46} = 445.20 \text{kcal/m}^2 \cdot \text{h}$

제1편 에너지관리 설비 예상문제

문제 43

중유를 연소시키는 노통 연관식 보일러를 실험한 결과, <보기>와 같은 결과를 얻었다. 보일러의 효율을 구하시오.

<보기>
- 증기 압력 : 0.7MPa
- 증발량 : 2,500kg/h
- 중유 사용량 : 250*l*/h
- 중유의 비중 : 0.95
- 증기 엔탈피 : 2,772kJ/kg
- 급수 온도 : 28℃(117.6kJ/kg)
- 중유의 저위발열량 : 37,800kJ/kg

해답 $\dfrac{2,500 \times (2,772 - 117.6)}{250 \times 0.95 \times 37,800} \times 100 = 73.92\%$

참고 $250 l/\text{h} \times 0.95\,\text{kg}/l = 237.5\,\text{kg/h}$

문제 44

포화 수증기를 사용하는 열교환기를 이용하여 매 시간 10,000kg의 공기를 20℃부터 60℃로 가열한다. 열교환기의 수증기와 열관류율이 200kcal/m²·hr·℃로 알려져 있을 때 필요한 면적은?(단, 평균 온도차는 120℃, 공기 비열은 0.24kcal/kg·℃)

해답 $F = \dfrac{Q \times C \times 온도차}{평균\,온도차 \times K}$ 에서 $\dfrac{10,000 \times 0.24 \times 40}{120 \times 200} = 4\,\text{m}^2$

문제 45

보일러의 증발량이 1일 50m³, 급수중의 전 고형물 농도를 150ppm, 보일러수의 허용 농도를 2,000ppm이라 하면 하루에 분출량은 몇 m³인가?(단, 응축수 회수는 없다.)

해답 $\dfrac{50 \times 150}{2,000 - 150} = 4.05\,\text{m}^3/일$

문제 46

보일러(Boiler) 전열면에서 연소가스가 1,300℃로 유입하여, 300℃로 나가고, 보일러수의 온도는 210℃로 일정하며, 열관류율은 0.042kW/m²·K이다. 이때 단위 면적당의 열교환량은 몇 kW/m²인가?(단, ln12.1=2.5)

해답 $Q = K \cdot F \cdot \text{LMTD}$ 에서 $\text{LMTD} = \dfrac{1{,}090 - 90}{2.5} = 400℃$

∴ $Q = 0.042 \times 400 = 69.77 \text{kW/m}^2$

참고 $1{,}300℃ - 210℃ = 1{,}090℃$, $300℃ - 210℃ = 90℃$

문제 47

압력 3.0kg/cm²의 포화증기를 압력 0.5kg/cm²까지 팽창시키는 터빈이 있다. 이때의 증기 유량은 15T/H 터빈 출구의 증기 건도는 93%라 하면 터빈에서 얻어지는 출력은 몇 kW인가?(각 압력에서의 엔탈피는 표를 참조하시오.)

압력 (kg/cm²)	엔탈피(kcal/kg)	
	포화수	포화증기
3.0	–	650.6
0.5	70	631.8

해답 터빈 출구의 증기 엔탈피 $h_2 = 70 + 0.93(631.8 - 70) = 592.474 \text{kcal/kg}$

출력 $= \dfrac{15{,}000(650.6 - 592.474)}{860} = 1013.8245$

∴ 1013.82kW

문제 48

압력 1.6MPa, 온도 200℃에서 포화수의 엔탈피가 204kcal/kg, 포화증기의 엔탈피가 667 kcal/kg이다. 같은 온도에서 건도가 0.9인 습증기의 엔탈피는 몇 kcal/kg인가?

해답 $h = h' + x(h'' - h')$ 에서

$h = 204 + 0.9(667 - 204) = 204 + 0.9 \times 463 = 621 \text{kcal/kg}(2{,}599.506 \text{kJ/kg})$

문제 49

엔탈피가 750kcal/kg인 과열 증기가 노즐에 저속으로 들어가 출구에서 720kcal/kg으로 나갈 때 출구에서의 수증기 속도는?(단, 1kcal=427kgf·m이다.)

해답 $W = \sqrt{2gJ(h_1 - h_2)} = 91.5\sqrt{h_1 - h_2}$

$= 91.5\sqrt{750 - 720} = 91.5\sqrt{30} = 501.17 \text{m/sec}$

문제 50
스타트의 온 둘레가 연소가스에 접촉되어 있는 주철 보일러에서 전열면적을 구하시오.(단, 스타트가 없는 경우의 전열면적이 5m²이고 스타트 측면의 면적의 합은 2m²라고 할 것)

해답 전열면적＝스타트가 없는 경우의 전열면적＋0.15 × 스타트 측면의 면적의 합
$= 5 + 0.15 \times 2 = 5.3 \text{m}^2$

문제 51
어떤 목재 회사에서 파목이 매시간 335kg 나온다. 이것을 전부 연료로 사용할 경우 보일러 용량(kg/h)은 얼마로 할 수 있는가?(단, 파목의 저발열량은 18,060kJ/kg, 보일러 효율은 75%이다.)

해답 $\dfrac{335 \times 18,060 \times 75}{2,263.8 \times 100} = 2,004.4063$ ∴ 2,004.41kg/h

참고 물의 증발열＝2,263.8kJ/kg로 두면
$\dfrac{335 \times 18,060 \times 0.75}{2,263.8} = 2,004.41 \text{kg/h}$

문제 52
보일러의 용량을 표시하는 데는 여러 가지가 있다. 그 중에서 환산 증발 배수와 증발 계수를 간략하게 식으로 표시하시오.(단, 100℃의 포화수가 100℃의 증기로 변할 시 증발잠열은 2,256 kJ/kg이다.)

해답
① 환산 증발 배수＝$\dfrac{\text{상당 증발량}}{\text{매시 연료 소비량}}$ (kg/kg)
② 증발 계수＝$\dfrac{\text{증기 엔탈피} - \text{급수 엔탈피}}{2,256}$

문제 53
Drum(드럼)의 두께가 9mm이고 내경이 4,000mm, Drum의 길이가 5,500mm인 랭커셔 보일러의 전열면적(m²)은 얼마인가?(단, 답은 소수 첫째자리에서 반올림)

해답 랭커셔 보일러의 전열면적$(A) = 4 \times$ 외경$(D) \times$ 동의 길이(L)
$= 4 \times (4\text{m} + 0.009\text{m} \times 2) \times 5.5\text{m} = 88\text{m}^2$

제4장 보일러 연소 이론 및 집진장치

문제 1
액체 연료 연소 장치인 고압 기류식 분무 버너에 대한 물음에 답하시오.
(1) 고압 기류 매체 2가지를 쓰시오.
(2) 유량 조절 범위는?(좁다, 넓다, 중간이다)
(3) 유체와 연료와의 혼합 장소에 따라 2가지를 쓰시오.

해답
(1) 공기, 증기
(2) 넓다.
(3) 내부 혼합식, 외부 혼합식

문제 2
다음의 배기가스에 의한 열손실을 판단하는 방법 3가지를 쓰시오.

해답
① 배기가스 성분으로 판단
② 노 내 온도로 판단
③ 배기가스 온도를 측정하여 판단

문제 3
기체 연료, 고체 연료, 액체 연료의 연소 방식을 2가지씩 쓰시오.

해답
① 기체 연료 : 확산 연소 방식, 예혼합 연소 방식
② 고체 연료 : 화격자 연소 방식, 미분탄 연소 방식, 유동층 연소 방식
③ 액체 연료 : 기화 연소 방식, 무화 연소 방식

문제 4
보일러의 연소용 공기량의 과부족 현상을 판단하는 방법 3가지를 쓰시오.

제1편 에너지관리 설비 예상문제

해답
① 화염의 색으로 판단
② 배기가스 성분으로 판단
③ 노 내 온도로 판단
④ 배기가스 온도를 측정하여 판단(이 중 3가지)

문제 5
기체의 연료 연소 장치에서 예혼합(예열 혼합) 방식 3가지를 버너 종류에 따라 구분하여 쓰시오.

해답
① 저압 버너
② 고압 버너
③ 송풍 버너

문제 6
수분용(水焚用) 화격자의 종류를 4가지 쓰시오.

해답
① 고정 수평 화격자   ② 중공 화격자
③ 가동(요동) 화격자   ④ 계단식 화격자

문제 7
연료로서 중유를 사용할 때 여러 목적 때문에 각종 첨가제를 가하는 경우가 있다. 주된 첨가제와 그 사용 목적을 다음 <보기>의 빈칸에 적으시오.

<보기>

첨가제	사용 목적
연소 촉진제	분무를 양호하게 한다.
①	
②	
③	

해답

① 슬러지 안정제	슬러지의 생성을 방지한다.
② 탈수제	수분을 분리한다.
③ 회분 개질제	회분 중 융점을 높여 고온 부식을 방지한다.

제4장 보일러 연소 이론 및 집진장치

문제 8
고체 연료의 발열량 측정 방법 3가지를 쓰시오.

해답
① 열량계에 의한 방법
② 원소 분석에 의한 방법
③ 공업 분석에 의한 방법

문제 9
연소의 3요소를 쓰시오.

해답 가연물, 점화원, 산소 공급원

문제 10
보일러 보염 장치로서, 다음 설명에 해당하는 것의 명칭을 쓰시오.
(1) 버너 슬로트를 구성하는 내화재로서 그 형태에 따라 분무 각도도 변화하고, 노 내에 분사되는 연료와 공기의 분포 속도 및 흐름의 방향을 최종적으로 조정하는 것은?
(2) 노 내에 분사된 연료에 연소용 공기를 유효하게 공급하여 연소를 도우며, 화염의 안정을 도모하기 위하여 공기류를 적당히 조정하는 장치는?

해답 (1) 버너 타일   (2) 스태빌라이저

문제 11
다음 ( ) 안에 옳은 것을 골라 쓰시오.
액체 또는 고체 연료가 공기 중에 가열되었을 때, 주위로부터 불씨 접촉없이 스스로 불이 붙는 최적의 온도를 ①(인화점, 발화점)이라 하며, 그 온도는 발열량이 ②(낮을, 높을)수록, 분자 구조가 ③(복잡, 간단)할수록, 산소 농도가 ④(진할, 옅을)수록, 압력이 ⑤(낮을, 높을)수록 높아진다.

해답 ① 발화점 ② 낮을 ③ 간단 ④ 옅을 ⑤ 낮을

문제 12
서비스 탱크에 설치되는 부속 장치를 5가지만 쓰시오.

해답 온도계, 액면계(유면계), 통기관(배기관), 가열관, 기름 분출관(배유관), 오버플로관, 플로트 스위치, 송유관, 드레인 배기 밸브(이 중 5가지)

문제 13
유류용 보일러의 연료 계통에서 여과기를 설치해야 하는 곳을 3개소 쓰시오.

해답 급유 배관의 유량계 입구, 기름 펌프의 입구, 오일 프리 히터 입구

문제 14
다음 그림은 석탄의 화격자 연소 시 화층을 나타낸 것이다. ①, ②, ③, ④ 층의 명칭을 쓰시오.

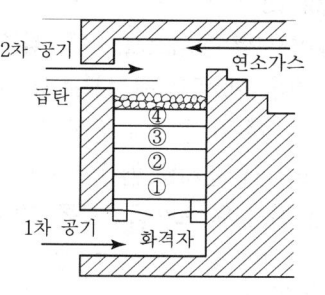

해답
① 회층
② 산화층
③ 환원층
④ 건류층

문제 15
회전식 버너의 특징을 3가지만 쓰시오.

해답
① 기름은 보통 0.3kg/cm² 정도로 가압하여 공급하여야 한다.
② 유량 조절 범위가 넓다.
③ 기름의 점도가 커지면 충분한 무화가 곤란해진다.
④ 분무 각도는 공기 분사구의 유속 또는 안내깃을 바꾸어 40~80° 범위로 변화할 수 있어 넓은 각으로 된다.(이 중 3가지)

문제 16

다음 ( ) 안에 알맞은 답을 쓰시오.

연료 중 (①) 성분이 연소되면 이산화탄소가 발생하며 유입 공기가 (②)을(를) 넘으면 연소 배출 가스에 공기가 들어가기 때문에 CO_2%는 감소한다. 또한 연료에 도입되는 공기량의 (③), (④), (⑤)에 따라서 CO_2%를 도시하면 상승, 최대, 하강과 같은 산형 (⑥)이 나타난다.

해답
① 탄소　　② 이론 공기　　③ 부족
④ 최적량　⑤ 과잉　　　　⑥ 곡선

문제 17

기체 연료를 저장하는 가스 홀더(Gas Holder)의 종류를 3가지 쓰시오.

해답　① 유수식 홀더　　② 무수식 홀더　　③ 고압 홀더

문제 18

보일러에 사용하는 중유는 예열하여 사용한다. 이때 예열 온도가 너무 높으면 어떤 문제점(단점)이 있는지 3가지만 쓰시오.

해답
① 기름의 분해가 발생한다.
② 탄화물이 생성된다.
③ 분무 상태가 불량해진다.
④ 연료 소비가 증가한다. (이 중 3가지)

문제 19

연료에 관한 다음 설명에 해당되는 용어를 쓰시오.
(1) 공기의 존재하에 가열된 연료 자체가 외부의 점화원 없이 불꽃을 일으키는 온도
(2) 외부에서 불꽃을 가했을 때 불이 붙는 최저의 온도
(3) 가연성 물질이 공기 중의 산소와 혼합하여 연소할 경우에 필요한 혼합 가스의 농도 범위

해답
(1) 착화점
(2) 인화점
(3) 폭발 범위

문제 20
전수분을 측정할 때 석탄의 경우 몇 도 정도 가열 건조시키는가?

해답 107±2℃

참고 코크스는 150±5℃로 가열 건조한다.

문제 21
액체 연료의 연소 형태를 2가지만 쓰시오.

해답 ① 증발 연소 ② 분해 연소

문제 22
고체 연료의 입도에 따른 연소 방식을 3가지만 쓰시오.

해답 ① 화격자 연소 방식 ② 미분탄 연소 방식 ③ 세분탄 연소 방식

문제 23
미분탄 연소에서 화로 구조 및 화염의 형상에 따른 연소 방식을 4가지만 쓰시오.

해답
① U자형 연소 방식
② L자형 연소 방식
③ 우각 연소 방식(모퉁이 연소 방식)
④ 사이클론 연소 방식(슬래그 탭 연소 방식)

문제 24
액체 연료의 연소 시 증발식 버너를 3가지만 쓰시오.

해답
① 포트형 버너
② 심지형 버너
③ 월플레임형 버너

문제 25
시료 석탄 약 1g을 107±2℃의 항온 건조기에 넣고 60분 동안 가열하였을 때의 감량을 시료에 대한 백분율로 나타낸 것은 석탄의 무엇을 가리키는가?

해답 수분(%)

문제 26
수관식 보일러에서 화염 진행 방향의 조절을 위하여 설치되는 배플(화염 방해판)인 배플링의 설치시 이점 3가지를 쓰시오.

해답
① 노 내의 어느 한 부분이 국부적으로 과열되는 것을 방지한다.
② 노 내 연소가스의 체류 시간을 연장할 수 있어 전열 효율을 높일 수 있다.
③ 화염의 방향을 원하는 곳으로 보낼 수 있다.

문제 27
보일러에서 연소 시 슈트 블로(Soot Blow)를 실시한 후 그 효과를 알아보는 방법 중 가장 중요한 사항에 대하여 한 가지만 간략하게 쓰시오.

해답 배기가스 온도 측정

문제 28
석탄의 연소 특성 중 점결성에 대해서 간단히 설명하시오.

해답 석탄이 350℃ 부근에서 연화 용융되었다가 450℃ 부근에서 다시 굳어지는 성질을 말한다.(특히 역청탄)

문제 29
연료의 무화에 필요한 조건 5가지를 쓰시오.

해답
① 연료의 점도   ② 연료의 분무압   ③ 연료의 온도
④ 연료의 표면 장력   ⑤ 노즐의 구경

문제 30
층 내에서 불의 이동과 공기의 흐름이 반대이며 착화가 어려운 석탄에 적합치 않은 기계적인 스토커는?

해답 하입식 스토커

문제 31
산포식 스토커의 산포 방법 3가지는?

해답
① 공기 분무식
② 증기 분무식
③ 회전 셔블식

문제 32
다음 물음의 ( ) 안을 채우시오.
(1) 석탄의 수분 정량법은 시료 (①)g을 건조기에서 (②)℃까지 (③)분간 가열하여 건조시켰을 때의 감량을 시료에 대한 백분율로 표시한다.
(2) 석탄의 휘발분 정량법은 시료 (④)g을 노 내에 넣고 (⑤)℃로 (⑥)분간 가열한다.

해답
① 1　　② 107±2　　③ 60
④ 1　　⑤ 925±20　　⑥ 7

문제 33
연료의 분석비는 공업 분석과 원소 분석이 있다. 이 중 원소 분석의 6성분을 쓰시오.

해답 탄소(C), 수소(H), 산소(O), 유황(S), 질소(N), 인(P)

문제 34

다음의 ( ) 안에 적당한 용어 혹은 숫자를 기입하시오.
(1) 공기 분무식 버너로 중유를 분무시키는 데는 (①)kg/cm²의 고압 증기를 사용하는 것과 (②)kg/cm²의 저압 공기를 사용하는 것이 있으며 공기와 중유의 혼합 방식도 (③)과 (④)이 있다. 고압식에서는 일반적으로 이론상 필요한 공기량의 (⑤)%, 저압식에서는 (⑥)% 정도의 공기가 쓰인다.
(2) 연소가스 분석에서 가스 1차 필터, (①) 2차 필터를 통과하여 분석기에 들어가도록 채취한다. 1차 필터는 제진성이 좋은 (②) 소결 금속 등의 내열성 필터를 사용하고 2차 필터는 솜, (③) 등이 사용된다.

해답
(1) ① 2~7   ② 0.05~0.2   ③ 외부 혼합식
    ④ 내부 혼합식   ⑤ 7~12   ⑥ 30~50
(2) ① 가스 냉각기   ② 카보런덤 및 알런덤   ③ 유리솜, 석면

문제 35

석탄을 분류할 때의 4가지 항목을 쓰시오.

해답
① 발열량   ② 입도
③ 점결성   ④ 연료비

문제 36

고압 기류식 버너에 대한 다음 물음에 답하시오.
(1) 분무 각도는 약 (   ) 정도이다.
(2) 무화 압력은 (   )kg/cm² 정도로 충분하다.
(3) 조절비는 (   ) 정도이다.
(4) (   )이 외부 혼합식에 비하여 양호하다.
(5) 연소 시 (   )이 많은 결점이 있다.

해답
(1) 30°   (2) 2~7   (3) 1:10
(4) 내부 혼합식   (5) 소음

문제 37

다음 ( ) 안에 알맞은 답을 쓰시오.

석탄의 저장 시 석탄을 두텁게 쌓으면 풍화되어 천천히 타는 현상을 (①)라 하며, 석탄이 풍화 작용을 하면 (②)과 (③)이 감소하고 (④)이 저하된다.

해답
① 자연 발화 ② 점결성
③ 휘발분 ④ 발열량

문제 38

미분탄 연소 장치 중 사이클론 연소실의 연소 범위는 얼마인가?

해답 1,600~1,750℃

문제 39

슬래그 탭 연소 시의 장점 3가지를 쓰시오.

해답
① 적은 공기비로 연소시킬 수 있다.
② 고온도의 연소가스를 얻을 수 있다.
③ 배기가스에 의한 연소실이 적다.

문제 40

연료의 연소 과정에서 일산화탄소, 슈트(Soot), 분진 등의 발생 원인을 5가지만 간략하게 쓰시오.

해답
① 공기량 부족
② 무리하게 연소할 때
③ 연료 속에 회분이 과다할 때
④ 연소실 용적이 작을 경우
⑤ 연료의 예열 온도가 너무 낮을 경우

문제 41

산포식 스토커의 연료 투탄 방법 3가지를 쓰시오.

해답 ① 회전 셔블식 ② 압축 공기식 ③ 증기 분사식

문제 42
액체 연료의 연소 시 무화 방법을 4가지 쓰시오.

해답
① 이류체 무화식
② 회전 이류체 무화식
③ 충돌 무화식
④ 유압 무화식

문제 43
석탄은 점결성에 의하여 3가지로 구분할 수 있다. 그 분류를 3가지 쓰고, 각 분류에 속하는 석탄의 명칭을 한 가지씩 쓰시오.

해답
① 강점결성 : 고도 역청탄
② 약점결성 : 저도 역청탄, 반역청탄
③ 비점결성 : 무연탄, 갈탄, 반무연탄

문제 44
연소 기구 중에서 보염기의(에어 레지스터) 종류를 3가지만 쓰시오.

해답 ① 윈드 박스 ② 버너 타일 ③ 콤버스트

문제 45
미분탄의 최대 입도는 몇 메시(mesh) 정도인가?

해답 200mesh

문제 46
연소 상태를 판정하는 데 사용되는 계측기 3가지를 쓰시오.

해답 온도계, 통풍계, 가스 분석계

문제 47
석탄이 풍화 작용을 받았을 때 어떻게 변질되는지 그 현상을 3가지 쓰시오.

해답
① 석탄 고유의 광택이 없어진다.
② 표면적이 적색으로 된다.
③ 분탄으로 된다.
④ 발열량이 감소한다.(이 중 3가지)

문제 48
다음은 액체 연료 연소 장치인 버너에 대하여 설명한 것이다. 각 설명에 해당되는 버너의 명칭을 쓰시오.
(1) 연료유 자체를 가압하여 노즐로부터 분출시켜 무화시키는 버너
(2) 고압의 공기 또는 증기를 사용하여 이들의 고속류에 의하여 중유를 무화시키는 버너
(3) 고속으로 회전하는 컵(cup)을 이용하여 중유를 무화시키는 버너

해답
(1) 유압식 버너
(2) 고압 기류식 버너
(3) 회전식 버너

문제 49
액체 연료의 연소 장치에서 다음 설명에 해당하는 중유 버너 명칭을 쓰시오.
(1) 고압의 증기 및 공기 또는 저압의 공기를 이용하여 무화시키는 버너
(2) 연료유를 가압하여 노즐을 이용 분출 무화시키는 버너
(3) 분무컵을 고속 회전시켜 무화시키는 버너

해답
(1) 기류 분무식 버너   (2) 유압식 버너
(3) 회전식 버너

문제 50
연료의 연소 시 연소 온도를 높게 하기 위한 조건을 4가지 쓰시오.

해답
① 완전 연소를 시킨다.   ② 발열량이 높은 연료를 사용한다.
③ 공기를 예열시킨다.   ④ 공기비를 낮춘다.

제4장 보일러 연소 이론 및 집진장치

문제 51
중유 연소 시 버너팁이나 노벽 등에 탄화물이 생성할 경우가 있다. 그 원인을 3가지 쓰시오.

해답
① 분무 불균일 ② 공기량 부족
③ 기름에 카본 양 과다 ④ 예열 온도가 높음(이 중 3가지)

문제 52
고체 연료의 발열량 측정 방법 3가지를 쓰시오.

해답
① 공업 분석에 의한 방법
② 원소 분석에 의한 방법
③ 열량계에 의한 방법

문제 53
고체 연료의 연소 방식에는 크게 (①) 연소 방식, (②) 연소 방식, (③) 연소 방식이 있다. ( ) 속에 알맞은 말을 넣으시오.

해답 ① 화격자 ② 미분탄 ③ 유동층

문제 54
고체 연료를 연소시킬 때 입도에 따른 연소 방식 3가지를 쓰시오.

해답 ① 화격자 연소 ② 미분탄 연소 ③ 세분탄 연소

문제 55
다음 설명에 해당되는 연소의 종류(형태)를 쓰시오.
(1) 목탄이나 코크스 등 휘발분이 없는 고체 연료의 연소
(2) 석탄이나 장작, 중유 등과 같이 연소 초기에 화염을 발생하는 연소
(3) 휘발도가 높거나 비점이 낮아져 연료의 표면으로부터 증기가 발생하여 발열하는 연소

해답
(1) 표면 연소
(2) 분해 연소
(3) 증발 연소

문제 56
기체 연료의 대표적인 단점을 3가지 쓰시오.

해답
① 취급에 위험이 많다. ② 가격이 비싸다.
③ 설비비가 많이 든다. ④ 수송 및 저장이 곤란하다.

문제 57
석탄을 건류하면 코크스가 생성되며 그 굳기를 나타내는 성질을 점결성 또는 무엇이라고 하는가?

해답 코크스화성

문제 58
액체 연료의 무화 방식을 4가지 이상 쓰시오.

해답
① 유압 무화식 ② 이류체 무화식 ③ 회전 이류체 무화식
④ 충돌 무화식 ⑤ 진동 무화식   ⑥ 정전기 무화식

문제 59
다음은 연료의 연소에 관한 것이다. (   ) 안에 알맞는 말을 기입하시오.
(1) 연료의 (①)에 필요한 최소한의 공기량을 (②)이라 하고 A_0로 표시한다. 연료를 연소 장치에서 연소시킬 때 (③)만을 공급하여 (④)시키기는 불가능하기 때문에 실제적으로는 (⑤)보다 더 많은 공기를 공급하여 완전 연소가 되도록 한다.
(2) 실제적으로 공급하는 공기량을 A라 하면 $A = mA_0, m > 1.0$으로 표시된다. 이때 m을 (①) 또는 (②)이라 하며 $(m-1) \times 100\%$를 (③)이라 한다.
(3) 일반적으로 고체 연료 연소는 표면 연소 기체 연료는 (①), 중유의 연소는 (②) 연소가 많다.

해답
(1) ① 완전 연소   ② 이론 공기량   ③ 이론 공기량
    ④ 완전 연소   ⑤ 이론 공기량
(2) ① 공기 과잉 계수 ② 공기비   ③ 과잉 공기율
(3) ① 확산 연소   ② 분해

제4장 보일러 연소 이론 및 집진장치

문제 60
15℃ 비중이 0.950인 중유 30,000l가 있다. 60℃에서 이 기름의 ① 비중 ② 부피 ③ 무게를 구하시오.(단, 팽창 계수는 0.0007임)

해답

① $\dfrac{0.950}{1+0.0007\times(60-15)}=0.921$ (비중)

② $\dfrac{30,000\times 0.95}{0.921}=30944.6254 l$ (부피)

③ $30,000\times 0.95=28,500 \text{kg}$ (무게)
또는 $30944.625\times 0.921=28,500 \text{kg}$

참고

① 체적 팽창 계수에 의한 60℃의 기름 비중

$$\dfrac{15℃의\ 비중}{1+0.0007\times(기름의\ 예열\ 온도-15)}$$

② 60℃에서 기름의 부피(l) $=\dfrac{15℃의\ 기름\ 부피\times 15℃의\ 기름\ 비중}{60℃의\ 기름\ 비중}$

③ 무게(kg)
  ㉮ 60℃의 기름 부피 × 60℃의 기름 비중
  ㉯ 15℃의 기름 부피 × 15℃의 기름 비중
  ∴ $30,945\times 0.921=28,500 \text{kg}$ (15℃에서나 16℃에서나
  ∴ $30,000\times 0.95=28,500 \text{kg}$ 중량은 같아야 한다.)

문제 61
어떤 수관식 보일러(연소실 용적 30m³)에서 25,200kJ/kg의 석탄을 시간당 1,500kg 연소시켰다. 이때의 연소실 열부하는 얼마인가?

해답

연소실 열부하율(kJ/m³·h)
$=\dfrac{\text{시간당 연료 소비량}(\text{연료의 저위 발열량}+\text{공기의 현열}+\text{연료의 현열})}{\text{연소실 용적}}$

$=\dfrac{25,200\text{kJ/kg}\times 1,500\text{kg/h}}{30\text{m}^3}=1,260,000\text{kJ/m}^3\cdot\text{h}(1,260\text{MJ/m}^3\text{h})$

문제 62
벙커 C유의 온도가 75℃일 때 부피가 20,000l이였다. 이 중유의 온도가 15℃로 되면 부피는 몇 l가 되는지 계산하시오.[단, 벙커 C유의 15℃일 때 비중(d_{15})은 0.96, t℃일 때의 비중(dt)은 $d_{15}-0.00066\times(t-15)$이다.]

해답 $\dfrac{20{,}000 \times \{0.96 - 0.00066 \times (75-15)\}}{0.96} = 19{,}175(l)$

참고 $\dfrac{75℃의\ 기름\ 부피 \times 75℃의\ 비중}{15℃의\ 비중}$

문제 63

KS 규격에 중유의 온도 보정 계수(K)는 아래 표와 같다. 비중이 15℃에서 0.95인 중유가 70℃에서의 온도 보정 계수를 구하시오.

중유의 비중(15℃)	온도(℃)	보정 계수(K)
1.000~0.966	15~50	$1.000 - 0.00063(t-15)$
	50~100	$0.9779 - 0.0006(t-50)$
0.965~0.851	15~50	$1.000 - 0.00071(t-15)$
	50~100	$0.9754 - 0.00067(t-50)$

해답 용적 보정 계수(K) → 15℃에서 비중이 0.95이면
예열 온도가 50~100℃에서는
$K = 0.9754 - 0.00067(t-50) = 0.9754 - 0.00067(70-50) = 0.962$

문제 64

15℃의 비중이 0.95인 중유 50,000l 가 60℃로 예열될 때 늘어나는 체적은 몇 l 인가?(단, 연료의 체적 팽창 계수는 0.0007이다.)

해답 60℃의 비중(dt) $= \dfrac{0.95}{1 + 0.0007(60-15)} = 0.92 = \dfrac{50{,}000 \times 0.95}{0.92} = 51630.43(l)$
∴ $51630.43 - 50{,}000 = 1630.43(l)$

문제 65

효율이 75%인 연료 예열기에서 70℃의 연료 250kg/h를 90℃로 예열하여 버너에 공급하고자 한다. 연료의 평균 비열이 0.45kcal/kg·℃인 경우 연료 예열기에서 필요로 하는 전력은 몇 kWh인가?

해답 전기식 기름예열기 용량(kWh)

$$= \frac{\text{연료 사용량} \times \text{비열}(\text{기름 예열 온도} - \text{예열기 입구 온도})}{860 \times \text{효율}}$$

$$= \frac{250 \times 0.45 \times (90-70)}{860 \times 0.75} = 3.49 \text{kWh}$$

참고 1kWh = 860kcal = 3,600kJ = 3.6MW

문제 66

어느 공장의 버너 연소 과정이 다음에 주어진 〈조건〉으로 운전되고 있다. 이 경우 연소실의 열발생률을 정수자리까지 구하시오.

〈조건〉
- 연소실 용적 V : 27m³
- 공기 소비량 A : 7.5Nm³/kg
- 연료 소비량 G : 20kg/h
- 대기 온도 t_0 : 25℃
- 연료의 저위발열량 H_l : 3,700kcal/kg
- 공기의 정압비열 C_p : 5kcal/Nm³·℃
- 공기의 예열 온도 t_a : 60℃

해답
$$K = \frac{G\{H_l + AC_p(t_a - t_0)\}}{V} = \frac{20[3,700 + \{7.5 \times 5 \times (60-25)\}]}{27}$$
$$= 3712.962 = 3712.96 \text{kcal/m}^3 \cdot \text{h}$$

참고 (1) 연소실 열발생률(kcal/m³·h)

$$= \frac{\text{시간당 연료 소비량}(\text{연료의 저위 발열량} + \text{공기의 현열} + \text{연료의 현열})}{\text{연소실 용적}}$$

(2) 공기의 현열(Q_a) = 이론 공기량 × 공기비 × 공기의 비열(공기의 예열 온도 − 외기 온도)

문제 67

상당 증발량 1ton/hr의 보일러에 저위발열량(H_l) 21,420kJ/kg의 무연탄을 태우고자 한다. 보일러 효율이 70%일 때 필요한 화상 면적은 얼마인가?(단, 무연탄의 화상 연소율을 75kg/m²·h로 한다.)

해답 $G_e = 1,000$kg/h, $H_l = 21,420$kJ/kg, $\eta = 0.7$이므로, 물의 증발열 = 2,263.8kJ/kg로 하면

효율(η) = $\dfrac{2,263.8 \times G_e}{G_f \times H_l}$ 에서

∴ 면적 = $\dfrac{151}{75} = 2.01 \text{m}^2$, 연료소비량($G_f$) = $\dfrac{2,263.8 \times G_e}{\eta H_l}$

∴ $G_f = \dfrac{2,263.8 \times 1,000}{0.7 \times 21,420} = 151$kg/h (시간당 연료 소비량)

문제 68

연소가스의 연돌 입구 온도가 750℃이고, 출구 온도가 280℃라면 연돌 내의 평균 가스 온도는 몇 ℃인가?

해답 $\dfrac{750-280}{\ln(750/280)} = 477.02℃ = \dfrac{750-280}{2.3\log\dfrac{750}{280}} = 477.56℃$

문제 69

다음에 주어진 값을 이용하여 굴뚝에 소요되는 단면적을 구하시오.

- 굴뚝 내의 가스 속도 $V=1.2$m/s
- 굴뚝 내의 가스 압력 $P_g=1,550$mmHg
- 굴뚝 내의 가스의 절대 온도 $T_g=348$K(75℃)
- 연료 소비량 $G=200$kg/h
- 연료 1kg으로부터 나오는 연소가스량 $Q_g=2,500$Nm³

해답 연돌 상부 단면적$(F) = \dfrac{G \times (1+0.0037t) \times (760/1,550)}{3,600 \times W}$

$= \dfrac{200 \times 2,500 \times (1+0.0037 \times 75) \times \dfrac{760}{1,550}}{3,600 \times 1.2}$

$= 72.49850657$m² ∴ 72.50m²

문제 70

상온 상압의 함진 공기 100m³/min을 지름 26cm, 유효 길이 3m되는 원통형 bag filter로 처리하려면 가스 처리 속도를 1.5m/min으로 할 때 소요되는 bag의 수는 얼마인가?

해답 filter 1개의 표면적 $= \pi DL = \pi \times 0.26 \times 3 = 2.45$m²
filter 통과 유량 $= 2.45 \times 1.5 = 3.675$m³/min
∴ 소요 개수 $= \dfrac{100}{3.675} = 27.21$개

문제 71

무연탄의 미분탄 연소 장치에 회분 45%의 저질탄을 연소시킬 때 연소 배기가스 2Nm³에 함유되어 있는 먼지의 양은 얼마인가?(단, 이론 공기량 A_0=5.4Nm³/kg, 이론 배기가스량 G_0=6.4Nm³/kg, 공기비 m=1.2, 회재의 비산율은 0.80이다.)

해답 고체나 중유 연소의 경우 이론 공기량은 이론 배기가스량과 같으므로
실제 연소가스량 : $G = G_0 + (m-1)A_0 = 6.4 + (1.2-1) \times 5.4 = 7.48 \text{Nm}^3/\text{kg}$
45%=0.45kg이므로 연소가스 2Nm³의 먼지는
$x = \dfrac{0.45}{7.48} \times 2 = 0.1203208 \text{kg}$
∴ 먼지의 양(G) = $0.1203208 \times 0.8 = 0.0962566 \text{kg} = 96.26 \text{g}$

문제 72

단열식 열량계에서 석탄의 발열량을 측정하려고 다음과 같은 성분 결과가 나왔다. 이 기준에 의하여 무수 기준 고위발열량을 구하시오.

〈성분 결과〉
- 시료량 : 1g
- 상승 온도 : 2.2℃
- 수분 : 5%
- 내통수량 : 2,200g
- 수당량 : 410g

해답 $H_h = \dfrac{\text{상승 온도}(\text{내통수량}+\text{수당량}) - \text{발열 보정}}{\text{시료}} \times \dfrac{100}{100-\text{수분}}$

$= \dfrac{2.2(2,200+410)}{1} \times \dfrac{100}{100-5} = 6044.21 \text{cal/g}$

문제 73

단열식 열량계로서 석탄의 발열량을 측정한 결과 다음과 같은 결과를 얻었다. 이 결과로서 무수 기준 고위발열량 H_h (kcal/kg)을 구하는 계산식을 표시하고 정수값으로 구하라.(단, 발열 보정은 하지 않는 것으로 한다.)

〈결과〉
- 시료량 W_s=1.0g
- 상승온도 Δt=2.2℃
- 수 분 W_m=4.5%
- 내통수량 W_w=2,000g
- 수당량 W_e=410g(단, 발열보정은 하지 않는다.)

해답

$$H_h = \frac{\text{상승 온도(℃)} \times \{\text{내통수량(g)} + \text{수당량(g)}\} - \text{발열 보정}}{\text{시료(g)}} \times \frac{100}{100 - \text{수분}}$$

$$= \frac{2.2 \times (2{,}000 + 410) - 0}{1.0} \times \frac{100}{100 - 4.5} = 5581.0526$$

∴ 5581.05kcal/kg (5,581.05 × 4.186kJ/kg = 23,362.2753kJ/kg)

문제 74

연돌의 출구 가스 유속을 50m/sec, 출구 가스 온도를 210℃, 연돌의 상부 단면적을 30m²라 할 때 연소가스량 G(Nm³/hr)을 구하시오.

해답 연돌 상부 단면적$(F) = \dfrac{G(1+0.0037t)}{3{,}600 \times w}$

$$30 = \frac{G(1+0.0037 \times 210)}{3{,}600 \times 50}$$

$$\therefore G = \frac{30 \times 3{,}600 \times 50}{1 + 0.0037 \times 210} = 3038829.49 \, \text{Nm}^3/\text{h}$$

문제 75

연돌에서 배출되는 매연을 측정한 결과 다음과 같다. 이때 농도율은?

⟨결과⟩
- 1회 5분간 : No. 2
- 2회 10분간 : No. 1
- 3회 20분간 : No. 0
- 4회 2분간 : No. 3
- 5회 3분간 : No. 4

해답 총 매연값 $= 5 \times 2 + 10 \times 1 + 20 \times 0 + 2 \times 3 + 3 \times 4$

$$\frac{(5 \times 2 + 10 \times 1 + 20 \times 0 + 2 \times 3 + 3 \times 4)}{40} \times 20 = 19\%$$

문제 76

4.72×10⁶cm³/sec 배기가스를 여과 속도 4cm/sec로 처리할 때 필요한 여과 면적은 얼마인가?

해답 $A_c = \dfrac{4.72 \times 10^6 \, \text{cm}^3/\text{sec}}{4 \, \text{cm/sec}} = 1{,}180{,}000 \, \text{cm}^2$

문제 77

집진기 입·출구의 data가 아래와 같을 때 이 집진기의 통과율은 얼마인가?

측정 항목 \ 측정 장소	입구 Duct	출구 Duct
유 량(m^3/hr)	10,000	15,000
분진 농도(g/m^3)	12	1

해답
$$\eta = \left(1 - \frac{C_0 Q_0}{C_t Q_t}\right) \times 100 = \left(1 - \frac{15,000 \times 1}{10,000 \times 12}\right) \times 100$$
$$= 1 - \frac{15,000}{120,000} = 1 - 0.125 = 0.875 \quad \therefore \ 87.5\%$$

참고 $\eta + P = 1$ 이므로 $P = 0.125 = 12.5\%$

문제 78

어떤 집진 장치의 입구 또는 출구에서 가스 함진 농도를 측정한 결과 각각 14.6g/m^3, 0.073 g/m^3였다. 이때의 집진율은 몇 %인가?

해답 입구=14.6g/m^3= A, 출구=0.073g/m^3= B

집진율= $\frac{14.6 - 0.073}{14.6} \times 100 = 99.5\%$

문제 79

어떤 집진기의 입구 농도 C_i=3g/m^3, 입구 유입 가스량 Q_i=20m^3이며 출구 농도 C_0=0.5g/m^3, 출구 가스량 Q_0=20m^3일 때 이 집진기의 효율은 얼마인가?

해답
$$\eta = \left(1 - \frac{C_0 Q_0}{C_i Q_i}\right) \times 100 = \left(1 - \frac{0.5 \times 20}{3 \times 20}\right) \times 100 = 83.4\%$$

문제 80

굴뚝의 출구 가스 온도가 140℃, 출구 가스 속도가 7.8m/sec이고 연소가스량이 11,400Nm^3/hr 일 때 굴뚝의 최소 상부 단면적을 구하시오.

해답 배기가스 온도만 주어질 때 굴뚝의 상부 단면적(m^2)

$$F = \frac{\text{시간당 배기 가스량}(Nm^3/h)[1 + 0.0037 \times \text{배기 가스온도}(℃)]}{3,600 sec/h \times \text{배기 가스 유속}(m/s)} (m^2)$$

$$= \frac{11,400(1 + 0.0037 \times 140)}{3,600 \times 7.8} = 0.62 m^2$$

문제 81

먼지 농도가 10g/Sm³인 매연을 집진율 80%인 집진 장치로 1차 처리하고 다시 2차 집진 장치로 처리한 결과 배출 가스 중의 분진 농도가 0.2g/Sm³이 되었다. 이때 2차 집진 장치의 집진율은?

해답 1차 집진 장치의 처리 가스 농도 $= 10 \times (1 - 0.8) = 2.0 g/Sm^3$

∴ 2차 집진 효율 $= \frac{2.0 - 0.2}{2.0} \times 100 = 90\%$

문제 82

어느 공장의 보일러실 연돌에서는 시간당 7,000Nm³의 실제 배기가스가 배출된다. 배기가스 온도는 285℃이고 연돌 상부 단면적은 0.52m²이다. 이때 배기가스의 유속(m/s)은 얼마인가?(단, 소수 이하 2째자리까지)

해답 상부 단면적$(F) = \frac{G \times (1 + 0.0037t)}{3,600 \times W}$ 에서

배기가스 유속$(W) = \frac{G \times (1 + 0.0037t)}{3,600 \times F} = \frac{7,000 \times (1 + 0.0037 \times 285)}{3,600 \times 0.52} = 7.68 m/s$

∴ 7.68m/s

문제 83

중유가 40℃일 때 체적이 100l였다. 15℃일 때의 체적은 몇 l인가?(단, 체적 팽창 계수는 0.0007이다.)

해답 $S_{15} = \frac{100}{1 + 0.0007(40 - 15)} = 98.28(l)$

문제 84
수분 10%인 석탄 2g을 단열식 열량계로 측정한 결과 봄브의 상승 온도가 5℃였다. 내통수량이 2,000g, 수당량이 500g이었다면 이 연료의 발열량은 얼마인가?(단, 발열 보정은 없는 것으로 한다.)

해답

$$발열량 = \frac{(내통수의\ 비열) \times 상승\ 온도 \times (내통수량 + 수당량) - 발열\ 보정}{시료(g)} \times \frac{100}{100 - 수분}$$

$$= \frac{1 \times 5 \times (2,000 + 500) - 0}{2} \times \frac{100}{100 - 10} = 6,944\,\text{cal/g}$$

문제 85
연소실 열부하가 814kW/m³, 상당 증발량이 6ton/h, 열효율이 88%인 보일러의 연소실 용적을 구하시오.(단, 100℃ 물의 증발잠열은 0.63kW/kg이다.)

해답

$$연소실\ 용적 = \frac{정격\ 출력}{연소실\ 열부하율 \times 열효율} = \frac{6,000 \times 0.63}{814 \times 0.88} = 5.25\,\text{m}^3$$

문제 86
어떤 집진 장치에서 입출구의 함진 가스 농도를 측정하니 각각 45g/m³, 1.35g/m³이다. 이때 집진율은 몇 %인가?

해답

$$집진율 = \frac{입구\ 농도 - 출구\ 농도}{입구\ 농도} = \frac{45 - 1.35}{45} = 0.97 \qquad \therefore\ 97\%$$

문제 87
배기가스량 13.6Nm³/kg, 배기가스 비열 1.386kJ/Nm³, 배기가스 온도 290℃일 때 배기가스 온도를 150℃로 저하시킬 경우 이득되는 열량은?

해답

$$13.6 \times 1.386 \times (290 - 150) = 2,638.94\,\text{kJ/kg}$$

문제 88

정격 용량이 2.5t/h인 보일러에서 벙커 C유를 연료로 사용하여 저위발열량 39,515.84kJ/kg을 얻었다. 벙커 C유 비중을 1kg/l로 하고 연소용 버너의 용량을 l/h 단위로 구하시오.(단, 물의 증발열=2,256kJ/kg이다.)

해답

$$\text{버너 용량}(l/h) = \frac{\text{정격 용량} \times 2,256}{\text{연료의 저위 발열량} \times \text{비중}}$$
$$= \frac{2,500 \times 2,256}{39,515.84 \times 1} = 142.7436441 \quad \therefore \ 142.74 l/h$$

문제 89

온도 80℃인 벙커 C유 1l를 연소시켰을 때 연료의 발열량(kcal)을 구하시오.(단, 벙커 C유의 저위발열량은 9,750kcal/kg이고, 벙커 C유가 15℃에서 비중이 0.965, 온도 보정 계수 K=0.9754−0.00067(t−50)이다.)

해답 9.750kcal/kg×0.965kg/l×[0.9754−0.00067(80−50)]=8,988.18kcal/l

참고 용적 보정 계수(K)가 주어질 때 계산
연료의 저위발열량(kcal/kg)×용적 보정 계수×15℃의 기름 비중=kcal/l
- 1Wh = 0.86kcal
- 1MW = 10^6 J = 1,000kJ
- 1kW = $\dfrac{1kJ/h}{3,600s/h}$

제5장 통풍과 집진장치

문제 1
자연 통풍 방식에서 통풍력을 증가시키려면 어떻게 해야 하는지 3가지를 쓰시오.

해답
① 연돌의 단면적을 크게 한다.
② 연돌을 짧게 한다.
③ 연돌을 높게 설치한다.
④ 배기가스 온도를 높게 한다.(이 중 3가지)

문제 2
다음 ( ) 안에 알맞은 답을 쓰시오.

통풍을 크게 대별하면 (①)과 (②)으로 나누며 다시 (③)은 (④)과 (⑤)과 (⑥)으로 나눈다. 연소실 앞에서 공급하는 방식을 (⑦)이라 하며 그때 유속은 (⑧)m/s 정도이고, 연도에 배풍기를 설치한 통풍 방식은 (⑨)이라 하고 그때 유속은 (⑩)m/s이다. 그리고 압입과 흡인을 동시에 사용하는 통풍 형식을 (⑪)이라 한다.

해답
① 자연 통풍
② 강제 통풍(인공 통풍)
③ 강제 통풍
④ 압입 통풍
⑤ 흡인 통풍
⑥ 평형 통풍
⑦ 압입 통풍
⑧ 6~8
⑨ 흡인 통풍
⑩ 8~10
⑪ 평형 통풍

문제 3
연소실에 설치하는 통풍기의 종류를 4가지 쓰시오.

해답
① 터보형 송풍기
② 다익형 송풍기
③ 플레이트형 송풍기
④ 축류형 송풍기

문제 4

다음 (　) 안에 적당한 말을 넣으시오.

（ ① ）에 의한 자연 통풍에는 한도가 있으므로 큰 보일러에서는 （ ② ） 통풍으로 한다. 이것에는 （ ③ ） 통풍, （ ④ ） 통풍, （ ⑤ ） 통풍의 3가지 방법이 있다.

해답
① 연돌(굴뚝)
② 강제(인공)
③ 압입
④ 흡입(흡입=유인)
⑤ 평형

문제 5

매연 농도를 측정할 때 측정기의 링겔만 농도표와의 거리는 몇 m인가?

해답 16m

문제 6

집진 장치의 선정 시 고려하여야 할 사항 6가지를 쓰시오.

해답
① 입자의 비중
② 입자의 크기 및 성분 조성
③ 사용 연료의 종류 및 연소 방법
④ 배출 가스량과 습도와 그 온도
⑤ 가스 중의 SO_2 농도
⑥ 입자의 전기 저항 및 친수성과 흡습성

문제 7

다음 4가지 집진 장치를 압력 손실이 작은 것부터 큰 순서로 기호를 쓰시오.
① 중력 집진 장치
② 사이클론 집진 장치
③ 벤투리 스크러버
④ 코트렐 집진 장치

해답 ④-①-②-③

문제 8
세정 집진 장치 중에서 가압수식 종류 3가지는?

해답 ① 벤투리 스크러버 ② 사이클론 스크러버 ③ 제트 스크러버

문제 9
매연 발생 원인을 5가지만 쓰시오.

해답
① 통풍력이 부족할 경우에 생긴다.
② 연소실 용적이 적을 경우에 생긴다.
③ 연소실의 온도가 낮을 경우에 생긴다.
④ 공급된 연료와 공기가 혼합이 잘 안될 경우에 생긴다.
⑤ 연료와 연소 장치의 밸런스가 맞지 않을 때

문제 10
연돌에 설치하는 댐퍼의 역할을 2가지만 쓰시오.

해답 가스 흐름을 차단, 주연도 부연도가 있을 때 가스 흐름 교체

문제 11
원심력 집진 장치의 종류 2가지를 쓰시오.

해답 사이클론, 멀티클론

문제 12
집진 장치의 선정 시 고려해야 할 사항을 4가지만 쓰시오.

해답
① 입자의 크기 및 성분 조성
② 사용 연료의 종류 및 연소 방법
③ 입자의 전기 저항 및 친수성과 흡수성
④ 입자의 진비중 및 겉보기 비중
⑤ 배출 가스량과 그 온도 및 습도
⑥ 가스 중의 SO_3의 농도(이 중 4가지)

문제 13

매연 농도 측정 기구를 3가지 쓰시오.

해답
① 링겔만 농도표
② 광전관식 농도계
③ 매연 포집 중량계
④ 바카라크 스모크 테스터(이 중 3가지)

문제 14

댐퍼(damper)의 주된 설치 목적은 (①)의 열 배기가스량을 (②)하여 일정한 (③)을 유지하기 위함이다. 위 ( ) 안에 알맞는 것을 쓰시오.

해답 ① 연도 ② 조절 ③ 통풍력

문제 15

건식 집진 장치 중에서 매연이나 분진이 들어있는 가스를 여포에 통과시켜서 매연을 걸러내는 방법으로 분리 포집할 수 있는 입자의 크기는 0.1~40μ이고, 가스 속도는 5cm/s 이상이며, 압력 손실이 30~500mmH$_2$O인 집진 장치의 명칭은 무엇인가?

해답 백 필터(여과식)

문제 16

구멍탄용 온수 보일러에서 굴뚝의 높이 25m, 외기 온도 10℃, 배기가스 온도 75℃일 때 실제 통풍력을 계산하시오.(단, 0℃ 1기압 상태에서 공기의 밀도는 1.27kg/m^3, 배기가스의 밀도는 1.4 kg/m^{3}이고, 실제 통풍력은 이론 통풍력의 80%임)

해답
$$실제\ 통풍력(Z) = 273 \times H \left[\frac{\gamma_a}{273+t_a} - \frac{\gamma_g}{273+t_g} \right] \times 0.8$$
$$= 273 \times 25 \times \left[\frac{1.27}{273+10} - \frac{1.4}{273+75} \right] \times 0.8$$
$$= 2.55 \text{mmH}_2\text{O}$$

제5장 통풍과 집진장치

문제 17

연돌의 통풍력을 측정한 결과 2mmH$_2$O, 연소가스의 평균 온도 100℃, 외기 온도 15℃, 이때 실제 통풍력의 높이 H는?(단, 소수점 첫째자리까지 구하고, 공기의 비중량은 1.295kg/Nm³, 배기가스의 비중량은 1.423kg/Nm³이다.)

해답 $Z = 273H \times \left(\dfrac{\gamma_a}{273+t_a} - \dfrac{\gamma_g}{273+t_g} \right) \times 0.8$ 에서

연돌높이(H) = $\dfrac{2}{273 \times \left(\dfrac{1.295}{23+15} - \dfrac{1.423}{273+100} \right) \times 0.8} = 13.4\text{m}$

참고 실제 굴뚝의 높이

$= \dfrac{\text{실제 통풍력}}{273 \left(\dfrac{\text{공기의 비중량}}{273+\text{외기 온도}} - \dfrac{\text{연소가스 비중량}}{273+\text{연소가스온도}} \right) \times 0.8}$ (m)

문제 18

연돌 높이 120m, 배기가스의 평균 온도 t_m : 190℃, 외기 온도 25℃, 대기의 비중량 γ_1 : 1.29 kg/m³, 가스의 비중량 γ_2 : 1.354kg/m³인 경우, 통풍력 Z (mmH$_2$O)를 정수자리까지 구하시오.

해답 이론 통풍력(Z) = $273 \times$ 굴뚝 높이 $\times \left[\dfrac{\text{대기의 비중량}}{273+\text{대기 온도}} - \dfrac{\text{가스의 비중량}}{273+\text{가스의 온도}} \right]$

$= 273H \left(\dfrac{\gamma_1}{273+t_a} - \dfrac{\gamma_2}{273+t_g} \right)$

$= 273 \times 120 \left(\dfrac{1.29}{273+25} - \dfrac{1.354}{273+190} \right)$

$= 46\text{mmH}_2\text{O}$

문제 19

연돌의 높이가 50m, 연소가스의 평균 온도가 200℃, 외기 온도가 25℃, 공기의 비중량이 1.295 kg/Nm³, 배기가스의 비중량이 1.423kg/Nm³일 때 이론 통풍력은 얼마인가?

해답 이론 통풍력(Z) = $273 \times$ 굴뚝 높이 $\left[\dfrac{\text{공기의 비중량}}{273+\text{공기 온도}} - \dfrac{\text{가스의 비중량}}{273+\text{배기 가스 온도}} \right]$ (mmAq)

$= 273H \left[\dfrac{\gamma_a}{273+t_a} - \dfrac{\gamma_g}{273+t_g} \right]$

$= 273 \times 50 \left[\dfrac{1.295}{273+25} - \dfrac{1.423}{273+200} \right]$

$= 18.25\text{mmAq}$

제1편 에너지관리 설비 예상문제

제6장 연소공학 및 통풍력 계산

문제 1

석탄의 분석 결과 다음의 결과를 얻었다면 고정 탄소분은 약 몇 %인가?

〈결과〉
- 수분을 측정하였을 때의 시료 양은 2.0030g이고, 감량은 0.0432g
- 회분을 측정하였을 때의 시료 양은 2.0070g이고, 감량은 0.8872g
- 휘발분을 측정하였을 때의 시료 양은 1.9998g이고, 감량은 0.5432g

해답

$$고정 탄소 = 100 - \left(\frac{0.0432}{2.0030} \times 100 + \frac{2.0070 - 0.8872}{2.0070} \times 100 + \frac{0.5432}{1.9998} \times 100 - 2.157\right)$$
$$= 17.04\%$$

참고
- $(0.0432/2.0030) \times 100 = 2.157\%$ (수분의 백분율)
- 고정 탄소 = 100 - (수분 + 휘발분 + 회분)

문제 2

메탄(CH_4)의 1(mol)당 생성열은 몇 kJ인가? 다음 반응식을 이용하여 계산하시오.

- $C + O_2 \rightarrow CO_2 + 420kJ$
- $H_2 + \frac{1}{2}O_2 \rightarrow H_2O + 260kJ$
- $CH_4 + 2O_2 \rightarrow CO_2 + 2H_2O + 760kJ$

해답
(1) 발열량 = 생성물의 생성열 + 반응물의 생성열
(2) 생성열 = 반응물의 생성열 - 발열량
∴ $420 + (2 \times 260) - x = 760$
생성열(x) = $420 + (2 \times 260) - 760 = 180kJ$

제6장 연소공학 및 통풍력 계산

문제 3
다음과 같은 중량 조성(%)을 갖는 액체 연료에서 수분을 완전히 제거한 다음 1시간당 5kg씩을 완전 연소시키는 데 필요한 이론 공기량은 몇 Nm³/hr인지 계산하시오.(단, C : 84%, H : 12%, 수분 : 4%)

해답
이론 공기량$(A_0) = \dfrac{1}{0.21}\{1.867C + 5.6H\} \times \dfrac{100}{100-W} \times G_f$

$= \dfrac{1}{0.21}\{1.867 \times 0.84 + 5.6 \times 0.12\} \times \dfrac{100}{100-4} \times 5$

$= 55.56 \text{Nm}^3/\text{hr}$

문제 4
유황이 2% 함유된 중유를 연소하는 열설비에서 배출되는 SO_2 가스의 농도는 몇 ppm인가? (단, 연소가스량은 12.5Nm³/kg의 중유이다.)

해답
S(32kg) + O_2 = SO_2(22.4Nm³)

$0.02 \times \dfrac{22.4}{32} = 0.014 \text{Nm}^3/\text{kg}(SO_2\text{의 양})$

∴ 아황산가스 농도 $= \dfrac{0.014}{12.5} \times 10^6 = 1{,}120 \text{ppm}$

문제 5
다음과 같은 조성을 가진 연탄 3kg의 완전 연소 시 필요한 이론 공기량은 약 몇 kg인가?(단, 연료 1kg에 대한 조성은 다음과 같다. 탄소=0.35kg, 수소=0.025kg, 황=0.01kg, 회분=0.05kg, 수분=0.515kg, 산소=0.05kg)

해답
이론 공기량$(A_0) = 11.49C + 34.5\left(H - \dfrac{O}{8}\right) + 4.33S \text{ (kg/kg)}$에서

$A_0 = 11.49 \times 0.35 + 34.5\left(0.025 - \dfrac{0.05}{8}\right) + 4.33 \times 0.01 = 4.714 \text{kg/kg}$

∴ 3kg 연소에 필요한 이론 공기량$(A_0) = 3 \times 4.717 = 14.14 \text{kg}$

제1편 에너지관리 설비 예상문제

문제 6
어느 공장의 연소가스를 분석한 결과 CO_2의 함량이 10.2%였다. CO는 발생하지 않는다고 가정하고 CO_{2max}가 15.416%라면 O_2는 몇 %이겠는가?(단, 계산 과정을 표시하여 소수점 이하 둘째 자리까지 구하시오.)

해답 이산화탄소 최대 양$(CO_{2max}) = \dfrac{21 \times CO_2}{21 - O_2} = 15.416\%$

$21 - O_2 = \dfrac{21 \times 10.2}{15.416} = 13.8946$ ∴ $O_2 = 21 - 13.8946 = 7.11\%$

참고 완전 연소 시 CO_{2max} 탄산가스 최고율$(\%) = \dfrac{21 \times CO_2}{21 - O_2}$

문제 7
중유의 연소 시 건배기가스 중 SO_2 농도가 400ppm일 경우 습배기가스 중 SO_2 농도는 몇 ppm인가?(단, 중유의 수소(H)가 8%, 건배기가스량은 13.5Nm³/kg의 연료이다.)

해답 $H_2(2kg)O_2 = H_2O(22.4Nm^3)$

수증기의 양 $= \dfrac{22.4}{2} \times 0.08 = 0.9 Nm^3/kg$

습배기가스량$(G_W) = 13.5 + 0.9 = 14.4 Nm^3/kg$

∴ SO_2 농도 $= 400 \times \dfrac{13.5}{14.4} = 375 ppm$

문제 8
C_3H_8(프로판) 가스의 완전연소 시 고위발열량과 저위발열량의 차이값(kcal/kg)을 구하시오.(단, 물의 증발잠열은 539kcal/kg H_2O이고 연소반응식은 $C_3H_8 + 5O_2 \rightarrow 3CO_2 + 4H_2O$이며, C_3H_8 분자량은 44, H_2O 분자량은 18이다.)

해답 $C_3H_8 + 5O_2 \rightarrow 3CO_2 + 4H_2O$

H_2O의 생성량 $= 4 \times 18 = 72 (kg/4kmol$당$)$

고위발열량 $-$ 저위발열량 $=$ 물의 증발잠열$(539 kcal/kg)$

고위, 저위발열량 차이 $= 72 \times 539 = 38,808 kcal$

∴ $\dfrac{38,808}{44} = 882 kcal/kg$

참고 1kcal = 4.1868kJ(약 4.2kJ), 882 × 4.1868 = 3,692.7576kJ

문제 9

오일연료의 원소분석과 연소반응식을 이용하여 연료의 고위발열량(kJ/kg)을 구하시오.

> 원소분석 C=85%, H=12%, S=0.5%, O=2.5%
>
> $C + O_2 \rightarrow CO_2 + 480{,}000\,kJ/kmol$
>
> $H_2 + \dfrac{1}{2}O_2 \rightarrow H_2O + 290{,}000\,kJ/kmol$
>
> $S + O_2 \rightarrow SO_2 + 330{,}000\,kJ/kmol$
>
> 탄소분자량 : 12, 수소분자량 : 2, 황분자량 : 32로 한다.

해답

$$고위발열량(H_h) = \dfrac{480{,}000}{12} \times 0.85 + \dfrac{290{,}000}{2} \times \left(0.12 - \dfrac{0.025}{8}\right) + \dfrac{330{,}000}{32} \times 0.005$$
$$= 34{,}000 + 16{,}946.875 + 51.5625$$
$$= 50{,}998.44\,kJ/kg$$

문제 10

메탄(CH_4) 50%, 프로판(C_3H_8) 50%, 혼합기체 $10Sm^3$의 완전연소 시 고위발열량은 몇 MJ인가?(단, CH_4, C_3H_8의 고위발열량은 $40.5MJ/Sm^3$, $95.5MJ/Sm^3$이고, 메탄분자량은 16, 프로판의 분자량은 44이다.)

해답

$$고위발열량 = (10 \times 0.5 \times 40.5) + (10 \times 0.5 \times 95.5)$$
$$= 202.5 + 477.5 = 680\,MJ$$

문제 11

다음 연소가스 분석값을 가지고 공기 과잉률을 계산한 값은 얼마인가?(단, 연소가스의 분석값은 CO_2 : 11.5%, O_2 : 7.5%, N_2 : 81.0%이다.)

해답

$$공기비(m) = \dfrac{21N_2}{21N_2 - 79O_2} = \dfrac{21 \times 0.81}{21 \times 0.81 - 79 \times 0.075} = 1.53$$

∴ 53%

참고 완전 연소 시 공기비$(m) = \dfrac{N_2}{N_2 - 3.76(O_2)}$

문제 12

석탄을 분석한 결과 다음과 같은 값을 얻었다. 이 값을 이용하여 다음 물음에 답하시오.

〈결과〉
- 수분 : 2.14
- 회분 : 22.5
- 휘발분 : 35.27
- 전체 유황 : 0.26
- 불연성 유황 : 0.17
- 탄소 : 61.14
- 수소 : 3.92
- 질소 : 1.08

(1) 고정 탄소(%)를 구하시오.
(2) 연료비를 구하시오.
(3) 연소성 유황(%)을 구하시오.
(4) 산소(%)를 구하시오.
(5) 가스 성분(%)을 구하시오.

해답

(1) 고정 탄소(%) = $100 - (2.14 + 22.5 + 35.27) = 40.09\%$

(2) 연료비 = $(40.09/35.27) = 1.14$

(3) 연소성 유황(%) = $\left(전유황 \times \dfrac{100}{100 - 수분\%} - 불연성황\right)$

$= \left(0.26 \times \dfrac{100}{100 - 2.14}\right) - 0.17 ≒ 0.10\%$

(4) 산소(%) = $100 - \left(C\% + H\% + 연소성\ 황\% + N\% + A\% \times \dfrac{100}{100 - 수분\%}\right)$

$= 100 - \left(61.14 + 3.92 + 0.10 + 1.08 + 22.5 \times \dfrac{100}{100 - 2.14}\right)$

$= 10.77\%$

(5) 가연 성분(%) = $61.14 + \left(3.92 - \dfrac{10.77}{8}\right) + 0.1 = 63.81\%$

가연 성분 = (탄소 + 수소 + 황)

문제 13

다음의 조성을 갖는 기체를 공기비 1.5로 연소시킬 경우 필요한 공기량(Nm³/Nm³)을 구하시오.(단, 공기 중의 O_2는 21%이다.)

성분	구성비(부피%)
CH_4	84.0
CO_2	12.2
N_2	3.8
계	100.0

해답 실제공기량$(A) = A_0 \times m$ (가연성 성분은 메탄이다.)

$CH_4 + 2O_2 \rightarrow CO_2 + 2H_2O$

$22.4 : 2 \times 22.4 : 22.4 : 2 \times 22.4$

$\therefore A = \dfrac{2 \times 22.4}{22.4} \times 0.84 \times \dfrac{1}{0.21} \times 1.5 = 12 \text{Nm}^3/\text{Nm}^3$

문제 14

표준 상태에서 수소 1g과 산소 16g의 혼합 가스는 2기압, 273℃일 때의 부피는 몇 l 인가?

해답 H_2 1g = 0.5mol (수소의 원자량은 1)

O_2 16g = 0.5mol (산소의 원자량은 16)

$\therefore V_2 = 22.4 \times \dfrac{0.5+0.5}{1} \times \dfrac{273+273}{273} \times \dfrac{1}{2} = 22.4 l$

문제 15

수분 3%, 회분 30%인 석탄을 시료로 하여 전유황분을 측정하기 위하여 시험해 본 결과가 다음과 같다고 할 때 전황분을 구하여라.

> 〈결과〉
> 석탄 1.000g에서의 황산바륨($BaSO_4$)의 양은 0.0485g이었다. 이 경우에 공실험의 황산바륨의 양은 0.007g이고, Ba=144.6, S=32.06, O=16이다.

해답 $BaSO_4$의 분자량 = $144.6 + 32.06 + 16 \times 4 = 240.66$

$\dfrac{\text{황산바륨양} - \text{실험시 황산바륨의 양}}{\text{시료}} \times \dfrac{S}{BaSO_4} \times \dfrac{100}{100 - \text{수분}} \times 100$

$= \dfrac{0.0485 - 0.007}{1.000} \times \dfrac{32.06}{240.66} \times \dfrac{100}{100 - 3} \times 100$

$= 0.0415 \times 0.1332169 \times 1.0309278 = 0.0056994$

$\therefore$ 전황분 = 0.57%

문제 16

고위발열량이 40,320kJ/Nm³이고, 증발잠열이 2,016kJ/kg이며, 연소가스의 비열이 1.428kJ인 1Nm³의 메탄(CH_4)가스를 연소시킬 경우 다음 물음에 답하시오.(단, 연소 반응식은 $CH_4 + 2O_2 \rightarrow CO_2 + 2H_2O$)
(1) 이론 공기량(Nm³/Nm³)
(2) 저위발열량(kcal/Nm³)
(3) 20% 과잉 공기를 사용하였을 경우
   ① 실제 습연소가스량(Nm³/Nm³)   ② 이론 연소 온도(℃)

해답

(1) $A_0 = \dfrac{2}{0.21} = 9.523 \text{Nm}^3/\text{Nm}^3$

(2) $H_l = H_h - 480 \times W = 40,320 - 2,016 \times 2 = 36,288 \text{kJ/Nm}^3$

(3) ① $G_w = (m - 0.21)A_0 + CO_2 + H_2O$
$= (1.2 - 0.21) \times 9.523 + 3 = 12.427 \text{Nm}^3/\text{Nm}^3 \rightarrow$ 실제 배기가스량
$G_{ow} = (1 - 0.21) \times 9.523 + 3 = 10.523 \text{Nm}^3/\text{Nm}^3 \rightarrow$ 이론 배기가스량

② $t = \dfrac{H_l}{G_0 \times C} = \dfrac{36,288}{10.523 \times 1.428} = 2414.878℃ = 2414.88℃$

참고 메탄가스(CH_4)의 연소 시

(1) 이론 공기량 $= 2 \times \dfrac{1}{0.21} = 9.523 \text{Nm}^3/\text{Nm}^3$

(2) 저위발열량 $= H_h(\text{고위}) - 2,016 \times 2H_2O = 40,320 - 2,016 \times 2 = 36,288 \text{kJ/Nm}^3$

(3) ① 실제 습연소가스량
$G_w = (\text{공기비} - 0.21) \times \text{이론 공기량} + CO_2 + H_2O$
$= (1.2 - 0.21) \times 9.523 + 1 + 2 = 12.427 \text{Nm}^3/\text{Nm}^3$

② 이론 연소 온도(℃)
$= \dfrac{\text{연료의 저위발열량} + \text{공기의 현열} + \text{연료의 현열}}{\text{연소가스량} \times \text{연소가스의 비열}}$

※ 공기의 현열(Q_a)
$=$ 이론 공기량 × 공기비 × 공기의 비열(공기의 예열 온도 − 외기 온도)

문제 17

연소 배기가스의 분석 결과 CO_2 함량이 12.5%이었다. 벙커 C유 550l/h 연소에 필요한 공기량은 몇 Nm³/min인가?(단, 벙커 C유의 이론 공기량은 12.5Nm³/kg이고, 밀도는 0.90kg/l 이며, CO_{2max}는 15.5%로 한다.)

해답 $\dfrac{\dfrac{15.5}{12.5} \times 12.5 \times 550 \times 0.9}{60} = 127.88 \text{Nm}^3/\text{min} \left(\text{공기비 } m = \dfrac{CO_{2max}}{CO_2} = \dfrac{15.5}{12.5}\right)$

문제 18

중유의 원소 조성이 C : 78%, H : 12%, O : 3%, S : 2%, 기타 5%일 때 이론 산소량(Nm³/kg)을 구하시오.

해답

$$이론\ 산소량(O_o) = 1.867C + 5.6\left(H - \frac{O}{8}\right) + 0.7S$$

$$= 1.867 \times 0.78 + 5.6\left(0.12 - \frac{0.03}{8}\right) + 0.7 \times 0.02$$

$$= 2.16 \text{Nm}^3/\text{kg}$$

문제 19

다음과 같은 조성을 가진 액체 연소 시 생성되는 이론 건연소가스량은 약 몇 Nm³인가?(단, 탄소 : 1.20kg, 산소 : 0.2kg, 질소 : 0.17kg, 수소 : 0.31kg, 황 : 0.2kg)

해답

$$이론건연소가스량(G_{od}') = 8.89C + 21.1H - 2.63O + 3.33S + 0.8N$$

$$= 8.89 \times 1.2 + 21.1 \times 0.31 - 2.63 \times 0.2 + 3.33 \times 0.2 + 0.8 \times 0.17$$

$$= 17.0 \text{Nm}^3$$

∴ 17.0Nm³

문제 20

다음 조성의 수성 가스 연소 시 필요한 공기량은 몇 Nm³/Nm³인가?(단, 공기율은 1.25이고, 사용 공기는 건조하다. 조성비 CO_2 : 4.5%, CO : 45%, N_2 : 11.7, O_2 : 0.8%, H_2 : 38%)

해답

$$이론공기량(A_0) = 2.38(H_2 + CO) - 4.76O_2 + 9.52CH_4$$

$$= 2.38(0.38 + 0.45) - 4.76 \times 0.008 = 1.937 \text{Nm}^3/\text{Nm}^3$$

∴ 실제공기량$(A) = mA_0 = 1.25 \times 1.937 = 2.42 \text{Nm}^3/\text{Nm}^3$

문제 21

에탄 15Nm³를 연소시켰다. 이때 다음 물음에 답하시오.

$$C_2H_6 + 3.5O_2 \rightarrow 2CO_2 + 3H_2O$$

(1) 필요한 이론 공기량(A_0)을 구하시오.
(2) 연소 공기 중 N_2의 양을 각각 구하시오.

해답 (1) $A_0 = 3.5 \times \dfrac{100}{21} \times 15 = 250 \, \text{Nm}^3$

(2) 공기 중의 N_2 양 = 이론 공기량 × 0.79 = 250 × 0.79 = 197.5 Nm³

문제 22

탄소 86%, 수소 12.5%, 황 1.5%인 액체연료 중유를 공기비 1.2로 완전 연소시켰다. 다음 각 항을 구하시오.(단, 중유의 저위발열량 H_l = 10,000 kcal/kg이다.)

(1) 이론 공기량(소수점 이하 버림)
(2) 실제 공기량
(3) 건연소가스량
(4) 연소가스 중의 수증기량

※ 연소생성수증기량(W_g) : 1.244(9H + W)

해답 (1) $A_0 = 8.89 \times 0.86 + 26.67 \times 0.125 + 3.33 \times 0.015 = 11.0291$
∴ 11.0 Nm³/kg

(2) $A = 11.0 \times 1.2 = 13.2$
∴ 13.2 Nm³/kg

(3) $G_d = (1.2 - 0.21) \times 11.0 + 1.867 \times 0.86 + 0.7 \times 0.015 = 12.50612$
∴ 12.51 Nm³/kg

(4) $1.244 \times 9 \times 0.125 = 1.3995$
∴ 1.4 Nm³/kg

참고 (1) 이론 공기량(A_0)

$A_0 = 8.89\text{C} + 26.67\left(\text{H} - \dfrac{\text{O}}{8}\right) + 3.33\text{S} \, (\text{Nm}^3/\text{kg})$

(2) 실제 공기량(A)

A = 이론 공기량 × 공기비 (Nm³/kg)

(3) 실제 건연소가스량(G_d)

$G_d = [\text{공기비} - 0.21] \times \text{이론 공기량} + 1.867\text{C} + 0.7\text{S} + 0.8\text{N} \, (\text{Nm}^3/\text{kg})$

제6장 연소공학 및 통풍력 계산

문제 23

석탄을 분석한 결과 다음과 같았을 때 물음에 답하시오.

〈분석 결과〉
- 공업 분석 : 수분 5.3%
- 휘발분 : 25.0%
- 회분 : 35.7%
- 원소 분석 : 전황 0.42%
- 불연소성 황 : 0.16%
- 수소 : 6.2%
- 탄소 : 58.2%
- 산소 : 1.60%
- 질소 : 0.8%

(1) 고정 탄소(%)를 구하시오.
(2) 연료비를 구하시오.
(3) 연소성 황(%)을 구하시오.
(4) 가연성분(%)을 구하시오.

해답

(1) 고정 탄소 = 100 − (수분 + 휘발분 + 회분)% = 100 − (5.3 + 25 + 35.7) = 34%

(2) 연료비 = $\dfrac{\text{고정 탄소}}{\text{휘발분}} = \dfrac{34}{25} = 1.36$

(3) 연소성 황 = 전황 × $\dfrac{100}{100-\text{수분}}$ − 불연소성 황 = $0.42 \times \dfrac{100}{100-5.3} - 0.16 = 0.28\%$

(4) 유효 수소 = $\left(\text{수소} - \dfrac{\text{산소}}{8}\right) = 58.2 + \left(6.2 - \dfrac{1.6}{8}\right) + 0.28 = 64.48\%$

문제 24

프로판 가스 5Nm³를 완전 연소시키는 데 필요한 이론 산소량(Nm³)과 이론 공기량(Nm³)은 얼마인가?(단, 프로판 가스의 연소 반응식은 $C_3H_8 + 5O_2 \rightarrow 3CO_2 + 4H_2O$이다.)

해답

$C_3H_8 + 5O_2$
22.4 : 5×22.4
5 × x

이론 산소량(O_0) = $\dfrac{5 \times 5 \times 22.4}{22.4} = 25\text{Nm}^3$

공기량(A_0) = $25 \times \dfrac{1}{0.21} = 119.05\text{Nm}^3$

참고

C_3H_8의 이론 산소량(O_0) = 5Nm³/Nm³

C_3H_8의 이론 공기량(A_0) = 이론 산소량 × $\dfrac{1}{0.21}$ (Nm³/Nm³)

문제 25
배기가스 성분 중 CO_2가 12.5%, O_2가 4%, CO가 0.5%일 때, N_2의 양(%)을 계산하고, N_2를 포함하는 공기비 계산식에 의하여 공기비(m)를 계산하시오.

해답 불완전 연소 시 공기비(m) = $\dfrac{N_2}{N_2 - 3.76(O_2 - 0.5 \times CO)}$

배기가스 중 질소(N_2) = $100 - (CO_2 + O_2 + CO) = 100 - (12.5 + 4 + 0.5) = 83\%$

$\therefore m = \dfrac{83}{83 - 3.76(4 - 0.5 \times 0.5)} = 1.20$

문제 26
보일러 연료로서 부탄을 사용할 경우 부탄 1mol이 완전 연소할 때 발생하는 이론 연소가스량 (G_1)(Nm³/kg)을 구하시오.(단, 부탄의 분자량은 58이고, 공기는 21%의 산소와 79%의 질소로 구성되며 C의 원자량은 12이다.)

해답 $C_4H_{10} + 6.5O_2 \rightarrow 4CO_2 + 5H_2O$

이론 연소가스량(G_1) = $(1 - 0.21)\dfrac{6.5 \times 22.4}{58 \times 0.21} + \dfrac{9 \times 22.4}{58} = 12.92 \text{Nm}^3/\text{kg}$

또는 $\left[(1 - 0.21) \times \dfrac{6.5}{0.21} + 4 + 5\right] \times \dfrac{22.4}{58} = 12.92 \text{Nm}^3/\text{kg}$

문제 27
배기가스 분석 측정 값이 CO_2 : 13.2%, O_2 : 3.2%, CO : 0.3%인 보일러 버너의 공기비(m)를 구하시오.(단, 공기는 21%의 O_2와 79%의 N_2로 이루어져 있다.)

해답 불완전 연소 시 공기비(m) = $\dfrac{N_2}{N_2 - 3.76(O_2 - 0.5 \times CO)}$

$N_2 = 100 - (13.2 + 3.2 + 0.3) = 83.3\%$

$\therefore$ 공기비 = $\dfrac{83.3}{83.3 - 3.76(3.2 - 0.5 \times 0.3)} = 1.16$

문제 28
연도 배기가스의 분석 결과 CO_2의 함량이 13.4%이었다. 벙커 C유 550l/h 연소에 필요한 공기량은 대략 몇 Nm³/min인가?(단, 벙커 C유의 이론 공기량은 12.5Nm³/kg, 밀도는 0.93g/cm³이며, CO_{2max}는 15.5%로 한다.)

해답 공기비 $m = \dfrac{(CO_2)_{max}}{(CO_2)} = \dfrac{15.5}{13.4} = 1.16$

벙커 C유 550L/h = 550×0.93kg/L가 되므로
전체 실제 공기량(A) = 0.93×550×14.46 = 7,396Nm³/h
∴ 7,396/60 = 123.3Nm³/min (분당)

참고 분당(min)값의 실제 공기량(A)
$A = mA_0 = 1.16 \times 12.5 = 14.46$ Nm³/kg (실제 공기량 값)

문제 29

메탄 가스를 과잉 공기를 사용하여 연소시켰다. 생성된 H_2O는 흡수탑에서 흡수·제거시키고 나온 가스를 분석하였더니 그 조성(용적)은 다음과 같았다. 사용된 공기의 과잉률은 몇 %인가?
(단, CO_2 : 9.6%, O_2 : 3.8%, N_2 : 86.6%)

해답 $m = \dfrac{21N_2}{21N_2 - 79O_2} = \dfrac{N_2}{N_2 - 3.76 O_2} = \dfrac{86.6}{86.6 - 3.76 \times 3.8} = 1.2$

∴ 과잉공기율 = (공기비 − 1) × 100 = (1.2 − 1) × 100 = 20%

문제 30

다음의 무게 조성을 가진 중유의 저발열량을 구하시오.(단, C : 84%, H : 13%, O : 0.5%, S : 2%, N : 0.5%)

해답 고체, 액체 저위발열량(H_l)
$= 8,100C + 28,600\left(H - \dfrac{O}{8}\right) + 2,500S - 600W$
$= 8,100 \times 0.84 + 28,600\left(0.13 - \dfrac{0.005}{8}\right) + 2,500 \times 0.02 = 10,554.13$ kcal/kg

문제 31

어떤 연료를 분석하니 수소 10%(중량), 탄소 80%, 회분 10%이었다. 이 연료 100kg을 완전 연소시키기 위하여 필요한 공기는 표준 상태에서 몇 m³이겠는가?

해답 $A_0 = 100 \times (8.89 \times 0.8 + 26.67 \times 0.1) = 977.9$ m³

참고 이론 공기량(A_0) $= 8.89C + 26.67\left(H - \dfrac{O}{8}\right) + 3.33S$ (Nm³/kg)

문제 32
석탄을 분석한 결과 수분 3.8%, 회분 18.4%, 휘발분 31.5%, 전유황 0.26%를 얻었다. 이때 고정 탄소(%)와 연료비를 구하시오.

해답 고정 탄소 = $100 - (3.8 + 18.4 + 31.5) = 46.3\%$

연료비 = $\dfrac{\text{고정 탄소}}{\text{휘발분}} = \dfrac{46.3}{31.5} = 1.47$

문제 33
석탄의 공업 분석 결과 수분이 $x\%$, 회분이 $y\%$, 휘발분이 $z\%$이었다. 고정 탄소는 몇 %인가?

해답 고정 탄소(%) = $100 - (x+y+z)$

문제 34
저위발열량 9,625kcal/kg인 액체 연료 10kg을 연소시켰을 때 발생하는 배기가스량(G_0)을 구하시오.

해답 발열량에 의한 배기가스량(G_o) = $\left(15.75 \times \dfrac{9,625 - 1,100}{10,000} - 2.18\right) \times 10 = 112.46875 \text{Nm}^3$

∴ 112.47Nm^3

참고 발열량에 의한 이론 배기가스량 = $\left(15.75 \times \dfrac{H_l - 1,100}{10,000}\right) - 2.18 \, (\text{Nm}^3/\text{Nm}^3)$

문제 35
배기가스 분석 결과 다음과 같은 자료를 얻었다. 다음 물음에 답하시오.(단, 연소용 공기의 $O_2 : N_2$ 체적비는 21 : 79이다.)
(1) 최고 탄산 가스율(CO_{2max})의 %를 구하시오.
(2) N_2, O_2, CO 값을 이용하여 공기비(m)를 계산하시오.

성분	%
CO_2	13
O_2	3
CO	2
N_2	82

해답

(1) 불완전 연소 시 $CO_{2max} = \dfrac{21 \times (CO_2 + CO)}{21 - O_2 + 0.395 \times CO} = \dfrac{21 \times (13+2)}{21 - 3 + 0.395 \times 2} = 16.76(\%)$

(2) 불완전 연소 시 공기비$(m) = \dfrac{N_2}{N_2 - 3.76(O_2 - 0.5 \times CO)} = \dfrac{82}{82 - 3.76(3 - 0.5 \times 2)} = 1.1$

여기서, $N_2 = 100 - (C_2 + O_2 + CO) = 100 - (13 + 3 + 2) = 82\%$

문제 36

다음과 같은 조성의 액체 연료에 대한 이론 공기량(Nm³/kg)은 얼마인가?

C : 0.70kg, H : 0.10kg, O : 0.05kg, N : 0.09kg, a : 0.01kg, S : 0.05kg

해답 고체, 액체 이론 공기량$(A_0) = 8.89C + 26.7\left(H - \dfrac{O}{8}\right) + 3.33S$

$= 8.89 \times 0.70 + 26.7\left(0.10 - \dfrac{0.05}{8}\right) + 3.33 \times 0.05$

$= 8.89 \text{Nm}^3/\text{kg}$

문제 37

다음의 조건을 이용하여 프로판 1kg의 완전연소 시 저위발열량(kJ/kg)과 고위발열량(kJ/kg)을 계산하시오.(단, 연소반응식은 $C_3H_8 + 5O_2 \to 3CO_2 + 4H_2O$이며 물의 증발잠열은 2,520kJ/kg 이다.)

〈조건〉
- $C + O_2 \to CO_2 + 480$kJ
- $H_2 + \dfrac{1}{2}O_2 \to H_2O + 250$kJ
- C_3H_8 분자량 $= (12 \times 3) + (1 \times 8) = 44 (C = 12, H_2 = 2)$

해답

$\dfrac{480}{12} = 40$kJ/g $= 40,000$kJ/kg

$\dfrac{250}{2} = 125$kJ/g $= 125,000$kJ/kg

(1) 저위발열량(H_l)

$40,000 \times \dfrac{36}{44} = 32,727.27$

$125,000 \times \dfrac{8}{44} = 22,727.27$

$\therefore H_l = 32,727.27 + 22,727.27 = 55,454.54$kJ/kg

(2) 고위발열량(H_h) = $55,454.54 + 2,520 \times \dfrac{4 \times 18}{44}$ = 59,578.18 kJ/kg

여기서, C_3H_8 1kmol = 22.4 Nm^3 = 44kg, H_2O 분자량 = 18

문제 38

프로판 1kg의 발열량을 계산하면 몇 kcal/kg인가?

$$C + O_2 \rightarrow CO_2 + 97.0\text{kcal}, \quad H_2 + \dfrac{1}{2}O_2 \rightarrow H_2O + 57.6\text{kcal}$$

해답 두 반응식에서 각 원소의 발열량을 계산하면

$C = \dfrac{97}{0.012} = 8,083$ kcal, $H = \dfrac{57.6}{0.002} = 28,800$ kcal

따라서, 프로판(C_3H_8) 1kg의 발열량은

$\dfrac{36}{44} \times 8,083 + \dfrac{8}{44} \times 28,800 = 11,850$ kcal/kg

또는, $C + O_2 \rightarrow CO_2 + 97$ kcal/g·mol

$H_2 + \dfrac{1}{2}O_2 \rightarrow H_2O + 57.6$ kcal/g·mol

∴ 발열량 = $\left(\dfrac{36}{44} \times \dfrac{97}{12} + \dfrac{8}{44} \times \dfrac{57.6}{2} \right) \times 10^3$

= 11,850 kcal/kg (49,613.58 kJ)

여기서, 수소 1kmol = 22.4 Nm^3 = 2kg

참고 1 kcal = 4.1868 kJ

문제 39

메탄의 고위발열량이 44,100 kJ/kg이다. 물의 증발잠열이 2,520 kcal/kg이면 CH_4의 저위발열량은 몇 kJ/kg인가? (단, 연소반응식은 $CH_4 + 2O_2 \rightarrow CO_2 + 2H_2O$, 메탄의 분자량 = 16이다.)

해답 저위발열량 = 고위발열량 − 물의 잠열 × $\dfrac{2 \times 18}{16}$

= $44,100 - \left(2,520 \times \dfrac{2 \times 18}{16} \right)$

= 38,430 kJ/kg

문제 40
S(황)이 0.75%가 함유된 액체 연료 30kg을 완전 연소시켰다. 이때 S가 연소함에 따라 발생된 열량은?

해답 $S + O_2 \rightarrow SO_2 + 80,000$ kcal/kmol (황의 분자량은 32)
$(80,000/32) \times 0.75 \times 30 = 56,250$ kcal

문제 41
어느 공장의 연료로 사용하는 석탄을 분석하고 발열량을 측정하였더니 다음과 같았다. 이 결과를 이용하여 다음 물음에 답하시오.

〈결과〉
- 원소 분석 결과 : C(73.8%), H(18.2%), O(0.5%), S(7.5%)
- 공업 분석 결과 : 수분(W) − 7.6%, 회분 − 20.8%
- 함수 기준 고발열량 = 6,250kcal/kg

(1) 저발열량(kcal/kg)
(2) 무수 무회 기준의 고위발열량(kcal/kg)

해답 (1) 저위발열량$(H_l) = H_h - 600(9H + W)$에서
$$H_l = 6,250 - 600\left[9 \times 0.182 \times \left(\frac{100-7.6}{100}\right) + 0.076\right] = 5,296.2928 \text{kcal/kg}$$
∴ 5,296.29kcal/kg

(2) $6,250 \times \dfrac{100}{100-(7.6+20.8)} = 8,729.050279$ ∴ 8,729.05kcal/kg

참고 무수, 무회 기준이므로 탄소, 수소, 황 등의 발열량, H_2O나 수분은 제외한다.

문제 42
부탄가스(C_4H_{10}) 1kg의 완전연소 시 다음의 조건을 이용하여 저위발열량(kcal/kg)과 고위발열량(kcal/kg)을 구하시오.(단, 물의 증발잠열은 580kcal/kg이다.)

〈조건〉
- $C + O_2 \rightarrow CO_2 + 97.0$ kcal
- $H_2 + \dfrac{1}{2}O_2 \rightarrow H_2O + 57.6$ kcal

해답

$$\frac{97}{12} = 8.083\text{kcal/g} = 8,083\text{kcal/kg}$$

$$\frac{57.6}{2} = 28.8\text{kcal/g} = 28,800\text{kcal/kg}$$

부탄가스(C_4H_{10})의 분자량 $= 12 \times 4 + 1 \times 10 = 58$

(1) 저위발열량(Hl) $= 8.083 \times \dfrac{48}{58} + 28,800 \times \dfrac{10}{58} = 11,654.90\text{kcal/kg}$

(2) 고위발열량(Hh) $= 11,654.90 + \dfrac{580 \times (5 \times 18)}{58} = 13,519.19\text{kcal/kg}$

참고

연소반응식 $C_4H_{10} + 6.5O_2 \rightarrow 4CO_2 + 5H_2O$
- $C_4H_{10}(58) = 12 \times 4 = 48,\ 1 \times 10 = 10$
- 탄소의 분자량 $= 12$, 수소의 분자량 $= 2$

문제 43

다음의 반응식을 이용하여 CO 가스의 1kg이 완전연소 시 발열량(MJ/kg)을 구하시오.

- $C + O_2 \rightarrow CO_2 + 395\text{MJ/kmol}$
- $C + \dfrac{1}{2}O_2 \rightarrow CO + 285\text{MJ/kmol}$

해답

$CO + \dfrac{1}{2}O_2 \rightarrow CO_2$

CO 발열량 $= 395 - 285 = 110\text{MJ/kmol}$

$\therefore \dfrac{110}{28} = 3.93\text{MJ/kg}$

참고 CO 1kmol $= 22.4\text{m}^3 = 28\text{kg}$(분자량 28)

문제 44

어느 공장의 보일러 연료로 사용하는 중유를 분석한 결과 수분 0.2%, 탄소 86.4%, 수소 10.9%, 산소 0.9%, 질소 0.4%, 황 1.2%이고 중유의 총 발열량은 10,200kcal/kg이다. 이때 계산식을 세워 진발열량을 구하시오.

해답 저위발열량(H_l) $= 10,200 - 600(9 \times 0.109 + 0.002) = 9610.2\text{kcal/kg}$

참고
- H_l(저위발열량) $= H_h$(고위발열량) $- 600(9 \times 수소 + 수분)$
- $600\text{kcal/kg} = 600 \times 4.1868\text{kJ/kg} = 2,512.08\text{kJ/kg}$

문제 45

연소 반응에 있어서 탄소(C)의 불완전 연소식을 쓰고, 탄소 1kg을 불완전 연소시켜서 CO로 되었을 경우의 발열량을 계산하시오.

해답 $C + \dfrac{1}{2}O_2 \rightarrow CO + 29,400 \text{kcal/kmol}$

탄소 12kg이므로, $29,400 \div 12 = 2,450 \text{kcal/kg}$

문제 46

중유 1kg 속에는 수소 0.15kg, 수분 0.003kg이 들어있다고 한다. 이 중유의 고위발열량이 10^4 kcal/kg일 때, 이 중유 2kg의 총 저위발열량은 대략 몇 kcal인가?

해답 고위발열량$(H_h) = 10^4 = 10,000 \text{kcal/kg}$ 이므로

$H_l = H_h - 600(9H + W) = 10,000 - 600(9 \times 0.15 + 0.003) = 9,188 \text{kcal/kg}$

∴ 중유 2kg의 총 저위발열량$(H_l) = 2 \times 9,188 = 18,400 \text{kcal}$

제7장 열정산

문제 1

효율이 63%인 보일러를 90%인 보일러로 교체하였을 때 연간 절약 연료량(l/년) 및 연간 절감 금액(원/년)을 각각 구하시오.(단, 사용 연료량은 연간 124,900l/년, 연료 단가는 170원/l이다.)

해답 $\frac{90-63}{90} \times 124,900 = 374,70l/년, \ 37,470 \times 170 = 6,369,900 원/년$

문제 2

어떤 중유 보일러에서 버너에 공급되는 중유를 연료 예열기로 92℃로 가열하여 공급하는 경우 연료의 현열은 몇 kJ/kg인가?(단, 중유의 비열 1.89kJ/kg · K, 외기 온도 10℃)

해답 $1.89kJ/kg \cdot K \times (92℃ - 10℃) = 154.98kJ/kg$

문제 3

다음은 보일러 열정산 기준에 대한 설명이다. ( ) 안에 알맞은 것을 쓰시오.

"보일러 열정산은 정상 조업 상태에 있어 (①)시간 이상의 운전 결과에 따르며, 시험 부하는 (②) 부하로 하고 고체 및 액체 연료인 경우 사용 연료 (③)kg당으로 계산한다. 또한 연료의 발열량은 원칙적으로 (④) 발열량을 기준으로 한다."

해답 ① 2　② 정격
　　　③ 1　④ 고위

문제 4

보일러 열정산 시 출열 중 열손실에 해당하는 것 3가지를 쓰시오.

해답 ① 배기가스의 열손실
　　　② 방사 열손실
　　　③ 불완전 열손실

문제 5

보일러 성능 시험시 열정산 기준이다. ( ) 안에 알맞은 내용을 써 넣으시오.
(1) 측정 시간은 ( )시간 이상 실시해야 한다.
(2) 입열 또는 출열 계산 시 고체 연료 및 액체 연료는 1(①)당, 기체 연료는 (②)당으로 한다.
(3) 연료의 발열량은 ( )발열량으로 한다.
(4) 시험 부하는 ( ) 부하로 하고 필요에 따라 3/4, 1/2, 1/4로 한다.
(5) 열정산의 기준 온도는 시험 시의 ( )온도로 한다.

해답
(1) 2
(2) ① kg   ② Nm^3
(3) 고위
(4) 정격
(5) 외기

문제 6

보일러의 열정산에서 발생된 증기량을 알려면 발생 증기량을 직접 측정하지 않고 증기량 대신에 무엇을 측정하는가?

해답 급수 사용량

문제 7

열정산 시 출열에 해당하는 사항 6가지를 쓰시오.

해답
① 연소에 의해서 생기는 배기가스 손실열
② 발생 증기의 흡수열
③ 노 내 분입 증기에 의한 열
④ 불완전 연소가스에 의한 열손실
⑤ 연소 잔재물 중의 미연소분에 의한 열손실
⑥ 방산열에 대한 열손실

제1편 에너지관리 설비 예상문제

문제 8
열정산을 행하는 목적 3가지를 기술하시오.

해답
① 열의 분포 상태를 알 수 있다.
② 효율 증진의 기초 자료가 된다.
③ 열설비의 개선 자료가 된다.

문제 9
열정산에 입열과 출열은 같은가, 다른가?

해답 같다.

문제 10
열정산을 할 때 연도 가스의 분석을 하는 목적은?

해답 공기비를 산출하여 연소 상태를 판단하기 위하여

문제 11
열정산 시 운전 상태 점검 중에 해서는 안 되는 작업을 4가지만 쓰시오.

해답
① 분출 작업
② 매연 제거 작업
③ 강제통풍 작업
④ 급수 및 발생 증기의 시료 채취

문제 12
열효율을 상승시키기 위한 조건 4가지를 쓰시오.

해답
① 손실열을 가급적 적게 한다.
② 장치의 설계 조건과 운전 조건을 일치시키도록 한다.
③ 전열량이 증가하는 방법을 취한다.
④ 될수록 연속 조업을 할 수 있게 한다.

문제 13
육용 보일러의 열정산 방식 중 출열(유효 출열+열손실)의 계산은 전 사용 연료 몇 kg당으로 계산하는가?

해답 1kg

문제 14
열정산 시 입열 항목에 포함되는 열 4가지를 쓰시오.

해답
① 연료의 연소열　② 연료의 현열
③ 공기의 현열　　④ 노 내 분입된 증기의 보유열

문제 15
중유를 매시간 350kg, 공기비 1.2로 연소시켰을 때 배기가스의 보유 열량(kJ/hr)을 구하시오. (단, 배기가스 온도 : 250℃, 배기가스 평균 비열 : 0.33kcal/Nm³·℃(1.381kJ/kg·K), 외기 온도 : 20℃, 이론 배기가스량 : 11.7Nm³/kg, 이론 공기량 : 10.9Nm³/kg)

해답 실제 배기가스량(G)=이론 배기가스량+(공기비-1)×이론 공기량
$$= [11.7+(1.2-1)\times 10.9] = 13.88\,\text{Nm}^3/\text{kg}$$
∴ $Q = 13.88 \times 1.381 \times (250-20) \times 350 = 1,543,046.54\,\text{kJ/h}$

참고 $[11.7\,\text{Nm}^3/\text{kg}+(1.2-1)\times 10.9\,\text{Nm}^3/\text{kg}]\times 0.33\,\text{kcal/Nm}^3\cdot\text{℃} \times (250-20)\,\text{℃} \times 350\,\text{kg/h}$
$= 368,722.2\,\text{kcal/hr}$

문제 16
어떤 보일러의 배기가스 온도가 350℃인 것을 공기 예열기를 설치하여 150℃로 낮추었다. 이 경우 공기 예열기에 의하여 회수된 열량은 몇 kcal/kg인가?(단, 외기 온도 : 10℃, 배기가스 비열 : 0.33kcal/Nm³·℃, 실제 습배기가스량 : 13.5Nm³/kg, 공기 예열기 효율 : 85%이다.)

해답 공기 예열기 회수 열량(Q)
=실제 습배기가스량×비열(배기가스 온도-배기가스 저하 온도)×공기 예열기 효율
$= 13.5\,\text{Nm}^3/\text{kg} \times 0.33\,\text{kcal/Nm}^3\cdot\text{℃} \times (350\text{℃}-150\text{℃}) \times 0.85$
$= 757.35\,\text{kcal/kg}$

제1편 에너지관리 설비 예상문제

문제 17
비열이 2.94kJ/kg·K인 물질 10kg을 40℃에서 125℃까지 가열하는 데 필요한 열량을 kJ 단위로 구하시오.

해답 $10 \times 2.94 \times (125 - 40) = 2{,}499 \text{kJ}$

문제 18
열진단 결과 열설비의 표면적 100m²의 평균 온도가 80℃였다. 이 온도를 40℃가 되도록 단열 처리를 하였을 때 다음 물음에 답하시오.(단, 연료 발열량 : 10,000kJ/l, 연간 가동 시간 : 8,000시간, 연료 단가 : 145원/l, 단열재의 열전달률(K) : 10kcal/m²·hr·℃)
(1) 연간 절약 가능한 기대 연료량(l/Y)을 구하시오.
(2) 연간 절약 가능한 금액(원/Y)을 계산하시오.

해답 (1) $\dfrac{8{,}000\text{h/년} \times 10\text{kcal/m}^2 \cdot \text{h} \cdot ℃ \times 100\text{m}^2 \times (80-40)℃}{10{,}000\text{kcal}/l} = 32{,}000\, l/\text{년}$

(2) $32{,}000\, l/\text{년} \times 145\text{원}/l = 4{,}640{,}000\text{원/년}$

문제 19
급수량 50,000kg/h의 물을 절탄기를 통하여 60℃에서 90℃까지 높이려고 한다. 절탄기 입구의 가스 온도를 340℃로 할 때 출구 가스의 온도(℃)를 계산하여 답을 구하시오.(단, 연소가스량 75,000kg/h, 가스의 비열 0.25kcal/kg·℃, 물의 비열은 1kcal/kg·℃로 한다. 또 절탄기로부터 외부로의 열손실은 없는 것으로 한다.)

해답 $5{,}000 \times 1 \times (90-60) = 75{,}000 \times 0.25 \times (340-t)$
$\therefore t = 340 - \dfrac{50{,}000 \times 1 \times (90-60)}{75{,}000 \times 0.25} = 260\,℃$

문제 20
어떤 공장에 설치된 보일러를 열정산한 결과 사용 연료(B-C유) 1kg당 배기가스량이 13.6 Nm³/kg이고 그 때의 온도가 298℃였다. 이 보일러에 공기 예열기를 설치하여 배기가스 온도를 150℃로 낮춘다면 사용 연료(B-C유) 1kg당 몇 kcal의 배기가스의 열손실을 줄일 수 있겠는가?(단, 배기가스의 비열은 0.33kcal/Nm³·℃이다.)

해답 $Q = G \times C \times \Delta t = 13.6\text{Nm}^3/\text{kg} \times 0.33\text{kcal/Nm}^3 \cdot ℃ \times (298-150)℃$
$= 664.22\text{kcal/kg}$

문제 21

어떤 보일러에 투입된 총 열량이 2,100MW이고, 이 중에서 배기가스로 인한 열손실이 357 MW, 방열손실이 42.084MW, 불완전 및 미연소분에 의한 열손실이 43.89MW이었다. 투입된 총 열량은 연료의 연소 열량과 같고 기타 입열은 0으로 할 때 다음을 구하시오.
(1) 보일러의 열효율(%)을 구하시오.
(2) 보일러의 전열 효율(%)을 구하시오.

해답
(1) $\dfrac{2,100-(357+42.084+43.89)}{2,100} \times 100 = 78.906\%$ ∴ 78.90%

(2) $\dfrac{2,100-(357+42.084+43.89)}{2,100-43.89} \times 100 = 80.5903\%$ ∴ 80.59%

문제 22

보일러의 배기가스 온도를 보일러 출구에서 측정한 결과 340℃이었다. 이 보일러에 공기 예열기를 설치한 결과 배기가스 온도가 170℃로 낮아졌다면 공기 예열기로 회수된 열량은 몇 kcal/h가 되는지 계산하시오.(단, 배기가스량은 1분당 4.6Nm³이고, 배기가스의 평균 비열은 0.30kcal/Nm³·deg, 공기 예열기 효율은 80%로 한다.)

해답 $[4.6\,\text{Nm}^3/\text{min} \times 0.30\,\text{kcal}/\text{Nm}^3\cdot\text{℃} \times (340-170)\,\text{℃} \times 60\,\text{min/h}] \times 0.8 = 11,260.8\,\text{kcal/h}$

문제 23

외기 온도 20℃에서 보일러 배기가스 온도가 280℃이다. 중유 버너에서 배기가스 성분 중 CO_2 10%에서 공기비를 조절하여 CO_2를 13%까지 높이면 절감되는 열량은 연료 1kg당 몇 kcal인가?(단, $CO_{2\max}$는 15.7%, 배기가스 비열 C_g=0.33kcal/Nm³·℃, 이론 배기가스량 A_0 =10.709Nm³/kg이다.)

해답
$Q = G \times C_P(t_2 - t_1)$
$G = G_0 + (m-1)A_0$
∴ $10.709 \times (1.57 - 1.207692) \times 0.33(280-20) = 332.90\,\text{kcal/kg}$

참고 공기비 조절 전의 공기비 $m_1 = \dfrac{CO_{2\max}}{CO_2} = \dfrac{15.7}{10} = 1.57$

공기비 조절 후의 공기비 $m_2 = \dfrac{CO_{2\max}}{CO_2} = \dfrac{15.7}{13} = 1.207692$

문제 24

공기비 1.4로 사용하던 어떤 보일러를 공기비 1.2로 완전 연소 되도록 개선하였다면 사용 연료 1kg당 절감되는 열량은 몇 kcal인가?(단, 배기가스 비열(C_g) : 0.33kcal/Nm³·℃, 이론 공기량 (A_0) : 10.8Nm³/kg, 배기가스 온도 : 265℃, 외기 온도 : 15℃이다.)

해답 $Q = A_0 \times (m_1 - m_2) \times C_g(t_2 - t_1)\,(\text{kcal/kg})$
실제 공기량(A) = 이론 공기량×공기비
∴ 절감열량 $= 1 \times 10.8 \times (1.4 - 1.2) \times 0.33 \times (265 - 15) = 178.2\,\text{kcal}$
$(178.2 \times 4.1868\,\text{kJ/kg·K} = 746.09\,\text{kJ})$

문제 25

벙커 C유 연소 장치의 연소 배기가스 온도를 측정한 결과 340℃이었다. 여기에 공기 예열기를 설치하여 배기가스 온도를 160℃까지 내린다면 연료의 절감률은 몇 %인가?(단, $H_l =$ 9,750kcal/kg, 배기가스량=21Nm³/kg, 배기가스 비열 C_P=0.33kcal/Nm³·℃, 공기 예열기 효율은 0.50이다.)

해답 $\dfrac{21 \times 0.33 \times (340 - 160) \times 0.5}{9{,}750} \times 100 = 6.39692$ ∴ 6.40%

참고 배기가스 열손실(kcal/kg) = 배기가스량×배기가스 비열$(t_2 - t_1)$×공기 예열기 효율
$21 \times 0.33(340 - 160) \times 0.5 = 623.7\,\text{kcal/kg}$
∴ 연료 절감률 $= \dfrac{623.7}{9{,}750} \times 100 = 6.40\%$

문제 26

발열량이 5,500kcal/kg인 석탄을 연소시키는 보일러에서 배기가스 온도가 400℃일 때 보일러의 열효율(%)을 구하시오.(단, 연소가스량은 10Nm³/kg, 연소가스의 비열은 0.33kcal/Nm³·℃, 실온과 외기 온도는 0℃, 미연분에 의한 손실과 방사에 의한 열손실은 무시된다.)

해답 $\eta = \dfrac{5{,}500 - \{10 \times 0.33 \times (400 - 0)\}}{5{,}500} \times 100 = 76\%$

문제 27
다관형 열교환기에서 온수를 3,000kg/h의 속도로 관 내를 통과시켜 55℃에서 40℃까지 냉각시킨다. 관 외부로는 25℃의 냉각수가 5,000kg/h 속도로 흐른다. 이때 열교환기를 통한 열전달량을 구하시오.(단, 물의 비열은 4.2kJ/kg·K)

해답 감열 $Q = G \times C_p(t_2 - t_1) = 3,000 \times 4.2 \times (55-40) = 189,000 \text{kJ/h}$

$\therefore \dfrac{189,000}{3,600} = 52.5 \text{kW}$

문제 28
열공급량이 75kcal이고 열손실량이 14kcal이면 열효율은 몇 %인가?

해답 열효율(%) = $\dfrac{\text{공급열} - \text{총 손실열}}{\text{공급열}} \times 100 = \dfrac{75-14}{75} \times 100 = 81.33\%$

문제 29
어느 공장의 보일러에서 발열량이 25,200kJ/kg인 석탄 1.2ton을 연소시켰다. 이 때 발생한 증기량으로부터 보일러에 흡수된 열량을 계산하였더니, 24,192,000kJ/kg였다. 이 보일러의 효율은 얼마인가?

해답 $\eta = \dfrac{\text{유효 출열}}{\text{총 입열}} \times 100 = \dfrac{24,192,000}{1,200 \times 25,200} \times 100 = 80\%$

문제 30
보일러에서 연료의 저위발열량을 H_l, 실제 발생열량을 Q_r, 유효열을 Q_e라 할 때 다음 각 효율을 식으로 표시하시오.

해답
① 연소효율(%) = $\dfrac{Q_r}{H_l} \times 100$

② 전열효율(%) = $\dfrac{Q_e}{Q_r} \times 100$

③ 보일러 효율(%) = $\dfrac{Q_r}{H_l} \times \dfrac{Q_e}{Q_r} = \dfrac{Q_e}{H_l} \times 100$

> **참고**
> ① 연소효율 = (실제 발생열 / 공급열) × 100
> ② 전열효율 = (유효열 / 실제 발생열) × 100
> ③ 보일러 효율(열효율) : 연소효율 × 전열효율 = (유효열 / 공급열) × 100

문제 31

실온이 0℃이며, 과잉 공기를 포함한 습연소가스의 비열은 $1.386kJ/Nm^3 \cdot deg$일 때 반응식은 다음과 같다. 이때 다음과 같은 조성을 가진 연료 가스의 저위발열량(H_l)은 몇 kJ/Nm^3인가? (단, 반응식 발열량은 CO, H_2, CH_4 각각 $1Nm^3$당)

$$CO + \frac{1}{2}O_2 \rightarrow CO_2 + 12,747kJ$$

$$H_2 + \frac{1}{2}O_2 \rightarrow H_2O(수증기) + 11,550kJ$$

$$CH_4 + 2C_2 \rightarrow CO_2 + 2H_2O(수증기) + 36,750kJ$$

가스의 성분	CO_2	CO	H_2	CH_4	N_2
연소가스의 조성(%)	5.0	40.0	50.0	1.0	4.0

해답 가연성 가스는 CO, H_2, CH_4이므로
 $CO = 12,747 \times 0.4 = 5,098.8 kJ/Nm^3$
 $H_2 = 11,550 \times 0.5 = 5,775 kJ/Nm^3$
 $CH_4 = 36,750 \times 0.01 = 367.5 kJ/Nm^3$
 ∴ 혼합 연료의 저위발열량(H_l) = 5,098.8 + 5,775 + 367.5 = $11,241.3 kJ/Nm^3$

문제 32

어떤 보일러의 배기가스 온도가 보일러 출구에서 370℃이었다. 여기에 폐열 회수를 위하여 공기 예열기를 설치한 결과 배기가스 온도가 170℃로 되었다면, 공기 예열기가 회수한 열량은 몇 kcal/hr인지 계산하시오.(단, 배기가스량 : $46Nm^3/min$, 배기가스 평균 비열 : $0.33kcal/Nm^3 \cdot ℃$, 공기 예열기 효율 : 80%이다.)

해답 공기예열기 회수열량(Q) = $(46 \times 60) \times 0.33 \times (370 - 170) \times 0.8 = 145,728 kcal/hr$

참고 $\dfrac{145,728 \times 4.1868(kJ/kg \cdot K)}{3,600(kJ/kWh)} = 169.48 kW$

문제 33

어떤 보일러의 연소효율이 90%, 전열 효율이 85%, 배기가스 손실열이 8.5%, 방산 열손실이 15%이다. 이때 열효율을 구하시오.

해답 열효율 = 연소효율 × 전열면의 효율 = $0.9 \times 0.85 \times 100 = 76.5\%$
또는 $100 - (8.5 + 15) = 76.5\%$

문제 34

배기가스의 폐열 회수를 위하여 공기 예열기를 설치하여 배기가스 온도를 150℃로 전환했을 때 배기가스의 손실열량은 얼마인가?(단, 연료 1kg당 이론 배기가스량은 11.443Nm³/kg이며 공기비는 1.2, 연료 1kg당 이론 공기량은 10.709Nm³/kg, 배기가스의 평균 비열은 0.33kcal/Nm³·℃, 외기 온도는 25℃이다.)

해답 $Q = \{G_0 + (m-1)A_0\} \times C \times \Delta t$
$= \{11.443 + (1.2 - 1) \times 10.709\} \times 0.33 \times (150 - 25) = 560.37 \text{kcal/kg}$

참고 실제 배기가스량(G) = 이론 배기가스량 + (공기비 − 1) × 이론 공기량(Nm³/kg)

문제 35

열정산(열감정)에 의한 증기 보일러의 보일러 효율 산정 방법 2가지를 쓰시오.

해답
① 직접 열정산 : 효율 = $\dfrac{\text{유효 출열}}{\text{입열}} \times 100$

② 간접 열정산 : 효율 = $\left(1 - \dfrac{\text{손실열}}{\text{입열}}\right) \times 100$

문제 36

보일러의 압력 0.7MPa, 건도 0.98인 증기를 발생할 때 절탄기(economizor)를 설치하여 급수 온도를 20℃에서 90℃로 올린다면 연료 절감률(%)을 구하시오.(단, 절대 압력 0.7MPa에서 포화수 엔탈피 165.6kcal/kg, 포화증기 엔탈피 659.4kcal/kg이고 물의 평균 비열은 1kcal/kg으로 한다.)

해답 우선 습포화증기 엔탈피를 구한다.
$ix = i' + \gamma x$ 에서 $165.6 + (659.4 - 165.6) \times 0.98 = 649.524 \text{kcal/kg}$
여기서 급수 온도 20℃에서 증기로 변할 때 소요 열량을 기준하여 급수 온도차에 해당하는 열량을 백분율로 표시한다.

(1) 건도가 주어지면 습증기 엔탈피가 구해진다.
h_2 = 포화수 엔탈피 + 건도 × 증발잠열
 = $165.6 + (659.4 - 165.6) \times 0.98 = 649.524 \text{kcal/kg}$

(2) 증발잠열이 주어지지 않아 아래 공식으로 구한다.
포화증기 엔탈피 − 포화수 엔탈피 = $659.4 - 165.6 = 493.8 \text{kcal/kg}$

$\therefore \dfrac{(649.524-20)-(649.524-90)}{(649.524-20)} \times 100 = 11.12\%$

참고

1kcal = 4.1868kJ
$165.6 \times 4.1868 = 693.33 \text{kJ/kg}$, $90 \times 1 \times 4.1868 = 376.812 \text{kJ/kg}$
$659.4 \times 4.1868 = 2,760.78 \text{kJ/kg}$, $20 \times 1 \times 4.1868 = 83.736 \text{kJ/kg}$
$649.524 \times 4.1868 = 2,719.43 \text{kJ/kg}$
$h_2 = 693.33 + (2,760.78 - 693.33) \times 0.98 = 2,719.431 \text{(kJ/kg)}$

$= \dfrac{(2,719.43-83.736)-(2,719.43-376.812)}{2,719.43-83.736} \times 100$

$= \dfrac{2,635.694-2,342.618}{2,635.694} \times 100 = 11.12(\%)$

제8장 내화물 및 보온단열재

문제 1
내화물, 단열재, 보온재, 보냉재를 구분할 때 무엇으로 구분지어 지는가?

해답 안전 사용 온도

문제 2
단열재의 안전 사용 온도 범위는 얼마인가?

해답 800~1,200℃

문제 3
터널요의 구조 3부분은?

해답 ① 예열대 ② 소성대 ③ 냉각대

문제 4
터널요의 구성 3요소의 부대 장치를 쓰시오.

해답 ① 대차 ② 풋샤 ③ 샌드 실

문제 5
보온재는 무기질, 금속질, 유기질 3가지가 있는데 그중 유기질 보온재의 종류 3가지를 쓰고 사용 온도의 범위를 쓰시오.

해답
① 종류 : 기포성 수지, 탄화 코르크, 우모 펠프, 텍스류(이 중 3가지)
② 온도 : 130℃ 이하

제1편 에너지관리 설비 예상문제

문제 6
내화물의 손상 중 버스팅(Bursting)에 대하여 간단히 기술하시오.

해답 염기성 벽돌인 크롬-마그네시아 또는 마그네시아-크롬 벽돌이 약 1,600℃ 이상의 고온에서 산화철을 흡수하여 벽돌의 표면이 부풀어 오르는 현상을 말한다.

문제 7
보온재와 열전도율과의 관계에 대하여 다음의 공란에 증가 또는 감소를 쓰시오.
(1) 각종 재료의 열전도율은 밀도가 크면 (   )한다.
(2) 각종 재료의 열전도율은 습도가 낮아지면 (   )한다.
(3) 각종 재료의 열전도율은 온도가 상승하면 (   )한다.

해답 (1) 증가   (2) 감소   (3) 증가

문제 8
다음 내화 벽돌의 종류를 열거한 것이다. 주어진 물음에 맞는 것을 <보기>에서 2가지만 골라 쓰시오.

<보기>
규석질, 탄소질, 마그네시아질, 고알루미나질, 돌로마이트질, 납석질, 샤모트질, 크롬질, 퍼스테라이트질

(1) 산성질 내화 벽돌에 해당하는 것은?
(2) 중성질 내화 벽돌에 해당하는 것은?
(3) 염기성질 내화 벽돌에 해당하는 것은?

해답 (1) 규석질, 납석질, 샤모트질
(2) 탄소질, 고알루미나질, 크롬질
(3) 마그네시아질, 돌로마이트질, 퍼스테라이트질

문제 9
무기질 보온재의 특징 5가지를 쓰시오.

해답
① 기계적 강도가 크다.
② 내구성이 있으며 유기질 보온재보다 변질이 적다.
③ 불연성이며 내열성이 크다.
④ 내식성이 좋다.
⑤ 온도 변화에 대한 균열 및 팽창 수축이 적다.

문제 10
슬래킹 현상이나 버스팅 현상을 잘 일으키는 내화물은 화학 조성 중 어떤 내화물인가?

해답 염기성 내화물

문제 11
전로의 종류 4가지를 쓰시오.

해답
① 베세머 전로 ② 토마스 전로
③ LD 전로   ④ 칼드 전로

문제 12
단열재 및 보온재의 구비 조건을 4가지만 쓰시오.

해답
① 내식성 및 내열성이 있을 것
② 기계적 강도 및 시공성이 좋을 것
③ 온도 변화에 따른 균열 및 팽창 수축이 적을 것
④ 사용 온도에 있어서 내구성이 있어야 하며 변질되지 말 것
⑤ 열전도율이 적을 것
⑥ 부피 비중이 적을 것
⑦ 독립 기포로 된 다공질 구조를 갖추어야 할 것
⑧ 섬유일 경우 미세도가 크며 균일해야 할 것
⑨ 흡수성 및 흡습성이 없어야 할 것(이 중 4가지)

제1편 에너지관리 설비 예상문제

문제 13
단열재의 사용 시 단열 효과를 5가지만 쓰시오.

해답
① 노체의 축열 용량이 적어져 방산열로 인한 열손실이 적어진다.
② 노체의 중량을 감소시킬 수 있다.
③ 내화 벽돌 내외면의 온도 구배가 적어져 스폴링의 발생률이 적어진다.
④ 노 내면의 복사열에 의하여 고온의 노 내 온도를 얻을 수 있다.
⑤ 노 내의 승온 시간이 단축된다.
⑥ 노 내의 균일한 온도에 의하여 양호한 연소를 이룰 수 있다.(이 중 5가지)

문제 14
보온재의 사용 시 보온 효과를 5가지만 쓰시오.

해답
① 관 내를 흐르는 유체의 마찰 저항이 감소된다.
② 통풍력이 양호해진다.
③ 드레인에 의한 터빈 및 부속 장치의 장해를 감소시킨다.
④ 각종 배관의 동파를 방지할 수 있다.
⑤ 열발생처로부터 사용처까지의 열공급 시간이 단축된다.

문제 15
유기질 보온재의 특성을 4가지만 쓰시오.

해답
① 보온 능력이 우수하다.
② 부피 비중이 작으며 내흡수성 및 내흡습성이 크다.
③ 가격이 저렴하다.
④ 열전도율이 적다.

문제 16
다음 ( ) 안에 알맞은 말을 쓰시오.

요로에 있어 환열기의 전열량을 증가시키는 방안을 고찰하면 유체 흐름을 (①)로 하며, 평균 (②)를 크게 하며, 유체와 전열면 사이의 (③)를 크게 하고 전열면의 (④)을 크게 한 후 전열면의 두께를 감소시킴으로서 전열 (⑤)을 작게 해야 한다.

해답 ① 향류 ② 속도 ③ 온도차 ④ 접촉면 ⑤ 저항

문제 17
가마 바닥에 여러 개의 흡입공이 마련되어 있는 가마는 무슨 가마인가?

해답 도염식 가마

참고 도염식 요는 불꽃 및 연소가스가 소성실 위로부터 아래로 진행하여 요의 바닥 흡입공을 통하여 배출된다. 그 종류는 둥근 가마와 각 가마가 있으며 횡염식 요와 승염식 요의 결점인 온도 분포나 열효율이 나쁜 점을 개선시킨 불연속 요이다.

문제 18
시멘트 소성용 회전 가마의 소성대 안벽에 적합한 내화물은 어느 것인가?

해답 고알루미나질

참고
① 고알루미나질은 내식성 내화도가 점토질보다 큰 것이 요구될 때 사용되는데 시멘트 소성용의 소성대 안벽에 적합하다.
② 고알루미나질은 중성 내화물이며 $Al_2O_3-SiO_2$계 벽돌로서 내화도가 SK 35~38 정도이다.

문제 19
마그네시아 및 돌로마이트 노재의 성분인 MgO, CgO는 대기 중의 수분 등과 결합하여, 변태 시 열팽창의 차이로 가로 모양이 되는 현상을 나타내는데 이를 무엇이라고 하는가?

해답 슬래킹 현상

문제 20
노벽이 내화재로서 구비해야 할 보편적인 성질을 5가지만 쓰시오.

해답
① 높은 온도에서 연화 변형되지 말 것
② 팽창 또는 수축이 적을 것
③ 화학적 침식에 잘 견딜 것
④ 사용 온도에 압축 강도가 클 것
⑤ 사용 목적에 따라 마멸에 잘 견딜 것

문제 21
화학 공업에서 액체의 가열(열분해 반응 포함)에 가장 널리 사용되는 것은 어떤 가열로인가?

해답 관식 가열로

참고 관식 가열로는 화학 공업용으로 액체의 고온 가열에 널리 사용되고 있다.

문제 22
성형물을 1,300℃ 정도의 고온으로 소성하고자 할 때 일반적으로 가장 열효율이 좋을 것으로 인정되는 가마는 어떤 가마인가?

해답 터널 가마

참고
① 터널 가마는 열효율이 좋고 열손실이 적다.
② 터널 가마는 예열대, 소성대, 냉각대의 3부분으로 나눈다.

문제 23
크롬이나 크로마그 벽돌이 고온에서 산화철을 흡수하여 표면이 부풀어 오르고, 떨어져 나가는 현상을 무엇이라 하는가?

해답 버스팅(Bursting)

참고 크롬이나 크롬마그네시아 벽돌은 염기성 슬래그에 대한 저항성이 크지만 1,600℃ 이상에서는 산화철을 흡수하여 표면이 부풀어 오르고 떨어져 나가는 버스팅 현상이 생긴다.

문제 24
혼선로의 용선이 접촉되는 부분에 사용될 내화물은 어떤 내화물인가?

해답 마그네시아질

참고
① 마그네시아질 내화물은 염기성 슬래그나 용융 금속에 대한 내침식성이 크기 때문에 제강용 노재로서 혼선로의 내장이나 염기성 제강로의 노상, 노벽 등에 사용된다.
② 마그네시아질은 염기성 내화물이다.

제8장 내화물 및 보온단열재

문제 25
산소를 취입하여 고급 강철을 제조하는 데 사용되는 노는 어떤 노인가?

해답 전로

참고 전로는 제강로로서 노의 하부, 측면, 상부 등에서 산소를 흡입시켜 선철 중의 C, Si, Mn, P 등의 불순물을 산화시켜 불순물의 산화에 의한 발열로 노 내의 온도를 유지시켜 용강을 얻는 방법이다.

문제 26
내화 골재에 주로 알루미나 시멘트를 섞어 만든 부정형 내화물은 어느 것인가?

해답 캐스터블 내화물

참고
① 골재에 알루미나 시멘트를 강화제로 배합하여 만든 것이 캐스터블 내화물이다.
② 부정형 내화물
　　㉠ 캐스터블 내화물　　㉡ 플라스틱 내화물　　㉢ 내화 모르타르

문제 27
노의 용도에 따른 종류 3가지를 쓰시오.

해답 ① 용광로　② 전로　③ 평로　④ 가열로(이 중 3가지)

문제 28
요의 조업 방식에 따라 분류한 것 중 연속식 요에 속하는 것 2가지만 쓰시오.

해답 ① 윤요(고리 가마)　② 터널요(터널 가마)

문제 29
요의 조업 방식에 따라 분류한 것 중 불연속식 요에 속하는 것 3가지를 쓰시오.

해답
① 횡염식 요(옆 불꽃식 가마)
② 승염식 요(오름 불꽃식 가마)
③ 도염식 요(꺾임 불꽃식 가마)

문제 30
노의 사용 목적에 따른 종류 5가지를 쓰시오.

해답 ① 가열로 ② 용융로 ③ 소결로 ④ 서냉로
⑤ 분해로 ⑥ 용광로 ⑦ 균열로 ⑧ 가스 발생로(이 중 5가지)

문제 31
하중 연화점에 대하여 간단히 설명하시오.

해답 일정한 하중하에서 내화 벽돌을 가열할 때 연화 현상이 평소보다 빨리 일어나며 연화 현상을 나타내기 시작할 때의 온도를 하중 연화점이라 한다.

문제 32
요(가마)의 분류 중 조업 방식(작업 방식)에 따라 3가지로 분류하면?

해답 ① 연속식 요 ② 반연속식 요 ③ 불연속식 요

문제 33
요(가마)를 전열 방식(가열 방법)에 따라 3가지로 구분하면?

해답 ① 직접 가열식 ② 간접 가열식 ③ 반간접 가열식

문제 34
요(가마)를 화염의 진행 방법에 따라 3가지로 구분하면?

해답 ① 횡염식(옆 불꽃식) ② 승염식(오름 불꽃식) ③ 도염식(꺾임 불꽃식)

문제 35
회전(Rotary Kiln : 로터리 킬른)로의 특징을 5가지만 기재하시오.

해답 ① 원료는 요의 우측 끝에서 장입되고 연소가스는 반대 방향으로 흐르게 한 구조로 되어 있다.

② 시멘트 소성 시 실내 온도는 1,400℃ 이상 유지되어야 한다.
③ 원통형으로 제작되어 있다.
④ 가마의 경사도가 $\frac{5}{100}$ 정도이다.
⑤ 노의 길이가 110~160m 정도이다.

문제 36
전기로의 가열 방식에 따른 종류 3가지를 쓰시오.

해답 ① 저항로 ② 아크로(전호로) ③ 유도로

문제 37
내화물(노재)의 구비 조건을 5가지만 쓰시오.

해답
① 사용 온도에서 연화 또는 변형되지 않을 것
② 사용 온도에서 압축 강도가 클 것
③ 열에 의한 팽창 수축이 적을 것
④ 화학적으로 침식되지 않을 것
⑤ 내마모성이 클 것
⑥ 사용 목적에 따라 적당한 열전도율을 가질 것
⑦ 수축·팽창이 적을 것(이 중 5가지)

문제 38
내화물에 일어나는 여러 가지 손상 중 스폴링(Spalling)에 대하여 간단히 설명하시오.

해답 온도의 급격한 변화나 불균일한 가열, 냉각 때문에 생기는 벽돌의 안과 밖의 열팽창에 의해 생기는 박락되는 손상

문제 39
스폴링(Spalling)의 종류 3가지를 쓰시오.

해답
① 열적 스폴링
② 기계적 스폴링
③ 화학적 스폴링(염기성 슬래그에 의한 스폴링)

제1편 에너지관리 설비 예상문제

문제 40
부정형 내화물의 종류를 3가지 쓰시오.

해답 ① 플라스틱 내화물   ② 캐스터블 내화물   ③ 내화 모르타르

문제 41
플라스틱 내화물의 특징을 3가지만 쓰시오.

해답 ① 소결성이 좋고 내식성, 내마모성이 좋다.
② 내화도(SK 35~37) 및 하중 연화점이 높고 열전도성이 우수하다.
③ 캐스터블 내화물보다 고온에 적합하다.

문제 42
보온재(保溫材)의 구비 조건을 5가지 쓰시오.

해답 ① 보온 능력이 커야 한다.(열전도율이 적어야 한다.)
② 불연성의 것으로서 내구성이 있어야 하며 변질되지 않아야 한다.
③ 가벼워야 한다.(부피 비중이 적어야 한다.)
④ 시공성이 용이해야 한다.
⑤ 흡수성이나 흡습성이 없어야 한다.

문제 43
보온재라 하면 열전도율이 상온 몇 ℃에서 얼마 이하인 것을 말하는가?

해답 20℃에서 0.1kcal/m·h·℃ 이하

문제 44
배관 길이가 100m, 1m당 표면적이 0.2m²이고, 보온 효율이 80%일 때 손실열량이 4,800 kcal/h이다. 그리고 배관 내의 온도가 80℃, 외기 온도가 20℃이다. 이때 열관류율은 몇 kcal/m²·h·℃인가?

해답 $4{,}800 = (1-0.8) \times 100 \times 0.2 \times K(80-20)$
열관류율$(K) = \dfrac{4{,}800}{(1-0.8) \times 100 \times 0.2(80-20)} = 20 \text{kcal/m}^2 \cdot \text{h} \cdot \text{℃}$

문제 45
내화물에서 시료의 건조 중량을 W_1, 함수 시료의 수중 중량을 W_2, 함수 시료의 공기 중 중량을 W_3으로 표시할 때 다음 물음에 답하시오.
(1) 겉보기 비중
(2) 부피 비중
(3) 겉보기 기공률(%)
(4) 흡수율(%)

해답
(1) $\dfrac{W_1}{W_1 - W_2}$
(2) $\dfrac{W_1}{W_3 - W_2}$
(3) $\dfrac{W_3 - W_1}{W_3 - W_2} \times 100$
(4) $\dfrac{W_3 - W_1}{W_1} \times 100$

문제 46
보온재에서 보온이 안된 상태의 방산 열량을 Q_0, 보온이 시공된 상태에서 방산 열량을 Q로 나타낼 때 보온 효율을 구하시오.

해답 $\dfrac{Q_0 - Q}{Q_0} \times 100$

문제 47
바깥 지름 30mm의 철관에 15mm의 보온재를 감은 증기관이 있다. 관벽 표면 온도가 30℃, 내면 온도가 100℃일 때 관의 길이 5m의 관표면에서 일어나는 열손실은 얼마인가?(단, 보온재의 열전도율 $\lambda = 0.005$ kcal/m·h·℃이다.)

해답 보온재의 대수 평균 면적을 F_m (m²)라 하면
30mm + 15mm × 2 = 60mm, 60mm = 0.06m, 30mm = 0.03m

$$F_m = \dfrac{F_2 - F_1}{\ln(F_2/F_1)} = \dfrac{\pi l(D_2 - D_1)}{\ln(\pi D_2 l / \pi D_1 l)}$$

$$= \dfrac{\pi \times 5(0.060 - 0.030)}{\ln \cdot 0.060/0.030} = 0.68 \text{m}^2$$

$Q = \lambda \cdot F_m \Delta t / b = 0.005 \times 0.68(100 - 30)/0.015 = 15.87$ kcal/h

∴ 15.87 kcal/h

문제 48
내화물의 손상 중 슬래킹(Slaking; 소화성)에 대해서 간단히 기술하시오.

해답 마그네시아, 돌로마이트질의 내화물의 원료인 CaO, MgO 등이 수증기와 작용하여 수산화마그네슘($Mg(OH)_2$), 수산화칼슘($Ca(OH)_2$)을 생성하고 이때 비중 변화에 의해 체적 팽창을 일으켜 균열이 발생하거나 붕괴되는 현상을 말한다.

문제 49
보온재는 안전 사용 온도에 따라 저온용, 일반용, 고온용으로 구분할 수 있는데 안전 사용 온도가 300~600℃ 정도인 일반용 보온재 종류 3가지를 쓰시오.

해답 유리솜, 규조토, 석면

문제 50
관의 바깥 지름이 60.5mm인 길이 100m의 온수 배관을 규조토(硅藻土)로서 두께 25mm로 보온 피복하였다. 그 보온 효율을 65%로 할 경우 아래 〈조건〉을 참고하여 손실열량을 구하시오.
(단, 답은 소수 첫째자리에서 반올림할 것)

〈조건〉
- 관내 온수의 평균 온수 : 80℃
- 관에 접한 공기의 온도 : 18℃
- 전열계수 : 10kcal/m²·h·℃

해답 보온 후 손실열량
= (1−보온 효율)×3.14×관의 지름×관의 길이×전열 계수×($t_2 - t_1$)
= (1−0.65)×3.14×0.0605×100×10×(80−18) = 4122.349kcal/h
∴ 4,122kcal/h

참고
- 60.5mm의 외경은 0.0605m이다.
- 관의 표면적(m^2) = πDL = 3.14×0.0605×100
- 실기시험에서는 3.14 대신 π를 사용하라고 주의사항에 주어지는 경우가 많다.

제8장 내화물 및 보온단열재

문제 51

90℃의 벤젠 중에 110℃의 포화 수증기를 넣어 수증기 증류를 하였을 때 벤젠 47.5kg과 물 36kg이 유출되었다고 할 때 불어넣은 수증기의 양은 얼마인가?(단, 이 장치 방열에 의한 손실은 없고, 증발되어 나오는 벤젠과 수증기의 혼합 증기는 90℃이며 벤젠의 증발열은 83kcal/kg이고 110℃에서 포화증기의 엔탈피는 648kcal/kg, 포화수의 엔탈피는 90kcal/kg이며 90℃에서 포화증기의 엔탈피는 618kcal/kg이다.)

해답 벤젠 증발에 필요한 열량 = $83 \times 47.5 = 3942.5$ kcal
유출된 수증기가 방출한 열량 = $(648 - 618) \times 36 = 1,080$ kcal
110℃에서 증발잠열 = $648 - 90 = 558$ kcal/kg
$$\frac{3,942.5 - 1,080}{558} = 5.1299283 \text{ kg}$$
∴ 전 증기소비량 = $5.1299283 + 36 = 41.13$ kg

문제 52

두께가 5mm이고 열전도율이 56kcal/m·h·℃인 동판으로 만든 탱크 벽면을 열전도율이 0.05 kcal/m·h·℃인 보온재를 사용하여 두께 15mm를 보온 시공하였다. 다음 물음에 답하시오.(단, 용기의 내부 온도는 150℃이고, 외부 대기 온도는 15℃이다.)
(1) 단위 면적당 절약되는 열량(kcal/m²·h)을 구하시오.
(2) 보온 효율을 구하시오.

해답 (1) 보온하지 않을 때 방열량 = $\dfrac{56 \times (150-15)}{0.005} = 1,512,000$ kcal/m²·h

보온을 하였을 때 방열량 = $\dfrac{(150-15)}{\dfrac{0.005}{56} + \dfrac{0.015}{0.05}} = 449.87$ kcal/m²·h

∴ $1,512,000 - 449.87 = 1511550.13$ kcal/m²·h

(2) $\dfrac{1511550.13}{1,512,000} \times 100 = 99.97\%$

참고 SI단위
열전도율 = W/m·℃, 열관류율 = W/m²·K
열전달률 = W/m²·K, 저항값(R) = m²·K/W

문제 53

증기 난방에서 120℃의 증기가 배관 내에 흐른다. 관의 두께는 5mm, 외경은 55mm에 25mm 두께의 통상 보온재의 사용시 실내 공기층으로 전달되는 손실열량은 몇 kcal/h인가?(단, 실외 온도는 26℃, 내부에서 외부로 열관류율은 0.35kcal/m²·h·℃, 증기 배관의 총 연장 길이는 85m이다.)

해답 관의 평균 면적 $F = 2 \times 3.14 \times \dfrac{0.055 - 0.025}{2.3 \log\left(\dfrac{0.055}{0.025}\right)} \times 85 = 20.33337455 \text{m}^2$

$\therefore Q = F \times K(t_0 - t_r) = 20.33337455 \times 0.35(120 - 26) = 668.97 \text{kcal/h}$

문제 54

나관의 총 길이가 200m, 1m당 38.64kJ/h의 손실이 오는 나관에 보온재 사용 후 보온 효율이 67%이면 손실열량은 몇 kJ/h인가?

해답 $Q = (1 - \eta) \times Q' \times L = (1 - 0.67) \times 38.64 \times 200 = 2{,}550.24 \text{kJ/h}$

문제 55

배관 전 연장 길이에서 손실열량이 1,554kJ/h이다. 글라스울 보온재의 사용 후 그 손실열량이 315kJ/h이면 시공된 보온재의 보온 효율은 몇 %인가?

해답 $\eta = \dfrac{Q}{Q_0} \times 100 = \dfrac{1{,}554 - 315}{1{,}554} \times 100 = 79.73\%$

제9장 보일러 급수처리

문제 1
보일러 급수의 외처리 중 다음과 같은 물질이 급수중에 있는 경우, 처리 또는 제거 방법을 한 가지씩 쓰시오.

해답
① 현탁질 고형물 : 침전법, 응집법, 여과법
② 용존 고형물 : 약품 첨가법, 이온 교환법, 증류법
③ 용존 가스 : 탈기법, 기폭법

문제 2
다음은 수질에 대한 단위의 설명이다. 각 설명에 해당하는 단위를 쓰시오.

해답
① 용액 1ton 중의 불순 물질(용질) 1mg, 즉 중량 10억분율 : p.p.b
② 용액 1kg 중의 불순 물질(용질) 1mg, 즉 중량 백만분율 : p.p.m
③ 용액 1kg 중의 용질 1mg당량, 즉 백만단위 중량 속 물질의 당량수 : e.p.m

문제 3
다음 중 급수 처리의 문제를 해결하기 위하여 간접 가열을 하는 보일러는 어느 것인지 2가지만 쓰시오.

해답 슈미트 보일러, 뢰플러 보일러

참고 고온 고압이 될수록 증발 시 수관 중에 스케일로 부착하는 급수 중의 장해가 크므로 간접 가열 보일러를 사용하는데 슈미트 보일러, 뢰플러 보일러가 이에 속한다. 일명 특수 보일러이다.

제1편 에너지관리 설비 예상문제

문제 4
보일러(Boiler) 급수의 외처리 중 다음과 같은 물질이 급수 중에 있는 경우, 처리 또는 제거 방법을 1가지씩 쓰시오.
(1) 현탁질 고형물
(2) 용존 고형물
(3) 용존 가스

해답
(1) 응집법
(2) 약품첨가법
(3) 탈기법

문제 5
보일러에 급수할 때 반드시 급수 처리를 해야 하는 목적을 3가지만 쓰시오.

해답
① 스케일의 생성 고착 방지
② 관수의 농축 방지
③ 부식(가성 취화)
④ 기수 공발 요인 방지(이 중 3가지)

문제 6
다음 (   ) 안에 알맞은 답을 쓰시오.

보일러수에 포함되어 있는 불순물의 종류는 염류 (   ), (   ), 가스분, 산분 등이며, 이들은 전열면 내측에 (   )을 일으키거나 석출, 퇴적하여 슬러지 또는 (   )이 되어, 열의 전도를 방해하고 과열의 원인이 된다.

해답 유지류, 부유물, 부식, 스케일

문제 7
물 $10\,l$ 속에 $CaCO_3$ 20mg, $MgCO_3$ 50mg이 함유하고 있는 물의 경도를 구하시오.

해답 $\dfrac{20+50\times 1.4}{10}=9$

참고 $CaCO_3$ 경도 $=\dfrac{20}{10}=2$도, $MgCO_3$ 경도 $=\dfrac{10\times 1.4}{10}=7$도
∴ $2+7=9\text{ppm}(9\text{도})$

문제 8

보일러수 2ton 중에 불순물이 20g 검출되었다. 몇 ppm인가?

해답 1ppm이란 수용액 $1l$ 중에 포함된 불순물의 양을 mg으로 나타낸 것이다.
$1\text{ton} = 1,000\text{kg} = 1,000l$ 이므로
$2,000l : 20\text{g} = 1l : x$, $x = 0.01\text{g} = 10\text{mg}$
∴ 10ppm

제10장 보일러 부식 및 청관제

문제 1

보일러수에 불순물로서 용존 산소가 존재할 때 보일러에 미치는 1차적 장해의 명칭을 쓰시오.

해답 점식(부식)

문제 2

다음 각 항의 ( )에 적당한 용어를 기입하시오.
(1) 중유의 연소에 있어서 고온 부식이란 중유중에 포함되어 있는 (①)이 연소에 의하여 (②)하고 (③)으로 되어 (④)에 융착하고 그 부분을 부식시키는 것을 말한다.
(2) 저온 부식은 연료중의 (①)이 연소해서 (②)로 되고 그 일부는 다시 산화해서 (③)로 된다. 이것이 가스중의 (④)과 화합하여 (⑤)로 되고 보일러의 저온 전열면, 연도, 굴뚝 등에 접촉하면 응축해서 부식을 일으키는 현상을 말한다.

해답
(1) ① V(바나듐)
② 산화 용융
③ V_2O_5(오산화바나듐)
④ 전열면
(2) ① S(황)
② SO_2(황산가스)
③ SO_3(무수황산)
④ H_2O(수분)
⑤ H_2SO_4(황산)

문제 3

다음은 보일러 관리상 주의해야 할 철의 부식에 대하여 기술한 것이다. ( )에 적당한 용어를 <보기>에서 골라 써 넣으시오.

<보기>
12, 중성, 작아진다, 알칼리성, 철 이온, 4, 수소 이온, 산성, 수산화제1철 수산화제2철, 커진다.

(1) 철은 물과 접촉하면 (①)이 용출한다.
(2) 철과 물이 반응하면 (②)과 수소가 생긴다.
(3) 수산화제1철은 (③)의 물에 용해가 쉽게 된다.
(4) 수산화제1철이 가장 용해하기 어려운 때는 pH가 약 (④)일 때이다.
(5) 수산화제1철은 물중의 산소와 반응하여 (⑤)이 된다.
(6) 탄산가스가 물에 용해되어 있으면 pH 값이 수치상으로 (⑥)

해답
① 철 이온　② 수산화제1철　③ 산성
④ 12　　　⑤ 수산화제2철　⑥ 작아진다.

문제 4

보일러 급수 중 pH 조정제로 쓰이는 물질을 3가지만 쓰시오.

해답
① 가성소다($NaOH$)
② 탄산소다(Na_2CO_2)
③ 인산소다(Na_2PO_4)
④ 암모니아(NH_3) (이 중 3가지)

문제 5

다음 보기 중에서 사용되는 청관제로 사용할 수 있는 약품 4가지를 쓰시오.

<보기>
① 가성소다　② 탄산칼슘　③ 암모니아
④ 탄산소다　⑤ 인산나트륨　⑥ 탄산마그네슘

해답
① 가성소다　② 탄산소다
③ 인산나트륨　④ 암모니아

문제 6
보일러에 부착한 부착물(스케일)을 공구를 사용하여 기계적으로 제거하는 방법을 3가지만 쓰시오.

해답 ① 스케일 해머 ② 스크래퍼 ③ 와이어 브러시

문제 7
중유 중에 함유된 성분 중 고온 부식의 발생 원인이 되는 성분의 명칭을 쓰시오.

해답 V(바나듐)

문제 8
보일러에 스케일이 부착되면 보일러 운전 중 보일러 내면 특히 전열면에 장해를 주게 되는데 대표적인 장해 내용 두 가지를 쓰시오.

해답 과열, 열전도 방해

문제 9
보일러 화학 세정 시 염산이 주로 사용되고 있는 이유 3가지를 쓰시오.

해답
① 가격이 싸다.
② 취급이 용이하다.
③ 스케일 제거가 용이하다.

문제 10
다음 각 항의 (   )에 적당한 용어를 기입하시오.
(1) 중유의 연소에 있어서 고온 부식이란 중유 중에 포함되어 있는 (①)이 연소에 의하여 (②)하고 (③)으로 되어 (④)에 융착하고 그 부분을 부식시키는 것을 말한다.
(2) 저온 부식은 연료 중의 (⑤)이 연소해서 (⑥)로 되고 그 일부는 다시 산화해서 (⑦)로 된다. 이것이 가스 중의 (⑧)와 화합하여 (⑨)로 되고 보일러의 저온 전열면, 연도, 굴뚝 등에 접촉하면 응축해서 부식을 일으키는 현상을 말한다.

해답 ① 바나듐(V) ② 산화 ③ 오산화바나듐(V_2O_5)
④ 고온의 전열면 ⑤ 유황(S) ⑥ 아황산가스(SO_2)
⑦ 무수황산(SO_3) ⑧ 수증기(H_2O) ⑨ 황산(H_2SO_4)

문제 11
중유 연소에 있어서 저온 부식을 방지하는 처치 방법 5가지를 기술하시오.

해답 ① 저온 전열면에서 내식 재료를 사용한다.
② 첨가제를 사용하여 황산가스의 노점을 강하시킨다.
③ 중유를 전처리하여 황분을 제거시킨다.
④ 전열면의 표면에 보호 피막을 사용한다.
⑤ 과잉 공기를 적게 하여 아황산가스의 산화를 방지한다.

문제 12
신설 보일러 내면에 부식과 과열의 원인이 되는 유지류나 페인트류 또는 녹이 있을 경우 이를 제거하기 위한 조치(알칼리 세관)에 대하여 간단히 설명하시오.

해답 소다 보링 작업을 행한다. 즉, 가성소다 또는 탄산소다를 0.1% 정도 용해시켜 증기압 0.3~0.5kg/cm² 정도로 2~3일간 끓인다.

문제 13
중유를 사용하는 보일러에서 전열면 저온 부식의 방지책 3가지를 쓰시오.

해답 ① 연료 중의 유황분(S)을 제거
② 저온의 전열면 표면에 내식 재료를 사용할 것
③ 배기가스 온도를 170℃ 이상으로 유지
④ 황산가스의 노점을 내린다.

문제 14
다음은 보일러 내부 또는 외부에서 부식을 유발하는 물질이다. 각각 어떤 부식을 유발하는지 쓰시오.

해답 (1) 염화마그네슘($MgCl_2$)(내부) : 전면 부식
(2) 바나듐(V)(외부) : 고온 부식

제1편 에너지관리 설비 예상문제

　　(3) 보일러수 중의 이산화탄소와 산소(내부) : 점식
　　(4) 황(S)(외부) : 저온 부식

문제 15
칼슘염 스케일의 종류 3가지를 쓰시오.

해답
① 탄산염
② 황산염
③ 규산염 또는 탄산칼슘, 황산칼슘, 규산칼슘(이 중 3가지)

문제 16
저압 및 중압 보일러 수처리의 주요 약제이며 pH를 조절하여 스케일을 방지할 수 있는 것은 어느 것인지 pH 조절제 약품명을 쓰시오.

해답 인산소다

참고 인산소다나 중합 인산소다는 저압, 중압, 보일러수 처리의 주요 약제이며 pH를 제어하는 스케일을 방지할 수 있다(pH 조정제). 탄산소다는 저압 보일러의 급수 처리의 주요 약제이지만 스케일을 완전히 방지할 수는 없다. 또한, 가성소다, 중합 인산소다, 제1 및 제3 인산소다, 암모니아, 하이드라진 등은 pH 제어에 사용되는 약제들이다.(단, pH 조정제는 pH를 높이는 약제와 억제하는 황산, 인산, 인산소다가 있다.)

문제 17
보일러 급수 처리 중 청관제를 이용한 보일러 내부 처리의 종류와 청관제의 사용 목적에 따라 5가지를 쓰시오.

해답
① pH 조정제 : 가성소다, 암모니아 등
② 연화제 : 탄산소다, 인산소다 등
③ 탈산소제 : 히드라진, 아황산소다 등
④ 슬러지 조정제 : 전분, 탄닌, 리그린 등
⑤ 기포 방지제 : 알코올, 폴리아미드 등
⑥ 가성 취하 방지제 : 인산나트륨, 중합 인산나트륨

문제 18
보일러의 내면에 발생하는 부식을 방지하는 방법 3가지를 쓰시오.

해답
① 용존 가스체(O_2, CO_2)를 제거한다.
② pH를 조절한다.
③ 아연판을 매단다.
④ 도료를 칠한다. (이 중 3가지)

문제 19
보일러 산 세정에 사용하는 부식 억제의 구비 조건을 5가지만 쓰시오.

해답
① 부식 억제 능력이 클 것
② 점식이 발생되지 않을 것
③ 세관액의 온도 농도에 대한 영향이 적을 것
④ 시간적으로 안정할 것
⑤ 물에 대한 용해도가 클 것

문제 20
점식 방지법 3가지를 쓰시오.

해답
① 보일러 내부에 아연판을 매단다.
② 급수 처리를 하여 용존 산소를 제거시킨다.
③ 보일러의 염류를 제거시킨다.

문제 21
점식 방지법 3가지를 쓰시오.

해답
① 보일러 내부에 아연판을 매단다.
② 급수 처리를 하여 용존 산소를 제거시킨다.
③ 보일러수의 염류를 제거시킨다.

제1편 에너지관리 설비 예상문제

제11장 보일러 안전운전

문제 1

다음은 열설비의 운전에 있어서 여러 가지 결함이나 고장들에 대한 원인이나 대책 등에 관한 것이다. 물음에 답하시오.

(1) 보일러 재료의 결함에 있어서 래미네이션(Lamination)이란?
(2) 보일러 운전도중 수격(Water Hammer) 작용 현상이 가끔 일어나는데 이것은 취급자가 어떻게 하면 예방을 할 수 있는가를 2가지 쓰시오.
(3) 보일러에 급수를 할 때는 반드시 처리를 해야 하는데 그 목적이 무엇인가를 2가지만 쓰시오.
(4) 보일러에서 수면계가 고장이 났다면 커다란 위험을 초래하게 되는데 이 수면계의 중요성을 감안하여 때때로 검사를 해야 한다. 그 점검 시기를 3가지만 쓰시오.

해답 (1) 보일러의 동판 및 관 내부의 층에서 2장으로 분리되어 있는 것을 말한다.
(2) ① 증기관에 응결수를 제거
② 캐리 오버 현상을 피할 것
③ 주 증기변을 서서히 개방할 것
(3) ① 보일러수의 농축 방지
② 스케일 생성의 방지
③ 기수 공발의 방지
(4) ① 보일러를 운전하기 전
② 두 조의 수면계 수위에 차이를 인정할 때
③ 기수 공발(프라이밍, 포밍)을 일으킨 때
④ 유리관의 교체 기타 보수를 할 때

문제 2

다음은 보일러에서 악현상을 나열하였다. 용어를 간단히 설명하시오.
(1) 프라이밍   (2) 포밍   (3) 캐리 오버   (4) 래미네이션   (5) 블리스터

해답 (1) 프라이밍(Priming) : 보일러수가 격렬하게 비등하여 수면에서 끊임없이 물방울이 비산하고 기실에 충만하여 수위가 불안정하게 되는 현상
(2) 포밍(Foaming ; 거품일기) : 보일러수에 불순물이 많이 함유될 경우 보일러수의 비등과 같이 수면 부근에 거품의 층을 형성하여 수위가 불안정하게 되는 현상
(3) 캐리 오버(Carry Over ; 가수 공발) : 증기에 물방울이 다량 함유되어 나가는 현상

(4) 래미네이션(Lamination) : 보일러 강판이나 관에서 2장의 층을 이루는 현상
(5) 블리스터(Blister) : 래미네이션에 의해 불꽃에 닿는 쪽이 소손해서 부풀어 나오거나 표면이 부풀어 나오는 현상

문제 3

보일러 취급 시 보기와 같은 대책은 어떤 현상을 방지하기 위한 것인지 현상 3가지를 쓰시오.

〈보기〉
- 부하를 과대하게 하지 말 것
- 증기 정지변을 갑자기 열지 말 것
- 수위를 너무 높게 하지 말 것
- 농축을 막고 알맞는 분출을 할 것

해답 ① 포밍 ② 프라이밍 ③ 캐리오버

문제 4

보일러에서 수면계가 고장났다면 커다란 위험을 초래하게 되는데 이 수면계의 중요성을 감안하여 때때로 검사를 해야 한다. 그 검사 시기를 3가지만 쓰시오.

해답
① 2조의 수면계 수위가 서로 다를 때
② 가동중 수면이 움직이지 않을 경우
③ 포밍, 프라이밍 현상이 발생했을 때
④ 수면계의 보수 또는 교체 시
⑤ 수위 움직임이 의심스러울 때
⑥ 가동하기 직전에(이 중 3가지)

문제 5

수면계는 어느 때 시험을 행하는가? 시험 시기 5가지를 기술하고 점검 순서를 4가지로 구분하시오.

해답 (1) 시험 시기
① 보일러 가동 직전
② 가동 후 압력이 오르기 시작할 때
③ 2조의 수면계 수위가 차이가 있을 때
④ 포밍, 프라이밍이 유발할 때
⑤ 수면계 교체 또는 보수 후
⑥ 수위의 요동이 이상할 때
⑦ 담당자가 교대되었을 때(이 중 5가지)

(2) 수면계 점검 순서
① 물, 코크, 증기를 닫고 드레인 코크를 연다.
② 물 코크를 열어 통수관을 확인한다.
③ 물 코크를 닫고 증기 코크를 열어 통기관을 확인한다.
④ 드레인 코크를 닫고 물 코크를 연다.

문제 6
이상 저수위가 일어나는 원인을 5가지만 쓰시오.

해답
① 수위의 감시 불량
② 증기의 소비 과대
③ 수면계 기능 불량
④ 급수 불능(급수 내관이 막혔을 때)
⑤ 보일러수의 누설

문제 7
석탄 보일러의 운전 정지 중 '매화(Banked Fire)'를 간단히 설명하시오.

해답 작업이 끝난 후에 로스트 위에 불을 묻은 채로 보일러를 쉬게 하는 것

문제 8
유류 연소용 보일러의 점화 시 역화(Back Fire)가 발생하는 원인 3가지를 쓰시오.

해답
① 점화 시 착화가 늦을 경우
② 공기보다 연료를 먼저 투입할 때
③ 노 내 미연 가스가 충만할 때

문제 9
매연의 발생 원인 8가지를 쓰시오.

해답
① 통풍이 부족 또는 과다할 경우
② 무리하게 연소시킬 경우
③ 연료와 공기가 잘 혼합되지 않을 경우
④ 보일러의 구조나 연소 장치에 맞지 않는 연료를 사용할 경우
⑤ 연소 장치가 불안정하거나 고장일 경우
⑥ 유압과 유온이 적당하지 않을 경우
⑦ 취급자의 지식과 기술이 미숙할 경우
⑧ 연소실의 용적이 작을 경우

문제 10
보일러 운전 시 캐리오버(Carry Over) 현상을 방지하는 방법을 3가지 쓰시오.

해답
① 주증기 밸브를 서서히 연다. ② 관수의 농축을 방지한다.
③ 증기관을 보온한다. ④ 과부하를 피한다.

문제 11
다음 문항의 설명에 해당하는 용어의 명칭을 쓰시오.
(1) 압연 강판이나 관의 두께가 내부에 가스가 존재한 상태로 압연하여 판이나 관이 2장으로 분리되는 현상
(2) 관이나 판 내부에 가스가 존재한 상태에서 고온의 열가스의 접촉에 의해 팽출되는 현상

해답 (1) 래미네이션   (2) 블리스터

문제 12
6개월 이상 장기 보존 시 실리카겔, 활성 알루미나를 투입하여 보일러를 보관하는 방법은?

해답 장기 보관법

문제 13
래미네이션과 블리스터란 무엇을 말하는지 간단하게 설명하시오.

해답
① 래미네이션(Lamination) : 보일러 강판이나 관을 제조할 때 강 속에 가스체 등이 함유하여 두 장의 층을 형성하고 있는 흠을 말한다.
② 블리스터(Blister) : 강판이나 관 등이 두 장의 층으로 갈라지면서 화염이 접하는 부분이 부풀어 오르는 현상을 말한다.

문제 14
급수 펌프의 이상 현상으로 관 내에서 발생된 기포가 유체에 충격을 가하여 진동을 일으키는 현상의 명칭을 쓰시오.

해답 맥동(서징)

제1편 에너지관리 설비 예상문제

문제 15
보일러에서 발생한 증기를 폐지하고 있는 주증기 밸브를 열어 처음으로 송기하고자 한다. 밸브 조작 방법을 4단계로 나누어 차례대로 쓰시오.(단, 응축수가 증기관 등에 있음)

해답
① 드레인 밸브를 만개하여 응축수를 제거한다.
② 주증기관 내 소량의 증기를 통하여 관을 따뜻하게 한다.
③ 주증기관의 밸브를 서서히 만개시킨다.(3분 이상)
④ 주증기 밸브는 만개 상태로 되면 반드시 조금 되돌려 놓는다.

문제 16
다음 ( ) 안에 적당한 용어(혹은 수치)를 기입하시오.
(1) 증기 보일러에서는 (①)개 이상의 안전 밸브를 설치하여야 하며 전열면적이 (②)m² 이하일 때는 안전 밸브를 (③)개 이상으로 하여도 된다.
(2) 형식 승인 기준에 의한 주철제 보일러의 증기 건도는 (④)% 이상이다.
(3) (⑤)의 방출관은 전열면적에 따라 크기가 결정된다. 전열면적이 20m² 이상일 때 방출관의 안지름은 (⑥)mm 이상이어야 한다.

해답
① 2　　② 50　　③ 1
④ 97　　⑤ 온수 보일러　　⑥ 50

문제 17
최고 사용 압력이 7kg/cm²인 증기용 강제 보일러의 수압 시험 압력은?

해답 $4.3 \sim 15\text{kg/cm}^2$ 이하는 $P \times 1.3$배 $+ 3\text{kg/cm}^2$
∴ $7 \times 1.3 + 3 = 12.1\text{kg/cm}^2$

문제 18
보일러의 분출 밸브는 몇 kg/cm² 이상의 압력을 견디어야 하며, 분출 밸브가 주철제일 경우의 최고 압력(kg/cm²)을 쓰시오.

해답 7kg/cm², 13kg/cm²

문제 19

급수 장치의 급수관에는 보일러에 인접하여 급수 밸브와 이에 가까이 체크 밸브를 설치하여야 한다. 체크 밸브를 생략할 수 있는 경우는 최고 사용 압력이 얼마인 보일러인가?

해답 1kg/cm^2 미만

제1편 에너지관리 설비 예상문제

제12장 증류, 증발, 건조

문제 1
증류의 방식을 5가지만 쓰시오.

해답 ① 단증류　② 진공 증류　③ 플래시 증류
　　　④ 수증기 증류　⑤ 추출 증류

문제 2
정류 장치의 구성을 3가지만 쓰시오.

해답 ① 정류탑　② 가열 장치　③ 응축기

문제 3
정류탑에서 환류비 계산식을 한글로 나타내시오.

해답 $환류비(R) = \dfrac{환류량(L)}{유출액의\ 양(D)}$

문제 4
증발기의 형식을 6가지로 구분하시오.

해답 ① 직접 접촉 형식　② 간접 가열식　③ 수증기에 의한 방식
　　　④ 진공 증발식　⑤ 다중 효용 증발식　⑥ 자기 증발 압축식

문제 5
건조 방법을 4가지만 쓰시오.

해답 ① 직접 가열 방식　② 진공 건조 방식
　　　③ 간접 가열 방식　④ 습식 건조 방식

제12장 증류, 증발, 건조

문제 6
건조 장치를 4가지만 쓰시오.

해답
① 회전 건조 장치　　② 분무 건조 장치
③ 유동 건조 장치　　④ 기류 건조 장치

문제 7
정류탑의 효율을 높이는 방법을 3가지만 쓰시오.

해답
① 폐열을 열교환기로 회수하여 이용한다.
② 보온면에서의 방사열을 적게 한다.
③ 탑의 단수 및 단면적을 적당히 한다.
④ 보온을 철저히 한다.
⑤ 액과 증기의 접촉을 완전히 한다.
⑥ 원료를 과열시키지 않는다. (이 중 3가지)

문제 8
정류탑에서 분리 정도를 높이려면 어떻게 하여야 하는가?

해답　환류시킨다.

문제 9
증발 과정에서 어느 온도에서 비등하고 있는 액면의 압력이 어떠한 조건에서 갑자기 저하할 때의 액 전체가 급격한 증발을 일으켜 부풀어 오르는 현상을 무엇이라 하는가?

해답　돌비 현상

문제 10
다중 효용 증발 장치 조작에서 급액 방법 4가지만 쓰시오.

해답
① 순류식 급액　　② 역류식 급액
③ 혼합식 급액　　④ 평행식 급액

문제 11
건조 속도에 미치는 요소를 4가지만 쓰시오.

해답
① 공기 및 속도
② 온도 및 습도
③ 입경 및 두께
④ 형상

문제 12
90℃의 벤젠 중에 110℃의 포화 수증기를 넣어 수증기 증류를 하였을 때 벤젠 47.5kg과 물 36kg이 유출되었다고 볼 때 불어넣은 수증기의 양은 몇 kg이 되는가?(단, 이 장치 방열에 의한 손실은 없고 증발되어 나오는 벤젠과 수증기의 혼합 증기는 90℃이며, 벤젠의 증발열은 83kcal/kg, 110℃에서 포화증기의 엔탈피는 648kcal/kg, 포화수의 엔탈피는 90kcal/kg, 90℃에서 포화증기의 엔탈피는 618kcal/kg이다.)

해답
벤젠 증기에 필요한 열량 $= 83 \times 47.5 = 3,942.5$ kcal
유출된 수증기가 방출한 열량 $= (648-618) \times 36 = 1,080$ kcal
110℃에서 증발잠열 $= 648 - 90 = 558$ kcal/kg
$$\frac{3,942.5 - 1,080}{558} = 5.1299283 \text{ kg}$$
∴ 전 증기량 $= 5.1299283 + 36 = 41.13$ kg

문제 13
수분율(습윤 기준) 23%인 물질의 함수율은 약 몇 %인가?

해답
함수율 $W = \dfrac{1}{1 - \text{수분율}} = \dfrac{1}{1 - 0.23} - 1 = 0.2987 = 29.87\%$

문제 14
벤졸의 혼합액을 증류하여 매시 1,000kg의 순 벤졸을 얻는 정류탑이 있다. 그 환류비는 2.5이다. 이 정류탑의 환류비가 1.5로 되었다면 1시간에 몇 kcal의 열량을 절약할 수 있는가?(단, 벤졸의 증발열은 399kJ/kg이다.)

해답
$Q = 1,000 \times 399 \times (2.5 - 1.5) = 399,000$ kJ/hr (110.83 kW)

참고
$\gamma(\text{환류비}) = \dfrac{\text{환류량}}{\text{취출량}}$

문제 15
함수율 계산에서 습재료의 전중량을 W, 완전 건조된 중량을 W_0로 표시하면 (1) 습량 기준의 수분(x)와 (2) 건조량 기준의 함수율 w를 계산하고 그 단위를 쓰시오.

해답
(1) $x = \dfrac{W-W_0}{W}$ (kgH$_2$O/kg)

(2) $w = \dfrac{W-W_0}{W_0}$ (kgH$_2$O/kg)

문제 16
벤졸의 혼합액을 증류하여 1,500kg의 순 벤졸을 시간당 얻는 정류탑이 있다. 그 환류비는 2.5이다. 이 정류탑의 환류비가 1.8로 되었다면 절약되는 열량은 몇 kcal/h인가?(단, 벤졸의 증발열은 100kcal/kg이다.)

해답
$Q_1 = 100 \times 1,500(1+2.5) = 525,000$ kcal/h
$Q_2 = 100 \times 1,500(1+1.8) = 42,000$ kcal/h
∴ $525,000 - 420,000 = 105,000$ kcal/h

문제 17
수분율(습윤 기준) 23%인 물질의 함수율은 약 몇 %인가?

해답
함수율 $W = \dfrac{1}{1-\text{수분율}} = \dfrac{1}{1-0.23} - 1 = 0.30$ ∴ 30%

문제 18
급수 처리에 대단히 좋은 질의 급수를 얻을 수 있으나 반면에 비용이 많이 들어 보급수의 양이 적은 보일러에만 사용하는 급수 처리 방법은?

해답 증류법

참고
① 증류법은 불휘발성 용해 광물질 등을 중화기를 사용하여 처리하는 조작으로 대단히 양질의 급수를 얻을 수 있으나 비용이 많이 들기 때문에 보급수가 적은(급수의 2~5% 정도) 보일러 또는 선박 보일러에서 해수로부터 청수를 얻고자 할 때 사용된다.
② 증류 방식으로는 단증류, 진공 증류, 수증기의 증류, 플래시 증류, 공비 혼합물의 증류가 있다.

문제 19
회분식 건조 장치 중 약품 등과 같이 열에 대하여 불안정할 경우에 적합한 건조 장치는 어느 것인가?

해답 동결식 건조 장치

제 2 편
계측 및 제어, 에너지 실무 예상문제

제1장 유체역학, 열역학 기초

문제 1
1N은 몇 kg·m/s²인가?

해답 $1\text{kg} \cdot \text{m/s}^2$

문제 2
1kgf은 몇 N인가?

해답   9.8N

문제 3
물의 비중량 1,000kgf/m³는 몇 N인가?

해답 $9,800\text{N/m}^3 (102\text{kgf} \cdot \text{s}^2/\text{m}^4)$

문제 4
무게가 50,000N, 체적이 5m³인 유체의 비중량은 몇 N/m³(kgf/m³)인가?

해답 $\gamma = \dfrac{W}{V} = \dfrac{50,000}{5} = 10,000 \text{N/m}^3 \left(\dfrac{10,000}{9.8} = 1,020.41 \text{kgf/m}^3 \right)$

문제 5
이상기체의 기체상수는 몇 kgf·m/kg·K, N·m/kg·K인가?

해답 $R = \dfrac{848}{M} (\text{kgf} \cdot \text{m/kg} \cdot \text{K})$, $R = \dfrac{8,314}{M} (\text{N} \cdot \text{m/kg} \cdot \text{K})$

문제 6
공기의 기체상수(R)는 몇 N·m/kg·K인가?(단, 공기분자량은 29이다.)

해답 287N·m/kg·K(29.27kgf·m/kg·K)

참고 $(8,314/29) = 287$N·m/kg·K $= 0.287$(kJ/kg·K)

문제 7
바(bar)는 몇 dyne/cm², N/m²인가?

해답 1bar = 10^6dyne/cm², 10^5N/m²

문제 8
SI 단위계에서 1kgf는 몇 N인가?

해답 1kgf = 9.81N

문제 9
2기압, 20℃에서의 공기 밀도(kg/m³)를 구하시오.(단, 1기압은 10^5Pa이고 공기의 기체상수 $R = 287$N·m/kg·K이다.)

해답 $P_V = RT$, $P = \rho RT$, $\rho = \dfrac{2 \times 10^5}{287 \times (273+20)} = 2.38 (\text{kg/m}^3)$

문제 10
압력 200kPa에서 CH₄ 가스 밀도가 1.1kg/m³일 때 이 가스의 온도는 몇 K인가?(단, 일반기체상수 $\overline{R} = 8.314$kJ/kmol·K이다.)

해답 $PV = RT$, $T = \dfrac{P}{\rho R} = \dfrac{200}{1.1\left(\dfrac{8.314}{16}\right)} = 350$K

제1장 유체역학, 열역학 기초

| 문제 11 |
기체압력 측정에서 압력계 눈금이 400kPa이고, 수은기압계의 수은높이는 750mmHg이면 이 기체의 절대압력은 몇 kPa인가?

해답 $P_a = P_o + P_g = 101.325 \times \dfrac{750}{760} + 400 = 500\text{kPa}$

| 문제 12 |
비중 0.75인 기름이 탱크에 담겨져 있다. 표면으로부터 5m 깊이에서의 압력은 몇 kPa인가? (단, 대기압은 760mmHg = 101.325kPa이다.)

해답 $P = \gamma h = 9,800 Sh = 9,800 \times 0.75 \times 5 = 36,750(\text{N/m}^2) = 36,750(\text{Pa}) = 36.75(\text{kPa})$

| 문제 13 |
보일러 입구 압력이 9,800kN/m²이고 복수기의 압력이 4,900N/m²일 때 펌프일은 몇 (kJ/kg)인가?(단, 물의 비체적은 0.001m³/kg이다.)

해답 $W_P = VdP = 0.001\left(9,800 - \dfrac{4,900}{10^3}\right) = 9.80\text{kJ/kg}$

| 문제 14 |
7,840Pa은 몇 N/m²인가?

해답 $7,840\text{Pa} = 7,840(\text{N/m}^2)$

| 문제 15 |
물에 의해서 다음 평판의 윗면에 작용하는 힘은 몇 N인가?

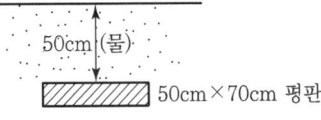

해답 수평면이므로 $(F) = \gamma h A$, $A = (0.5 \times 0.7 = 0.35\text{m}^2)$
∴ $F = 9,800 \times 0.5 \times 0.35 = 1,715(\text{N})$

제2편 계측 및 제어, 에너지 실무 예상문제

문제 16

흐르는 물의 유속(m/s)을 측정하고자 피토정압관을 사용하고 있다. 압력 측정 결과 전압력수두가 15m이고 정압수두가 7m일 때 위치수두에서(동압) 유속은?

해답 $V_0 = \sqrt{2g\Delta h} = \sqrt{2 \times 9.8 \times (15-7)} = 12.52 \, (\text{m/s})$

문제 17

배관지름이 70mm이고 수소가스가 0.02kg/s 질량유량으로 흐르고 있다. 이 수소가스 평균속도는 몇 m/s인가?(단, 수소의 압력은 100kPa, 온도 15℃, $R = 287 \text{J/kg} \cdot \text{K}$이다.)

해답 $m = \rho A V$, $V = \dfrac{mRT}{PA}$, $A(\text{단면적}) = \dfrac{\pi}{4}d^2$

$\therefore V = \dfrac{0.02 \times 287 \times (15+273)}{100 \times 10^3 \times \dfrac{\pi}{4}(0.07)^2} = 4.29 \, (\text{m/s})$

문제 18

밀도 1.6kg/m³인 기체가 흐르는 관에 피토정압관의 두 단자 간의 압력차가 4mmH₂O일 경우 이 기체의 유속은 몇 m/s인가

해답 $V = \sqrt{2g\left(\dfrac{\rho_w}{\rho} - 1\right)h} = \sqrt{2 \times 9.8 \times \left(\dfrac{1,000}{1.6} - 1\right) \times 0.004} = 7 \, (\text{m/s})$

문제 19

어떤 냉동기에서 0℃일 때 물 2,000kg을 만드는 데 180MJ의 일이 소요된다면 이 냉동기의 성능계수(COP)는 얼마인가?(단, 물의 융해열은 334kJ/kg이다.)

해답 $180\text{MJ} = 180 \times 10^3 = 180,000\text{kJ}$

$\text{COP} = \dfrac{Q_2}{W_c} = \dfrac{2,000 \times 334}{180,000} = 3.71$

문제 20

마노미터를 설치하여 액체탱크 수압(kPa)을 측정하고자 한다. 수은의 비중은 13.6, 액주의 높이차 $H = 50$cm이면 A지점의 계기압력은 몇 kPa인가?(단, 액체 밀도는 900kg/m³이다.)

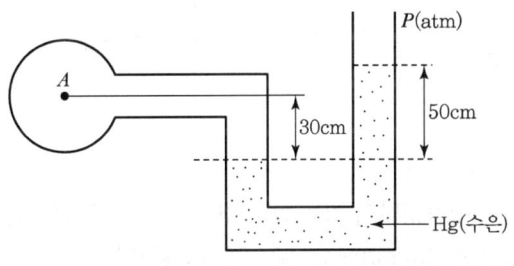

해답 $P_A = \rho_{Hg} qH - \rho gh = (1{,}000 \times 13.6 \times 9.8 \times 0.5) - (900 \times 9.8 \times 0.3) = 63.99(\text{kPa})$

문제 21

물이 들어 있는 탱크에 수면으로부터 5m 깊이에 노즐이 달려 있다. 만일 이 노즐의 속도계수 C_0가 0.95이면 노즐로부터 나오는 실제 물의 유속은 몇 m/s인가?

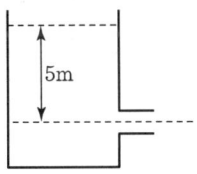

해답 $V = C_0 \sqrt{2gh} = 0.95 \times \sqrt{2 \times 9.8 \times 5} = 9.4(\text{m/s})$

문제 22

다음과 같은 수평으로 놓인 노즐이 있다. 노즐의 입구면적은 0.1m², 노즐의 출구면적은 0.02m²이다. 정상비압축성 유체의 출구 유속이 50m/s일 때 입구와 출구의 압력차($P_1 - P_2$)는 몇 kPa인가?(단, 이 유체의 밀도는 1.23kg/m³이다.)

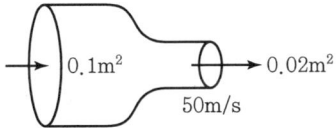

해답
$$V_1 = V_2\left(\frac{A_2}{A_1}\right) = 50 \times \left(\frac{0.02}{0.1}\right) = 10(\text{m/s})$$
$$\frac{P_1 - P_2}{\gamma} = \frac{(V_2^2 - V_1^2)}{2g}$$
$$\therefore P_1 - P_2 = \frac{\gamma}{2g}(V_2^2 - V_1^2) = \frac{1.23}{2}(50^2 - 10^2) = 1,476\text{Pa} = 1.48\text{kPa}$$

문제 23
펌프로 물을 양수 시 흡입 측 진공압력이 75mmHg이다. 이 압력은 절대압력으로 몇 kPa인가?(단, 수은의 비중은 13.6, 대기압은 760mmHg = 101.325kPa이다.)

해답 절대압력 = 760 - 75 = 685mmHg
$$\therefore P_a = P_o - P_g = \frac{685}{760} \times 101.325 = 91.33(\text{kPa})$$

문제 24
지름 5cm, 길이 20m 관의 마찰계수가 0.02인 수평원관 속을 난류로 물이 흐른다. 관 출구와 입구의 압력차를 20kPa이라고 하면 수속유량은 몇 L/s인가?

해답
$$\Delta P = f\frac{L}{d}\frac{\rho V^2}{2}$$
$$\text{유속}(V) = \sqrt{\frac{2d\Delta P}{\rho L f}} = \sqrt{\frac{2 \times 0.05 \times 20}{1 \times 20 \times 0.02}} = 2.24(\text{m/s})$$
$$\text{유량}(Q) = AV, \quad A = \frac{\pi}{4}d^2$$
$$\therefore Q = \frac{\pi}{4} \times (0.05)^2 \times 2.24 = 0.004396\,\text{m}^3/\text{s} = 4.40(\text{L/s})$$

문제 25
밀폐용기 속에 300kPa, 0℃인 이상기체가 들어 있다. 이 이상기체를 100℃까지 가열하였을 때 증가한 압력은 몇 kPa인가?

해답 $V = C$, $\dfrac{P_1}{T_1} = \dfrac{P_2}{T_2}$, 증가한 전체압력$(P_2) = 300 \times \left(\dfrac{100 + 273}{273}\right) = 409.89\text{kPa}$
증가한 압력$(\Delta P) = P_2 - P_1 = 409.89 - 300 = 109.89\text{kPa}$

제1장 유체역학, 열역학 기초

문제 26
100℃의 구리 10kg을 20℃의 물 2kg 용기에 혼합시키면 물과 구리 사이의 열전달을 통한 평형온도는 몇 ℃인가?(단, 구리의 비열은 0.45kJ/kg · K, 물의 비열은 4.2kJ/kg · K이다.)

해답
$$m_1 c_1(t_1 - t_m) = m_2 c_2(t_m - t_2)$$
$$t_m = \frac{m_1 c_1 t_1 + m_2 c_2 t_2}{m_1 c_1 + m_2 c_2} = \frac{10 \times 4.5 \times 100 + 2 \times 4 \times 20}{10 \times 0.45 + 2 \times 42} = 48(℃)$$

문제 27
체적이 0.1m³인 용기 속의 공기온도가 30℃이고 계기압력은 175kPa이다. 이 용기 내부의 공기질량은 몇 kg인가?(단, 대기압은 101.325kPa이고, 공기기체상수 R은 287J/kg · K이다.)

해답
$$PV = mRT, \quad m = \frac{PV}{RT}, \quad m = \frac{(101.325 + 175) \times 0.1}{0.287 \times (30 + 273)} = 0.32(\text{kg})$$

참고 P(절대압=atg+atm)

문제 28
내경 30cm의 원관 속을 공기가 절대압력 0.32MPa, 온도 27℃에서 4kg/s로 흐를 때 이 원관 속 공기의 흐름 평균속도는 몇 m/s인가?(단, 공기의 기체상수 $R = 287$J/kg · K이다.)

해답
$$\text{원관의 단면적}(A) = \frac{\pi}{4}d^2 = \frac{3.14}{4} \times (0.3)^2 = 0.07065(\text{m}^2)$$
$$\text{유속}(V) = \frac{m}{\rho A} = \frac{m}{\frac{P}{RT} \times A} = \frac{4}{\frac{0.32 \times 10^3}{0.287 \times (27 + 273)} \times 0.07065} = 15.17(\text{m/s})$$

참고 실기시험에서는 3.14가 아닌 π로 사용 바람

문제 29
어떤 유체의 밀도가 741kg/m³이다. 이 유체의 비체적(m³/kg)은 얼마인가?

해답
$$V = \frac{1}{\rho} = \frac{1}{741} = 0.0013495 \text{m}^3/\text{kg} \,(1.35 \times 10^{-3} \text{m}^3/\text{kg})$$

문제 30
비중 0.8인 액체를 10m/s 속도로 수직방향으로 분사한다면 도달할 수 있는 최고 높이는 몇 m인가?

해답 $h = \dfrac{V^2}{2g} = \dfrac{10^2}{2 \times 9.8} = 5.10(\mathrm{m})$

문제 31
지름 0.4m인 관 속을 유량 3m³/s로 흐를 때 평균속도는 몇 m/s인가?

해답 $V = \dfrac{Q}{A} = \dfrac{4Q}{\pi d^2} = \dfrac{4 \times 3}{\pi \times (0.4)^2} = 23.9(\mathrm{m/s})$

문제 32
1atm을 중력단위(kgf/cm²), SI단위(N/m²)로 표시하시오.

해답
① 중력단위 $1\mathrm{atm} = 1.0336(\mathrm{kgf/cm^2})$
② SI단위 $1\mathrm{atm} = 101,392(\mathrm{N/m^2})$

문제 33
1N은 몇 kgf인가?

해답 $1\mathrm{N} = 1\mathrm{kg \cdot m/s^2} = \dfrac{1}{9.8} = 0.1020(\mathrm{kgf})$

문제 34
1Pa은 몇 N/m²인가?

해답 $1\mathrm{Pa} = 1\mathrm{N/m^2}(1\mathrm{kg/m \cdot s^2})$

문제 35
물의 단위중량은 몇 N/m³인가?

해답 $1,000\mathrm{kg/m^3} \times 9.8\mathrm{m/s^2} = 1,000 \times 9.8 = 9,800(\mathrm{kg \cdot m/s^2})\mathrm{m^3} = 9,800(\mathrm{N/m^3})$

문제 36
1.5kg/cm²의 압력은 수두로 몇 m인가?

해답 $P = W_0 H$, $H = \dfrac{P}{W_0} = \dfrac{1.5\text{kg/cm}^2}{1\text{g/cm}^3} = \dfrac{1{,}500\text{g/cm}^2}{1\text{g/cm}^3} = 1{,}500\text{cm} = 15(\text{m})$

문제 37
강관의 길이가 50m, 내경이 2m인 조건에서 강관이 수두 10m의 수압을 받고 있다. 이 경우 최소 강관의 두께는 몇 mm인가?(단, 강관의 허용인장응력은 1,400kg/cm²이다.)

해답 수압강도(P) = 1g/cm³ × 10 = 10,000g/cm² = 10(kg/cm²)

∴ 관 두께(t) = $\dfrac{PD}{2\sigma} = \dfrac{10\text{kg/cm}^2 \times 200\text{cm}}{2 \times 1{,}400\text{kg/cm}^2} = 0.714\text{cm} = 7.14(\text{mm})$

문제 38
안지름 300mm, 두께 10mm 강관에서 60kg/cm²의 압력을 받고 있는 물을 통과시킬 때 강관에 생기는 인장응력은 몇 kg/cm²인가?

해답 관 두께(t) = $\dfrac{PD}{2\sigma}$, $\sigma = \dfrac{PD}{2t}$

∴ $\sigma = \dfrac{60\text{kg/cm}^2 \times 30\text{cm}}{2 \times 1\text{cm}} = 900(\text{kg/cm}^2)$

문제 39
수면 아래 30m 지점의 계기압력은 몇 kg/cm²인가?(단, 수은의 비중은 13.6이다.)

해답 $P = Wh = 1 \times 30 = 30\text{t/m}^2 = \dfrac{30 \times 10^3}{10^4} = 3\text{kg/cm}^2$

문제 40

무게가 3,000kgf이고 체적이 5m³일 때 유체의 (1)~(4)까지 물음에 답하시오.

〈보기〉

(1) 비중량$(\gamma) = \dfrac{G}{V} = \dfrac{3,000}{5} = 600 \text{kgf/m}^3$

(2) 밀도$(\rho) = \dfrac{\gamma}{g} = \dfrac{600}{9.8} = 61.224 \text{kgf}(s^2/m^4)$

(3) 비체적$(\nu) = \dfrac{1}{\gamma} = \dfrac{1}{600} = 0.001666 = 1.67 \times 10^{-3} (\text{m}^3/\text{kgf})$

(4) 비중$(S) = \dfrac{\gamma}{\gamma_w} = \dfrac{600}{1,000} = 0.6$

해답

(1) 비중량$(\gamma) = 600 \times 9.8 = 5,880 (\text{N/m}^2)$

(2) 밀도$(\rho) = \dfrac{3,000}{5} = 600 (\text{kg/m}^3)$

(3) 비체적$(\nu) = \dfrac{1}{\rho} = \dfrac{1}{600} = 0.001666 = 1.67 \times 10^{-3} (\text{m}^3/\text{kg})$

(4) 비중$(S) = \dfrac{\rho}{\rho_w} = \dfrac{600}{1,000} = 0.6$

문제 41

오일의 체적이 12m³이고 그 무게가 11,640kg일 때 이 오일의 비중량은 몇 N/m³인가?

해답

$\gamma = \dfrac{W}{V} = \dfrac{11,640 \text{kg}}{12 \text{m}^3} = 970 \text{kg/m}^3 = 970 \times 9.8 = 9,506 (\text{N/m}^3)$

문제 42

온도 30℃, 압력 7MPa에서 산소의 밀도는 몇 N·s²/m⁴인가?(단, 산소분자량은 32이다.)

해답

$\rho = \dfrac{P}{RT}$, $R = \dfrac{8,314}{M} = \dfrac{8,314}{32} = 259.81 (\text{J/kg} \cdot \text{K})$

$\therefore \rho = \dfrac{7 \times 10^6 \text{Pa}}{259.81 \times (273 + 30)} = 88.94 (\text{N} \cdot \text{s}^2/\text{m}^4)$

제1장 유체역학, 열역학 기초

문제 43

온도 9℃, 절대압력 0.4MPa인 공기의 비중량은 몇 kN/m³인가?(단, 공기의 $R = 287$J/kg·K이다.)

해답 $\gamma = \dfrac{Pg}{RT} = \dfrac{0.4 \times 10 \times 9.8}{287 \times (9+273)} = 48.43 \text{N/m}^3 (0.04843 \text{kN/m}^3)$

문제 44

온도 4.5℃에서 CO_2 2.3kg이 용적 0.283m³의 용기에 가득 차 있다. 이 탄산가스의 압력은 몇 kPa인가?(단, CO_2 분자량 = 44)

해답 $P = \rho RT, \ R = \dfrac{MR}{M}, \ \rho = \dfrac{m}{V}$

$R = \dfrac{8,314}{44} = 189 \text{J/kg·K}, \ \rho = \dfrac{2.3}{0.283} = 8.31 (\text{kg/m}^3)$

$\therefore P = \rho RT = 8.31 \times 189 \times (273+4.5) = 426,398 \text{N/m}^3 = 426 (\text{kPa})$

문제 45

내경 10cm(반지름 5cm)인 파이프로부터 유체가 층류로 흐를 때 파이프 중심에서 속도가 10m/s라고 하면 파이프 벽면으로부터 1cm 떨어진 지점에서의 속도는 몇 m/s인가?

$$\dfrac{U}{U_{\max}} = 1 - \left(\dfrac{\gamma}{\gamma_w}\right)^2$$

해답 $\dfrac{U}{10\text{m/s}} = 1 - \left(\dfrac{4}{5}\right)^2$

$\therefore U = 10 \times \left\{1 - \left(\dfrac{4}{5}\right)^2\right\} = 3.6 (\text{m/s})$

문제 46

지름 1m인 원통형 탱크에 깊이 1.25m까지 물이 들어 있다. 탱크바닥에 1.5in 강관을 접속시켜 평균유속 1.2m/s로 내 보낸다면 탱크물은 몇 분간 사용이 가능한가?

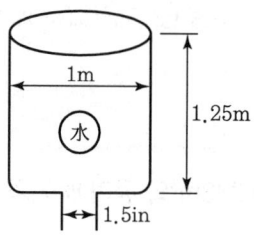

해답

$$V_2 = 1.2\text{m/s} \times \left(\frac{1.5 \times \frac{2.54}{1} \times \frac{1}{100}}{1}\right)^2 = 0.00174(\text{m/s})$$

$$\therefore h = \frac{1.25}{0.00174} = 718.4\text{s} \ (11.973\text{min})$$

참고 1인치(inch) = 2.54cm, 1m = 100cm

문제 47

복수기 내의 절대압력이 0.051kgf/cm²이다. 대기압이 700mmHg라고 하면 복수기 내의 진공압력은 몇 kgf/cm²인가?

해답 진공압 = 대기압 − 절대압

$$= 700\text{mmHg} \times \frac{1.0332\text{kgf/cm}^2}{760\text{mmHg}} - 0.051(\text{kgf/cm}^2) = 0.9(\text{kgf/cm}^2)$$

참고 진공도 $= \dfrac{진공압}{대기압} \times 100 = \dfrac{0.9}{700 \times \frac{1.0332}{760}} \times 100 = 94.7(\%)$

문제 48

대기압이 760mmHg일 때 게이지압력이 20kPa(0.204kgf/cm²)이다. 진공압력이 100kPa(1.02kgf/cm²) 이면 절대압력은?(단, 수은의 비중량은 13,600kgf/m³이다.)

해답
$$P_A = P_o + P_g = 0.76 \times 13,600 \times 9.8 = 101,292.8\text{Pa}$$
$$101,292.8 + (20 \times 10^3) = 121,292.8\text{Pa}$$

제1장 유체역학, 열역학 기초

문제 49
대기압력이 760mmHg인 상태에서 진공도 90%의 절대압력은?

해답
$760 : 1.0332 = 760(1-0.9) : P_g$
$P_{abs} = P_o - P_V$
$P_a = \dfrac{760}{760} \times 1.0332 - \dfrac{760}{760} \times 1.0332 \times 0.9 = 1.0332 - 0.92988 = 0.10332 \text{kgf/cm}^2$
$\left(101.325 \times \dfrac{0.10332}{1.0332}\right) = 10.1325 \text{kPa}$

문제 50
폭포수 높이 100m에서 떨어지는 물이 암반에 부딪친 후 발생된 열이 전부 물에 흡수되었다면 물의 온도는 몇 ℃가 되는가?(단, 물의 비열은 4.2kJ/kg·K이다.)

해답
$mg(Z_2 - Z_1) = mC\Delta T$, $1\text{kJ} = 10^3 \text{J}$, $1\text{J} = 1\text{N} \cdot \text{m}$
$\Delta T = \dfrac{g(Z_2 - Z_1)}{C} = \dfrac{9.8 \times 100}{4.2 \times 10^3} = 0.234(℃)$

문제 51
표준대기압상태에서 지름 10cm인 실린더 피스톤 위에 100N의 추를 올려 놓았을 때 실린더 내 가스의 절대압력은 몇 MPa인가?(단, 대기압력은 101.325kPa이다.)

해답
$P_a = P_g + P$, $P = \dfrac{F}{A} = \dfrac{100}{\dfrac{\pi}{4} \times (0.1)^2} = 12{,}732(\text{N/m}^2)$
$\therefore P_a = 12{,}732 + 101{,}325 = 114{,}057 \text{Pa}\,(0.11\text{MPa})$

문제 52
수은마노미터 액주의 높이가 700이고 기압계의 눈금값이 97kPa이다. 이때의 절대압력은 몇 kPa인가?(단, 수은의 비중량은 13,600kg/m³이다.)

해답
$P_a = \rho g h = 13{,}600 \text{kg/m}^3 \times 9.8 \text{m/s}^2 \times 700 \times 10^{-3} \text{m}$
$= 93{,}360 \text{N/m}^2 = 93{,}360 \text{Pa} = 93.36 \text{kPa}$

참고
진공압력 $= 97 - 93.36 = 3.64 \text{kPa}$

문제 53

체적 30m³인 용기 속에 무게 90N의 가스가 들어 있다. 이 가스의 비중량, 밀도, 비체적, 비중을 구하시오.

해답

- 비중량(γ) = $\dfrac{90}{30}$ = $3\,\text{N/m}^3$
- 밀도(ρ) = $\dfrac{\gamma}{9.8}$ = $\dfrac{3}{9.8}$ = $0.306\,\text{kg/m}^3$
- 비체적(ν) = $\dfrac{1}{\rho}$ = $\dfrac{1}{0.306}$ = $3.27\,\text{m}^3/\text{kg}$
- 비중(S) = $\dfrac{\gamma}{\gamma_w}$ = $\dfrac{3}{9,800}$ = $0.000306\,(3.06 \times 10^{-4})$

문제 54

보온용 탱크에 7kg의 물을 넣고 온도를 측정하니 15℃였다. 탱크 그릇의 비열은 0.234kJ/kg·K이고 중량 G = 0.5kg이다. 이 속에 온도 200℃, 중량 G = 5kg의 금속조각을 넣고 열평형에 도달한 온도가 25℃라면 이 금속의 비열은 몇 kJ/kg·K인가?(단, 물의 비열은 4.18kJ/kg·K이다.)

해답

$7 \times 4.18 \times (25-15) + 0.5 \times 0.23 \times (25-15) = 5 \times C \times (200-25)$

$\therefore C = \dfrac{7 \times 4.18 \times (25-15) + 0.5 \times 0.23 \times (25-15)}{5 \times (200-25)} = 0.34\,(\text{kJ/kg}\cdot\text{K})$

문제 55

대기압이 753mmHg일 때 진공도 90%의 절대압력은 몇 ata인가?(단, 표준대기압은 760mmHg, 1.0332kgf/cm²이다.)

해답

$760 : 1.0332 = 753(1-0.9) : P_a$

$P_{abs} = \left(\dfrac{753}{760} \times 1.0332\right) - \left(\dfrac{753}{760} \times 1.0332 \times 0.9\right) = 0.1023\,\text{ata}$

문제 56

100ℓ 용기에 물이 들어 있다. 이 용기 물통에 500℃의 구리동 5kg을 넣었더니 열평형 온도가 20℃가 되었다. 이때 물의 온도 변화량(℃)을 구하시오.(단, 구리의 비열은 0.63kJ/kg·K이다.)

해답 $mC\Delta t = 5 \times 0.63 \times (500-20) = 100 \times 4.186 \times \Delta t$

- 물의 온도 변화(Δt) = $\dfrac{5 \times 0.63 \times 480}{100 \times 4.186}$ = 3.61(℃)
- 최초 물의 온도 = 20 - 3.61 = 16.839℃

문제 57
지름 10m, 높이 5m의 개방형 액체탱크가 있다. 이 액의 비중이 1.2일 때 계기압력과 절대압력(kg/cm²)을 구하시오.(단, 대기압은 1기압 1.0332kgf/cm²이다.)

해답 $P_g = 1,200 \dfrac{\text{kg}}{\text{m}^3} \times 5\text{m} = 6,000 \text{kgf/m}^2 \times \dfrac{1\text{m}^2}{10^4 \text{cm}^2} \times \left(\dfrac{\text{kgf}}{\text{kg}}\right) = 0.6 \,(\text{kgf/cm}^2)$

$P_{abs} = 0.6 \text{kgf/cm}^2 + 1.0332 \text{kgf/cm}^2 = 1.63\,(\text{kgf/cm}^2)$

문제 58
절대압력 0.051kgf/cm², 대기압 700mmHg일 때 진공압(kgf/cm²), 진공도(%)를 구하시오.

해답 대기압 = $700\text{mmHg} \times \dfrac{1.0332 \text{kgf/cm}^2}{760\text{mmHg}} = 0.951\,(\text{kgf/cm}^2)$

진공압 = 대기압 - 게이지압 = 0.951 - 0.051 = 0.9(kgf/cm²)

진공도 = $\dfrac{0.9}{0.951} \times 100 = 94.64\,(\%)$

문제 59
밀도가 1.3kg/m³이고 높이가 0.5m인 개방형 탱크의 탱크 하부 절대압력은 몇 atm인가?(단, 표준대기압 1atm = 1.0332kgf/cm²이다.)

해답 $P = \text{atm} + \rho \dfrac{g}{g_c} h$

$= 1\text{atm} + (1,300 \text{kg/m}^3)\left(\dfrac{\text{kgf}}{\text{kg}}\right)(0.5\text{m}) \times \dfrac{1\text{m}^2}{100^2 \text{cm}^2} \times \dfrac{1\text{atm}}{1.0332 \text{kgf/cm}^2}$

$= 1.06\,(\text{atm})$

문제 60

5m 탱크에 물이 가득 차 있다. 직경이 2.54cm인 관을 통해 물이 빠질 때 최대분출유량(L/s)을 구하시오.

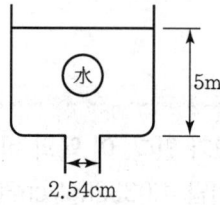

해답

유속 $(V) = \sqrt{2gh} = \sqrt{2 \times 9.8 \times 5} = 9.9 \,(\text{m/s})$

유량 $(Q) = A \times V, \quad A = \dfrac{\pi}{4} d^2$

$\therefore Q = \dfrac{\pi}{4}(0.0254)^2 \text{m}^2 \times 9.9 \text{m/s} = 5.01 \,(\text{L/s})$

제2장 정수역학

문제 1

그림과 같이 45° 경사진 물탱크 원형 수문이 설치되어 있다. 이 수문에 걸리는 힘은 몇 ton인가?

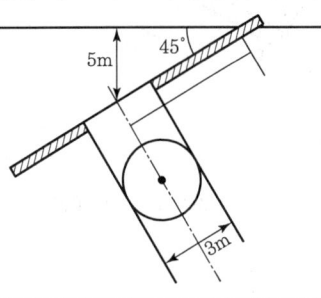

해답 $P = W_0 h_G A = \dfrac{1\text{t}}{\text{m}^3} \times 5\text{m} \times \left(\dfrac{\pi \times 3^2}{4}\right)\text{m}^2 = 35.3(\text{ton})$

문제 2

다음 그림과 같은 경사진 수문에 작용하는 전압력(N)과 작용점(m)을 구하시오.

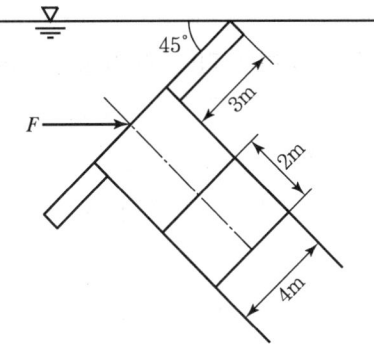

해답
- 전압력$(F) = \gamma h_c A = 9{,}800 \times (3+2)\sin 45 \times 2 \times 4 = 277{,}185.8(\text{N})$
- 작용점$(y_p) = y_c + \dfrac{I_G}{Ay_c} = 3 + 2 + \dfrac{2 \times 4^3}{2 \times 4 \times (3+2)} = 5.27(\text{m})$

문제 3

그림과 같은 (0.5×3m)의 수문평판 A, B를 30° 기울어 놓았다. A점에서 힌지(Hinge)로 연결되어 있으며 이 문의 문을 열기 위한 힘(F), 즉 수문의 수직힘은 몇 N인가?

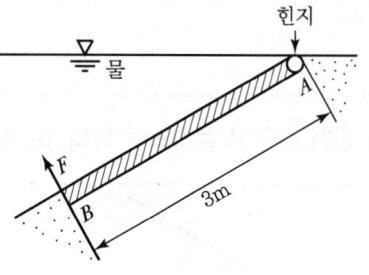

해답 $F = \gamma \bar{y} \sin\theta A = 9{,}800 \times 1.5 \times \sin30 \times 1.5 = 11{,}025(\text{N})$

참고 작용점$(y_p) = \dfrac{I_c}{\bar{y}A} + \bar{y} = \dfrac{\dfrac{0.5 \times 3^3}{12}}{1.5 \times 1.5} + 1.5 = 2(\text{m})$

A에 관한 모멘트 합은 0이므로
$\sum M_A = 0 : F \times 3 - 11{,}025 \times 2 = 0$
$F = \dfrac{11{,}025 \times 2}{3} = 7{,}350(\text{N})$

문제 4

그림에서 수직인 평판의 한쪽면에 작용하는 힘(F)과 작용점(y_p)을 구하시오.

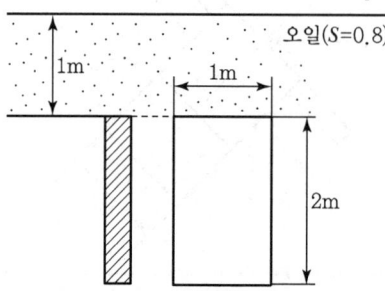

해답 $F = \gamma \bar{y} \sin\theta A = 9{,}800 \times 0.8 \times 2 \times \sin90 \times 2 = 31{,}360(\text{N})$

$y_p = \dfrac{I_c}{\bar{y}A} + \bar{y} = \dfrac{\dfrac{1 \times 2^3}{12}}{2 \times 2} + 2 = 2.17(\text{m})$

문제 5

그림과 같이 직사각형 수문이 받는 전압력을 구하시오. 또 A지점에서 받쳐 주어야 할 힘의 크기 및 작용점을 구하시오.(단, 수문의 폭은 2m이다.)

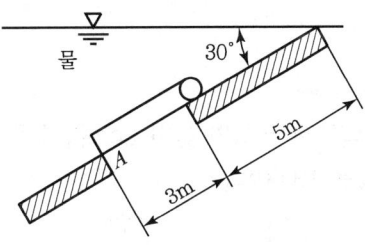

해답

① A지점의 힘의 크기(F)

$$F = \gamma \bar{h} A = 9.8 \times \left(5 + \frac{3}{2}\right)\sin 30° \times (3 \times 2) = 191.1 (\text{kN})$$

② 작용점 (y_c) $= \bar{y} + \dfrac{I_c}{\bar{y}A} = \left(5 + \dfrac{3}{2}\right) + \dfrac{\frac{2 \times 3^3}{12}}{\left(5 + \frac{3}{2}\right)(3 \times 2)} = 6.62 (\text{m})$

제3장 액주계 및 베르누이 정리

문제 1

물의 높이 8cm와 비중 2.94인 액주계 유체의 높이 6cm를 합한 압력은 수은주 높이로 몇 cm에 해당하는가?(단, 수은의 비중은 13.6이다.)

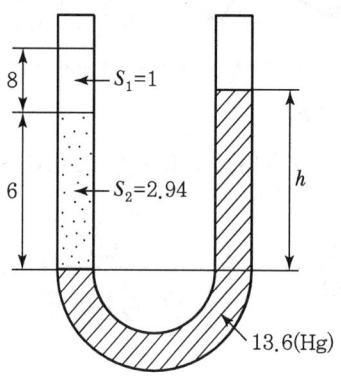

해답 $h = \dfrac{S_1 h_1 + S_2 h_2}{S_{Hg}} = \dfrac{1 \times 8 + 2.94 \times 6}{13.6} = 1.89 \, (\text{cmHg})$

문제 2

다음 그림과 같이 비중이 0.8인 오일이 흐르고 있는 U자관에서 A의 압력이 196kPa일 때 h의 높이는 몇 m인가?(단, 수은의 비중은 13.6이다.)

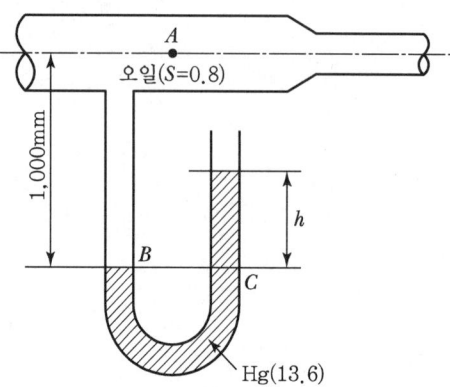

해답 $P_B = P_C$이다($1\text{kPa} = 10^3\text{Pa}$), $196{,}000 + 9{,}800 \times 0.8 \times 1 = 9{,}800 \times 13.6 \times h$

$$\therefore h = \frac{196{,}000 + 9{,}800 \times 0.8 \times 1}{9{,}800 \times 13.6} = 1.53(\text{mHg})$$

문제 3
급수관의 유속을 측정하고자 피토정압관을 사용하였다. 압력측정 결과 전압력수두가 15m이고 정압수두가 7m일 때 이 위치에서 물의 유속은 몇 m/s인가?

해답 동압 $= 15\text{m} - 7\text{m} = 8\text{mH}_2\text{O}$

$$\therefore V_w = \sqrt{2g\triangle h} = \sqrt{2 \times 9.8 \times 8} = 12.52(\text{m/s})$$

문제 4
밀도 1.6kg/m³인 기체가 흐르는 관에 Pitot Statictube를 설치한 두 단자 간의 압력차가 40mmH₂O이라면 이 기체의 유속은 몇 m/s인가?

해답 $V = \sqrt{2g\left(\dfrac{\rho_w}{\rho} - 1\right)h} = \sqrt{2 \times 9.8 \times \left(\dfrac{1{,}000}{1.6} - 1\right) \times 0.4} = 69.94(\text{m/s})$

문제 5
다음 그림에서 원관 속을 30℃ 절대압력 202kPa의 공기가 흐르고 피토정압관의 물의 높이차가 2cm이면 관 속을 흐르는 유속은 몇 m/s인가?(단, 공기의 기체상수 $R = 287\text{J/kg}\cdot\text{K}$이다.)

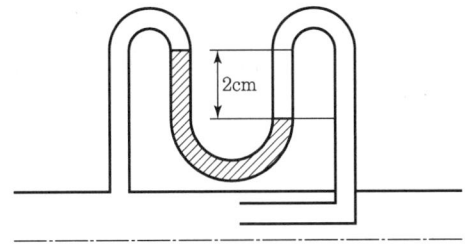

해답 유속$(V) = \sqrt{2g\left(\dfrac{\gamma_w}{\gamma_a} - 1\right)h}$

밀도 $\gamma_w = 1{,}000(\text{kg/m}^3)$

밀도 $\gamma_a = \dfrac{P}{RT} = \dfrac{202}{0.287 \times (30+273)} = 2.32(\text{kg/m}^3)$

$\therefore V = \sqrt{2 \times 9.8 \times \left(\dfrac{1{,}000}{2.32} - 1\right) \times 0.02} = 12.98(\text{m/s})$

문제 6

다음 탱크의 A, B, C 유체 비중이 1.2, 1.0, 0.8일 때 각각의 높이가 2m라면 탱크 바닥의 게이지압력은 몇 kPa인가?

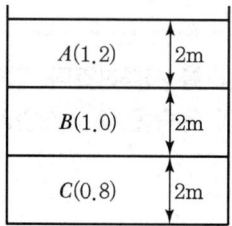

해답
$$P_g = \gamma_A h_A + \gamma_B h_B + \gamma_C h_C$$
$$= (9{,}800 \times 1.2 \times 2) + (9{,}800 \times 1.0 \times 2) + (9{,}800 \times 0.8 \times 2)$$
$$= 58{,}800 \text{Pa} (58.8 \text{kPa})$$

문제 7

안지름 30cm의 원관 속을 절대압력 0.32MPa, 온도 27℃인 공기가 4kg/s로 흐를 때 이 원관 속을 흐르는 공기의 평균속도는 몇 m/s인가?(단, 공기의 기체상수 $R=287$J/kg·K이다.)

해답
$$m = \rho A V$$
$$V = \frac{m}{\rho A} = \frac{m}{\left(\frac{P}{RT}\right)A}$$
$$= \frac{4 \times 4}{\frac{0.32 \times 10^6}{287 \times (27+273)} \times \pi (0.3)^2} = \frac{16}{3.7166 \times 0.2826} = 15.23 (\text{m/s})$$

문제 8

지름 5cm인 원형 관에 비중이 0.7인 오일이 3m/s의 속도로 이송될 때 체적유량, 질량유량을 구하시오.(단, 물의 밀도는 1,000kg/m³이다.)

해답
$$Q = AV = \frac{\pi}{4}(0.05)^2 \times 3 = 0.0059 (\text{m}^3/\text{s})$$
$$m = \rho A V = \rho Q = 1{,}000 SQ = (1{,}000 \times 0.7) \times 0.0059 = 4.13 (\text{kg/s})$$

문제 9
공기 중에서 무게가 900N인 돌이 물에 완전히 잠겨 있다. 물속에서의 무게가 400N이라면 이 돌의 체적, 비중량, 비중은 각각 얼마인가?(단, 물의 밀도는 1,000kg/m³이다.)

해답
- 체적$(V) = \dfrac{G_a - w}{\gamma_w} = \dfrac{900 - 400}{9,800} = 0.051(\text{m}^3)$
- 돌의 비중량$(\gamma) = \dfrac{G_a}{V} = \dfrac{900}{0.051} = 17,647.06(\text{N/m}^3)$
- 돌의 비중$(S) = \dfrac{\gamma}{\gamma_w} = \dfrac{17,647.06}{9,800} = 1.8$

문제 10
물이 노즐에서 수직방향으로 10m/s 속도로 분출된다. 마찰을 무시하면 노즐로부터 도달할 수 있는 최대높이는 몇 m인가?

해답
$h = \dfrac{V^2}{2g} = \dfrac{10^2}{2 \times 9.8} = 5.1(\text{m})$

문제 11
기름의 유량을 측정하기 위해 설치한 오리피스에서 두 점 P_x, P_y의 압력차는 몇 Pa인가?

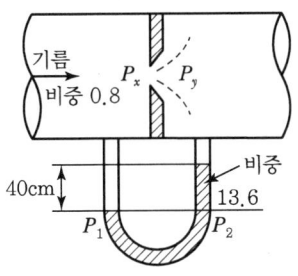

해답
$P_1 = P_2$
$P_x + 9,800 \times 0.8 \times 0.4 = P_y + 9,800 \times 13.6 \times 0.4$
$\therefore P_x - P_y = 9,800 \times 13.6 \times 0.4 - 9,800 \times 0.8 \times 0.4$
$= 9,800 \times 0.4 \times (13.6 - 0.8) = 50,176(\text{Pa})$

문제 12

그림과 같이 연직수직관에 물이 흐르고 있다. 관의 지름이 각각 300×150mm에서 유량이 0.1(m³/s)이면 단면 1, 2 사이의 수직거리는 2m이고 단면 1의 게이지압이 147kPa(1.5kgf/cm²)일 때 단면 2에서의 게이지압력은 몇 kPa인가?(단, 중력가속도 g = 9.8m/s²이다.)

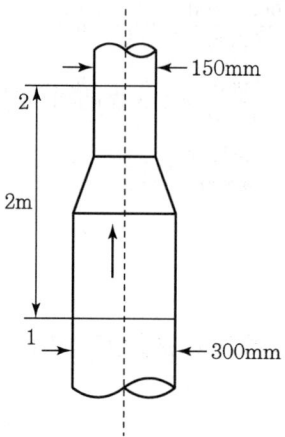

해답
- 단면 1의 유속 V_1

$$V_1 = \frac{Q}{A} = \frac{4 \times 0.1}{3.14 \times (0.3)^2} = 1.415 \, (\text{m/s})$$

- 단면 2의 유속 V_2

$$V_2 = V_1 \times \frac{d_1^2}{d_2^2} = 1.415 \times \left(\frac{0.3}{0.15}\right)^2 = 5.66 \, (\text{m/s})$$

$$= 15 + \frac{1}{2 \times 9.8}(1.415^2 - 5.66^2) - 2 = 11.47 \text{m}$$

$P_2 = 11.47 \times 1,000 = 11,470 \text{kgf/m}^2$
$= 1.147(\text{kgf/cm}^2) \times 98\text{kPa/cm}^2 = 112,406\text{Pa} = 112.406\text{kPa}$

문제 13

피토관으로 측정하는 풍속에서 정체압력과 정압력의 차는 수주 30mmH₂O이고 풍속계수 C가 0.98일 때 풍속(m/s)을 구하시오.(단, 공기의 비중량은 1.3kgf/m³이다.)

해답
$1\text{mmH}_2\text{O} = 1\text{kgf/m}^2$

$P_s - P_0 = 30\text{mmH}_2\text{O} \, (30\text{kgf/m}^2)$

$$\therefore V = C_0 \sqrt{\frac{2g(P_s - P_0)}{\gamma}} = 0.98 \times \sqrt{2 \times 9.8 \times \left(\frac{30}{1.3}\right)} = 20.85 \, (\text{m/s})$$

문제 14

벤투리관에서 목의 지름이 100mm이고 출구의 지름이 300mm인 관에서 비중이 0.8인 기름이 이송된다. 목에서 수은주는 200mmHg 진공이다. 이때 목과 출구의 속도(m/s)를 구하시오.(단, 공기의 저항은 무시하며 수은의 비중은 13.60이다.)

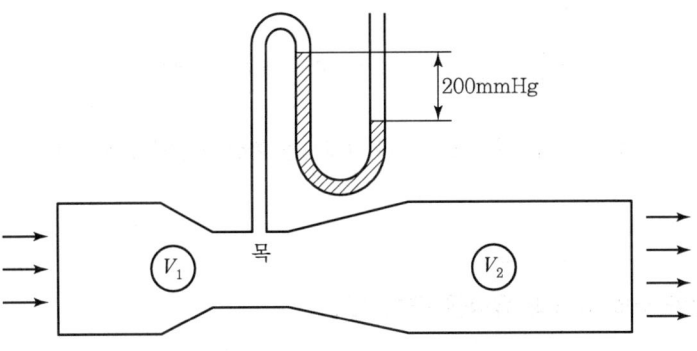

해답

$$V_1 = \sqrt{\dfrac{2g\dfrac{P_1}{\gamma}}{1-\left(\dfrac{A_1}{A_2}\right)^2}} = \sqrt{\dfrac{2\times 9.8 \times \dfrac{2,720}{800}}{1-\left(\dfrac{100}{300}\right)^4}} = \sqrt{\dfrac{66.7}{0.987}} = 8.2 (\text{m/s})$$

$$\therefore V_2 = \left(\dfrac{A_1}{A_2}\right)\times V_1 = \left(\dfrac{1}{3}\right)\times 8.2 = 0.91(\text{m/s})$$

참고 $200\text{mmHg} \times 13.6 = 2,720$

문제 15

다음 그림과 같은 축소관로에서 액주계의 읽음 h(m)을 계산하시오.(단, 액주계 수은의 비중은 13.60이다.)

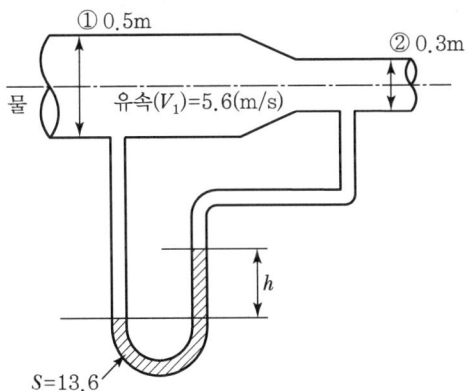

📋 **해답**

$$유속(V_2) = V_1 \times \left(\frac{A_1}{A_2}\right) = \left(\frac{0.5}{0.3}\right)^2 \times 5.6 = 15.56 (m/s)$$

$$(\gamma_s - \gamma)h = \frac{\gamma}{2g}(V_2^2 - V_1^2)$$

$$\therefore h = \frac{\gamma}{2g(\gamma_s - \gamma)} \times (V_2^2 - V_1^2)$$

$$= \frac{9.8}{2 \times 9.8(13.6 \times 9.8 - 9.8)} \times (15.56^2 - 5.6^2) = 0.86(m)$$

📖 **참고** 본서의 계산식은 참고용이므로, 시험장에서는 항상 계산기로 정확하게 한다.

문제 16

그림과 같은 관로에서의 유속과 유량을 구하시오.

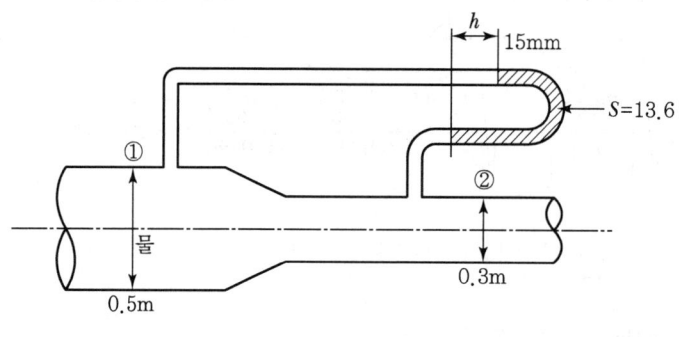

📋 **해답**

$$유속(V) = \sqrt{\frac{2g\left(\frac{\gamma_s - 1}{\gamma}\right)}{1 - \left(\frac{d_2}{d_1}\right)^4}} = \sqrt{\frac{2 \times 9.8 \times \left(\frac{13.6 - 1}{1}\right) \times 0.015}{1 - \left(\frac{0.3}{0.5}\right)^4}} = 2.063(m/s)$$

$$Q = A_2 V_2 = \frac{\pi}{4} d_2 V_2 = \frac{\pi}{4}(0.3)^2 \times 2.063 = 0.15(m^3/s)$$

문제 17

다음 그림과 같은 관로에 물이 0.28m³/s로 흐른다. 상류측압력계 눈금이 68.9kPa일 때 하류측의 대기개방 마노미터 눈금은 몇 kPa인가?

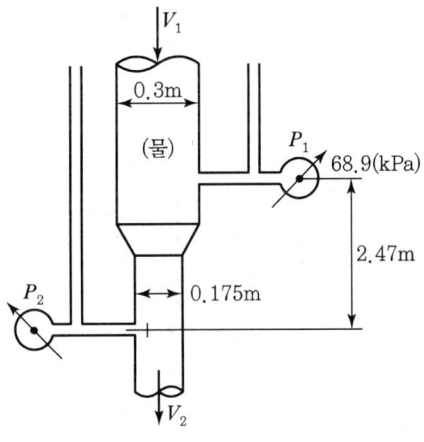

해답

$$\frac{P_2}{\gamma} = \frac{P_1}{\gamma} + Z_1 + \frac{1}{2g}(V_1^2 - V_2^2)$$

- 유속$(V_1) = \dfrac{4Q}{\pi d_1^2} = \dfrac{4 \times 0.28}{3.14 \times (0.30)^2} = 3.96(\text{m/s})$

- 유속$(V_2) = V_1 \times \left(\dfrac{d_1}{d_2}\right)^2 = 3.96 \times \left(\dfrac{0.3}{0.175}\right)^2 = 11.64(\text{m/s})$

$$\frac{68.9}{9.8} + 2.47 + \frac{(3.96^2 - 11.64^2)}{2 \times 9.8} = 7.0306 + (-3.64265) = 3.39\text{mH}_2\text{O}$$

∴ $P_2 = 3.39\text{m} \times 9.8 = 33.22(\text{kPa})$

제2편 계측 및 제어, 에너지 실무 예상문제

문제 18

그림과 같이 마노미터가 압력용기에 부착되어 있다. 마노미터의 유체 비중은 1.6이고 유체 높이가 0.42m인 경우 절대압력(kPa)을 계산하시오.

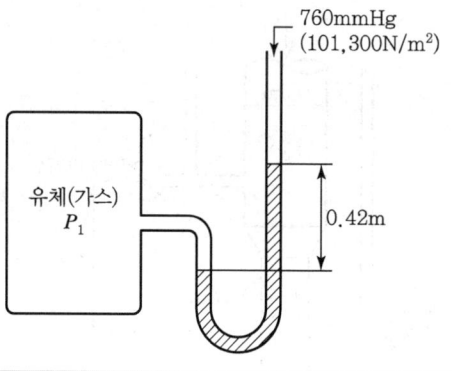

해답 게이지압력(atg) = $\rho \times m/s^2 \times h$
$1.6 \times 10^3 kgf/m^3 \times 9.8 m/s^2 \times 0.42 m = 6,586 (N/m^2)$
절대압력(abs) = atg + atm
$6,586 + 101,300 = 107,886 N/m^2 = 107.886 (kPa)$

제4장 유체의 유속 및 유량 측정

문제 1
직경 30cm 관 내를 물이 흐르고 있다. 관 내부에 5cm의 오리피스를 설치하여 수은마노미터의 차 76mm를 얻었다. C_0 계수가 0.61일 때 오리피스관의 유량(m³/h)을 구하시오.

해답

$$Q = A \times V = \frac{\pi}{4}d^2 \times \frac{C_0}{\sqrt{1-m^2}} \times \sqrt{2g\left(\frac{\rho'-\rho}{\rho}\right)h}$$

개구비$(m) = \frac{A_0}{A} = \left(\frac{D_0}{D}\right)^2 = \left(\frac{5}{30}\right)^2 = 0.028$

$\therefore Q = \frac{\pi}{4} \times (0.005)^2 \times \frac{0.61}{\sqrt{1-(0.028)^2}} \times \sqrt{2 \times 9.8\left(\frac{13,600-1,000}{1,000}\right) \times 0.076}$

$= 0.0052 \, \text{m}^3/\text{s}$

$0.0052 \times 3,600\text{s}/1\text{h} = 18.72(\text{m}^3/\text{h})$

참고
- 비중량(물 = 1,000 kgf/m³, 수은 = 13,600 kgf/m³)
- 속도계수(수정계수) = C_0, 유량계수 = C
- 계수가 주어지지 않으면 일반적으로 1로 본다.

문제 2
피토관의 개방형 압력계가 150mmH₂O이고 피토관 마노미터 읽음이 25mmH₂O를 가리킨다. 이때 공기의 최대유속은 몇 m/s인가?(단, 공기의 온도는 15℃이다.)

해답

$P = P_g + P_a$

$= 150\text{mmH}_2\text{O} \times \frac{1\text{mH}_2\text{O}}{10^3 \text{mmH}_2\text{O}} \times \frac{101.325 \times 10^3 \text{Pa}}{10.33\text{mH}_2\text{O}} + 101.325 \times 10^3 \text{Pa}$

$= 102,796(\text{Pa}) = 102,796(\text{N/m}^2)$

밀도$(\rho) = \dfrac{102,796 \text{N/m}^2 \times 29\text{kg}/1\text{kgmol}}{8.314 \text{J/mol} \cdot \text{K} \times \frac{1,000\text{mol}}{1\text{kgmol}} \times (273+15)} = 1.245(\text{kg/m}^3)$

$\therefore$ 유속$(V) = \sqrt{2g\dfrac{(\rho'-\rho)}{\rho}R} = \sqrt{2 \times 9.8 \times \dfrac{(1,000-1.245)}{1.245} \times 0.025} = 19.83(\text{m/s})$

문제 3
오리피스 양단의 압력차를 측정하려고 한다. 마노미터 속의 유체는 공기이고 오리피스를 통하여 흐르는 유체는 비중이 0.8인 액체이며 마노미터 읽음은 12.7cm이다. 이 경우 압력차는 몇 N/m²인가?

해답 $\Delta P = g(\rho_A - \rho_B)R$
∴ $\Delta P = 9.8(\text{m/s}^2) \times (800 - 1.29)\text{kg/m}^3 \times 0.127\text{m} = 994.1(\text{N/m}^2)$

문제 4
내경이 15in인 관 내를 물이 흐르고 있다. 관에 3in의 차압식 오리피스를 설치하여 수은마노미터의 읽음 76mm를 얻었다. 이때 관로의 평균수속(m³/s)을 구하시오.(단, 계수 C_0 = 0.61이고 1인치(in) = 2.54cm이다.)

해답 $Q = A \times C \times \sqrt{2g\left(\dfrac{S_0 - S}{S}\right)h}$

$A(\text{단면적}) = \dfrac{\pi}{4}d^2$, $C(\text{유량계수}) = \dfrac{C_0}{\sqrt{1-m^2}}$, $m(\text{개구비}) = \dfrac{A'}{A}$

∴ $Q = \dfrac{3.14}{4} \times (3 \times 2.54 \times 10^{-2})^2 \times \dfrac{0.61}{\sqrt{1-\left(\dfrac{1}{25}\right)^2}} \times \sqrt{\dfrac{2 \times 9.8 \times (13.6-1) \times 0.076}{1,000}}$

$= 0.012 \text{m}^3/\text{s}$

참고 $m(\text{개구비}) = \dfrac{A'}{A} = \dfrac{D_0^2}{D^2} = \dfrac{3^2}{15^2} = \left(\dfrac{1}{5}\right)^2 = \dfrac{1}{25}$

문제 5
피토관을 이용하여 압력을 측정하였더니 전압 8mAq, 정압 4mAq이다. 이 위치에서 유속은 몇 m/s인가?(단, 물의 밀도는 1,000kg/m³, 대기압은 101.325kPa = 10.332mAq이다.)

해답 동압(ΔP) = 8 - 4 = 4mAq

$4 \times \dfrac{101.325 \times 10^3 \text{Pa}}{10.332 \text{mH}_2\text{O}} = 39,225.56\text{Pa}(39,225.56\text{N/m}^2)$

$P_2 = P_1 + \dfrac{V\rho}{2g}$

$39,225.56 \times \dfrac{1}{2} \times 1,000 \times V^2$

∴ $V = \sqrt{\dfrac{39,225.56}{\dfrac{1}{2} \times 1,000}} = 8.86 \, (\text{m/s})$

문제 6

그림과 같은 관로 내를 흐르는 유량(NF)은 몇 m³/s인가?(단, 관벽에서는 마찰이 없다고 가정한다.)

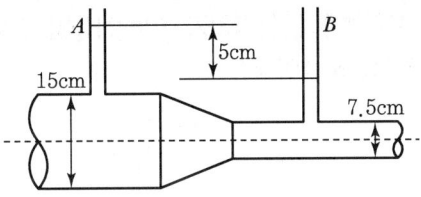

해답

$$Q = A_2 V_2 = A_2 \frac{1}{\sqrt{1-\left(\frac{A_2}{A_1}\right)^2}} \times \sqrt{2gh}$$

$$= A_2 \frac{1}{\sqrt{1-\left(\frac{d_2}{d_1}\right)^4}} \sqrt{2gh}$$

$$= \frac{\pi}{4} \times (0.075)^2 \times \frac{1}{\sqrt{1-\left(\frac{7.5}{15}\right)^4}} \times \sqrt{2 \times 9.8 \times 0.05} = 0.0045 (\text{m}^3/\text{s})$$

문제 7

지름 35mm인 관의 Throat(목) 지름이 23mm인 벤투리 튜브에서 물이 흐른다. 입구와 목부의 압력차를 측정하였더니 액주계의 시차가 50mmHg이었다. 관로의 유량과 평균유속을 구하시오.(단, 속도계수 C_0 = 0.980이다.)

해답

면적 $(A_2) = \frac{\pi}{4} d^2 = \frac{3.14}{4} \times (0.023)^2 = 0.0004155 (\text{m}^2)$

개구비 $(m) = \left(\frac{A_2}{A_1}\right)^2 = \left(\frac{D_2}{D_1}\right)^4 = \left(\frac{0.023}{0.035}\right)^4 = 0.1865$

$$Q = A_2 \times \frac{C_0}{\sqrt{1-\left(\frac{A_2}{A_1}\right)^2}} \times \sqrt{2g\left(\frac{S_0-S}{S}\right)h}$$

$$\therefore Q = 0.0004155 \times \frac{0.98}{\sqrt{1-0.1865}} \times \sqrt{2 \times 9.8 \times \left(\frac{13.6-1}{1}\right) \times 0.05}$$

$$= 0.0004155 \times \frac{0.98}{0.901942} \times \sqrt{12.348} = 0.0015864 (\text{m}^3/\text{s})$$

$\therefore$ 유속(평균) $V = \frac{Q_1}{A_1} = \frac{0.0015864}{\frac{3.14 \times (0.035)^2}{4}} = \frac{0.0015864}{0.000961625} = 1.65 (\text{m/s})$

참고 시험장에서는 3.14 대신 π를 사용하고 주의사항에서 주어지는 대로 한다.

문제 8

그림과 같은 수직관로에 물이 상방향으로 흐르고 있다. d_1 = 100mm이고 d_2 = 50mm이며 단면 1, 2의 높이가 500mm일 때 시차액주계 압력차가 70mmHg일 경우 유량은 몇 m³/s인가?(단, 수은의 비중, 물의 비중은 각각 13.6, 1이다.)

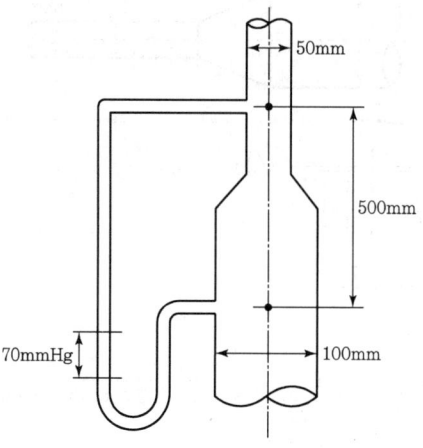

해답

$$V_2 = \sqrt{2g\left(\frac{\gamma_0 - \gamma}{\gamma}\right)h} = \sqrt{2 \times 9.8 \times \left(\frac{13.6-1}{1}\right) \times 0.07}$$

$$m = 1 - \left(\frac{A_2}{A_1}\right)^2 = 1 - \left(\frac{D_2}{D_1}\right)^4$$

$$\therefore Q = A \times V = \frac{\pi}{4}(0.05)^2 \times \frac{1}{\sqrt{1-\left(\frac{0.05}{0.1}\right)^4}} \times \sqrt{2 \times 9.8 \times 12.6 \times 0.07} = 0.00844(\text{m}^3/\text{s})$$

참고 시험장에서 계산식을 정확히 하며 소수 몇 째자리에서 반올림하라는 주의사항을 주의 깊게 보고 반드시 답란에는 단위를 쓰도록 한다.

문제 9

안지름이 200mm인 유로에 밀도 1.2kg/m³인 공기가 1,000m³/h로 흐른다. 오리피스 지름이 120mm이고 마노미터 유체는 물인 경우 차압된 높이차(R)는 몇 cm인가?(단, C_0값은 0.65이다.)

해답

$$Q = \frac{\pi}{4}d^2 \times \frac{C_0}{\sqrt{1-m^2}} \times \sqrt{2g\left(\frac{\rho'-\rho}{\rho}\right)R}$$

$$m = \frac{A_0}{A} = \left(\frac{D_0}{D}\right)^2 = \left(\frac{120}{200}\right)^2 = 0.36$$

$$1,000\text{m}^3/\text{h} \times \frac{1h}{3,600s} = \frac{\pi}{4} \times (0.12)^2 \times \frac{0.65}{\sqrt{1-(0.36)^2}} \times \sqrt{2 \times 9.8\left(\frac{1,000-1.2}{1.2}\right)R}$$

$$\therefore R = 0.076(\text{m}) = 7.6(\text{cm})$$

제5장 엔트로피, 벤투리미터

문제 1
20kg의 물을 온도 0℃에서 80℃까지 가열하면 물의 엔트로피 증가는 몇 kJ/K인가?(단, 물의 비열은 4.186kJ/kg · K이다.)

해답
$$ds = \frac{\delta Q}{T} = S_2 - S_1 = m C_v \ln \frac{T_2}{T_1}$$

$$\therefore 20 \times 4.186 \times \ln\left(\frac{80+273}{0+273}\right) = 21.52 \text{kJ/K}$$

문제 2
압축기의 실린더 내 1kg의 공기가 압력 800kPa, 온도 600K에서 압력 200kPa, 온도 450K로 공기가 팽창할 때 엔트로피 변화량은 몇 kJ/kg · K인가?(단, 공기의 정압비열은 1.0035kJ/kg · K)

해답
$$ds = C_p \ln \frac{T_2}{T_1} + R \ln \frac{P_1}{P_2} = 1.0035 \times \ln\left(\frac{450}{600}\right) + 0.287 \times \ln \frac{800}{200}$$

$$= -0.28868 + 0.397866481 = 0.11 (\text{kJ/kg} \cdot \text{K})$$

참고
- $\overline{R} = \dfrac{1.03323 \times 10^4 \times 22.4}{273.15} = 848 \text{kgf} \cdot \text{m/kmol} \cdot \text{K (MKS 단위)}$
- $\overline{R} = \dfrac{101{,}325 \times 22.4}{273.15} = 8.314 \text{kJ/kmol} \cdot \text{K (SI 단위)}$
- 공기의 기체상수 $R = \dfrac{8.314}{M} = \dfrac{8.314}{29} = 0.287 (\text{kJ/kg} \cdot \text{K})$

문제 3
0.1m³ 용기체적에서 압력 1MPa(10kgf/cm²), 온도 250℃의 공기가 냉각되어 0.35MPa로 하강하면 엔트로피 변화는 몇 kJ/K인가?(단, 공기의 기체상수 $R=0.287$kJ/kg · K, 정적비열 $C_v = 0.717$kJ/kg · K이다.)

해답
공기질량 $(m) = \dfrac{PV}{RT} = \dfrac{1 \times 10^3 \times 0.1}{0.287 \times (250+273)} = 0.6662 (\text{kg})$

냉각 후 온도 $(T_2) = T_1 \times \dfrac{P_2}{P_1} = (250+273) \times \dfrac{350}{1{,}000} = 183.05 (\text{K})$

$$\therefore \Delta S = S_1 - S_2 = mC_v \ln \frac{T_2}{T_1} = 0.6662 \times 0.717 \times \ln \frac{183}{523} = -0.5 (kJ/K)$$

참고 $0.35MPa = 350kPa, 1MPa = 1,000kPa$

문제 4

공기 5kg이 압력 $P_1 = 5kgf/cm^2$로부터 압력 $P_2 = 1kgf/cm^2$까지 등온팽창하여 88,000kg·m의 일을 하였다. 엔트로피의 증가량은 얼마인가?

해답
$$ds = \frac{\delta Q}{T},\ W = GRT \ln \frac{P_1}{P_2},\ T = \frac{W}{GR \ln \frac{P_1}{P_2}}$$

$$T = \frac{88,000}{5 \times 29.27 \times \ln\left(\frac{5}{1}\right)} = 374(K)$$

$$_1Q_2 = AW = \frac{88,000}{427} = 206(kcal)$$

$$\therefore ds = \frac{206}{374} = 0.551(kcal/kg \cdot K)$$

참고 $1kg \cdot m/s = 9.8N \cdot m/s = 9.8J/s = 9.8W$

문제 5

단열된 용기 안에 열전도율이 0.4kJ/kg·℃인 구리블록 A는 10kg(온도 300K), 블록 B는 10kg(900K)이다. 두 구리블록을 접촉시켜 두 구리블록이 최종상태에서 블록의 온도가 같아졌다. 이 과정에서 평형온도 및 엔트로피(kJ/K) 증가량을 계산하시오.

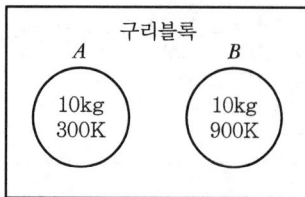

해답
$$T_m(\text{평균온도}) = \frac{m_1 t_1 + m_2 t_2}{m_1 + m_2} = \frac{(10 \times 300) + (10 \times 900)}{10 + 10} = 600(K)$$

$$\therefore \Delta S = \Delta S_1 + \Delta S_2 = m_1 C \ln \frac{T_m}{T_1} + m_2 C \ln \frac{T_m}{T_2}$$

$$= \left(10 \times 0.4 \times \ln \frac{600}{300}\right) + \left(10 \times 0.4 \times \ln \frac{600}{900}\right)$$

$$= 2.77 + (-1.62) = 1.15(kJ/K)$$

문제 6
공기 10kg이 정적과정으로 20℃에서 250℃까지 온도가 변할 경우 엔트로피 변화는 몇 kJ/K 인가?(단 공기의 정적비열 $C_v=0.717$kJ/kg·K이다.)

해답
$$\Delta S(dS) = \frac{\delta Q}{T} = \frac{mC_v\Delta T}{T} = mC_v \ln\frac{T_2}{T_1}$$
$$= 10 \times 0.717 \ln\frac{273+250}{273+20} = 4.15(\text{kJ/K})$$

문제 7
산소 2몰과 질소 3몰을 100kPa, 온도 25℃에서 단열정적과정으로 혼합한다. 이때 엔트로피 증가량(J/K)은 얼마인가?(단, 일반기체상수 $\overline{R}=8.31434$kJ/kmol·K이다.)

해답
$$\Delta S = R\left(n_1 \ln\frac{n}{n_1} + n_2 \ln\frac{n}{n_2}\right)$$
$$= 8.31434\left(2\ln\frac{5}{2} + 3\ln\frac{5}{3}\right)$$
$$= 8.31434(1.83258 + 1.532476) = 27.98(\text{J/K})$$

참고 2몰+3몰=5몰, $\overline{R}=8.31434\,\text{J/mol}\cdot\text{K}$

문제 8
227℃의 증기가 500kJ/kg의 열을 받으면서 가역등온 팽창을 한다. 이때의 엔트로피 변화는 몇 kJ/kg·K인가?

해답
$$S_2 - S_1 = \frac{\delta Q}{T} = \frac{500}{227+273} = 1(\text{kJ/kg}\cdot\text{K})$$

문제 9
물 10kg을 1기압하에서 20℃에서 60℃까지 가열할 때 엔트로피 증가량은 몇 kJ/K인가?(단, 물의 정압비열은 4.18kJ/kg·K이다.)

해답
$$S_2 - S_1 = \frac{\delta Q}{T} = \frac{mC_p dT}{T} = mC_p \ln\frac{T_2}{T_1}$$
$$= 10 \times 4.18 \ln\left(\frac{60+273}{20+273}\right) = 5.35(\text{kJ/K})$$

문제 10
공기 2kg을 정적하에 20℃에서 150℃로 가열한 다음 정압과정에서 150℃에서 200℃까지 가열한다면 엔트로피 변화(kJ/K)는 얼마인가?(단, 주위온도는 10℃이다.)

해답
$$\Delta S = \Delta S_1 + \Delta S_2 = mC_v\ln\frac{T_2}{T_1} + mC_p\ln\frac{T_3}{T_2}$$
$$\therefore\ 2 \times 0.71 \times \ln\left(\frac{423}{293}\right) + 2 \times 1 \times \ln\left(\frac{473}{423}\right) = 0.75(\text{kJ/K})$$

참고 공기의 정적비열=0.71, 정압비열=1로 본다.

문제 11
20℃의 주위 물체로부터 열을 받아서 −10℃의 얼음 50kg이 융해되어 20℃의 물이 된다. 비가역변화에 의한 엔트로피 증가(kJ/K)를 구하시오.(단, 얼음의 비열 = 2.1kJ/kg·K, 물의 비열 = 4.18kJ/kg·K, 얼음의 융해열 = 333.6kJ/kg이다.)

해답
$$Q = 50 \times 2.1 \times (273-263) + 50 \times 333.6 + 50 \times 4.18(293-273) = 2,1910\text{kJ}$$
$$\Delta S_1 = 50 \times 2.1 \times \ln\left(\frac{273}{263}\right) + \frac{50 \times 333.6}{273} + 50 \times 4.18 \times \ln\left(\frac{293}{273}\right) = 79.79\text{kJ/K}$$
$$\Delta S_2 = \frac{-21,910}{20+273} = -74.78(\text{kJ/K})$$
$$\therefore\ \text{엔트로피 증가량}(\Delta S) = 79.79 - 74.78 = 5.01(\text{kJ/K})$$

문제 12
2kg의 산소가 일정압력하에서 체적이 0.4m³에서 2.0m³로 변화할 때 산소를 이상기체로 보고 산소의 정압비열을 0.88kJ/kg·K라 할 때 엔트로피 변화는 몇 kJ/K인가?

해답
$$\text{엔트로피 증가량}(\Delta S) = mC_p\ln\frac{T_2}{T_1} = mC_p\ln\frac{V_2}{V_1}$$
$$= 2 \times 0.88 \times \ln\frac{2}{0.4} = 2.83(\text{kJ/K})$$

문제 13
20kWh의 모터를 1시간 동안 제동하였더니 그 마찰열이 30℃의 주위에 전달되었다. 엔트로피 증가는 몇 kJ/K인가?(단, 1kWh = 3,600kJ이다.)

해답
$$\Delta S(dS) = \frac{Q}{T} = \frac{20 \times 3,600}{273+30} = 237.6(\text{kJ/K})$$

제5장 엔트로피, 벤투리미터

문제 14
증기 100℃의 스팀에서 5kg이 물로 응결하였다면 수증기의 엔트로피 변화량은 몇 kJ/K인가? (단, 수증기의 잠열 = 2,256kJ/kg이다.)

해답 $\Delta S = \dfrac{Q}{T} = \dfrac{5 \times 2,256}{273 + 100} = 30.24 \text{(kJ/K)}$

문제 15
600kPa, 300K 상태의 Ar 1kmol(40)이 엔탈피가 일정한 과정을 거쳐 압력이 원래의 $\dfrac{1}{3}$배가 되었다. 이 과정 동안 이상기체라고 인정한 아르곤의 엔트로피 변화량은 몇 kJ/K인가?(단, 일반기체상수 $\overline{R}$ = 8.3145kJ/kmol · K이다.)

해답 $\Delta S = n\overline{R} \ln \dfrac{P_2}{P_1} = 1 \times 8.3145 \times \ln \dfrac{600 \times \frac{1}{3}}{600} = 9.134 \text{(kJ/K)}$

문제 16
공기 2kg이 300K, 600kPa 압력에서 온도 500K, 400kPa 상태로 가열되었다. 이 과정 동안의 엔트로피 변화량은 몇 kJ/K인가?(단, 공기의 정적비열 = 0.717kJ/kg · K, 정압비열 = 1.004kJ/kg · K이다.)

해답 $V = \dfrac{mRT}{P}$,

$$\Delta S = mC_p \ln \dfrac{V_2}{V_1} + mC_v \ln \dfrac{P_2}{P_1}$$
$$= mC_p \ln \dfrac{P_1 T_1}{P_2 T_1} + mC_v \ln \dfrac{P_2}{P_1}$$
$$= 2 \times 1.004 \ln \dfrac{600 \times 500}{400 \times 300} + 2 \times 0.717 \times \ln \dfrac{400}{600}$$
$$= 1.27 \text{(kJ/K)}$$

문제 17

디젤기관에서 700mmHg 100℃의 공기를 폴리트로픽 $n=1.35$ 하에 압축비 18.5로 압축시킬 때 공기 1kg에 대한 엔트로피 변화량(kJ/kg·K)은 얼마인가?(단, $C_v=0.717$kJ/kg·K, $k=1.40$, $R=0.2872$kJ/kg·K이다.)

해답

$$C_n = \frac{n-k}{n-1}C_v = \frac{1.35-1.40}{1.35-1} \times 0.717 = -0.1024(\text{kJ/kg·K})$$

$$T_2 = T_1 \times \left(\frac{V_1}{V_2}\right)^{n-1} = (100+273) \times (18.5)^{1.35-1} = 1{,}036(\text{K})$$

$$\therefore \Delta S = C_n \ln\left(\frac{T_2}{T_1}\right) = -0.1024 \times \ln\left(\frac{1{,}036}{373}\right) = -0.105(\text{kJ/kg·K})$$

참고

$W(\text{N·m}) = Q(\text{J}) = W(\text{J})$

- $1\text{Pa} = 1\text{N/m}^2 = 10\text{dyne/cm}^2 = 10^{-5}\text{bar}$
- $1\text{kgf·m} = 9.8\text{N·m} = 9.8\text{J}$
- $1\text{kcal} = 427\text{kg·m} = 427 \times 9.8 = 4{,}185\text{J}$
- $1\text{J/s} = 1\text{W}$
- $1\text{PS} = 75\text{kg·m/s} = 75 \times 9.8\text{J/s} = 735\text{W}$

제6장 복사열, 대류열전달

문제 1

지구에서 받은 열이 1kW/m²이고, 대기 중에 흡수되는 열이 0.3kW/m²일 때 태양의 온도는 몇 K인가?(단, 태양은 흑체라 가정하고 태양의 반지름은 700,000km, 지구와 태양의 거리는 150,000,000km이며, 스테판-볼츠만의 상수는 5.67×10^{-8} W/m²·K이다.)

해답 $(1,000 + 300 \text{W/m}^2) \times 4\pi (1.5 \times 10^8) \times 10^6 = 4\pi (7 \times 10^8) \text{m}^2 \times 5.67 \times 10^{-8} \text{W/m}^2 \text{K}^4 \times T^4$

$\therefore T = 5,696 \text{K}$

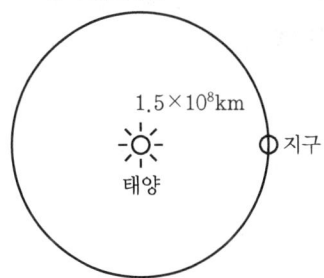

문제 2

복사능 0.85, 전열면적 1m², 복사 전열량 20,000kcal/h, 표면온도 800℃에서 외부의 온도는 몇 ℃인가?(전열면적은 평판이다.)

해답 $Q = 4.88 \cdot \varepsilon \cdot A \left[\left(\frac{T_1}{100} \right)^4 - \left(\frac{T_2}{100} \right)^4 \right]$

$20,000 = 4.88 \times 0.85 \times 1 \times \left[\left(\frac{273 + 800}{100} \right)^4 - \left(\frac{T_2}{100} \right)^4 \right]$

$\therefore T_2 = 958.31 \text{K} (685.31℃)$

문제 3

복사능 0.6, 전열면적 3m², 온도 300℃인 물질이 복사능 0.9, 전열면적 10m², 온도 100℃인 물질 속에 둘러쌓여 있다. 이 경우 복사전열에서 복사에너지(kcal/h)를 계산하시오.

해답

$$Q = 4.88 A_1 F_2 \left[\left(\frac{T_1}{100}\right)^4 - \left(\frac{T_2}{100}\right)^4\right]$$

$$_1F_2(\text{평균복사능}) = \cfrac{1}{\cfrac{1}{_1F_2} + \left(\cfrac{1}{\varepsilon_1}-1\right) + \cfrac{A_1}{A_2}\left(\cfrac{1}{\varepsilon_2}-1\right)}$$

$$= \cfrac{1}{\cfrac{1}{1} + \left(\cfrac{1}{0.6}-1\right) + \cfrac{3}{10}\left(\cfrac{1}{0.9}-1\right)} = 0.588$$

$$\therefore Q = 4.88 \times 3 \times 0.588 \left[\left(\frac{273+300}{100}\right)^4 - \left(\frac{273+100}{100}\right)^4\right] = 7{,}613.5 \text{kcal/h}$$

문제 4

관 길이 1m, 관 외경 20mm 외부에 표면온도 65℃인 온수배관이 20℃ 상태의 실내에 노출이 되었다면 그 방사열량은 몇 W인가?(단, 방사율은 0.65이고 스테판볼츠만의 상수는 5.67(W/m²·K)이다.)

해답

$$Q = \varepsilon \cdot C_b \left[\left(\frac{T_1}{100}\right)^4 - \left(\frac{T_2}{100}\right)^4\right] A$$

$$A = \pi D L = (\text{m}^2)$$

$$\therefore Q = 0.65 \times (\pi \times 0.02 \times 1) \times 5.67 \left[\left(\frac{65+273}{100}\right)^4 - \left(\frac{20+273}{100}\right)^4\right] = 13.16 (\text{W})$$

문제 5

복사정수 4.88×10^{-8}(kcal/m²·h·K⁴)는 몇 W/m²·K⁴인가?

해답

$5.067 \times 10^{-8} (\text{W/m}^2 \cdot \text{K}^4)$

문제 6

실내온도 30℃, 건물의 방열기 표면 230℃에서 방열기 1m²당 복사열량은 몇 kcal/h인가?(단, C_b = 4.88kcal/m²·h(100K⁴) 복사능(흑도)은 0.90이다.)

해답

$$Q = \varepsilon \cdot C_b \cdot A \left[\left(\frac{T_1}{100}\right)^4 - \left(\frac{T_2}{100}\right)^4\right]$$

$$Q = 4.88 \times 0.9 \times 1 \times \left[\left(\frac{230+273}{100}\right)^4 - \left(\frac{30+273}{100}\right)^4\right] = 2{,}441.28 (\text{kcal/h})$$

제6장 복사열, 대류열전달

┤ 문제 7 ├

다음 조건을 이용하여 복사열량에 의한 방열량은 자연대류에 의한 방열량의 몇 배가 되는지 구하시오.

〈조건〉
- 표면복사율 = 0.9
- 자연대류 열전달률 = 13.96W/m² · K
- 내부온도 = 230℃
- 외부온도 = 30℃
- 스테판-볼츠만의 정수(C_b) = 5.669W/m² · K⁴
- 복사열(Q_1) = $\varepsilon \cdot C_b \left[\left(\dfrac{T_1}{100} \right)^4 - \left(\dfrac{T_2}{100} \right)^4 \right]$
- 대류열(Q_2) = $a(t_1 - t_2)$

해답

$$\dfrac{0.9 \times 5.669 \times \left[\left(\dfrac{230+273}{100} \right)^4 - \left(\dfrac{30+273}{100} \right)^4 \right]}{13.96 \times (230-30)} = 1.02(배)$$

┤ 문제 8 ├

무한히 큰 두 평판이 있다. 한 평면의 복사능(ε_1)은 0.8, 온도가 1,100K, 다른 평판의 복사능(ε_2)은 0.5, 온도는 650K이다. 복사에너지는 몇 kcal/m² · h의 크기인가?

해답

- 무한히 큰 두 평면 ($A_1 = A_2$)
- 시각인자 $_1F_2 = \dfrac{1}{1 + \left(\dfrac{1}{\varepsilon_1} - 1 \right) + \left(\dfrac{1}{\varepsilon_2} - 1 \right)} = \dfrac{1}{\dfrac{1}{\varepsilon_1} + \dfrac{1}{\varepsilon_2} - 1}$

$\therefore Q = aA_1 F_2 (T_1^4 - T_2^4)$

$= 4.88 \times A_1 \dfrac{1}{\dfrac{1}{\varepsilon_1} + \dfrac{1}{\varepsilon_2} - 1} \left\{ \left(\dfrac{T_1}{100} \right)^4 - \left(\dfrac{T_2}{100} \right)^4 \right\}$

$= 4.88 \times \dfrac{1}{\dfrac{1}{0.8} + \dfrac{1}{0.5} - 1} \times \left\{ \left(\dfrac{1,100}{100} \right)^4 - \left(\dfrac{6,500}{100} \right)^4 \right\}$

$= 27,883.1 (\text{kcal/m}^2 \cdot \text{h})$

문제 9

두 개의 무한히 큰 평판이 있다. 한 평판의 복사능은 0.6, 온도가 1,000K이고 다른 평판의 복사능은 0.4, 온도는 500K이다. 두 평판에서 단위면적당 손실유속은 몇 kW/m²인가?(단, 스테판 볼츠만의 상수는 5.67×10^{-8} W/m²·K⁴이다.)

해답

$_1F_2$(평균복사능) $= \dfrac{1}{\dfrac{1}{\varepsilon_1} + \dfrac{1}{\varepsilon_2} - 1}$

$Q = a_1 F_2 (T_1^4 - T_2^4)$

$\therefore Q = 5.67 \times 10^{-8} \text{W/m}^2 \cdot \text{K} \left(\dfrac{1}{\dfrac{1}{0.6} + \dfrac{1}{0.4} - 1} \right)$

$= 16{,}786.18 (\text{W/m}^2) = 16.79 (\text{kW/m}^2)$

문제 10

표면온도 흑관의 온도가 65℃인 증기배관(길이 1m)이 실내에 노출되고 있다. 실내온도는 상온 20℃일 때 관 길이 1m당(외경 20mm) 방사되는 복사열량(W)을 계산하시오.(단, 방사율 $\varepsilon = 0.65$이고 $\sigma = 5.67 \times 10^{-8}$ W/m²·K⁴이다.)

해답

$Q = (T_1^4 - T_2^4)$

관 표면적 $(A) = \pi DL = \pi \times 0.02 \times 1$

$\therefore Q = 0.65 \times (\pi \times 0.02 \times 1) \times 5.6 \times 10^{-8} [(65+273)^4 - (20+273)^4]$

$= 13.156 (\text{W})$

문제 11

복사능 0.6, 전열면적 3m², 온도 100℃(373K)인 물질이 복사능 0.9, 전열면적 10m², 온도 300℃(573K)인 물질에 둘러싸여 복사전열이 일어날 때 복사에너지는 몇 kcal/h인가?(단, $\sigma = 5.670373 \times 10^{-8}$ W/m²·K⁴이다.)

해답

$5.670373 \times 10^{-8} \text{W/m}^2 \cdot \text{K}^4 = 4.88 \times 10^{-8} (\text{kcal/m}^2 \cdot \text{h} \cdot \text{K}^4)$

평균복사능 $(_2F_1) = \dfrac{1}{\dfrac{1}{\varepsilon_2} + \dfrac{A_2}{A_1} \times \left(\dfrac{1}{\varepsilon_1} - 1\right)} = \dfrac{1}{\dfrac{1}{0.6} + \dfrac{3}{10} \times \left(\dfrac{1}{0.9} - 1\right)} = 0.588$

$\therefore q = 4.88 \times 10^{-8} \text{kcal/m}^2 \cdot \text{h} \cdot \text{K}^4 \times 3\text{m}^2 \times 0.588 \times [(573)^4 - (373)^4]$

$= 7{,}613.46 (\text{kcal/h})$

문제 12
온도 100℃ 흑체의 복사전열량은 몇 W/m²인가?(단, 스테판볼츠만의 상수=5.672×10⁻⁸(W/m²·K⁴)이다.)

해답

$$q = \sigma A T^4 = \frac{q}{A} = aT^4$$
$$= 5.672 \times 10^{-8}(\text{W/m}^2 \cdot \text{K}^4) \times (100+273)^4 \text{K}^4 = 1,097.92(\text{W/m}^2)$$

문제 13
원관의 지름 50mm, 관 내에 수증기를 통과시켜 수평관에서 오일 30℃를 150℃로 유지시키면서 가열한다. 이때 관의 단위길이당 평균전열량(W)을 구하시오.(단, 오일의 평균온도는 90℃로 하며 열전도율은 0.1W/m·℃, 유체의 체적 팽창계수(β)는 0.00068/℃로 하고 동점성계수(ν)는 2.2×10⁻⁵(m²/s), 프란틀수(Pr)는 300이다.)

해답

- 그라쇼프수$(Gr) = g\beta\Delta t \dfrac{D^3}{\nu^2}$

$$= 9.8 \times 0.00068 \times (150-30) \times \frac{0.05^3}{(2.2 \times 10^{-5})^2}$$
$$= 207,000$$

- 너셀수$(Nu) = 0.53(Gr \times Pr)^{\frac{1}{4}}$

$$= 0.53 \times (6.83 \times 10^7)^{\frac{1}{4}} = 48.2$$

- $Gr \cdot Pr = (2.07 \times 10^5) \times 330 = 68,310,000 \, (6.83 \times 10^7)$

Nu(수평관)$= 0.53(Gr \cdot Pr)^{\frac{1}{4}}$

Nu(수직관)$= 0.56(Gr \cdot Pr)^{\frac{1}{4}}$

평균열전달계수$(a) = Nu\dfrac{k}{D} = 48.2 \times \dfrac{0.1}{0.05} = 96.4 \text{W/m}^2 \cdot \text{℃}$

∴ 단위길이당의 전열량$(q) = \pi D L a(t_1 - t_2)$
$$= (3.14 \times 0.05 \times 1) \times 96.4 \times (150-30)$$
$$= 1,816.18(\text{W})$$

제7장 이상기체, 카르노 사이클

문제 1
실린더 내의 공기를 200kPa, 10℃ 상태에서 600kPa이 될 때까지 $PV^{1.3}$ =일정 과정으로 압축한다면 이 과정 중 공기가 한 일은 몇 kJ인가?(단, 공기의 질량은 3kg이다.)

해답
$$_1W_2 = \frac{1}{n-1}(P_1V_1 - P_2V_2) = \frac{mRT}{n-1}\left\{1 - \left(\frac{P_2}{P_1}\right)^{\frac{n-1}{n}}\right\}$$
$$= \frac{3 \times 0.287 \times 283}{1.3-1}\left\{1 - \left(\frac{600}{200}\right)^{\frac{1.3-1}{1.3}}\right\} = -234.37(\text{kJ})$$

문제 2
$n=1.3$에서 질량 1kg 공기가 밀폐계에서 압력 100kPa, 체적 1m³의 폴리트로픽 과정을 거쳐 체적이 0.5m³가 되었다. 내부에너지 변화량은 몇 kJ인가?(단, 공기의 $R=287$J/kg·K, 정적비열 $C_v=718$J/kg·K, 정압비열 $C_p=100$J/kg·K, 비열비 $k=1.40$이다.)

해답
$$T_1 = \frac{P_1V_1}{mR} = \frac{100 \times 10^3 \times 1}{1 \times 287} = 348.43(\text{K})$$
$$T_2 = T_1\left(\frac{V_1}{V_2}\right)^{n-1} = 348.43 \times \left(\frac{1}{0.5}\right)^{1.3-1} = 428.97(\text{K})$$
$$\Delta U = mC_v(T_2 - T_1) = 1 \times 718 \times (428.97 - 348.43)$$
$$= 57,827\text{J}(57.83\text{kJ})$$

문제 3
준평형 과정으로 실린더 안의 공기를 100kPa, 300K 상태에서 압력 500kPa까지 압축한다. 이 압축 과정 동안 압력과 체적의 관계는 $PV^n = \text{const}(n=1.3)$이다. 공기의 비열비 $k=1.4$, 공기 정적비열 = 0.717kJ/kg·K, 기체상수 $R=0.287$kJ/kg·K에서

(1) 단위질량당 일은 몇 kJ/kg·K인가?
(2) 단위질량당 열전달량(kJ/kg)은?

해답

(1) $_1W_2 = \dfrac{_1W_2}{m} = \dfrac{1}{n-1}(P_1V_1 - P_2V_2) = \dfrac{RT_1}{n-1}\left\{1 - \left(\dfrac{T_2}{T_1}\right)\right\}$

$= \dfrac{RT_1}{n-1}\left\{1 - \left(\dfrac{P_2}{P_1}\right)^{\frac{n-1}{n}}\right\} = \dfrac{0.287 \times 300}{1.3-1}\left\{1 - \left(\dfrac{400}{100}\right)^{\frac{1.3-1}{1.3}}\right\} = -108.2(\text{kJ/kg})$

(2) $Q = \dfrac{_1Q_2}{m} = C_v \dfrac{n-k}{n-1} \times T_1\left\{\left(\dfrac{P_2}{P_1}\right)^{\frac{n-1}{n}} - 1\right\}$

$= 0.717 \times \dfrac{1.3-1.4}{1.3-1} \times 300\left\{\left(\dfrac{400}{100}\right)^{\frac{1.3-1}{1.3}} - 1\right\} = -27.11(\text{kJ/kg})$

문제 4

카르노 열기관 사이클 A는 0℃와 100℃ 사이에서 작동되며 카르노 열기관 사이클 B는 100℃와 200℃ 사이에 작동된다. 사이클 B의 효율은 사이클 A의 효율보다 얼마나 낮은가?

해답

$\eta = 1 - \dfrac{T_2}{T_1}$

$\eta_A = 1 - \dfrac{273}{100+273} = 0.268\,(26.8\%)$

$\eta_B = 1 - \dfrac{100+273}{200+273} = 0.211\,(21.1\%)$

∴ B는 A에 비하여 $26.8 - 21.1 = 5.7\%$가 (낮다)

문제 5

피스톤-실린더 장치 안에 100℃, 300kPa의 기체가 2kg 들어 있다. 이 가스를 $PV^{1.2}$ Constant인 관계를 만족하도록 피스톤 위에 추를 더해 가며 온도가 200℃가 될 때까지 압축을 한다면 이 과정 동안 열전달량은 몇 kJ인가?(단, 기체가 정적비열 $C_v = 0.653$kJ/kg·K, 정압비열 $C_p = 0.842$kJ/kg·K이다.)

해답

$k = \dfrac{C_p}{C_v} = \dfrac{0.842}{0.653} = 1.29$

$C_n = C_v \dfrac{n-k}{n-1} = 0.653 \times \dfrac{1.2-1.29}{1.2-1} = -0.294(\text{kJ/kg·K})$

∴ $Q = mC_n(t_2 - t_1) = 2 \times (-0.294) \times (200-100) = -58.77(\text{kJ})$

문제 6

고열원과 저열원 사이에서 작동하는 카르노 사이클 열기관이 있다. 이 열기관에서 60kJ의 일을 얻기 위하여 100kJ의 열을 공급하고 있다. 저열원의 온도가 15℃라고 하면 고열원의 온도는 몇 ℃인가?

해답

$$\eta_c = 1 - \frac{T_2}{T_1} = \frac{W}{Q_1} = \frac{60}{100} = 0.6$$

$$T_1 = \frac{T_2}{(1-\eta_c)} = \frac{15+273}{(1-0.6)} = 720K\,(447℃)$$

문제 7

카르노 열기관이 670℃의 고열원으로부터 550kJ의 열량을 받아서 25℃(298K)인 저열원에 방출하는 경우 방출열량(kJ)을 구하시오.

해답

$$\eta_c = \frac{W}{Q_1} = 1 - \frac{Q_2}{Q_1} = 1 - \frac{T_1}{T_2}$$

$$\therefore Q_2 = Q_1 \times (1-\eta_c) = 1 - \frac{25+273}{670+273} = 0.684$$

$$550 \times (1-0.684) = 173.8\,(kJ)$$

문제 8

카르노 사이클 기관의 출력이 45kW이고 고열원의 온도가 850℃, 저열원의 온도가 100℃일 때 효율(%)과 전력공급(kW)을 계산하시오.

해답

$$\eta_c = 1 - \frac{T_1}{T_2} = 1 - \frac{100+273}{850+273} = 0.668\,(66.8\%)$$

$$Q_1 = \frac{W}{\eta_c} = \frac{45}{0.668} = 67.37\,(kW)$$

문제 9

밀폐계에서 공기 0.45kg이 1atm하에 체적 0.4m³에서 0.2m³로 $PV^{1.3} = C$(폴리트로픽 변화)에 의해 압축된다. 물음에 답하시오.(단, $R = 0.287$kJ/kg·K, $C_v = 0.717$kJ/kg·K, $C_p = 1.005$kJ/kg·K, 비열비 $k = 1.4$이다.)

(1) 압축 후의 온도는 몇 ℃인가?
(2) 내부에너지 변화는 몇 kJ인가?
(3) 가해지는 열량은 몇 kJ인가?
(4) 압축일은 몇 kJ인가?

해답

(1) $T_1 = \dfrac{1 \times 0.4}{0.45 \times 0.287} \times (273 + 0) = 314\text{K}$

$T_2 = T_1 \times \left(\dfrac{V_1}{V_2}\right)^{n-1} = \dfrac{P_1 V_1}{mR}\left(\dfrac{V_1}{V_2}\right)^{n-1} = \dfrac{101,325 \times 0.4}{0.45 \times 0.287} \times \left(\dfrac{0.4}{0.2}\right)^{1.3-1} = 386\text{K}(113℃)$

(2) $\Delta U = U_2 - U_1 = mC_v(T_2 - T_1)$
   $= 0.45 \times 0.717(386 - 314) = 23.23\text{(kJ)}$

(3) $_1Q_2 = mC_v \dfrac{n-k}{n-1}(T_2 - T_1)$
   $= 0.45 \times 0.717 \times \dfrac{1.3 - 1.4}{1.3 - 1}(386 - 314) = -7.85\text{(kJ)}$

(4) $_1W_2 = Q - \Delta u = 7.851 - 23.23 = -15.38\text{(kJ)}$

문제 10

산소 1kg이 $PV^{1.3} = C$하에서 온도가 200℃, 압력이 2N/cm², 비체적이 0.3m³/kg의 상태에서 비체적이 0.2m³/kg로 되었다면 변화 후의 온도는 몇 (K)인가?

해답

$\dfrac{T_2}{T_1} = \left(\dfrac{V_1}{V_2}\right)^{n-1} = \left(\dfrac{P_2}{P_1}\right)^{\frac{n-1}{n}}$

$\therefore T_2 = T_1 \times \left(\dfrac{V_1}{V_2}\right)^{n-1} = (273 + 200) \times \left(\dfrac{0.3}{0.2}\right)^{1.3-1} = 679.3\text{(K)}$

문제 11

어떤 기관에서 1ata, 15℃하에서 공기를 흡입하여 $PV^{1.3}=C$하에서 압축을 한다. 압축이 완료된 후 체적이 35ata하에서 1m³가 된 경우 물음에 답하시오.(단, 공기의 기체상수 $R=286.8\text{N}\cdot\text{m/kg}\cdot\text{K}$, 정적비열 $C_v=0.716\text{kJ/kg}\cdot\text{K}$이다.)

(1) 압축 전의 체적은 몇 m³인가?
(2) 압축이 완료된 후 온도는 몇 ℃인가?
(3) 공기의 질량은 몇 kg인가?
(4) 절대일은 몇 N·m인가?
(5) 가열량은 몇 kJ인가?

해답

(1) $V_1 = V_2 \times \left(\dfrac{P_2}{P_1}\right)^{\frac{1}{n}} = 1 \times \left(\dfrac{35}{1}\right)^{\frac{1}{1.3}} = 15.4(\text{m}^3)$

(2) $T_2 = T_1\left(\dfrac{P_2}{P_1}\right)^{\frac{n-1}{n}} = \left\{(15+273) \times \left(\dfrac{35}{1}\right)^{\frac{1.3-1}{1.3}}\right\} - 273 = 281.2(℃)\,(654.2\text{K})$

(3) $m = \dfrac{P_1 V_1}{RT_1} = \dfrac{1 \times 9,800 \times 15.4}{286.8 \times (15+273)} = 18.26(\text{kg})$

여기서, 1ata = 98,070Pa

(4) $_1W_2 = \dfrac{mR}{n-1}(T_1 - T_2) = \dfrac{18.26 \times 286.8}{1.3-1}(288-654.2)$
$= -6,393,617(\text{N}\cdot\text{m}) = -6,393.62(\text{kN}\cdot\text{m})$

(5) $Q = mC_n(T_2 - T_1) = m\dfrac{n-k}{n-1} \times C_v(T_2 - T_1)$
$= 18.26 \times \dfrac{1.3-1.4}{1.3-1} \times 0.716 \times (654.2-288)$
$= -1,595.92(\text{kJ})$
여기서, 공기의 비열비$(k) = 1.4$

문제 12

압력 $P_1 = 1.2$MPa(12kgf/cm²), 온도 $T_1 = 450$℃에서 공기압력 $P_2 = 0.12$MPa까지 가역단열팽창을 하는데 물음에 답하시오.(단, 공기의 비열비 $k = 1.4$, $R = 0.2871$kJ/kg·K)

(1) 팽창 후의 온도는 몇 ℃인가?
(2) 팽창비(체적비율)는 얼마인가?
(3) 엔탈피변화는 몇 kJ/kg인가?

해답

(1) $T_2 = T_1 \times \left(\dfrac{P_2}{P_1}\right)^{\frac{k-1}{k}} = (273+450) \times \left(\dfrac{0.12}{1.2}\right)^{\frac{1.4-1}{1.4}} = 374.5\text{K}\,(101.5℃)$

(2) $\dfrac{V_2}{V_1} = \left(\dfrac{P_1}{P_2}\right)^{\frac{1}{k}} = \left(\dfrac{1.2}{0.12}\right)^{\frac{1}{1.4}} = 5.18$

(3) $h_2 - h_1 = C_p(T_2 - T_1) = \dfrac{k \cdot R}{k-1}(T_2 - T_1)$

$\qquad = \dfrac{1.4 \times 0.2871}{1.4-1} \times (375.5 - 450) = -74.86(\text{kJ/kg})$

제8장 랭킨 사이클, 재열 사이클

문제 1
증기원동소에서 압력 101.325kPa, 수증기 공급량 10kg/s에서 발생증기 엔탈피 3,000kJ/kg, 증기의 건도(x)=0.9, 포화수 엔탈피 420kJ/kg(100℃)일 때 터빈의 출력을 계산하시오.(단, 터빈의 출구 습포화증기 엔탈피 h_2=2,840kJ/kg, 물의 증발잠열=2,256kJ/kg, 효율=100%, 1kWh=3,600kJ로 한다.)

해답 터빈 출력 $= \dfrac{10 \times 3,600 \times (3,000 - 2,840)}{3,600} = 1,600(\text{kW})$

문제 2
다음 보기를 참고하여 증기원동소(Rankine cycle)의 열효율(%)을 구하시오.

〈보기〉
- 보일러 입구 엔탈피 : 310(kJ/kg)
- 보일러 출구 엔탈피 : 3,555(kJ/kg)
- 터빈 출구 엔탈피 : 2,690(kJ/kg)
- 복수기 출구 엔탈피 : 300(kJ/kg)

해답
$\eta_R = \dfrac{h_T - h_P}{q} \times 100$
$= \dfrac{(3,555 - 2,690) - (310 - 300)}{3,555 - 310} \times 100$
$= \dfrac{865 - 10}{3,245} \times 100 = 26.35(\%)$

문제 3

압력 0.5MPa에서 포화증기 압력을 0.1MPa까지 팽창시키는 증기터빈의 증기 발생량이 15ton/h, 터빈 출구의 증기건도가 95%라면 터빈에서 얻어지는 출력은 몇 kW인가?(단, 다음 표를 이용한다.)

압력(MPa)	비엔탈피	
	포화수(kJ/kg)	포화증기(kJ/kg)
0.5	439.53	2,750
0.1	294	2,500

해답

터빈 출구 습증기 엔탈피 $(h_2) = h_1 + r(h_2' - h_1)$
$$= 294 + \{(2,500 - 294) \times 0.95\} = 2,389.7 (\text{kJ/kg})$$

출력 $= \dfrac{15 \times 10^3 \times (2,750 - 2,389.7)}{3,600} = 1,501.25 (\text{kW})$

참고
- 1kWh = 3,600kJ, 1hr = 3,600sec
- 1kW = 1kJ/s

문제 4

아래 선도는 $h-s$ 랭킨 사이클이다. 20MPa, 550℃의 증기를 발생하고 터빈에서 2.5MPa까지 단열팽창한 곳에서 초온까지 재열하여 복수기 압력 0.5MPa까지 팽창시키는 이 증기원동소의 열효율은 몇 %인가?

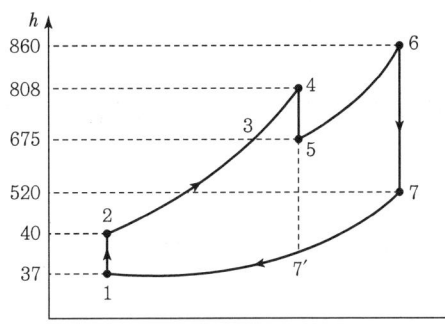

해답

$\eta_R = \dfrac{\text{터빈출력}}{\text{입열}} \times 100$

$\therefore \eta_R = \dfrac{(h_6 - h_5) + (h_4 - h_5) - (h_2 - h_1)}{(h_4 - h_2) + (h_6 - h_3)}$

$= \dfrac{(860 - 675) + (808 - 675) - (40 - 37)}{(808 - 40) + (860 - 675)}$

$= \dfrac{(185 + 133) - 3}{768 + 185} = \dfrac{315}{953} = 0.3305\,(33.05\%)$

여기서, 펌프일은 3kcal/kg이다.

문제 5

랭킨 사이클 각 점의 증기 엔탈피는 그림과 같다. 이 사이클의 열효율(%)을 계산하시오.(단, 단위는 kJ/kg이다.)

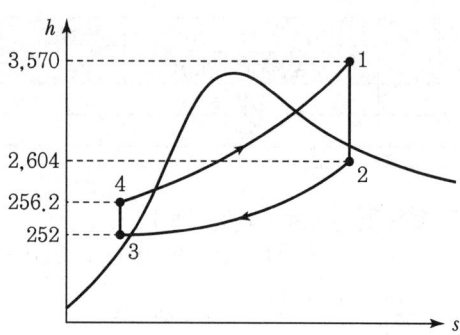

해답 펌프일 = 256.2 − 252 = 4.2(kJ/kg)

$$\eta_R(\text{펌프일 무시}) = \frac{h_1 - h_2}{h_1 - h_3} = \frac{3{,}570 - 2{,}604}{3{,}570 - 252} = 0.2911\,(29.11\%)$$

참고 랭킨 사이클
① 4 → 1 과정 : 보일러와 과열기 가열(정압가열)
② 1 → 2 과정 : 터빈일(단열팽창)
③ 2 → 3 과정 : 복수기일(정압방열)
④ 3 → 4 과정 : 펌프일(단열압축)

문제 6

Rankine Cycle의 각 점에서 엔탈피가 다음과 같다. 급수펌프일을 계산한 후 이론열효율(%)을 구하시오.

〈보기〉
- 터빈 입구 : 810.3kJ/kg
- 보일러 입구 : 58.6kJ/kg
- 보일러 출구 : 610.3kJ/kg
- 응축기 입구 : 614.2kJ/kg
- 응축기 출구 : 57.4kJ/kg

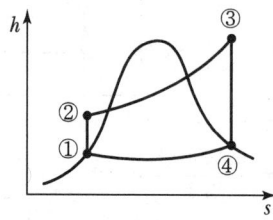

해답 급수펌프일(W_p) = $h_2 - h_1$ = 58.6 − 57.4 = 1.2(kJ/kg)

$$\text{이론열효율}(\eta_R) = \frac{W_{net}}{q_1} \times 100 = \frac{W_r - W_p}{q_1} \times 100 = \frac{(h_3 - h_4) - (h_2 - h_1)}{h_3 - h_2} \times 100$$

$$= \frac{(810.3 - 614.2) - 1.2}{810.3 - 58.6} \times 100 = 25.93(\%)$$

문제 7

증기원동소 사이클에서 압력 10MPa일 때 600°C의 과열증기 1kg이 터빈에 공급된다. 이때 복수기의 압력은 0.05bar이다. 다음의 보기를 참고하여 물음에 답하시오.

〈보기〉
- $S_4 = S_5$ (복수기 입구의 건도)
- $S_4 = 6.929$ kJ/kg·K
- $S_5' = 1.310$ kJ/kg
- $S_5'' = 7.369$ kJ/kg·K
- $h_1 = 138.82$ kJ/kg
- $h_5'' = 261.5$ kJ/kg
- $h_4 = 3,870.5$ kJ/kg
- $h_5 = 2,185$ kJ/kg
- 비체적 $(V_1) = 0.001005$ m³/kg

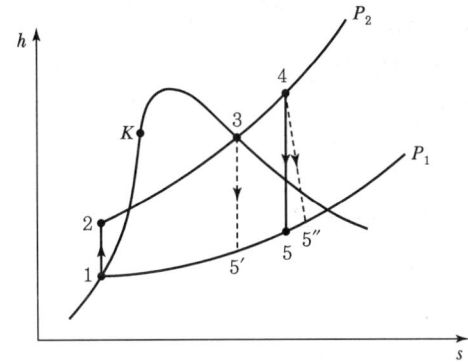

(1) 증기의 건도(x)를 계산하시오.
(2) 펌프일은 몇 kJ/kg인가?
(3) h_5의 엔탈피는 몇 kJ/kg인가?
(4) 열효율(η_R)은 몇 %인가?

해답

(1) $(S_5 = S_4) = S_5' + x_5(S_5'' - S_5')$

복수기 입구 건도$(x) = \dfrac{S_4 - S_5'}{S_5'' - S_5'} = \dfrac{6.929 - 1.310}{7.369 - 1.310} = \dfrac{5.619}{6.059} = 0.928$ (건조도)

(2) $W_p = V_1(P_2 - P_1) = 0.001005 \times (10,000 - 5) = 10.045$ (kJ/kg)

- 1MPa = 10kgf/cm² = 100kPa, 10MPa = 100×100 = 10,000kPa
- 0.005bar = 5kPa

(3) $h_5' + x(h_5'' - h_5') = 138.82 + 0.928 \times (261.5 - 138.82) = 252.66704$ (kJ/kg)

(4) $1 - \dfrac{h_5 - h_1}{h_4 - h_2} = 1 - \dfrac{2,185 - 138.82}{3,870.5 - (138.82 + 10.045)} = \dfrac{2,046.18}{3,721.635} = 0.5498 (54.98\%)$

문제 8

다음에 주어진 조건을 보고 물음에 답하시오.(단, 증기원동소에서 101.325kPa, 50℃의 압축수가 펌프에서 압축하여 52℃가 등압하에서 가열하여 450℃의 과열증기를 생산하며, 물의 비열은 4.186kJ/kg·K이다.)

〈조건〉
- 배압 9.8kPa까지 팽창하여 복수기에서 응축
- 증기건도 : 0.9
- 과열증기 엔탈피 : 3,030kJ/kg
- 수증기 공급량 : 10kg/s
- 포화증기 엔탈피 : 2,850kJ/kg
- 습포화증기 엔탈피 : 2,607kJ/kg
- 복수기 포화수 엔탈피 : 420kJ/kg
- 물의 증발잠열 : 2,256kJ/kg
- 압력(P_1) : 5MPa

(1) 급수펌프가 한 일량(kJ/kg)을 구하시오.
(2) 보일러의 가열량(kJ/kg)을 구하시오.
(3) 물의 증발잠열(kJ/kg)을 구하시오.
(4) 터빈에 공급한 열량(kJ/kg)을 구하시오.
(5) 복수기에서 방출한 열량(kJ/kg)을 구하시오.
(6) 이론열효율(%)을 구하시오.
(7) 터빈 출력(kW)을 구하시오.

해답 (1) 급수펌프가 한 일량(kJ/kg)

$W_p = h_2 - h_1$
$= (52 \times 4.186) - (50 \times 4.186)$
$= 217.672 - 209.3$
$= 8.372 (kJ/kg)$

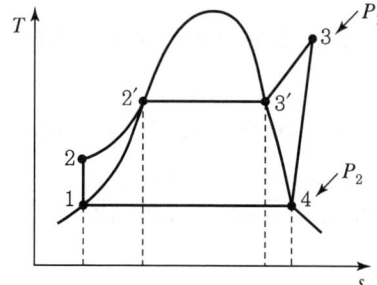

(2) 보일러의 가열량(kJ/kg)
$q_B = h_3' - h_2 = 2,850 - 217.672 = 2,632.328 \, (\text{kJ/kg})$

(3) 물의 증발잠열(kJ/kg)
$r = h_3' - h_2' = 2,256 \, (\text{kJ/kg})$

(4) 터빈에 공급한 열량(kJ/kg)
$W_T = h_3 - h_4 = 3,030 - 2,607 = 423 \, (\text{kJ/kg})$

(5) 복수기에서 방출한 열량(kJ/kg)
$q_c = h_4 - h_1 = 2,607 - 420 = 2,187 \, (\text{kJ/kg})$

(6) 이론열효율(%)
$$\eta_R = \frac{(h_3 - h_4) - (h_2 - h_1)}{h_3 - h_1}$$
$$= \frac{(3,030 - 2,607) - 8.372}{3,030 - 209.3}$$
$$= \frac{423 - 8.372}{2820.7} = 0.1469 \, (15\%)$$

※ 펌프일을 무시하면 $= h_2 - h_1$

이론열효율 $\eta_R = \dfrac{h_3 - h_4}{h_3 - h_1} \, (\%)$

(7) 터빈 출력(kW)
$W_T = 10 \times (3,030 - 2,607) = 4,230 \, (\text{kW})$

※ 1kJ/s = 1kW

참고

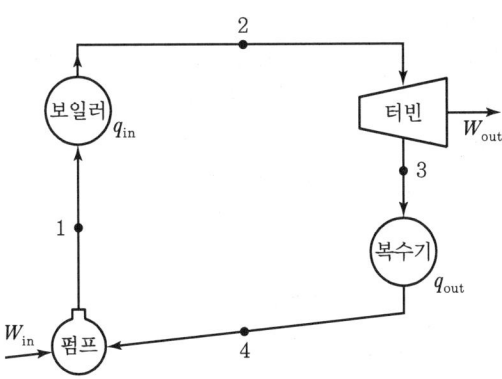

(1) 랭킨 사이클의 구성

① 1 → 2 : 급수펌프에서 보내진 압축수 1을 보일러에서 정압가열하여 과열증기 2가 된다.

② 2 → 3 : 과열증기 2는 터빈에 들어가서 단열팽창하여 일을 하고 습증기 3이 된다.

③ 3 → 4 : 터빈에서 배출된 습증기 3은 복수기에서 정압방열되어 포화수 4가 된다.

④ 4 → 1 : 복수기에서 나온 포화수 4를 급수펌프에서 단열(정적)압축하여 보일러에 압축수 1을 보낸다.

(2) 랭킨 사이클의 특징
2개의 정압변화와 2개의 단열(정적)변화로 이루어진다.

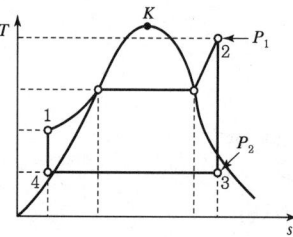

- 보일러에 가해진 열량 $(q) = h_2 - h_1 \ (P_1 = P_4)$
- 터빈에서 한 일 $(Aw) = h_2 - h_3 \ (S_2 = S_3)$
- 복수기에서 방출한 열량 $(q_{out}) = h_3 - h_4 \ (P_3 = P_4)$
- 펌프에서 한 일 $(Aw) = V'(P_2 - P_1) = h_1 - h_4$
- 랭킨 사이클 열효율 $(\eta_R) = \dfrac{(h_2 - h_3) - (h_1 - h_4)}{h_2 - h_1}$

  펌프일 $(h_1 - h_4)$을 무시하면, $\eta_R = \dfrac{h_2 - h_3}{h_2 - h_4}$

문제 9

다음 도표를 이용하여 랭킨 사이클의 열효율(%)을 계산하시오.(단, 과열증기의 온도 600℃, 압력 100bar, 복수기의 압력은 1bar이다.)

과열증기표	100bar 600℃	비체적 V 38.37m³/kg	엔탈피(h) 3,625.3kJ/kg	엔트로피(S) 6.9029kJ/kg·K
포화증기표	1bar 포화온도 99.63℃	비체적 V $V' = 1.0432$m³/kg $V'' = 1694$m³/kg	$h_1 = 417.46$kJ/kg $h'' = 2,675.5$kJ/kg r(증발잠열) 2,256kJ/kg	$S' = 1.3026$kJ/kg·K $S'' = 7.3649$kJ/kg·K

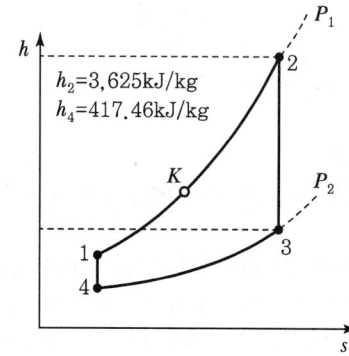

$h_2 = 3,625$ kJ/kg
$h_4 = 417.46$ kJ/kg

해답

(1) 펌프일(kJ/kg)
$$h_1 - h_4 = V'(P_2 - P_1) = 1.0432 \times 99.63 \times 10^5 (\text{N/m}^2)$$
$$= 10,327.68 (\text{J/kg}) = 10.32768 (\text{kJ/kg})$$
- $1\text{bar} = 10^5 \text{N/m}^2 = 10^5 \text{Pa}$, $1\text{Pa} = 1\text{N/m}^2$
- $1\text{J} = 1\text{N} \cdot \text{m}$

(2) h_1의 열량(kJ/kg)
$$h_1 = h_4 + 10.32768 = 417.46 + 10.32768 = 427.78768 (\text{kJ/kg})$$

(3) 증기의 건도(x_3)
$$S_3 = S_2 = S_3' + x_3(S_3'' - S_3')$$
$$x_3 = \frac{S_2 - S_3'}{S_3'' - S_3'} = \frac{6.9029 - 1.3026}{7.3649 - 1.3026} = 0.923$$

(4) 습포화증기 엔탈피(kJ/kg)
$$h_3 = 417.46 + 0.923 \times 2,256 = 2,499.75 (\text{kJ/kg})$$

(5) 랭킨 사이클의 효율(%)
$$\eta_R = \frac{(h_2 - h_3) - (h_1 - h_4)}{h_2 - h_1} = \frac{(3,625.3 - 2,499.75) - 10.32768}{3,625.3 - 427.78768} = 0.3487 \, (34.88\%)$$

(6) 펌프일을 무시한 경우의 효율(%)
$$\eta_R = \frac{h_2 - h_3}{h_2 - h_1} = \frac{3,625.3 - 2,499.75}{3,625.3 - 427.78768} = \frac{1,125.55}{3,197.51232} = 0.352 \, (35.20\%)$$

제9장 벽체의 전열

문제 1

내부 반지름 55cm, 외부 반지름 90cm인 구형 고압반응용기의 내외부 표면온도가 각각 551K, 543K일 때 열손실은 몇 kW인가?(단, 반응용기의 열전도도는 41.87W/m℃이다.)

해답

$$손실열(Q) = K\frac{4\pi(t_1 - t_2)}{\frac{1}{r_1} - \frac{1}{r_2}} = 41.87 \times \frac{4 \times \pi(551 - 543)}{\frac{1}{0.55} - \frac{1}{0.9}} = 5.95(\text{kW})$$

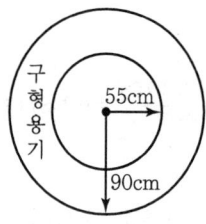

문제 2

동절기 외부온도가 -1℃일 때 유리창 면적 12m², 유리의 두께 1cm, 유리의 열전도율 0.8 W/m℃에서 열손실은 몇 W인가?(단, 창 실내온도는 3℃이다.)

해답

$$Q = \frac{k}{\delta}A(t_1 - t_2)$$
$$= \frac{0.8 \times 12 \times (3 - (-1))}{0.01} = 3,840(\text{W})$$

참고

- 1cm = 0.01m
- 시험장의 시험지 주의사항에 3.14 대신 π를 사용하라고 하면 이에 따른다.

문제 3

외경이 200mm인 강관에 50mm의 보온재를 감은 증기관이 있다. 관 표면온도가 150℃이고 보온재 외면온도가 25℃일 때 관의 길이가 10m인 관에서 손실열량(kJ/h)을 구하시오.(단, 보온재의 열전도율은 0.03kW/m℃이다.)

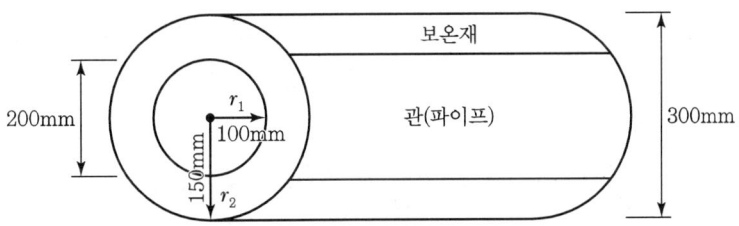

해답

$$Q = \lambda \times \frac{2\pi L(t_1 - t_2)}{\ln\left(\dfrac{r_1}{r_2}\right)} = 0.03 \times \frac{2 \times 3.14 \times 10 \times (150 - 20)}{\ln\left(\dfrac{0.15}{0.1}\right)} = 580.81(\text{kW})$$

∴ $580.81 \times 3,600 = 2,090.92(\text{kJ/h})$

참고
- $1W = 1J/s$, $1kW = 1kJ/h$
- $1h = 3,600s$
- 파이프 표면적 $= \pi D L n$
- 시험장에서 3.14 대신 π를 사용하라고 하면 그대로 하여야 한다.

문제 4

파이프 내경 100mm, 두께 10mm, 길이 1m인 원통형 파이프 내에 온수가 80℃로 흐르는 경우의 열손실을 대비하여 25mm의 두께로 유리솜을 시공하였다. 이때 다음 물음에 답하시오. (단, 파이프의 열전도율이 50W/m·K, 보온재의 열전도율이 5W/m·K이며, 외부온도는 15℃이다.)

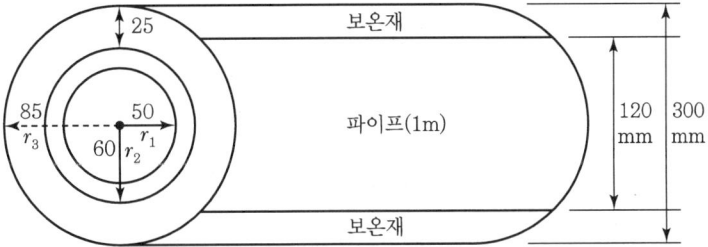

(1) 보온 전의 열손실을 구하시오.

(2) 보온 후의 연손실을 구하시오.

(3) 보온 후의 보온효율을 구하시오.

해답

(1) 보온 전 열손실(Q_1)

$$Q_1 = \frac{\lambda \cdot 2\pi L \cdot \Delta t}{\ln\left(\frac{r_2}{r_1}\right)} = \frac{50 \times (2 \times 3.14 \times 1) \times (80-15)}{\ln\left(\frac{60}{50}\right)} = 111,945.07(\text{W})$$

(2) 보온 후 열손실(Q_2)

$$Q_2 = \frac{2\pi L \cdot \Delta t}{\frac{1}{\lambda_1}\ln\left(\frac{r_2}{r_1}\right) + \frac{1}{\lambda_2}\ln\left(\frac{r_3}{r_2}\right)} = \frac{2 \times 3.14 \times (80-15)}{\frac{1}{50}\ln\left(\frac{60}{50}\right) + \frac{1}{5}\ln\left(\frac{85}{60}\right)} = 4,498.275(\text{W})$$

(3) 보온 후 보온효율(η)

$$\eta = \frac{Q_1 - Q_2}{Q_1} \times 100 = \frac{11,945.07 - 4,498.275}{11,945.07} \times 100 = 95.98(\%)$$

문제 5

석고판 보온층 내반지름(r_1) = 10cm, 외반지름(r_2) = 15cm, 원통길이(L) = 2m, 보온층의 내면온도(t_1) = 100℃, 외면온도(t_2) = 20℃일 때 다음 물음에 답하시오.(단, 석고판의 열전도율(λ) = 0.1W/m · K이다.)

(1) 단열재 평균면적(m²)을 구하시오.
(2) 열전도에 의한 손실열(Q)은 몇 W인가?

해답

(1) 면적(A) = $\dfrac{2\pi L(r_2 - r_1)}{\ln\left(\dfrac{r_2}{r_1}\right)}$

$$= \frac{2 \times 3.14 \times 2 \times (0.15 - 0.1)}{\ln\left(\frac{0.15}{0.1}\right)} = 1.55(\text{m}^2)$$

(2) 손실열(Q) = $\lambda \cdot A \dfrac{t_1 - t_2}{\delta(b)}$

$$= 0.1 \times 1.55 \times \frac{(100-20)}{0.15 - 0.1} = 248(\text{W})$$

문제 6

콘크리트 벽의 두께 10cm에서 외부 표면의 온도가 5℃일 때 안쪽 표면의 온도를 20℃로 유지하려면 벽(콘크리트)의 열손실은 몇 kcal/h인가?(단, 콘크리트 열전도율은 0.008372kJ/m·K이다.)

해답 $Q = \dfrac{(t_1 - t_2)}{\left(\dfrac{l}{kA}\right)} = \dfrac{(20-5)}{\dfrac{0.1}{0.008372 \times 1}} = \dfrac{15}{11.9445} = 1.26 \text{kJ/h}$

문제 7

노의 벽은 10cm의 내화벽돌, 15cm의 단열벽돌, 20cm의 보통벽돌로 이루어져 있고 노의 내면 온도가 900℃, 외면온도가 40℃이다. 열전도율은 내화벽돌 0.1kcal/mh℃, 단열벽돌 0.01 kcal/mh℃, 보통벽돌 1kcal/mh℃이다. 총 열손실은 몇 kcal/m²h인가?

해답 $Q = \dfrac{\Delta t}{R_1 + R_2 + R_3} = \dfrac{\Delta t}{\dfrac{l_1}{k_1} + \dfrac{l_2}{k_2} + \dfrac{l_3}{k_3}}$

$= \dfrac{(900-40)℃}{\dfrac{0.1}{0.1} + \dfrac{0.15}{0.01} + \dfrac{0.2}{1}} = 53.09 (\text{kcal/m}^2\text{h})$

참고 저항$(R) = R_1 + R_2 + R_3 = \dfrac{0.1}{0.1} + \dfrac{0.15}{0.01} + \dfrac{0.2}{1} = 16.2$

① $\Delta t : \Delta t_1 = R : R_1$,
   $(900 - 40) : \Delta t_1 = 16.2 : 1$
   $\Delta t_1 = t_1 - t_2 = 53.09$
   ∴ $t_2 = 900 - 53.09 = 846.91(℃)$

② $\Delta t_1 : \Delta t_2 = R_1 : R_2$,
   $53.09 : \Delta t_2 = 1 : 15$
   $\Delta t_2 = t_2 - t_3 = 53.09 \times 15 = 796.35(℃)$
   ∴ $t_3 = 846.91 - 796.35 = 50.56(℃)$

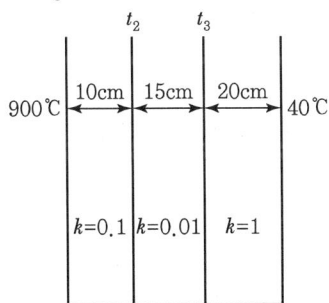

문제 8

내경 40cm, 외경 100cm, 길이 10m인 배관 파이프에서 내부온도 500K, 외부온도 320K, 전도율 0.2W/m·K일 때 열전달 유속(kW)을 구하시오.

해답 면적$(A) = \pi \times \dfrac{1-0.4}{\ln\dfrac{1}{0.4}} \times 10 = 20.56(\text{m}^2)$

$\therefore Q = \dfrac{\Delta t}{\dfrac{l}{kA}} = \dfrac{(500-320)}{\dfrac{0.3}{0.2 \times 20.56}} = 2,467.2\text{W}(2.47\text{kW})$

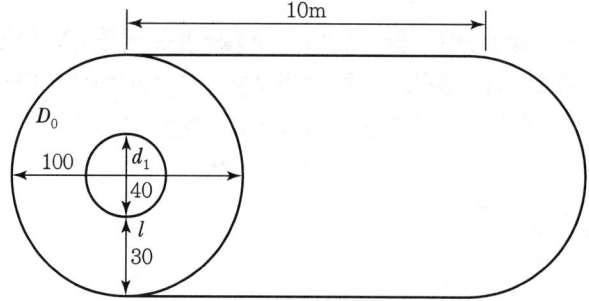

문제 9

동판용기의 두께가 5mm이고 열전도율이 56W/m·K, 내부온도가 150℃일 때, 열손실 방지를 위해 동판용기 외부에 두께 15mm 보온재로 보온을 하였다. 보온재의 열전도율은 0.05 W/m·K이고 보온재 내부온도는 15℃이다. 다음 물음에 답하시오.

(1) 보온 전 동판용기의 열손실은 몇 W/m²인가?
(2) 동판 및 보온재 사용 후 열손실은 몇 W/m²인가?
(3) 보온 후 보온효율(η)은 몇 %인가?

해답

(1) $Q_1 = \dfrac{\lambda A \Delta t}{\delta(b)} = \dfrac{56 \times (150-15)}{0.005} = 1,151,000(\text{W/m}^2)$

(2) $Q_2 = \dfrac{A \cdot \Delta t}{\dfrac{b_1}{\lambda_1} + \dfrac{b_2}{\lambda_2}} = \dfrac{(150-15)}{\dfrac{0.005}{56} + \dfrac{0.015}{0.05}} = 449.87(\text{W/m}^2)$

(3) $\eta = \dfrac{Q_1 - Q_2}{Q_1} \times 100 = \dfrac{1,151,000 - 449.87}{1,151,000} \times 100 = 99.97(\%)$

문제 10

U자관 마노미터를 사용하여 오리피스에 걸리는 압력차를 측정하였다. 마노미터 속 유체의 비중은 13.6이며 오리피스를 통해 흐르는 유체의 비중은 0.8이다. 마노미터 읽음이 15cm일 때 오리피스에 걸리는 압력차는 몇 N/m²인가?

해답
$$\Delta P = (P_A - P_B) g R$$
$$= (13.6 \times 10^3 - 0.8 \times 10^3) \text{kg/m}^3 \times 9.8 \text{m/s}^2 \times 0.15 \text{m} = 18,816 (\text{N/m}^2)$$

참고 18,816Pa = 18.816kPa

문제 11

노의 벽이 225mm 내화벽돌, 115mm 단열벽돌, 그리고 6mm의 강철판으로 둘러싸여 있다. 노의 내벽온도 1,200K, 외벽온도 310K, 내화벽돌 열전도도 1W/m·K, 단열벽돌 열전도도 0.138W/m·K, 강철판의 열전도도가 44.98W/m·K일 때 열손실은 315W/m²·K이다. 단열벽돌과 강철판 사이에 공기층이 존재한다면 단열벽돌에 해당하는 이 공기층의 두께는 몇 mm인가?

해답
$$Q = \frac{\Delta t}{R} = \frac{(1,200 - 300)}{\frac{0.225}{1} + \frac{0.115}{0.138} + \frac{x}{0.138} + \frac{0.006}{44.98}}$$

∴ $x = 0.2438 \text{m} = 243.8 \text{mm}$

내화벽돌	단열벽돌	공기층	강철판
225 mm	115 mm	?	6 mm
1 W/m·K	0.138 W/m·K		44.98 W/m·K

문제 12

두께 5cm, 벽체 내부온도가 30℃, 외부온도가 100℃일 때 열전달량은 몇 kcal/m²h인가? (단, 열전달률 $a = 200 \text{kcal/m}^2\text{h}℃$, 열전도율 $k = 20 \text{kcal/mh}℃$이다.)

해답
$$Q = \frac{\Delta t}{\frac{1}{a} + \frac{l}{k}} = \frac{(100 - 30)℃}{\frac{1}{200 \text{kcal/m}^2℃} + \frac{0.05 \text{m}}{20 \text{kcal/mh}℃}} = 9,333.3 (\text{kcal/m}^2\text{h})$$

문제 13

외경 100cm, 내경 40cm, 길이 10m의 원통관에서 내면온도 500℃, 외면온도 320℃, 열전도도 $k=0.2\text{W/m}\cdot\text{K}$일 때 손실열량(kW)을 구하시오.(단, 유체의 흐름은 1차원이다.)

해답

$l = \dfrac{(1-0.4)}{2} = 0.3(\text{m}), \ \Delta t = 500 - 320 = 180(℃)$

면적$(A) = \pi DL = \pi \times \dfrac{1-0.4}{\ln\left(\dfrac{1}{0.4}\right)} \times 10 = 20.56(\text{m}^2)$

$\therefore Q = \dfrac{kA\Delta t}{l} = \dfrac{0.2\text{W/m}\cdot\text{K} \times 20.56\text{m}^2 \times 180\text{K}}{0.3\text{m}}$
$= 2,467.2\text{W} = 2.47\text{kW}$

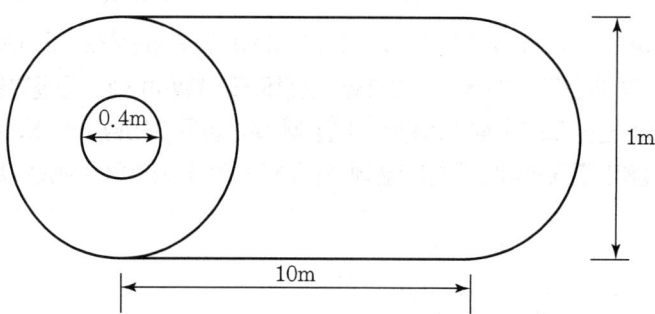

문제 14

두께 40cm의 내화벽돌 외측에 단열재를 시공하여 열손실을 차단하고자 한다. 열전도율(k)은 내화벽돌 1.2W/m℃, 단열재 0.12W/m℃이며, 노 내벽온도는 1,300℃, 외부온도는 30℃이다. 단열재 안전사용온도는 850℃일 때 필요한 단열재의 시공두께는 몇 m로 해야 하는가?(단, 단열재와 외기 사이의 열전달률 $a = 15\text{W/m℃}$로 한다.)

해답

열유속$(q) = \dfrac{k_1(t_1 - t_2)}{\delta_1} = \dfrac{t_2 - t_3}{\dfrac{\delta_2}{k_2} + \dfrac{1}{a}}$

$\delta_2 = \delta_1 \times \dfrac{k_2}{k_1} \times \dfrac{t_2 - t_3}{t_1 - t_2} - \dfrac{k_2}{a}$

$= 0.4 \times \dfrac{0.12}{1.2}\left(\dfrac{850 - 30}{1,300 - 850}\right) - \dfrac{0.12}{15} = 0.065(\text{m})$

문제 15

큰 고로에 반지름 10cm인 구형 구가 들어 있다. 노 내의 온도가 1,027℃, 구의 온도는 127℃일 때 열전달량은 몇 W인가?(단, 복사능은 0.5, 0.8이고 스테판-볼츠만 상수는 $5.676 \times 10^{-8} W/m^2K^4$ 이다.)

해답 용광로 면적이 크므로
$Q = \sigma \varepsilon A (T_1^4 - T_2^4)$
$= 5.676 \times 10^{-8} W/m^2K^4 \times 4\pi \times 0.1^2 m^2 \times 0.5 \times (1,300^4 - 400^4)$
$= 10,089.4 (W)$

문제 16

내경 40mm, 외경 60mm인 원관에서 관의 내부온도 200℃, 외부온도 1,200℃일 때 외관에서 온도는 몇 ℃인가?(단, 열전달률 a_1 = 1,000kcal/m²h℃, a_2 = 100kcal/m²h℃, 열전도율 k = 50kcal/mh℃이다.)

해답 평균면적$(D) = \dfrac{0.06 - 0.04}{\ln\left(\dfrac{0.06}{0.04}\right)} = 0.049 (m^2)$

두께$(l) = \dfrac{60-40}{2} = 10mm = 0.1(m)$

총 열관류율$(u_0) = \dfrac{1}{\dfrac{1}{a_1} + \dfrac{1}{k} + \dfrac{1}{a_2}}$

$= \dfrac{1}{\dfrac{0.06}{1,000 \times 0.04} + \dfrac{0.01 \times 0.06}{50 \times 0.049} + \dfrac{1}{100}} = 85.14 (kcal/m^2h℃)$

$1,000 : \Delta t = \dfrac{1}{85.14} : \dfrac{1}{100}$

$\Delta t = 851.4(℃)$

∴ 외관온도$(t_0) = 1,200 - 851.4 = 348.6(℃)$

문제 17

내경 2cm, 외경 4cm인 STS강관 주위를 두께 3cm의 단열재가 감싸고 있다. 내부온도는 600℃, 외부온도는 100℃일 때 열손실은 몇 W/m인가?(단, STS강관의 열전도도는 19W/m℃, 단열재의 열전도도는 0.2W/m℃이다.)

해답

$$Q = \frac{\Delta t}{R_1 + R_2} = \frac{\Delta t}{\dfrac{l_1}{k_1 A_1} + \dfrac{l_2}{k_2 A_2}}$$

$$A_1 = \pi DL = \frac{\pi(0.04 - 0.02)}{\ln\left(\dfrac{0.04}{0.02}\right)} = 0.091 (\text{m}^2/\text{m})$$

$$A_2 = \pi DL = \frac{\pi(0.1 - 0.04)}{\ln\left(\dfrac{0.1}{0.04}\right)} = 0.206 (\text{m}^2/\text{m})$$

$$\therefore Q = \frac{(600 - 100)℃}{\dfrac{0.01\text{m}}{19\text{W/m℃} \times 0.091\text{m}^2/\text{m}} + \dfrac{0.03\text{m}}{0.2\text{W/m℃} \times 0.206\text{m}^2/\text{m}}} = 681 (\text{W/m})$$

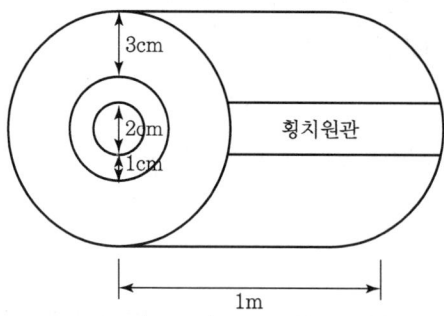

문제 18

열전도도(k)가 0.04W/m℃인 중공구가 있다. 이 구의 내측 반지름(r_1)이 50mm, 외측 반지름이 150mm이고 내벽 및 외벽의 온도가 각각 300℃, 30℃라고 하면, 전열량(Q)과 중간지점(r)의 온도(℃)는 얼마인가?

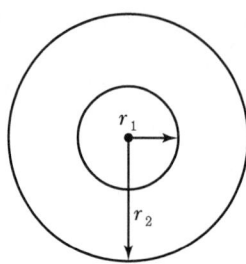

해답
$$Q = \frac{4\pi k(t_1 - t_2)}{\dfrac{1}{r_1} - \dfrac{1}{r_2}} = \frac{4\pi \times 0.04 \times (300 - 30)}{\dfrac{1}{0.05} - \dfrac{1}{0.15}} = 10.17(\mathrm{W})$$

중간지점(r)의 온도(t) $= t_1 - \dfrac{\dfrac{r_2}{r_1} - \dfrac{r_2}{r}}{\dfrac{r_2}{r_1} - 1}(t_1 - t_2)$

$$= 300 - \frac{\dfrac{0.15}{0.05} - \dfrac{0.15}{(0.15 - 0.05)}}{\dfrac{0.15}{0.05} - 1} \times (300 - 30) = 97.5(℃)$$

여기서, $r = r_2 - r_1 = 150 - 50 = 100\mathrm{mm}\,(0.1\mathrm{m})$

문제 19

어떤 벽의 두께가 15cm, 열전도도가 0.15W/m℃이고, 다른 벽의 두께가 30cm, 열전도도가 1.5W/m℃이다. 벽의 내부온도는 1,000℃이고 외부온도는 100℃라고 할 때 단위면적당 열전달속도(W/m²)를 구하시오.

해답
$$Q = \frac{\Delta t}{\dfrac{l_1}{k_1 A_1} + \dfrac{l_2}{k_2 A_2}} = \frac{\Delta t}{\dfrac{l_1}{k_1} + \dfrac{l_2}{k_2}}$$

$$= \frac{(1,000 - 100)℃}{\dfrac{0.15}{0.15} + \dfrac{0.3}{1.5}} = 750(\mathrm{W/m^2})$$

문제 20

무한히 큰 2개의 평면이 서로 평행하게 있을 때 각각의 표면온도가 727℃, 227℃이면 복사에 의한 단위면적당 전열량은 몇 W/m²인가?(단, 두 평면의 방사율은 각각 1로 한다.)

해답
$$Q = 5.67 \times 10^{-8} \times \frac{1}{\left(\dfrac{1}{\varepsilon_1} + \dfrac{1}{\varepsilon_2} - 1\right)} \times (1{,}000^4 - 500^4) = 53{,}200(\mathrm{W/m^2})$$

문제 21

벽돌이 3층으로 구성되어 있다. 내부에서부터 차례대로 열전도도가 0.104, 0.0595, 1.04 kcal/mh℃이며 벽두께 $A_1 = 152$mm, $A_2 = 76$mm, $A_3 = 252$mm, 내부온도 700℃, 외부온도 38℃일 때 다음 물음에 답하시오.

(1) 1m²당 전열량(kcal/m²h)을 구하시오.
(2) 내면과 외면 사이의 온도(℃)를 구하시오.

해답

(1) $q = \dfrac{\Delta t}{R_1 + R_2 + R_3} = \dfrac{(760-38)℃}{\dfrac{0.152}{0.104} + \dfrac{0.076}{0.0595} + \dfrac{0.252}{1.04}} = 242.19(\text{kcal}/\text{m}^2\text{h})$

(2) 총저항$(R) = \dfrac{0.152}{0.104} + \dfrac{0.076}{0.0595} + \dfrac{0.252}{1.04} = 2.98(\text{m}^2\text{h/kcal})$

$\Delta t : \Delta t_1 = R : R_1$
$(760-38) : \Delta t_1 = 2.98 : 1.46$
$\Delta t_1 = 760 - t_2 = 353.73 \quad \therefore t_2 = 760 - 353.73 = 406.27℃$

$\Delta t_1 : \Delta t_2 = R_1 : R_2$
$353.73 : \Delta t_2 = \dfrac{0.152}{0.104} : \dfrac{0.076}{0.0595} = 1.46 : 1.28$
$\Delta t_2 = 406.27 - t_3 = 310.12 \quad \therefore t_3 = 406.27 - 310.12 = 96.15(℃)$

- $(760-38) \times \dfrac{1.46}{2.98} = 353.73℃$
- $353.73 \times \dfrac{1.28}{1.46} = 310.12℃$

문제 22

내경 30mm, 외경 40mm인 열교환기에서 교환이 일어난다. 내측의 열전달계수$(k_1) = 30$ kcal/m²h℃, 관의 열전도도는 40kcal/mh℃이고, 외측의 열전달계수$(k_2) = 5,000$kcal/m²h℃이다. 이 경우 외측을 기준으로 한 총괄열전달계수(kcal/m²h℃)를 구하시오.

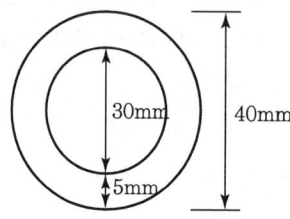

해답 $D_L(\text{평균두께}) = \dfrac{0.04 - 0.03}{\ln\dfrac{0.04}{0.03}} = 0.0348(\text{m})$

$$\therefore k = \dfrac{1}{\dfrac{1}{k_1}\left(\dfrac{D_o}{D_i}\right) + \dfrac{1}{k}\left(\dfrac{D_o}{D_l}\right) + \dfrac{1}{k_2}}$$

$$= \dfrac{1}{\dfrac{1}{30}\times\left(\dfrac{0.04}{0.03}\right) + \dfrac{0.005}{40}\times\left(\dfrac{0.04}{0.0348}\right) + \dfrac{1}{5,000}} = 22.33(\text{kcal/m}^2\text{h℃})$$

문제 23

중공원관의 열전도율이 0.04W/m℃이고 그 길이가 1m이며 내측온도 300℃, 외측온도 30℃일 때 전열량(kW)과 이 중공원관 중간지점의 온도(℃)를 구하시오.(단, 내측 반지름 $r_1 = 50$mm, 외측 반지름 $r_2 = 150$mm이다.)

해답 전열량$(Q) = \dfrac{2\pi L(t_1 - t_2)}{\dfrac{1}{k}\cdot\ln\left(\dfrac{r_2}{r_1}\right)} = \dfrac{2\pi \times 1 \times (300 - 30)}{\dfrac{1}{0.04}\ln\left(\dfrac{0.15}{0.05}\right)} = 0.0617(\text{kW})$

중간지점(r)의 온도 $t = t_1 - (t_1 - t_2)\dfrac{\ln\left(\dfrac{r}{r_1}\right)}{\ln\left(\dfrac{r_2}{r_1}\right)}$

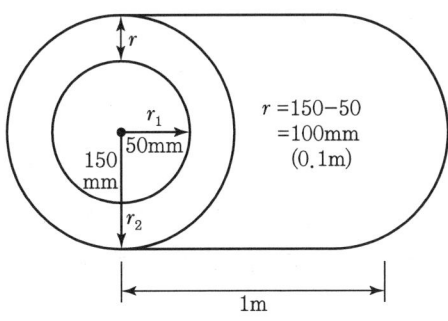

$\therefore t = 300 - (300 - 30) \times \dfrac{\ln\left(\dfrac{0.1}{0.05}\right)}{\ln\left(\dfrac{0.15}{0.05}\right)}$

$= 300 - \left(270 \times \dfrac{0.693147}{1.09861}\right) = 300 - 170.3513 = 129.65(℃)$

문제 24

벽 A의 두께는 2m, 벽 B의 두께는 4m이고, 각각의 벽면적은 5m²이다. A의 열전도도는 0.8 W/m℃, B의 열전도도는 0.2W/m℃이고, 벽 A의 안쪽 온도는 100℃, 1분간 벽 바깥으로 흐르는 에너지가 600J일 때, 벽 B의 바깥쪽 온도 t_2를 구하시오.

해답

$$Q = \frac{\Delta t}{\frac{l_1}{k_1 A_1} + \frac{l_2}{k_2 A_2}}$$

$$q = \frac{600\text{J}}{1\text{min}} \times \frac{1\text{min}}{60\text{s}} = 10(\text{J/s})$$

$$10(\text{J/s}) = \frac{100-t}{\frac{2}{0.8 \times 5} + \frac{4}{0.2 \times 5}} = \frac{100-t}{0.5+4}$$

$100 - t = 10 \times (0.5 + 4) = 45$
$45 = 100 - t$
$\therefore t = 100 - 45 = 55(℃)$

문제 25

연소실 노의 두께가 15cm, 열전도율 0.15W/m·K이고, 외부 벽의 두께가 30cm, 열전도도 1.5W/m·K일 때 내부온도 100℃, 외부온도 100℃에서 열전달 유속은 몇 W/m²인가?

해답

$$Q = \frac{q}{A} = \frac{(1,000-100)}{\frac{0.15}{0.15} + \frac{0.3}{1.5}} = \frac{900}{1+0.2} = 750(\text{W/m}^2)$$

문제 26

강철판 두께 4mm의 평판에서 고온 측 온도가 100℃, 저온 측 온도가 80℃인 면에서 단위면적(m²)에 30,000kJ/min의 전열이 발생한다면 이 평판의 열전도율은 몇 W/m℃인가?

해답

$$Q = kA\frac{t_1-t_2}{\delta} = 30,000 \times \frac{1}{60} = 500(\text{kW/s})$$

$$k = \frac{Q\delta}{A(t_1-t_2)} = \frac{500 \times 10^3 \times 0.004}{1 \times (100-80)} = 100(\text{W/m℃})$$

참고 $1\text{kJ} = 10^3\text{J}$, $1\text{kW} = 10^3\text{W}$

문제 27

벽돌 두께 20cm, 절연체 두께 10cm이며 각각의 열전도율이 1.3W/m℃, 0.5W/m℃이다. 온도는 벽돌 쪽이 500℃, 절연체 쪽이 100℃이면 이 벽의 단위면적(m²)당 전열량(W/m²)과 벽돌과 절연체 접촉면의 온도는 몇 K인가?

해답

전열량 $(Q) = \dfrac{\Delta t}{R} = \dfrac{(500-100)}{\dfrac{0.2}{1.3} + \dfrac{0.1}{0.5}} = 1,130 (\text{W/m}^2)$

접촉면 온도 $(t) = \dfrac{k_1}{\delta_1}(t_1 - t_2) = 500 - \dfrac{0.2}{1.3} \times 1,130 = 500 - 173.8461 = 326.1539$ ℃

∴ $326.1539 + 273 = 599.15 (\text{K})$

제10장 증기

문제 1
탱크용적 0.4m³에 64kg의 습증기가 들어 있다. 온도 300℃의 증기 건도는 얼마인가?(단, 온도 기준 포화증기표에서 $V' = 0.0017468 m^3/kg$, $V'' = 0.008811 m^3/kg$이다.)

해답

습증기 비체적 $(V) = \dfrac{V}{G} = \dfrac{0.4}{64} = 0.00625 (m^3/kg)$

$V = V' + x(V'' - V')$

$x(건도) = \dfrac{V - V'}{V'' - V'} = \dfrac{0.00625 - 0.0017468}{0.008811 - 0.0017468} = 0.64(64\%)$

문제 2
온도 50℃인 물의 포화액체와 포화증기의 엔트로피는 각각 0.7032kJ/kg·K, 8.071kJ/kg·K이다. 50℃의 습증기 엔트로피가 5.023kJ/kg·K이면 이 습증기의 건도(x)는 얼마인가?

해답

$S = S' + x(S'' + S')$
$5.023 = 0.7032 + x(8.071 - 0.7032)$
$5.023 = 0.7032 + x(7.3678)$
∴ $x = 0.5863$

문제 3
습증기의 엔트로피가 압력 2MPa에서 3.2156kJ/kg·K이다. 그 압력에서 포화액의 엔트로피가 2.4362kJ/kg·K, 포화증기의 엔트로피가 6.3459kJ/kg일 때 이 습증기의 습기도는 몇 %인가?

해답

$S = S' + x(S'' - S')$

건조도 $(x) = \dfrac{3.2156 - 2.4362}{6.3459 - 2.4362} = 0.19935$

∴ 습기도(습분) $= 1 - x = 1 - 0.19935 = 0.80065 (80.07\%)$

제10장 증기

│ 문제 4 │

압력 1MPa, 건도 0.6인 습증기 5kg이 가열되어 건도가 0.9로 증가하였다. 가열량은 몇 kJ인가?(단, 물의 증발잠열은 2,006kJ/kg이다.)

해답 $Q = G(x_2 - x_1)(h'' - h') = G(x_2 - x_1)r$
$5 \times (0.9 - 0.6) \times 2,006 = 3,009 \, (\text{kJ})$

│ 문제 5 │

밀폐용기 내에 절대압력 1MPa에서 증기의 건도가 0.86인 습증기가 있다. 이 습증기를 냉각하였더니 내부의 압력이 처음 압력의 $\frac{1}{2}$로 감소하였다면 용기 내의 증기의 건도는 얼마인가?

포화압력(MPa)	포화수 비체적(m^3/kg)	포화증기 비체적(m^3/kg)
P	V'	V''
0.5	0.00109202	0.381632
1	0.00112622	0.197945

해답   1MPa의 습증기 비체적(V)
$V = V' + x(V'' - V')$
$\quad = 0.00112622 + 0.86(0.197945 - 0.00112622)$
$\quad = 0.1703904 \, (\text{m}^3/\text{kg})$

$\frac{1}{2}$의 압력(0.5MPa)일 때 습증기 비체적
$V = V' + x(V'' - V')$
$0.1703904 = 0.00109202 + x(0.381632 - 0.00109202)$
$\therefore x = 0.4448899$

│ 문제 6 │

20℃의 물 2m³(2,000kg) 중에 100℃의 건포화증기를 도입하여 40℃의 온수로 만들었다. 이 증기의 증발잠열이 2,256kJ/kg이고 물의 비열이 4.186kJ/kg·K이면 소비된 증기량은 몇 kg인가?

해답 $Q = G C_p \Delta T$
$2,000 \times 4.186 \times (40 - 20) = (G \times 4.186 \times 60) + (G \times 2,256)$
$\therefore G = 66.78 \, (\text{kg})$

문제 7
온도와 압력이 같은 포화수 1kg과 건포화증기 4kg을 혼합하면 증기의 건도는 몇 %인가?

해답 $x = \dfrac{4}{1+4} \times 100 = 80(\%)$

문제 8
압력 3MPa, 240℃의 포화증기 엔탈피가 1,004.64kJ/kg, 건포화증기 엔탈피가 2,804.62kJ/kg일 경우 건도 0.8의 습증기 엔탈피는 몇 kJ/kg인가?

해답
$$h_2 = h_1 + x(h'' - h')$$
$$= 1,004.64 + 0.8(2,804.62 - 1,004.64)$$
$$= 2,444.62(\text{kJ/kg})$$

문제 9
용기 용적 0.5m³(500L) 탱크에 들어 있는 압력 2MPa, 건도 95%의 수증기 중량은 몇 kg인가? (단, 2MPa의 포화증기표에서 상태량 포화수 비체적은 $V' = 0.0011749$m³/kg, 포화증기 비체적 $V'' = 0.1015$m³/kg이다.)

해답
습증기 비체적$(V) = V' + x(V'' - V')$
$= 0.0011749 + 0.95(0.1015 - 0.0011749)$
$= 0.0964837 (\text{m}^3/\text{kg})$

$\therefore G = \dfrac{v}{V} = \dfrac{0.5}{0.0964837} = 5.18(\text{kg})$

문제 10
보일러 급수온도 15℃, 계기압력 0.6MPa에서 건포화증기 20kg을 생산하려면 필요한 열량은 몇 kJ인가?(단, 절대압력 0.7MPa에서 건포화증기 엔탈피는 2,760.63kJ/kg이고, 물의 비열은 4.186kJ/kg이다.)

해답
$Q = G(h'' - h')$
$= 20 \times (2,760.63 - 15 \times 4.186)$
$= 20 \times 2,697.84 = 53,956.8(\text{kJ})$

참고 $1\text{kW} = 1\text{kJ/s}, \ 1\text{kWh} = 3,600\text{kJ/h}$

제11장 동력 사이클

문제 1

압축비가 5인 공기표준 오토 사이클에서 최저압력 1atm, 최저온도 300K, 최고온도 2,000K일 때 다음 물음에 답하시오.(단, 대기압 1atm = 101.3kPa이고, 비열비는 1.4이다.)

(1) 단열압축 후 온도는 몇 K인가?
(2) 단열압축 후의 압력은 몇 kPa인가?
(3) 열효율은 몇 %인가?

해답

(1) $\dfrac{T_2}{T_1} = \left(\dfrac{P_2}{P_1}\right)^{\frac{k-1}{k}} = \left(\dfrac{V_1}{V_2}\right)^{k-1}$

$T_2 = T_1 \times \left(\dfrac{V_1}{V_2}\right)^{k-1} = 300 \times 5^{1.4-1} = 571.1(\text{K})$

(2) $P_2 = P_1 \times \left(\dfrac{V_1}{V_2}\right)^{k-1} = P_1 \times \varepsilon^k = 101.3 \times 5^{1.4} = 964.20(\text{kPa})$

(3) $\eta_0 = 1 - \left(\dfrac{1}{\varepsilon}\right)^{k-1} = 1 - \left(\dfrac{1}{5}\right)^{1.4-1} = 0.4747\,(47.47\%)$

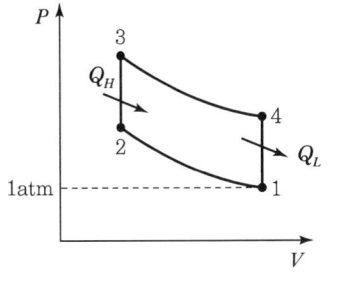
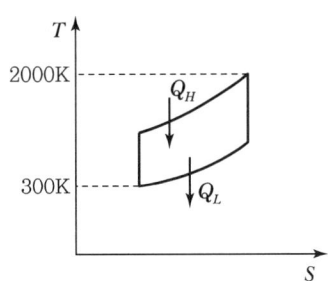

문제 2

공기표준 디젤 사이클에서 최고온도가 2,500K, 최고압력이 40ata이고, 최저온도가 300K, 최저압력이 2ata이다. 다음 물음에 답하시오.(단, 공기의 비열비 $k = 1.4$이다.)

(1) 압축비를 구하시오.
(2) 단절비(체절비)를 구하시오.
(3) 열효율은 몇 %인지 구하시오.

해답

(1) $\varepsilon = \dfrac{V_1}{V_2} = \left(\dfrac{P_2}{P_1}\right)^{\frac{1}{k}} = 40^{\frac{1}{1.4}} = 13.94$

(2) $\sigma = \dfrac{V_3}{V_2} = \dfrac{T_3}{T_2} = \dfrac{2{,}500}{860} = 2.9$

여기서, $T_2 = T_1 \times \left(\dfrac{V_1}{V_2}\right)^{k-1} = T_1 \times \varepsilon^{k-1} = 300 \times 13.94^{1.4-1} = 860(\mathrm{K})$

(3) $\eta_0 = 1 - \dfrac{1}{\varepsilon^{k-1}} \cdot \left\{\dfrac{\sigma^k - 1}{k(\sigma - 1)}\right\} = 1 - \dfrac{1}{13.94^{1.4-1}} \cdot \left\{\dfrac{2.9^{1.4} - 1}{1.4(2.9 - 1)}\right\} = 0.80(80\%)$

문제 3

스털링 표준공기 사이클에서 사이클의 최고온도가 1,373K이고, 최저온도 298K에서 압력 101.325kPa이다. 이때 압축비(ε)는 10이고 공기의 기체상수(R)는 0.287kJ/kg·K일 때 다음 물음에 답하시오.(단, 공기의 정적비열은 0.717kJ/kg·K이다.)

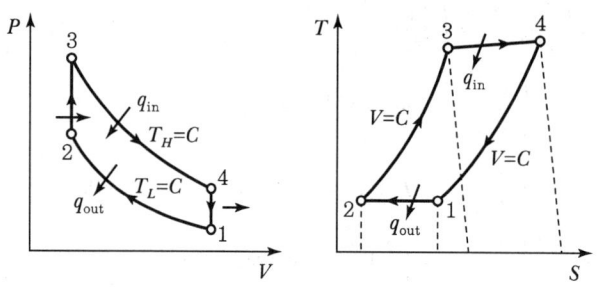

[Stirling Cycle]

(1) 일량($_1W_2$)은 몇 kJ/kg인가?

(2) 전열량($_2q_3$)은 몇 kJ/kg인가?

해답

(1) $_1W_2 = {_1q_2} = T_1(S_2 - S_1) = -RT_1 \ln \dfrac{V_1}{V_2} = -0.287 \times (25 + 273)\ln 10 = -196.93(\mathrm{kJ/kg})$

(2) $_2q_3 = C_v(T_3 - T_2) = 0.717 \times (1{,}100 - 25) = 770.78(\mathrm{kJ/kg})$

제11장 동력 사이클

문제 4

공기가 동작유체인 브레이턴 사이클에서 압축기로 들어가는 공기의 압력과 온도가 100kPa, 310K이고, 압축기의 압력비 $\phi=12$, 터빈 출구의 온도가 770K일 때 다음 물음에 답하시오.(단, 공기의 정압비열 $C_p = 1.005\,\text{kJ/kg}\cdot\text{K}$이다.)

(1) 압축 후의 온도 T_2는 몇 K인가?
(2) 사이클의 열효율은 몇 %인가?

해답

(1) $T_2 = T_1 \times \left(\dfrac{P_2}{P_1}\right)^{\frac{k-1}{k}} = T_1 \cdot \phi^{\frac{k-1}{k}} = 310 \times 12^{\frac{1.4-1}{1.4}} = 631(\text{K})$

(2) $\eta_B = 1 - \phi^{\frac{1-k}{k}} = 1 - 12^{\frac{1-1.4}{1.4}} = 1 - 12^{\frac{-0.4}{1.4}} = 0.5084(50.84\%)$

문제 5

브레이턴 사이클에서 초기압력이 104kPa, 최고압력이 400kPa, 비열비 $k=1.4$일 때 압축비 (ε)와 열효율(%)을 구하시오.

해답

$\eta_b = 1 - \left(\dfrac{1}{\varepsilon}\right)^{\frac{k-1}{k}}$

$\varepsilon = \dfrac{P_2}{P_1} = \dfrac{400}{104} = 3.846$

$\therefore \eta_b = 1 - \left(\dfrac{1}{3.846}\right)^{\frac{1.4-1}{1.4}}$
$= 1 - 0.68054 = 0.31946(31.95\%)$

문제 6

공기표준 사이클에서 오토 사이클을 이용한다면 압축비 $\varepsilon = 9$, 압축초기온도 $T_1 = 15\,^\circ\text{C}$, 압축초기압력 $P_1 = 0.1\,\text{MPa}$, 비열비 $k = 1.4$일 때 열효율(%)을 구하시오.

해답

$\eta_0 = 1 - \dfrac{1}{\varepsilon^{k-1}} = 1 - \dfrac{1}{9^{0.4}} = 0.5848(58.48\%)$

문제 7
사바테 복합사이클에서 압축초기압력 100kPa, 압축초기온도 27℃, 압축비 16일 때 열효율은 몇 %인가?(단, 정적과정에서 900kJ/kg의 열이 사이클로 전달되며, 또한 $Q_2 = 616.8$kJ/kg, $W = 1183.2$kJ/kg이다.)

해답 $\eta_s = \dfrac{W}{Q_2 + W} = \dfrac{1,183.2}{616.8 + 1,183.2} = 0.657(65.7\%)$

문제 8
공기표준 디젤 사이클의 압축비가 15이며 사이클당 공급열량이 1,500kJ/kg, 비열비 $k=1.4$일 때 체절비(σ)와 열효율을 구하시오.(단, 정압가열 후 비체적 $V_3 = 0.162$m³/kg, V_2의 비체적은 0.054m³/kg이다.)

해답 (1) 체절비$(\sigma) = \dfrac{0.162}{0.054} = 3$

(2) 열효율$(\eta_d) = 1 - \left(\dfrac{1}{\varepsilon}\right)^{k-1} \dfrac{\sigma^k - 1}{k(\sigma-1)} = 1 - \left(\dfrac{1}{15}\right)^{1.4-1} \cdot \dfrac{3^{1.4} - 1}{1.4(3-1)} = 0.558(55.8\%)$

문제 9
디젤기관의 최고온도가 2,500K, 최저온도가 300K, 최고압력이 4MPa, 최저압력이 0.1MPa일 때 압축비, 체절비를 구한 다음 열효율(%)을 구하시오.(단, 비열비 $k=1.40$이다.)

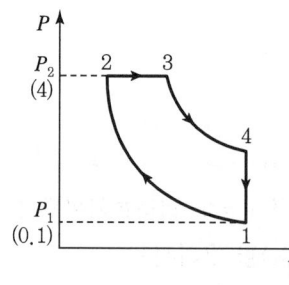
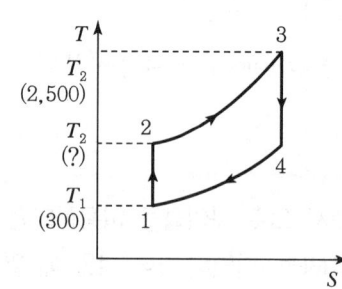

해답 (1) 압축비$(\varepsilon) = \dfrac{V_1}{V_2} = \left(\dfrac{P_2}{P_1}\right)^{\frac{1}{k}} = \left(\dfrac{4}{0.1}\right)^{\frac{1}{1.4}} = 13.94$

(2) 단절비(체절비) $\sigma = \dfrac{V_3}{V_2} = \dfrac{T_3}{T_2} = \dfrac{2,500}{860.6495} = 2.90$

여기서, $T_2 = T_1 \times \left(\dfrac{V_1}{V_2}\right)^{k-1} = T_1 \times (\varepsilon)^{k-1} = 300 \times (13.94)^{1.4-1} = 860.6495(K)$

(3) 열효율(η_d) $= 1 - \left(\dfrac{1}{\varepsilon}\right)^{k-1} \dfrac{\sigma^k - 1}{k(\sigma - 1)}$

$= 1 - \left(\dfrac{1}{13.94}\right)^{0.4} \dfrac{2.90^{1.4} - 1}{1.4(2.90 - 1)}$

$= 0.549(54.9\%)$

문제 10

공기표준 오토 사이클로 작동되고 있는 엔진의 압축비가 8 : 1이며, P_1의 압력은 0.95bar, $t_1 = 17℃$, 가열량 $q_1 = 1,727$kJ/kg이라 할 때 각 과정 말의 온도와 압력, 열효율을 구하시오. (단, $C_v = 0.717$kJ/kg · K, $R = 287$J/kg · K이다.)

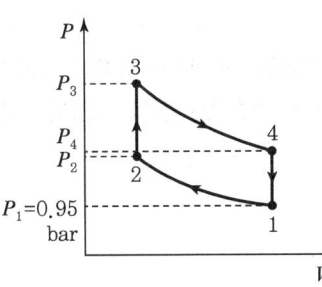
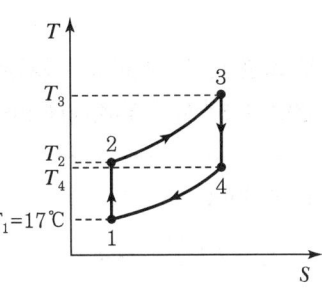

해답

(1) $T_2 = T_1 \times \left(\dfrac{V_1}{V_2}\right)^{k-1} = T_1 \times \varepsilon^{k-1} = (17 + 273) \times (8)^{1.4-1} = 666.25(K)$

(2) $P_2 = P_1 \left(\dfrac{V_1}{V_2}\right)^k = 0.95 \times (8)^{1.4} = 17.46(\text{bar})$

(3) $T_3 = C_v(T_3 - T_2) = 0.717 \times (T_3 - 666.25) = 1,727(\text{kJ/kg})$

$T_3 = \dfrac{1,727}{0.717} + 666.25 = 3,074.90(K)$

(4) $P_3 = P_2 \times \dfrac{T_3}{T_2} = 17.46 \times \dfrac{3,074.90}{666.25} = 80.58(\text{bar})$

(5) $T_4 = T_3 \left(\dfrac{V_3}{V_1}\right)^{k-1} = T_3 \times \left(\dfrac{V_2}{V_1}\right)^{k-1} = 3,074.90 \times \left(\dfrac{1}{8}\right)^{1.4-1} = 1,338.43(K)$

(6) $P_4 = P_3 \left(\dfrac{V_3}{V_4}\right)^k = P_3 \times \left(\dfrac{V_2}{V_1}\right)^k = 80.58 \times \left(\dfrac{1}{8}\right)^{1.4} = 4.38(\text{bar})$

(7) 방출열량(q_2) $= U_4 - U_1 = C_v(T_4 - T_1)$

$= 0.717 \times (1,338.43 - (17 + 273))$

$= 751.70(\text{kJ/kg})$

(8) 유효일(W_{net}) $= q_1 - q_2 = 1,727 - 751.70 = 975.3(\text{kJ/kg})$

문제 11

복합 사바테 사이클에서 압축비(ε)가 15, 단절비(σ)가 2, 압력상승비(a)가 1.5인 사이클의 열효율(%)을 구하시오. (단, 비열비 $k = 1.4$이다.)

해답

$$\eta_s = 1 - \left(\frac{1}{\varepsilon}\right)^{k-1} \frac{a\sigma^k - 1}{(a-1) + k(\sigma-1)}$$

$$= 1 - \left(\frac{1}{15}\right) \frac{1.5 \times 2^{1.4} - 1}{(1.5-1) + 1.4 \times 1.5 \times (2-1)}$$

$$= 0.62(62\%)$$

문제 12

복합 사이클에서 최고온도가 2,500K, 최저온도가 300K이다. 최고압력 4MPa, 최저압력 0.1MPa, 압축비 10, 비열비 1.4에서 폭발비(압력상승비), 차단비, 이론열효율을 계산하시오.

해답

(1) 폭발비(a)

$$P_2 = P_1 \left(\frac{V_1}{V_2}\right) = P_1 \varepsilon^k = 0.1 \times 10^{1.4} = 2.5118 (\text{MPa})$$

$$\therefore a = \frac{4}{2.5118} = 1.59$$

(2) 차단비(σ)

$$\sigma = \frac{V_3'}{V_3} = \frac{T_3'}{T_3} = \frac{T_3'}{a\varepsilon^{k-1} \cdot T_1}$$

$$= \frac{2,500}{1.59 \times 10^{1.4-1} \times 300} = 2.09$$

(3) 이론열효율(η_s)

$$\eta_s = 1 - \frac{1}{\varepsilon^{k-1}} \cdot \frac{a\sigma^k - 1}{(a-1) + ka(\sigma-1)}$$

$$= 1 - \frac{1}{10^{1.4-1}} \cdot \frac{(1.59 \times 2.09^{1.4} - 1)}{(1.59-1) + 1.4 \times 1.59(2.09-1)}$$

$$= 0.4109(41.09\%)$$

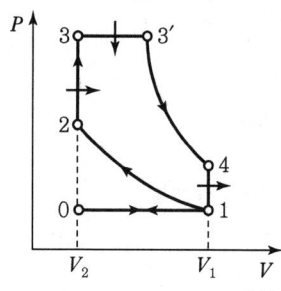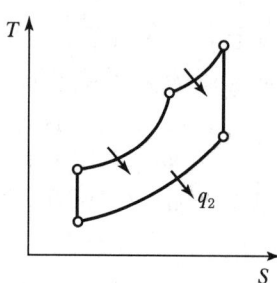

[사바테 복합 사이클]

문제 13

가스터빈 브레이턴 사이클에서 $P_1 = 0.1\text{MPa}$, $P_2 = 0.38\text{MPa}$, $t_1 = 100\,°\text{C}$, $t_3 = 800\,°\text{C}$일 때 공급열량과 이론열효율을 구하시오.(단, 비열비 $k = 1.4$이고 정압비열 $C_p = 1(\text{kJ/kg} \cdot \text{K})$이다.)

해답

(1) T_2(온도)

$$T_2 = T_1 \left(\frac{P_2}{P_1}\right)^{\frac{k-1}{k}} = (100 + 273) \times \left(\frac{0.38}{0.1}\right)^{\frac{1.4-1}{1.4}} = 546.21(\text{K})$$

(2) T_4(온도)

$$T_4 = T_3 \left(\frac{P_1}{P_2}\right)^{\frac{k-1}{k}} = (800 + 273) \times \left(\frac{0.1}{0.38}\right)^{\frac{1.4-1}{1.4}} = 732.74(\text{K})$$

(3) 압축기일$(Aw_c) = C_p(T_2 - T_1)$
$= 1 \times (546.21 - 373) = 173.21(\text{kJ/kg})$

(4) 터빈일$(Aw_t) = C_p(T_3 - T_4)$
$= 1 \times (1,073 - 732.74) = 340.26(\text{kJ/kg})$

(5) 유효일$(Aw) = Aw_t - Aw_c$
$= 340.26 - 173.21 = 167.05(\text{kJ/kg})$

(6) 공급열량$(q) = C_p(T_3 - T_2)$
$= 1 \times (1,073 - 546.21) = 526.79(\text{kJ/kg})$

(7) 이론열효율(%)

$$\eta_B = \frac{Aw}{q} = \frac{167.05}{526.79} = 0.3171(31.71\%)$$

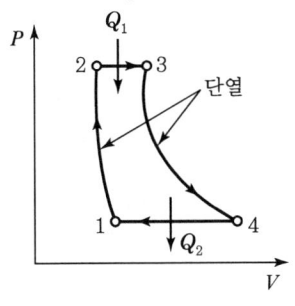
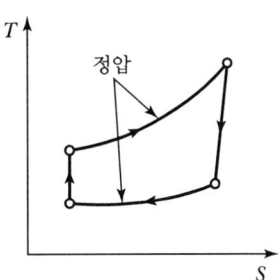

[Brayton Cycle]

제12장 열교환

문제 1

이중 향류 열교환기 내관에 온수가 3,630kg/h 들어가고 372K에서 350K까지 온도가 하강한다. 그리고 외관에는 289K의 급수가 들어가서 열교환되고 그 급수량이 1,540kg/h 들어갈 때 다음 물음에 답하시오.(단, 물의 비열은 4.186kJ/kg·K, 온수 비열 또한 같다.)

(1) 온수가 잃은 열(Q_1)을 구하시오.
(2) 급수가 흡수한 열(Q_2)을 구하시오.
(3) 대수평균온도차(ΔT_m)를 구하시오.

해답

(1) 온수가 잃은 열(Q_1)
$Q_1 = 3{,}630\text{kg/h} \times 4.186\text{kJ/kg}\cdot\text{K} \times (372-350)\text{K}$
$\quad = 334{,}293.96\text{kJ/h}$

(2) 급수가 흡수한 열(Q_2)
$Q_2 = 1{,}540\text{kg/h} \times 4.186\text{kJ/kg}\cdot\text{K} \times (T-289)\text{K}$
$T = 289 + \dfrac{334{,}293.96}{1{,}540 \times 4.186} = 340.86\text{K}$

(3) 대수평균온도차(ΔT_m)

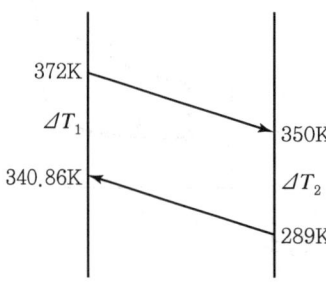

$\Delta T_1 = 372 - 340.86 = 31.14\text{K}$
$\Delta T_2 = 350 - 289 = 61\text{K}$
$\therefore \Delta T_m = \dfrac{61 - 31.14}{\ln\left(\dfrac{61}{31.14}\right)} = \dfrac{29.86}{0.67238} = 44.41(\text{℃})$

문제 2

향류 열교환기에서 35℃, 25kg/s의 물로 20kg/s의 물을 95℃에서 75℃로 냉각하고자 할 경우 총괄전열계수가 2kW/m℃일 때 필요한 열교환기 면적(m²)을 구하시오.(단, 1W = 1J/s이며, 물의 비열은 4.186kJ/kg℃이다.)

해답

$T_2 = \dfrac{20 \times 4.186 \times (95-75)}{25 \times 4.186} + 35 = 51℃$

$\Delta T_1 = 95 - 51 = 44℃$

$\Delta T_2 = 75 - 35 = 40℃$

$\therefore \Delta T_m = \dfrac{44-40}{\ln\left(\dfrac{44}{40}\right)} = 41.97(℃)$

$Q = mC_p\Delta t = 25 \times 4.186(51-35) = 1{,}674.4 \text{kJ/s}$

$1{,}674.4\text{kJ/s} = 2\text{kW/m}℃ \times A \times 41.97$

$A(면적) = \dfrac{1{,}674.4}{2 \times 41.97} = 19.95(\text{m}^2)$

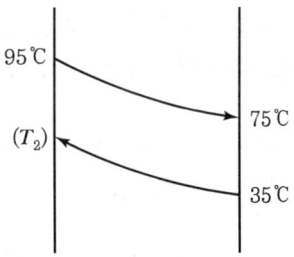

문제 3

50℃의 급수가 내경 40mm인 강관에 200kg/h로 들어가서 95℃로 나온다. 이 급수가 5kgf/cm²의 108℃의 수증기로 가열된다. 물의 비열은 4.186kJ/kg℃, 총괄전열계수는 500kJ/m²h일 때 다음 물음에 답하시오.(단, 5kgf/cm² 압력에서 수증기의 증발잠열은 2,200kJ/kg이고 현열은 무시하며, 증발잠열만 존재한다.)

(1) 열교환량은 몇 kJ/h인가?
(2) 대수평균온도차(ΔT_m)는 몇 ℃인가?
(3) 열교환기 면적(m²)은 얼마인가?
(4) 수증기 소요량(m)은 몇 kg/h인가?

해답

(1) 열교환량 = 200kg/h × 4.186kJ/kg℃ × (95-50) = 37,674(kJ/h)

(2) 대수평균온도차

108 - 50 = 58℃

108 - 95 = 13℃

$\therefore \Delta T_m = \dfrac{58-13}{\ln\left(\dfrac{58}{13}\right)} = 30.1(℃)$

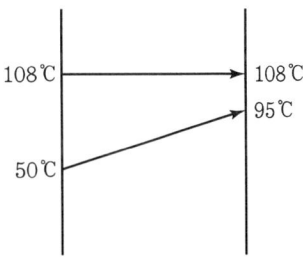

(3) 열교환기 면적

37,674kJ/h = 500kJ/m²K × A × 30.1

면적(A) = $\dfrac{37{,}674}{500 \times 30.1}$ = 2.50(m²)

(4) 수증기 소요량
$G = 37,674 \text{kJ/h} = m \times 2,200 \text{kJ/kg}$
$m = \dfrac{37,674}{2,200} = 17.12 (\text{kg/h})$

문제 4

지름 2m의 공구가 60℃의 물속에 들어가 50℃로 냉각될 때 10분이 소요되었다. 냉각 당시 총 열전달계수는 몇 kcal/m²h℃인지 구하여라.(단, 공구의 두께는 무시하며, 공구는 40℃의 공기 중에 있다.)

해답 공구의 부피 $= \dfrac{\pi}{6} D^3 = \dfrac{3.14}{6} \times 2^3 = 4.19 (\text{m}^3)$

물의 비중량 = 1,000kg/m³

물의 비열 = 1kcal/kg℃ (4.186kJ/kg·K)

물이 잃은 열량$(Q) = 1,000 \times 4.19 \times 1 \times (60-50) \times \dfrac{1}{10\text{min}} \times \dfrac{60}{1\text{h}} = 251,400 (\text{kcal/h})$

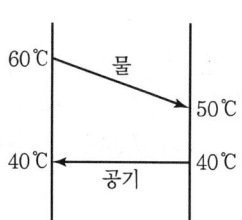
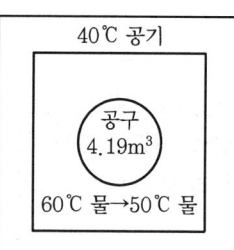

$\Delta t_1 = 60 - 40 = 20℃$
$\Delta t_2 = 50 - 40 = 10℃$
$\therefore \Delta T_m = \dfrac{20-10}{\ln\left(\dfrac{20}{10}\right)} = 14.4(℃)$

공구의 표면적$(A) = \pi D^2 = 3.14 \times 2^2 = 12.56 (\text{m}^2)$

$251,400 \text{kcal/h} = k \times 12.56\text{m}^2 \times 14.4℃$

$\therefore k = \dfrac{251,400}{12.56 \times 14.4} = 1,390 (\text{kcal/m}^2\text{h}℃)$

문제 5

100℃의 수증기를 이용하여 20℃의 물을 70℃로 가열한다. 이때 산술평균온도차, 대수평균온도차를 구하시오.(단, 100℃의 증기는 계속 공급된다.)

해답

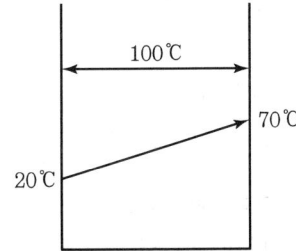

$\Delta t_1 = 100 - 20 = 80℃$

$\Delta t_2 = 100 - 70 = 30℃$

산술평균온도차$(\Delta t') = \dfrac{80+30}{2} = 55(℃)$

대수평균온도차$(\Delta t'') = \dfrac{80-30}{\ln\left(\dfrac{80}{30}\right)} = 50.98(℃)$

참고

백분율 $= \dfrac{50.98}{55} \times 100 = 92.68(\%)$

문제 6

향류 열교환기에서 35℃의 물 25kg/s로 95℃의 물 20kg/s를 75℃까지 냉각시킨다면 열교환 면적은 몇 m²인가?(단, 총괄열전달계수 = 2kW/m²℃이고, 물의 비열은 4.186kJ/kg℃이다.)

해답

$25\text{kg/s} \times 4.186\text{kJ/kg℃} \times (t-35)℃ = 20\text{kg/s} \times 4.186\text{kJ/kg℃} \times (95-75)℃$

$t = \dfrac{20 \times 4.186 \times 20}{25 \times 4.186} + 35 = 51(℃)$

$20\text{kg/s} \times 4.186\text{kJ/kg℃} \times (95-75)℃ = 1,674.4\text{kJ/s}$

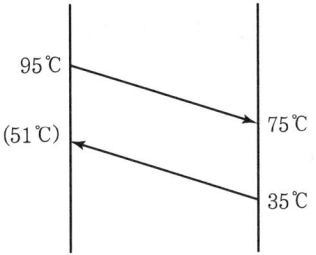

$\Delta t_1 = 95 - 51 = 44℃$

$\Delta t_2 = 75 - 35 = 40℃$

$\Delta t_m = \dfrac{44-40}{\ln\left(\dfrac{44}{40}\right)} = 41.9(℃)$

$Q = k \times A \times \Delta t_m = 2 \times A \times 41.9 = 1,674.4(\text{kJ/s})$

$\therefore$ 교환면적$(A) = \dfrac{1,674.4}{2 \times 41.9} = 19.98(\text{m}^2)$

문제 7

20℃의 물이 내경 25A 강관으로 200kg/h로 들어가서 95℃의 온수로 나온다. 이 물이 0.5 MPa 게이지 압력으로 100℃의 증기로 가열된다고 할 때, 열교환량(kJ/h)과 열교환기의 길이(m)를 구하시오.(단, 물의 비열은 4.19kJ/kg℃, 총괄열전달계수는 2,093kJ/m²이다.)

해답

(1) 열교환량
$$Q = mC_p \Delta t = 200 \times 4.19 \times (95-50) = 37,710 (\text{kJ/h})$$

(2) 열교환기의 길이

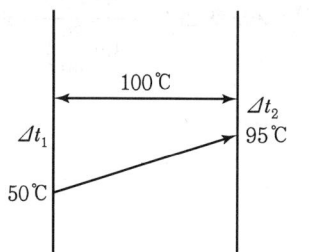

$\Delta t_1 = 100 - 50 = 50℃$
$\Delta t_2 = 100 - 95 = 5℃$
$$\Delta t_m = \frac{50-5}{\ln\left(\frac{50}{5}\right)} = \frac{45}{2.3025} = 19.54(℃)$$

$37,710 = 2,093 \times (\pi Dl) \times 19.54$
$$l = \frac{37,710}{2,093 \times 3.14 \times 0.025 \times 19.54} = 11.75(\text{m})$$

문제 8

이중관 열교환기 내관으로 2,000kg/h의 물이 들어가서 80℃의 온수가 30℃까지 냉각되고 외관에는 15℃의 냉각수가 들어가서 60℃로 나온다. 내관의 직경이 20mm 길이가 6m, 열관류율(k)이 170kcal/m²h℃라면 동관의 총 수요량은 몇 개가 필요한가?(단, 흐름은 향류 흐름이다.)

해답

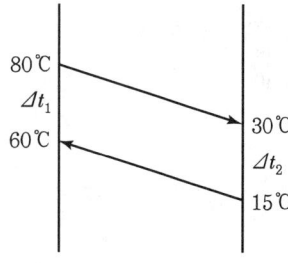

$\Delta t_1 = 80 - 60 = 20℃$
$\Delta t_2 = 30 - 15 = 15℃$
$$\Delta t_m = \frac{20-15}{\ln\left(\frac{20}{15}\right)} = 17.4(℃)$$

$2,000 \times 1 \times (80-30) = 100,000 \text{kcal/kg}(418,600\text{kJ/h})$
표면적$(A) = \pi DL = 3.14 \times 0.02 \times 6 = 0.3768(\text{m}^2)$
$100,000 = 170 \times 0.3768 \times 17.4$

∴ 동관의 총 수요량 $= \dfrac{100,000}{170 \times 0.3768 \times 17.4} = 90(\text{개})$

문제 9

유체 열교환기에서 외부유체가 140℃에서 90℃로 냉각하고 내부유체는 40℃에서 70℃로 가열된다. 이 열교환기의 병류, 향류 흐름 시 대수평균온도차(Δt_m)를 각각 구하시오.

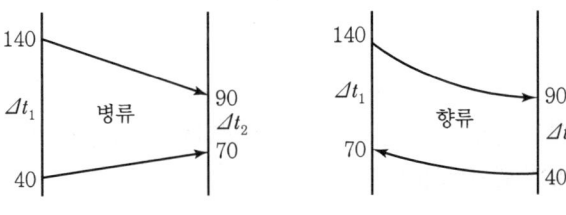

해답

병류(Δt_m) = $\dfrac{(140-40)-(90-70)}{\ln\left(\dfrac{140-40}{90-70}\right)}$ = $\dfrac{100-20}{\ln\left(\dfrac{100}{20}\right)}$ = 49.7(℃)

향류(Δt_m) = $\dfrac{(140-70)-(90-40)}{\ln\left(\dfrac{140-70}{90-40}\right)}$ = $\dfrac{70-50}{\ln\left(\dfrac{70}{50}\right)}$ = 59.4(℃)

문제 10

열교환기에서 열관류율(k)이 72kcal/m²h℃이고 향류 흐름에서 한쪽은 70℃에서 30℃로, 다른 쪽은 20℃에서 50℃로 변한다. 단위면적(1m²)당 열교환량(kcal/h)을 구하시오.

해답

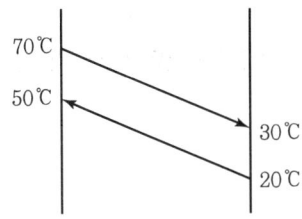

$\Delta t_1 = 20℃$, $\Delta t_2 = 10℃$

$\Delta t_m = \dfrac{20-10}{\ln\left(\dfrac{20}{10}\right)} = 14.43(℃)$

72kcal/m²h℃ × 1m² × 14.43℃ = 1,039(kcal/h)

제13장 절대습도, 상대습도

문제 1
101.325kPa(표준대기압)에서 온도 25℃인 포화공기의 절대습도(x)는 몇 kg/kg′인가?(단, 25℃의 포화수증기분압 P_s = 3.1660kPa이다.)

해답
$$x = 0.622 \times \frac{P_v}{P - P_v} = 0.622 \times \frac{3.166}{101.325 - 3.166} = 0.02(\text{kg/kg}')$$

문제 2
대기압력 720mmHg에서 건구온도(알코올온도) 30℃에서 상대습도가 70%일 때 절대습도(kg/kg′)는?(단, 온도 30℃에서 포화수증기압은 43.26mmHg이다.)

해답
$$x = 0.622 \times \frac{P_w}{P - P_w} = 0.622 \times \frac{43.26 \times 0.7}{720 - (43.26 \times 0.7)} = 0.0273(\text{kg/kg}')$$

문제 3
표준기압의 압력 101.325kPa에서 25℃ 포화공기의 절대습도는 몇 kg/kg′인가?(단, 25℃의 포화수증기분압은 3.166kPa이다.)

해답
$$\text{절대습도}(x) = 0.622 \frac{P_w}{P - P_w} = 0.622 \times \frac{\phi P_s}{P - \phi P_s}$$
$$\therefore x = 0.622 \times \frac{3.166}{101.325 - 3.166} = 0.020(\text{kg/kg}')$$

문제 4
대기압력 720mmHg에서 건구온도 25℃, 상대습도 70%인 여름철 절대습도는 몇 kg/kg′인가?(단, 30℃에서 포화수증기분압은 43.26mmHg이다.)

해답
수증기분압 = 43.26 × 0.7 = 30.282(mmHg)
건공기분압 = 대기압 − 수증기분압 = 720 − 30.282 = 689.72(mmHg)
$$\therefore \text{절대습도}(x) = 0.622 \times \frac{P_w}{P - P_w} = 0.622 \times \frac{30.282}{720 - 30.282} = 0.027(\text{kg/kg}')$$

문제 5

건구온도 26℃, 습구온도 22℃일 때의 상대습도(%)를 구하시오.(단, 22℃에서 포화수증기압은 19.8mmHg, 26℃에서 포화수증기압은 25.2mmHg이다.)

해답

$$P_a(\text{대기 중의 수증기압}) = P_s' - 0.5(t-t') \times \frac{P}{755}$$
$$= 19.8 - 0.5(26-22) = 17.8(\text{mmHg})$$
$$\therefore \phi = \frac{P}{P_s} \times 100 = \frac{17.8}{25.2} \times 100 = 71(\%)$$

문제 6

통풍 건습구 습도계로 대기 중의 습도를 측정한 결과 건구온도 20℃, 습구온도 15℃, 대기압이 760mmHg일 때 절대습도(x)와 상대습도(ϕ)를 구하시오.(단, 20℃에서 물의 포화수증기압은 17.53mmHg, 15℃의 물의 포화수증기압은 12.78mmHg이다.)

해답

- 대기 중의 수증기분압$(P_a) = P_s' - 0.5(t-t') \times \frac{P}{755}$
$$= 12.78 - 0.5(20-15) \times \frac{760}{755}$$
$$= 10.26345(\text{mmHg})$$

- 상대습도$(\phi) = \frac{P_a}{P_w} \times 100 = \frac{10.26345}{17.53} \times 100 = 58.55(\%)$

문제 7

외기온도 0℃, 상대습도 50%의 공기를 26℃의 상대습도 40%인 공기로 만들려고 하면 건조공기 1kg에 대하여 얼마의 수증기를 추가하여야 하는가?(단, 대기압은 760mmHg, 수증기분압은 0℃에서 2.848, 26℃일 때는 12.6mmHg이다.)

해답

$$L = x_2 - x_1 = 0.622\left(\frac{12.6}{760-12.6} - \frac{2.848}{760-2.848}\right)$$
$$= 0.622 \times (0.016858 - 0.00376146) = 0.013(\text{kg/kg}')$$

문제 8
온도 30℃에서 수증기 포화압력이 4,120Pa, 상대습도가 40%인 공기에 대하여 절대습도(kg/kg′)를 구하시오.(단, 대기의 절대압력은 101,325Pa이다.)

해답
$$x = 0.622 \times \frac{P_w}{P - P_w} = 0.622 \times \frac{\phi P_w}{P - \phi P_w}$$
$$= 0.622 \times \frac{0.4 \times 4,120}{101,325 - (0.4 \times 4,120)}$$
$$= 0.622 \times \frac{1,648}{101,325 - 1,648} = 0.017 (\text{kg/kg}')$$

문제 9
실온 21℃, 상대습도 30%, 대기압 760mmHg일 때 공기의 절대습도(x)를 구하시오.(단, 21℃에서 포화수증기압력은 18.65mmHg이다.)

해답
$$x = \frac{m_w}{m_a} = 0.622 \times \frac{\phi P_s}{P - \phi P_s}$$
$$= 0.622 \times \frac{0.3 \times 18.65}{760 - 0.3 \times 18.65} = 0.005 (\text{kg/kg}')$$

문제 10
대기압 760mmHg, 온도 32℃에서 습공기의 노점온도가 22℃였다. 공기의 절대습도(x) 및 상대습도(ϕ)를 구하시오.(단, 32℃에서 수증기 포화압력은 35.67mmHg, 22℃에서 수증기 포화압력은 19.82mmHg이다.)

해답
$$x = 0.622 \times \frac{\phi P_s}{P - \phi P_s} = 0.622 \times \frac{19.82}{760 - 19.82} = 0.0167 (\text{kg/kg}')$$
$$\phi = \frac{P_w}{P_s} = \frac{19.82}{35.67} = 0.56 \, (56\%)$$

참고
- 건공기 기체상수 $R_a = 0.287 \text{kJ/kg} \cdot \text{K}$ ($29.27 \text{kgf} \cdot \text{m/kgf} \cdot \text{K}$)
- 수증기(H_2O)의 기체상수 $R_v = 0.4615 \text{kJ/kg} \cdot \text{K}$ ($47.05 \text{kgf} \cdot \text{m/kg} \cdot \text{K}$)
- ∴ $\frac{0.287}{0.4615} = 0.622$

문제 11
거실의 체적 1,000m³인 습공기가 압력 0.1MPa, 온도 35℃, 상대습도 70%이다. 절대습도(x)를 구하시오.(단, 35℃의 포화수증기압은 5.628kPa이다.)

해답
수증기분압(P_v) = ϕP_s = 0.7 × 5.628 = 3.9396(kPa)
건공기분압(P_a) = 100 − 3.9396 = 96.06(kPa)
$$\therefore x = 0.622 \times \frac{P_v}{P_a} = 0.622 \times \frac{3.9396}{96.06} = 0.026 (\text{kg/kg}')$$

문제 12
외기온도가 15℃이고 포화수증기압이 12.78mmHg이며 절대습도는 0.008kg/kg'일 때 상대습도(ϕ)를 구하시오.(단, 대기압은 760mmHg이다.)

해답
$$\phi = \frac{xP}{(0.622+x)P_s} = \frac{0.008 \times 760}{(0.622+0.008) \times 12.78} = 0.76(76\%)$$

문제 13
건구온도 22℃, 습구온도 18℃, 기압 760mmHg일 때 상대습도(%)를 구하시오.(단, 온도 18℃일 때 수증기 포화압력은 15.47mmHg, 22℃일 때 수증기 포화압력은 19.82mmHg이다.)

해답
① 제1식
$$P_w = P_s' - 0.5 \times (t-t')\frac{P}{755}$$
$$= 15.47 - 0.5(22-18) \times \frac{760}{755}$$
$$= 15.47 - 2.0132 = 13.4568(\text{mmHg})$$
$$\therefore \phi = \frac{13.4568}{19.82} \times 100 = 68(\%)$$

② 제2식
$$P_w = P_s' - \frac{P}{1,500}(t-t')$$
$$= 15.47 - \frac{760}{1,500}(22-18)$$
$$= 15.47 - 2.02666 = 13.44334(\text{mmHg})$$
$$\therefore \phi = \frac{13.44334}{19.82} \times 100 = 71.43(\%)$$

문제 14

0℃, 1atm(760mmHg)에서 건조공기 습도가 0.021kg H_2O/kg건공기이다. 이 온도에서 물의 포화 수증기 압력이 36.1mmHg라면 상대습도는 몇 %인가?(단, 공기의 분자량은 29, H_2O 분자량은 18 이다.)

해답

$$H = \frac{18}{29} \times \frac{P_c}{760 - P_c} = 0.021 \, (kg \, H_2O/kg \, 건공기)$$

습공기분압$(P_c) = 24.85 (mmHg)$

$$\therefore 상대습도(H_R) = \frac{P_v}{P_s} \times 100 = \frac{24.85}{36.1} \times 100 = 68.84(\%)$$

문제 15

760mmHg 압력의 대기에서 온도 30℃, 상대습도 60% 상태의 공기일 때 절대습도를 구하시오.(단, 30℃에서 포화수증기압은 80mmHg이다.)

해답

$$상대습도(H_R) = \frac{P_v}{P_s} \times 100 = \frac{P_v}{80mmHg} \times 100 = 60(\%)$$

수증기분압$(P_v) = 80 \times 0.6 = 48 (mmHg)$

$$절대습도(H) = \frac{18}{29} \times \frac{48}{760 - 48} = 0.042 \, (kg \, H_2O/kg \, 건공기)$$

문제 16

1atm, 37℃에서 공기 1,500m³ 중 수증기가 10kg 포함되어 있다. 포화수증기압이 48.5mmHg 일 때 다음 물음에 답하시오.
(1) 절대습도는 몇 kg H_2O/kg 건공기인가?(단, 공기의 분자량은 29이다.)
(2) 상대습도는 몇 %인가?

해답 (1) 절대습도

$$PV = nRT = GRT, \quad n = \frac{W}{M}, \quad W = \frac{PVM}{RT}$$

$$G = \frac{1atm \times 1,500m^3 \times 29kg/kmol}{0.082m^3 \cdot atm/kmol \cdot K \times (273+37)K} = 1,711.25(kg)$$

$$몰수 = \frac{1,711.25kg}{29kg/kmol} = 59(kmol)$$

$$\frac{10kg}{18kg/kmol} = 0.556(kmol)$$

$$H_2O = \frac{0.556}{59+0.556} = 0.00933$$
$$P_{H_2O} = 760 \times 0.00933 = 7.09 (\mathrm{mmHg})$$
$$\text{절대습도}(H) = \frac{18}{29} \times \frac{7.09}{760-7.09} = 0.00584 \,(\mathrm{kg\ H_2O/kg\ 건공기})$$

(2) 상대습도
$$H_R = \frac{P_{H_2O}}{P_s} \times 100 = \frac{7.09}{48.5} \times 100 = 14.62(\%)$$

제14장 건조

문제 1

건조 기준으로 함수율이 0.36인 고체를 한계함수율까지 건조하는 데 4시간이 소요된다. 건조 속도(kg H$_2$O/kg·h 건조고체)를 구하시오.(단, 한계함수율은 0.16이다.)

해답 건조속도$(R_c) = \dfrac{W_1 - W_2}{Q_c} = \dfrac{0.36 - 0.16}{4} = 0.05$(kg H$_2$O/kg·h 건조고체)

문제 2

수분 25%의 목재 5,000kg을 수분 5%의 목재로 건조시킨다면 증발이 가능한 수분은 몇 kg인가?

해답 $5,000 \times 0.25 = D \times 0.05$
$D = 1,250 - (5,000 \times 0.05) = 1,000$(kg)
∴ 증발시켜야 할 물의 양$(W) = 5,000 - 1,000 = 4,000$(kg)

참고 $W = F\left(1 - \dfrac{a}{b}\right) = 5,000 \times \left(1 - \dfrac{5}{25}\right) = 4,000$(kg)

문제 3

건조 전 수분함량이 50%이고 건조 후 수분함량이 25%가 되었다면 처음 수분량에 대해 제거된 수분의 비율은 몇 %인가?(단, 고체의 중량은 100kg이다.)

해답 $100 \times 0.5 = (1 - 0.25) : D$
건조된 양$(D) = \dfrac{100 \times 0.5}{1 - 0.25} = 66.67$(kg)
$100 - 66.67 = 33.33$kg(수분)
∴ 수분비율 $= \dfrac{33.33\text{kg}}{(100 \times 0.5)\text{kg}} \times 100 = 66.66(\%)$

문제 4
1% 용액을 10,000kg/h 용량으로 증발기에 넣고 있다. 70℃, 1기압의 조건으로 증발시켜 2% 용액으로 만들려고 하면 이때 증발하는 증기량은 몇 kg/h인가?

해답
$10{,}000 \times 0.01 = 0.02 \times D$

$D = \dfrac{10{,}000 \times 0.01}{0.02} = 5{,}000 \,(\mathrm{kg/h})$

문제 5
10% 농도의 가성소다(NaOH) 수용액 100kg을 80% 농도로 만들려면 증발시켜야 할 수분의 양은 몇 kg인가?

해답
$100 \times 0.1 = D \times 0.8$

$D = \dfrac{100 \times 0.1}{0.8} = 12.5 \,(\mathrm{kg})$

∴ 증발수분(W) = $100 - 12.5 = 87.5 \,(\mathrm{kg})$

참고
$W = F\left(1 - \dfrac{a}{b}\right) = 100\mathrm{kg}\left(1 - \dfrac{10}{80}\right) = 87.5 \,(\mathrm{kg})$

문제 6
30% 젖은 펄프 100kg을 건조하여 초기 수분의 50%를 제거하였다. 건조된 펄프의 조성을 구하시오.

해답
초기 수분 50% 제거 시 증발수분(W) = $100 \times (1 - 0.3) \times 0.5 = 35 \,(\mathrm{kg})$
초기에 공급된 수분 = $100 \times 0.3 = 30 \,(\mathrm{kg})$

∴ 펄프의 조성 = $\dfrac{30}{30 + 35} = 0.46$

문제 7
수분함량 32wt%인 1,000kg의 고체를 수분 3wt%로 건조한다면 제거해야 할 수분은 몇 kg이어야 하는가?

해답
$1{,}000 \times (1 - 0.32) = (1{,}000 - W) \times (1 - 0.03)$

$680 = 970 - 0.97W$

∴ 제거수분(W) = $\dfrac{970 - 680}{0.97} = 298.97 \,(\mathrm{kg})$

문제 8

0℃, 1atm의 공기 380m³에 수분 16.8kg이 포함되어 있다. 이때 건조공기 1kg당 수분의 양은 몇 kg인가?(단, 공기의 분자량은 29, 기체상수 $R = 0.082 m^3 \cdot atm/kmol \cdot K$이다.)

해답

$$PV = nRT = \frac{W}{M}RT$$

$$1atm \times 380m^3 = \frac{W}{\left(\frac{29kg}{kmol}\right)} \times 0.082 m^3 \cdot atm/kmol \cdot K \times 273K$$

$$380 = \frac{W}{29} \times 0.082 \times 273$$

$$W(\text{전체공기}) = 29 \times \frac{380}{0.082 \times 273} = 492.27(kg)$$

∴ 1kg당 수분 $= \frac{16.8kg\ H_2O}{492.27kg\ H_2O/kg\ dry\ air} = 0.034(kg\ H_2O/kg\ dry\ air)$

문제 9

처음 함수율이 10%인 재료를 건조공기를 이용해 함수율 1%로 건조하고자 한다. 함수율 1% 재료 기준 1kg/h를 얻기 위한 건조공기의 질량유량(kg/h)을 구하시오.(단, 10% 재료의 비열은 0.19kJ/kg, 물의 비열은 4.186kJ/kg이고 물의 증발잠열은 2,257kJ/kg이다. 재료는 25℃에서 공급되어 93℃로 배출되며, 건조공기는 850℃로 공급되어 98℃로 배출된다.)

해답

- 함수율 10%(0.1), 함수율 1%(0.01)
- 수분(W) $= 0.1 - 0.01 = 0.09(kg/h)$
  $1 - 0.01 = 0.99kg$(건조재료)
- 재료의 질량 $= 0.99 + 0.1 = 1.09(kg/h)$

$Q = mC_p\Delta t + Wr$
$\quad = 1.09kg/h \times 0.19kJ/kg \cdot K \times (98-25)K + 0.09kg/h \times 2,257kJ/kg$
$\quad = 15.1183 + 203.13 = 218.2483kJ/h$

$218.2483kJ/h = m \times 1kJ/kg \cdot K \times (850-98)K$

$m = \frac{218.2483}{1 \times (850-98)} = 0.29(kg/h)$

참고

- 공기의 비열 $= 0.24 kcal/kg℃ = 1kJ/kg \cdot K$
- $\frac{y}{0.99kg/h} \times 100 = 10\%,\ y = 0.1\%(H_2O)$
- 건조재료의 질량유량 $= x,\ \frac{1-x}{x} \times 100 = 1,\ x = 0.99kg/h$

제15장 펌프 동력

문제 1
다음의 조건하에서 냉각수 펌프의 축동력(kW)을 구하시오.

〈조건〉
- 냉각수량 = 0.6m³/min
- 전양정 = 19.26m
- 펌프의 안전율 = 1.1
- 펌프효율 = 70%

해답 축동력$(L) = \dfrac{\gamma QH}{102 \times 60 \times \eta} = \dfrac{1,000 \times 0.6 \times 19.26}{102 \times 60 \times 0.7} \times 1.1 = 2.97 \text{(kW)}$

문제 2
펌프양정 55m에서 원심펌프 회전수가 1,800rpm에서 1,500rpm으로 축소된다면 그 양정은 몇 m인가?

해답 축양정$(H') = H \times \left(\dfrac{N_2}{N_1}\right)^2 = 55 \times \left(\dfrac{1,500}{1,800}\right)^2 = 38.2 \text{(m)}$

문제 3
다음의 조건에서 전동기 출력은 몇 kW인지 구하시오.

〈조건〉
- 유량 = 400m³/h
- 양정 = 10m
- 펌프효율 = 75%
- 전동기효율 = 92%

해답 펌프 축동력$(L) = \dfrac{\gamma QH}{102 \times 60 \times \eta}$

$= \dfrac{1,000 \times \left(\dfrac{400}{60}\right) \times 10}{102 \times 60 \times (0.75 \times 0.92)} = 17.59 \text{(kW)}$

문제 4
양정 40m에서 보일러실 펌프용량 800m³/h로 양수하고 있는데 현재 소비전력 150kW에서 모터효율이 93%이다. 펌프효율 75%에서 펌프의 운전효율과 모터전력(kW)을 구하시오.

해답

- 운전효율$(\eta) = \dfrac{\gamma QH}{P \times 102 \times 60 \times \eta_m} = \dfrac{1{,}000 \times 800 \times 40}{150 \times 102 \times 3{,}600 \times 0.93} = 62\%$

- 전동기 동력$(L) = \dfrac{\gamma QH}{102 \times 3{,}600 \times (\eta_p \times \eta_m)}$

  $= \dfrac{1{,}000 \times 800 \times 40}{102 \times 3{,}600 \times (0.75 \times 0.93)} = 124.94(\text{kW})$

참고 1hr = 60min = 3,600sec

문제 5
온수순환량이 분당 429.59L에서 펌프양정이 13.5m라면 순환펌프 동력은 몇 kW인가?(단, 1L = 1kg이고, 펌프효율은 60%이다.)

해답 축동력$(P) = \dfrac{\gamma QH}{102 \times 60 \times \eta} = \dfrac{1 \times 429.59 \times 13.5}{102 \times 60 \times 0.6} = 1.58(\text{kW})$

문제 6
보일러실 증기압력 0.5MPa에서 실양정 10m, 마찰손실 5m, 펌프유량 0.6m³/s일 때 펌프의 축동력(kW)을 구하시오.(단, 펌프의 효율은 95%이다.)

해답
전양정 = 10m + 5m + (0.5×10×10) = 65m
0.5MPa = 5kgf/cm² = 50mH₂O
0.1MPa = 1kgf/cm² = 10mAq

- 축동력$(L) = \dfrac{\gamma QH}{102 \times \eta} = \dfrac{1{,}000 \times 0.6 \times 65}{102 \times 0.95} = 402.48(\text{kW})$

- 축동력$(L) = \dfrac{\gamma QH}{75 \times \eta} = \dfrac{1{,}000 \times 0.6 \times 65}{75 \times 0.95} = 547.37(\text{PS})$

문제 7

저수조 펌프에서 전양정이 36.7m, 송수량이 1.1m³/min이고 효율이 85%일 때 수동력, 축동력은 각각 몇 kW 또는 PS인지 구하시오.

해답

- 수동력 $= \dfrac{1,000 \times 1.1 \times 36.7}{102 \times 60} = 6.60(\text{kW})$

- 수동력 $= \dfrac{1,000 \times 1.1 \times 36.7}{75 \times 60} = 8.97(\text{PS})$

- 축동력 $= \dfrac{1,000 \times 1.1 \times 36.7}{102 \times 60 \times 0.85} = 7.76(\text{kW})$

- 축동력 $= \dfrac{1,000 \times 1.1 \times 36.7}{75 \times 60 \times 0.85} = 10.55(\text{PS})$

제16장 송풍기 동력

문제 1
송풍기 정압이 34.28mmAq이고 소요풍량이 10,000m³/h일 때 송풍기 동력(kW)을 구하시오. (단, 송풍기 효율은 50%이다.)

해답

$$동력(kW) = \frac{Q \cdot P_s}{102 \times \eta} = \frac{\left(\frac{10,000}{3,600}\right) \times 34.28}{102 \times 0.5} = 1.87(kW)$$

문제 2
송풍기의 회전수를 처음의 1.2배로 증가시키면 풍량과 전압은 각각 몇 % 증가하는가?

해답

- 풍량 $= \dfrac{Q_2}{Q_1} = \left(\dfrac{N_2}{N_1}\right)$

  $\therefore Q_2 = \left(\dfrac{N_2}{N_1}\right) \times Q_1 = (1.2)Q_1$ (20% 증가)

- 전압 $= \dfrac{P_2}{P_1} = \left(\dfrac{N_2}{N_1}\right)^2$

  $\therefore P_2 = \left(\dfrac{N_2}{N_1}\right)^2 \times P_1 = (1.2)^2 \times P_1 = 1.44$ (44% 증가)

문제 3
송풍기 임펠러 직경을 처음의 1.2배로 증가시키면 풍량과 전압은 각각 몇 %가 증가하는가?

해답

- 풍량 $= \dfrac{Q_2}{Q_1} = \left(\dfrac{N_2}{N_1}\right)\left(\dfrac{D_2}{D_1}\right)^3$

  $\therefore Q_2 = (1.2)^3 \times Q_1 = 1.73$ (73% 증가)

- 풍압(전압) $= \dfrac{P_2}{P_1} = \left(\dfrac{N_2}{N_1}\right)^2 \left(\dfrac{D_2}{D_1}\right)^2$

  $P_2 = (1.2)^2 \times P_1 = 1.44$ (44% 증가)

  $\therefore$ 동력 $= \dfrac{L_2}{L_1} = \left(\dfrac{N_2}{N_1}\right)^3 \left(\dfrac{D_2}{D_1}\right)^5$

제16장 송풍기 동력

문제 4

송풍기 운전 중 풍량 150m³/min, 전압 200Pa, 동력 1kW에서 송풍기 임펠러 회전수가 800rpm인 송풍기에 대하여 회전수를 1,000rpm으로 변경이 가능하다면 상사법칙을 이용하여 풍량(m³/min), 전압(Pa), 동력(kW)을 구하시오.

해답
- 풍량 $(Q_2) = Q_1 \times \left(\dfrac{N_2}{N_1}\right) = 150 \times \left(\dfrac{1,000}{800}\right) = 187.5 (\mathrm{m^3/min})$
- 전압 $(P_2) = P_1 \times \left(\dfrac{N_2}{N_1}\right)^2 = 200 \times \left(\dfrac{1,000}{800}\right)^2 = 312.5 (\mathrm{Pa})$
- 동력 $(L_2) = L_1 \times \left(\dfrac{N_2}{N_1}\right)^3 = 1 \times \left(\dfrac{1,000}{800}\right)^3 = 1.95 (\mathrm{kW})$

문제 5

통과 풍량이 36,000m³/h인 송풍기 덕트에서 정면 풍속이 2.5m/s일 때 덕트 면적(A)은 몇 m²인가?

해답 $A = \dfrac{Q}{V} = \dfrac{36,000}{3,600 \times 2.5} = 4(\mathrm{m^2})$

참고 1hr = 3,600s

문제 6

송풍기 풍량 300m³/min에서 송풍기 마찰저항 전압이 14.25mmAq이다. 이 경우 송풍기 소요 동력은 몇 PS인가?(단, 효율은 50%이다.)

해답 동력 $= \dfrac{QP}{75 \times 60 \times \eta} = \dfrac{300 \times 14.25}{75 \times 60 \times 0.5} = 1.9(\mathrm{PS})$

참고 1분(min) = 60초(sec)

문제 7

송풍기 부착 덕트의 총 길이가 200m이며 덕트의 단위 마찰손실수두가 0.1mmAq(m)일 때 총 마찰손실은 몇 mmAq인가?

해답 $\phi = 200 \times 0.1 = 20 \mathrm{mmAq}$

문제 8
송풍기 풍량이 25m³/min이고 정압 3.72mmAq, 동압 1.58mmAq일 때 소요동력(kW, PS)을 구하시오.(단, 송풍기 효율은 85%이다.)

해답 전압 = 3.72 + 1.58 = 5.30 (mmAq)

$$\therefore 동력 = \frac{QP}{102 \times \eta} = \frac{25 \times 5.30}{102 \times 0.85} = 1.53(\text{kW})$$

$$동력 = \frac{QP}{75 \times \eta} = \frac{25 \times 5.30}{75 \times 0.85} = 2.08(\text{PS})$$

참고 동압$(P_v) = \frac{V^2}{2g} = \frac{(유속)^2}{2 \times 9.8}(\text{mmAq})$

문제 9
덕트 전압(송풍압)은 9mmAq, 정압은 5mmAq일 때 공기밀도가 1.2kg/m³이면 풍속은 몇 m/s 인가?

해답 동압$(P_v) = \frac{V^2}{2g} \times \rho$

$$V = \sqrt{\frac{2gP_v}{\rho}}\,(\text{m/s})$$
$$= \sqrt{\frac{2 \times 9.8 \times (9-5)}{1.2}} = 8.08(\text{m/s})$$

문제 10
송풍량이 250m³/min이고 송풍기 정압은 500Pa, 송풍기 동압은 86.4Pa일 때 공기 동력과 전동기 출력(W)을 구하시오.(단, 송풍기 전압효율 65%, 전동기 효율 95%, 전동기 여유율 1.2이다.)

해답
$$L_a = \frac{QP_t}{1} = \frac{250 \times (500 + 86.4)}{60} = 2,443(\text{W})$$

$$L_d = \frac{공기\ 동력}{전압효율 \times 전동기효율} \times 전동기\ 여유율$$
$$= \frac{2,443 \times 1.2}{0.65 \times 0.95} = 4,748\text{W}\,(4.748\text{kW})$$

제 3 편

분류별 필답형 기출문제

제1장 에너지관리, 에너지 절감, 전열

문제 1
강철의 제강로 중 전로의 종류 4가지만 쓰시오.

해답
① 산성 전로(베세머 전로)
② 염기성 전로(토마스 전로)
③ 순 산소 전로(LD 전로)
④ 칼도 전로

문제 2
수관식 보일러에서 강제순환식 보일러의 종류를 2가지만 쓰시오.

해답
① 베록스 보일러
② 라몬트노즐 보일러

문제 3
열교환기 사용 중 전열량을 일정하게 하고 전열면적을 최소화하려면 어떤 값을 변화시켜야 하는지 변화값을 2가지만 쓰시오.

해답
① 평균온도차를 크게 한다.
② 열통과율(열관류율)을 크게 한다.

문제 4
연료전지 발전시스템을 설명하시오.

해답 천연가스(NG)나 메탄올 중의 수소 성분과 공기 중의 산소를 결합한 후 전기화학적으로 반응시켜 전기와 필요한 열을 생산하는 신재생 고효율적 친환경 발전시스템이다.

문제 5
온수보일러, 증기보일러에서 사용하는 압력 방지용 안전장치의 명칭을 쓰시오.

해답
① 온수보일러 : 방출밸브(릴리프 밸브)
② 증기보일러 : 안전밸브

문제 6
보일러에 급수되는 용수 내의 경도 성분 Ca, Mg을 제거하는 경수연화장치(일명 연수기)에서 재생제로 사용되는 물질의 명칭을 쓰시오.

해답 소금(NaCl)

문제 7
주철제 온수보일러에서 온수온도와 온수압력인 수두압을 측정하는 계기의 명칭을 쓰시오.

해답 수고계

문제 8
보일러 운전 중 연소용 공기량과 연료량을 제어하는 기구 명칭을 3가지만 쓰시오.

해답
① 컨트롤 모터
② 캠
③ 링크
④ 모터 모듀트롤(Modutrol)

문제 9
보일러 운전 중 안전밸브의 작동분출시험은 분출압력의 몇 % 이상에서 점검해야 하는가?

해답 75%

참고 **스프링식 안전밸브의 종류**
고양정식, 저양정식, 전양식, 전양정식

문제 10
오일 이송 펌프의 종류를 3가지만 쓰시오.

해답
① 기어 펌프 ② 플랜저 펌프
③ 로터리 펌프 ④ 베인 펌프

참고 **스프링식 안전밸브의 종류**
고양정식, 저양정식, 전양식, 전양정식

문제 11
태양광 발전을 이용하기 위한 태양광을 흡수하는 부품을 순서대로 3가지로 분류하시오.

해답 태양전지(솔라셀) → 태양전지 모듈 → 태양전지 어레이(Array)

문제 12
노 내 온도가 600℃, 실내온도가 25℃인 상태에서 단위표면적당 복사 손실열량(kcal/h)을 구하시오.(단, 방사율은 0.41이고 스테판 볼츠만의 상수는 4.88×10^{-8} kcal/m²·h·K⁴)

해답
$Q = \varepsilon \cdot C_b (T_1^4 - T_2^4) A$
$= 0.41 \times 4.88 \times 10^{-8} [(273+600)^4 - (273+25)^4] \times 1$
$= 11{,}463.67 \text{kcal/h}$

참고 $4.88 \times 10^{-8} \times 4.1868 (\text{kJ}/3{,}600\text{S} \cdot \text{m}^2 \cdot \text{K}^4) = 5.67 \times 10^{-8} (\text{W/m}^2 \cdot \text{K}^4)$

문제 13
최저소비효율 달성률 105% 표시는 정부가 기준으로 정한 기준보다 몇 % 소비효율이 좋은 것인가?

해답 5%

문제 14
전기저항식 측온저항체의 종류를 4가지만 쓰시오.

해답
① 백금 ② 니켈
③ 구리 ④ 서미스터

문제 15
열매체 보일러(다우섬 등)의 효율 산정식을 쓰시오.

해답 효율 = $\dfrac{\text{열매체 사용량}(m^3/h) \times \text{비중량} \times \text{비열} \times \text{열매체 입출구의 온도차}}{\text{연료 소비량}(kg/h) \times \text{연료의 발열량}(kcal/kg)} \times 100(\%)$

문제 16
발전시스템이 가능한 신재생에너지 4가지만 쓰시오.

해답
① 연료전지
② 바이오에너지
③ 태양열에너지
④ 태양광에너지
⑤ 풍력에너지

문제 17
자동제어 불연속 동작 중 on-off 동작의 특징을 3가지만 쓰시오.

해답
① 제어량이 설정치값과 차이가 나면 조작부를 전폐 또는 전개하여 작동하는 동작이다.
② 동작방식이 간단하고 조절기의 구조가 간단하다.
③ 조작빈도가 많을 경우 접점의 마모가 빨라져서 잔류편차가 발생한다.
④ 연속동작에 비하여 가격이 싸다.
⑤ 조작빈도가 많은 자동제어에는 사용이 부적당하다.
⑥ 공정을 정확하게 제어하기가 힘들어 정밀한 제어에는 부적당하다.

문제 18
기름용 보일러의 오일버너에서 오일이 잘 분사되지 않는 원인을 3가지만 기술하시오.

해답
① 탱크에 오일이 없는 경우
② 버너 노즐이 폐쇄된 경우
③ 오일 내에 슬러지가 많아서 오일배관이 막힌 경우
④ 연료의 분무압력이 너무 낮을 경우

문제 19
에너지원 단위에 대하여 간단히 설명하시오.

해답 에너지를 사용하여 제품을 만들 때 제품의 단위당 에너지 사용 목표량이며 석유환산계수를 이용하여 TOE로 계산하기 위한 것이다.

문제 20
단열 보온재의 경제적 두께에 대하여 간단히 설명하시오.

해답 보온재는 두꺼우면 방산에 의한 손실열량이 감소하나 설치시공비는 증가하게 되므로 손실열량과 시공비의 최소치를 경제적 두께라고 한다.

문제 21
작은 구멍이 많이 있는 판을 증기 취출구에 설치하고 습포화증기의 이송방향을 급전환시켜 관성력에 의해 수분을 분리하고 건조증기의 건도를 높이는 기수분리기의 명칭을 쓰시오.

해답 배플식(Baffle식) 기수분리기

문제 22
보일러 운전 중 발생하는 이상현상으로 팽출과 압궤현상이 있는데 이 압궤현상이 발생하는 원인을 3가지만 쓰시오.

해답
① 노통부위 등에 부착된 스케일의 누적으로 인한 전열면의 과열
② 보일러수의 이상저수위에 의한 노통의 과열
③ 국부적으로 강한 복사열을 받을 때
④ 보일러수 중의 유지분에 의한 과열현상
⑤ 수면계 설치위치의 부적합으로 인한 수위의 오판

문제 23
수관식 보일러의 장점을 3가지만 쓰시오.

해답
① 증기드럼의 직경이 작아서 구조상 고온·고압에 이상적이다.
② 전열면적이 커서 대용량 보일러에 적합하다.

③ 보일러수의 순환이 빨라서 증기 발생시간이 단축된다.
④ 연소실 크기 및 형태의 설계가 용이하다.
⑤ 보일러 효율이 매우 높다.

문제 24
조도계의 단위를 쓰시오.

해답 럭스(lux)

문제 25
가스직화식 흡수식 냉·온수기 내의 냉매 명칭을 1가지만 쓰시오.

해답 물(H_2O)

문제 26
보일러 열정산에 대한 다음 물음에 답하시오.
(1) 연료의 현열 계산 시 오일의 온도 측정 부위는?
(2) 오일 연료사용량 측정 시 오일미터기의 종류는?

해답 (1) 중유예열기와 오일미터기 사이
(2) 오발 기어식 유량계

문제 27
포화증기의 압력은 동일하나 증기의 온도를 높이는 과열증기를 생산하는 과열기(복사형, 대류형, 복사대류형)의 설치목적을 4가지만 쓰시오.

해답 ① 동일 압력의 포화증기에 비해 보유열량이 크다.
② 이론상의 열효율이 증가한다.
③ 증기의 마찰저항이 감소한다.
④ 터빈의 날개나 증기기관 등에 발생되는 부식이 감소한다.

제1장 에너지관리, 에너지 절감, 전열

문제 28
신재생에너지 중 태양열을 이용하여 온수나 급탕을 생산하는 에너지와 전기를 생산하는 에너지를 각각 쓰시오.

해답
① 온수나 급탕을 생산하는 에너지 : 태양열 에너지
② 태양전지판을 이용하여 전기를 생산하는 에너지 : 태양광 에너지

문제 29
안전장치인 화염검출기의 기능을 설명하고 그 종류를 3가지만 쓰시오.

해답
① 기능 : 연소실 내의 화염의 유무를 검출하고 연소상태를 감시하여 화염 소멸 시 연료 공급을 차단시킨다.
② 종류
    ㉠ 프레임아이
    ㉡ 프레임로드
    ㉢ 스택 스위치

문제 30
포화증기에서 온도를 높인 과열증기 사용 시 그 장점을 4가지만 쓰시오.

해답
① 증기원동소의 터빈의 날개나 증기기관의 부식이 감소한다.
② 포화증기에 비해 보유열량이 많다.
③ 증기관 내 수격작용이 방지된다.
④ 증기의 마찰저항이 감소한다.
⑤ 이론상의 열효율이 증가한다.

문제 31
자동제어에서 연속동작인 비례동작의 특징을 3가지만 쓰시오.

해답
① 잔류편차가 발생한다.
② 조작량은 동작신호의 현재 값에 비례한다.
③ 외란이 큰 자동제어에는 사용이 부적당하다.
④ 부하 변동이 큰 프로세스에 적당한 동작이다.

문제 32
터보형(원심식) 비용적형 냉동기의 사이클 과정을 4단계로 쓰시오.

해답 압축과정 → 응축과정 → 팽창과정 → 증발과정

문제 33
2자유도 PID 연속동작을 간단하게 설명하시오.

해답 PID 제어에는 오버슈트가 되는 것을 방지하려 할 때 만약 외란이 있을 경우 안정이 지연된다. 또한 외란에 대하여 안정을 빨리 하면 오버슈트(Over Shoot)가 되어 목표치로의 응답이 나쁘게 되고 인위적인 동작이 된다 하여 2자유도 PID 제어를 사용하는데 오버슈트가 없고 응답시간이 빠르며 외란 시에 빨리 안정이 된다.
특성 : 목표치 응답과 외란응답이 좋다(온도제어).

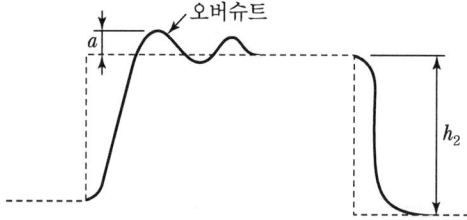

참고 오버슈트 : 제어계의 특성을 나타내는 양으로 단위계단형 입력에 대하여 제어량이 목푯값을 초과한 후 최초로 취하는 과도 편차의 극치이다. 이것은 최종값의 25% 이내로 억제하는 것이 보통이다.

$\dfrac{a}{h_2}$%에 의해 오버슈트 몇 %라고 나타낸다.

문제 34
1toe는 몇 kcal인가?

해답 10^7kcal(원유 1톤이 갖는 열량)

문제 35
toe를 t CO_2로 환산하는 경우 연료의 발열량은 어떤 발열량을 기준으로 하는가?

해답 순발열량(연료의 연소과정에서 발생하는 수증기의 잠열을 제외한 발열량)

문제 36
원유 1kg의 순발열량은 10,080kcal이다. 이것은 몇 MJ이며 석유환산톤(toe)으로는 얼마인가?
(단, 1kcal : 4.1868kJ로 한다.)

해답
① $MJ = 10,080 \times 4.1868 = 42,202.944 kJ = 42.20 MJ$
② $toe = 10,080 \times \dfrac{1}{10^7} = 0.001008 = 1.008 \times 10^{-3}$

문제 37
다음의 기호에서 온도별 인공광원색을 쓰시오.
(1) EX-D : 6,500k
(2) EX-N : 5,000k
(3) EX-W : 4,100k
(4) EX-L : 2,700k

해답
(1) EX-D : 6,500k = 주광색
(2) EX-N : 5,000k = 주백색
(3) EX-W : 4,100k = 백색
(4) EX-L : 2,700k = 전구색

문제 38
스타트형 형광램프의 표시가 FL20SEX-N/18이다. 각각 어떤 의미인지 구별하여 쓰시오.
(1) FL
(2) 20S
(3) EX-N
(4) 18

해답
(1) FL : 직관형 램프 형상(FCL : 둥근형(서크라인 형상))
(2) 20S : 램프 정격전력(S : $\phi 28mm$, SS : $\phi 26mm$)
(3) EX-N : 삼파장 주백색
(4) 18 : 절전형 램프 전력

문제 39
형광램프용 안정기의 기능에 대하여 설명하시오.

해답 초기 시동전압을 높여 방전이 잘 이루어지게 하고 점등 후에는 아크방전으로 인한 전류제한을 하여 램프를 보호한다.

참고 전자식 안정기의 특징
① 안정하게 형광등을 점등시킨다.
② 발광효율이 향상된다.
③ 초코코일에서의 자체 발열로 인한 손실을 줄인다.
④ 자기식 안정기에 비해 절전효과가 있다.
⑤ 양질의 빛을 공급하여 시력을 보호한다.
⑥ 전자력의 진동에 의한 소음을 제거한다.
⑦ 자기식에 비해 무게도 적고 안정기 자체의 발열도가 10℃ 이상 낮기 때문에 난방비용이 절감된다.
⑧ 저전압에서도 점등이 되므로 하절기 전력사정이 나쁠 때 사용하기가 적합하다.

문제 40

다음 스타트형 형광램프의 표기사항을 보고 각각의 의미를 쓰시오.

FHF32SSEX - N

(1) FHF (2) 32
(3) SS (4) EX - N

해답
(1) FHF : 직관형 고주파 점등 전용 형광램프 형상
(2) 32 : 정격램프 전력
(3) SS : 유리관 두께 26mm(ST : 유리관 직경 16mm)
(4) EX - N : 삼파장 주백색

문제 41

에너지절약 전문기업(ESCO) 투자사업을 통한 시설투자의 장점을 4가지만 쓰시오.

해답
① 에너지절약형 시설 설치 및 에너지비용 절감
② 에너지 절약시설 투자에 따른 기술적 위험부담 해소
③ ESCO로부터 에너지절약시설에 대한 체계적·전문적 서비스 제공
④ ESCO 투자사업 시 자금지원 및 세제지원 혜택

제1장 에너지관리, 에너지 절감, 전열

문제 42
에너지진단제도 대상 기준을 쓰시오.

해답 연간 에너지 사용량이 2천 toe 이상인 에너지다소비사업자

문제 43
에너지진단의 의미에 대해 기술하시오.

해답 에너지 관련 전문기술장비 및 인력을 구비한 진단기관으로부터 에너지발생설비, 에너지사용설비 등 사업장 전반에 걸쳐 에너지 이용 흐름을 파악하여 손실요인을 발굴하고 에너지 절감을 위한 대책과 경제성 분석 등의 최적의 개선안을 제시하는 기술컨설팅이다.

문제 44
에너지소비 효율등급 표시제란 무엇인가?

해답 에너지 최저소비효율기준에 미달하는 제품에 대해서는 생산, 판매를 금지하는 의무제도

문제 45
최저소비효율기준(MEPS)이란 무엇인지 기술하시오.

해답 일정한 에너지 효율에 미달되는 저효율제품의 생산이나 판매를 금지하여 원천적인 국가 에너지 절약을 기하려는 의무적인 에너지효율기준(위반 시 2천만 원 이하의 벌금 부과)

문제 46
대기전력에 대하여 설명하시오.

해답 컴퓨터, 셋톱박스 등 전자제품이 실제로 사용되지 않는 대기상태에서 소비되는 전력

문제 47
신·재생에너지 이용 건축물 인증제도 기준은 건축물 면적 몇 m² 이상인 신축시설인가?

해답 1,000m² 이상

문제 48
신·재생에너지 이용 건축물 인증제도에서 대상되는 신·재생에너지원 4가지를 쓰시오.

해답 ① 태양광   ② 태양열   ③ 지열   ④ 연료전지

문제 49
온실가스 감축실적 등록사업에 해당되는 등록기준은 온실가스 배출감축량이 연간 몇 t CO_2 이상인 사업인가?

해답 감축 예상량이 CO_2 환산량으로 100톤 이상인 사업

문제 50
국가 온실가스 배출계수 개발사업에서 에너지 분야 배출계수 개발대상의 가스를 쓰시오.

해답 ① CO_2 ② CH_4 ③ N_2O

참고 산업공정 분야 : CO_2, CH_4, N_2O, HFCs, PFCs, SF_6

문제 51
에너지다소비업자(연간에너지사용량 2,000toe 이상의 업체)가 매년 1월 31일까지 지역관할 시·도지사에게 신고하여야 할 내용을 4가지만 쓰시오.

해답
① 전년도의 에너지사용량, 제품생산량
② 해당 연도의 에너지사용예정량, 제품생산예정량
③ 에너지사용기자재 현황
④ 전년도의 에너지이용합리화 실적 및 해당 연도의 계획
⑤ 업무담당자 현황

문제 52
지역난방에서 하나의 에너지원으로부터 1차적으로 전력을 생산한 후 배출되는 열을 회수하여 2차적으로 난방 또는 급탕에 이용함으로써 기존 효율 25~80% 이상의 에너지절약효과를 볼 수 있는 고효율 에너지시스템이 열병합발전시스템이다. 이 시스템 활용 시 장점을 4가지만 쓰시오.

해답
① 전력 생산 및 동시에 열을 생산하여 에너지이용효율이 높다.
② 에너지비용이 절감된다.
③ 에너지원을 분산하여 비상시 전기와 열의 안정적 확보가 가능하다.
④ 지구온난화 지수가 큰 CO_2 등의 온실가스 배출을 감소시킬 수 있다.

문제 53
보일러 폐열회수장치에서 절탄기(급수가열기)나 연소용 공기예열기 설치 시 배기가스 온도 저하로 연료 중 황분이 황산화물(SOx)에 의해 전열면에 부식이 발생되는 저온부식을 방지하기 위한 대책을 4가지만 쓰시오.

해답
① 배기가스의 온도를 노점온도 이상으로 한다.
② 전열면에 내식 처리를 한다.
③ 유황분이 적은 연료를 사용한다.
④ 첨가제인 마그네시아, 돌로마이트 등을 연소용 공기에 섞어서 화실 내에 불어 넣는다.

문제 54
파스칼(Pascal)의 원리를 간단하게 쓰시오.

해답
정지된 유체 내부의 압력은 작용하는 어느 방향에서나 일정하다.

문제 55
중유 B-C유 10,000kL 사용 시 온실가스 배출량(t CO_2)을 계산하시오.(단, B-C유 석유 환산계수는 0.936이고 IPCC 탄소배출계수에서 B-C유는 3.241t CO_2/toe이다.)

해답
$10,000 \times 0.936 = 9,360$ toe
∴ 온실가스 배출량 = $9,360 \times 3.241 = 30,335.76$ t CO_2

> 참고
> - B-C유 1l당 CO_2 배출량 : 3.0kg 정도
> - 도시가스 $1Nm^3$당 CO_2 배출량 : 2.2kg 정도
> - 전기의 온실가스 배출계수 : 0.4525t CO_2/MWh, 1kWh당 온실가스 452.5g 배출

문제 56
1TJ(테라줄)은 몇 kJ인가?

해답 10^9kJ

문제 57
가스터빈발전기(GTG)로 전력을 생산하고자 LNG를 연간 $20,000Nm^3$ 사용하고 사업장 보일러에서 경유 3,000l를 소비하는 경우(LNG CO_2 배출계수 56,100kg CO_2/TJ, 경유는 74,100kg CO_2/TJ) 총 CO_2 배출량(kg CO_2/yr)을 계산하시오.

해답
LNG $= 20,000 \times 40MJ/Nm^3 \times 10^{-6} \times 56,100 = 44,880$ kg CO_2/yr
경유 $= 3,000 \times 35.4MJ/l \times 10^{-6} \times 74,100 = 7,869.42$ kg CO_2/yr
∴ 총 CO_2 배출량 $= 52,749.42$ kg CO_2/yr

> 참고
> - 경유발열량(순발열량기준) : $35.4MJ/l = 8,450kcal/l$
> - 도시가스용 LNG(순발열량기준) : $40MJ/Nm^3 = 9,550kcal/l$
> - $1MJ = 10^6 J = 10^3 kJ$, $1TJ = 10^{12} J$

문제 58
노벽의 온도차 50℃, 두께 0.15m, 열전도율 2.5kcal/m·h·℃, 전열면적 $4.5m^2$에서 열전달량이 150kcal/h이다. 사용기간이 길어서 처음 조건에서 노벽을 열전도율 4배, 두께 2배로 교체한다면 열전달량은 몇 kcal/h인가?(단, 이 벽의 온도차 50℃, 전열면적 $4.5m^2$는 같다.)

해답
$Q_2 = Q_1 \times \dfrac{2.5 \times 4 \times 50 \times 4.5}{2 \times 0.15} = \dfrac{2.5 \times 50 \times 4.5}{0.15}$
$Q_2 = Q_1 \times \dfrac{7,500}{3,750} = 2Q_1$ (열전달량 배수)
∴ 열전달량(Q_2) $= 2 \times 150 = 300$ kcal/h

문제 59

수관식 보일러에서 다음의 조건을 이용하여 전열면적(m²)을 구하시오.

〈조건〉
- 수관의 외경 : 42mm
- 수관핀의 외경 : 50mm
- 상수 : 0.2
- 수관이 길이 : 3m
- 수관의 개수 : 150개
- 수관 1개당 핀의 수 : 15개

해답

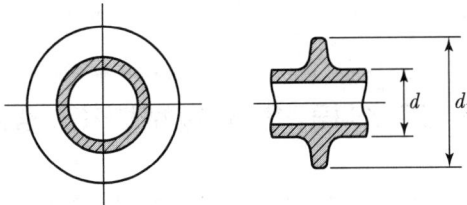

핀 수관 전열면적$(A) = \left[\pi dl + \dfrac{\pi}{4}(d_1^2 - d^2)n_1 \cdot B\right]n$

$\therefore A = \left[3.14 \times 0.042 \times 3 + \dfrac{3.14}{4}(0.05^2 - 0.042^2) \times 15 \times 0.2\right] \times 150$

$= (0.39564 + 0.00173328) \times 150 = 59.61 \text{m}^2$

문제 60

50℃의 물을 87℃로 올리는 것과 70℃의 물을 87℃로 상승시키는 경우 부하감소율은 몇 %인가?

해답 $1 - \dfrac{87-70}{87-50} = 0.5405 = 54.05\%$

문제 61

내화벽의 표면온도가 210℃이고 이 경우 방사(복사)열 손실이 100W라면 이 내화벽의 표면온도가 410℃로 상승한 경우 방사열 손실은 몇 W인가?(단, 복사열 손실은 스테판-볼츠만의 법칙에 따른다.)

해답 $\left(\dfrac{T_2}{T_1}\right)^4 = \left(\dfrac{410+273}{210+273}\right)^4 ≒ 4$배

$\therefore$ 방사열 손실$(Q) = 4 \times 100 = 400 \text{W}$

문제 62

어느 염색공장의 증기압력이 8.5kg/cm²이다. 이때 절대압력은 몇 kPa인가?(단, 대기압은 750mmHg이고 1kg/cm²은 98kPa이다.)

해답

$1.033 \times \dfrac{750}{760} = 1.0194 \text{kg/cm}^2$ (대기압력)

$1.0194 + 8.5 = 9.52 \text{kg/cm}^2$ (절대압력)

$\therefore 9.52 \times 98 = 932.96 \text{kPa}$

문제 63

보일러용 중유 C급 소비량이 450L/h인 경우 소비중량은 몇 kg/h인가?(단, 중유의 비중은 0.95이다.)

해답

소비중량 = $450 \text{L/h} \times 0.95 \text{kg/L} = 427.5 \text{kg/h}$

문제 64

대향류형 공기예열기에서 연소배기가스가 1,100℃로 들어와서 열교환 후 공기 온도가 15℃에서 150℃로 상승되고 연소배기가스는 공기예열기 출구에서 900℃로 배기된다. 공기예열기의 원관 직경은 150mm, 그 길이가 2.5m이고 공기예열기 원관의 총 개수는 10개일 때 이 공기예열기에서 전달된 열량은 전체 몇 W인가?(단, 공기예열기의 열관류율은 15W/m²·h·℃이다.)

해답

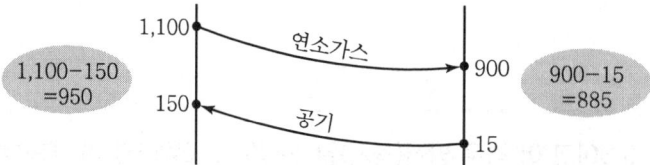

대수평균온도차 = $\dfrac{950-885}{\ln\left(\dfrac{950}{885}\right)} = \dfrac{65}{0.07087} ≒ 917.17℃$

공기예열기의 열교환 총 면적 = $\pi DLN = 3.14 \times 0.15 \times 2.5 \times 10 = 11.775 \text{m}^2$

$\therefore$ 열교환량(Q) = 열관류율 × 열교환면적 × 대수평균온도차
  = $15 \times 11.775 \times 917.17$
  = $161,995.15 \text{W}$

문제 65
지름 32mm의 배관에 지름 20mm의 차압식 오리피스를 설치하여 급수량(m³/h)을 측정하고자 한다. 오리피스 차압식 유량계 전후의 압력수두차가 150mmH₂O인 상태에서의 유량(m³/h)을 구하시오.

해답

유량(Q) = 단면적 × 유속 = $A \times V = \dfrac{\pi}{4}d^2 \times \sqrt{2gh}$

150mm = 0.15m, 1시간은 3,600sec

$\therefore Q = \dfrac{3.14}{4}(0.02)^2 \times \sqrt{2 \times 9.8 \times 0.15}$

　　 = 0.000314 × 1.71464 × 3,600

　　 = 1.94 m³/h (1,940 l/h)

문제 66
보일러 증기압력 1MPa에서 포화온도 181℃, 포화수 엔탈피 756kJ/kg, 포화증기 엔탈피 2,965 kJ/kg일 때 습포화증기 엔탈피(kJ/kg)를 구하시오.(단, 기수분리기를 거쳐서 나온 증기의 건도는 0.98이다.)

해답

습포화증기 엔탈피(h_2) = $h_1 + rx$
물의 증발잠열(r) = $h'' - h_1$ = 2,965 − 756 = 2,209 kJ/kg
$\therefore$ 습포화증기 엔탈피 = 756 + 2,209 × 0.98 = 2,920.82 kJ/kg
또는 756 + (2,965 − 756) × 0.98 = 2,920.82 kJ/kg

문제 67
관로에 수은을 이용한 유자관을 설치하고 두 지점의 압력차(kg/cm²)를 구하고자 한다. U자관 수은주 높이차가 150mm일 경우 두 지점의 압력차($P_1 - P_2$)는 몇 kgf/cm²인가?(단, H₂O의 비중은 1이고, Hg의 비중은 13.6으로 한다.)

해답

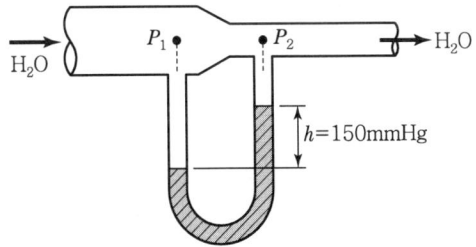

$P_1 - P_2 = h(\text{Hg} - \text{H}_2\text{O})r$

$0.15 \times (13.6 - 1) \times 1,000 = 1,890 \text{kg/m}^2$

$1\text{atm} = 10.332 \text{mH}_2\text{O} = 10,332 \text{kg/m}^2 = 1.0332 \text{kg/cm}^2$

$1,890 \times \dfrac{10.332}{10,332} = 1.89 \text{mH}_2\text{O}$

$\therefore\ 1.0332 \times \dfrac{1.89}{10.332} = 0.189 \text{kg/cm}^2$

문제 68

터보형 냉동기의 성적계수가 6.5COP이다. 압축기에 입력되는 전력이 50kW/h라면 이 냉동기의 출력은 몇 kJ/h인가?(단, 1kWh = 860kcal = 3,600kJ이다.)

해답 $6.5 = \dfrac{Q}{50}$

$\therefore\ Q = 50 \times 3,600 \times 6.5 = 1,170,000 \text{kJ/h}$

참고 $50 \times 860 \times 6.5 = 279,500 \text{kcal/h}$

문제 69

보일러용 덕트의 면적이 1.5m²이고 풍속 3.5m/s에서 이송되는 공기온도가 30.5℃일 때 표준상태 풍량(Nm³/h)은 얼마인가?

해답 풍량(Q) = 단면적 × 유속(m³/s)

$\therefore\ Q = \dfrac{273 \times (1.5 \times 3.5)}{273 + 30.5} \times 3,600 = 17000.66 \text{Nm}^3/\text{h}$

문제 70

압력계 적색 눈금(진공압력)의 지시값이 56cmHg이다. 대기압력 1.033kg/cm², 760mmHg 상태에서 진공게이지 압력은 몇 kg/cm²인가?

해답 1.033kg/cm² = 76cmHg이므로 $1.033 \times \dfrac{56}{76} = 0.76116 \text{kg/cm}^2$(진공게이지 압력)

또는 1.033 − 0.76116 = 0.27kg/cm²(절대압력)

게이지 압력 = 절대압력 − 대기압력

$\therefore\ $ 진공게이지 압력 = 0.27 − 1.033 = −0.76kg/cm²

문제 71

다음의 반응식을 이용하여 저위발열량(반응열)은 몇 MJ/kg인지 구하시오.(단, 탄소의 원자량, 분자량은 12이다.)

〈조건〉
$C + 0.5(O_2) \rightarrow CO + 280MJ$
$CO + 0.5(O_2) \rightarrow CO_2 + 120MJ$

해답 1kmol의 발열량 $= 280 + 120 = 400$ MJ/Kmol

$\therefore$ 저위발열량$(H_l) = \dfrac{400}{12} = 33.33$ MJ/kg

문제 72

중공원관 입·출구의 온도가 150℃, 10℃이다. 이 원관의 지름이 15mm, 그 길이가 600mm일 때 열유속이 45W이다. 이 중공원관의 열전도율은 몇 W/m·℃인가?(단, 중공원관은 단열되어서 열의 출입은 없는 것으로 본다.)

해답 열전도저열량$(Q) = \lambda \times \dfrac{A \cdot \Delta t}{l} \times h$

$45 = \lambda \times \dfrac{\dfrac{\pi}{4}(0.015)^2 \times (150-10)}{0.6} = \lambda \times \dfrac{0.0247275}{0.6}$

$\therefore \lambda = \dfrac{0.6 \times 45}{0.0247275} = 1,091.90$ W/m·℃

문제 73

보일러 절대압 기준 10kg/cm²에서 응축수량이 2,500kg/h 발생된다. 응축수 탱크 내에 재증발증기(Flash Tank) 탱크를 설치하여 3kg/cm²의 재증발증기를 다단식 취사기의 공급증기로 사용하는 경우 다음 도표를 이용하여 플래시탱크 내 재증발증기의 양(kg/h)을 구하시오.

증기절대압력	포화수엔탈피	포화온도	포화증기엔탈피	증발잠열
10kg/cm²	181kcal/kg	180℃	711kcal/kg	530kcal/kg
3kg/cm²	120kcal/kg	119℃	655kcal/kg	535kcal/kg

해답 $G \times 535 = 2,500 \times (181 - 120)$

$\therefore$ 재증발증기량$(G) = \dfrac{2,500 \times 61}{535} = 285.05$ kg/h

문제 74
연료 1kg의 원소분석에서 탄소(C) 85%, 수소(H) 10%, 황(S) 5%의 완전연소 시 발생되는 연소가스의 체적은 온도 25℃에서 몇 m³/h인가?(단, 연료소비량은 시간당 100kg이다.)

해답 탄소 12kg, 수소 2kg, 황 32kg의 연소 시 체적은 22.4Nm³/kmol

∴ 표준상태 배기가스량(G) = 8.89C + 32.27H − 2.63O + 3.33S + 0.8N + 1.25W
= {8.89×0.85 + 32.27×0.1 + 3.33×0.05}×100 = 1,095

∴ $G' = 1,095 \times \dfrac{273+25}{273+0} = 1,195.28 \text{m}^3/\text{h}$

참고 배기가스량

$C = \dfrac{22.4}{12} = 1.867 \text{Nm}^3/\text{kg}$

$H_2 = \dfrac{22.4}{2} = 11.2 \text{Nm}^3/\text{kg}$

$S = \dfrac{22.4}{32} = 0.7 \text{Nm}^3/\text{kg}$

문제 75
화실 내부 온도가 650℃, 화실 내화벽의 길이가 가로×세로 (0.5×0.5m)일 때 화실 내부 문을 개방한다면 손실열량은 몇 kcal/h인가?(단, 화실 내부 내화벽의 방사율은 0.58이며, 화실 외부 온도는 25℃이고 스테판−볼츠만의 정수가 4.88kcal/m²·h(100K⁴)이다.)

해답 복사열량(Q) = $\varepsilon \times \sigma (T_1^4 - T_2^4) \times A$

면적(A) = 0.5×0.5 = 0.25m²

$0.58 \times 4.88 \times \left\{ \left(\dfrac{273+650}{100}\right)^4 - \left(\dfrac{273+25}{100}\right)^4 \right\} \times 0.25 = 5,079.86 \text{kcal/h}$

참고 스테판−볼츠만(Stefan−Boltzmann) 상수
$\sigma = 4.88 \times 10^{-8} \text{kcal/m}^2\text{hK}^4$

$= \dfrac{4.88 \times 10^{-8} \times \dfrac{4.1868 \text{kJ}}{1 \text{kcal}} \times \dfrac{10^3 \text{J}}{1 \text{kJ}}}{\dfrac{3,600 \text{sec}}{1 \text{h}} \times \text{m}^2 \cdot \text{K}} = 5.67 \times 10^{-8} (\text{W/m}^2 \cdot \text{K}^4)$

문제 76

보일러 증기 발생 용량 698kW 출력에서 연료소비량은 5시간 동안 350kg이 된다. 이 연료의 발열량이 40.95MJ/kg이면 이 보일러의 손실열량은 몇 MJ/h인가?

해답

1kWh=3,600kJ, 1MJ=1,000kJ, 1kJ=10^3J

보일러 전력 용량 = $698 \times 3,600 \times 10^3 \times \dfrac{1}{10^6}$ = 2,512.8MJ/h

연료공급열 = $40.95 \times \dfrac{350}{5}$ = 2,866.5MJ/h

∴ 손실열량 = 2,866.5 − 2,512.8 = 353.7MJ/h

문제 77

게이지 압력 7kg/cm² 보일러에서 급수사용량 3,500kg/h(3.5ton/h)을 증기로 30℃에서 60℃로 예열하고자 하면 증기의 응축수량은 몇 kg/h이 발생하겠는가?(단, 증기는 잠열만 사용하고 압력 7kg/cm²에서 절대압력기준 포화증기엔탈피 659kcal/kg, 물의 비열 1kcal/kg · ℃, 포화수 엔탈피 165℃(165kcal/kg), 증기건도 0.98)

해답

급수 예열에 필요한 열량 = $3,500 \times 1 \times (60-30)$ = 105,000kcal/h

잠열 = 659 − 165 = 494kcal/kg

응축수량 = 105,000 = $x \times 0.98 \times 494$

∴ $x = \dfrac{105,000}{0.98 \times 494}$ = 216.89kg/h

문제 78

다우삼액을 사용하는 열매체 보일러에서 효율(%) 계산 시 다음의 A~C가 뜻하는 내용을 쓰시오.

$$보일러\ 효율(\eta) = \dfrac{A(m^3/h) \times 비중량 \times 비열 \times 열매체\ 입출구\ 온도차}{B(kg/h) \times C(kcal/kg)}$$

해답
- A : 단위시간당 열매체 사용량
- B : 단위시간당 연료 소비량
- C : 연료의 저위발열량(열정산에서는 고위발열량이 기준)

문제 79

스패이스드형 수냉로 벽관의 안지름이 32mm이고 두께가 2mm이며 수관 1본의 길이는 2.5m일 때 이 수관 80개의 수냉로 벽관을 이용한 전열관의 전열량(kcal/h)을 계산하시오.(단, 운전 중인 연소실의 화염 온도는 1,100℃, 수냉로 벽관의 온도는 550℃, 노 내측 열전달률(a_1)은 1,000kcal/m² · h · ℃이다.)

해답
- 먼저 수관의 총전열면적(A) = $\pi D L n$ (수관은 외경이 기준이다.)

$$A = 3.14 \times \left(\frac{32 + (2 \times 2)}{1,000}\right) \times 2.5 \times 80 = 22.608\text{m}^2$$

- 전열량(Q) = $a_1 \cdot \Delta t \cdot A$

∴ $1,000 \times (1,100 - 550) \times 22.608 = 12,434,400$ kcal/h

문제 80

아파트 등에 열과 전기를 공급하기 위한 열병합발전시스템에 대하여 간단히 설명하고 그 장점을 3가지만 쓰시오.

해답
(1) 열병합발전시스템 : 하나의 에너지원으로부터 전력을 생산한 후 배출되는 열을 회수하여 2차적으로 난방, 급탕에 이용할 수 있어서 기존 발전효율 25%를 80% 이상으로 높여 에너지 절약효과를 상승시킬 수 있는 시스템이다.

(2) 장점
① 전기와 열을 동시에 생산 가능하여 에너지 이용효율이 향상된다.
② 지구온난화 요인인 온실가스 CO_2 배출을 감소시킬 수 있다.
③ 건물마다 난방시설을 설비를 설치할 필요가 없어서 열설비계통의 설치장소가 불필요하다.

문제 81

가스용기 내부의 압력계 표시(흑색)가 56cmHg(560mmHg)이다. 절대압력은 몇 kg/cm²인가?(단, 대기압은 760mmHg = 1.033kg/cm²이다.)

해답
절대압력 = 대기압 + 게이지 압력

$$560 \times \frac{1.033}{760} + 1.033 = 1.79 \text{kg/cm}^2$$

참고 압력계의 눈금표시가 적색이면 진공압력이다.

제1장 에너지관리, 에너지 절감, 전열

문제 82
태양열 집열판의 매니폴드의 기능을 간단히 기술하시오.

해답 태양의 복사열을 한 곳으로 모아서 환수나 공급수의 헤더 역할을 하는 기능이다.

문제 83
단열된 원반금속의 열전도율(W/m·℃)을 구하고자 한다. 이 관의 금속 지름은 15mm이며 길이가 450mm이고 관의 입구 측 온도 100℃, 출구 측 온도 0℃에서 열유량이 12W라면 열전도율(W/m·℃)은 얼마인가?

해답

전도열량(Q) = $\lambda \times \dfrac{A \cdot \Delta t}{l} \times hr$

A (단면적) = $\dfrac{\pi}{4}d^2 = \dfrac{3.14}{4} \times (0.015)^2 = 0.000176625 \text{m}^2$

$12 = \lambda \times \dfrac{0.000176625 \times (100-0)}{0.45}$

열전도율(λ) = $\dfrac{12 \times 0.45}{0.0176625} = 305.73 \text{W/m} \cdot ℃$

문제 84
횡관의 안지름이 20mm이다. 레이놀즈수(Re) 2,320에서 흐르는 유체의 동점성계수(ν)는 1.05×10^{-6}일 때 이 흐르는 유체의 임계유동속도는 몇 m/s인가?

해답

유속(v) = $\dfrac{Re \times \text{동점성 계수}(\text{m}^2/\sec)}{\text{횡관의 지름}(\text{m})}$

= $\dfrac{2,320 \times 1.05 \times 10^{-6}}{0.02} = 0.12 \text{m/s}$

문제 85
에너지소비효율 등급표시제도가 105%(최저소비효율달성률)라고 표시되었다면 무엇을 의미하는지 간단하게 설명하시오.(단, 에너지소비효율 등급지표는 "R"이다.)

해답 정부가 정한 최저소비효율 기준보다 5% 소비효율이 높다.

참고 에너지소비효율(등급)라벨(보통, 다소 높음, 높음) 참고

문제 86
테스트(Test) 버튼 및 리셋(Reset) 버튼에 대하여 간단히 기술하시오.

해답
① 테스트 버튼: 설정된 최고·최저압력 초과 시 경고등이 켜지면서 버저가 울리는지 여부를 확인하는 시험에 사용되는 버튼
② 리셋 버튼: 운전 중 이상정지나 테스트가 종료된 후 시스템을 초기 감시상태로 원점복귀시킬 때 사용되는 버튼

문제 87
증기보일러(5MPa)에서 습증기를 교축시켜 다음의 결과를 얻었다. 이 경우 습포화증기의 건도(x)는 얼마인가?

〈결과〉
- 포화수 엔탈피: 120kcal/kg
- 건포화증기 엔탈피: 650kcal/kg
- 습포화증기 엔탈피: 640.5kcal/kg

해답 증발잠열(r): $650 - 120 = 530$ kcal/kg
$640.5 = 120 + x \times 530$
$\therefore$ 건도(x) $= \dfrac{640.5 - 120}{530} = 0.982$

문제 88
보일러 자동제어 패널(Panel) 내부 부품에서 무효전력 등 부하의 역률을 개선하고 에너지의 절감을 위해 설치하는 기기의 명칭과 그 단위를 쓰시오.

해답
① 명칭: 진상콘덴서
② 단위: 마이크로 패럿(μF)

문제 89
보일러 용수 중 다량의 철(Fe) 성분을 제거하는 경우 이온교환법 외에 어떤 약품을 사용하면 제거가 되겠는가?

해답 망간 제올라이트

제1장 에너지관리, 에너지 절감, 전열

문제 90

단열재에 대한 열전달률의 단위를 2가지로 구분하여 쓰시오.

해답 ① $kcal/m^2 \cdot h \cdot ℃$ ② $W/m^2 \cdot K$

문제 91

표준상태 공기의 질량을 구하시오.(단, 용기의 체적은 1m³이고 공기의 분자량은 29로 한다.)

해답 $1m^3 = 1,000L$
$1mol = 22.4L$
∴ 공기의 질량 $= \dfrac{1,000}{22.4} \times 29 = 1,294.64g$

참고
- 산소(O_2) $= 1,294.64 \times 0.232 = 300.36g$
- 질소(N_2) $= 1,294.64 \times 0.768 = 994.28g$
- 공기의 질량당 산소 23.2%, 질소 76.8%

문제 92

지역난방 판형(플레이트형) 열교환기의 열량이 453,000kcal/h이고 열관류율이 10.15kcal/m² · h · ℃, 지역난방 열교환기 중온수 입구온도가 115℃, 출구온도가 75℃라면 판형 열교환기의 전열면적(A)은 몇 m²인가?

해답 $453,000 = 10.15 \times (115 - 75) \times A$
$A = \dfrac{453,000}{10.15 \times (115 - 75)} = 1,115.76m^2$

문제 93

전기접점에서 A, B 접점의 기능을 간단히 기술하시오.

해답 ① A접점 : 평상시 열려 있는 접점이다.(작동 시 닫히면 전류가 공급된다.)
② B접점 : 평상시 닫혀 있는 접점(작동 시 열리면 전류 흐름이 차단된다.)

문제 94

보일러 배기가스의 온도가 450℃인데 6.5kg/s이 열교환 후 150℃로 배출되었다. 열교환 후 보일러로 공급되는 20℃의 공기 5.5kg/s이 출구로 나올 때 공기상승온도에 대한 연료절감률(%)을 구하시오.(단, 연소용 공기는 20℃ 상승할 때마다 연료가 1%씩 감소하며, 공기의 정압비열은 1.67kJ/kg·K, 배기가스의 정압비열은 1.25kJ/kg·K이다.)

해답 공기예열기의 출구온도(x) 계산

$1.25 \times 6.5 \times (450-150) = 1.67 \times 5.5 \times (x-20)$

$x = \dfrac{1.25 \times 6.5 \times (450-150)}{1.67 \times 5.5} + 20 = 285.3783℃$

∴ 연료절감률 = $\dfrac{1}{20} \times (285.3783 - 20) = 13.27\%$

문제 95

다음 수냉벽의 배열방식 명칭을 쓰시오.

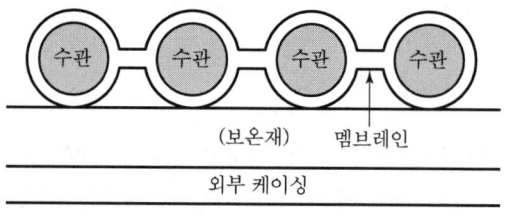

해답 핀 패널식 배열

문제 96

증기보일러에서 증기방열기의 상당방열량이 650kcal/m²·h이고 상당방열면적(EDR)이 760m²이며 방열기 외에서 생성되는 응축수량은 방열기 응축수량의 30%로 할 때 총 응축수량은 몇 kg/h인가?(단, 표준난방에서 증기의 증발잠열은 539kcal/kg이다.)

해답 총 응축수량 = $\dfrac{650}{r} \times (1+a) = \dfrac{650}{539} \times 760 \times (1+0.3)$

$= 1{,}191.47 \text{kg/h}$

참고 방열기 내의 응축수량 = $\dfrac{650}{539} \times 760 = 916.51 \text{kg/h}$

제1장 에너지관리, 에너지 절감, 전열

문제 97
두께 20cm 내화벽의 열전도율이 0.1W/m·K이고 그 외측에 안전사용온도 300℃인 단열재를 시공하였다. 단열재 외측의 온도는 20℃, 열전도율은 0.2W/m·K이면 이 단열재의 두께는 몇 m인가?(단, 내화벽과 단열재의 열유속은 같고 단열재와 외기와의 열전달률은 15W/m²·℃이며, 노 내벽 온도는 1,200℃이다.)

해답

$$\frac{0.1\times(1,200-300)}{0.2}=\frac{(300-20)}{\frac{d_2}{0.2}+\frac{1}{15}}$$

$$450=\frac{280}{\frac{d_2}{0.2}+\frac{1}{15}}, \quad \frac{450(15d_2+0.2)}{3}=280$$

∴ d_2(단열재두께) = 0.111m

문제 98
어느 화력발전소의 생산전력이 1,000kWh일 경우, 발생되는 CO_2는 몇 kg인가?(단, 전기의 석유환산계수는 0.25, 발전용 연료는 원유이며 원유의 탄소배출계수는 20kgC/GJ, 1kcal = 4.1868kJ이다.)

해답 탄소(C)의 발생량
= 20kgC/GJ×(1,000kWh×2,500kcal/kWh)×4,186.8J/kcal×1GJ/1,000,000,000J = 209.34kgC

∴ CO_2 배출량 = $209.34\times\frac{44}{12}$ = 767.58kgCO_2

참고
C + O_2 → CO_2
12kg   32kg   44kg

문제 99
전기의 탄소배출계수가 0.1319kgC/kWh이다. 이산화탄소(CO_2)로 환산하면 몇 kgCO_2/kWh인가?

해답 $0.1319\times\frac{44}{12}$ = 0.4836kgCO_2/kWh

참고 1kcal = 4.1868kJ, 1kWh = 1kW×3,600sec
1×10^3J/s×3,600sec = 3,600kJ
$\frac{3,600\text{kJ}}{4.1868\text{kJ}}$ = 859.845kcal = 860kcal/kWh

문제 100
열전대 온도계 종류 4가지를 쓰고 ⊕극, ⊖극에 필요한 금속을 1개씩 쓰시오.

해답

종류	형식	⊕극	⊖극	측정온도(℃)
PR형	R형	(백금로듐)	(백금)	0~1,600
CA형	K형	(크로멜)	(알루멜)	-20~1,200
IC형	J형	(철)	(콘스탄탄)	-20~800
CC형	T형	(구리)	(콘스탄탄)	-200~350

문제 101
광고온도계(비접촉식)의 측정범위 온도를 쓰시오.

해답 700~3,000℃

문제 102
열교환기의 종류를 3가지만 쓰시오.

해답
① 판형
② 원통다관형
③ 코일형

문제 103
단열보온재 중 다음 4가지의 최고 안전사용온도를 쓰시오.
(1) 글라스울
(2) 펄라이트
(3) 규산칼슘
(4) 세라믹화이버

해답
(1) 글라스울 : 300℃
(2) 펄라이트 : 650℃
(3) 규산칼슘 : 650℃
(4) 세라믹화이버 : 1,300℃

문제 104
보일러용 스프링식 안전밸브를 2개 설치 시 각각의 작동압력을 쓰시오.

해답 1개는 보일러 최고사용압력 이하에서 작동하도록 조절하고 나머지 1개는 최고사용압력의 1.03배 이하에서 작동하도록 조절한다.

문제 105
수면 측정장치인 평형 반사식 유리제 수면계가 파손되는 원인을 4가지만 쓰시오.

해답
① 장기간 사용으로 노후화된 경우
② 유리관 자체의 재질이 불량한 경우
③ 수면계 상하의 너트를 무리하게 조인 경우
④ 외부로부터 충격을 받은 경우
⑤ 상하의 축이 이완되어 바탕쇠의 중심선이 일치하지 않은 경우

문제 106
보일러실의 압입식 송풍기인 터보형 송풍기에서 풍량, 풍압, 동력과 회전수의 관계를 쓰시오.

해답
① 풍량은 회전수 증가에 비례한다.
② 풍압은 회전수 증가의 2승에 비례한다.
③ 풍 동력은 회전수 증가의 3승에 비례한다.

문제 107
보일러 운전이 장기화되는 경우 노후 및 열화에 따른 튜브 교체나 보수를 해야 하는 시기의 예를 3가지만 쓰시오.

해답
① 보일러의 증기압력 또는 온도 상승이 평소보다 느릴 경우
② 전열면에 국부가열이 일어날 경우
③ 보일러 수위가 평소보다 낮아질 경우
④ 화실에서 물이나 증기가 누설이 되는 경우

문제 108
증기원동소에 과열기 설치 시 그 단점을 4가지만 쓰시오.

해답
① 청소나 검사가 불편하다.
② 열응력이 발생한다.
③ 고온부식이 발생될 수 있다.
④ 연소가스의 흐름에 방해가 되어 통풍력이 약화된다.

문제 109
보일러 전열면의 고온부식 방지대책을 4가지만 쓰시오.

해답
① 연료에 첨가제를 사용하여 바나듐의 융점을 높인다.
② 연료를 전처리하여 고온부식인자인 바나듐, 나트륨 등을 제거한다.
③ 배기가스의 온도를 바나듐의 융점 이하가 되도록 한다.
④ 전열면의 온도가 높아지지 않도록 설계온도 이하로 유지한다.

문제 110
열매체(다우섬, 카네크롤 등) 보일러의 특징을 3가지만 쓰시오.

해답
① 저압력으로 운전하여도 고온의 액상이나 기상으로 운전이 가능하다.
② 열매유가 기름 성분이라 부식이나 스케일이 발생하지 않는다.
③ 저압에서 고온을 얻으므로 안전운전이 가능하다.
④ 열매유의 순환용 펌프가 필요하다.
⑤ 열매유의 인화점이 낮아서 화재의 위험성이 높다.
⑥ 보일러용 안전밸브는 밀폐식 구조로 하여 외부로 배출되도록 설치하여야 한다.

문제 111
ESCO(Energy Service COmpany)의 뜻을 설명하시오.

해답 에너지절약전문기업(한국에너지공단에 등록)

제1장 에너지관리, 에너지 절감, 전열

문제 112
다음 설명에 해당하는 부속품의 명칭을 쓰시오.

> 보일러 운전 중 잉여증기를 저장하였다가 부하변동 시 온수 또는 증기로 방출하여 보일러에 보충하는 설비부속품으로 증기의 부하를 조정하는 송기장치

해답 증기축열기(어큐뮬레이터)

문제 113
유속식 유량계인 피토관 유량계의 유량 측정 원리를 간단히 기술하시오.

해답 배관 내에 설치한 피토관 내로 유체가 통과할 때 전압과 정압의 압력차인 동압을 측정하고 이때 유속에 관의 단면적을 곱하여 유량(m^3/s)을 측정한다.

문제 114
오일 서비스탱크 설치 시 그 설치 목적 또는 사용 시 장점 등의 특징을 3가지만 쓰시오.

해답
① 버너에 연료를 신속하게 공급할 수 있다.
② 점성을 낮추기 위해 적당한 온도로 가열이 용이하다.
③ 연소용 연료를 임시로 저장할 수 있다.
④ 연료가 예열되어 연료의 현열을 증가시킬 수 있다.

문제 115
보일러 상부의 증기밸브에 대한 다음 물음에 답하시오.

해답
① 명칭 : 주증기 밸브
② 구조상 명칭 : 앵글형 글로브 밸브
③ 이 밸브를 최초로 열 때 천천히 열어야 하는 이유 : 프라이밍, 캐리오버 등을 방지하고 관의 파손이나 수격작용을 방지하기 위함

문제 116
접촉식 온도계인 열전대 온도계의 구비조건을 3가지만 쓰시오.

해답
① 열기전력이 클 것
② 내열성·내식성이 클 것
③ 장시간 사용하여도 변형이 없을 것
④ 열전도율이 작고 재생도가 높을 것
⑤ 전기저항 온도계수가 작을 것

문제 117
급수펌프 시동 시 플랙시블의 설치 목적을 쓰시오.

해답 펌프 가동 시 진동이 배관에 전달되지 않도록 방진, 방음의 역할 및 신축작용으로 급수배관의 파손을 방지한다.

문제 118
관류보일러용 전극봉식 수위검출기에서 전극봉의 3가지 동작내용을 쓰시오.

해답
① 펌프 작동 중지
② 펌프 운전 시동
③ 저수위 사고 시 경보음과 동시에 보일러 운전 정지

문제 119
바닥에 코일을 사용하는 복사난방법의 장점을 3가지만 쓰시오.

해답
① 실내온도가 균일하여 쾌감도가 높다.
② 방열기 설치가 불필요하여 바닥면의 이용도가 높다.
③ 공기의 대류가 적어서 바닥면의 공기 상승에 의한 오염도가 적다.
④ 실내 평균온도가 낮아서 동일 방열량에 대한 열손실이 비교적 적다.
⑤ 천장이 높은 실내의 난방에 적합하다.

문제 120
판형 열교환기의 장점을 3가지만 쓰시오.

해답
① 플레이트형이라 전열 열교환면적이 커서 높은 열전달 능력이 있다.
② 판의 매수 조절이 가능하여 전열면의 증감이 자유롭다.
③ 전열면의 청소나 판의 교체가 용이하다.
④ 판을 조이거나 해체가 용이하다.
⑤ 온수나 급탕 등 유량이 많이 필요한 대규모 설비 등에 사용이 편리하다.

문제 121
다음의 에너지 사용 내용을 보고 연간 석유환산톤(toe)을 계산하시오.(단, 석유환산톤 1toe = 10^7 kcal이다.)

- (전기) 724,638kWh/월 (2,300kcal/kWh = 0.230)
- (도시가스) 159,796Nm³/월 (10,430kcal/Nm³ = 1.043)

해답

도시가스 = $\dfrac{159{,}796 \times 12 \times 10{,}430}{10^7}$ = 2,000.01 (toe/년)

전기 = $\dfrac{724{,}638 \times 12 \times 2{,}300}{10^7}$ = 2,000 (toe/년)

∴ 합계 = 2,000.01 + 2,000 = 4,000.01 (toe/년)

문제 122
폐열회수장치(여열장치)인 절탄기 사용 시 그 단점을 3가지만 쓰시오.

해답
① 전열면의 저온부식을 초래한다.
② 연돌의 통풍력이 약화된다.
③ 연도 내 청소나 검사·보수·수리가 불편하다.

참고 장점
- 급수온도가 상승되어 열효율이 상승된다.
- 연료사용량이 절감된다.
- 급수와 보일러수의 온도차가 감소되어 열응력이 감소된다.
- 보일러에서 증기발생속도가 감소된다.

문제 123
에너지원단위 구성에 의한 온수 생산용 3가지 사용설비를 이용한 다음의 경우 중 가장 유리한 것은?(단, 회사는 전기히터, 히트펌프, 보일러 설비가 구성되었다.)

> ㉠ 전기히터를 이용하여 급탕용 온수를 생산하는 경우
> ㉡ 전기로 구동하는 압축기 이용 히트펌프로 급탕용 온수를 생산하는 경우
> ㉢ 석유를 사용하여 원통 보일러로 급탕 온수를 생산하는 경우
> (단, 석유를 사용하여 전기를 생산하는 경우 효율은 58%, 전기히터의 효율은 97%, 히트펌프의 cop(성적계수)는 4.5, 원통 보일러의 효율은 85%이다.)

해답 온수생산 에너지 원단위(%)
- 전기히터 $= \dfrac{100}{0.97 \times 0.58} = 177.46\%$
- 전기식 압축기 히트펌프 $= \dfrac{100}{4.5} = 22.22$

  $\dfrac{22.22}{0.58} = 38.31\%$
- 원통 보일러 $= \dfrac{100}{0.85} = 117.65\%$

∴ ㉡ 압축기(전기 사용) 이용 히트펌프(EHP)가 에너지 사용 온수 생산 시 원단위가 가장 낮아서 유리한 설비이다.

문제 124
보일러 초기 가동 시 점화 불량의 원인을 3가지만 쓰시오.

해답
① 연료 필터의 막힘
② 연료가 없는 경우
③ 분사노즐이 막힌 경우
④ 점화플러그의 불량
⑤ 화염검출기의 작동 불량

문제 125
교차로의 신호등(적색, 황색, 청색)인 램프(LED)의 장점을 간단히 기술하시오.

해답 전력 소비가 적고 수명이 길다.

문제 126
흡수식 냉온수기에서는 증발열, 응축열, 흡수열, 재생열이 발생한다. 다음 물음에 답하시오.
(1) 유입열량 2가지는?
(2) 유출열량 2가지는?
(3) 성적계수(COP)는?

해답
(1) 유입열량 2가지 : 재생기열, 증발기열
(2) 유출열량 2가지 : 응축기열, 흡수기열
(3) 성적계수(COP) : $\dfrac{증발열}{재생열}$

문제 127
석탄의 발열량이 4,500kcal/kg이다. 연소 시 연소가스 온도가 350℃이고, 연소가스 배출량이 10Nm³/kg, 연소가스의 평균비열이 0.31kcal/Nm³·℃일 경우 외기온도가 0℃인 상태에서 열효율(%)을 구하시오.(단, 불완전열손실, 방사손실 등은 없는 것으로 간주한다.)

해답
배기가스 현열 $= 10 \times 0.31 \times (350 - 0) = 1,085$ kcal/kg

$\therefore$ 열효율 $= \left(1 - \dfrac{열손실}{발열량}\right) \times 100$

$= 1 - \dfrac{1,085}{4,500} = 0.75888$

$\therefore$ 75.89%

문제 128
계측기기의 표준원기가 갖추어야 할 구비조건을 4가지만 쓰시오.

해답
① 경년변화가 적을 것
② 안정성이 있을 것
③ 정도가 높고 단위의 현시가 가능할 것
④ 외부의 물리적 조건 등에 대하여 변형이 적을 것

문제 129

10℃의 물 20kg을 가열하여 100℃의 수증기로 만들 때 총 가열량은 몇 kcal인가?(단, 물의 비열은 1kcal/kg·℃, 물의 증발잠열은 539kcal/kg이다.)

해답
물의 현열 = $20 \times 1 \times (100-10) = 1,800$ kcal
증발잠열 = $20 \times 539 = 10,780$ kcal
∴ 가열량 = $1,800 + 10,780 = 12,580$ kcal

문제 130

잔류편차를 남기는 제어동작을 쓰시오.

해답 P 동작(비례동작)

문제 131

잔류편차를 제거할 수 있는 동작을 3가지만 쓰시오.

해답
① 적분동작(I 동작)
② 비례적분동작(PI 동작)
③ 비례적분미분동작(PID 동작)

문제 132

A사업장에는 보일러 1대와 비상발전기 1대를 가동하고 있다. 보일러는 연간 20,000Nm³의 LNG를 사용하고 비상발전기에서는 연간 3,000 l의 경유를 사용한다. 이 경우 총 온실가스 CO_2 배출량은 몇 tCO₂-eq/yr인가?(단, LNG의 순발열량 40MJ/m³, 경유의 순발열량 35.4MJ/l이고, LNG 온실가스의 CO_2 배출계수는 56,467kgCO₂/TJ, 경유의 경우 CO_2 배출계수는 72,600kgCO₂/TJ이다.)

해답
- LNG $CO_2 = 20,000 \times 40 \times 56,467 \times 10^{-6} = 45.174$ tCO₂/yr
- 경유 $CO_2 = 3 \times 35.4 \times 72,600 \times 10^{-6} = 7.710$ tCO₂/yr
∴ 총 배출량 = $45.174 + 7.710 = 52.88$ tCO₂-eq/yr

참고 3,000L = 3kL, 열량단위(MJ × 10^{-6} = TJ)

제1장 에너지관리, 에너지 절감, 전열

문제 133
석유 정제에 필요한 투입 공기량이 453톤이다. 탄산가스(온실가스) 배출량(tCO_2)을 계산하시오.(단, CO_2 분자량 = 44, 공기의 분자량 = 29, 공기 중 산소의 몰분율 = 21%이다.)

해답 CO_2 배출량 $= \dfrac{453}{29} \times 0.21 \times 44 = 144 tCO_2$

참고 공기 1kmol = 29kg, CO_2 1kmol = 44kg

문제 134
온실가스 물질 6개를 쓰시오.

해답
① 이산화탄소(CO_2) ② 메탄(CH_4)
③ 아산화질소(N_2O) ④ 수소불화탄소(HFCs)
⑤ 과불화탄소(PFCs) ⑥ 육불화황(SF_6)

참고 지구온난화지수(GWP)
1kg의 CO_2가 가지는 태양에너지 흡수량을 기준으로 개별 온실가스의 태양에너지 흡수량으로 나타낸다.

$$GWP = \dfrac{(온실가스의\ 태양에너지\ 흡수량/1kg의\ 온실가스)}{(이산화탄소의\ 태양에너지\ 흡수량/1kg의\ CO_2)}$$

따라서, 지구온난화지수가 가장 큰 것은 육불화황(SF_6)이다.

문제 135
1997년 12월, 교토의정서 메커니즘 3가지를 기술하시오.

해답
① 배출권 거래(ET)
② 공동이행(JI)
③ 청정개발체제(CDM)

문제 136
보일러 운전 중 과열 및 배기가스의 열손실을 방지하기 위해 배기가스의 온도를 설정한 결과 설정온도보다 온도가 상승하는 경우에 대비하기 위해 설치하는 안전장치의 명칭을 쓰시오.

해답 배기가스온도 상한스위치(배기가스 온도 조절 스위치)

문제 137
방사(복사)온도계의 특징을 3가지만 쓰시오.

해답
① 방사율의 보정량이 크다.
② 거리계수, 측정유체, 온도계의 거리에 영향을 받는다.
③ 자동제어, 자동기록이 가능하다.
④ 측정시간의 지연이 적다.
⑤ 이동물체의 표면측정이 가능하다.
⑥ 복사선 흡수물질에 의한 오차가 발생된다.

문제 138
대규모 아파트 단지에 설치된 가스엔진(코젠) 소형 열병합 발전시스템이다. 이 시스템의 장점을 3가지만 쓰시오.

해답
① 가스엔진 구동방식으로 발전을 하고 엔진에 사용된 냉각수와 배기가스의 폐열을 열교환하며 전력생산 및 종합적으로 냉난방이 가능하다.
② 화석연료 절감에 따른 온실가스 배출을 감소시킬 수 있다.
③ 분산형 전원시스템이므로 하절기 전력피크 시에 안정된 전력 수급이 가능하다.
④ 원거리 전력송전이 불필요하여 송전설비비를 절감시킬 수 있다.

문제 139
터빈펌프(원심식) 기동 시 펌프 내의 공기를 제거하고 펌프의 공회전을 방지하기 위해 물을 채워 넣어 마중물을 이용하는 조작을 무엇이라고 하는가?

해답 프라이밍 작업

문제 140
보일러 점화 시 연소실의 화염이 가스폭발에 의해 버너 외부로 갑자기 분출하는 백파이어(역화) 현상의 원인을 4가지만 쓰시오.

해답
① 노 내 미연소가스가 충만한 상태에서 점화한 경우
② 프리퍼지가 불충분한 경우
③ 댐퍼의 개도가 너무 적은 경우
④ 점화 시 착화가 늦을 경우
⑤ 공기 투입보다 연료 공급을 우선할 때

제1장 에너지관리, 에너지 절감, 전열

문제 141
폐열회수장치 4개 중 고온부식, 저온부식이 발생하는 부위를 구별하여 쓰시오.

해답
① 고온부식이 발생하는 폐열회수장치 : 과열기, 재열기
② 저온부식이 발생하는 폐열회수장치 : 절탄기, 공기예열기

문제 142
대차가 필요한 반연속요의 명칭을 쓰시오.

해답 셔틀요(등요)

문제 143
스프링식 증기안전밸브의 구비조건을 3가지만 쓰시오.

해답
① 증기의 누설이 없을 것
② 증기밸브의 개폐가 자유롭고 신속하게 이루어질 것
③ 설정압력 초과 시 증기 배출이 신속할 것
④ 소정의 압력으로 증기압력이 정상화되면 즉시 증기 배출이 종료될 것

문제 144
제품의 연간 생산량이 199,700개이며 이 제품 1개당 중량은 15kg이고 제품 생산을 위한 연간 에너지 소비량을 측정한 결과 B-C유 사용량 28,700kl, 경유 4,300kl, 수전전력소비량 9,760MWh를 소비하였을 때 다음 에너지 사용현황과 에너지의 원단위를 계산하시오.(단, 석유환산계수와 탄소배출계수의 적용은 아래와 같다. 그리고 계산 시 순발열량기준으로 한다.)

에너지원	제품	단위	총발열량기준			순발열량기준		
			kcal	MJ	석유환산계수	kcal	MJ	석유환산계수
석유류	B-C유	l	9,900	41.4	0.990	9,350	39.1	0.935
	경유	l	9,050	37.9	0.905	8,450	35.4	0.845
전력	전력	kWh	2,150	9.0	0.215	2,150	9.0	0.215
탄소 배출계수 (tonC/toe)	B-C유 : 0.875tonC/toe							
	경유 : 0.837tonC/toe							
	LNG : 0.630tonC/toe							
	전력 : 0.133tonC/toe							

(1) 에너지 사용현황

구분	B-C유	경유	소계(연료)	전력	총계(연료+전력)
에너지사용량(TOE)	①	②	③	④	⑤

(2) 에너지원단위(1TDE = 10^3kg)

생산실적 (kg/연간)	연료원단위 (kgoe/kg)	전기원단위 (kgoe/kg)	에너지원단위 (kgoe/kg)	탄소(C) 배출량 (tonC/년)
⑥	⑦	⑧	⑨	⑩

해답

(1) 에너지 사용현황
① B-C유 = 28,700 × 0.935 = 26,834.5toe
② 경유 = 4,300 × 0.845 = 3,633.5toe
③ 연료소계합산 = 26,834.5 + 3,633.5 = 30,468toe
④ 전력 = 9,760 × 0.215 = 2,098.4toe
⑤ 에너지총계 = 연료 + 전력 = 30,468 + 2,098.4 = 32,566.4toe

(2) 에너지 원단위(1toe = 10^3kg이다.)
⑥ 생산실적 = 199,700 × 15 = 2,995,500kg/년

⑦ $\dfrac{30,468 \times 10^3}{2,995,500} = 10.17$kgoe/kg

⑧ $\dfrac{2,098.4 \times 10^3}{2,995,500} = 0.70$kgoe/kg

⑨ 10.17 + 0.70 = 10.87kgoe/kg

⑩ 탄소배출량 계산(tonC/년)
  • B-C연료 : 26,834.5 × 0.875 = 23,480.1875tonC/toe
  • 경유 : 3,633.5 × 0.837 = 3,041.2395tonC/toe
      23,480.1875 + 3,041.2395 = 26,521.427tonC/toe
  • 전기 : 2,098.4 × 0.133 = 279.0872tonC/toe
  ∴ 26,521.427 + 279.0872 = 26,800.51tonC/년

참고 온실가스 배출량(tCO₂/toe) 계산(온실가스 배출계수 GWP 법정기준으로 계산)
• 중유의 온실가스배출계수 : 3.208tCO_2/toe
• 경유의 온실가스배출계수 : 3.069tCO_2/toe
• 전기의 온실가스배출계수(발전단) : 0.4524tCO_2/MWh
B-C유 = 26,834.5 × 3.208 = 86,085.076tCO_2/년
경유 = 3,041.2395 × 3.069 = 9,333.564026tCO_2/년
전기 = 9,760 × 0.4524 = 4,415.424tCO_2/년
∴ 연간 총 온실가스 배출량(tCO_2/년) = 86,085.076 + 9,333.56 + 4,415.424 = 22,434.06

문제 145
CH₄(메탄) 90% H₂(수소) 10%의 총 6.5m³의 혼합기체의 고위발열량은 몇 MJ인가?(단, CH₄의 고위발열량은 41.5MJ/Sm³, H₂의 고위, 저위발열량은 각각 같으며 10.5MJ/Sm³이다.)

해답 연료의 고위발열량(H_h) = 6.5×0.9×41.5+6.5×0.1×10.5 = 249.6MJ

문제 146
함수중량 4.5t/h인 물체를 건조기에 넣고 건조하여 함수량 45%(중량 건량기준)로부터 함수량 15%(중량건량기준)까지 스팀으로 건조시키는 경우 시간당 소요열량은 몇 kcal/h인가?(단, 건조기 내 피건조물의 온도 상승은 무시하고 건조기의 열효율은 85%, 물의 증발잠열은 539kcal/kg로 한다.)

해답 건조량 = 45% − 15% = 30%

$$건조중량 = \frac{4.5 \times 10^3}{1+0.45} = 3{,}103.45 \text{kg/h}$$

$3{,}103.45 \times 0.3 = 931.04$ kg/h

$$\therefore 건조가열량(Q) = \frac{931.04 \times 539}{0.85} = 590{,}388.89 \text{kcal/h}$$

참고 증기소비량 = $\dfrac{590{,}338.89}{539}$ = 1,095.34kg/h

문제 147
보일러 효율 85%에서 시간당 증기발생량(kg/h)을 구하시오.(단, 증기엔탈피 2,730kJ/kg, 급수엔탈피 105kJ/kg, 연료소비량 150kg/h, 연료의 발열량은 고위발열량 기준 40,950kJ/kg이다.)

해답 $85 = \dfrac{S \times (2{,}730 - 105)}{150 \times 40{,}950} = \dfrac{S \times 2{,}625}{6{,}142{,}500}$

$$\therefore S = \frac{6{,}142{,}500 \times 0.85}{2{,}625} = 1{,}989 \text{kg/h}$$

문제 148
유속식 유량계에 피토관을 사용하여 측정한 전압이 15.5mH₂O이고 측정지점에서 유체의 속도가 12.35m/s인 경우 유체의 정압은 몇 kPa인가?(단, 1atm = 10.332mH₂O이고 표준대기압은 101.325kPa로 한다.)

해답 정압 = 전압 − 동압, 동압 = $\dfrac{V^2}{2g} = \dfrac{(12.35)^2}{2 \times 9.8} = 7.782\text{mH}_2\text{O}$

정압 = $15.5 - 7.782 = 7.718\text{mH}_2\text{O}$

∴ 정압 = $\dfrac{101.325}{10.332} \times 7.718 = 75.69\text{kPa}$

문제 149

고압보일러 응축수가 재증발되는 열을 방지하고자 플래시 탱크에서 재증발 증기열을 회수하여 보일러용 급수를 50℃에서 75℃로 예열하여 공급한다. 이 경우 연료절감률은 몇 %인가?(단, 증기압력 1MPa에서 증기엔탈피는 679.35kcal/kg이고, 물의 비열은 1kcal/kg·℃이다.)

해답 $75 - 50 = 25℃(25 \times 1) = 25\text{kcal/kg}, \ 50℃ = 50\text{kcal/kg}$

∴ 연료절감률 = $\dfrac{25}{679.35 - 50} \times 100 = 3.97\%$

문제 150

두께 15mm인 보일러 재료 강판에 스케일 관석이 3mm 부착된 경우 열전도 저항은 보일러 설치 시 초기보다 몇 배로 증가되는가?(단, 강판의 열전도율은 67kcal/m·h·℃이고, 스케일의 열전도율은 4.5kcal/m·h·℃이다.)

해답 초기의 보일러 열저항(R_1) = $\dfrac{0.015}{67} = 0.0002238\text{m}^2 \cdot \text{h} \cdot ℃/\text{kcal}$

전체의 열저항(R_2) = $\dfrac{0.015}{67} + \dfrac{0.003}{4.5} = 0.0008905\text{m}^2 \cdot \text{h} \cdot ℃/\text{kcal}$

∴ 열전도저항 증가 = $\dfrac{R_2}{R_1} = \dfrac{0.0008905}{0.0002238} = 3.98$배

문제 151

온도 60℃인 응축수 1,000kg을 100℃의 스팀으로 생산하는 경우 총 소비열량은 몇 kcal인가?(단, 물의 비열은 1kcal/kg·℃, 물의 증발열은 539kcal/kg이다.)

해답 총 소비열량(Q) = $1,000 \times 1 \times (100 - 60) + 1,000 \times 539$
= $40,000 + 539,000 = 579,000\text{kcal}$

문제 152

구형 급수탱크에 엔탈피가 639kcal/kg의 증기를 혼입하여 15℃의 물은 70℃로 승온하고자 한다. 탱크 내 용적은 20m³이고 탱크는 지상에 설치되어 보온되어 있으며, 물의 증발열은 539kcal/kg일 때 증기소비량은 몇 kg인가?(단, 1kgf = 9.8N으로 한다.)

해답

$20m^3 = 20 \times 1,000 kg/m^3 = 20,000 kg$ (급수중량)

$S kg \times (639 - 70) = 20,000 \times 1 \times (70 - 15)$

∴ 증기소비량 $= \dfrac{20,000 \times 1 \times (70-15)}{639 - 70} = 1,933.22 kg$

참고

$1,933.22 \times 9.8 = 18,945.56 N$

$1 kg \cdot m = 9.8 N$

문제 153

급수펌프 모터의 효율 계산식을 쓰시오.
[단, 정격전압(V) : ①, 정격전류(A) : ②, 역률 : ③, 정격출력(W) : ④]

해답

효율$(\eta) = \dfrac{④}{① \times ② \times ③} \times 100(\%)$

문제 154

$C_{1.15} H_{4.16}$ 탄화수소가 화실에서 연소할 때 이론 공연비(이론공기량/연료량)는 몇 Nm³/Nm³인가?(공기 중 O_2는 21%)

해답

연소반응식 : $C_{1.15} H_{4.16} + \left(1.15 + \dfrac{4.16}{4}\right) O_2 \rightarrow 1.15 CO_2 + \dfrac{4.16}{2} H_2O$

산소량 $= 1.15 + \dfrac{4.16}{4} = 2.19 Nm^3/Nm^3$

∴ 이론 공연비$(AFR) = \dfrac{공기몰수}{연료몰수} = \dfrac{\frac{2.19}{0.21}}{1} = 10.43 Nm^3/Nm^3$

참고 탄화수소 연소반응식

$C_m H_n + \left(m + \dfrac{n}{4}\right) O_2 \rightarrow m CO_2 + \dfrac{n}{2} H_2O$

문제 155

다음의 조건에서 CH_4 1kg 연소 시 고위발열량(MJ/kg)을 구하시오.(단, 물의 증발잠열은 2.5MJ/kg이다.)

〈조건〉
- $C + O_2 \rightarrow CO_2 + 380MJ/kmol$
- $H_2 + 1/2\ O_2 \rightarrow H_2O + 260MJ/kmol$

해답

저위발열량 $= \left(\dfrac{380}{12} \times \dfrac{12}{16}\right) + \left(\dfrac{260}{2} \times \dfrac{4}{16}\right) = 56.25MJ/kg$

∴ 고위발열량(H_h) = 저위발열량 + 물의 증발열

$= 56.25 + 2.5 \times \dfrac{2 \times 18}{16} = 61.88MJ/kg$

참고
- CH_4 분자량 $= 12 + 1 \times 4 = 16$
- $H_2 + \dfrac{1}{2}O_2 \rightarrow H_2O$ (분자량 18)

문제 156

관의 내경이 42mm인 관로상에 차압식 유량계인 오리피스(지름 32mm)를 통하여 물이 이송되고 있다. 이 차압식 오리피스의 압력수두차가 150mmAq일 때 유량(m³/h)을 구하시오.(단, 오리피스 유량계수는 0.95이다.)

해답

유량$(Q) = A \cdot a \cdot \sqrt{2g\dfrac{(P_1 - P_2)}{r}} = A \cdot a \cdot \sqrt{2gh}$

$= \dfrac{\pi}{4} \times (0.032)^2 \times 0.95 \times \sqrt{2 \times 9.8 \times 0.15}$

$= 0.00080384 \times 0.95 \times 1.71464282 = 0.00130938 m^3/s$

∴ $4.71 m^3/h\ (4,713 l/h)$

문제 157

황(S)의 연소 시 배기가스량(SO_2)은 몇 Sm³/kg인가?

해답

$S + O_2 \rightarrow SO_2$ (황의 분자량 : 32)

배기가스량(G_{od}) $= (1-0.21)A_o + SO_2$

산소량 $= 22.4 \times \dfrac{1}{32} = 0.7 Nm^3/kg$

(이론공기량 $= 0.7 \times \dfrac{1}{0.21} = 3.33 Nm^3/kg$)

$$S + O_2 \rightarrow SO_2$$
32kg   22.4Nm³   22.4Nm³(64kg)

$$\therefore G_{od} = (1-0.21) \times \frac{0.7}{0.21} + 0.7 = 3.33 \text{Nm}^3/\text{kg}$$

참고 $SO_2 = 22.4 \times \dfrac{1}{32} = 0.7 \text{Sm}^3/\text{kg}$ (아황산가스량)

문제 158

흡수식 냉온수기에서 열에너지 출입열량이 다음과 같을 때 유입열량과 유출열량은 얼마인가?

- 증발기 증발열 : 6,500kJ/h
- 응축기 냉각수응축열량 : 7,500kJ/h
- 흡수기 LiBr 흡수열 : 8,200kJ/h
- 고온 재생기 버너 재생열 : 9,200kJ/h

해답
① 유입열량 = 재생기 재생열 + 증발기 증발열 = 9,200 + 6,500 = 15,700kJ/h
② 유출열량 = 응축기 응축열 + 흡수기 흡수열 = 7,500 + 8,200 = 15,700kJ/h

참고   성적계수(COP) = $\dfrac{\text{증발열}}{\text{재생열}} = \dfrac{6,500}{9,200} = 0.71$

문제 159

염색공장에서 열교환기를 이용하여 배기가스의 온도를 150℃까지 낮추어 운전하고 있다. 열교환기의 전열량은 12,000W, 열교환기 전열면의 열통과율은 25W/m²·K, 열교환기 전열면 입·출구의 대수평균온도차는 105.5℃라면 열교환기의 전열면적(m²)은 얼마인가?(단, 연료의 배기가스 생성량은 3,500Sm³/h이다.)

해답 $12,000W = A \times 25 \times 105.5$

$\therefore$ 열교환기 면적$(A) = \dfrac{12,000}{25 \times 105.5} = 4.55 \text{m}^2$

문제 160

다음을 이용하여 회전식 스크루 냉동기의 냉각탑이용 성적계수(COP) 산정식을 기호로 표시하시오.

> ㉠ 스크루 냉동기의 소비동력(kW)　㉡ 냉각수의 비열(kcal/kg·℃)
> ㉢ 냉각수량(kg/h)　　　　　　　　㉣ 냉각수 입구, 출구 온도차(℃)
> ㉤ 냉동기 용량(RT)　　　　　　　 ㉥ 1kWh = 860kcal

해답 성적계수(COP) = $\dfrac{㉡ \times ㉢ \times ㉣}{㉠ \times ㉥}$

문제 161

운전 중인 수관식 보일러의 5시간 동안의 증기발생량이 15,000kg이고 증기압력이 1.0MPa, 보일러 급수온도가 60℃, 증기 엔탈피가 2,980kJ/kg일 경우 증발계수(증발력)를 구하시오. (단, 연료소비량은 300kg/h, 연료의 발열량은 40,950kJ/kg이고, 1kcal = 4.2kJ로 한다. 물의 증발열은 2,265kJ/kg이다.)

해답 60×1×4.2 = 252kJ/kg, 물의 비열은 4.2kJ/kg·℃

증발계수 = $\dfrac{\text{발생증기 엔탈피} - \text{급수 엔탈피}}{\text{증발잠열}}$

∴ $\dfrac{2,980 - 252}{2,265} = 1.20$

참고
- 상당증발량 = $\dfrac{\text{시간당 증기량}(\text{발생증기 엔탈피} - \text{급수 엔탈피})}{2,265}$

  ∴ $\dfrac{\dfrac{15,000}{5} \times (2,980 - 252)}{2,265} = 3,613.25\text{kg/h}$

- 보일러 효율 = $\dfrac{\text{시간당 증기량}(\text{발생증기 엔탈피} - \text{급수 엔탈피})}{\text{연료소비량} \times \text{연료의 발열량}} \times 100$

  ∴ $\dfrac{\dfrac{15,000}{5} \times (2,980 - 252)}{300 \times 40,950} \times 100 = 66.62\%$

문제 162
내화벽 두께가 0.25m이고 열전도율이 5W/m·K인 벽돌 후면에 열전도율이 0.45w/m·K, 최고허용온도가 1,000℃인 보통단열벽돌을 시공하였다. 이 단열벽돌의 두께는 몇 cm인가?(단, 내부온도는 1,200℃, 단열벽의 외부온도는 10℃이고 단열벽돌과 외부의 열전달률은 50W/m²·K이다.)

해답

$$\frac{5\times(1,200-1,000)\times 1}{0.45}=\frac{(1,000-10)\times 1}{\dfrac{d}{0.45}+\dfrac{1}{50}}$$

$$2,223=\frac{990}{\dfrac{d}{0.45}+\dfrac{1}{50}}$$

$$\therefore d=0.45\left(\frac{990}{2,223}-0.02\right)=0.45\times\left(\frac{990-40}{2,223}\right)=0.19125\text{m}\,(19.13\text{cm})$$

문제 163
보일러 연돌 내 배기가스 중 CO_2가 12.5%, CO_{2max}가 16%일 때 과잉공기계수(공기비)는 얼마인가?

해답

$$공기비(m)=\frac{CO_{2max}}{CO_2}=\frac{16}{12.5}=1.28$$

문제 164
화력발전 증기원동소에서 과열증기 엔탈피가 4,360kJ/kg이고 습포화증기 엔탈피가 3,150 kJ/kg, 포화수 엔탈피가 756kJ/kg일 때 이론적 열효율(%)을 구하시오.(단, 증기압력은 1MPa이다.)

해답

$$\eta=\frac{h_3-h_4}{h_3-h_1}=\frac{4,360-3,150}{4,360-756}\times 100=33.57\%$$

문제 165
기체연료($C_{1.15}H_{4.16}$)의 당량비가 0.256일 경우 질량유량(kg/s)을 계산하시오.(단, 소요공기유량은 12.95kg/s이고, 공기의 평균분자량은 29이다.)

해답 연소반응식 : $C_mH_n + \left(m+\dfrac{n}{4}\right)O_2 \rightarrow mCO_2 + \dfrac{n}{2}H_2O$

$C_{1.15}H_{4.16} + \left(1.15+\dfrac{4.16}{4}\right) \rightarrow 1.15CO_2 + \dfrac{4.16}{2}H_2O$

$C_{1.15}H_{4.16} + 2.19O_2 \rightarrow 1.15CO_2 + 2.08H_2O$

당량비 계산 = $\dfrac{\text{실제반응 연공비}}{\text{이론반응 연공비}}$

C 원자량=12, H 원자량=1, 공기 중 산소량=21%
기체연료량 = $12 \times 1.15 + 1 \times 4.16 = 17.96$ kg/s

$0.256 \times \dfrac{1 \times 17.96}{\dfrac{2.19}{0.21} \times 29} = \dfrac{x_f}{12.95}$

$12.95 \times 0.256 \times \dfrac{17.96}{\left(\dfrac{2.19 \times 29}{0.21}\right)} = x_f$

$12.95 \times 0.256 \times \dfrac{17.96 \times 0.21}{2.19 \times 29} = x_f$

$\therefore x_f = \dfrac{12.95 \times 0.256 \times 17.96 \times 0.21}{2.19 \times 29} = 0.1969$ kg/s

참고
- 공기 중 산소는 21%이다.(체적당)
- 공기 중 산소는 23.2%이다.(중량당)

문제 166

기체의 온도가 25℃이고, 압력 4.5bar에서 비체적이 0.18m³/kg이다. 이 기체의 가스상수는 몇 kg·m/kg·K인가?(단, 표준대기압은 10,332kg/m², 1.01325bar이다.)

해답 $PV = mRT$, $R = \dfrac{PV}{T}$

$\therefore R = \dfrac{4.5 \times \dfrac{10,332}{1.01325} \times 0.18}{273+25} = 27.72$ kg·m/kg·K

문제 167

두께가 150mm, 표면적이 6.5m², 평균열전도도가 0.05kcal/m·h·℃인 평면보온재의 단위면적(m²)당 전열저항계수(m·h·℃/kcal)를 구하시오.

해답 저항$(R) = \dfrac{d}{\lambda \cdot A} = \dfrac{0.15}{0.05 \times 6.5} = 0.46$ m·h·℃/kcal

참고 150mm = 0.15m

문제 168

보일러 급수관이 기준면으로부터 6.5m 높이에서 물의 급수유속이 2.5m/s이고 그 압력이 3.5 kg/cm²이라면 전수두(m)는 얼마인가?(단, 물의 비중량은 1,000kg/m³, 표준대기압은 1.0332 kg/cm²이다.)

해답

전수두(H) = 압력수두$\left(\dfrac{P}{\gamma}\right)$ + 속도수두$\left(\dfrac{V^2}{2g}\right)$ + 위치수두

$\therefore H = \dfrac{3.5 \times \dfrac{10{,}332(\text{kg/m}^2)}{1.0332(\text{kg/cm}^2)}}{1{,}000} + \dfrac{2.5^2}{2 \times 9.8} + 6.5 = 41.82\text{m}$

문제 169

가연성 가스 C_2H_4(에틸렌)의 연료 15kg 연소 시 소요공기량이 230kg 소비되었다면 과잉공기량은 몇 kg인가?(단, 공기 중 산소량은 23.2%이다.)

해답

$C_mH_n + \left(m + \dfrac{n}{4}\right)O_2 \rightarrow mCO_2 + \dfrac{n}{2}H_2O$

$C_2H_4 \;+\; 3O_2 \;\rightarrow\; 2CO_2 + 2H_2O$
28kg   3×32kg

이론공기량(A_o) = 이론산소량 × $\dfrac{1}{0.232}$ (kg/kg)

$A_o = \dfrac{\dfrac{3 \times 32}{28} \times 15}{0.232} = 221.67\text{kg}$

∴ 과잉공기량 = 230 − 221.67 = 8.33kg

참고 공기비(m) = $\dfrac{230}{221.67}$ = 1.04, C_2H_4 분자량 = 28

문제 170

연도에 급수가열기인 절탄기를 부착하여 배기가스 온도 230℃를 130℃로 낮추어서 대기 중에 방출하고 있다. 이 경우 단위연료당 배기가스량(Nm³/kg)을 구하여 단위연료당 배기가스열손실 절감열량(kcal/kg)을 구하시오.(단, 배기가스 평균비열 0.33kcal/Nm³·℃, 이론공기량 10.75 Nm³/kg, 이론배기가스량 11.43Nm³/kg, 공기비는 1.14이다.)

해답

(1) 배기가스량 = $G_o + (m-1)A_o$ = 11.43 + (1.14−1) × 10.75 = 12.935Nm³/kg

(2) 절감열량 = 12.935 × 0.33(230 − 130) = 426.86kcal/kg

문제 171

보일러실 관형의 열교환기를 통하여 소요공기가 50kg/min 공급되고 있다. 열교환기 급수입출구의 압력은 0.2~0.15MPa이고 유로의 단면적 0.35m²에서 공기가 20℃에서 예열되어 180℃로 교환되는 열교환량은 몇 kcal/h인가?(단, 연소용 공기의 가스정수 R = 29.27kg · m/kg · ℃, 정적 비열은 C_v = 0.15kcal/kg · ℃, 일의 열당량은 $\frac{1}{427}$ kcal/kg · m이며 열교환기에서 열손실은 없는 것으로 간주한다.)

해답 정압비열(C_p) = $29.27 \times \frac{1}{427} + 0.15 = 0.22$ kcal/kg · ℃

∴ 열교환량 = $50 \times 60 \times 0.22 \times (180 - 20) = 105,600$ kcal/h

문제 172

C_3H_8(프로판) 가스의 고위발열량과 저위발열량의 1kg당 차이는 몇 kcal인가?(단, 100℃에서 물의 증발열은 539kcal/kg이다.)

해답 $C_3H_8 + 5O_2 \rightarrow 3CO_2 + 4H_2O$
44kg   4×18kg

발열량 차이(물의 증발열) = 고위발열량 − 저위발열량

∴ $\frac{4 \times 18}{44} \times 539 = 882$ kcal/kg

문제 173

증기의 건도 0.98에서 습포화증기의 엔탈피(kJ/kg)를 구하시오.(단, 건포화증기의 엔탈피는 2,685kJ/kg, 포화수 엔탈피는 420kJ/kg, 증기압력은 1atm이다.)

해답 증발열(r) = 2,685 − 420 = 2,265 kJ/kg

∴ 습증기 엔탈피(h_2) = $h_1 + rx$ = $420 + 2,265 \times 0.98 = 2,639.7$ kJ/kg

문제 174

보일러 B-C유 사용량 450l/h, 연료온도 85℃, 연료의 보정계수(k) = 0.9754 − 0.00067(t − 50)이고 급수 소비량은 2,000l/h, 급수의 비체적은 0.001035m³/kg일 때 연료소비량 및 급수 사용량을 각각 kg/h으로 계산하시오.(단, B-C유 오일 온도는 85℃, 15℃에서 연료비중은 0.95, 급수온도는 65℃이다.)

해답 ㉠ 연료사용량(kg/h) = $0.95 \times \{0.9754 - 0.00067(85-50)\} \times 450 = 406.96$ kg/h

㉡ 급수소비량(kg/h) = $2,000 \times \dfrac{1}{0.001035 \times 10^3} = 1,932.37$ kg/h

참고 물 $1\text{m}^3 = 1,000\text{L} = 10^3\text{L}$ (4℃에서)

문제 175

진공압(압력계 적색 표시)이 55cmHg이다. 표준대기압 1.0332kg/cm²(76cmHg)에서 절대압력은 몇 kg/cm²인가?

해답 절대압력(abs) = 대기압 − 진공압

∴ $1.0332 - \left(55 \times \dfrac{1.0332}{76}\right) = 0.28$ kg/cm²

문제 176

보일러 입열이 1,500MJ/kg일 때 배기가스 열손실이 150MJ/kg, 방사 및 CO에 의한 열손실이 75MJ/kg일 경우 보일러 효율(열효율)은 몇 %인가?

해답 $\eta = 1 - \dfrac{150 + 75}{1,500} = 0.85 (85\%)$

문제 177

공기의 압력 101.325kPa 상태로 공기의 유동속도(m/s)를 구하고자 피토관 유속식 유량계로 수주차 측정 시 250mmHg이었다. 공기밀도 1.293kg/m³ 상태에서 공기유동속도(m/s)를 구하시오.(단, 수은의 비중량은 13,600kg/m³이다.)

해답 유동속도(V) = $\sqrt{2\left(\dfrac{\Delta P}{\rho}\right)}$

$= \sqrt{2gh\left(\dfrac{\gamma_o - \gamma}{\gamma}\right)}$

$= \sqrt{2 \times 9.8 \times 0.25 \left(\dfrac{13,600}{1.293} - 1.293\right)} = 227$ m/s

문제 178

다음의 조건을 이용하여 수관식 보일러의 열효율(%)을 구하시오.

⟨조건⟩
- 노 내 연료의 연소열 : 4,200kJ/kg
- 급수의 현열 : 320kJ/kg
- 발생증기 엔탈피 : 3,800kJ/kg
- 배기가스 열손실 : 250kJ/kg
- 미연소가스 열손실 : 170kJ/kg
- 기타 열손실 : 300kJ/kg

해답 열효율 $= \dfrac{3,800-320}{4,200} \times 100 = 82.86\%$

참고 열효율 $= \dfrac{4,200-(250+170+300)}{4,200} \times 100 = 82.86\%$

문제 179

메탄 1몰(22.4L)의 반응식은 아래와 같다. 생성열은 몇 kJ/mol인가?

$CH_4 + 2O_2 \rightarrow CO_2 + 2H_2O + 1,800kJ$(발열량)
- $C + O_2 \rightarrow CO_2 + 500kJ$
- $H_2 + 1/2O_2 \rightarrow H_2O + 440kJ$

해답 발열량 = 생성물의 생성열 - 반응물의 생성열
$1,800 = 500 + (2 \times 440) -$ 반응물의 생성열(x)
$1,800 = 500 + 880 - x$
∴ $x = 1,800 - 1,380 = 420kJ/mol$

문제 180

반지름이 3.5m인 원통형 용기의 압력이 101.325kPa, 온도가 20℃인 경우, 용기 내 공기의 용적(m³)을 계산한 후 그 용적을 kmol 수로 계산하시오.(단, 용기의 용적은 $\dfrac{4}{3}\pi r^3$으로 계산한다.)

해답 $1\text{kmol} = 22.4\text{m}^3$, 용기의 체적($V$) $= \dfrac{4}{3} \times 3.14 \times (3.5)^3 = 179.50\text{m}^3$

표준상태 공기용적(V_1) $= \dfrac{101.325 \times 179.50 \times 273}{101.325 \times (273 + 20)} = 167.25\text{Nm}^3$

∴ 용기의 공기용량(V) $= \dfrac{167.25}{22.4} = 7.47\text{kmol}$

문제 181
다음 조건을 이용하여 난방부하 계산 시 창문의 유리창을 통한 열유속(W/m²)을 구하시오.(실내온도 25℃, 외기온도 10℃, 창문 두께 4mm)

- 유리창 열전도율 : 0.75W/m·℃
- 실내 내면의 열전달계수 : 5W/m²·℃
- 유리창 외부 실외 열전달계수 : 30W/m²·℃

해답 단위면적당 열유속(열전달량) $= \dfrac{Q}{A} = \dfrac{A \cdot \Delta t}{\dfrac{1}{a_1} + \dfrac{b}{\lambda} + \dfrac{1}{a_2}} = \dfrac{(25-10)}{\dfrac{1}{5} + \dfrac{0.004}{0.75} + \dfrac{1}{30}}$

$= \dfrac{15}{0.23866666} = 62.85\text{W/m}^2$

참고 4mm = 0.004m

문제 182
급수온도 10℃의 물 1,000kg을 표준대기압하에서 100℃의 스팀으로 만들려면 총 가열량은 몇 kJ이 소비되는가?(단, 물의 비열은 4.2kJ/kg·K, 물의 증발잠열은 2,520kJ/kg이다.)

해답 물의 현열 = 1,000×4.2×(100−10) = 378,000kJ
물의 잠열 = 1,000×2,520 = 2,520,000kJ
∴ 소요 가열량(Q) = 378,000 + 2,520,000 = 2,898,000kJ

문제 183
급수관의 압력(전압)은 138kPa이고 정압이 120kPa이면 피토관 유속으로 몇 m/s가 측정되는가?(단, 4℃에서 물 1m³=1,000kg(l)이다.)

해답 $V=\sqrt{2gh}$, 동압$=138-120=18$kPa

$$\therefore V = \sqrt{2 \times \left(\frac{18 \times \frac{10^3 \text{N/m}^2}{1\text{kPa}}}{1,000\text{kg/m}^3}\right)} = 6\text{m/s}$$

문제 184
화력발전 증기원동소에서 절탄기로 급수를 가열하여 증기엔탈피 2,940kJ/kg의 증기를 생산한다. 급수소비량은 200kg/h, 절탄기 입구의 배기가스 온도는 350℃, 절탄기 출구의 배기가스 온도는 150℃일 때 배기가스의 열손실은 몇 kJ/h인가?(단, 급수온도는 0℃이고 절탄기 효율은 100%로 간주하며, 배기가스 배출량은 2,500Nm³/h, 배기가스의 비열은 1.30kJ/kg·K이다.)

해답
- 절탄기 입·출구에서 배기가스 열손실(배기가스 보유열량)
  $2,500 \times 1.30 \times (350-150) = 650,000$kJ/h
- 절탄기 사용으로 증기 발생에 이용된 열
  $200 \times (2,940-0) = 588,000$kJ/h
- ∴ 배기가스 열손실(Q) $= 650,000 - 588,000 = 62,000$kJ/h

문제 185
다음 보기에서 보유에너지가 가장 큰 순서대로 번호를 나열하시오.

〈보기〉
① 과열증기 ② 포화수
③ 건도 95% 습포화증기 ④ 불포화수
⑤ 포화증기

해답 ①, ⑤, ③, ②, ④

문제 186

다음의 횡형 원통관을 보고 보온 후 열손실(kcal/h)을 구하시오.(단, 관의 내경 20mm, 보온재 두께 5mm의 열전도율은 0.05kcal/m·h·℃, 강관 두께 5mm, 관의 외경 30mm, 관의 길이 5m이다.)

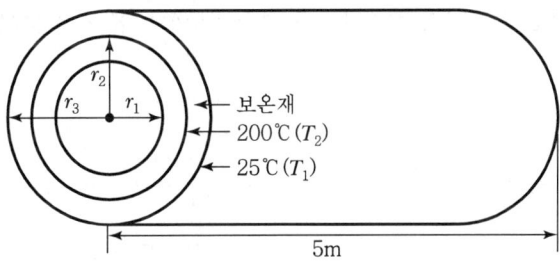

해답

r = 관의 내경 20mm, r' = 관의 외경 30mm
$r_1 = 10$mm, $r_2 = 10 + 5 = 15$mm (0.015m)
$r_3 = 10 + 5 + 5 = 20$mm (0.02m)

- 평균대수면적 $(A) = \dfrac{2\pi L(r_3 - r_2)}{\ln\left(\dfrac{r_3}{r_2}\right)}$ (m²)

- 열손실 $= \dfrac{\lambda \times (T_2 - T_1)A}{\ln\left(\dfrac{r_3}{r_2}\right)}$ (kcal/h)

∴ 열손실 $(Q) = \dfrac{0.05 \times 2 \times 3.14 \times 5(200 - 25)}{\ln\left(\dfrac{0.02}{0.015}\right)} = \dfrac{274.75}{0.287682} = 955.05$ kcal/h

문제 187

어느 벽면의 열전달면적 A에서 온도차가 50℃이고 열전도율이 10W/m·k인 벽면의 두께가 30cm일 때 이 벽의 열전달량은 1,000W이다. 같은 열전달면적에 내화벽 B가 있다고 가정해보자. B는 A벽면과 2배의 온도차가 있고, A벽면보다 열전도율 4배, 두께 4배의 조건이라면 내화벽 B의 전도전열은 몇 W가 되겠는가?

해답

$Q_1 = \dfrac{\lambda_1 \cdot (t_1 - t_2)A}{b_1} = \dfrac{10 \times 50 \times A}{0.3} = 1,000$ W

$Q_2 = \dfrac{4\lambda_1 \times 2\Delta t \times A}{4b} = Q_1 \times 2$

∴ $Q_2 = 2 \times 1,000 = 2,000$ W

문제 188
용적 10m³의 용기 안에 산소(O_2) 5kg과 수소(H_2) 2kg의 혼합기체가 들어 있다. 용기 내 온도 30℃, 압력 291.27kPa 상태에서 산소, 수소의 각 분압은 몇 kPa인가?(단, 용기 내에서 혼합가스는 반응을 하지 않고 일반가스 정수 R : 8.314kJ/kmol · K, 산소분자량 32, 수소분자량 2에서 가스가 존재한다.)

해답 (1) 산소분압(P_1) = $\dfrac{mRT}{V} = \dfrac{5 \times \left(\dfrac{8.314}{32}\right) \times (273+30)}{10} = 39.36 \text{kPa}$

(2) 수소분압(P_2) = $\dfrac{mRT}{V} = \dfrac{2 \times \left(\dfrac{8.314}{2}\right) \times (273+30)}{10} = 251.91 \text{kPa}$

문제 189
현재 효율이 85%인 보일러를 효율 95%의 콘덴싱보일러로 교체하였다면 에너지 절약 효과는 몇 %인가?

해답 에너지 절약 효과 = $\dfrac{0.95 - 0.85}{0.95} = 1 - \dfrac{0.85}{0.95} = 0.10526(10.53\%)$

문제 190
다음 조건을 이용하여 보일러 환산증발량(kg/h)과 열효율(%)을 구하시오.

- 급수소비량 : 3,450kg/h
- 급수온도 : 15℃
- 포화수 엔탈피 : 158kcal/kg
- 포화증기 엔탈피 : 653.5kcal/kg
- 증기의 건도 : 0.95
- 증기압력 : 7kg/cm²abs
- B-C유 소비량 : 250kg/h
- 증발잠열 : 495.5kcal/kg
- 연료의 저위발열량 : 9,750kcal/kg
- 물의비열 : 1kcal/kg · ℃

해답 습포화증기 엔탈피(h_2) = 포화수 엔탈피 + 증기건도 × 증발잠열(kcal/kg)
= 158 + 0.95 × 495.5 = 628.725kcal/kg

- 환산증발량 = $\dfrac{\text{증기발생량(습포화증기 엔탈피} - \text{급수 엔탈피)}}{539}$

$= \dfrac{3,450 \times (628.725 - 15)}{539} = 3,928.30 \text{kg/h}$

- 열효율 = $\dfrac{\text{증기발생량(습포화증기 엔탈피} - \text{급수 엔탈피)}}{\text{연료소비량} \times \text{연료의 저위발열량}} \times 100(\%)$

$= \dfrac{3,450 \times (628.725 - 15)}{250 \times 9,750} \times 100 = 86.87\%$

문제 191
체적 10m³의 구형 용기 내에 표준상태의 공기가 있다. 이 공기의 전체 질량(g)과 산소 몇 g이 포함되어 있는지 계산하시오.(단, 1m³ = 1,000l, 10m³ = 10,000l, 1몰 = 22.4l, 공기 1몰 = 29g (분자량), 공기 중 산소는 23.2%이다.)

해답
(1) 공기의 전체 질량 = $10,000 \times \dfrac{29}{22.4} = 12,946.43\text{g}(12.95\text{kg})$

(2) 산소의 질량 = $12,946.43 \times 0.232 = 3,003.57\text{g}$

문제 192
아파트 지역난방에서 판형의 열교환기 열교환량이 545,000kcal/h이고 열관류율이 7.5kcal/m²·h·℃일 때 열교환 전열면적은 몇 m²인가?(단, 지역난방 입·출구 온도는 115℃와 65℃이다.)

해답
$545,000 = A \times 7.5 \times (115 - 65)$

∴ 면적(A) = $\dfrac{545,000}{7.5 \times (115 - 65)} = 1,453.33\text{m}^2$

문제 193
게이지 압력이 56cmHg이고 표준대기압이 1.0332kg/cm²(760mmHg)일 때 절대압력은 몇 kgf/cm²인가?(단, 사용기기는 흡수식 냉온수기이다.)

해답
절대압력 = $1.0332 + \left(56 \times \dfrac{1.0332}{76}\right) = 1.79\text{kgf/cm}^2$

문제 194
수관의 내경이 40mm, 수관의 두께가 2.5mm, 수관 한 본의 길이가 3m, 수관의 총 개수가 150개일 때 화실에서 수관으로 전열량(kcal/h)을 계산하시오.(단, 화실 내 화염 온도가 950℃, 관 내의 온도가 400℃, 화실 노 내측 열전달률은 750kcal/m²·h·℃이다.)

해답
수관의 총 전열면적(A) = $\pi D l N = 3.14 \times \left(\dfrac{40 + (2.5 \times 2)}{1,000}\right) \times 3 \times 150 = 63.585\text{m}^2$

∴ 전열량(Q) = $63.585 \times 750 \times (950 - 400) = 26,228,812.5\text{kcal/h}$

문제 195

피토관에서 시차액주계 압력차가 450mmHg이고 이송유체의 공기압력이 101.325kPa, 공기온도 15℃에서 비중량은 1.293kgf/m³일 때 공기의 유동속도(m/s)를 구하시오.

해답

$$V = \sqrt{2gh} = \sqrt{2gh\left(\frac{\gamma_o - \gamma}{\gamma}\right)} = \sqrt{2gh\left(\frac{\gamma_o}{\gamma} - 1\right)}$$

$$= \sqrt{2 \times 9.8 \times 0.45\left(\frac{13,600}{1.293} - 1\right)} = 304.57 \text{m/s}$$

여기서, g : 지구의 중력가속도(9.8m/s²)
γ_o : 수은의 비중량(13,600kg/m³)

문제 196

공기예열기 입구에서 450℃인 배기가스량이 120kg/s로 열교환 후 150℃로 배기되고 있고 공기예열기 입구로의 공기의 공급온도는 15℃일 때 공기예열기 출구 공기의 온도는 몇 ℃인가? (단, 예열공기량은 150kg/s이고 배기가스의 정압비열, 공기의 정압비열은 각각 1.3, 1.2kJ/kg·K 이다.)

해답

$120 \times 1.3 \times (450-150) = 150 \times 1.2 \times (t_2 - 15)$

∴ 출구의 공기온도(t_2) $= \dfrac{120 \times 1.3 \times (450-150)}{150 \times 1.2} + 15 = 275$℃

문제 197

프로판(C_3H_8) 1m³의 완전연소 시 이론 습연소가스량(Sm³)을 계산하시오.(단, 공기 중 산소량은 21%이다.)

해답

연소반응식 : $C_3H_8 + 5O_2 \rightarrow 3CO_2 + 4H_2O$

이론 공기량 $= 5 \times \dfrac{1}{0.21} = 23.8095 \text{Sm}^3/\text{Sm}^3$

∴ 이론 습연소가스량(G_{ow}) $= (1-0.21)A_o + (CO_2 + H_2O)$
$= (1-0.21) \times 23.8095 + (3+4)$
$= 25.81 \text{Sm}^3/\text{Sm}^3$

제1장 에너지관리, 에너지 절감, 전열

문제 198

아래의 조건에 의하여 프로판가스(C_3H_8) 1kg의 완전연소 시 저위발열량(kJ/kg)과 고위발열량(kJ/kg)을 구하시오.(단, 물(H_2O)의 증발잠열은 2,520kJ/kg이다.)

〈조건〉
- $C + O_2 \rightarrow CO_2 + 455kJ(몰당)$
- $H_2 + \dfrac{1}{2}O_2 \rightarrow H_2O + 250kJ(몰당)$

해답

(1) 저위발열량(H_l) : $\dfrac{36}{44} \times \dfrac{455}{12} \times 10^3 + \dfrac{8}{44} \times \dfrac{250}{2} \times 10^3 = 53,750$ kJ/kg

(2) 고위발열량(H_h) : $53,750 + 2,520 \times \dfrac{4 \times 18}{44} = 57,873.64$ kJ/kg

참고

- 프로판 분자량 44 중 C=36, H_2=8
- 1몰=22.4l(탄소=12g, 수소=2g), 1kg=1,000g(10^3g)
- $C_3H_8 + 5O_2 \rightarrow 3CO_2 + 4H_2O$ (H_2O 분자량 18)

문제 199

대향류식 지역난방 열교환기에서 온수가 85℃로 들어가서 55℃로 나오고 급수가 20℃로 들어가서 45℃로 나올 때 이 열교환기의 대수평균온도차(LMTD)를 계산하시오.

해답

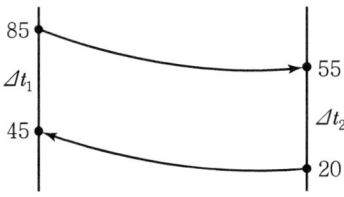

$\Delta t_1 = 85 - 45 = 40$℃

$\Delta t_2 = 55 - 20 = 35$℃

$\therefore LMTD = \dfrac{\Delta t_1 - \Delta t_2}{\ln\left(\dfrac{\Delta t_1}{\Delta t_2}\right)} = \dfrac{40 - 35}{\ln\left(\dfrac{40}{35}\right)} = 37.44$℃

문제 200

내화벽 A는 온도가 150℃이고 열전도도가 0.1W/m · ℃, 인 두께가 15cm이다. 내화벽 B의 온도가 450℃이고 열전도도가 0.2W/m · ℃일 경우 내화벽 B의 두께는 몇 m인지 구하여라.(단, 내화벽 A와 B의 열유속은 같다.)

해답 열유속이 같기 때문에

$$\frac{0.1 \times 150}{0.15} = \frac{0.2 \times 450}{d_2} = 100 : \frac{0.2 \times 450}{d_2}$$

∴ 내화벽 B 두께$(d_2) = \frac{0.2 \times 450}{100} = 0.9$m

문제 201

300℃의 산소 10kg(정적 비열 0.75kJ/kg · k)이 $PV^{1.3}$의 일정한 폴리트로픽 변화를 거쳐서 70,000kg · m의 일을 한 경우 엔트로피 변화는 몇 kJ/K인지 계산하시오.(단, 산소의 기체상수 $R = (848/32)$kg · m/kg · K이다.)

해답

$$\Delta S = m \cdot C_n \cdot \ln\left(\frac{T_2}{T_1}\right) = m \cdot C_v \frac{n-k}{n-1} \cdot \ln\left(\frac{T_2}{T_1}\right)$$

∴ $10 \times 0.75 \times \frac{1.3 - 1.346}{1.3 - 1} \times \ln\left(\frac{493.75}{573}\right) = 0.17$kJ/K

참고

• 정압비열 $= 0.75 + \frac{\left(\frac{848}{32}\right) \times 9.8}{10^3} = 1.0097$kJ/kg · K

• 일량 $= \frac{70,000 \times 9.8}{10^3} = 686$kJ

$$686 = \frac{1}{1.3 - 1} \times 10 \times \frac{\left(\frac{848}{32}\right) \times 9.8}{1,000} \times (573 - t_2)$$

$$t_2 = 573 - \frac{686}{\frac{1}{1.3 - 1} \times 10 \times 0.2597} = 493.75\text{K}$$

• 비열비$(k) = \frac{1.0097}{0.75} = 1.346$, $T_1 = 300 + 273 = 573$K

• 1kg · m = 9.8J

제1장 에너지관리, 에너지 절감, 전열

문제 202
보일러용 송풍기의 소요축동력(kW)을 다음 조건하에서 계산하시오.

〈조건〉
- 소요배기공기량 : 26,500m³/h
- 송풍기 효율 : 85%
- 통풍손실 : 50mmAq
- 공기온도 : 표준온도

해답

동력 $= \dfrac{ZQ}{102 \times \eta} = \dfrac{50 \times \left(\dfrac{26,500}{3,600}\right)}{102 \times 0.85} = 4.25\text{kW}$

참고 50mmH$_2$O = 50kgf/m², 1시간 = 3,600초

문제 203
보일러 운전 중 급수사용량이 2,000l/h, 연료소비량이 250l/h일 때 각각 사용량(kg/h)을 구하시오.(단, 급수의 비체적은 1.02l/kg, 오일의 비중은 0.98이다.)

해답

급수사용량 $= \dfrac{2,000}{1.02} = 1,960.78 \text{kgf/h}$

연료소비량 $= 250 \times 0.98 = 245 \text{kg/h}$

문제 204
다음의 조건을 이용하여 습포화증기 엔탈피(kcal/kg)를 구하시오.

〈조건〉
- 포화수 온도 : 120℃
- 증기의 건도 : 0.96
- 물의 비열 : 1kcal/kg℃
- 물의 증발잠열 : 530kcal/kg
- 증기 엔탈피 : 650kcal/kg

해답

습포화증기 엔탈피(h_2) = 포화수 엔탈피 + 증기의 건도 × 물의 증발잠열
$= (120 \times 1) + 0.96 \times 530 = 628.8 \text{kcal/kg}$

참고 물의 증발잠열(r) = 증기 엔탈피 − 포화수 엔탈피(kcal/kg)

III 제3편 분류별 필답형 기출문제

문제 205
공기온도 25℃, 상대습도 65%, 32℃의 포화수증기 압력 17.8mmHg 상태에서 이 공기의 절대습도(kg/kg')는 얼마인가?

해답

$$절대습도 = 0.622 \times \frac{상대습도 \times 포화수증기\ 압력}{760 - (상대습도 \times 포화수증기\ 압력)}$$

$$= 0.622 \times \frac{0.65 \times 17.8}{760 - (0.65 \times 17.8)} = \frac{7.19654}{748.43} = 0.0096$$

문제 206
외경 50mm 원통 횡관의 길이 10m에 열손실 방지를 위하여 두께 100mm의 보온재를 피복보온하였을 때 보온재 표면 방사열 손실은 일일간(24h) 몇 kcal인가?(단, 횡관의 표면온도는 120℃, 보온재 표면온도는 15℃, 보온재 열전도율은 0.2kcal/m · h · ℃이다.)

해답

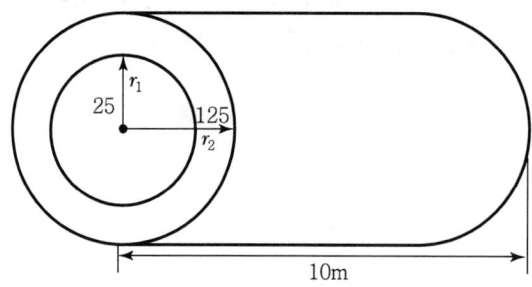

$50 + 100 = 150\text{mm}$

$r_1 = 50 \times \dfrac{1}{2} = 25\text{mm}(0.025\text{m})$

$r_2 = (25 + 100) = 125\text{mm}(0.125\text{m})$

- 평균면적 $= \dfrac{2\pi L(r_2 - r_1)}{\ln\left(\dfrac{r_2}{r_1}\right)}\ (\text{m}^2)$

- 열손실 $= \lambda \times \dfrac{2\pi L(t_1 - t_2)}{\ln\left(\dfrac{r_2}{r_1}\right)}$

$\therefore$ 방사열 손실$(Q) = 0.2 \times \dfrac{2 \times 3.14 \times 10(120 - 15)}{\ln\left(\dfrac{0.125}{0.025}\right)}$

$= \dfrac{1,318.8}{1.609437912} \times 24 = 19,665.996(\text{kcal})$

문제 207
저압증기난방에서 방열기면적이 500EDR이고 방열기의 증기배관에서 발생하는 응축수량은 방열기에서 발생하는 응축수량의 30%로 계산할 때 발생되는 응축수량은 총 몇 kg/h인가?(단, 물의 증발잠열은 539kcal/kg로 하고, 증기난방 표준방열량은 650kcal/m²h로 한다.)

해답 응축수량 $= \dfrac{650}{r}(1+a) \times \text{EDR}$ (상당방열면적)

a : 방열기외의 응축수(%)량, r : 응축잠열값

∴ $\dfrac{650}{539} \times (1+0.3) \times 500 = 783.86 \text{kgf/h}$

문제 208
90℃ 저온수난방배관에서 관길이 100m에 글라스울 보온재를 사용한 결과 보온효율이 90%일 때 보온재 피복 전의 총 열손실은 몇 kcal/h인가?(단, 관길이 표면적은 1.5m²/m이고, 외기 온도는 15℃, 보온재와 외기의 표면 열전달률은 15kcal/m²·h·℃이다.)

해답 보온 전 열손실 $= \dfrac{\text{보온 후 열손실}}{1-\text{보온효율}}$

∴ $Q = \dfrac{15 \times (90-15) \times 1.5 \times 100}{1-0.9} = 1{,}687{,}500 \text{kcal/h}$

문제 209
부탄가스의 저위발열량은 95,000kJ/Nm³이고 H_2O의 증발잠열은 2,250kJ/Nm³이라면 총발열량은 몇 kJ/Nm³인가?

해답 총 발열량(고위발열량) = 저위발열량 + 생성된 물의 증발잠열량

$C_4H_{10} + 6.5O_2 \rightarrow 4CO_2 + 5H_2O$

∴ $H_h = 95{,}000 + (5 \times 2{,}250) = 106{,}250 \text{kJ/Nm}^3$

문제 210
주택이 총 200가구인 어느 마을에서 가구마다 태양광설비시설(3kW/대)을 이용한다. 이 마을의 연간 온실가스 감축량(tCO₂-eq/yr)은 얼마인가?(단, 태양광이용률 : 15.5%, 일일 가동시간 : 24시간, 연간 가동일수 : 365일, 총 연간 가동시간 : 8,760시간, 온실가스 배출계수 : 0.46625tCO₂-eq/MWh이다.)

해답 연간 온실가스 감축량
= 태양광발전시설 × 연간가동시간 × 전력이용률
= 3kW × 1대/가구 × 200가구 × 8,760hr × 0.155 × 0.46625tCO$_2$-eq/MWh × MWh/10^{3}kWh
= 3 × 1 × 200 × 8,760 × 0.155 × 0.46625
= 379.85tCO$_2$-eq/yr

참고 1MWh = 1,000kWh

문제 211
연간 전기사용량이 2,540,782kWh인 업체의 온실가스 배출량(tCO$_2$-eq)을 계산하시오.(단, 전기 배출계수가 0.46625tCO$_2$-eq/MWh이다.)

해답 전력 사용에 따른 온실가스 배출량(tGHG)
= 2,540,782kWh × 0.46625tCO$_2$-eq/MWh × MWh/10^{3}kWh
= 1,184.64tCO$_2$-eq

문제 212
송풍기(동력 11kW)를 365일간 매일 24시간 사용하는 경우 온실가스 배출량(tonCO$_2$)을 계산하시오.(단, 송풍기 가동률은 94.5%이고 전기의 온실가스 배출계수는 0.424kgCO$_2$/kWh로 한다.)

해답 11 × 24 × 365 × 0.945 = 91,060.2(kWh/년)
온실가스 배출량 = 91,060.2 × 0.424 = 38,609.5248(kg·CO$_2$/년)
∴ 38,609.5248 × $\frac{1}{10^3}$ = 38.61(tonCO$_2$/년)

문제 213
연간 바이오매스 사용량이 1,415,730Nm³이고 바이오매스 내 메탄(CH$_4$) 함유량이 64.88%일 때 이 연료를 B-C유로 환산하시오.(단, B-C유의 저위발열량은 9,350kcal/l, 바이오매스의 발열량은 9,500kcal/Nm³로 한다.)

해답 ∴ B-C유 환산 = $\frac{1,415,730 \times 9,500 \times 0.6488}{9,350}$ = 933,261.33l = 933.26kl

문제 214
1TJ(테라줄)은 몇 toe인가?

해답 23.88toe

참고 온실가스 배출량 계산
B-C유 933.26kL 연소 시 온실가스 배출량 = 933.26 × B-C유의 석유환산계수(0.99)
= 923.93(toe)
B-C유 toe당 온실가스배출계수 = 3.208(tCO_2/toe)
∴ 923.93 × 3.208 = 2,963.97(tCO_2/toe)

문제 215
신에너지의 종류 3가지를 쓰시오.

해답
① 연료전지
② 석탄 액화 가스화 및 중질잔사유 가스화
③ 수소에너지

문제 216
재생에너지의 종류 8가지를 쓰시오.

해답
① 태양열　　② 태양광　　③ 바이오
④ 풍력　　⑤ 수력　　⑥ 지열
⑦ 해양　　⑧ 폐기물

문제 217
에너지절약전문기업(ECSO)의 사업 수행범위를 3가지만 쓰시오.

해답
① 에너지 사용시설의 에너지 절약을 위한 관리용역사업
② 에너지절약형 시설 투자에 관한 사업
③ 에너지절약형 시설 및 기자재의 연구개발사업

문제 218
ECSO의 주요 사업을 4가지만 쓰시오.

해답
① 에너지절약형 시설개체 사업
② 전기 대체 냉방시설 등 수요관리 투자사업
③ 산업체 공정 개선 사업
④ 폐열 회수 사업

문제 219

어느 회사에서 유연탄 15만 톤을 생산하여 코크스 10만 톤을 생산하였다. 이때 타이어(Tier) 1을 이용하여 온실가스 배출량을 산정할 경우 발생하는 온실가스 양은 몇 톤 CO_2-eq인가?(단, 메탄의 온실가스 CO_2 등 가계수는 21이며 공정배출계수는 CO_2 : 0.56tCO_2/ton Coke, CH_4 : 0.1gCH_4/ton Coke이다.)

해답
- CO_2 배출량 = 100,000ton Coke × 0.56tCO_2/ton Coke
  = 56,000tCO_2-eq
- CH_4 배출량 = 100,000ton Coke × 0.1gCH_4/ton Coke × 10^{-6}ton/g × 21
  = 0.21tCO_2-eq
- ∴ 온실가스 총 배출량 = 56,000 + 0.21
  = 56,000.21tonCO_2-eq

문제 220

석회공장에서 석회석을 생산하는 과정에서 CO_2가 발생된다. 생산된 석회가 100톤이라면 배출되는 이산화탄소 양은 몇 ton인가?(단, 생산된 석회 1톤당 배출계수 : 0.75톤CO_2)

해답 ∴ 석회 100톤당 CO_2
100톤 × 0.75tonCO_2/t석회 생산량 = 75톤

문제 221

B발전소에서 유연탄 1,697,622톤을 사용하여 전력을 생산하고 있다. B발전소에서 전력 생산 시 온실가스 배출량(tonCO_2eq)은 얼마인가?

▼ 에너지원의 조건

순발열량	GHG배출계수(kg/TJ)		
	CO_2	CH_4	N_2O
24.9TJ/Gg	90,200	1.0	1.5

〈조건〉
온실가스 등가계수(CO_2, CH_4, N_2O별 CO_2 등가계수)
CO_2 = 1, CH_4 = 21, N_2O = 310

해답 $E_{ij} = Q_1 + EC_i + EF_{ij} \times f_i \times f_{eq \cdot j} \times 10^{-6}$

- CO_2 배출량(tCO$_2$eq) = 1,697,622톤 × 24.9MJ/kg - 연료 × 90,200kg
  - GHG/TJ연료 × 10^{-6} = 3,812,825.06tCO$_2$
- CH_4 배출량(tCO$_2$eq) = 1,697,622ton × 24.9MJ/kg연료 × 1kgGHG/TJ연료 × 10^{-6} × 21
  = 887.69tCO$_2$
- N_2O 배출량(tCO$_2$eq) = 1,697,622ton × 24.9MJ/kg연료 × 1.5kgGHG/TJ연료
  × 10^{-6} × 310
  = 19,655.82tCO$_2$

∴ 총 온실가스 배출량 = 3,812,825.06 + 887.69 + 19,655.82 = 3,833,368.82tonCO$_2$eq

참고 GHG : 온실가스 6가지
CO_2 등가량(CO_2-eq) : 6개의 온실가스 각각의 온난화 잠재력(GWP)

문제 222

스테판-볼츠만의 법칙에 의해 표면온도가 1,000k에서 2,000k로 변화하였다면 흑체에서 복사되는 에너지는 몇 배가 되는가?

해답 $E = \sigma T^4 = \left(\dfrac{T_2}{T_1}\right)^4 = \left(\dfrac{2,000}{1,000}\right)^4 = 16$배

문제 223

프로판가스 1kg의 연소 시 몇 g의 탄소(C)가 발생되는가?(단, C_3H_8의 석유환산계수는 1.2, 탄소 배출계수는 0.713kgC/kgoe이다.)

해답 ∴ 1kg × 1.2kg/kg × 0.713kgC/kgoe = 0.8556kgC = 855.6g

참고 이산화탄소(CO_2)의 발생량을 계산하면

$C + O_2 \rightarrow CO_2$
12 : 32 : 44

$855.6 \times \dfrac{44}{12} = 3,137.2gCO_2/kgoe = 3.1372kgCO_2/kgoe$

문제 224

1톤(ton)의 CO_2(이산화탄소)는 몇 톤의 탄소(C)톤이 연소한 값인가?

해답

$C + O_2 \rightarrow CO_2$
12 : 32 : 44

$1 \times \dfrac{44}{12} = 0.2727$ 톤

문제 225

등가비, 당량비, 공연비, 공기비, 연공비에 대하여 설명하시오.

해답

(1) 등가비(ϕ) = $\dfrac{\left(\dfrac{\text{실제연료량}}{\text{산화제}}\right)}{\left(\dfrac{\text{완전연소를 위한 이상적 연료량}}{\text{산화제}}\right)} = \dfrac{1}{m}$ (공기비역수)

  $\phi = 1$(완전연소), $\phi < 1$(연료부족, 공기과잉), $\phi > 1$(연료과잉, 공기부족)

(2) 공기비(m) = $\dfrac{\text{실제공기량}}{\text{이론공기량}} = \dfrac{21}{21-(O_2)}$

(3) 공연비(AFR) = $\dfrac{\text{공기몰수}}{\text{연료몰수}} = \dfrac{\text{공기질량}}{\text{연료질량}} = \dfrac{\left(\dfrac{\text{산소몰수}}{0.21}\right)}{\text{연료몰수}}$

(4) 연공비 = $\dfrac{\text{연료질량}}{\text{공기질량}}$

(5) 당량비(ϕ) = $\dfrac{\text{실제연공비}}{\text{이론연공비}}$ = 이론연공비 대비 실제연공비

  $\phi = 1$(완전연소), $\phi < 1$(연료부족), $\phi > 1$(연료과잉, 공기부족)

문제 226

연료 $1Sm^3$ 중 프로판(C_3H_8)과 부탄(C_4H_{10})의 부피비가 2 : 8이다. 완전연소 시 혼합가스의 이론공기량(Sm^3/Sm^3)을 구하시오.(단, 공기 중 산소량은 21%이다.)

해답

$C_3H_8 + 5O_2 \rightarrow 3CO_2 + 4H_2O$
$C_4H_{10} + 6.5O_2 \rightarrow 4CO_2 + 5H_2O$

혼합이론산소량(O_o) = $\dfrac{(2 \times 5) + (8 \times 6.5)}{2+8} = 6.2 Sm^3/Sm^3$

∴ 이론공기량(A_o) = $\dfrac{6.2}{0.21} = 29.52 Sm^3/Sm^3$

문제 227

프로판과 부탄의 용적비가 3 : 2로 구성된 기체연료를 완전연소시키는 경우 공연비(AFR)를 부피(mol·air/mol·fuel)기준으로 구하시오.(단, 공기비는 1.30이다.)

해답

$C_3H_8 + 5O_2 \rightarrow 3CO_2 + 4H_2O$

$C_4H_{10} + 6.5O_2 \rightarrow 4CO_2 + 5H_2O$

$$AFR = \frac{\left(\frac{\text{산소 몰수}}{0.21}\right) \times \text{공기비}}{\text{연료의 몰수}} = \frac{\left(\frac{\left(5 \times \frac{3}{5}\right) + \left(6.5 \times \frac{2}{5}\right)}{0.21}\right) \times 1.3}{1} = 34.67 \text{mol·air/mol·fuel}$$

문제 228

기체연료(C_mH_n) 1mol을 이론 공기량으로 완전연소시키는 경우 이론 습연소가스량(mol/mol)을 구하시오.(단, 공기 중 산소는 21%이다.)

해답

$C_mH_n + \left(m + \frac{n}{4}\right)O_2 \rightarrow mCO_2 + \left(\frac{n}{2}\right)H_2O$

이론 습연소가스량(G_{ow}) $= 0.79 A_o + \left(m + \frac{n}{2}\right)$

여기서, 이론 공기량(A_o) $= \frac{1}{0.21}\left(m + \frac{n}{4}\right) = 4.76m + 1.19n$

$\therefore 0.79 \times (4.76m + 1.19n) + \left(m + \frac{n}{2}\right) = 4.76m + 1.44n \text{(mol/mol)}$

참고

$\frac{\text{공기 }100\%}{\text{산소 }21\%} = 4.76$배, $\frac{1}{0.21} = 4.76$, $\frac{4.76}{4} = 1.19$

문제 229

가솔린($C_8H_{17.5}$)의 완전연소 시 공연비(AFR)를 부피 및 중량(질량) 기준으로 각각 구하시오.

해답

연소반응식 : $C_8H_{17.5} + 12.375O_2 \rightarrow 8CO_2 + 8.75H_2O$

가솔린 분자량 $= (12 \times 8) + 17.5 = 113.5$

㉠ 부피 기준 $= \dfrac{\dfrac{\text{산소 몰수}}{0.21}}{\text{연료 몰수}} = \dfrac{\dfrac{12.375}{0.21}}{1} = 58.93 \text{mole·air/mole·fuel}$

㉡ 중량 기준 $= 58.93 \times \dfrac{29}{113.5} = 15.03 \text{kg·air/kg·fuel}$

문제 230
등가비(ϕ)에 대하여 간단히 서술하고 1보다 큰 경우와 작은 경우 CO 및 NO의 발생적 특성을 기술하시오.

해답 등가비(ϕ) : 연소과정에서 열평형을 이해하기 위한 관계식으로 공기비의 역수이다.

$$\phi = \frac{\left(\dfrac{\text{실제 연료량}}{\text{산화제}}\right)}{\left(\dfrac{\text{완전연소를 위한 이상적 연료량}}{\text{산화제}}\right)} = \frac{1}{\text{공기비}(m)}$$

- $\phi > 1$의 경우 : CO는 증가, NO는 감소
- $\phi < 1$의 경우 : CO는 최소, NO는 증가

문제 231
분자식 C_mH_n의 탄화수소 $1Nm^3$의 완전연소 시 필요한 이론공기량(A_o)을 수식으로 나타내시오.

해답
$$C_mH_n + \left(m + \frac{n}{4}\right)O_2 \rightarrow mCO_2 + \frac{n}{2}H_2O$$

$$\therefore A_o = \frac{O_o}{0.21} = \frac{\left(m + \dfrac{n}{4}\right)}{0.21} = 4.76m + 1.19n$$

문제 232
바이오에너지의 기준 및 범위에 대하여 각각 2가지만 쓰시오.

해답

에너지원의 종류		기준 및 범위
바이오 에너지	기준	1) 생물유기체를 변환시켜 얻어지는 기체, 액체 또는 고체의 연료 2) 1)의 연료를 연소 또는 변환시켜 얻어지는 에너지 ※ 1) 또는 2)의 에너지가 신·재생에너지가 아닌 석유제품 등과 혼합된 경우에는 생물유기체로부터 생산된 부분만을 바이오에너지로 본다.
	범위	1) 생물유기체를 변환시킨 바이오가스, 바이오에탄올, 바이오액화유 및 합성가스 2) 쓰레기매립장의 유기성폐기물을 변환시킨 매립지가스 3) 동물·식물의 유지(油脂)를 변환시킨 바이오디젤 및 바이오중유 4) 생물유기체를 변환시킨 땔감, 목재칩, 펠릿 및 숯 등의 고체연료

참고

에너지원의 종류		기준 및 범위
석탄을 액화·가스화 한 에너지	기준	석탄을 액화 및 가스화하여 얻어지는 에너지로서 다른 화합물과 혼합되지 않은 에너지
	범위	1) 증기 공급용 에너지 2) 발전용 에너지
중질잔사유 (重質殘渣油) 를 가스화한 에너지	기준	1) 중질잔사유(원유를 정제하고 남은 최종 잔재물로서 감압증류 과정에서 나오는 감압잔사유, 아스팔트와 열분해 공정에서 나오는 코크, 타르 및 피치 등을 말한다)를 가스화한 공정에서 얻어지는 연료 2) 1)의 연료를 연소 또는 변환하여 얻어지는 에너지
	범위	합성가스
폐기물 에너지	기준	1) 폐기물을 변환시켜 얻어지는 기체, 액체 또는 고체의 연료 2) 1)의 연료를 연소 또는 변환시켜 얻어지는 에너지 3) 폐기물의 소각열을 변환시킨 에너지 ※ 1)부터 3)까지의 에너지가 신·재생에너지가 아닌 석유제품 등과 혼합되는 경우에는 폐기물로부터 생산된 부분만을 폐기물에너지로 보고, 1)부터 3)까지의 에너지 중 비재생 폐기물(석유, 석탄 등 화석연료에 기원한 화학섬유, 인조가죽, 비닐 등으로서 생물 기원이 아닌 폐기물을 말한다)로부터 생산된 것은 제외한다.
수열에너지	기준	물의 열을 히트펌프(Heat Pump)를 사용하여 변환시켜 얻어지는 에너지
	범위	해수(海水)의 표층 및 하천수의 열을 변환시켜 얻어지는 에너지

문제 233

원통 횡관의 안지름이 25mm이고 레이놀즈수(Re)가 2,320에서 이송되는 유체의 동점성계수가 $1.06 \times 10^{-6} m^2/s$이라면 이 유체의 임계 유동속도는 몇 m/s인가?

해답 유속$(V) = \dfrac{Re \times \nu}{D} = \dfrac{2,320 \times 1.06 \times 10^{-6}}{0.025} = 0.10 \text{m/s}$

문제 234

건구온도 25℃(포화수증기압 19.63mmHg), 습구온도 23℃(포화수증기압 15.47mmHg)일 때 상대습도(%)를 계산하시오.

해답

- 현재 수증기압 = 습구온도 포화수증기압 $- \dfrac{1}{1,500} \times 760 \,(\text{건구온도} - \text{습구온도})$

- 상대습도$(\rho) = \dfrac{\text{현재 수증기압}}{\text{건구온도 포화수증기압}} \times 100\,(\%)$

∴ 상대습도$(\rho) = \dfrac{15.47 - \dfrac{1}{1,500} \times 760 \times (25-23)}{19.63} \times 100$

$= \dfrac{14.456666}{19.63} \times 100 = 73.65\,(\%)$

문제 235

도시가스 공급압력 2,400mmH$_2$O에서 사용량이 300m³/h(온도 20℃)이다. 연료의 발열량이 10,500kcal/N·m³일 때 발생열량은 몇 kcal/h인가?(단 표준대기압은 10,332mmH$_2$O이다.)

〈조건〉

- 표준상태 연료소비량 $= 300 \times \dfrac{273}{273+20} \times \dfrac{10,332+2,400}{10,332}$

해답 ∴ 연소의 발생열량$(Q) = 300 \times \dfrac{273}{273+20} \times \dfrac{10,332+2,400}{10,332} \times 10,500$

$= 3,616,744.36 \,\text{kcal/h}$

제2장 에너지설비, 설비장치

문제 1
냉·난방이 가능한 직화식(버너 장착용) 흡수식 냉온수기 사용 시 그 장점을 4가지만 쓰시오.

해답
① 진공상태 운전이 가능하여 작동 시 안전한 운전이 된다.
② 기기 한 대로 냉방, 난방이 가능하다.
③ 여름철 하절기의 전력소비량을 절감할 수 있다.
④ 물을 냉매로 하므로 냉매가 풍부하고 구입이 용이하다.
⑤ 냉매가 물이어서 독성 냉매에 비하여 매우 안전하다.

문제 2
압축천연가스(CNG) 또는 천연가스(LNG)의 주성분을 2가지만 쓰시오.

해답
① 메탄가스
② 에탄가스

참고 분자식 : 메탄가스 $-CH_4$, 에탄가스 $-C_2H_6$

문제 3
수관식 보일러에서 상부 기수드럼을 하부 물드럼보다 크게 만드는 이유를 쓰시오.

해답 기수드럼 내부에는 하부에 포화수 구역, 상부에 증기부가 확보되어야 하기 때문에 보일러 하부 물드럼보다는 용적을 더 크게 만들어야 한다.

문제 4
자동제어 패널설계 시 주의할 점을 4가지만 쓰시오.

해답
① 제어동작이 발진상태가 되지 않을 것
② 신속하게 제어동작을 완료할 것
③ 제어량이나 조작량이 과도하지 않을 것
④ 잔류편차가 요구되는 정도 사이에서 억제할 것

참고
- 잔류편차 – 옵셋
- 발진상태 – 불규칙 현상

문제 5
보일러 운전 중 자동제어 인터록에 대해 설명하시오.

해답 보일러 운전 중 어느 조건이 구비되지 않을 때 다음 기관동작을 저지하여 사고를 미연에 방지하는 것

참고 **인터록 종류**
- 불착화 인터록
- 저수위 인터록
- 프리퍼지 인터록
- 압력초과 인터록
- 저연소 인터록
- 배기가스 상한 스위치 인터록

문제 6
터널 환기용으로 사용하기 위하여 수백 미터 간격으로 터널 천장부에 설치하는 팬의 형식을 쓰시오.

해답
① 환기팬 방식 : 제트팬 방식
② 팬의 형식 : 축류식 송풍기 사용

제2장 에너지설비, 설비장치

문제 7
팬코일 유닛으로 실내온도를 조절하는 방법을 간단하게 쓰시오.

해답
① 공기컨트롤 스위치
② 실내온도조절기
③ 냉·온수유량조절 스위치

문제 8
바이패스를 필요로 하는 부속장치 4개 및 바이패스를 사용하는 목적을 간단하게 쓰시오.

해답
① 바이패스 설치가 필요한 곳
- 온수순환펌프
- 증기트랩
- 급수유량계, 급유유량계
- 감압밸브

② 바이패스 설치목적
스팀트랩이나 감압밸브 등 설치·고장·수리 시 이송되는 유체를 잠시 우회시켜 흘려보내기 위한 배관이다.

문제 9
보일러 운전 중 비상정지 발생 시 리셋버튼 기능작용에 대하여 설명하시오.

해답
보일러 운전 중 비상사태 발생, 비상정지 발생으로 기기점검 테스트 종료 후에 시스템 초기의 감시 상태로 다시 복귀시키는 버튼이다.

문제 10
강철을 제조하는 선철제조 제강로의 종류를 4가지만 쓰시오.

해답
① 염기성 전로   ② 산성 전로
③ 순 산소전로   ④ 칼도법

참고 제강로 종류
- 평로
- 전로
- 전기로
- 도가니로

문제 11
오리피스 차압식 유량계의 원리를 쓰시오.

해답 유량은 차압의 평방근에 비례한다.

문제 12
자동제어 불연속 동작인 on-off 동작의 특징을 3가지만 쓰시오.

해답
① 설정값 부근에서 제어량이 일정하지 않다.
② 사이클링 현상을 일으키기 쉽다.
③ 목표값을 중심으로 진동 현상이 나타난다.

문제 13
보일러 부속장치인 폐열회수장치에 대한 다음 물음에 답하시오.
(1) 폐열회수장치 명칭을 4가지만 쓰시오.
(2) 잠열사용이 가능한 열매가 들어 있는 장치명을 한 개만 쓰시오.
(3) 현열사용이 가능한 열매가 들어 있는 장치명을 한 개만 쓰시오.

해답
(1) 과열기, 재열기, 절탄기(급수가열기), 공기예열기
(2) 과열기, 재열기
(3) 절탄기, 공기예열기

참고 **폐열회수장치를 사용하면 나타나는 현상**
- 열효율 증가
- 연료소비량 감소
- 급수처리비용 감소
- 연소효율 증가
- 고온부식 발생
- 저온부식 발생
- 통풍력 저하

제2장 에너지설비, 설비장치

문제 14
오일버너에서 오일(기름)이 화실로 잘 분사되지 않는 이유를 3가지만 쓰시오.

해답
① 기름의 예열온도가 적정한 온도가 되지 않을 때
② 오일 연료의 점도가 높을 경우
③ 연료의 분무압력이 적당하지 않을 때
④ 노즐구경이 오일과 맞지 않을 때
⑤ 오일의 표면장력이 적당하지 못할 때

문제 15
보일러 운전 중 펌프로 급수하여 펌프, 보일러, 과열기에서 과열증기를 생산하기까지 과정을 4단계로 구분하시오.

해답 급수펌프 → 포화수 → 습포화증기 → 건포화증기 → 과열증기

문제 16
연돌로 배출되는 배기가스 온도가 230도로 높아서 이 배기가스 현열을 이용하여 열효율을 높일 수 있는 폐열회수장치를 설치순서대로 4가지만 쓰시오.

해답 과열기 – 재열기 – 절탄기 – 공기예열기

참고 절탄기(이코너마이저 = 급수가열기)

문제 17
Al_2O_3, SiO_2, K_2O, CaO 등을 일정비율로 혼합 제조하여 높이 30mm 위쪽 머리부분 3mm 삼각형 밑변 길이 7mm로 되어 있으며 시험 내화재의 추와 오열로 받침대 위의 80도 각으로 세워서 내화도를 측정하는 콘의 명칭을 쓰시오.

해답 제겔콘(제겔추)

문제 18

다음 물음에 알맞은 용어를 〈보기〉에서 골라 쓰시오.

〈보기〉
분진, 방전, 시간, 음극, 집진극, 진동, 미스트

(1) 연소과정에서 발생하는 분진이나 매연을 제거하기 위하여 가장 효율이 높은 집진장치인 전기식(코트렐식) 집진장치는 판상이나 관상의 집진전극(+극)과 침상의 방전전극(-극)의 두 극 사이에 전압(30~100kV)의 고전압을 걸어주면 코로나 (①)현상이 일어나고 그 사이로 (②)이나 (③)를 함유한 함진 배기가스를 1~3m/s의 속도로 집진장치 내를 통과시키면 배기가스 분자의 충돌 및 이온화가 활발해지면서 이온이 왕성하게 발생한다.

(2) 배기가스 고체분진은 (④)으로 대전이 되어 대전된 입자를 합쳐 모으는 (+극)인 (⑤)에 이끌려서 진애가 포집되어 달라붙게 된다.

(3) 진동에 의해 하부로 낙하시키는 추타장치를 이용하여 일정한 (⑥)마다 전극을 (⑦)시켜 주면 포집된 분진이 하부로 떨어지게 되어 집진이 완료되는 집진장치가 전기식 집진장치이다.

해답
① 방전　② 분진
③ 미스트　④ 음
⑤ 집진극　⑥ 시간
⑦ 진동

문제 19

보일러 운전 중 비수(프라이밍)의 발생원인을 5가지만 쓰시오.

해답
① 보일러 관수의 농축
② 주증기 밸브의 급개
③ 운전부하의 급변
④ 관수의 수위가 적정수위보다 높음
⑤ 보일러급수 청관제 사용량 부적합

참고 프라이밍
보일러 운전 중 보일러 수면에서 증기밸브 급개방 등 동작이 있을 경우 동 내부 포화수가 비등하여 증기 내부로 물방울을 함께 흡입하여 수위가 불안정해지는 현상
(캐리오버 – 기수공발의 발생 원인을 제공한다.)

문제 20
수관식 보일러 계속 사용 중 노후열화 된 수관을 교체하여야 하는 시기를 3가지만 쓰시오.

해답
① 관석(스케일) 생성이 심할 때
② 과열이 지나쳐 관이 소손되었을 때
③ 평상시보다 열효율이 오르지 않을 때
④ 배기가스 출구온도가 높을 때
⑤ 전열면적에 비해 증기발생량이 부족하다고 느낄 때

문제 21
자동제어에서 편차(옵셋)를 없애기 위한 연속동작 제어조작량을 4가지만 쓰시오.

해답
① 적분동작　　　　　② 비례, 적분 동작
③ 비례, 적분, 미분 동작　　④ 제2자유도 PID 동작

참고　연속동작
비례동작, 적분동작, 비례, 적분, 미분 동작(PID 동작)

문제 22
에어컨디셔너, 냉동기, 히트펌프에서 1차 냉매를 사용하는 부속장치인 압축기, 증발기, 응축기, 팽창밸브를 고압부, 저압부로 구별하여 쓰시오.

해답
① 고압부 부속장치 : 압축기, 응축기
② 저압부 부속장치 : 증발기, 팽창밸브

문제 23
계측기기에서 표준 원기가 갖추어야 할 구비조건을 4가지만 쓰시오.

해답
① 경년변화가 적을 것
② 안정성이 있을 것
③ 정도가 높고 단위의 현시가 가능할 것
④ 외부의 물리적 조건에 대하여 변형이 적을 것

문제 24
폐열회수장치인 급수가열기(절탄기) 설치 시 각 장단점을 3가지만 쓰시오.

해답
(1) 장점
① 보일러의 열효율 향상
② 보일러수의 열응력 방지(보일러 판의 열응력 방지)
③ 급수 중 불순물 일부 제거
④ 보일러 증기 및 온수 증발 또는 생산능력 향상
⑤ 연료소비량 감소

(2) 단점
① 통풍력 저하 발생(배기가스 온도 저하로 통풍력 감소)
② 절탄기나 공기예열기 등 저온부식 발생
③ 연도 내 청소나 점검이 곤란함
④ 설치 시 설비비용이나 계속 사용 중 수선 처리비용 증가

문제 25
보일러에서 급수, 공기온도계 설치 및 온도측정 부위에 대하여 다음 물음에 답하시오.
(1) 보일러 급수설비에서 급수온도 측정위치를 쓰시오.
(2) 예열공기 온도 측정부위를 쓰시오.
(3) 소요공기량 측정
(4) 발생증기량 측정

해답
(1) 보일러 급수설비에서 급수온도 측정위치
 • 절탄기 입구(단, 필요하다고 인정되는 경우라면 출구)
 • 절탄기가 없는 경우 : 보일러 몸체의 입구
 • 인젝터가 설치된 경우 : 그 앞에서 측정

(2) 예열공기 온도 측정부위
 공기예열기가 있는 경우 : 공기예열기 입구, 출구에서 측정

(3) 소요공기량 측정
 • 오리피스, 피토관 등 유량계로 공기량 측정
 • 공기소요량 측정위치 : 공기예열기 부착 시 공기량은 그 출구에서 측정

(4) 발생증기량 측정
 • 일반적으로 급수량으로 측정한다.
 • 증기유량계가 부착된 경우라면 그 측정값으로 증기발생량을 기준으로 한다.

제2장 에너지설비, 설비장치

│ 문제 26 │
보일러 운전 중 배기가스 온도 측정부위를 쓰시오.

해답 ① 배기가스 온도 측정은 보일러 최종가열기 출구에서 측정한다.
② 배기가스 중의 수증기 일부가 응축되는 절탄기나 공기예열기가 설치된 경우에는 그 전후에서 측정한다.

│ 문제 27 │
연돌로 배기되는 보일러 운전에서 배기가스 온도가 지나치게 높은 원인을 2가지만 쓰시오.

해답 ① 보일러 전열면 내부에 스케일 생성 부착
② 전열면 외부에 오손
③ 전열면적에서 전열효율 감소
④ 폐열회수장치 미설치

│ 문제 28 │
급수설비에서 체크밸브 설치목적 및 그 종류를 3가지만 쓰시오.

해답 ① 설치목적 : 급수 보급 등에서 유체의 역류를 방지한다.
② 종류
• 스윙형(수직배관, 수평배관용에 사용)
• 리프트형(수직배관용에는 부적당하고 수평배관에만 사용)
• 판형(디스크형)
• 해머레스형(스모렌스키형)

│ 문제 29 │
도시가스 성분은 대부분 메탄, 에탄가스이다. 이 가스는 주로 수소성분이 많은 가스인데 수소가 연소하면 발생하는 연소생성물은 어느 성분인지 쓰시오.

해답 수증기(H_2O)

문제 30

배관설비에서 유체의 이송 시 밸브에 대한 다음 물음에 답하시오.
(1) 유량조절이 가능한 밸브(일반적으로 증기라인 등에 많이 사용한다) 명칭을 쓰시오.
(2) 유량조절이 불가능한 밸브(일반적으로 물이나 오일배관용으로 많이 사용한다) 명칭을 쓰시오.

해답
(1) 글로브밸브
(2) 게이트밸브(슬루스밸브)

문제 31

다음 연소자동제어 릴레이 장치의 설치위치를 쓰시오.
(1) 프로텍터 릴레이 설치위치
(2) 콤비네이션 릴레이
(3) 아쿠아스테트
(4) 스택스위치

해답
(1) 프로텍터 릴레이 : 버너
(2) 콤비네이션 릴레이 : 보일러 본체
(3) 아쿠아스테트 : 보일러 본체
(4) 스택스위치 : 연도(굴뚝 입구)

문제 32

연소장치에서 버너점화 시 착화불량 원인을 3가지만 쓰시오.

해답
① 기름, 가스 등 연료가 제대로 분사하지 못할 경우
② 기름의 예열온도가 너무 높거나 낮을 경우
③ 기름에 물이나 슬러지의 혼입 시
④ 버너노즐이 폐쇄된 경우
⑤ 1차 공기압력이 지나치게 높아서 풍압이 과다할 경우
⑥ 오일 공급에서 유압이 너무 낮을 경우

문제 33

급수설비 인젝터의 작동순서를 보기에서 참고하여 기호로 쓰시오.

〈보기〉
(1) 급수밸브 개방   (2) 증기밸브 개방
(3) 출구정지밸브 개방   (4) 인젝터핸들 개방

해답 (3) - (1) - (2) - (4)

문제 34

보일러 제작 시 증기드럼이 없고 관으로만 제작되는 수관식 보일러 형식에서 다음 물음에 답하시오.

(1) 증기 드럼이 없는 관으로만 제작되는 보일러
(2) 보일러 순환비가 1인 보일러
(3) 순환비가 2 이상인 관류보일러
(4) 강제순환식 관류보일러
(5) 관류보일러 종류 3가지

해답
(1) 증기 드럼이 없는 관으로만 제작되는 보일러
  관류보일러

(2) 보일러 순환비가 1인 보일러
  단관식 관류보일러

(3) 순환비가 2 이상인 관류보일러
  다관식 관류보일러

(4) 강제순환식 관류보일러
  • 라몬트노즐 보일러
  • 베록스 보일러

(5) 관류보일러 종류 3가지
  • 벤슨보일러
  • 슐처보일러
  • 앳모스보일러
  • 가와사키보일러
  • 소형관류보일러

문제 35

주철제 온수보일러(수두압력 50mAq 이하)의 최고사용온도는 120℃ 이하이다. 다음 전열면적(m^2)에서 온수팽창에 따른 방출관(안전관, 도피밸브)의 크기가 몇 mm 이상이어야 하는지 쓰시오.

(1) 10 미만 : ( )   (2) 10 이상~15 미만 : ( )
(3) 15 이상~20 미만 : ( )   (4) 20 이상 : ( )

해답   (1) 25   (2) 30
          (3) 40   (4) 50

문제 36

유량계 중 면적식 유량계의 장점을 3가지만 쓰시오.

해답
① 고점도 유체나 레이놀즈수가 작은 유체 유량 측정이 가능하다.
② 적은 유량 측정도 가능하며 직접 눈금을 읽어서 유량이 측정된다.
③ 장치가 간단하고 유효 측정범위가 넓다.
④ 유량측정 시 압력손실이 적고 압력이 거의 일정하다.
⑤ 순간유량 측정이 가능하다.
⑥ 유량에 따라 균등눈금을 얻을 수 있다.

참고   **면적식 유량계의 종류**
로터미터, 게이트식

문제 37

연소실, 요로 등을 구축하는 내화물, 단열재, 보온재 등은 무엇을 기준으로 구분하는지 쓰시오.

해답   안전사용온도

참고
① 내화물(내화벽돌) : SK 26번(1,680도) 이상~SK 42번(2,000도) 이하
② 단열재 : 900~1,200도
③ 보온재 : 300~800도
④ 보냉재 : 100도 이하 온도보호

문제 38

다음 스팀트랩의 형식을 〈보기〉에서 골라 기호를 쓰시오.

〈보기〉

[형식]
㉮ 비중차에 의한 트랩
㉯ 열역학·유체역학에 의한 트랩
㉰ 온도차에 의한 트랩

① 오리피스트랩, 디스크트랩 (　　)
② 벨로스트랩, 바이메탈트랩 (　　)
③ 버킷트랩, 플로트트랩(프리형, 레버형) (　　)

해답
① 오리피스트랩, 디스크트랩 (㉯)
② 벨로스트랩, 바이메탈트랩 (㉰)
③ 버킷트랩, 플로트트랩(프리형, 레버형) (㉮)

문제 39

산업용 증기보일러에 부착되는 안전장치를 5개만 쓰시오.

해답
① 안전밸브
② 가용전(가용마개)
③ 압력제한기
④ 화염검출기
⑤ 압력조절기
⑥ 배기가스 온도스위치
⑦ 맥도널 저수위 경보장치(수위검출기)

참고 기타 안전장치
① 방출밸브(온수보일러용)
② 전자밸브
③ 리밋스위치
④ 가스누설 긴급차단밸브

문제 40
산업용 보일러 운전 중 노 내부의 가마울림(공명음) 발생 시 그 방지법을 4가지만 쓰시오.

해답
① 습분이 적은 연료를 사용한다.
② 2차 공기의 가열이나 통풍의 조절을 개선한다.
③ 연소실 내에서 빨리 연소시킨다.
④ 화실이나 연도를 개조한다.
⑤ 석탄 등 고체연료 연소 시 연도 내의 가스포켓이 되는 부분에 재를 남기도록 한다.

참고 **가마울림**
연소 시 배기가스가 이송되는 연도 내에서 웅웅거리는 소음이 지속적으로 발생하는 현상이다.

문제 41
연도 내 공기예열기 설치 시 그 장점을 4가지만 쓰시오.

해답
① 연료 점화 시 착화열을 감소시킨다.
② 연소실 온도상승 및 완전연소에 일조한다.
③ 전열효율, 연소효율이 높아진다.
④ 수분이 많은 저질탄 등 고체연료의 연소에도 유한한 연소가 가능하다.
⑤ 보일러 열효율이 상승한다.
⑥ 대류 전열면적이 증가한다.

참고 **단점**
① 통풍력이 감소한다.
② 저온부식을 일으킨다.
③ 연도 내 청소가 곤란해진다.
④ 설비비가 비싸진다.

문제 42
자동연소에 적용하는 시퀀스 제어를 간단하게 설명하시오.

해답 제어의 각 단계가 미리 정해져 있어서 순서에 따라 순차적으로 행하는 정성적 제어이다.

참고 **피드백 제어**
원인이 결과가 되어 출력 측의 신호를 입력 측으로 되돌려 제어량과 목푯값을 비교해서 그 편차를 제거하기 위한 정정 반복동작을 행하는 정량적 자동제어이다.

제2장 에너지설비, 설비장치

> **참고** 필답형 주관식 문제는 100% 만족하는 정답은 없으므로 여러 가지를 공부하고 본인이 표준 모드를 만들어 노트에 자주 기술 및 암기 반복하시기 바랍니다.

문제 43
보일러 내부를 청소한 후 공기를 빼가면서 급수를 계속하여 보일러 내 공기를 제거하고 물이 가득 찬 상태로 한 다음 물에 용존산소나 용존 가스체를 제거하고 내부에 약품을 넣어 첨가한 후 pH를 12 이하로 2~6개월 이하 밀폐단기보존을 하는 보일러 단기보존 방법을 쓰시오.

해답 만수보존

문제 44
증기관 내 수격현상(워터해머)을 간단히 설명하고 그 방지법을 4가지만 쓰시오.

해답
(1) 수격현상
　　배관 내부에 존재한 응축수가 증기이송에 밀려 평소 압력보다 14배 이상의 힘으로 배관 내부나 밸브를 심하게 타격하여 소음을 발생시키는 현상이다.

(2) 방지법
　① 배관을 철저하게 보온처리 한다.
　② 배관의 구배를 선정하여 응축수가 신속하게 제거되도록 한다.
　③ 배관 말단이나 적당한 곳에 증기트랩을 설치한다.
　④ 송기하기 전 배관 내의 응축수를 철저하게 드레인 시킨다.

문제 45
스팀배관 라인에 증기트랩 설치 시 이점을 2가지만 쓰시오.

해답
① 응축수를 배출하고 수격작용을 방지한다.
② 관내 부식을 방지한다.
③ 부하 측에 증기 이송이 신속하게 이루어진다.
④ 증기 열손실이 감소한다.
⑤ 열설비의 효율저하가 감소한다.
⑥ 관내 유체흐름에 대한 저항이 감소한다.

문제 46
스파이럴 열교환기 설치 시 이점(장점)을 4가지만 쓰시오.

해답
① 고형물이 함유된 유체나 고점도 유체의 열교환이 가능하다.
② 오염저항 및 저유량에서 심한 난류현상이 유발하는 곳에서 사용이 가능하다.
③ 전열 성능이 우수하며 강력한 셀클리닝 효과로 항상 초기 효율을 유지할 수 있다.
④ 열교환기 설치공간을 적게 차지한다.
⑤ 열응력을 자체 흡수하여 수명이 길다.
⑥ 설치공간이 작아도 되고 중량이 적게 나간다.

문제 47
보일러 운전 시 수관식 보일러에서 최고사용압력 1(MPa) 이하에서 리트머스 시험지 등으로 측정한 급수, 보일러수 pH 값은 어느 정도이어야 하는지 쓰시오.

해답
① 보일러 급수 pH 값 : 7~9
② 보일러수 pH 값 : 10.5~11.8

문제 48
다음에서 설명하는 스폴링 현상을 쓰시오.

> 급격한 온도변화, 불균일한 가열 및 냉각 등에 의해 열응력이 생겨 내화벽돌이나 캐스터블 내화물이 변형되는 현상

해답 열적 스폴링(열적 박락현상)

문제 49
증기압축식 냉동기에서 용적식, 비용적식 압축기의 종류를 쓰시오.

해답
① 용적식 : 왕복동식, 스크루식, 회전식, 스크롤식
② 비용적식(원심식) : 터보형

문제 50

고속도로 터널 내부의 환기용인 원심식 팬을 한 가지만 쓰시오.

해답 제트팬

문제 51

다음에 해당하는 기수분리기 형식을 〈보기〉에서 골라 쓰시오.

〈보기〉
스크러버형, 사이클론형, 건조 스크린형, 배플형

① 원심분리기를 사용한 것 (　　)
② 파형의 다수 강판을 조합한 것 (　　)
③ 방향전환을 이용한 것 (　　)
④ 금속망판을 이용한 것 (　　)

해답
① 사이클론형　　② 스크러버형
③ 배플형　　④ 건조 스크린형

문제 52

수관식 보일러의 장점을 4가지만 쓰시오.

해답
① 전열면적이 커서 증기발생 시간이 단축되고 증발량이 많다.
② 보일러 열효율이 매우 높고 관의 지름이 작아서 고압력에 잘 견딘다.
③ 수관의 배열이 용이하고 패키지형 제작이 가능하다.
④ 보일러 용량에 비해 중량이 가벼워서 운반·설치가 용이하다.
⑤ 원통형 보일러에 비해 보유수가 적어서 사고 시 피해가 적다.
⑥ 수관 배치 시 직관, 곡관의 배열이 가능하다.

참고 단점
① 급수처리가 심각하다.
② 보일러의 전반적인 부식에 주의하여야 한다.
③ 스케일 부착이 심각하다.
④ 증기드럼, 수드럼 등 드럼이 2개 이상 필요하다.
⑤ 수관을 배치할 때 경사배치가 있어야 순환이 가능하다.

문제 53

보일러 강판, 부속장치에서 발생하는 이상상태(팽출, 압궤) 현상 중 압궤현상 발생원인 및 그 방지법을 3가지만 쓰시오.

해답 (1) 압궤현상 발생원인
① 보일러 전열면의 과열
② 전열면에 스케일 부착 및 유지분 부착
③ 보일러 저수위 사고 발생(이상감수 발생 방지)
④ 노통이나 화실, 연관의 과열 발생

(2) 방지법
① 보일러 운전에서 과열 운전을 방지한다.
② 스케일 부착 및 유지분 발생을 방지한다.
③ 이상 저수위 사고를 방지한다.
④ 노통이나 화실, 연관의 과열을 방지한다.
⑤ 급수처리를 제대로 한다.

문제 54

배기가스 집진장치 중 왕복 선회운동으로 매연분진을 걸러내는 방식의 집진장치의 명칭을 쓰시오.

해답 원심력식 집진장치(사이클론식 집진장치)

문제 55

고온의 물체에서 방사되는 특수파장의 방사에너지를 표준 고온물체의 휘도(0.65)와 비교하여 고온을 측정하는 비접촉식 광고온도계 설치 시 그 장점을 4가지만 쓰시오.

해답 ① 방사온도계에 비하여 방사율의 보정량이 적다.
② 700~3,000℃ 정도의 고온 측정에 유리하다.
③ 구조가 간단하고 휴대하기 편리하다.
④ 비접촉식 온도계 중 가장 정도가 높다.

문제 56

보일러용 압력계에 대한 다음 물음에 답하시오.

① 보일러용 고압용 압력계 명칭
② 탄성식 압력계 종류 3가지
③ 압력계 외경(mm) 사이즈
④ 사용눈금 범위
⑤ 부르동관 압력계에서 안전장치로 사용하는 사이펀관의 내경(mm)
⑥ 압력계 증기연락관의 강관 또는 동관 규격(mm)
⑦ 압력계 설치위치
⑧ 설치개수

해답
① 부르동관 압력계
② 부르동관식, 벨로스식, 다이어프램식
③ 100mm 이상
④ 최고사용압력 1.5배 이상~3배 이하
⑤ 6.5mm 이상(내부에는 물이 들어 있다)
⑥ • 강관 규격 : 12.7mm 이상
　• 동관, 황동관 규격 : 6.5mm 이상
⑦ 보일러동체에 수직으로 부착한다.
⑧ 2개 이상

문제 57

삼파장램프, 형광등, 백열등에서 나오는 빛의 밝기를 측정하는 빛의 세기 단위를 쓰시오.

해답 럭스(lux)

문제 58

폐열회수장치에 대한 다음 물음에 답하시오.

(1) 폐열회수장치 중 급수가열기인 이코노마이저(절탄기), 공기예열기는 배기가스의 현열, 잠열 중 어느 열을 흡수하여 사용하는가?
(2) 외부 부식이 발생하는 장치명을 2가지만 쓰시오.
(3) 외부 부식에 대하여 간단히 쓰시오.
(4) 저온부식 반응식을 쓰시오.
(5) 폐열회수장치에서 고온부식(530℃ 이상)이 발생하는 장치명을 2가지만 쓰시오.

해답
(1) 배기가스 현열
(2) ① 절탄기
② 공기예열기

(3) 황분이 많은 연료의 연소 시 폐열회수장치인 절탄기나 공기예열기에서 배가스가 현열을 잃게 되면 수증기가 노점 150℃ 이하로 강하하고 과잉산소와 반응하여 진한 황산이 발생하고 이 황산이 절탄기나 공기예열기 강판을 부식시킨다.

(4) $S + O_2 \rightarrow SO_2$
$SO_2 + \dfrac{1}{2} O_2 \rightarrow SO_3$
$SO_3 + H_2O \rightarrow H_2SO_4$ (진한 황산)

(5) ① 과열기
② 재열기

문제 59

급수펌프 운전 시 펌프에 발생하는 캐비테이션, 즉 공동현상을 방지하는 방법을 3가지로 구별하여 쓰시오.

해답
① 펌프의 선정 : 양흡입펌프를 사용한다(펌프를 2대 이상 사용한다).
② 펌프의 설치위치 : 펌프를 낮게 설치하여 흡입양정을 작게 한다.
③ 펌프회전수 관련 : 펌프의 회전수를 낮추어 흡입유속을 작게 한다.

문제 60
바이메탈 온도계, 전기저항식 온도계, 방사온도계의 원리를 간단히 쓰시오.

해답
① 바이메탈 온도계 : 선팽창계수가 다른 2종의 금속을 결합시켜 온도에 따라 신축을 굽히는 정도가 다른 점을 이용한 접촉식 온도계
② 전기저항식 온도계 : 금속의 전기저항은 온도 변화에 따라 변하며 온도가 상승하면 저항치가 증가한다. 그러므로 온도와 전기저항과의 관계를 알고 저항치를 측정하여 온도를 측정하는 접촉식 온도계이다.
③ 방사 온도계 : 물체는 온도가 높아질수록 큰 복사에너지를 방출하는데 이 에너지를 이용하여 고온물체로부터 방사되는 전 에너지를 수열판에 집열하여 온도를 측정하는 비접촉식 온도계이다.

문제 61
흡수식 냉온수기 냉방운전 2시간에서 다음과 같은 열이 발생한 경우 성적계수(COP)를 구하시오.

〈발생열원〉
① 흡수기 흡수열량 : 27,000(kcal)
② 증발기 발생열량 : 30,000(kcal)
③ 저온재생기 흡수열량 : 15,000(kcal)
④ 직화식 고온재생기 공급열량 : 35,000(kcal)
⑤ 고온,저온 열교환기 전열량 : 8,000(kcal)

해답 성적계수 = $\dfrac{증발기\ 흡수열량}{고온재생기\ 공급열량} = \dfrac{30,000}{35,000} = 0.86$

문제 62
착화열이나 연소실을 감시하는 화염검출기에 대한 다음 물음에 답하시오.

(1) 중질유나 오일버너에 적합한 화염검출기
(2) 가스연료에 가장 이상적인 화염검출기
(3) 소규모 용량보일러나 연도에 설치가 가능한 화염검출기
(4) 화염검출기의 기능을 간단하게 쓰시오.

해답 (1) 프레임아이(광전관식 화염검출기)
(2) 프레임로드(전기전도성 화염검출기)
(3) 스택스위치(바이메탈스위치)
(4) 연소실 내 이상연소로 인한 화염 소멸, 실화, 소화 또는 정상연소상태 파악 등의 연소상태를 검출하여 실화나 화염 소멸 등을 감시하고 연료차단밸브를 이용하여 연소를 신속히 차단시켜 가스폭발 방지 및 노내를 안전하게 보호한다.

문제 63

오리피스 차압식 유량계의 장점을 3가지만 쓰시오.

해답 ① 구조가 간단하고 사용이 편리하다.
② 가격이 저렴하다.
③ 교체가 필요할 경우 해체교환이 용이하다.
④ 설치가 용이하다.

문제 64

내부가 진공상태에서 사용되는 에너지효율 기기인 히트파이프(Heat Pipe)의 원리를 간단하게 쓰시오.

해답 파이프 속에 증발성 액체를 봉입하여 약간 경사지게 설치하고 파이프의 한쪽 끝을 가열하면 관내에서 액체증발이 일어나 다른 쪽 단에서 응축하여 방열되는 원리를 사용한 전열관이다.

문제 65

습도계 종류를 3가지만 쓰시오.

해답 ① 모발습도계
② 전기저항식 습도계
③ 아스만 통풍건습구 습도계(아스만 건습구 습도계)
④ 듀셀노점계

문제 66

연료의 연소과정에서 노 내부에 CO 가스, 분진, 매진, 슈트 등이 발생하는 원인을 4가지만 쓰시오.

해답
① 연소실 용적이 작을 경우
② 공기비가 작아서 연소용 공기량이 부족할 경우
③ 연료와 연소장치가 맞지 않을 경우
④ 연소실 온도가 낮을 경우
⑤ 연료의 점도가 높거나 연료의 예열온도가 낮을 경우
⑥ 연료 중 수분이 다량 함유한 연료를 연소시킬 경우

문제 67

〈보기〉의 보온재를 최고 안전사용온도가 높은 순서대로 번호로 기입하시오.

〈보기〉
① 암면   ② 탄화코르크   ③ 폼글라스   ④ 세라믹파이버

해답 ④ - ① - ③ - ②

참고 안전사용온도
① 암면 : 400℃ 이하
② 탄화코르크 : 130℃ 이하
③ 폼글라스 : 300℃ 이하
④ 세라믹파이버 : 1,300℃ 이하

문제 68

다음 보기에 주어진 기체연료 중 발열량(저위, 고위)이 높은 순서대로 번호를 쓰시오.(단, 발열량 단위는 kcal/Nm³이다.)

〈보기〉
① 메탄가스(CH_4)   ② 아세틸렌가스(C_2H_2)
③ 프로판가스(C_3H_8)   ④ 에틸렌가스(C_2H_4)

해답 ③-④-②-①

참고 저위발열량(kcal/Nm³)
① 메탄-8,550
② 아세틸렌-13,600
③ 프로판-22,350
④ 에틸렌-14,320

문제 69

보일러용 중질유(중유C급) 사용에 대한 다음 물음에 답하시오.

(1) 지하저유조(오일 스토리지 탱크)의 용량
(2) 지하저유조탱크의 오일 온도는 약 몇 도로 예열하는가?
(3) 오일펌프로 사용이 가능한 펌프 2가지
(4) 오일 서비스탱크 용량
(5) 오일 서비스탱크 내 온도
(6) 오일프리히터 내부 오일온도

해답
(1) 10~15일 분 사용~60일 분 사용량
(2) 40~50도
(3) 회전식 기어펌프, 원심식 펌프
(4) 2~24시간 정도 사용량
(5) 60~70도
(6) 80~90도

문제 70

신재생에너지인 연료전지를 생산할 수 있는 원료가 되는 연료를 4가지만 쓰시오.

해답
① 수소　② 납사
③ 천연가스　④ 메탄올
⑤ 석유

참고 연료전지의 종류
• 고분자전해질 연료전지
• 인산형 연료전지
• 용융탄산형 연료전지
• 고체산화물 연료전지
• 직접메탄올 연료전지

문제 71

산업용 보일러에서 발생하는 열매체 종류를 3가지 쓰시오.

해답 ① 증기　② 온수　③ 특수열매채

문제 72

오르사트 가스분석기의 가스 분석 순서 및 흡수제 명칭을 쓰시오.

해답 가스 분석 순서 및 흡수제
① CO_2(흡수제 : 수산화칼륨용액 30%)
② O_2(흡수제 : 알칼리성 피로카롤용액)
③ CO(흡수제 : 암모니아성 염화제1동용액)

문제 73

액의 정확한 분리를 위하여 원액 정제를 위해 증류를 하는데 이 유체가 가진 어떤 특성을 이용하여 증류하는가?

해답 액체의 비등점 차이

참고 ① 증류 : 액체를 비등시킬 때 나오는 증기를 이용하여 응축시키고 원액을 정제하는 조작이다.
(증류방법 : 진공증류, 수증기증류)
② 증발 : 수용액으로부터 수분만을 증발시켜 용액을 농축하거나 결정을 분리하는 조작이다.

문제 74

스팀용 보일러 스프링식 안전밸브의 구비조건을 4가지만 쓰시오.

해답 ① 증기 분출압력에 대한 작동이 확실하고 분출 전 증기가 누설되지 않을 것
② 분출 후에 증기압력이 정상화되면 즉시 분출을 멈출 것
③ 안전밸브 크기는 보일러 용량에 대하여 지름과 양정이 충분할 것
④ 안전밸브 개폐 동작이 자유롭고 신속할 것

문제 75
대기전력에 대하여 쓰시오.

해답 대기전력이란 외부의 전원과 연결만 되어 있고 주 기능을 수행하지 아니하거나 외부로부터 켜진 신호를 기다리는 상태에서 미소하게 소비되는 전력을 말한다.

문제 76
다음 신재생에너지에 대한 물음에 답하시오.
(1) 태양열
(2) 태양광

해답 (1) 태양열 : 태양열 집열판을 이용하여 온수를 생산하고 난방 또는 급탕수에 사용한다.
(2) 태양광 : 태양열을 이용하여 태양전지셀, 태양전지모듈, 태양전지어레이 등을 이용하여 분산형 전원으로 전기를 생산하고 지역이나 가정에 보급한 후 잉여전기는 한전으로 보급한다.

문제 77
삼파장 형광램프가 다음과 같은 절대온도(K)에서 빛을 발할 시 그 색깔(빛의 색깔)을 쓰시오.

① EX-D=6,500K (　) ② EX-N=5,000K (　)
③ EX-W=4,100K (　) ④ EX-L=2,700K (　)

해답 ① 주광색　② 주백색　③ 백색　④ 전구색

문제 78
터빈펌프 토출구 배관에 설치하는 부속품으로 유체의 충격이나 진동을 방지한 신축용 부품 명칭을 2가지만 쓰시오.

해답 ① 금속제 플렉시블(금속제 커넥터)
② 고무제 플렉시블(고무제 커넥터)

제2장 에너지설비, 설비장치

문제 79

보일러 연도 또는 연돌 외부에 설치하는 필요 부품을 3가지만 쓰시오.

해답
① 배기가스 온도계
② 배기가스 온도측정센서(배기가스 온도조절스위치)
③ 배기가스 조절댐퍼

문제 80

유기질, 무기질, 금속질 보온재의 구비조건을 5가지만 쓰시오.

해답
① 보온능력이 크고 열전도율이 작을 것
② 어느 정도 기계적 강도가 있을 것
③ 장시간 사용온도에 견디며 변질하지 않을 것
④ 비중이 작을 것
⑤ 흡습성이나 흡수성이 적을 것
⑥ 다공질이며 기공의 크기가 균일할 것
⑦ 설치, 시공이 용이하고 확실한 시공이 될 수 있을 것

문제 81

저수위 경보장치 겸 수위검출기인 전극봉식 저수위 경보장치의 기능을 3가지만 쓰시오.

해답
① 저수위 발생 시 경보를 발함
② 저수위 사고 시 보일러 운전 긴급 차단
③ 고수위 시 급수펌프 작동 중지
④ 수위변동 검출
⑤ 설정수위 이하에서 급수펌프 작동 개시

문제 82

지역난방, 고층빌딩에서 사용하는 판형 열교환기(플레이트형) 사용상 그 이점을 4가지만 쓰시오.

해답
① 가스켓이 2중 구조여서 교환유체의 누출이 발생하는 경우 혼잡이 방지된다.
② 플레이터에 형성된 돌기부에서 난류흐름과 와류현상으로 이상적인 열교환 및 스케일 부착이 방지된다.
③ 전열면적 증감이 용이하며 한 대의 열교환기로 다양한 열교환이 가능하다.
④ 열판의 세관, 열판의 교체, 정·부 보수 시 특별한 공구가 없어도 분해나 조립이 가능하다.
⑤ 용이한 열판의 해체로 스케일 부착 시 제거 및 청소가 매우 편리하다.

문제 83

보일러 연소에 관한 다음 물음에 답하시오.

(1) 보일러 노내 연소용 불꽃이 회백색으로 나타날 경우 연소상태를 설명하시오.
(2) 연소용 화실에 연소 열량이나 부하를 증가시키려면 먼저 어느 유체를 증가시킨 후에 연료를 증가시켜야 하는가?

해답 (1) 노내에 과잉공기 투입으로 화염의 색깔이 회백색으로 나타난다.
(2) 공기 공급

문제 84

보일러 주증기 밸브에 대한 다음 물음에 답하시오.

(1) 주증기 밸브는 어떤 형식의 밸브를 사용하는가?
(2) 주증기 밸브를 천천히 여는 이유를 2가지 쓰시오.
(3) 주증기 밸브 설치위치를 쓰시오.

해답 (1) 주증기 밸브의 형식 : 주증기 앵글밸브(앵글글로브밸브)
(2) 주증기 밸브를 천천히 여는 이유
  ① 주증기관 내에 응축수가 고인 상태에서 급히 밸브를 열면 동 내부 프라이밍 발생 및 관 내에서 수격작용을 일으키므로 주증기 밸브를 천천히 열어야 한다.
  ② 천천이 밸브를 열면 정지된 보일러라면 온도가 하강한 배관이 저절로 예열되면서 관이 따뜻한 난관이 되어 이송되는 증기가 응축이 되는 것을 방지할 수 있다.
(3) 주증기 밸브 설치위치 : 보일러 상부 증기배출구

문제 85

오일 서비스탱크에 대한 다음 물음에 답하시오.

(1) 설치높이를 쓰시오.
(2) 오일 서비스탱크의 설치목적을 3가지만 쓰시오.

해답 (1) 설치높이 : 버너 선단보다 1.5m 높이에 설치한다.
(2) 오일 서비스탱크의 설치목적
  ① 보일러 운전 중 지속적으로 연료를 공급할 수 있다.
  ② 시간에 구애받지 않고 오일 공급이 항상 가능하다.

③ 버너 선단에 설치하므로 낙차에 의한 오일 공급이 가능하다.
④ 연소장치에 충분한 오일 공급량 공급이 언제나 가능하다.

문제 86

프레임아이(광전관식) 화염검출기에 대하여 물음에 답하시오.
(1) 광전관식 화염검출기는 사용상 주위온도를 몇 도 이하로 제한하는가?
(2) 화염검출기 형식을 3가지 쓰시오.
(3) 광전관식 화염에서 발산하는 빛을 검출하는 방법을 3가지 쓰시오.

해답
(1) 광전관식 화염검출기의 사용상 주위온도 : 50도 이하
(2) 화염검출기 형식
  - 열적 화염검출기(스택스위치)
  - 광학적 화염검출기(프레임아이)
  - 전기전도성 화염검출기(플레임로드)

(3) 광전관식 화염에서 발산하는 빛을 검출하는 방법
  - 적외선 검출
  - 가시광선 검출
  - 자외선 검출

문제 87

급수처리 중 내처리에서 사용하는 슬러지 조정제 종류를 5가지만 쓰시오.

해답
① 리그린
② 탄닌
③ 전분
④ 해초추출물
⑤ 고분자 유기화합물

문제 88

비중차를 이용한 기계식 스팀트랩에 대한 물음에 답하시오.

(1) 트랩 종류를 2가지만 쓰시오.
(2) 응축수 배출에 의한 형식이나 구조에 관한 종류를 2가지만 쓰시오.

해답 (1) 트랩의 종류
① 버킷식 트랩
② 플로트 트랩(프리형, 볼형)

(2) 응축수 배출에 의한 형식이나 구조에 관한 종류
① 상향식 증기트랩
② 하향식 증기트랩

참고 증기는 비중이 가볍고 응축수는 비중이 무겁다.

문제 89

압축기별 증기압축 냉동기(냉매 사용) 종류를 4가지만 쓰시오.

해답
① 터보형
② 스크루형
③ 회전식
④ 스크롤식
⑤ 왕복동식

참고 **흡수식 냉온수기**
(1) 고온재생기 구조형식
 • 노통연관식
 • 수관식
 • 반전연소식

(2) 열매공급에 의한 형식
 • 직화식
 • 고압증기식
 • 중온수식

(3) 냉난방에 의한 형식
 • 흡수식 냉동기
 • 흡수식 냉온수기

제2장 에너지설비, 설비장치

문제 90

다음 단열재에 대한 물음에 답하시오.

(1) 단열벽돌의 종류를 고온·저온용으로 구별하여 쓰시오.
(2) 단열재 사용 시 이점을 3가지만 쓰시오.

해답 (1) • 고온용 : 점토질 내화단열 벽돌(1,300~1,500도)
　　　　　• 저온용 : 규조토질 단열벽돌(900~1,200도)

(2) 단열재 사용 시 이점
　① 축열용량이 작아진다.
　② 열전도도가 감소한다.
　③ 노내 온도가 균일하다.
　④ 외부 열전도 지연으로 노내 온도 상승에 의한 유체의 가열시간이 단축된다.
　⑤ 노벽의 온도구배 감소로 내화벽돌의 스폴링 발생이 방지된다.

문제 91

다음 신축이음에 대한 물음에 답하시오.

(1) 신축이음의 설치목적을 쓰시오.
(2) 신축이음의 종류를 3가지만 쓰시오.
(3) 옥외 대형배관에서 신축을 크게 잡을 수 있는 신축이음은?
(4) 엘보를 2개 이상 사용하여 엘보의 비틀림을 이용한 신축이음으로 신축작용이 작아도 되는 설비에 사용하는 신축이음은?

해답 (1) 설치목적
　　배관에 온수나 증기 이송 시 열에 의해 신축이 발생하고 배관 이음부 등이나 장치에 무리가 가므로 이러한 신축작용을 흡수하도록 만든 것이다.

(2) 신축이음의 종류
　① 미끄럼형(슬리브형)
　② 주름통형(벨로스형)
　③ 만곡관형(루프형)
　④ 스위블형(저압증기, 온수보일러용)

(3) 루프형
(4) 스위블형

문제 92

폐열회수장치인 절탄기, 공기예열기에 대한 물음에 답하시오.

(1) 연소용 공기온도를 몇 도 정도 올리면 열효율이 1% 증가하는가?
(2) 급수온도를 몇 도 정도 높이면 열효율이 1.5% 증가하는가?
(3) 공기예열기 형식을 2가지만 쓰시오.
(4) 절탄기(이코노마이저), 즉 급수가열기를 재질별로 2가지만 쓰시오.

해답
(1) 25℃
(2) 10℃
(3) 공기예열기 형식
 ① 전열식(강판형, 강관형)
 ② 재생식(축열식) : 융그스트롬식

(4) 급수가열기 : ① 강관제
 ② 주철제

문제 93

급수처리 중 외처리에 대한 다음 물음에 답하시오.

(1) 수질에서 5대 불순물을 쓰시오.
(2) 급수를 위한 외처리 순서 공정도를 6단계로 구분하여 쓰시오.
(3) 경수연화장치 이온교환수지 작업순서를 5단계로 구분하여 쓰시오.

해답
(1) 수질의 5대 불순물
 염류분, 유지분, 알칼리분, 산분, 가스분

(2) 급수를 위한 외처리 순서 공정도
 원수 – 응집 – 침전 – 여과 – 탈이온화 – 급수

(3) 경수연화장치 이온교환수지의 작업순서
 역세 – 재생 – 압출 – 수세 – 통수

문제 94

수관식 보일러(2동 D형 등)의 장점을 4가지만 쓰시오.

해답
① 증기드럼이나 수관직경이 작아서 고압에 잘 견딘다.
② 보일러 파열 시 보일러수가 적어서 피해발생이 적다.
③ 전열면적이 커서 증기의 발생이 빠르고 대용량의 증기생산이 가능하다.
④ 전열면적당 보유수가 적고 보일러수의 순환이 빠르다.
⑤ 열의 흡수율이 높아서 보일러효율, 열효율이 높다.
⑥ 화실의 용적이 커서 연료의 선택에 지장을 받지 않는다.
⑦ 연소실 용적이 커서 연소효율이 높은 편이다.

문제 95

원통형 보일러는 소형 구조인 입형, 중소형 구조인 횡형 보일러를 많이 제작한다. 이 중 횡형 원통형 보일러의 종류를 4가지만 쓰시오.

해답
① 노통보일러
② 횡연관보일러(연관보일러)
③ 노통연관보일러
  • 습연실 보일러(스코치 보일러)
  • 건연실보일러(하우든존슨 보일러, 부르동카프스 보일러)
④ 기관차보일러
⑤ 기관차형 보일러(케와니보일러)

참고 **설치장소**
① 육용형 : 육지에서 설치된 보일러
② 박용형 : 바다의 배 내부 선박용 보일러

본체 입형, 횡형 원통형 보일러 중 효율이 높은 순서
(1) 횡형
   ① 노통연관보일러
   ② 연관식 보일러
   ③ 노통보일러

(2) 입형
   ① 입형 코크란 보일러
   ② 입형 다관식 보일러
   ③ 입형 횡관식 보일러

제3편 분류별 필답형 기출문제

문제 96

자연순환식 수관보일러 종류를 4가지만 쓰시오.

해답
① 배브콕 윌콕스 보일러 ② 하이네 보일러
③ 다쿠마 보일러 ④ 쓰네기치 보일러(경사수관형 보일러)
⑤ 2동 D형 보일러

참고 **수관보일러의 장단점**
(1) 수관보일러 장점
① 구조상 고압 대용량 제작이 가능하다.
② 전열면적이 크고 효율이 높다.
③ 관수의 순환 방향이 일정하여 순환이 용이하다.
④ 증기발생이 빨라서 급수요에 응하기 쉽다.
⑤ 패키지형 제작이 용이하다.
⑥ 동일 용량이면 연관식 보일러보다 설치면적이 작다.
⑦ 수관의 배열이 용이하여 제작이 편리하다.
⑧ 보일러 파열 사고 시 열수가 적어서 피해가 적다.

(2) 수관보일러 단점
① 내부 구조가 복잡하여 관수처리가 복잡하다.
② 청소, 검사, 수리가 불편하다.
③ 비수나 포밍현상으로 캐리오버 현상이 자주 발생한다.
④ 수관에 스케일 부착이 심하다.
⑤ 보유수량에 대한 증기발생이 빨라서 습증기 발생 우려가 심하다.
⑥ 급수처리를 철저하게 하여야 한다.
⑦ 건조증기를 취출하기 위하여 비수방지관이나 기수분리기 설치가 반드시 필요하다.

횡형 원통형 보일러 특성
(1) 수관식 보일러와 비교한 장점
① 수관식에 비하여 취급이 간단하고 고장이 적다.
② 청소나 검사, 수리가 용이하다.
③ 급수처리가 까다롭지 않고 수명이 길다.
④ 수면이 넓어 기수공발 발생이 적다.
⑤ 부하변동에 대한 압력변화가 적다.
⑥ 급수의 질에 영향이 적은 편이다.

(2) 수관식 보일러와 비교한 단점
① 증기발생이 느리다.
② 열효율이 나쁘다.
③ 같은 용량이라면 설치면적이 크다.
④ 연소실이 내분식이어서 화실의 크기가 제한된다.
⑤ 보일러 동 내부에 보유수량이 많아서 파열 시 열수에 대한 피해가 크다.
⑥ 화실의 용적이 작아서 연소용 공기 부족으로 불완전연소 발생에 주의해야 한다.

제2장 에너지설비, 설비장치

문제 97
본체가 원통형인 보일러 중 효율이 가장 높은 노통연관보일러의 특징을 4가지만 쓰시오.

해답
① 패키지형 제작 및 설치가 가능하다.
② 수관식 보일러에 비하여 가격이 저렴하다.
③ 화실이 내분식 노통을 사용하므로 열손실이 적다.
④ 설치면적을 적게 차지한다.
⑤ 증발속도가 빨라서 연관 외부에 스케일 부착이 빠르다.
⑥ 구조가 복잡하고, 청소나 검사가 불편하다.
⑦ 급수처리가 필요하다.
⑧ 구조상 고압이나 대용량 보일러 제작이 어렵다.

참고 **노통연관보일러**
① 육용 설치형 보일러
② 선박용 박용 보일러

문제 98
패키지 보일러 특징을 4가지만 쓰시오.

해답
① 공간을 유용하게 이용할 수 있다.
② 설치기간이 매우 단축된다.
③ 설비의 관리가 용이하다.
④ 효율이 일반보일러보다 높다.
⑤ 고장 시 부속품 수리가 다소 어렵다.
⑥ 양질의 급수를 사용해야 한다.
⑦ 대용량의 경우에는 패키지 제작이 어렵다.

참고 **패키지 보일러**
종래에는 보일러제작 설치를 설치장소 현장에서 제작을 하였으나 현재는 제조공장에서 부분 부분을 만든 후에 팩으로 완전 조립 후 이동하여 현장에서 바로 설치가 가능한 타입의 보일러가 패키지형 보일러이다.

문제 99
수냉노벽을 설치한 대형 방사보일러 특징을 5가지만 쓰시오.

해답
① 연소열의 65% 이상을 복사전열면에서 흡수한다.
② 보일러 용량이 1,000(ton/h) 이상이다.
③ 연도 후부 연소가스 온도가 1,000℃ 정도 된다.
④ 회전식 공기예열기인 융그스트롬식을 채택한다.
⑤ 노벽 전면이 수냉노벽으로 제작되므로 접촉전열면이 거의 없다.
⑥ 중질유, 미분탄, 가스 등 연료소비가 다양하다.
④ 증기원동 화력발전, 대도시 지역난방에 사용이 편리하다.

참고 **수냉노벽**
수관식 대형 보일러에서 수관을 연소실 후위에 울타리 모양으로 배치하여 전열면적 증가, 복사열 흡수, 열손실 방지를 목적으로 한 수관 울타리 관벽을 말한다.

문제 100

강제순환 수관식 보일러인 라몬트노즐 보일러, 베록스 보일러에 대한 다음 물음에 답하시오.

(1) 보일러 순환비에 대하여 쓰시오.
(2) 연소가스 유속은 약 얼마 정도인가?
(3) 노 내 가압연소 시 압력은 얼마 정도인가?
(4) 강제순환식 보일러의 특징을 설명하시오.

해답 (1) 보일러 순환비
- 라몬트노즐 보일러 : 4~10 정도
- 베록스 보일러 : 10~15 정도

(2) 연소가스 유속 : 200~300m/s
(3) 노 내 가압연소 시 압력 : 0.25~0.3MPa
(4) 강제순환식 보일러의 특징
- 보일러 운전 시 증기압력이 매우 높은 고압이 되면 증기와 보일러수, 관수의 비중량 차이가 적어서 자연순환이 어려워지며 증기 및 과열증기 발생을 위한 증기배관에서 수관 내부에 공간이 생겨 노 내 고열에 의해 수관의 폐쇄나 변형이 심각하게 된다. 그러므로 보일러 보존을 위하여 증기드럼 내부 보일러수를 순환펌프 등을 이용하여 관 수를 관 내부로 강제순환을 시켜 과열증기가 발생하도록 한다.
- 보일러 점화 후에 소정의 압력을 일으키는데, 가동시간이 매우 짧아지고 열효율이 높아지며 관경이 작아지고 수관 내 유속이 빨라지고 관의 두께를 얇은 것으로 제작하는 것이 가능하며 열전달률이 기존의 보일러보다 10~20배 증가된다. 또한 수관 전체가 열에 의한 신축이 균일하게 되므로 관을 보호할 수 있다.

문제 101

단관식, 다관식 관류보일러에 대한 다음 물음에 답하시오.

(1) 단관식, 다관식은 무엇을 기준으로 구별하는가?
(2) 순환비란 무엇을 말하는가?
(3) 관류보일러 종류를 3가지만 쓰시오.

해답 (1) 단관식, 다관식의 기준 : 순환비(단관식은 순환비가 1, 다관식은 순환비가 2 이상)
(2) 순환비 = (보일러 급수공급량/보일러 증기발생량)
(3) 관류보일러 종류
① 벤슨보일러(대용량 보일러)
② 슐처보일러(대용량 보일러)
③ 소형관류보일러(압력 1MPa 이하, 전열면적 $5m^2$ 초과~$10m^2$ 이하용)
④ 가와사키보일러
⑤ 앳모스보일러

참고
- 증기의 질을 높이기 위해 관류보일러에는 반드시 자동제어가 필요하고 염분리기(기수분리기) 부착이 필수이다.
- 관류보일러는 습증기 발생이 심하여 건조증기를 얻을 수 있는 기수분리기가 필요하다.

문제 102

특수열매체 보일러에 대한 다음 물음에 답하시오.

(1) 특수보일러 종류를 3가지만 쓰시오.
(2) 열매체 종류를 3가지만 쓰시오.
(3) 열매체 보일러 열원을 2가지만 쓰시오.
(4) 다우섬의 특징을 5가지만 쓰시오.

해답 (1) 특수보일러 종류
① 폐열보일러(연도의 고온 폐가스열 이용 보일러)
② 버케스 보일러(사탕수수 찌꺼기를 연료로 사용)
③ 바크 보일러(나무껍질, 피목을 연료로 사용)
④ 특수열매체 보일러
⑤ 펄프 폐액 보일러
⑥ 소다 회수 보일러

(2) 열매체 종류
① 다우섬

② 카네크롤
③ 모빌썸
④ 세큐리티

(3) 열매체 보일러 열원
① 열매체 액상용
② 열매체 기상용

(4) 다우섬의 특징
① 자극성 · 인화성 물질이다.
② 휘발성이 강하다.
③ 누설 시 화재나 인명피해가 발생한다.
④ 석유류 정류과정에서 얻는 탄화수소 혼합물이다.
⑤ 보일러 운전 시 열원으로 액상, 기상 두 가지로 사용이 가능하다.
⑥ 저압 0.2(MPa)에서도 약 300도 정도의 매우 높은 고온을 얻을 수 있다.
⑦ 안전밸브 등은 반드시 밀폐형으로 하고 분출관은 옥외부로 향하도록 한다.
⑧ 액상으로 운전하면 0도 이하가 아니면 동결되지 않고, 부식도 없다.

문제 103

과열증기 생산을 위한 과열기에 대한 다음 물음에 답하시오.

(1) 열가스 접촉에 의한 과열기 종류를 3가지 쓰시오.
(2) 열가스 흐름에 의한 과열기의 분류를 3가지 쓰시오.

해답 (1) 열가스 접촉에 의한 과열기 종류
① 접촉과열기(대류열 이용) : 연도에 설치
② 복사 과열기(복사열 이용) : 화실 노내에 설치
③ 복사 접촉 과열기(복사, 접촉 과열기) : 화실과 연도 접촉부에 설치

(2) 열가스 흐름에 의한 분류
① 병류형 : 증기와 열배기가스 흐름방향이 같다.
② 향류형(대향류형) : 증기와 열배기가스 흐름의 방향이 반대이다.
③ 혼류형 : 병류형과 향류형의 혼합이다.

문제 104

과열증기 사용 시 장단점을 4가지씩 쓰시오.

해답 (1) 장점
　　① 증기원동기의 이론적 열효율 증가
　　② 적은 증기로 많은 열 획득
　　③ 관 내의 부식방지 및 수격작용 방지
　　④ 관 내 마찰저항 감소
　　⑤ 응축수가 되기 어려워서 열손실 감소

(2) 단점
　　① 가열표면의 온도를 일정하게 유지하기 어렵다.
　　② 가열장치에 큰 열응력이 발생한다.
　　③ 직접 가열 시 열손실 증가
　　④ 고온으로 제품의 손상 가능
　　⑤ 과열기 표면에 고온부식이 발생 가능

문제 105

원통 횡형 보일러에서 브리징 스페이스를 설치하는 이유나 그 설치목적을 설명하시오.

해답 브리징 스페이스는 노통신축 호흡장소라고도 하며 보일러 제작 시 거싯버팀의 하단부와 노통 상단부와의 공간 거리로 노통의 신축으로 인한 응력을 받게 되므로 평판이 손상되기 쉽다. 이를 방지하기 위하여 225mm 이상 거리를 두게 되는 공간을 말하며 경판의 두께에 따라서 달라진다.

참고 브리징 스페이스 설치 시 이점
① 노통의 수명 연장 및 강도 보강
② 리벳 보호
③ 노통의 신축 조절

문제 106

파형 노통에 비하여 평형 노통을 일체형으로 제작하면 강도가 부족해진다. 이 결점을 보완하기 위해 플랜지형으로 몇 개의 노통으로 분할 제작한다. 이때 분할된 평형 노통을 이음하는 장치가 아담슨 조인트이다. 이 장치를 설치할 경우 이점을 3가지만 쓰시오.

해답 ① 평형 노통의 강도 보강
② 제작용 리벳 보호
③ 열에 의한 노통의 신축 조절

문제 107

다음 버팀의 사용 용도, 설치부위를 쓰시오.

(1) 나사버팀(볼트 스테이)
(2) 거싯 버팀
(3) 튜브 스테이(관 버팀)
(4) 봉 버팀(막대 버팀)
(5) 가이드 스테이(시렁 버팀)
(6) 도그 버팀

해답

(1) 나사 버팀(볼트 스테이)
- 동판과 화실벽을 연결하여 화실벽 강도를 보강한다.
- 평행판의 강도를 보강한다.

(2) 거싯 버팀
- 주로 동판과 연결하여 경판의 강도를 보강한다.
- 노통보일러에 설치한다.

(3) 튜브 스테이(관 버팀)
- 연관보일러에 설치한다.
- 연관보다 두꺼운 관이며 연관의 역할 및 버팀역할을 동시에 한다.

(4) 봉 버팀(막대 버팀)
 봉으로 된 버팀이며 경판이나 화실 천장판의 강도 보강에 사용된다.

(5) 가이드 스테이(시렁 버팀)
 노통연관 박용 보일러인 스코치보일러의 화실 천장판과 강도 보강에 사용한다.

(6) 도그 버팀
 맨홀이나 소재구멍 밀봉에 사용한다.

문제 108

노통이 부착된 노통보일러에서 노통을 정중앙에서 한쪽으로 편심시켜 부착하여 제작하는 이유를 쓰시오.

해답
① 보일러수의 순환을 촉진한다.
② 보일러수 대류작용이 원활해진다.
③ 증기나 온수생산에 시간이 단축된다.
④ 연료소비가 감소된다.

참고
① 증기부 : 보일러에서 증기가 차지하는 부분
② 수부 : 보일러 드럼에서 물이 담겨 있는 부분
③ 수면부 : 보일러수와 증기부가 서로 만나는 면

문제 109

노통 연관 보일러 등 보일러수 안에 설치된 노통을 내분식 연소라고 한다. 이 내분식 연소방식에 대한 특징을 5가지만 쓰시오.

해답
① 드럼 내부에 노통이 설치되므로 노통의 크기가 제한된다.
② 공기 공급이 부족하여 연소가 완전연소 되지 못하고 그을음 발생이 염려된다.
③ 노통이 물에 둘러싸여 있어서 주위가 냉각된다.
④ 휘발분이나 회분이 많은 연료는 사용이 제한된다.
⑤ 연소실로부터의 열손실은 매우 적은 장점이 있다.
⑥ 보일러의 높이를 낮게 할 수 있으며 설비비나 수리비가 적은 장점이 있다.
⑦ 설비의 이동이 매우 간편한 장점이 있다.

문제 110

연소실이 외분식인 형식의 보일러 종류를 3가지만 쓰시오.

해답
① 연관식 보일러
② 관류보일러
③ 수관식 보일러
④ 강제순환식 수관보일러

문제 111

연관식 보일러, 수관식 보일러 연소실은 외분식인데 이 외분식 연소실의 특징을 5가지만 쓰시오.

해답
① 노의 화실을 내화 벽돌로 만들기 때문에 모양이나 크기를 자유롭게 결정할 수 있다.
② 휘발분 성분이 많은 연료의 연소상태도 순조롭다.
③ 노내 온도를 높일 수 있다.
④ 연소장치를 자유로이 선택할 수 있어서 연료의 선택이 자유롭다.
⑤ 화실 내벽으로부터 외부로 방사 열손실이 발생한다.
⑥ 보일러 설치 시 높이가 높아지고, 설비비 및 수리 시 수리비가 많이 든다.

문제 112

보일러용 연관, 수관의 배열에 대하여 ① 배열모양, ② 배열모양의 장점을 쓰시오.

해답 (1) 연관
① 바둑판 모양으로 배열하여 설치한다.
② 관수의 순환이 촉진된다.

(2) 수관
① 다이아몬드형 모양으로 배열하여 설치한다.(마름모꼴 설치형태로 배열하여 설치한다.)
② 열가스의 접촉을 양호하게 한다.

문제 113

보일러 부착용 부르동관식 압력계의 검사시기를 구별하여 5가지만 쓰시오.

해답 ① 신설보일러의 경우 압력이 오르기 전
② 압력계가 2개일 경우 압력이 상이한 경우
③ 압력이 평상시와 다를 경우
④ 부르동관이 높은 열에 팽창이 지나치다고 느낄 때
⑤ 프라이밍, 포밍이 발생할 경우
⑥ 점화 전이나 새것으로 교체 후에

문제 114

보일러용 수주관, 수면계 설치에 대한 다음 물음에 답하시오.

(1) 수주관을 설치하는 이유를 2가지만 쓰시오.
(2) 수주관 연락관의 설치 시 주의사항을 2가지만 쓰시오.
(3) 수면계를 수주관에 설치할 경우 수면계 하부의 설치위치를 쓰시오.
(4) 수면계의 점검시기를 쓰시오.
(5) 수주관, 수면계 연락관의 크기는 몇 A(mm) 이상이어야 하는가?

해답 (1) 수주관을 설치하는 이유
• 수면계를 보호한다.
• 수면계의 청소 및 검사 수리가 용이하다.

(2) 수주관 연락관의 설치 시 주의사항
• 증기연락관은 보일러 최고수위보다 높게 설치한다.
• 물 측 연락관은 보일러 안전저수위보다 약간 아래에 설치한다.

(3) 설치위치 : 보일러 안전저수위에 일치시켜 설치한다.
(4) 수면계의 점검시기 : 1일 1회 이상
(5) 수주관, 수면계 연락관의 크기 : 20A 이상

제2장 에너지설비, 설비장치

문제 115

보일러용 수면계 점검순서를 7가지 단계로 구분하여 쓰시오.

해답
① 증기밸브 통기변 차단
② 물밸브 통수변 차단
③ 드레인밸브 개방
④ 물밸브 개방 후 검사한 후에 닫는다.
⑤ 증기밸브 개방 후 검사한 후에 닫는다.
⑥ 드레인밸브를 닫는다.
⑦ 증기밸브 통기변을 열고 마지막으로 물밸브 통기변을 연다.

문제 116

수면계의 파손원인 4가지와 파손 시 조치사항을 2가지만 쓰시오.

해답
(1) 수면계의 파손원인
① 수면계 조임너트를 무리하게 조인 경우
② 수면계 주위에서 충격을 준 경우
③ 장기간 사용으로 수면계에서 알칼리 성분에 의한 노후
④ 수면계 상부 하부 축이 이완된 경우

(2) 조치사항
① 수면계 물 측 밸브, 즉 통수밸브를 급히 차단한다.
② 새것으로 교체한 후라면 증기밸브 측을 열어서 유리수면계를 예열한 후 물밸브를 연다.

참고 보일러 증기압력이 없을 때 수면계를 점검하면 오히려 공기누입을 촉진할 수 있다.

문제 117

다음 보일러용 수면계의 사용압력을 쓰시오.

(1) 원형 유리수면계   (2) 평형 반사식 수면계
(3) 평형 투시식 수면계   (4) 멀티포트식 수면계
(5) 2색 수면계

해답   (1) 1MPa 이하   (2) 2.5MPa 이하
(3) 4.5~7.5MPa 이하   (4) 초고압용까지 사용
(5) 4.5~7.5MPa 이하

참고 2색 수면계
- 증기부 : 적색
- 수부 : 청색

문제 118
보일러용 안전밸브의 구비조건을 5가지만 쓰시오.

해답
① 증기 분출압력에 대한 작동이 확실할 것
② 압력이 정상화되면 증기분출을 즉시 멈출 것
③ 안전밸브 지름과 양정이 충분할 것
④ 설정압력 또는 정상압력 이상에서는 증기를 완전히 방출할 것
⑤ 안전밸브 개폐동작이 자유롭고 신속할 것
⑥ 압력이 초과되기 전에는 생증기 분출이 없을 것

참고
① 안전밸브 종류
 • 스프링식   • 복합식   • 레버식   • 중추식
② 스프링식 안전밸브 분출용량에 따른 종류
 • 저양정식   • 고양정식   • 전양정식

문제 119
전극식 수위검출기의 기능을 5가지만 쓰시오.

해답
① 저수위 차단 기능
② 저수위 경보 기능
③ 급수 개시 기능
④ 급수 정지 기능
⑤ 고수위 경보 기능

참고 수위검출 안전장치 종류
① 기계식(부자 이용)
② 부자식(맥도널식, 자석식)
③ 전극식
※ 맥도널식, 자석식은 일종의 전기식이다.

제2장 에너지설비, 설비장치

문제 120
보일러 운전에서 고수위 운전을 하면 발생하는 장해를 3가지만 쓰시오.

해답
① 증기부가 좁아져서 습증기 발생이 심해진다.
② 비수, 거품발생 현상이 일어난다(프라이밍, 포밍이 발생한다).
③ 기수공발이 발생한다(캐리오버가 발생한다).
④ 배관 내 응결수 발생으로 수격작용이 발생한다(배관 내 워터해머가 발생한다).

문제 121
보일러 운전 중 수부가 클 경우 어떤 현상이 발생하는지 5가지만 쓰시오.

해답
① 건조증기를 얻기 힘들다.
② 부하변동에 대한 압력변화가 적다.
③ 사고 시 열수가 증가하여 피해가 크다.
④ 증기발생 시간이 길어진다.
⑤ 캐리오버 현상이 발생한다(프라이밍, 포밍 등 기수공발 발생).
⑥ 습증기 발생이 심하다.

참고 보일러 운전 중 수부가 크면 부하변동에 응하기 용이하나, 증기부가 작아진다.

문제 122
폐열회수장치인 절탄기, 공기예열기에서 발생하는 저온부식 방지법을 4가지만 쓰시오.

해답
① 배기가스 온도를 노점온도인 150도 이상 적정선을 유지한다.
② 점화, 소화 시에 배기가스 이송을 부연도로 배기시킨다.
③ 단속운전을 피하고 연속운전을 한다.
④ 저온부식 방지제인 첨가제를 사용한다.
⑤ 연도를 보온처리하여 배기가스 온도가 설정온도 이하로 내려가지 않게 한다.
⑥ 절탄지나 공기예열기의 기기 표면에 저온부식 방지를 위한 피막을 입힌다.

문제 123

다음 슈트블로어에 대한 물음에 답하시오.

(1) 기능을 쓰시오.
(2) 슈트블로어 작동을 위한 3가지를 매체별로 구별하여 쓰시오.
(3) 종류를 5가지만 쓰고 어느 부위에 설치하는 것인지 쓰시오.

해답 (1) 보일러 운전 중 전열면에 부착된 그을음이나 재를 불어 내어 연소열 등의 전열을 좋게하는 장치이다.

(2) ① 증기분사식 : 가장 많이 사용한다.
    ② 공기분사식
    ③ 물분사식

(3) ① 롱 리트랙터블형 : 고온의 전열면에 부착하여 사용
    ② 쇼트 리트랙터블형 : 연소실 노벽에 설치하여 사용
    ③ 건타입형 : 보일러 전열면에 부착하여 사용
    ④ 로터리형 : 저온의 전열면에 부착하여 사용
    ⑤ 롱 리트랙터블형, 트래블링 프레임형 : 공기예열기에 부착하여 사용

참고 **전열이나 열전달을 방해하는 물질**
① 공기
② 그을음
③ 스케일(관석)

문제 124

슈트블로어(전열면 그을음 제거기) 사용상 주의사항을 4가지만 쓰시오.

해답 ① 운전 부하가 50% 이하인 때에는 사용을 금지한다.
② 노내 소화 후에는 슈트블로어 사용을 금지한다(가스폭발 방지).
③ 분출 횟수와 시기는 연료의 종류, 분출위치, 증기온도 등에 따라 적당하게 조정한다.
④ 분출 시에는 유인통풍을 증가시킨다.
⑤ 증기 분사식이나 물 분사식의 경우 분출하기 전 분출기 내부의 물을 제거한 후에 실시한다.

문제 125

보일러 증기드럼에서 증기부가 크면 어떤 이점이 있는지 3가지만 쓰시오.

해답　① 건조증기 취출이 용이하여 배관 내 응축수량이 감소하여 수격작용 발생이 감소한다.
② 관 내 부식방지 및 증기 이송 시 관 내 저항이 감소한다.
③ 기수공발이 방지되어 캐리오버 발생이 방지된다.
④ 건조증기 취출이 용이하여 증기 건도가 높아진다.

문제 126

〈보기〉의 보일러 경판을 강도크기 순서로 쓰시오.

〈보기〉
반구형 경판, 반타원형 경판, 접시형 경판, 평경판

해답　① 아주 강한 경판 : 반구형
② 강한 경판 : 반타원형
③ 양호한 경판 : 접시형
④ 약한 경판 : 평경판

참고　경판과 본체 사이에서 보일러 강도 불량에 의한 재질의 변형을 방지하기 위하여 스테이 등 버팀을 사용한다.

문제 127

수관식 대용량 보일러에 수냉노벽 설치 시 이점을 5가지만 쓰시오.

해답　① 화실 노벽의 지주역할을 한다.
② 내화벽의 손상을 방지한다.
③ 전열효율을 증가시킨다.
④ 노내 기밀을 유지한다.
⑤ 보일러 무게가 경감이 된다.
⑥ 노벽의 방산 열손실을 적게 한다.
⑦ 밀폐 가압연소가 가능하다.

참고　① 수냉노벽 배열
　　• 탄젠셜 배열(산업용 대용량 보일러 배열용)
　　• 스페이스드 배열(산업용 중소형 보일러용 배열)
　　• 스킨 케이싱 배열(밀폐 가압연소 보일러용 배열)
　　• 핀 패널식 배열(멤브레인 구조 배열)
② 대형 방사보일러(화력발전 증기원동소 보일러 – 수냉노벽 설치 보일러)

문제 128
자연순환식 수관 보일러 종류 및 수관의 경사도를 쓰시오.

해답
① 배브콕 윌콕스 보일러 : 수평직관식 15도
② 쓰네기치 보일러 : 수평직관식 30도
③ 다쿠마 보일러 : 직관식 45도
④ 2동D형 수관식 보일러 : 곡관식 15도

참고
(1) 급경사 수관형 보일러
① 스털링 보일러 : 곡관형이며 증기드럼 2개, 물드럼 1개
② 가르베 보일러 : 직관형이며 증기드럼 2개, 물드럼 2개

(2) 수관직관 삼각형 보일러
야로 보일러 : 직관형이며, 증기드럼 1개, 물드럼 2개

문제 129
보일러 증기 속에 수분이 많으면 발생하는 현상을 5가지만 쓰시오.

해답
① 증기의 건조도가 저하된다.
② 증기의 엔탈피가 감소한다.
③ 관 내 응축수가 증가한다.
④ 증기배관 내 수격작용이 발생한다.
⑤ 관 내 설비에 부식이 발생한다.
⑥ 증기기관의 열효율이 감소한다.

문제 130
증기압력이 높을 경우 나타나는 현상을 5가지만 쓰시오.

해답
① 포화온도(증기, 포화수)가 높아진다.
② 포화수 증발 시 증발잠열이 감소한다.
③ 포화수 및 포화증기 엔탈피가 증가한다.
④ 습증기 유발이 심해진다.
⑤ 연료 소비가 증가한다.
⑥ 고압에 의하여 설비에 무리가 온다.
⑦ 포화수와 포화증기 비중량 차가 작아서 순환이 불량해진다.
⑧ 증기 건도를 높이기 위하여 기수분리기나 비수방지관 설치가 필요하다.

⑨ 포화증기 비체적이 작아진다.
⑩ 증기의 밀도가 커진다.

문제 131

안전장치 일종인 가용마개(가용전)에 대한 다음 물음에 답하시오.

(1) 설치목적을 쓰시오.
(2) 기능을 3가지만 쓰시오.
(3) 설치위치를 쓰시오.
(4) 용융온도별 합금비율을 3가지 쓰시오.

해답 (1) 설치목적 : 보일러 저수위 등 보일러 내부가 과열되면 노통 등의 파열이 발생하는데 이상온도 상승 시 가용마개가 용융하여 노내로 증기스팀이 유입되어 공기차단으로 화염이 소멸하고 사전에 보일러 파열이 방지되는 용해플러그이다.

(2) 기능
 ① 노통의 압궤사고를 방지한다.
 ② 노내 연소를 차단하여 파열을 방지한다.
 ③ 보일러 내부 과열을 방지한다.

(3) 설치위치 : 노통 상부나 화실 천장판

(4) 용융온도별 3가지 합금비율
 ① 150도용 : 주석 10 + 납 3
 ② 200도용 : 주석 3 + 납 3
 ③ 250도용 : 주석 3 × 납 10

문제 132

보일러 화실 후부에 설치하는 안전장치인 방폭문에 대한 다음 물음에 답하시오.

(1) 설치목적
(2) 기능 3가지
(3) 종류

해답 (1) 설치목적 : 연소실 내 미연가스가 존재할 경우 점화 시 가스폭발에 의한 사고를 방지하기 위하여 화실 후부에 설치하고, 가스폭발 시 고압의 가스를 외부로 방출한다.
(2) 기능
① 노 내 안전운전
② 보일러 가스폭발에 의한 피해 감소
③ 역화발생 방지
(3) 종류
① 스윙식 : 개방형이며 자연통풍인 주철제보일러나 저압보일러에 사용한다.
② 스프링식 : 밀폐형이며 노내 압력이 가압연소인 고압보일러의 압입통풍방식 보일러에 부착한다.

참고 **노 내 화실의 미연가스폭발 방지방법**
점화 전이나 운전 중지 후에 프리퍼지, 포스트퍼지 등을 실시하여 신선한 공기로 치환을 충분하게 한다.

문제 133

산업용 보일러의 노내 잔류가스에 의한 가스폭발 원인을 5가지만 쓰시오.

해답 ① 노 내부, 연도 등에 미연가스의 충만
② 고체연료 연소 시 매화작업 시 잔류가스 발생
③ 점화 전이나 사용 중지 후에 프리퍼지, 포스트퍼지 등 공기치환량 부족
④ 점화 실패 및 점화 시 착화시간 5초 이내 점화 실패 원인 제공
⑤ 보일러 운전 중 노내 실화과정에서 연료가 노내로 누설되어 잔류가스 발생

참고 불완전연소 시 가연성 가스인 일산화탄소(CO) 발생으로 가스폭발 원인 제공
$C + \dfrac{1}{2}O_2 \rightarrow CO$

문제 134

건조증기 취출 보일러용 기수분리기의 종류를 5가지만 쓰시오.

해답 ① 사이클론형 : 원심분리기형
② 스크러버형 : 파형의 다수강판 이용
③ 건조 스크린형 : 금속망 이용
④ 배플형 : 증기의 방향 전환 이용
⑤ 다공판식 : 여러 개의 작은 구멍 이용

문제 135

비수방지관(증기 내관), 기수분리기에 대한 다음 물음에 답하시오.

(1) 비수방지관, 기수분리기의 설치목적을 쓰시오.
(2) 비수방지관, 기수분리기의 설치위치를 쓰시오.
(3) 비수방지관 구멍의 총면적을 쓰시오.

해답 (1) 설치목적 : 보일러 수면에서 발생하는 습포화증기 내부 수분, 즉 물방울을 증기와 분리하여 건조증기를 취출하기 위해서이다.

(2) 설치위치
  ① 비수방지관 : 동 내부 증기취출부
  ② 기수분리기 : • 보일러 드럼 증기취출구
       • 배관

(3) 구멍 총면적 : 비수방지관에 뚫린 전체 면적은 주증기밸브 면적보다 1.5배 이상으로 제작한다(증기의 원활한 취출을 위하여).

문제 136

기수분리기, 비수방지관 설치 시 이점을 5가지만 쓰시오.

해답 ① 건조도가 높은 포화증기를 생산한다.
② 증기의 손실 및 잠열손실을 막아준다.
③ 증기엔탈피가 증가한다.
④ 증기의 열효율을 높여준다.
⑤ 배관 내의 수격작용을 감소시킨다.
⑥ 관 내 부식을 방지하는 데 일조한다.
⑦ 증기이송 시 저항을 감소시킨다.

참고 ① 기수분리기 : 일반적으로 수관형 보일러에 설치한다.
② 비수방지관 : 일반적으로 원통형 보일러에 설치한다.

문제 137

보일러 운전 중 동 내부에서 발생하는 다음 현상에 대하여 간단하게 기술하시오.

(1) 프라이밍   (2) 포밍   (3) 캐리오버

해답 (1) 증기밸브를 급히 열 경우 순간 압력 저하로 보일러 수면 위에서 물방울이 튀어올라 증기 내부로 혼입하여 습증기를 유발하는 현상이다(일명 비수발생이라고 한다).
(2) 보일러 운전 중 동 저부에서 기포가 수면 위로 솟아 올라서 수면 위에 물거품 현상이 지나치게 발생하는 현상이다(잠시 수면측정이 어려워진다).
(3) 프라이밍, 포밍이 발생한 증기가 보일러 동 내부에서 관 외부로 이송·운반되면서 배관 내 수격작용, 부식 등의 원인을 제공하는 현상이다.

문제 138
프라이밍, 포밍의 발생원인 및 적절한 조치사항을 4가지만 쓰시오.

해답 (1) 발생원인
① 주증기 밸브 급개방
② 부하변동 급변화
③ 보일러 드럼 내에서 고수위로 운전
④ 증기발생의 과대
⑤ 수부가 크고 증기부가 작을 경우
⑥ 관수의 농축이 심할 경우
⑦ 급수처리 미숙
⑧ 청관제 등 약품처리 부적합

(2) 발생 시 조치방법
① 연소량을 낮춘다.
② 주증기밸브를 닫고 수위의 안정을 꾀한다.
③ 농축된 관수를 분출하여 신진대사를 꾀한다.
④ 수면계, 안전밸브, 압력계 등 연락관을 조사한다.

문제 139
프라이밍, 포밍 발생 시 그 장해를 5가지만 쓰시오.

해답 ① 드럼 내 수면동요가 심하여 수위 판단이 어렵다.
② 압력계나 수면계의 연락관 폐쇄가 염려된다(압력계나 수면계의 연락관이 막히기 쉽다).
③ 습증기 발생으로 증기엔탈피가 감소한다.
④ 배관 내 응결수로 인하여 워터해머 작용이 발생한다.
⑤ 열설비 계통의 부식이 초래된다.
⑥ 증기 이송 시 관 내에서 저항이 증가한다.
⑦ 보일러 운전 중 열효율이 저하한다.

참고
(1) 워터해머 : 수격작용
(2) 수격작용이 발생하면 유체의 유속증가가 평소보다 14배 압력 증가로 인하여 배관이나 관내 부착된 부속품의 파괴가 발생할 수 있고 관 내 큰 소음, 진동이 동시에 발생한다.

문제 140

보일러용 제2종 압력용기인 증기헤더(스팀헤더)에 대한 다음 물음에 답하시오.

(1) 설치목적을 쓰시오.
(2) 기능을 3가지만 쓰시오.

해답
(1) 설치목적
   증기를 한 곳으로 모아서 각 사용처로 배분하기 위해서이다.

(2) 기능
   ① 부하변동 시를 대비하여 증기를 일부 저장한다.
   ② 불필요한 곳에는 증기공급을 막아서 열손실을 방지한다.
   ③ 증기의 공급량을 조절한다.
   ④ 급수요에 응하기 쉽다.
   ⑤ 증기의 과부족을 일부 해소한다.

참고
① 증기헤더는 반드시 보온처리 하여 열손실을 방지한다.
② 드레인을 위하여 하부에는 반드시 증기트랩을 설치한다.
③ 증기헤더 크기는 헤더와 연결하는 주증기배관 관경보다 2배 이상 크기로 만든다.

문제 141

증기배관 내 수격작용(워터해머) 발생원인을 4가지만 쓰시오.

해답
① 프라이밍, 포밍의 발생
② 잘못된 배관구배 선정
③ 배관의 보온재 불량으로 열손실 증가
④ 관 내 응결수 고임
⑤ 증기트랩 고장 방치
⑥ 주증기밸브 급개방
⑦ 부하변동의 급변화
⑧ 증기밸브 개방 직전 드레인배출 불충분

참고 위 내용을 숙지하면 관 내 수격작용을 방지할 수 있다.

> **참고** 펌프 작동 시 수격작용(워터해머) 방지방법
> ① 관의 직경을 크게 하거나 관 내 유체의 유속을 낮게 한다.
> ② 펌프에 플라이휠을 설치하여 펌프의 속도가 변화하는 것을 막는다.
> ③ 압력을 조정하는 조압수조를 관선에 설치한다.
> ④ 밸브는 펌프 송출구 가까이에 설치하고 밸브는 적당히 제어한다.

문제 142

감압밸브에 대한 다음 물음에 답하시오.

(1) 설치목적을 쓰시오.
(2) 기능을 3가지만 쓰시오.
(3) 구조에 따른 종류와 작동방법에 따른 종류를 쓰시오.
(4) 감압밸브 주위 부속장치를 쓰시오.

해답

(1) 설치목적
　　보일러에서 발생한 증기압력을 부하 측에 일정한 증기압력으로 공급하기 위함이다.

(2) 기능
　① 고압의 증기를 저압으로 변화시킨다.
　② 부하 측 증기의 압력을 일정하게 유지시켜 공급한다.
　③ 고압과 저압을 동시에 분배하여 공급이 가능하다.
　④ 공급 시는 고압으로 사용처에서는 저압으로 공급이 가능하다(증기는 압력이 크면 배관설비가 작은 것을 사용할 수 있고, 사용처에서는 증발잠열을 많이 얻기 위하여 압력을 감소시켜 사용하여야 이득이 크다).

(3) 구조에 따른 종류와 작동방법에 따른 종류
　① 구조상
　　• 추식
　　• 스프링식
　② 작동방법
　　• 피스톤식
　　• 다이어프램식
　　• 벨로스식

(4) 감압밸브 주위 부속장치
　　압력계 2개, 글로브밸브 2개, 게이트밸브 1개, 안전밸브 1개(출구 측용), 리듀서 1개(출구 측), 여과기 1개, 바이패스배관 1개

참고 ① 감압비는 1차 측, 2차 측의 비가 1 : 10 이상은 불가능하다.
② 바이패스배관(우회 배관)은 주배관보다 작은 것을 선택하여야 한다.

문제 143
증기축열기(어큐뮬레이터)의 기능을 3가지만 쓰시오.

해답 ① 사용하고 남은 잉여증기의 증발열을 물탱크에 주입하고 중온수로 저장한다.
② 부하변동 또는 과부하 시 잉여증기에 의한 중온수를 배출하여 급수요에 응하기 쉽다.
③ 정압식, 변압식으로 사용이 가능하다.
④ 부하변동이 심한 사용처에서 잉여증기 저장으로 증기열손실 방지에 크게 기여한다.

참고 ① 변압식 : 고압의 잉여증기를 물탱크에 저장하여 중온수로 만든 후 부하가 급변할 경우 저압의 증기상태로 만든 후 부하 측에 공급한다(증기 측에 설치하는 형식의 축열기).
② 정압식 : 축열기에 저장한 잉여증기에 의한 중온수를 일정압력하에 급수로 보급하여 고압의 증기를 생산하는 데 기여하는 증기축열기로서 급수 측에 설치하여 사용한다.

문제 144
증기트랩의 고장원인에 대한 다음 물음에 답하시오.
(1) 스팀트랩이 차가운 현상의 원인을 4가지만 쓰시오.
(2) 스팀트랩이 뜨거운 현상의 원인을 4가지만 쓰시오.

해답 (1) 스팀트랩이 차가운 현상의 원인
① 여과기 막힘
② 밸브 고장
③ 기계식 트랩의 경우 높은 압력
④ 플로트트랩의 경우 구멍 발생
⑤ 트랩에서 높은 배압(출구 압력)

(2) 스팀트랩이 뜨거운 현상의 원인
① 증기트랩 용량 부족
② 배압이 높을 경우
③ 밸브에 이물질 부착
④ 밸브의 마모
⑤ 벨로스 손상
⑥ 바이메탈의 변형

참고 증기트랩 고장 탐지방법
- 오디오폰 등 트랩점검용 청진기 사용
- 트랩 내부 작동음의 판단
- 트랩의 냉각이나 가열상태로 파악
- 응축수 사이트글라스로 판단

문제 145

증기트랩의 구비조건을 4가지만 쓰시오.

해답
① 증기압력이나 유량이 일정 범위 내에서 변화를 하여도 동작이 확실할 것
② 내구력이 있을 것
③ 트랩 내에서 마찰저항이 작을 것
④ 공기의 배기가 가능할 것
⑤ 보일러 작동 중지 후에도 응축수 배출이 가능할 것
⑥ 내마모성이나 내식성이 클 것

참고
① 작동압력차 : 트랩의 입구압력 − 출구압력
② 배압 : 응축수 배출 출구압력
③ 써모다이나믹 증기트랩(디스크식 증기트랩)
④ 압력평형식 증기트랩(벨로스식, 다이어프램식)

문제 146

급수펌프의 구비조건을 5가지만 쓰시오.

해답
① 고온 고압의 유체에도 잘 견뎌야 한다.
② 급격한 부하변동에 대응이 가능해야 한다.
③ 작동이 확실하고 조작이 간편해야 한다.
④ 저부하 시나 고부하 시에도 효율이 좋아야 한다.
⑤ 병렬운전에도 지장이 없어야 한다.
⑥ 회전식은 고속회전에 지장이 없어야 한다.

참고
① 다단터빈펌프(안내날개 부착, 양정 20m 이상)
② 볼류트펌프(안내날개 없음, 양정 20m 이하)
③ 원심식 펌프 플라이밍 작업 : 원심식 펌프 가동 전 물을 채워 넣어서 공기를 배제하는 작업
④ 무동력 펌프
- 워싱턴펌프
- 웨어펌프
- 플런저펌프
- 인젝터

문제 147

펌프운전 중 이상현상인 캐비테이션에 대한 다음 물음에 답하시오.

(1) 캐비테이션 현상
(2) 캐비테이션 발생조건 3가지
(3) 캐비테이션 발생 장해현상 3가지
(4) 캐비테이션 방지법 3가지

해답
(1) 캐비테이션 현상 : 펌프 운전 중 물의 흐름이 관 속을 유동하고 있을 때 흐르는 물속 어느 부분의 정압이 그때 물의 온도에 해당하는 증기압 이하로 되면 부분적으로 증기가 발생하고 급수 일부가 기포로 변하는 이상현상(공동현상)이다.

(2) 발생조건
  ① 흡입양정 거리가 너무 높은 경우
  ② 임펠러의 회전속도가 너무 빠른 경우
  ③ 펌프 설치위치가 너무 높은 경우
  ④ 펌프에 물이 과속으로 유량이 증가할 때 펌프입구에서 발생한다.
  ⑤ 관 속을 유동하고 있는 물속의 어느 부분이 고온도일수록 포화증기압에 비례해서 발생할 가능성이 크다.

(3) 발생 장해현상
  ① 소음, 진동 발생
  ② 양정곡선 및 효율곡선 저하
  ③ 임펠러에 대한 침식으로 부식 발생

(4) 방지법
  ① 펌프 설치위치를 낮추어 흡입양정을 짧게 한다.
  ② 양흡입펌프로 운전한다.
  ③ 펌프회전수를 낮추어 비교회전도를 적게 한다.
  ④ 수직 펌프를 사용하고 회전차를 수중에 완전히 잠기게 한다.

문제 148

펌프 운전 중 서징현상에 대한 정의와 그 발생원인을 3가지만 쓰시오.

(1) 서징현상의 정의
(2) 서징현상의 발생원인

해답 (1) 서징현상 : 펌프나 송풍기 운전 중 한숨을 쉬는 것과 같은 상태의 운전이며 펌프 입구와 출구의 진공계, 압력계의 지침이 흔들리고 동시에 송출유량이 변화하는 현상이다. 즉, 공동현상 시 발생한 기포가 정상적으로 되돌아오면서 기포가 깨져서 맥동을 일으키는 현상으로, 송출유량과 송출압력 사이에서 주기적으로 발생한다.

(2) 서징현상 발생원인
① 펌프의 양정곡선이 높은 산고곡선이고 곡선의 산고 상승부에서 운전했을 때
② 배관 중에 물탱크나 공기탱크가 있을 때
③ 유량조절 밸브가 탱크 뒤쪽에 있을 때

문제 149

소형 급수설비인 인젝터에 대한 다음 물음에 답하시오.

(1) 작동순서(시동순서)를 4가지로 구별하여 쓰시오.
(2) 정지순서를 4가지로 구별하여 쓰시오.
(3) 인젝터 급수불능 원인을 4가지만 쓰시오.

해답 (1) 작동순서(시동순서)
① 출구정지밸브를 개방한다.
② 급수밸브를 연다(흡수밸브 개방).
③ 증기밸브를 연다.
③ 핸들을 연다.

(2) 정지순서
① 핸들을 닫는다.
② 급수밸브를 닫는다.
③ 증기밸브를 닫는다.
④ 출구정지밸브를 닫는다.

(3) 인젝터 급수불능 원인
① 급수온도가 50~55℃ 이상이면 사용 불가
② 증기압력이 0.2MPa 미만 또는 1MPa 이상이면 사용 불가
③ 인젝터 자체 과열
④ 노즐의 마모 및 폐쇄
⑤ 체크밸브 고장

문제 150

급수설비 중 급수내관(증기내관)에 대한 다음 물음에 답하시오.

(1) 설치목적을 쓰시오.
(2) 설치위치를 쓰시오.
(3) 설치위치가 높을 경우 장해 2가지
(4) 급수내관을 지나치게 낮게 설치한 경우 장해 2가지

해답

(1) 설치목적
  보일러 동 내부에 한 곳에만 집중으로 급수하면 보일러수의 부동 팽창, 열응력 발생, 증기 발생 장해 등 부작용이 발생하므로 구멍 뚫린 관을 통하여 드럼 내 골고루 분산하여 급수를 살수하기 위해서이다.

(2) 설치 위치
  보일러 안전저수위 아래 50mm 지점

(3) 설치위치가 높을 경우 장해
  ① 급수내관이 높아져서 증기부에 노출되어 과열된다.
  ② 노출된 상태로 급수하면 보일러수의 교란장해 및 수격작용이 발생한다.
  ③ 증기에 수분 함유가 많아진다.

(4) 급수내관을 지나치게 낮게 설치한 경우 장해
  ① 보일러 동 내부 전열방해 및 냉각을 조장하고 열응력이 발생한다.
  ② 온도차 감소로 인한 관수의 순환이 저해된다.

문제 151

산업용 보일러에서 사용하는 밸브의 종류 5가지 및 그 특징을 2가지만 쓰시오.

해답

밸브 종류	특징	용도
앵글밸브	• 주증기밸브로 사용한다. • 유체의 흐름각도가 직각 방향이다.	증기용
슬루스밸브 (게이트밸브)	• 유체의 저항이 작다. • 양정이 커서 개폐 시 시간이 걸린다. • 절반만 열면 밸브 마모나 부러지기 쉽다. • 유체 이송 시 유량조절이 불가능하다.	물, 액체용
글로브밸브	• 유체 이송 시 저항이 크다. • 밸브가 가볍고 가격이 싸다. • 유량조절이 용이하여 증기부에 사용이 편리하다.	증기, 기체용

밸브 종류	특징	용도
글로브밸브	• 고압배관이나 기체 수송이 용이하다. • 밸브 하부바탕이 둥글어서 옥형변이라고도 한다.	
체크밸브 (역류방지 밸브)	• 유체의 역류를 방지한다. • 액체 배관용으로 많이 사용한다. • 스윙식, 리프트식, 디스크식 등이 있다.	물, 액체용
풋밸브	• 밸브 흡입관에 사용한다. • 급수펌프 흡입배관에 역류방지 밸브로 사용한다.	물, 액체용
콕 (플러그밸브)	• 90도, 180도 회전이 가능한 유체 흐름 차단용이다. • 콕의 유치통로 면적과 배관의 유체통로 면적이 같다. • 유체의 저항이 적다. • 유체의 통로 개폐가 신속하다. • 접촉면이 커서 누설이 다소 생긴다.	

문제 152

대형 보일러, 산업용 보일러 분출장치에 대한 다음 물음에 답하시오.

(1) 분출장치(수면, 수저)에 대한 기능을 쓰시오.
(2) 수저분출장치 작업 시 주의사항을 쓰시오.
(3) 분출시기를 쓰시오.
(4) 분출장치의 설치목적을 3가지만 쓰시오.
(5) 분출작업 시 개폐에 대한 주의사항을 쓰시오.
(6) 연속 분출 시 분출수 재활용에 대하여 쓰시오.

해답 (1) 수면, 수저 분출장치
- 수면분출 : 보일러 드럼 정상수위 아랫부분에서 연속적으로 침전물이나 농축수를 배출하는 연속분출이다.
- 수저분출 : 간간이 분출이라고도 하며 침전물이나 농축수를 보일러 저부에서 일정한 시간대별로 분출하는 간헐분출이다.

(2) 수저분출장치 작업 시 주의사항
- 보일러에 따라서 1일 1회 이상, 적당한 횟수로 분출한다.
- 보일러는 2대 이상 동시 분출을 금지한다.
- 분출 시는 수면계를 바라보면서 다른 작업은 하지 않는다.
- 분출 시는 반드시 2명이 한 조를 이루어서 분출한다.
- 분출 시 저수위 이하로는 분출하지 않는다.
- 분출을 너무 자주 하면 보일러수가 가지고 있는 열에너지 손실이 크다.

(3) 분출시기
- 석탄보일러는 매화작업을 하면 다시 점화하기 전에 한다.
- 연속 운전하는 보일러는 부하가 가장 가벼울 때 한다.
- 야간에 휴지하는 보일러는 증기가 발생하기 전에 한다.
- 비수현상이나 보일러수 농축이 안정되는 경우에 한다.

(4) 분출장치의 설치목적
- 관수의 불순물 농도를 한계치 이하로 유지한다.
- 관수의 신진대사를 꾀한다.
- 슬러지 배출 및 스케일 생성을 방지한다.
- 보일러 보존이나 청소를 용이하게 한다.

(5) 분출작업 시 개폐에 대한 주의사항
- 분출장치에 밸브가 2개 설치된 경우에는 보일러 가까이에 있는 밸브부터 개방한다.
- 분출라인에 밸브 콕이 동시 설치된 경우 콕을 먼저 연다.
- 분출이 끝나면 밸브부터 먼저 닫는다.
- 분출장치 설치 시 라인에 보일러 가까이에는 밸브, 그 다음에는 콕을 설치한다.
- 단, 저압보일러이면 콕을 먼저 부착해도 된다.

(6) 연속 분출 시 분출수 재활용
- 고압보일러는 플래시탱크에서 재증발증기로 회수하여 사용한다.
- 분출 시에는 급수장치와 열교환하여 급수온도를 높여준다.

제3편 분류별 필답형 기출문제

제3장 연소 및 연소장치

문제 1
보일러용 오일 급유장치에서 서비스탱크 설치높이를 쓰시오.

해답 버너 선단 1.5~2m 높이에 설치한다.

참고
① 서비스탱크 저장용량 : 보일러 버너용량은 2~3시간 사용 가능량이 항상 저장되어야 한다.
② 저유조 저장용량(오일 스토리지 탱크) : 보일러 용량의 7일~15일 정도 사용량이 항상 저장되어야 한다.

문제 2
오일 이송펌프로 사용이 가능한 펌프를 3가지만 쓰시오.

해답
① 기어펌프
② 회전식펌프
③ 스크루펌프

참고
① 오일프리히터 종류(중유 오일가열기)
  • 증기식
  • 온수식
  • 전기식
② 유량조절장치(미터링펌프)
  • 전자식 펌프
  • 플런저펌프

문제 3
중질유 오일연소 시 무화의 목적을 3가지만 쓰시오.

해답
① 단위면적당 표면적을 크게 한다.
② 공기와의 혼합을 잘되게 한다.
③ 연소효율을 높게 한다.
④ 연소실을 고부하로 유지한다.

참고
① 무화방법
- 유압 무화식
- 이유체 무화식
- 회전이유체 무화식
- 충돌 무화식
- 진동 무화식
- 정전기 무화식

② 분무매체 : 공기, 증기, 회전컵, 유압, 유체의 운동
③ 무화 : 증발이 어려운 중질유의 오일을 안개 방울화하여 공기와 소통을 원활하게 함으로써 연소효율을 높이는 데 일조하는 방식이다.

문제 4
오일 버너의 종류별 유량조절범위, 분무매체 사용압력을 쓰시오.

해답

버너 종류		분무매체 압력(kg_f/cm^2)	버너 유량조절 범위
증발식 버너		5~10	1 : 4
무화식 버너	유압식 버너	0.3~0.5	1 : 2~1 : 3
	저압공기식 버너	0.3~0.6	1 : 10
	고압공기식 버너		
	회전분무식 버너	0.3~0.5	1 : 5~1 : 6
건타입 버너		4	1 : 5

문제 5

다음에서 설명하는 분무버너의 명칭을 각각 쓰시오.

> (1) 오일에 유압을 가하여 노즐을 이용하며 환류형, 비환류형으로 구별하고 유량조절 범위는 약 1:3 정도로 작다. 사용유압은 5~20kg/cm² 정도이다. 유량은 유압의 평방근에 비례하고 대용량 버너에 적합하다.
> (2) 공기나 증기의 압력을 2~7kg/cm² 압력으로 무화시키는 버너로서 유량조절범위가 1:10으로 매우 크나 소음이 크고 부하변동이 큰 보일러 등에 사용한다. 연료유압은 0.3~6kg/cm² 정도이고 무화효율, 연소효율이 특히 좋다.
> (3) 분무컵의 회전수와 1차 공기의 혼합과 관계되는 버너이다. 설비가 간단하고 자동화에 편리한 버너로서 유량조절범위가 1:5로 큰 편이고 고점도 연료는 예열이 필요하다. 연료유압은 0.3~0.5kg/cm² 정도이고 전동기모터와 연결하는 방식은 직결식과 벨트식이 있다.

해답
(1) 유압분사식 버너
(2) 고압기류식 버너
(3) 회전분무식 버너(수평로터리 버너)

문제 6

다음에서 설명하는 무화식 버너의 명칭을 쓰시오.

(1) 0.05~0.25kg/cm² 공기의 압력을 이용하는 무화방식의 버너로서 유량조절 범위가 1:5 정도이고 유압력이 0.3~0.5kg/cm²으로서 비교적 고점도유체 사용이 가능하나 소형 보일러에 많이 사용한다.
(2) 유압식, 기류식을 병용한 버너로서 버너 내부에 송풍기가 내장되며 소형이며 전자동 연소가 이루어지는 버너이다. 소음기준은 70폰 정도이고 구조가 간단하고 비교적 제작이 용이한 버너이다.

해답
(1) 저압기류식 버너
(2) 건타입 버너(권총형 버너)

참고 ① 초음파 버너 : 초음파 에너지로 오일을 분사하는 무화용 버너로서 고속기류를 음파 발진체에 충돌시켜 무화하는 음파발생 버너이다.
② 충돌무화용 버너 : 오일을 뜨거운 금속판에 충돌시켜 유류를 분사하는 버너이다.
③ 순산소 버너 : 공기 중 산소나 순수한 순도가 높은 산소만을 버너 내부로 투입하는 이상적 버너이다.

문제 7

연소장치 중 보염장치의 설치목적을 5가지만 쓰시오.

해답
① 연소용 공기의 흐름을 좋게 한다.
② 화염의 불꽃을 안정화시킨다.
③ 화염의 형상을 조절한다.
④ 확실한 착화가 신속하게 이루어지게 한다.
⑤ 중질유의 분무를 촉진하고 동시에 연료와 공기혼합을 촉진한다.
⑥ 노내의 온도분포를 균일하게 하여 국부적인 과열을 방지한다.

참고 **보염장치 종류**
- 윈드박스(바람상자)
- 스테빌라이저(보염기)
- 버너타일
- 콤버스트

※ 현재는 가스연료 사용으로 과거의 보염장치를 사용하지 않는 것이 있다.

문제 8

다음 보염장치의 설치목적을 쓰시오.
(1) 윈드박스(바람상자)
(2) 스테빌라이저(보염기)

해답
(1) 윈드박스(바람상자)의 설치목적
터보형 송풍기 등 압입통풍장치에서 노내로 공급되는 바람이 지나치면 착화를 방해하고, 심하면 불꽃이 소멸하는 경우가 있어서 다수의 안내날개를 비스듬이 경사지게 설치하여 공기와 연료의 선회류를 조화롭게 형성하여 안정된 공기로 완전연소에 일조하고 연소가 지속되는 데 도움을 주기 위해서이다.

(2) 스테빌라이저(보염기)의 설치목적
중질유 등 점화에 의한 화염이 버너 선단에서 공급공기 압력에 의해 꺼지지 않도록 연속적으로 불꽃을 안정시키면서 버너선단에서 안정된 연소를 하게 만드는 보염장치 일종이다.

참고 **스테빌라이저의 종류**
① 선회기 방식
- 축류식
- 반경류식
- 혼류식

② 보염판 방식 : 보염판 사용(일종의 다공판)

문제 9
보염장치 중에서 버너타일, 콤버스트의 설치목적 또는 기능을 쓰시오.

해답 (1) 버너타일

노의 입구에 부착하는 내화타일로서 화실 노내에 분사되는 연료와 공기의 속도분포, 화염의 흐름방향을 조정하여 오일 유적과 공기와의 혼합을 양호하게 하고 불꽃의 안정을 도모하기 위하여 주위에 분산되는 열을 화염으로 집중시켜 연소가 지속적으로 연소하는 데 필요한 타일이다.

(2) 콤버스트

① 버너타일에서 수평으로 설치한 불꽃조정 파이프로서 다수의 구멍을 뚫어서 공기소통을 원활하게 한 화염 소멸을 방지용이며 중질유의 화염 보호장치이다.
② 점화 초기 급속연소를 꾀하고 불꽃의 분출흐름 모양을 가다듬고 저온의 노에서 연소를 안정시키는 연소보호용 대롱통로이다.

문제 10
기체연료의 장단점을 4가지만 쓰시오.

해답 (1) 장점

① 연소조절이 양호하고 자동제어 연소에 유리하다.
② 연소용 공기량이 적어도 된다.
③ 저발열량 가스라도 예열공기로 연소하여 고온 연소가 가능하다.
④ 회분의 생성이 없고 대기오염 발생이 적다.
⑤ 연소 조절범위가 크고 설비 보수가 용이하다.
⑥ 기체연료의 부피가 작아서 노내 용적이 작아도 연소가 가능하다.
⑦ 가스제조 시 탈황을 하므로 황분에 의한 저온부식이 방지된다.

(2) 단점

① 가연성 가스이므로 폭발을 주의해야 한다.
② 도시가스는 설비 수송망이 필요하므로 설치 시공비가 비싸다.
③ 가스누출에 대한 적절한 안전설비나 경보장치가 필요하다.
④ 연료의 저장·수송 취급에 전문성이 필요하다.

문제 11

가스연소의 확산연소방식의 특징을 4가지만 쓰시오.

해답
① 조작 범위가 넓다.
② 가스 및 공기의 예열공급이 가능하다.
③ 부하변동에 따른 조작 범위가 넓다.
④ 역화의 위험은 없으나 노내 고온발생은 어렵다.
⑤ 연소속도가 느리며 불꽃 길이가 긴 편이다.

참고 연소장치
① 포트형
② 버너형
  • 선회형 버너
  • 방사형 버너

문제 12

기체연료 예혼합연소에서 대한 다음 물음에 답하시오.

(1) 예혼합연소에 대하여 설명하시오.
(2) 예혼합연소의 특징을 4가지만 쓰시오.
(3) 사용하는 버너 종류를 3가지만 쓰시오.

해답
(1) 예혼합연소 : 가스연료와 공기를 사전에 버너 내부 또는 버너 외부에서 적당한 비율로 혼합하여 연소시키는 연소방식이다.

(2) 예혼합연소의 특징
① 불꽃의 길이가 길다.
② 고온의 화염을 얻는다.
③ 연소실 열부하율이 높다.
④ 역화의 위험성이 크다.
⑤ 완전 예혼합형, 부분 예혼합형이 있다.

(3) 버너 종류
① 고압버너 : 가스공급 압력이 2MPa 이상이다.
② 저압버너 : 가스압력이 70~160mmAq 정도로 저압이다.
③ 송풍버너 : 공기를 압축시켜 가압연소를 하는 버너 방식이다.

문제 13

천연가스(NG)의 특성을 5가지만 쓰시오.

해답
① 습성은 메탄, 프로판이 주성분이다.
② 건성은 메탄이 주성분이다.
③ −161.5도 이하로 냉각하면 액화천연가스(LNG)가 된다.
④ 0도, 1기압 표준에서는 1.3Nm³/kg이다(1.3Nm³/kg은 액화천연가스가 되면 부피가 0.0022 m³/kg으로 1/600로 축소된다).
⑤ 가스비중은 약 0.55이다.
⑥ −110도에서는 공기와 비중이 동일하다.
⑦ 가스누출 시 천장 부근으로 상승한다.
⑧ 임계온도는 −82.6도이다.
⑨ 임계압력은 45.4atm이다.
⑩ 발화점은 595도 정도이다.
⑪ 폭발범위는 5~15%이다.
⑫ 발열량은 약 10,500kcal/Nm³이다.
⑬ 액화하면 비중이 약 0.4 정도가 된다.

문제 14

적화식 · 분젠식 · 세미분젠식 · 전일차식 연소방식의 다음 특징을 쓰시오.

- 1차 공기 소모량
- 화염색깔
- 화염온도
- 2차 공기 소모량
- 화염길이

해답

연소방식 구분	적화식	분젠식	세미분젠식	전일차식
1차 공기	0%	40~70%	30~40%	100%
2차 공기	100%	60~30%	70~60%	0%
화염색깔	약간 적색	청록색	청색	청록색
화염길이	조금 길다.	짧다.	조금 길다.	아주 짧다.
화염온도	900도	1,300도	1,000도	950도

문제 15

다음 가스연소방식의 특징을 3가지만 쓰시오.

(1) 적화식 연소방식　　　　　(2) 세미분젠식 연소방식
(3) 분젠식 연소방식　　　　　(4) 전일차 연소방식

해답

(1) 적화식 연소방식
　① 가스를 대기 중에 그대로 분출하여 연소시킨다.
　② 연소반응이 완만하다.
　③ 연소에 필요한 공기는 모두 화염의 주변에서 확산에 의해 취한다.
　④ 과거 파일럿형 버너에 많이 사용하였다.

(2) 세미분젠식 연소방식
　① 1차 공기량이 약 40% 이하로서 내염과 외염의 구별이 뚜렷하지 않다.
　② 적화식과 분젠식의 중간이다.
　③ 불꽃이 조금 길다.
　④ 온수기 버너 및 보일러 버너에 많이 사용한다.

(3) 분젠식 연소방식
　① 가스가 노즐에서 일정한 압력으로 분출하여 그때의 운동에너지로 공기구멍에서 연소에 필요한 1차 공기 공기량을 흡입한다.
　② 혼합관 내에서 가스와 공기를 잘 혼합하여 염공에서 분출하면서 연소된다.
　③ 부족한 공기는 불꽃의 주위에서 확산에 의해 취하며 이것을 2차 공기라고 한다.
　④ 1차 공기를 많이 흡입하면 역화하거나 리프팅하는 경우가 많다.
　⑤ 각종 형상의 버너로서 가열이나 건조로에 많이 사용한다.

(4) 전일차 연소방식
　① 연소에 필요한 공기의 전부가 1차 공기뿐이다.
　② 1차 공기로만 연소하므로 역화하기 쉬운 연소방법이다.
　③ 난방용 보일러, 공업용 보일러에 많이 사용한다.

문제 16

불완전연소의 원인을 5가지만 쓰시오.

해답
① 연료가 공기와의 접촉, 혼합이 불충분할 경우
② 필요한 공기량이 공급되지 못하거나 연료공급량이 과대한 경우
③ 배기가스 배출이 원활하지 못하여 연소상태 신진대사가 원활하지 못할 경우
④ 불꽃이 저온 물체에 접촉하여 온도가 하강한 경우
⑤ 화염에 비하여 연소실 용적이 지나치게 작을 경우
⑥ 연료와 연소장치가 맞지 않을 경우

문제 17

가스연소에서 역화(백파이어)의 정의 및 역화의 원인을 4가지만 쓰시오.

해답 (1) 역화
① 가스의 분출속도보다 연소속도가 빨라서 불꽃이 염공 속으로 거꾸로 빨려 들어가는 현상이다.
② 분젠식이나 전 1차 공기식 연소에서 가스와 공기의 혼합기체 분출속도가 평형점 이하일 때 일어난다.

(2) 역화의 원인
① 가스압력의 이상저하 발생
② 1차 공기 댐퍼가 너무 적게 열려 1차 공기 흡입량이 적어서 혼합가스의 연소속도가 느린 경우
③ 버너 자체가 고온이 되어 이곳을 통과하는 가스 온도가 높아진 경우 연소속도가 빠르게 진행이 되는 경우
④ 버너가 낡고 부식에 의해 염공이 커져서 분출속도가 저하한 경우

문제 18

가스연소에서 리프팅현상(선화현상)에 대한 다음 물음에 답하시오.

(1) 선화현상에 대하여 설명하시오.
(2) 선화현상의 원인을 4가지만 쓰시오.

해답 (1) 선화현상
- 역화의 반대이며, 가스의 연소속도보다 가스 분출속도가 빨라서 불꽃이 버너에서 부상하여 버너 선단공간에서 연소하는 현상이다.
- 혼합기체에서 분출속도에 비하여 연소속도가 평형점 이하로 늦어질 때 또는 연소속도에 비하여 가스 분출속도가 평형점을 넘어서 빨라질 때 일어나는 현상이다.

(2) 선화의 원인
① 버너 내의 압력이 높아서 가스가 과다 유출된 경우
② 1차 공기 댐퍼를 과다하게 열어서 1차 공기 흡입이 너무 많아 혼합가스의 양이 너무 많아진 경우
③ 연소실 내 급배기 불량으로 2차 공기가 극히 감소할 경우 버너가 낡고 염공이 막혀 유효면적이 작게 된 경우
④ 내압이 높아져서 분출속도가 빠르게 된 경우

문제 19

가스연소에서 옐로우팁 현상(황염발생 현상)에 대한 다음 물음에 답하시오.

(1) 옐로우팁 현상에 대하여 설명하시오.
(2) 발생원인을 3가지만 쓰시오.

해답 (1) 옐로우팁 현상
- 연소반응 도중 탄화수소가 열분해하여 탄소입자가 발생하고 미연소인 채 적열되어 화염 불꽃 끝이 적황색을 나타내는 현상이다.
- 연소반응이 충분한 속도로 진행되지 않는 것을 나타내며 이 유리탄소가 많아지면 불완전연소로 된다.

(2) 발생원인
① 1차 공기가 부족할 때 일어난다.
② 불완전연소의 원인이 된다.
③ 적황색으로 타면서 연소기기 바닥이나 열교환기 등에 부착한 탄소가 그대로 배출통로를 막아버린다.

문제 20

노내의 부압이 유지되는 자연통풍력을 증가시키는 방법, 조건을 4가지만 쓰시오.

해답
① 외기 온도가 낮을 경우
② 배기가스 온도가 높을 경우
③ 연돌높이가 주위 건물보다 높을 경우
④ 외부 공기습도가 낮을 경우
⑤ 동절기 연도나 연돌에 보온처리가 된 경우
⑥ 연돌의 출구 단면적이 클 경우
⑦ 연도의 길이가 짧을 경우

참고
① 통풍방법 분류
- 자연통풍 방식(배기가스와 외부 공기의 밀도차 이용)
- 강제통풍 방식
② 강제통풍(송풍기 전동기의 동력 이용)
- 압입통풍
- 흡입통풍(흡인통풍)
- 평형통풍
③ 배기가스 유속(m/s)
- 자연통풍 : 3~4
- 흡인통풍 : 8~10
- 압입통풍 : 8
- 평형통풍 : 10 이상

문제 21

압입통풍방식의 장단점을 4가지만 쓰시오.

해답 (1) 장점
① 노 내가 정압이 유지되므로 연소상태가 양호하다.
② 가압연소가 되므로 연소효율이 높아진다.
③ 고부하 연소가 가능하다.
④ 통풍저항이 큰 보일러 등에 용이하게 사용된다.
⑤ 연소용 공기의 조절이 용이하다.
⑥ 송풍기의 고장이 적고 교체나 수리가 용이하다.

(2) 단점
① 노 내 압력이 높아서 연소가스 누설이 발생할 우려가 있다.
② 연소실이나 연도의 기밀유지가 필요하다.
③ 통풍력이 높아서 노 내 내화벽돌이나 기기 손상이 발생할 경우가 있다.
④ 송풍기 동력소비가 크다.
⑤ 설비비가 많이 든다.
⑥ 송풍기 가동 중 소음발생이 크다.

참고 ① 압입형 송풍기(원심형 송풍기)
• 터보형 송풍기
• 시로코형 송풍기(다익형 송풍기)
② 풍압스위치 : 바람의 압력측정으로 송풍기 고장을 알 수 있다.
③ 공기조절용 댐퍼 : 압입용 풍량을 조절한다.

문제 22

산업용 보일러의 통풍력에 대한 다음 물음에 답하시오.

(1) 통풍력이 클 때의 현상을 5가지만 쓰시오.
(2) 통풍력이 작을 때의 현상을 5가지만 쓰시오.

해답 (1) 통풍력이 클 때의 현상
① 연소효율이 좋아진다.
② 연소실 열부하율이 커진다.
③ 연료소비가 증가한다.
④ 배기가스 온도가 높아진다.
⑤ 보일러 열효율이 상승하나 배기가스 온도가 너무 높아지면 오히려 열효율이 감소한다.
⑥ 온수나 증기발생 시간이 단축된다.

(2) 통풍력이 작을 때의 현상
　① 통풍이 불량해진다.
　② 연소효율이 낮아진다.
　③ 연소실 열부하율이 작아진다.
　④ 역화발생 위험이 커진다.
　⑤ 완전연소가 어렵다.
　⑥ 배기가스 온도가 저하되어 폐열회수장치에 저온부식이 발생한다.
　⑦ 보일러 등 열효율이 낮아진다.

참고
① 통풍 조절방법
　• 압입, 흡입덕트에서 댐퍼에 의한 조절
　• 송풍기 회전수에 의한 조절
　• 가변피치에 의한 조절
　• 섹션베인의 개도에 의한 조절
② 흡인통풍(유인통풍)에 필요한 송풍기
　플레이트형 송풍기(판형 송풍기)

문제 23

연도에 설치하는 인공통풍 중 흡인통풍방식의 장단점을 3가지만 쓰시오.

해답
(1) 장점
　① 통풍력이 매우 높다.
　② 노 내에 항상 부압이 유지되어 노 내 손상이 적다.
　③ 연돌높이에 관계없이 통풍력이 일정하다.

(2) 단점
　① 노 내가 부압이므로 외기 침입의 우려가 발생한다.
　② 배풍기의 소요동력으로 동력소비가 크다.
　③ 혼탁한 배기가스 접촉 등으로 배풍기의 침식이 우려된다.
　④ 연소용 공기는 예열되지 않는다.
　⑤ 배풍기 고장 시 점검 및 교체 수리가 불편하다.
　⑥ 임펠러 침식 방지를 위한 내식성 대책이 요구된다.

참고
① 압입통풍 : 버너 앞에 송풍기가 설치되어 노내가 정압이 된다.
② 흡인통풍(흡입, 유인통풍) : 배풍기(송풍기)가 연도에 설치되어 노 내에 부압이 형성된다.
③ 평형통풍 : 증기원동소 등 대형 보일러 등에서 압입통풍, 흡인통풍을 겸용하는 방식이다.(노 내는 정압, 연도는 부압이 유지된다.)

④ 날개의 형상
   - 시로코형(다익형) : 전향 날개
   - 터보형 : 후향 날개
   - 플레이트형 : 방사형 날개

문제 24
원심식 송풍기의 종류별 특성을 5가지만 쓰시오.

해답

종류	특성	풍압
시로코형(다익형)	• 풍량이 많다. • 풍압이 약하다. • 큰 동력이 요구된다. • 효율이 낮다. • 제작비가 저렴하다.	15~200(mmH$_2$O)
터보형	• 효율이 높다. • 소요동력이 적게 든다. • 풍압이 매우 높다. • 형상이 크고 가격이 비싸다. • 압입통풍에 매우 유리하다. • 대용량이다.	15~500(mmH$_2$O)
플레이트형	• 풍압이 비교적 낮다. • 효율이 보통이다. • 플레이트 교체가 용이하다. • 흡인통풍에 유리하다. • 대용량이다.	50~200(mmH$_2$O)

참고

송풍기 성능
① 풍량 : 회전수 증가의 1승에 비례한다.
② 풍압 : 회전수 증가의 2승에 비례한다.
③ 동력 : 회전수 증가의 3승에 비례한다.

축류형 송풍기의 종류
① 프로펠러형 송풍기
② 디스크형 송풍기

문제 25

연도댐퍼의 설치목적을 3가지만 쓰시오.

해답
① 통풍력을 조절하여 연소효율을 높인다.
② 배기가스 흐름을 차단한다.
③ 주연도와 부연도(바이패스 연도)가 있을 경우 가스흐름을 전환시킨다.

참고
(1) 설치위치에 따른 댐퍼
  ① 연도댐퍼
  ② 공기댐퍼

(2) 댐퍼의 종류
  ① 승강식 댐퍼 : 중·대형 보일러용
  ② 회전식 댐퍼 : 소형 보일러용

(3) 형상에 따른 댐퍼
  ① 버터플라이 댐퍼 : 소형 덕트나 흡입구용
  ② 다익 댐퍼 : 덕트가 대형일 때 사용
  ③ 스플릿 댐퍼 : 덕트의 분지에 사용, 풍량조절용

문제 26

연돌(굴뚝)에 대한 다음 물음에 답하시오.

(1) 설치목적을 4가지만 쓰시오.
(2) 연돌의 유효높이를 증가시키는 방법을 4가지만 쓰시오.

해답
(1) 설치목적
  ① 연소 후 배기가스 배출을 신속하게 한다.
  ② 외기에 대한 역풍을 방지한다.
  ③ 유효한 통풍력을 얻는다.
  ④ 대기오염의 일부가 방지된다.
  ⑤ 연소와 배기를 통하여 노내 신진대사를 꾀하고 연소효율을 높인다.

(2) 연돌의 유효높이 증가방법
  ① 배기가스 온도를 높여 밀도를 감소시킨다.
  ② 연돌 상부 단면적을 약간 크게 하여 배기가스 마찰저항을 감소시킨다.
  ③ 배기가스 유속을 빠르게 한다.
  ④ 연돌높이를 주위 건물보다 2.5배 정도 높인다.

참고
(1) 공기 및 배기가스 밀도
 ① 공기 : 1.293kg/Nm³
 ② 배기가스 : 1.354kg/Nm³
  • 공기나 배기가스는 온도가 상승하면 밀도가 감소한다.
  • 실제 통풍력은 이론통풍력의 약 80% 정도이다.

(2) 연도의 댐퍼개방
 ① 댐퍼 작동 시는 연도출구 댐퍼부터 먼저 개방한다.
 ② 댐퍼 차단 시는 연도입구 댐퍼부터 차단한다.

문제 27

매연발생의 원인을 5가지만 쓰시오.

해답
① 공급 공기량 부족
② 통풍력이 너무 낮거나 지나치게 클 경우
③ 노 내 온도가 너무 낮을 경우
④ 연소실 용적이 작을 경우
⑤ 연료에 휘발분이나 수분이 지나치게 많은 경우
⑥ 무리하게 연소를 한 경우
⑦ 연료와 연소장치가 서로 맞지 않은 경우
⑧ 기름의 예열온도가 맞지 않을 때
⑨ 가스의 분출속도와 연소속도가 맞지 않을 경우

참고 **매연농도 측정장치**
① 링겔만 매연농도표
② 광전관식 매연농도계
③ 매연포집 중량계
④ 로버트 농도표

문제 28

산업용 보일러 운전 중 발생하는 매연, 분진 등을 처리하는 집진장치에 대한 다음 물음에 답하시오.

(1) 집진장치를 4가지로 분류하여 쓰시오.
(2) 건식 집진장치 종류를 4가지만 쓰시오.
(3) 습식 집진장치 종류를 3가지만 쓰시오.

해답 (1) 집진장치 분류
　　① 건식 집진장치　　　　② 습식 집진장치
　　③ 전기식 집진장치　　　④ 음파식 집진장치

(2) 건식 집진장치 종류
　　① 중력식 집진장치
　　② 관성식 집진장치
　　③ 원심식 집진장치(사이클론식 집진장치)
　　④ 백필터식(여과식 집진장치)

(3) 습식 집진장치 종류
　　① 유수식　　② 가압수식　　③ 회전식

참고 집진장치 선정 시 고려사항
① 집진 물질의 크기 및 성분조성
② 사용연료의 종류
③ 연료의 연소방법
④ 배기가스 가스량, 온도, 습도 등
⑤ 배기가스 중 황산화물 농도

문제 29
집진장치 분류별 종류를 쓰시오.

해답

분류		종류
건식 집진장치	중력식 집진장치	중력침강식, 다단침강식
	관성식 집진장치	충돌식, 반전식
	원심력식 집진장치	사이클론형, 멀티사이클론형, 블로다운형
	여과식 집진장치	표면여과식, 내면여과식
	음파식 집진장치	음파식
습식 집진장치	유수식 집진장치	전류형 스크러버식, 로터리스크러버식, 피보디스크러버식
	가압수식 집진장치	벤투리스크러버식, 사이클론스크러버식, 제트스크러버식, 충진탑(세정탑)
	회전식 집진장치	임펄스스크러버식, 타이젠와셔식
전기식 집진장치	전기식 집진장치 (코트렐식 집진장치)	건식 집진장치, 습식 집진장치

제3편 분류별 필답형 기출문제

문제 30

세정식 집진장치의 종류에 대한 다음 물음에 답하시오.
(1) 물이나 유체를 유적이나 액면으로 하여 함진가스를 관성력 등에 의하여 매진을 부착시켜 분리 처리하는 방법의 집진창치는?
(2) 가압수식 집진장치 종류 4가지는?
(3) 세정식(습식) 집진장치 종류 3가지는?

해답 (1) 습식(세정식) 집진장치
(2) 가압수식 집진장치 종류
 • 벤투리스크러버   • 사이클론스크러버
 • 제트스크러버   • 충진탑
(3) 세정식(습식) 집진장치 종류
 • 유수식   • 가압수식   • 회전식

참고 • 가압수식 집진장치 : 함진가스에 가압한 물을 분사, 충돌시켜 함진가스 내의 매연, 매진물을 처리한다.
• 세정식(습식) 집진장치 : 물이나 액체를 함진가스와 충돌시켜 매진을 처리한다.

문제 31

다음 물음에 해당하는 집진장치의 종류를 쓰시오.
(1) 연소가스를 공기실 내에 유도하여 함진가스 내 매진의 자체 중력을 이용하여 자연침강 시켜 청정분리 하는 집진장치는?
(2) 매연이 함유된 함진가스의 방향 전환을 이용하여 급격한 기류 관성력을 이용하여 분진을 제거하는 집진장치는?
(3) 함진가스를 선회시켜 입자의 원심력을 이용하여 분리하는 집진장치는?
(4) 함진가스를 여과속도를 빠르게 하여 여과망의 재질과 유리섬유에 실리콘 처리를 한 집진장치는?
(5) 분진을 함유한 함진가스에 초음파를 이용하여 집진처리 하는 집진장치는?

해답 (1) 중력식 집진장치
(2) 관성식 집진장치
(3) 원심력 집진장치(사이클론형 집진장치)
(4) 백필터식 집진장치
(5) 음파식 집진장치

제4장 보일러 자동제어

문제 1
보일러 자동제어의 목적을 5가지만 쓰시오.

해답
① 보일러 운전을 안전하게 관리할 수 있다.
② 경제적 운용, 효율적인 운전으로 보일러 수명연장 및 연료절감을 할 수 있다.
③ 자동제어로 인한 인원 절감 및 인건비 절감 효과가 있다.
④ 증기나 온수 등 경제적인 열매를 얻는다.
⑤ 작업능률이 향상된다.
⑥ 사람이 할 수 없는 위험하고 어려운 작업을 해결할 수 있다.

문제 2
다음 자동제어에 대한 물음에 답하시오.

(1) 시퀀스 제어에 대하여 설명하시오.
(2) 피드백 제어에 대하여 설명하시오.

해답
(1) 시퀀스 제어 : 보일러실 연소제어 등에 사용하는 제어로서 미리 정해진 순서에 따라 순차적으로 제어의 각 단계를 진행하는 정성적 제어이다.

(2) 피드백 제어 : 제어신호의 궤환에 의해 제어량을 설정치와 비교하여 제어량과 설정치가 일치하도록 그 제어량에 대한 수정 동작을 행하는 제어이며, 출력 측의 신호를 입력 측에 되돌려보내는 폐회로 정량적 제어이다.

참고
① 제어요소 : 조절부, 조작부
② 자동제어의 동작순서 : 검출 → 비교 → 판단 → 조작

문제 3

자동제어 방법에 대한 다음 물음에 답하시오.

(1) 정치제어를 설명하시오.
(2) 추치제어 및 추치제어의 종류를 3가지만 쓰시오.
(3) 캐스케이드 제어를 설명하시오.

해답 (1) 정치제어 : 목푯값이 변경 없이 일정한 자동제어이다.

(2) 추치제어 : 목푯값이 수시로 변경되어 제어 목표량을 변경된 설정치 목표량에 맞도록 하는 제어이다.
  ① 추종제어 : 목푯값이 시간에 따라 임의로 변화하는 제어
  ② 비율제어 : 2개 이상의 제어값이 다른 양과 일정한 비율 관계에서 변화되는 제어이다.
  ③ 프로그램제어 : 목푯값이 미리 정한 시간적 변화에 따라 변화하는 제어

(3) 캐스케이드 제어 : 1차 제어장치가 명령을 발하고 2차 제어장치가 1차 명령을 바탕으로 제어량을 조절하는 측정제어로서, 외란의 영향과 낭비시간이 큰 프로세스 제어에 적용되는 제어이다.

참고 제어(컨트롤) 분류
① 수동제어
② 자동제어

문제 4

다음 자동제어의 연속동작에 대하여 간단하게 설명하시오.

(1) 비례동작(P동작)
(2) 적분동작(I동작)
(3) 미분동작(D동작)

해답 (1) 비례동작(P동작) : 입력인 편차에 대하여 조작량의 출력변화가 일정한 비례관계가 있는 동작이다.
  • 잔류편차가 발생한다.
  • 잔류편차를 옵셋이라고 하며 수동리셋이 필요하다.
  • 비례동작을 작게 할수록 동작은 강하게 된다.

(2) 적분동작(I동작) : 제어량에 편차가 생겼을 때 편차의 적분차를 가감하여 조작단의 이동속도가 비례하는 동작으로 잔류편차가 남지 않는다.
  • 잔류편차는 제거되지만 제어의 안전성은 떨어진다.
  • 동작신호에 비례한 속도로 조작량을 변화시키는 제어동작이다.

(3) 미분동작(D동작) : 외란에 의해 제어량 편차가 생기기 시작한 초기에 편차의 미분치를 가감하여 큰 정정동작을 일으켜서 미분동작을 소멸시킨다(제어편차 변화속도에 비례한 조작량을 내는 제어동작이다).
- 단독으로는 사용하지 않고 다른 동작과 함께 복합적으로 작동되는 동작이다.
- PI, PD, PID 등 복합 연속 동작으로 사용한다.

참고
① 불연속 동작
- 2위치 동작(on-off 동작)
- 다위치 동작
- 불연속 속도동작(부동제어)
② PID 복합 연속 동작
적분동작으로 잔류편차를 제거하고 미분동작으로 응답을 촉진하여 동작의 안정성을 도모한다.

문제 5
자동제어 신호전송 방법 3가지 및 특성을 3가지만 쓰시오.

해답
(1) 공기압 신호전송
[특성] ① 공기압력은 $0.2 \sim 1 kg/cm^2$ 정도이다.
② 공기압력이 통일되어서 취급이 용이하다.
③ 신호전송 거리가 100m 이내로 사용된다.
[단점] ① 전송 시 지연이 생긴다.
② 전송거리가 100m가 넘어가면 전송에 장애가 생긴다.
③ 공기원에서 제진, 제습이 필요하다.

(2) 전기식(전류식) 신호전송
[특성] ① 전류는 직류이며 4~20mA, 10~50mA로 사용한다.
② 전류량 종류가 많고 통일되어 있지 않다.
③ 전송거리가 수 km까지 가능하다.
④ 전송지연이 없다.
⑤ 큰 조작력이 필요한 경우에 사용이 가능하다.
[단점] ① 전류가 통일되어 있지 않다.
② 방폭이 요구되는 지점에는 방폭시설이 필요하다.

(3) 유압식 신호전송
[특성] ① 사용유압력은 $0.1 \sim 1 kg/cm^2$이다.
② 전송거리가 300m 이내이다.
③ 부식 염려가 없다.

④ 조작속도와 응답속도가 빠르다.
⑤ 전송지연이 적고 조작력이 크다.
[단점] ① 온도에 따른 점도변화에 유의하여야 한다.
② 전송거리가 300m 이상은 사용상 지장이 있다.

참고 조절기도 공기식, 전기식, 유압식 3가지가 있다.

문제 6

다음 보일러 자동제어(ABC)에서 제어량 (가)~(라)를 써넣으시오.

종류	조작량	제어량
자동연소제어(ACC)	연료량, 공기량, 연소가스량	(가), (나)
자동급수제어(FWC)	급수량	(다)
과열증기 증기온도제어(STC)	전열량	(라)

해답
(가) 증기압
(나) 노내압
(다) 수위
(라) 증기온도

참고 **자동연소제어(ACC)의 제어량**
• 증기압력제어 : 연료량, 공기량
• 노내압력제어 : 연소가스량

문제 7

보일러 급수제어(FWC)에서 수위제어 방식 3가지 및 검출 부위를 쓰시오.

해답

종류	검출 부위	용도
단요소식 수위제어(1요소식 수위제어)	수위	소규모 보일러용
2요소식 수위제어	수위, 증가량	중형 보일러용
3요소식 수위제어	수위, 증가량, 급수량	대형 보일러용

제4장 보일러 자동제어

│ 문제 8 │
다음 자동급수제어(FWC)에서 수위검출기 종류를 4가지만 쓰시오.

해답
① 맥도널식(플로트식)
② 전극식
③ 차압식
④ 코프식(금속관의 열팽창식)

│ 문제 9 │
인터록에 대한 다음 물음에 답하시오.

(1) 인터록을 간단하게 설명하시오.
(2) 보일러 운전에 필요한 인터록 종류를 5가지 쓰고 그 역할(기능)을 간단하게 쓰시오.

해답
(1) 인터록 : 현재 어느 조건이 충족되지 않고 다음 동작이 일어날 경우 기관동작을 저지하여 사고를 미연에 방지하는 것

(2) 보일러 운전에 필요한 인터록 종류
① 저수위 인터록 : 보일러 수위가 소정수위 이하로 내려가는 경우 연소를 저지시키고 보일러 운전을 중지시킨다.
② 압력초과 인터록 : 증기압력이 소정압력을 초과하는 경우 보일러 운전을 정지시킨다.
③ 불착화 인터록 : 버너에서 연료분사 후에 일정 시간이 경과하여도 착화가 불가능한 경우 버너에서 연료분사가 중지되고 보일러 운전을 중지시킨다(착화가 자동점화의 경우라면 일반적으로 5초 이내에 점화가 발생하여야 한다. 불착화 인터록 발생 시는 반드시 다시 송풍기로 퍼지한 후에 재점화하여야 한다).
④ 저연소 인터록 : 점화 초기나 기관동작을 마치는 경우에는 유량조절 상태가 저연소 상태로 운전하여야 하는데 이것을 충족시키지 못하면 보일러 운전을 중지시킨다.
⑤ 프리퍼지 인터록 : 보일러 점화 전이나 보일러 운전 종료 시에는 노내 잔류가스를 배출하여 가스폭발사고를 미연에 방지하여야 하는데 환기용 송풍기가 작동되지 않거나 풍압이 일정 압력 이하로 검출되는 경우 보일러 점화를 중지시킨다.

참고 인터록 발생 시 보일러 운전정지를 위하여 반드시 전자밸브(솔레노이드밸브)를 이용하여 연료 공급을 차단한다.

문제 10

다음 보일러 제어장치의 부착위치 및 용도를 쓰시오.

(1) 프로텍터 릴레이   (2) 콤비네이션 릴레이   (3) 스택 릴레이

해답
(1) 프로텍터 릴레이
  - 부착위치 : 버너
  - 사용용도 : 버너의 주 안전제어장치

(2) 콤비네이션 릴레이
  - 부착위치 : 보일러 본체
  - 사용용도 : 버너의 주 안전제어장치

(3) 스택 렐레이
  - 부착위치 : 연도
  - 사용용도 : 화염검출기

참고 아쿠아스태트(자동온도조절기)
스택 릴레이나 프로텍터 릴레이와 함께 사용한다.

문제 11

보일러 운전 중 로컬제어(현장위치제어)의 종류를 4가지만 쓰시오.

해답
① 중유 온도제어   ② 중유 유압제어
③ 분무용 증기압력제어   ④ 오일저장탱크 유면제어

문제 12

보일러 운전 중 증기압력 제어방식 3가지를 쓰고 그 방식을 설명하시오.

방식	설명	비고
(1)		연료분사량 조절, 공기량 댐퍼로 조절
(2)		버너가 여러 대인 경우 캐스케이드방식 채택
(3)		연료유량과 공기량을 일정비율로 조절

해답 (1) 병렬제어방식
　　증기압력에 따라서 압력조절기가 제어동작을 하고 모듀트롤 모터에 의해 연료조절 및 공기량을 댐퍼로 조절한다.

(2) 캐스케이드방식
　　버너가 동시에 여러 대가 가동되는 경우 연소실 부하를 버너 특성변화에 따라 버너 대수 가감으로 조절한다.

(3) 비율제어방식
　　고압보일러에서 고효율을 얻기 위해 공기와 연료유량을 일정한 비율로 조절한다.

제5장 보일러 설치검사기준

문제 1

보일러 설치 및 시공 기준에 대한 다음 물음에 답하시오.
(1) 보일러 동체 최상부로부터 천장이나 배관 등 구조물까지 거리는 몇 m 이상이어야 하는지 두 가지로 구별하여 쓰시오.
(2) 보일러 금속제 굴뚝 또는 연도 외측으로부터 몇 m 이내에 있는 가연성 물체에 대하여는 금속 이외의 불연성 재료로 피복하여야 하는가?
(3) 보일러 동체에서 벽, 배관, 기타 보일러 측부에 있는 구조물까지 거리는 몇 m 이상이어야 하는지 두 가지로 구별하여 쓰시오.
(4) 연료저장 시는 보일러 외측으로부터 몇 m 이상이어야 하는지 두 가지로 구별하여 쓰시오.
(5) 보일러실은 충분한 급기구 및 (   )를 설치하고 급기구는 보일러 배기가스 덕트의 유효단면적 이상이어야 한다. 그리고 도시가스의 경우에는 (   )를 가능한 한 높게 설치하여 가스가 누설되었을 경우 체류하지 않는 구조이어야 한다.
(6) 보일러실에 설치된 계기들은 (㉮)으로 관찰하는 데 지장이 없도록 충분한 (㉯)시설이 있어야 한다.

해답

(1) ① 소형 보일러 : 0.6m 이상
② 소형 보일러 외 : 1.2m 이상

(2) 0.3m 이내

(3) ① 소형 보일러 : 0.3m 이상
② 소형 보일러 외 : 0.45m 이상

(4) ① 소형 보일러 : 1m 이상
② 소형 보일러 외 : 2m 이상

(5) 환기구

(6) ㉮ 육안, ㉯ 조명

문제 2
보일러 실내 배관에서 가스보일러 설치 시 배관의 설치, 배관고정에서 주의사항 3가지를 쓰시오.

해답
(1) 배관은 외부에 노출하여 시공한다. 다만 동관, 스테인리스 강관, 기타 내식성 재료로서 이음매 없이 설치하는 경우에는 매몰하여 설치할 수 있다(다만, 용접이음매는 제외한다).

(2) 용접이음매를 제외한 각종 배관의 이음부와 거리
- 전기계량기, 전기개폐기와의 거리는 60cm 이상
- 단열조치를 하지 않은 굴뚝, 전기점멸기, 전기접속기와 거리는 30cm 이상
- 절연조치를 한 전선과의 거리는 10cm 이상, 절연조치를 하지 않은 전선과는 30cm 이상의 거리를 유지하여야 한다.

(3) 배관의 고정에서 배관은 움직이지 않도록 고정하며
- 관경이 13mm 미만의 경우에는 1m마다 고정
- 관경이 13mm 이상 33mm 미만의 경우에는 2m마다 고정
- 관경이 33mm 이상에서는 3m마다 고정장치를 설정한다.

문제 3
보일러설치 시공기준에서 급수장치에 대한 설명을 5가지만 쓰시오.

해답
① 보일러에는 주펌프 및 보조펌프 세트를 갖춘 급수장치가 있어야 하며, 다만 보조펌프가 생략이 되는 조건은 다음과 같다.
- 전열면적 $12m^2$ 이하 보일러
- 전열면적 $14m^2$ 이하의 가스용 온수보일러
- 전열면적 $10m^2$ 이하의 관류보일러

② 보일러 급수가 멎는 경우 즉시 연료의 공급이 차단되지 않거나 과열될 염려가 있는 보일러는 인젝터, 상용압력 이상의 수압에서 급수할 수 있는 급수탱크, 내연기관 또는 예비전원에 의해 운전할 수 있는 급수장치를 갖추어야 한다.

③ 한 개의 급수장치로 2개 이상 보일러에 물을 공급할 경우 이들 보일러를 1개의 보일러로 간주하여 적용한다.

④ 급수관에는 보일러에 인접하여 급수밸브와 체크밸브를 설치하여야 한다. 다만, 최고사용압력이 0.1MPa 미만의 보일러에는 체크밸브를 생략할 수 있다.

⑤ 급수밸브, 체크밸브의 크기는 전열면적 $10m^2$ 이하의 보일러에서는 15A 이상, 전열면적 $10m^2$를 초과하는 보일러에는 20A 이상이어야 한다.

참고 용량 1t/h 이상의 보일러에는 수질관리를 위한 급수처리 또는 스케일 부착방지나 제거를 위한 수처리시설을 갖추어야 한다. 수질기준은 총경도($CaCO_3$ ppm) 성분만으로 한다.

문제 4

증기보일러 안전밸브 개수, 부착위치에 대한 다음 물음에 답하시오.

(1) 증기보일러 안전밸브 개수는 몇 개 이상이어야 하는가?
(2) 안전밸브의 부착 시 주의사항을 3가지만 쓰시오.
(3) 안전밸브 및 압력방출장치의 분출용량을 쓰시오.

해답   (1) 안전밸브는 2개 이상 설치한다. 다만, 전열면적이 50m² 이하의 증기보일러에는 1개 이상으로 한다.

(2) 안전밸브의 부착 시 주의사항
  ① 쉽게 검사할 수 있는 곳에 밸브 축을 가능한 한 수직으로 보일러 동체에 부착시킨다.
  ② 안전밸브와 안전밸브가 부착된 보일러 동체 등의 사이에는 어떠한 차단밸브도 설치해서는 안 된다.
  ③ 안전밸브의 방출관은 단독으로 설치하되 2개 이상의 방출관을 공동으로 설치하는 경우에 방출관의 크기는 각각의 분출용량의 합계 이상이어야 한다.

(3) 안전밸브 및 압력방출장치의 분출용량
  ① 안전밸브 및 압력방출장치의 분출용량은 최대증발량을 분출하도록 그 크기와 수를 결정하도록 한다.
  ② 자동연소제어 장치 및 보일러 최고사용압력의 1.06배 이하의 압력에서 급속하게 연료의 공급을 차단하는 장치를 갖는 보일러이어야 한다.

문제 5

보일러 설치시공 기준에서 가스배관의 표시에 대하여 2가지만 쓰시오.

해답   ① 배관외부 표시사항
  • 사용가스명
  • 최고사용압력
  • 가스흐름 방향
② 지상배관 표시사항
  • 부식방지 도장 후에 표면색상을 황색으로 도색한다.
  • 건축물의 내·외벽에 노출된 것으로 바닥에서 1m의 높이에 폭 3cm의 황색 띠를 2중으로 표시한 경우에는 표면색상을 황색으로 표시하지 않을 수 있다.

문제 6

안전밸브 및 압력방출장치의 크기에 대한 다음 물음에 답하시오.

(1) 안전밸브 및 방출밸브의 크기는 호칭지름 몇 A 이상으로 하여야 하는가?
(2) 호칭지름 20A 이상으로 할 수 있는 조건을 5가지만 쓰시오.

해답 (1) 25A 이상
(2) 호칭지름 20A 이상으로 할 수 있는 조건
① 최고사용압력 0.1MPa 이하의 보일러
② 최고사용압력 0.5MPa 이하의 보일러로서 동체의 안지름이 500mm 이하이며 동체의 길이가 1,000mm 이하의 것
③ 최고사용압력 0.5MPa 이하의 보일러로서 전열면적 $2m^2$ 이하의 것
④ 최대증발량 5t/h 이하의 관류보일러
⑤ 소용량 강철제보일러, 소용량 주철제보일러

참고 ① 보일러용 안전밸브는 스프링식을 부착한다.
② 인화성 액체를 방출하는 열매체보일러의 경우 방출밸브 또는 방출관은 밀폐식 구조로 하거나 보일러 밖의 안전한 장소에 방출시킬 수 있는 구조이어야 한다.

문제 7

다음 안전밸브의 설치위치를 쓰시오.

① 보일러용 안전밸브
② 과열기 안전밸브
③ 재열기 안전밸브
④ 독립과열기 안전밸브

해답 ① 보일러용 안전밸브 : 본체에 직접 수직으로 2개 이상 부착한다.
② 과열기 안전밸브 : 과열기 출구에 1개 이상 부착한다(분출용량은 과열기의 온도를 설계온도 이하로 유지하는 데 필요한 양 이상으로 한다).
③ 재열기 안전밸브 : 입구 및 출구에 각각 1개 이상 부착한다(분출용량은 분출용량합계 최대통과량 이상으로 한다).
④ 독립과열기 안전밸브 : 입구 및 출구에 1개 이상 부착한다(분출용량은 분출용량합계 최대통과량 이상으로 한다).

참고 **온수발생 보일러 방출밸브**
온수발생 보일러에는 압력이 보일러 최고사용압력에 달하면 즉시 작동하는 방출밸브 또는 안전밸브를 1개 이상 갖추어야 한다.

문제 8
온수발생보일러의 방출밸브, 안전밸브 크기에 대하여 쓰시오.

해답
① 액상식 열매체보일러 또는 온도 393K 이하의 온수보일러에는 방출밸브를 설치한다.
② 방출밸브의 크기는 20mm 이상으로 한다.
③ 온도 393K을 초과하는 온수발생보일러에는 안전밸브를 부착한다. 그 크기는 호칭지름 20mm 이상으로 한다.

참고 393K은 120℃(393−273K)이다.

문제 9
보일러용 압력계 크기와 눈금에 대한 다음 물음에 답하시오.
(1) 증기보일러용 압력계 눈금판의 바깥지름은 몇 mm 이상으로 하여야 하는가?
(2) 눈금판의 바깥지름을 60mm 이상으로 할 수 있는 조건을 4가지만 쓰시오.

해답
(1) 100mm 이상(부착높이에 따라 용이하게 지침이 보이도록 해야 한다)
(2) 눈금판의 바깥지름을 60mm 이상으로 할 수 있는 조건
① 최고사용압력 0.5MPa 이하이고 동체의 안지름이 500mm 이하, 동체의 길이가 1,000mm 이하인 보일러
② 최고사용압력 0.5MPa 이하로서 전열면적 $2m^2$ 이하인 보일러
③ 최대증발량 5t/h 이하인 관류보일러
④ 소용량 보일러

참고 압력계 최고눈금은 보일러 최고사용압력의 3배 이하로 하되 1.5배보다 작아서는 안 된다.

문제 10
보일러 압력계 부착 시 구비조건을 5가지만 쓰시오.

해답
① 압력계는 원칙적으로 보일러 증기실에 눈금판의 눈금이 잘 보이는 위치에 부착하고 얼지 않도록 한다.
② 압력계와 연결된 증기관은 최고사용압력에 견디는 것으로 그 크기는 황동관 또는 동관을 사용할 때는 안지름 6.5mm 이상, 강관을 사용할 때는 12.7mm 이상, 증기온도가 483K을 초과할 때는 황동관 또는 동관을 사용하여서는 안 된다.
③ 압력계에 물을 넣는 안지름 6.5mm 이상의 사이펀관 또는 동등한 작용을 하는 장치를 부착하여 증기가 직접 압력계에 들어가지 않도록 한다.

④ 압력계의 콕은 그 핸들을 수직인 증기관과 동일방향에 놓은 경우에 열려 있는 것이어야 한다. 콕 대신에 밸브를 사용한 경우에는 한눈으로 개폐 여부를 알 수 있는 구조로 하여야 한다.
⑤ 압력계와 연결된 증기관의 길이가 3m 이상이며 내부를 충분히 청소할 수 있는 경우에는 보일러 가까이에 열린상태에서 봉인된 콕 또는 밸브를 두어도 좋다.

문제 11
증기보일러에 수면계를 몇 개 설치해야 하는지 3가지로 구별하여 쓰시오.

해답
① 증기보일러에는 2개 이상 유리수면계를 부착한다(다만, 소용량 보일러 및 소형 관류보일러에는 1개 이상 설치한다. 단관식 관류보일러에는 수면계가 생략된다).
② 최고사용압력 1MPa 이하로서 동체 안지름이 750mm 미만의 경우에는 수면계 중 1개는 다른 종류의 수면측정장치로 할 수 있다.
③ 2개 이상 원격지시 수면계를 시설하는 경우에 한하여 유리수면계를 1개 이상으로 할 수 있다.

참고 온수보일러 수위계 설치
① 보일러동체 또는 온수의 출구 부위에 수위계를 설치한다.
② 수위계의 최고눈금은 보일러 최고사용압력의 1배 이상 3배 이하로 한다(수위계는 온수보일러의 온도 및 압력을 표시한다).

문제 12
보일러 설치 시 공업용 바이메탈 온도계를 부착하여야 하는 장소를 4가지만 쓰시오.

해답
① 급수 입구의 급수온도계
② 버너 급유 입구의 급유온도계(다만, 예열이 필요 없는 오일 사용에는 온도계 부착이 필요 없다)
③ 절탄기, 공기예열기가 설치된 경우 각 유체의 전·후 온도를 측정할 수 있는 온도계(포화증기 온도계는 압력계로 대신하여도 된다)
④ 보일러 본체 배기가스 온도계(다만, 절탄기나 공기예열기 전·후 온도계가 설치된 경우에는 배기가스 온도계 설치는 생략할 수 있다)
⑤ 과열기, 재열기가 설치된 경우 그 출구온도계
⑥ 유량계를 통과하는 온도를 측정할 수 있는 온도계

문제 13

가스보일러, 유류보일러에는 공급연료량에 따라 연소용공기를 자동조절하는 기능을 설치해야 하는데, 그 자동조절기능의 설치조건을 2가지만 쓰시오.

해답
① 보일러 용량 5t/h 이상 보일러
② 난방전용 보일러 10t/h 이상 보일러

참고
- 위 ①, ② 보일러에 해당하는 보일러에는 보일러 배기가스 성분(O_2, CO_2 중 1성분 측정용)을 연속적으로 자동분석하는 계기를 부착하여야 한다(다만, 용량 5t/h 미만이거나 난방전용 10t/h 미만인 가스용 보일러로서 배기가스 온도상한스위치를 부착하여 배기가스가 설정온도를 초과하면 연료공급을 차단할 수 있는 경우에는 이를 생략할 수 있다).
- 보일러 용량 0.6978MW(온수용 600,000kcal/h)를 증기보일러 1t/h으로 환산한다.

문제 14

보일러 수저분출장치용 분출밸브 설치 시 구비조건을 4가지만 쓰시오.

해답
① 스케일 그 밖의 침전물이 퇴적되지 않는 구조일 것
② 분출밸브 최고사용압력은 보일러 최고사용압력의 1.25배 또는 보일러 최고사용압력에 1.5MPa을 더한 압력 중 작은 쪽의 압력 이상일 것
③ 분출밸브는 어떠한 경우에도 0.7MPa 이상이어야 한다.
④ 주철제 분출밸브는 최고사용압력의 1.3MPa 이하, 가단주철제 분출밸브는 1.9MPa 이하의 보일러에 사용할 수 있다.
⑤ 분출밸브는 글랜드를 갖는 것이어야 한다.
⑥ 소용량 보일러, 가스용 온수보일러, 주철제보일러의 분출밸브는 0.5MPa 이상이어야 한다.

문제 15

보일러실에 유량계 설치가 필요한 유량계 명칭을 3가지만 쓰시오.

해답
① 기름용 보일러
  - 연료의 사용량을 측정하는 오일미터기
  - 2t/h 미만의 보일러로서 온수발생보일러나 난방전용보일러에는 CO_2 측정장치로 대신할 수 있다.
② 가스유량계
  - 유량계는 화기와는 2m 우회거리 유지 및 수시로 환기가 가능한 곳이어야 한다.
  - 가스유량계는 전기계량기, 전기계폐기와는 60cm 이상, 단열조치를 하지 않은 굴뚝이나

전기점멸기, 전기접속기와는 30cm 이상, 절연조치를 하지 않은 전선과는 15cm 이상의 거리를 유지한다.
③ 급수관에는 고압용 수량계를 설치한다.

참고 온수발생보일러에는 급수량계를 제외한다.

문제 16
증기보일러에서 최고사용압력이 0.1MPa을 초과하는 보일러의 경우 필요한 안전장치를 5가지만 쓰시오.

해답
① 자동경보장치, 자동연료차단장치
  보일러 수위가 안전 저수위까지 내려가기 직전에 자동적으로 경보가 울리는 장치 및 연소실 내에 즉시 공급하는 연료를 자동적으로 차단하는 장치 설치
② 온도-연소제어장치
  열매체보일러나 사용온도가 393K 이상의 온수보일러에는 작동유체의 온도가 최고사용온도를 초과하지 않도록 온도-연소제어장치 설치
③ 파일럿연소기
  최고사용압력 0.1MPa 초과(수두압 10m) 주철제온수보일러에는 388K을 초과하는 경우 연료공급을 차단하거나 파일럿연소를 할 수 있는 장치 설치
④ 자동연료공급 차단장치
  관류보일러에는 급수가 부족한 경우에 대비하여 자동적으로 연료를 차단하는 장치 설치
⑤ 연료공급차단장치
  가스용 보일러에는 급수부족 시 자동이나 수동으로 연료공급을 차단하는 장치 설치
⑥ 압력차단장치
  유류 및 가스용 보일러에는 압력차단장치 설치
⑦ 온도상한스위치
  보일러 동체 과열을 방지하기 위한 연료공급 차단을 할 수 있는 온도상한스위치를 보일러 본체에서 1m 이내인 배기가스출구 또는 동체에 설치
⑧ 자동경보장치, 송풍기 가동중지 장치
  폐열 또는 소각보일러에는 온도상한스위치를 대신하여 자동적으로 경보를 울리는 장치와 송풍기 가동을 멈추는 장치 설치

참고
① 산업용, 대용량 보일러에는 안전장치가 여러 개 부착되어서 매우 안전하다.
② 1kgf/cm^{2}은 0.1MPa로 환산한다.

문제 17

보일러용 분출밸브 크기와 개수를 5가지로 쓰시오.

해답
① 보일러 아랫부분 분출관에는 분출밸브 또는 분출코크를 설치해야 한다(다만, 관류보일러는 제외한다).
② 분출밸브 호칭지름 크기 : 25mm 이상(다만, 전열면적이 $10m^2$ 이하용은 호칭지름 20mm 이상으로 할 수 있다)
③ 보일러 최고사용압력 0.7MPa 이상이면 분출관에는 분출밸브 2개 이상 또는 분출밸브와 분출코크를 갖추어야 한다(적어도 1개 이상은 분출밸브를 전개하는 데 회전 축을 적어도 5회전 하는 것을 부착하여야 한다).
④ 2개 이상의 보일러에 분출관을 공동으로 하여서는 안 된다.
⑤ 보유수량 400kg 이하의 강제순환 보일러에는 분출밸브를 1개 이상 설치하여도 된다(다만, 닫힌 상태에서 전개하는 데 회전 축을 적어도 5회전 이상 회전을 요하는 분출밸브여야 한다).

문제 18

배기가스 온도에 대한 다음 물음에 답하시오.

(1) 열매체보일러 외, 유류용 보일러, 가스보일러는 출구에서 배기가스온도차는 몇 K(℃) 이하이어야 하는가?

유류용 보일러, 가스보일러의 출구 배기가스온도차 K(℃)		
5t/h 이하	5t/h 초과~20t/h 이하	20t/h 초과
(①)	(②)	(③)
열매체 보일러는 제외함	열매체 보일러는 제외함	열매체 보일러는 제외함

(2) 열매체보일러의 경우 배기가스 출구온도는 출구열매 온도와 차이가 몇 K(℃) 이하이어야 하는가?
(3) 보일러의 외벽 온도는 주위 온도보다 몇 K(℃) 이하이어야 하는가?
(4) 보일러용 저수위 안전장치는 연료차단 전에 경보가 울려야 하는데 경보음은 몇 데시벨(db) 이상이어야 하는가?

해답
(1) ① 300K 이하 ② 250K 이하 ③ 210K 이하
(2) 150K
(3) 30K 이하
(4) 70db 이상

문제 19

강철제 보일러에서 최고사용압력(MPa)에 따른 수압시험압력(MPa)을 쓰시오.

해답
① 최고사용압력이 0.43 이하
- 최고사용압력의 2배로 수압시험
- 최고사용압력이 0.2 미만의 경우에는 수압시험을 0.2로 한다.

② 최고사용압력이 0.43 초과~1.5 이하
- 최고사용압력
- 1.3배 + 0.3 수압시험

③ 최고사용압력이 1.5 초과
- 최고사용압력
- 1.5배 수압시험

참고 강철제 보일러 특징
- 압력이 고압보일러용이다.
- 보일러 동체를 용접이음으로 제작한다.
- 부식 발생이 심하다.
- 스케일 생성이 많다.
- 급수처리가 심각하다.
- 원통형 보일러, 수관식 보일러 제작이 많다.

문제 20

보일러 제작 시 수압시험 구비조건을 3가지만 쓰시오.

해답
① 규정된 수압시험에 도달한 후 규정압력에서 30분이 경과한 후 검사한다.
② 시험수압은 규정된 압력에서 6% 이상 초과하지 않는다.
③ 수압시험 중 물이 얼지 않도록 한다.

참고 수압시험 시에는 탱크 내부 공기를 빼고 물을 채운다.

문제 21

가스보일러실, 가스누설시험 방법에 대한 다음 물음에 답하시오.

(1) 가스누설검지기를 2가지만 쓰시오.
(2) 자기압력기록계를 사용하는 가스누설 시험방법을 쓰시오.
(3) 외부누설 시험에 대하여 쓰시오.

해답 (1) 가스누설검지기
① 차압누설감지기
② 자기압력기록계

(2) 자기압력기록계를 사용하는 가스누설 시험방법
밸브를 잠그고 압력발생기구를 사용하여 천천히 공기 또는 불활성 가스로 최고사용압력 1.1배 또는 840 중 높은 압력 이상으로 가압한 후 24분 이상 유지한 후에 압력변동을 측정한다.

(3) 외부누설 시험
보일러 운전 중에 비눗물시험 또는 가스누설검사기로 배관접속 부위 및 밸브류 등의 누설 유무를 확인한다.

문제 22

보일러, 과열기, 재열기, 독립과열기, 발전용 보일러의 안전밸브 작동시험을 설명하시오.

해답 (1) 보일러의 안전밸브 분출압력 조정
- 1개일 경우에는 최고사용압력 이하에서 분출하도록 조정할 것
- 2개 이상일 경우에는 그중 1개는 최고사용압력 이하, 기타는 최고사용압력의 1.03배 이하에서 분출하도록 조정한다.

(2) 과열기의 안전밸브 분출압력 조정
과열기 안전밸브 분출압력조정은 증기발생부 안전밸브 분출압력 이하로 분출하도록 조정한다.

(3) 재열기, 독립과열기의 안전밸브 분출압력 조정
- 안전밸브가 하나일 경우 최고사용압력 이하로 조정
- 안전밸브가 2개인 경우 하나는 최고사용압력 이하, 다른 하나는 최고사용압력의 1.03배 이하에서 분출하여야 한다. 다만 출구에 부착하는 안전밸브의 분출압력은 입구에 설치하는 안전밸브 설정압력보다 낮게 조정한다.

(4) 발전용 보일러의 안전밸브 분출압력 조정
발전용 보일러용 안전밸브의 분출정지 압력은 분출압력의 0.93배 이상이어야 한다.

제6장 보일러 안전관리 및 급수처리

문제 1

보일러 점화 시 프리퍼지, 포스트 퍼지 등 노내 잔류가스 배출을 위한 송풍기 작동에 의하여 투입하는 공기량은 연소실 용적의 몇 배 이상 공급하여야 하는가?

해답 4배 이상 투입

참고
① 가스보일러 점화 시는 1회 작동에 점화가 가능하도록 불씨를 큰 것을 사용한다.
② 기름이나 가스 등으로 점화 시 5초 이내에 점화가 이루어져야 한다.
③ 노 내에 점화 후 부하변동 시 항상 공기량을 증가시킨 후에 연료량을 증가시킨다.

[육안으로 본 연소상태 색깔]

연소상태	화염색	배기가스 연기색
공기 부족 상태	적색	흑색
공기비 적당, 완전연소	오렌지색(오일 공급)	담백색
공기 공급 과대	백색	백색

문제 2

보일러 점화 시 점화불량의 원인을 5가지만 쓰시오.

해답
① 점화용 파일럿버너 불량
② 점화용 트랜스 전기스파크 불량
③ 댐퍼 작동 불량
④ 화염검출기 그을음 부착 및 작동 불량
⑤ 공기비 조정 불량 및 공연비 조정 불량
⑥ 보염기 파손이나 위치 불량
⑦ 공기압력 부족 및 과잉

문제 3
보일러 증기압력이 오르기 시작할 때 주의사항을 5가지만 쓰시오.

해답
① 공기빼기를 닫는다.
② 급수펌프 등 급수장치 기능을 확인한다.
③ 급격한 압력 상승을 피하기 위하여 연소상태를 서서히 조절한다.
④ 보일러수의 팽창에 의한 수위변동 확인 및 수면계의 기능을 검사한다.
⑤ 장치나 부속품의 누설점검을 확인한다.
⑥ 증기의 압력이 설정압력 75% 이상일 때 안전밸브 분출시험을 실시한다.
※ 오일버너를 사용하는 경우 오일의 예열온도가 적정선인지 반드시 확인한다.

참고
① 연소 초기 저온부식 등을 예방하기 위하여 연도 내 폐열회수장치가 설치된 경우에는 처음의 배기가스는 부연도로 보내고 연소가 어느 정도 진척된 후에 주연도로 배기한다.
② 폐열회수장치
  • 과열기, 재열기(고온부식 방지가 필요하다)
  • 절탄기, 공기예열기(저온부식 방지가 필요하다)

문제 4
보일러용 수면계 유리 파손 원인을 5가지만 쓰시오.

해답
① 수면계 상하부의 바탕쇠 중심선이 일치하지 않을 때
② 유리관 자체의 재질이 불량한 경우
③ 수면계 상하의 너트를 너무 무리하게 조인 경우
④ 수면계 유리관을 장기간 사용한 경우
⑤ 외부에서 작업 도중 충격을 받은 경우
⑥ 수면계 내부 물의 급랭·급열이 심한 경우

문제 5
보일러 운전 중 노내, 연도 등에서 울리는 공명음(가마울림) 현상에 대한 다음 물음에 답하시오.

(1) 가마울림에 대하여 설명하시오.
(2) 가마울림의 원인을 3가지만 쓰시오.
(3) 가마울림 방지법을 5가지만 쓰시오.

해답 (1) 가마울림 : 가마울림, 즉 공명음이란 연소 도중 보일러 연도 내에서 연속적인 울림이 발생하는 현상이다.

(2) 가마울림의 원인
    ① 수분이 많은 연료를 연소할 때
    ② 연료와 공기의 혼합이 나빠서, 즉 공연비가 맞지 않아서 연소속도가 느릴 경우
    ③ 연도에 공기가 고여 있는 에어포켓이 있을 때

(3) 가마울림 방지법
    ① 건조한 연료를 연소시킨다.
    ② 2차 공기의 가열이나 통풍을 조절한다.
    ③ 연소실 및 연도를 개조한다.
    ④ 노내에서 완전연소를 시킨다.
    ⑤ 연소속도를 연료에 맞게 조절한다.

문제 6
보일러 본체의 사고원인을 5가지만 쓰시오.

해답
① 저수위 사고(이상감수)
② 제한압력 초과
③ 보일러 구조상 결함
  • 설계 불량
  • 공작 불량
  • 재료 선택 불량
④ 스케일 부착
⑤ 보일러 전열면의 과열
⑥ 노내 가스폭발(노내 잔류가스폭발)
⑦ 프리퍼지, 포스트퍼지 불량

참고 보일러 본체 파열사고원인
  • 저수위
  • 보일러 제한압력 초과
  • 보일러 구조상 결함

문제 7

보일러 사고에 대한 다음 물음에 답하시오.

(1) 보일러 소손(불먹음)에 대하여 설명하시오.
(2) 압궤(코라프스) 현상에 대하여 설명하고 발생부위를 쓰시오.
(3) 팽출(불지) 현상에 대하여 설명하고 발생부위를 쓰시오.

해답 (1) 보일러 소손(불먹음)
① 전열면의 과열이 지나쳐서 보일러 재질 중 탄소 일부가 800도 이상에서 강도를 상실하고 회복하기 어려운 과열이 지나친 상태의 이상 현상이다.
② 전열면 과열은 풀림열처리 하여 강재를 재생하지만, 소손된 강재는 열처리하여도 회복하기 어려워 원래 상태로 돌아가지 않는다.

(2) 압궤(코라프스)현상 및 발생부위
① 저수위 사고 시나 스케일 부착에 의해 전열면이 과열되어 노통이나 연관에서 과열되어 보일러수로부터 압력을 받아서 내부로 오므러 드는 현상이다.
② 발생부위
 • 노통
 • 연소실
 • 관판

(3) 팽출(불지)현상 및 발생부위
① 수관이나 보일러 하부 동저부에 고열 또는 내부 압력에 의해 수관 등이 외부로 부풀어 오르는 현상이다.
② 발생부위
 • 수관
 • 횡연관보일러 동저부

참고 ① 팽출 시는 인장응력이 발생
② 압궤 시는 압축응력 발생
③ 보일러 강재는 350도 이상이면 강도가 극히 저하한다.

문제 8

보일러 제조용 강판에서 사용 중 발생하는 라미네이션, 블라스터의 현상에 대하여 설명하시오.

해답 (1) 라미네이션 현상
 • 보일러 강판 등이 두 장의 층으로 벌어지는 현상으로 강도가 상실되는 현상이다.
 • 발생 원인은 과열에 강판 내부 공기나 가스 등에 의하여 발생한다.

(2) 블라스터 현상
라미네이션을 방치하면 강판이 강한 화염의 접촉으로 두 장의 층이 완전히 외부로 팽출하여 파손하는 현상이다.

참고 **라미네이션 발생의 장해**
- 전열 방해
- 강판의 균열 발생
- 강판의 강도 저하

문제 9

다음 물음에 답하시오.

(1) 보일러수에서 경수, 연수, 적수는 각각 경도가 얼마인가?
(2) 보일러수에서 가스분을 5가지만 쓰시오.
(3) 일반적으로 경도 10 이하=(   ), 10 초과=(   )이다.

해답 (1) • 경수 : 경도 10.5 이상
- 적수 : 경도 9.5~10.5
- 연수 : 경도 9.5 이하

(2) 산소, 탄산가스, 암모니아, 아황산, 아질산
(3) 연수, 경수(연수는 비눗물이 잘 풀어지나, 경수는 비눗물이 잘 풀어지지 않는다)

참고 ① pH : 물의 이온적에 따라 0~14까지 있다.
- pH 7 : 중성
- pH 7 이상 : 알칼리
- pH 7 미만 : 산성

② $CaCO_3$(탄산칼슘) 경도
물속의 Ca과 Mg의 양을 탄산칼슘으로 환산해서 ppm으로 표시한다.

문제 10

급수처리 중 외처리에서 다음 불순물에 대해 설명하시오.

(1) 용해고형물(용존고형물)이란?
(2) 고형 협잡물이란?

해답 (1) 용해고형물(용존고형물)
- 탄산염, 규산염, 황산염 등 고체 협잡물로서 동 내부에서 끓이면 용해되는 물질이다.
- 처리법 : 석회소다법, 제올라이트법, 이온교환법, 증류법

(2) 고형 협잡물
- 고체 협잡물이라고도 하며 모래 흙탕, 유지분 등으로서 끓여도 용해되지 않는 물질을 말한다.
- 처리법 : 침강법, 응집법, 여과법

참고 **급수처리방법**
- 화학적 처리방법
- 물리적 처리방법
- 전기적 처리방법

문제 11

급수처리 중 내처리에 대한 약품 종류를 쓰시오.

해답 (1) 알칼리도 조정제
① 가성소다
② 탄산소다(고압보일러에는 부적당)
③ 제3인산소다

(2) 경수연화제
① 수산화나트륨
② 탄산나트륨
③ 각종 인산나트륨

(3) 슬러지조정제(저압보일러용)
① 탄닌
② 리그닌
③ 전분

(4) 탈산소제
① 아황산소다(저압보일러용)
② 하이드라진(고압보일러용)

(5) 가성취화억제제
① 질산나트륨
② 인산나트륨
③ 탄닌
④ 리그닌

(6) 기포방지제
　① 고급지방산 에스테르류
　② 폴리아미드
　③ 고급지방산 알코올
　④ 포탈산아미드

참고

(1) 보일러 급수처리법
　① 현탁물처리법 – 기계적 처리법
　② 용존물처리법 – 화학적 방법
　③ 전기적 방법

(2) 용존물 처리법
　① 기폭법 : 철분, 망간, CO_2 제거
　② 페록스처리법 : 철분, 망간 제거
　③ 탈기법 : 용존산소 제거

(3) 이온교환법 재생제
　① 양이온교환수지
　　• 강산성 : N형
　　• 약산성 : H형
　② 음이온교환수지
　　• 강알칼리성 : Cl형
　　• 약알칼리성 : OH형
　③ 재생방법
　　역세 – 재생 – 압출 – 수세 – 통수

문제 12

슬러지(가마검댕), 스케일의 주성분을 쓰시오.

해답
① 슬러지(오니)　• 탄산염
　　　　　　　　• 탄산칼슘
　　　　　　　　• 수산화물
　　　　　　　　• 산화철
② 스케일(관석)　• 칼슘 또는 마그네슘의 탄산염
　　　　　　　　• 황산염
　　　　　　　　• 규산염

참고 **슬러지, 스케일의 장해**
　• 부식, 과열, 취출배관 폐쇄
　• 보일러효율 저하, 연료소비량 증대

- 배기가스 온도상승에 의한 배기가스 열손실 발생
- 전열면 과열에 의한 보일러 사고 발생
- 보일러수 순환 장해
- 전열면의 국부과열 및 열전달 방해

문제 13

보일러 외부 부식인 고온부식에 대한 다음 물음에 답하시오.

(1) 고온부식이란?
(2) 고온부식이 일어나는 폐열회수장치를 2가지 쓰시오.
(3) 고온부식 방지법을 5가지만 쓰시오.

 해답

(1) 고온부식 : 연료 중에 포함된 나트륨, 바나듐이 연소과정에서 산화되어 오산화바나듐(V_2O_5)으로 된 후 연도에 설치된 폐열회수장치 표면에서 550~650℃ 정도 고온상태에서 전열면에 융착하여 부식을 발생시키는 것을 말한다.

(2) 고온부식이 일어나는 폐열회수장치
  ① 과열기
  ② 재열기

(3) 고온부식 방지법
  ① 중유 등 연료에서 바나듐, 나트륨, 황분 등의 성분을 제거한다.
  ② 돌로마이트, 알루미나 분말 등 첨가제를 사용하여 바나듐의 융점을 크게 높여 준다.
  ③ 연소가스의 온도를 바나듐의 융점 이하가 되도록 한다.
  ④ 고온의 전열면을 내식처리 한다.
  ⑤ 공기비를 적게 하여 바나듐의 산화를 방지한다.
  ⑥ 전열면의 온도가 높아지지 않게 설계한다.

문제 14

보일러 외부 부식인 저온부식에 대한 물음에 답하시오.

(1) 저온부식이란?
(2) 저온부식이 일어나는 폐열회수장치를 2가지 쓰시오.
(3) 저온부식 방지법을 쓰시오.

해답 (1) 저온부식 : 연료 내부 유황이 연소하여 아황산가스로 변화하고 과잉공기에 의해 다시 무수황산이 되며 연소가스 중의 수증기가 노점 150℃ 정도에서 물로 변화한 후 무수황산과 수분이 결합하여 진환황산이 된 후 폐열회수장치에서 부식을 일으키는 현상이다.

(2) 저온부식이 발생하는 폐열회수장치
  ① 절탄기
  ② 공기예열기

(3) 저온부식 방지법
  ① 연료 중의 황분을 제거한다.
  ② 전열면 표면을 내식처리 한다.
  ③ 저온부식이 발생하는 장치에 보호피막을 입힌다.
  ④ 배기가스 중의 이산화탄소량을 증가하여 황산가스의 노점을 내린다.
  ⑤ 과잉공기를 적게 하여 배기가스 중의 과잉산소를 감소시켜 무수황산 발생을 감소시킨다.
  ⑥ 수산화마그네슘 등을 첨가하여 노점온도를 낮춘다.
  ⑦ 연소 초기에는 바이패스 부연도를 이용하여 전열면으로 배기가스 방출을 방지한다.
  ⑧ 절탄기나 공기예열기로 방출되는 배기가스 온도를 높여 준다.

참고 ① 배기가스가 170℃ 정도에서 저온부식 발생
② 저온부식 방지 첨가제 : 대형 보일러 연료에 암모니아 가스, 백운석, 산화마그네슘의 분말이 사용된다.

문제 15

보일러 내부 부식인 점식에 대한 다음 물음에 답하시오.

(1) 점식이란?   (2) 점식(피팅)의 발생원인   (3) 점식의 방지법 4가지

해답 (1) 점식 : 보일러 수중의 용존산소에 의하여 산소농담전지 발생으로 보일러 본체 내부 표면에 쌀알 모양, 녹두알 모양의 반점상태로 부식되는 현상이다.
(2) 점식(피팅)의 발생원인 : 용존산소에 의한 국부적인 산소농담전지가 발생하여 생긴다.
(3) 점식의 방지법
  ① 내부에 아연판 부착
  ② 보일러 동체 내면에 부식 방지용 방청도장, 페인트도장(보호피막=그래파이트)
  ③ 염류 등 불순물 처리
  ④ 보일러 수중의 산분이나 산소, 이산화탄소 제거
  ⑤ 산화철 파괴를 방지한다.
  ⑥ 용존산소 제거
  ⑦ 약한 전류를 통전시킨다.

참고 국부부식 : 보일러 동체 등 내부나 외면에 얼룩모양으로 생기는 국부적인 부식이다.

문제 16

보일러 내부 부식인 구식(그루빙)에 대한 다음 물음에 답하시오.

(1) 구식이란?
(2) 구식을 일으키는 위치는?

해답 (1) 구식 : 보일러 동체인 강재가 팽창, 수축 반복 작용으로 생긴 피로 부분에 전기적이나 화학적인 작용에 의해 부식이 발생하여 강재 단면이 V형, U형으로 어느 범위에서 구상, 즉 도랑형태 부식으로 발전한 부식을 말한다.

(2) 구식을 일으키는 위치
① 입형 보일러 화실 천장판 연돌관을 부착하는 플랜지 만곡부
② 노통보일러에서 경판과 노통과의 플랜지 접합 부분
③ 리벳이음의 판의 겹친 가장자리
④ 접시형 경판의 구석 둥근 만곡부 부분
⑤ 경판에 뚫린 급수구멍(방사형으로 발생)
⑥ 노통과 경판과의 부착된 만곡부 및 아담슨링 조인트 만곡부
⑦ 거싯스테이의 부착부

문제 17

보일러 내부 부식에서 가성취화에 대하여 설명하시오.

해답 보일러 판의 리벳구멍 등에 pH 13 이상으로 농후한 알칼리에 의해 강조직을 침범하여 균열이 생기는 일종의 부식이다. 즉, 강의 조직 자체에 철강조직의 입자 간 부식이 촉진되어 취약하게 되고 결정입자경계에 따라 균열이 발생한다.

[특징]
① 최대 내력선을 따르지 않는다.
② 가성취화 방향이 일치하지 않는다.
③ 반드시 수면 이하에서 발생한다.
④ 인장응력을 받는 이음 부위에서 발생한다.
⑤ 리벳과 리벳 사이에서 발생하기 쉽다.
⑥ 물리적, 화학적으로 양질의 판이나 불량 판재에서 발생한다.

참고 **알칼리부식**
보일러 급수 중에 수산화나트륨 등 알칼리의 농도가 높아져서 피막인 수산화철($Fe(OH)_2$)이 용해되고 강재는 알칼리에 의해 부식되는 현상이다.

문제 18

보일러 화학세관인 산세관, 중성세관, 알칼리세관의 약품명, 특징을 쓰시오.

해답

종류	약품명	특징

산세관	염산, 황산, 인산, 질산
	(부식 억제제 첨가)
		• 물속에 약품을 5~10% 용해시킨다.
		• 물의 온도는 60±5도 정도로 맞춘다.
		• 부식 억제제인 인히비터를 0.2~0.6% 첨가시킨다.
		• 경질스케일인 황산염, 규산염은 염산에 잘 용해하지 않아서 용해 촉진제인 불화수소산(HF)을 첨가한다.
		※ 산세관법
		  • 순환법 : 가압펌프로 약품용해물을 강제 순환시킨다.
		  • 침적법 : 일정시간 동안 약물이 첨가된 용액에 침적시킨다.

중성세관	구연산, 의산, 초산, 옥살산, 설파민산 (질산나트륨 첨가)	• 물속에 약품을 약 3% 첨가한다. • 물의 온도는 90±5도로 맞춘다. • 중성세관은 오스테나이트계 스테인리스강에 사용이 편리하다.
알칼리세관	수산화나트륨, 탄산나트륨, 인산소다, 암모니아	• 물속에 약품을 0.1~0.5% 정도 용해시킨다. • 물의 온도는 70도 정도로 맞춘다. • 알칼리에 의해 pH가 13 이상이면 가성취화 부식이 발생한다(방지법으로는 질산나트륨, 인산나트륨을 첨가한다).

문제 19

보일러에서 소다보링에 대하여 설명하시오.

해답 보일러 설치시공 과정에서 전열면에 유지분 등이 많이 부착한 경우에 보일러 운전을 하면 전열면 과열, 부식 등이 발생한다. 그러므로 동 내부에 탄산소다 0.1% 정도를 용해시킨 후에 압력 0.3~0.5 kg/cm² 정도로 2~3일간 끓인 다음 분출을 하고 세척한 후 새로운 급수를 하고 보일러 압력을 규정압력 까지 올린 다음 안전밸브 분출시험을 하고난 후부터 정상적으로 보일러관리 운전을 하는 작업이다.

참고 **보일러 최초 설치시공 시 화실 노벽의 내화재 구축**
자연건조 10~15일, 약한 화기건조 72~96시간(3~4주간) 정도 실시하여 완전건조시킨다.

문제 20

보일러 산세관(염산세관 등)에서 염산의 특징 3가지 및 산세관 시 첨가하는 부식 억제제의 구비 조건을 5가지만 쓰시오.

해답 (1) 염산의 특징 3가지
① 취급이 용이하며 위험성이 없다.
② 부식 억제제의 능력이 크고 가격이 저렴하다.
③ 스케일 용해 능력이 크고 물에 대한 용해도가 커서 세관의 효율성이 높다.

(2) 불화수소산 등 염산의 부식 억제제의 구비조건
① 부식 억제능력이 클 것
② 물에 대한 용해도가 클 것
③ 점식 등 부식발생이 없을 것
④ 세관액의 온도농도에 대한 영향이 적을 것
⑤ 시간이 경과할수록 안정할 것

참고 **중화방청처리**
① 산세관 후 물의 pH가 5 이상이 될 때까지 충분한 물로 세척하여 물의 중화나 방청처리 하여 산세척에 의한 부식을 방지하는 처리이다.
② 중화 방청 처리약품
  • 탄산나트륨   • 수산화나트륨
  • 인산나트륨   • 아황산소다
  • 암모니아   • 히드라진
③ 방법
  pH 9~10 정도가 되게 하고 약액의 온도는 80~100도 정도로 가열한 후 24시간 정도 내부를 순환시켜 서서히 냉각시킨 후 드레인을 하고 산에 대한 부식을 방지한다.

문제 21

보일러 외부 청소방법을 5가지만 쓰시오.

해답 ① 스팀소킹법 : 증기압력 분사
② 수세법 : 펌프로 물사용 세척
③ 샌드블라스트법 : 압축공기에 모래 혼합
④ 스틸쇼트 클리닝법 : 압축공기에 쇠 알갱이 분사
⑤ 워터소킹법 : 가압펌프로 물 분사
⑥ 에어소킹법 : 압축공기로 분사

제6장 보일러 안전관리 및 급수처리

참고 보일러 내부 기계청소법
- 스케일해머 사용법
- 스크래퍼 사용법
- 와이어브러시 사용법
- 튜브 크리닝법
- 전동핸드 브러시법

문제 22

보일러 휴지기간이 6개월 이하 또는 2~3개월 정도에서 가장 보존하기 편리한 단기보존방법에 대한 다음 물음에 답하시오.

(1) 단기보존방법은?
(2) 만수보존 방법의 조건은?
(3) 만수보존 시 첨가약품 종류를 쓰시오.

해답 (1) 만수보존법

(2) 만수보존 방법의 조건
① 내부 동결이 없는 곳에서 사용한다.
② 단기간의 보존에만 효과가 있다.
③ 알칼리에 의한 약품이 첨가되어야 한다.
④ 약품의 효능은 2~3개월 이상이면 효과가 감소한다.
⑤ 물을 가득 채워 넣어야 하고 누수가 없어야 한다.
⑥ pH 12를 유지하여야 한다

(3) 만수보존 시 첨가약품 종류
① 가성소다(수산화나트륨)　　② 아황산소다
③ 히드라진　　　　　　　　　④ 암모니아

참고 보일러 휴지기간 보존법
① 만수보존 단기보존법
② 장기보존 건조보존법
③ 페인트 도장법(흑연, 아스팔트, 타르 등을 동체 표면에 도포한다)
④ 석회 밀폐 질소보존법(건조보존 방법으로 휴지기간이 6개월 또는 1년 이상인 경우 질소가스를 순도 99.5%, 0.6kg/cm² 압력으로 동체 내부에 가압시키고 내부 산소를 제거하며 습기방지를 위해 동체 하부에 생석회를 채워넣는다)

문제 23

보일러 휴지기간이 6개월 이상일 경우 건조보존법이나 석회밀폐질소가스 건조보존법을 채택한다. 이 경우 동체 내부에 흡습제를 투입하는데, 이 흡습제 종류를 3가지만 쓰시오.

해답
① 생석회(산화칼슘)
② 실리카겔(규산)
③ 염화칼슘

참고
① 흡습제는 2~3개월마다 새것으로 교체한다.
② 동 내부 산소 제거는 동체 밀폐 후에 숯불로 제거한다.
③ 휴지기간이 길면 동체 표면에 방청도료를 도포하면 이상적이다.
④ 건조보존 시는 밀폐 후에 질소가스(순도 99.5%, 게이지압력 $0.6 kg/cm^2$)로 충전하면 더 효과적이다.

문제 24

보일러 휴지기간이 6개월 이상일 때 건조보존을 채택하는 이유를 쓰시오.

해답 만수보존으로 하는 경우 내부 약품의 유효기간이 2개월 이상 경과하면 보존가치가 하락하기 때문에 6개월 이상 장기 보존을 하려면 석회투입 밀폐질소가스 보존법 등 건조보존이 우수하다.

제4편 과년도 기출문제

주관식 필답형 문제

에너지관리기사 실기시험은
1) 2001년 중반기까지는 주관식 필답형 실기시험
2) 2001년 후반기부터는 동영상 실기시험
3) 2009년부터는 복합형(주관식 필답형+동영상) 실기시험
4) 2020년 기사 4회 실기시험부터 필답형 시험으로 실기시험 방법이 변경되었습니다.

※ 과년도 실기문제는 미공개 원칙이므로 여기 수록된 문제는 수험생들의 기억에 의해 작성된 복원기출문제입니다.
2020년 제4회 실기시험부터는 과거 필답형, 동영상 실기시험이 필답형 실기로 변경되었음을 인지하여 주시기 바랍니다.

에너지관리기사(2010.4.18)

-주관식 필답형(서술형, 단답형)-

문제 01
보일러수 2,000톤에 산소가 9ppm이 존재한다면 이를 제거하기 위한 아황산나트륨(Na_2SO_3)의 이론적 양은 몇 g인가?

해답

$2{,}000톤 \times 1{,}000kg/톤 \times 1{,}000g/kg \times \dfrac{9}{10^6} = 18{,}000g$

$\underset{126}{2Na_2SO_3} + \underset{32}{O_2} \rightarrow 2Na_2SO_4$

$32g : (2 \times 126)g = 18{,}000g : x$

$\therefore\ x = (2 \times 126) \times \dfrac{18{,}000}{32} = 141{,}750g$

참고

1ppm의 용존산소를 제거하려면 $(2 \times 126) : 32 = x : 1$

$\therefore\ x = \dfrac{2 \times 126}{32} = 7.875\text{ppm}$

문제 02
다음의 보기 안에 있는 폐열회수장치를 보일러본체(노) 쪽에서 설치 순서대로 기술하시오.

[보기] 재열기, 절탄기, 과열기, 공기예열기

해답 과열기 > 재열기 > 절탄기 > 공기예열기

문제 03
다음의 유체 중 보유에너지가 적은 순서에서 큰 것 순으로 쓰시오.

[보기] 포화증기, 과포화증기, 포화액, 불포화액, 건도 50% 습포화증기

해답 불포화액, 포화액, 건도 50% 습포화증기, 포화증기, 과포화증기

문제 04

이상기체의 초기 압력이 1atm, 온도 25℃에서 압력이 10atm으로 변화한 후의 온도는 몇 ℃인가?(단, 가역단열과정이고 K = 1.4이다.)

해답

$$\frac{T_2}{T_1} = \left(\frac{P_2}{P_1}\right)^{\frac{K-1}{K}}$$

$$\therefore T_2 = T_1 \times \left(\frac{P_2}{P_1}\right)^{\frac{K-1}{K}} = (273+25) \times \left(\frac{10}{1}\right)^{\frac{1.4-1}{1.4}} = 575.3479K = 302.35℃$$

문제 05

동판으로 만든 벽의 두께가 5mm이고 동판으로 만든 벽면의 열전도율은 56kcal/mh℃에서 두께 15mm 보온재를 사용하였다. 이 경우 보온 효율은 몇 %인가?(단, 보온재의 열전도율이 0.05kcal/mh℃이고 용기 내부 150℃ 외부 온도 15℃일 때 단위면적당 절약되는 열량과 보온 효율(%)을 구하시오.)

해답

보온 전 손실열량(Q_1) = $\frac{56 \times 1 \times (150-15)}{0.005}$ = 1,512,000kcal/h

보온 후 손실열량(Q_2) = $\frac{1 \times (150-15)}{\frac{0.005}{56} + \frac{0.015}{0.05}}$ = 449.87kcal/h

(1) 절약되는 열량(Q_3) = 1,512,000 - 449.87 = 1,511,550.13kcal/h

(2) 보온효율(η) = $\frac{1,511,550.13}{1,512,000} \times 100$ = 99.97%

문제 06

다음에 주어진 용어에 대하여 설명하시오.
(1) 포밍   (2) 프라이밍   (3) 캐리오버

해답
(1) 포밍 : 관수 중에 용존고형물, 관수농축, 유지분, 부유물 등을 다량 함유하고 있을 때 보일러 운전 중 거품이 발생하는 현상
(2) 프라이밍 : 보일러 운전 중 물방울이 수면 위로 튀어 올라 증기 속에 혼입되어 습증기를 유발하는 비수 현상
(3) 캐리오버 : 포밍, 프라이밍 발생 시 증기 내에 수분이나 규산캐리오버가 함유되어 보일러 외부 증기관으로 배출되는 기수 공발 현상

문제 07
관류 보일러의 종류를 4가지만 쓰시오.

해답 벤슨보일러, 슐져보일러, 앳모스보일러, 소형관류보일러, 람진보일러

문제 08
가연성 가스의 위험도에 대하여 설명하시오.

해답 가연성 가스 중 위험도가 클수록 위험한 가스이다.

$$위험도(H) = \frac{가연성가스\ 폭발상한계 - 가연성가스\ 폭발하한계}{가연성가스\ 폭발하한계}$$

참고
(1) 아세틸렌가스의 위험도(폭발범위 2.5~81%)

$$H = \frac{81-2.5}{2.5} = 31.4$$

(2) 메탄가스의 위험도(폭발범위 5~15%)

$$H = \frac{15-5}{5} = 2$$

문제 09
배기가스의 현열을 이용하여 급수를 가열하는 (㉮)가 있고 연소용 공기를 예열하는 (㉯)가 있으며 포화증기를 가열하여 과열증기를 생산하는 (㉰)가 있다. ( ) 안에 들어갈 명칭이나 장치명을 써 넣으시오.

해답 ㉮ 절탄기 ㉯ 공기예열기 ㉰ 과열기

참고
① 전열방식의 과열기 : 접촉과열기, 복사과열기, 복사접촉과열기
② 열가스 흐름 방식의 과열기 : 병류형, 향류형, 혼류형
③ 공기예열기 : ㉠ 전열식(강판형, 강관형)
　　　　　　　㉡ 재생식(축열식) : 융그스트롬식
　연소용공기를 25℃로 예열하면 열효율이 1% 향상
④ 절탄기 : 강관제, 주철제
　급수온도가 10℃ 상승 시 열효율 1.5% 향상

문제 10

연도의 배기가스 온도가 400℃이다. 이 배기가스를 이용하여 0℃의 급수 180kg/h을 가열하여 포화증기 180kg/h(엔탈피 639kcal/kg)을 생성하고자 할 때 배기가스의 손실열은 몇 kcal/h인가?(단, 절탄기 출구의 배기가스온도는 150℃ 배기가스의 비열은 0.24kcal/kg℃, 배기가스 배출량은 2,500kg/h이다.)

해답
배기가스 현열 = 2,500×0.24×(400－150) = 150,000kcal/h
증기의 보유열 = 180×639 = 115,020kcal/h
배기가스 손실열 = 150,000－115,020 = 34,980kcal/h

참고
열효율 = $\dfrac{150,000－34,980}{150,000} \times 100 = 76.68\%$

문제 11

지름 1m 연관식 보일러에 가로, 세로 30×30cm 간격으로 관을 설치하는데 지름 10cm 길이 2m 정도의 관을 설치하려고 한다. 이때 최대 설치가 가능한 관의 수와 전체관의 전열면적(m²)을 구하시오.

해답
관의 한개당 표면적(πDL), 연관의 배열은 바둑판 배열이 기준이므로
$3.14 \times 0.1 \times 2 = 0.628 m^2$
1m 원통에 30cm 간격에 관의 설치가 총 9개가 투입이 가능하므로
총 전열면적 = 0.628×9 = 5.652m² (5.65m²)

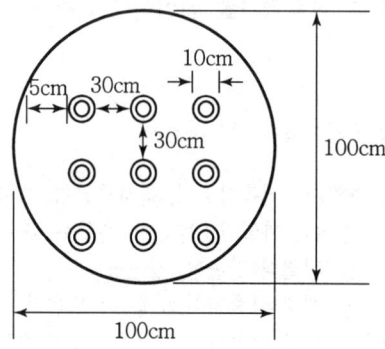

문제 12

진공계의 눈금이 380mmHg을 가리키고 있다. 이때 대기압이 760mmHg라면 진공도는 몇 %인가?

해답 $\dfrac{380}{760} \times 100 = 50\%$

완전 진공은 진공도 100%, 표준대기압은 진공도 0%

문제 13

직화식(가스용) 흡수식 냉온수기 흡수기에 부착된 유자관 압력계의 압력차가 8mmHg, 증발온도 5℃ 상태(흡수기에 부착된 마노미터)로 나와 있다면 흡수식 냉온수기의 진공도는 몇 %인가? (단, 대기압은 760mmHg이다.)

해답 $760 - 8 = 752\text{mmHg}$ (진공게이지압)

진공도 $= \dfrac{752}{760} \times 100 = 98.95\%$

문제 14

냉, 난방이 가능한 직화식 흡수식 냉온수기 사용 시 장점을 2가지만 쓰시오.

해답
(1) 진공상태에서 운전이 가능하여 안전하다.
(2) 기계 한대로 냉방, 난방이 가능하다.
(3) 하절기 전기소비량을 절감할 수 있다.
(4) H_2O를 냉매로 사용할 수 있어 독성이 없다.

문제 15

압축천연가스(CNG) 또는 천연가스(LNG)의 주성분은?

해답 메탄(CH_4) 가스

문제 16
수관식 보일러에서 기수드럼(상부드럼)을 하부 물드럼(하부드럼)보다 더 크게 만든 이유는?

해답 기수드럼은 드럼 내 하부에는 포화수 구역과 상부에 증기부가 확보되어야 하기 때문에 물드럼보다 기수드럼을 더 크게 만들어야 한다.

문제 17
자동제어 설계시 주의할 점 3가지만 쓰시오.

해답
(1) 제어동작이 발진(불규칙)상태가 되지 않을 것
(2) 신속하게 제어동작을 신속하게 완료할 것
(3) 제어량이나 조작량이 과대하게 도를 넘지 않도록 할 것
(4) 잔류 편차가 요구되는 제어정도 사이에서 억제할 것

문제 18
보일러 자동제어 중 인터록에 대하여 설명하시오.

해답 어느 조건이 구비되지 않을 때 기관작동을 저지하는 것을 인터록이라 하며 보일러에는 저수위인터록, 압력초과인터록, 불착화인터록, 저연소인터록, 프리퍼지인터록 등이 있다.

문제 19
터널 환기용으로 사용하기 위하여 터널내 천장부에 수백m 단위로 연속하여 설치한 팬방식은?

해답 제트팬 방식(송풍기는 축류송풍기 사용)

문제 20

다음 장치의 명칭과 실내 온도조절방법을 간단하게 쓰시오.

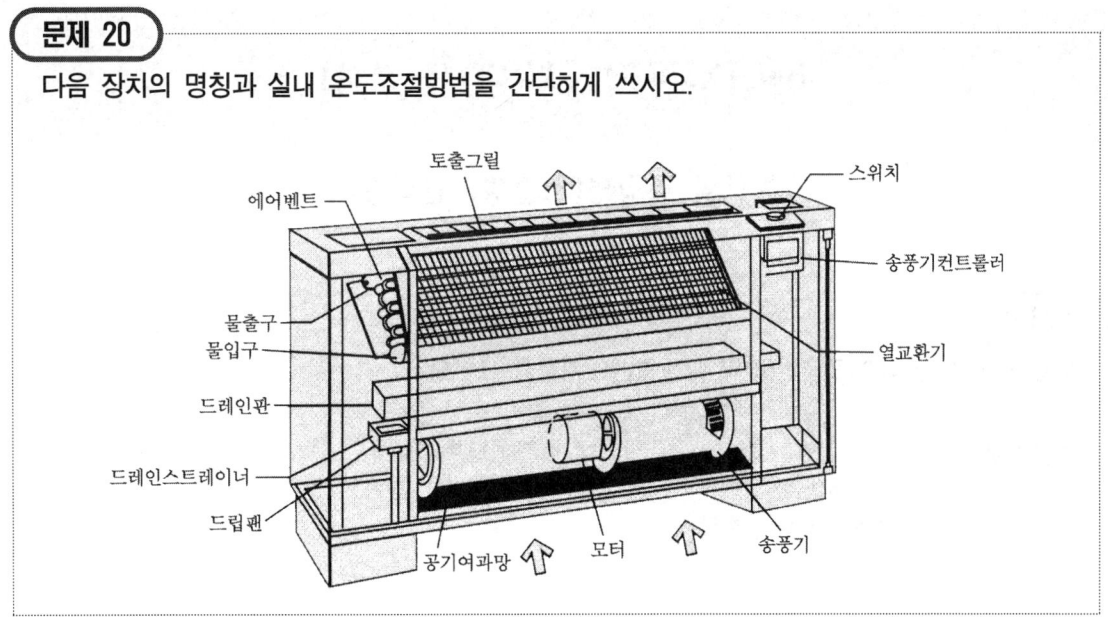

해답 (1) 명칭 : 팬코일 유닛
(2) 온도조절방법 : 유량조절밸브사용, 유량공급온도센서방법, 부하에 대응한 유량제어방법

에너지관리기사(2010.7.4)

-주관식 필답형(서술형, 단답형)-

문제 01
보일러 운전 중 비수(프라이밍)의 발생원인 5가지를 쓰시오.

해답
① 관수의 농축
② 주증기 밸브의 급개
③ 부하의 급변화
④ 관수의 수위가 높다.
⑤ 청관제 사용의 부적당

문제 02
어떤 건축물의 실내온도(t_1) = 20℃, 옥외의 외기온도(t_2) = 10℃일 때 두께가 4mm인 창문의 유리를 통해서 단위면적당 열관류에 의한 이동열량(W/m²)을 구하시오.(단, 유리의 열전도율(K) = 0.76W/m℃, 내면의 열전달 계수(a_1) = 10W/m²℃, 외면의 열전달계수(a_2) = 50W/m²℃이다.)

해답
$$열관류율(K) = \frac{1}{\frac{1}{a_1} + \frac{b}{k} + \frac{1}{a_2}} = \frac{1}{\frac{1}{10} + \frac{0.004}{0.76} + \frac{1}{50}}$$
$$= \frac{1}{0.1 + 0.005263 + 0.02} = \frac{1}{0.125263157} = 7.98 W/m^2℃$$
$$\therefore Q = K \cdot A \cdot \Delta t = 7.98 \times (20-10) = 79.8 W/m^2$$

문제 03
구형 고압반응용기 안쪽 반지름 55cm 바깥 반지름 90cm인 용기의 열전도율이 41.87W/m℃이고 내부, 외부 표면온도가 551K, 543K일 때 열손실은 몇 kW가 되겠는가?

해답
$$Q = K\frac{4\pi(t_1 - t_2)}{\frac{1}{r_1} - \frac{1}{r_2}} = 41.87 \times \frac{4 \times 3.14 \times (551-543)}{\frac{1}{0.55} - \frac{1}{0.9}} = \frac{4,207.0976}{1.818181 - 1.11111}$$
$$= \frac{4,207.0976}{0.70707} = 5,950.043984W = 5.95kW$$

문제 04
수관식 보일러 등에서 노후 열화된 튜브(수관) 교체시기에 대하여 3가지를 쓰시오.

해답
① 스케일 생성이 심할 때
② 과열이 지나쳐 소손되었을 때
③ 열효율이 오르지 않을 때
④ 배기가스의 온도가 높을 때

문제 05
강판의 두께 25mm 리벳지름이 50mm 피치가 80mm 1줄 겹치기 이음에서 리벳조인트 강판의 효율(%)은?(단, 1피치에서 걸리는 하중은 1,000kg이다.)

해답 $\eta = \dfrac{P-d}{P} \times 100 = \dfrac{80-50}{80} \times 100 = 37.5\%$

참고
강판의 인장응력 $(a_t) = \dfrac{W}{t(P-d)} = \dfrac{1,000}{25 \times (81-50)} = 1.3333 \text{kg/mm}^2$

리벳의 전단응력 $(\tau) = \dfrac{4W}{\pi d^2} = \dfrac{4 \times 1,000}{3.14 \times 50^2} = 0.50955 \text{kg/mm}^2$

∴ 리벳 효율 $= \dfrac{n \times \pi \times d^2 \tau}{4P \cdot t \cdot a_t} = \dfrac{1 \times 3.14 \times 50^2 \times 0.50955}{4 \times 80 \times 25 \times 1.3333} = 37.5\%$

문제 06
계측기기에서 표준원기가 갖추어야 할 구비조건 4가지를 쓰시오.

해답
① 경년변화가 적을 것
② 안정성이 있을 것
③ 정도가 높고 단위의 현시가 가능할 것
④ 외부의 물리적 조건에 대하여 변형이 적을 것

문제 07
자동제어에서 편차를 없애기 위한 제어 조작량(연속제어) 4가지만 쓰시오.

해답
① 2자유도 PID 동작
② 적분동작
③ 비례적분
④ 비례, 적분, 미분동작

문제 08

20℃의 급수를 100℃의 포화증기로 만들려면 필요한 열량은 얼마인가?(단, 급수량은 10kg, 물의 비열 1kcal/kg℃, 물의 잠열 539kcal/kg)

해답
물의 현열 = $10 \times 1 \times (100 - 20) = 800$ kcal(3,344kJ)
증발열 = $10 \times 539 = 5,390$ kcal(22,530.2kJ)
∴ $Q = 800 + 5,390 = 6,190$ kcal(25,874.2kJ)

문제 09

중유의 원소 조성이 C 78%, H 12%, S 2%, O 3%, 기타 5%일 때 이론 공기량(Nm^3/kg)을 구하시오.

해답
이론공기량(A_o) = $8.89C + 26.67(H - \dfrac{O}{8}) + 3.33S$

$\quad = 8.89 \times 0.78 + 26.67(0.12 - \dfrac{0.03}{8}) + 3.33 \times 0.02$

$\quad = 6.9342 + 3.1003875 + 0.0666 = 10.10 Nm^3/kg$

문제 10

메탄(CH_4) 가스의 생성열량을 구하시오.

[조건] $C + O_2 \rightarrow CO_2 + 400kJ$
$H_2 + \dfrac{1}{2}O_2 \rightarrow H_2O + 280kJ$
$CH_4 + 2O_2 \rightarrow CO_2 + 2H_2O + 800kJ$

해답 생성열 : 물질 1몰이 성분 홑원소 물질로부터 생성될 때의 반응이다.

$\underset{800}{CH_4} + 2O_2 \rightarrow \underset{400}{CO_2} + \underset{2 \times 280}{2H_2O}$

$C + O_2 \rightarrow CO_2 + 400kJ$ ································ ①
$H_2 + \dfrac{1}{2}O_2 \rightarrow H_2O + 280kJ$ ································ ②
$CH_4 + 2O_2 \rightarrow CO_2 + 2H_2O + 800kJ$ ···················· ③
생성열 = {① + (② × 2)} − ③ = {400 + (280 × 2)} − 800
∴ $960 - (800 + 0) = 160kJ/mol$

문제 11

매연 함유입자를 중력으로 침강시키는 집진장치의 명칭은?

해답 중력침강식 집진장치

문제 12

피토관을 유체가 흐르는 배관에 연결하여 전압이 128KPa, 정압이 120KPa로 측정할 때 이 유체의 유속(m/s)을 구하시오.

해답
$$\frac{P_1}{\gamma}+\frac{V^2}{2g}=\frac{P_2}{\gamma}+0=Z+h, \quad h=\frac{V^2}{2g}, \quad V=\sqrt{2gh}$$

$1\text{atm}=10.332\text{mH}_2\text{O}=102\text{kPa}, \quad 10.332\times\frac{128}{102}=12.9656\text{m}, \quad 10.332\times\frac{120}{102}=12.1552\text{m}$

$\therefore V=\sqrt{2gh}=\sqrt{2\times 9.8\times(12.9656-12.1552)}=3.99\text{m/s}$

참고
$$\frac{P_2-P_1}{\gamma}=h\left(\frac{\gamma_s}{s}-1\right), \quad \frac{V^2}{2g}=h\left(\frac{\gamma_s}{s}-1\right), \quad V=\sqrt{2gh\left(\frac{\gamma_s}{\gamma}-1\right)}$$

문제 13

9ppm의 용존산소를 제거하기 위하여 탄산소제 아황산나트륨(Na_2SO_3) 몇 ppm이 필요한가?

해답
$\underset{2\times 126}{2Na_2SO_3} + \underset{32}{O_2} \rightarrow 2Na_2SO_4$

1ppm의 용존산소 제거를 위하여

$(2\times 126):32=x:1, \quad x=\frac{2\times 126}{32}=7.875\text{ppm}$

$\therefore 7.875\times 9=70.875\text{ppm}$

문제 14

보일러 폐열 회수장치인 절탄기의 장점, 단점을 각 3가지씩 쓰시고 절탄기 전, 후 어디 부분에 온도계를 설치하는지 쓰시오.

제4편 과년도 기출문제

해답 ① 장점
　　㉠ 보일러 열효율 향상　　㉡ 보일러판 열응력 발생 방지
　　㉢ 급수 중 불순물 일부 제거　　㉣ 보일러 증발능력
② 단점
　　㉠ 통풍력 감소　　㉡ 저온부식 발생
　　㉢ 연소가스 온도저하에 의한 통풍손실　　㉣ 청소나 점검이 곤란하다.
③ 온도계 설치
　　㉠ 절탄기 전, 후에 각각 온도계 1개씩 부착(보일러 설치 기준)
　　㉡ 열정산 시에는 절탄기 입구에 온도계를 설치하여 급수 온도 측정

참고 **절탄기(SH-ECO Type Economizer)**

청정연료인 LNG연료를 사용하는 보일러에 적용되며 배기가스 온도를 250℃에서 100℃ 이하로 낮추면서 보일러 급수를 가열하여 보일러 효율을 96% 이상으로 상승시켜 연료비를 4~10% 이상 절감할 수 있는 에너지 절약 설비이다.

〈특징〉
- 높은 열효율 : Fin Tube 사용으로 96% 이상 효율 극대화
- 응축잠열 회수 : 저온급수인 경우 60℃ 이하 배기가스 온도로 응축잠열 회수 가능
- 완벽한 구조 : Block으로 제작되어 부분교체 가능
- 유지보수 불필요 : STS304, STS316L Tube, STS304 Fin 사용으로 부식이 없어 유지보수가 필요 없음
- 안전성 : Computer Program으로 설계하여 기존설비 보완없이 설치 가능

공기예열기(SH-GAH Type Air Preheater)

연·수관식 보일러, 열매체 보일러, 제지공장 건조기에서 배출되는 고온의 배기가스를 이용하여 연소용 공기를 가열하여 보일러 효율을 92% 이상으로 상승시켜 연료비를 3~8% 이상 절감할 수 있는 에너지 절약 설비이다.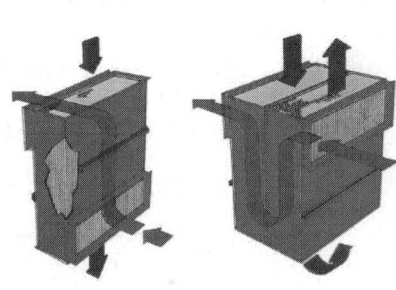

〈특징〉
- 높은 열효율 : Computer Program으로 설계하여 정확하게 계산
- 내구성 좋음 : 내식성 Tube 사용으로 수명을 연장
- 유지보수 용이 : 청소공간 확보 및 원터치 방식의 청소구 설치로 보수점검이 편리
- 열팽창 반영 : 판형 공기예열기는 열팽창에 의한 문제점 노출 및 일부 부식 시에 전체를 교체해야 하는 문제점이 있으나 관형의 경우 Expansion 설치로 문제가 없는 구조이며 부분 보수 가능
- 형식 및 사용연료 : 원통형, 사각형, LNG연료, B-C Oil(판형, 관형)

문제 15

어느 향류 열교환기에서 배기가스온도가 240℃로 들어가서 160℃로 나오고 수열 유체인 공기가 20℃로 들어가서 90℃로 상승하는 경우 대수평균온도차는 몇 ℃인가?

 해답

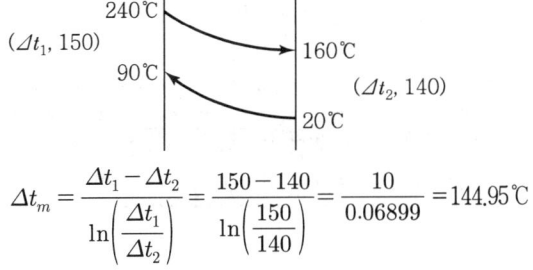

$$\Delta t_m = \frac{\Delta t_1 - \Delta t_2}{\ln\left(\frac{\Delta t_1}{\Delta t_2}\right)} = \frac{150 - 140}{\ln\left(\frac{150}{140}\right)} = \frac{10}{0.06899} = 144.95℃$$

문제 16

어떤 공장에서는 연간 10만 톤의 철강을 생산할 수 있는 능력을 갖추고 있다. 작년에 89,500톤을 생산했으나 불량품 5%가 있어서 이를 폐기했다. 완제품의 생산을 위해 연료로는 LNG(천연가스) : 1,234,000Nm³, B-C 油 : 4,400kL를 사용하였으며 전력은 한전으로부터 45,700MWh를 수전받았다. 이 공장의 현황을 아래 양식에 따라 작성하시오.(단, TOE 계산 시 석유환산계수 B-C 油는 0.98, LNG는 1.06, 전력(전기)은 0.26으로 한다.)

(1) 에너지 사용현황

구분	B-C 油	LNG(Nm³)	소계(TOE)	전력(MWh)	에너지(TOE)
사용량					

(2) 원단위 현황

제품명	완제품생산실적 (톤/년)	연료원단위 (kgOE/ton)	전기원단위 (kWh/ton)	에너지원단위 (kgOE/ton)
염직물	85,025			

해답 (1) 에너지 사용현황
LNG 1,234,000Nm³ × 1.06 = 1,308,040kg(원유) = 1,308.04TOE
벙커C유 4,400kL × 0.98 = 4,312TOE = 4,312,000kg
전력 45,700MWh × 0.26 = 11,882TOE = 11,882,000kg(원유)
　　　　10만 = 45,700,000kWh
100만MWh = 10만kWh, 45,700MWh = 45,700,000kWh
- 소계(벙커C유 + LNG) = 1,308.04 + 4,312 = 5,620.04TOE
- 에너지계(벙커C유 + LNG + 전력) = 1,308.04 + 4,312 + 11,882 = 17,502.04TOE

구분	벙커C유	LNG(Nm³)	소계(TOE)	전력(MWh)	에너지(TOE)
사용량	4,400	1,234,000	(가) 5,620.04	45,700	(나) 17,502.04

(2) 원단위 현황
연간 염직물 총생산은 85,025톤이므로 오일소비량(원유환산이므로)
LNG 1,234,000Nm³ = 원유환산 1,308,040kg
벙커C유 4,400kL(4,400,000L) = 원유환산 4,312,000kg
- 연료원단위(kgOE) = (1,308,040 + 4,312,000)/85,025
　　　　　　　　 = 66,098,676kg/톤 = 66.01kgOE/ton
- 에너지원단위 = (LNG + 벙커C유 + 전력)
　　　　　　 = (1,308,040 + 4,312,000 + 11,882,000)/85,025
　　　　　　 = 205.8458kgOE/ton = 205.85kgOE/ton
- 전기원단위 = 45,700,000/85,025 = 537.4889kWh/ton

제품명	완제품생산실적(톤/년)	연료원단위(kgOE/ton)	전기원단위(kWh/ton)	에너지원단위(kgOE/ton)
염직물	85,025	(다) 66.01	(라) 537.49	(마) 205.85

※ 에너지 = 연료 + 열 + 전기, 1MWh = 1,000,000Wh = 1,000kWh

문제 17
밸브의 종류 중에서 유량조절이 가능한 밸브의 명칭을 쓰시오.

해답 글로브 밸브(옥형변 밸브)

에너지관리기사(2010.10.30)

−주관식 필답형(서술형, 단답형)−

문제 01
보일러 운전 결과 다음과 같은 조건에서 보일러 효율(%)은 얼마인가?

[조건]
- 발생증기열량 : 2,000kJ/kg
- 연료의 연소열 : 2,700kJ/kg
- 배기가스 손실열 : 500kJ/kg
- 급수의 보유열 : 300kJ/kg
- 불완전 열손실 : 500kJ/kg

해답

(1) 입출열법에 의한 효율 $= \dfrac{2,000 - 300}{2,700} \times 100 = 62.96\%$

(2) 열손실법에 의한 효율 $= \dfrac{2,700 - (500 + 500)}{2,700} \times 100 = 62.96\%$

문제 02
다음의 자동제어 중 주안전 제어장치인 프로텍터 릴레이, 콤비네이션 릴레이, 아쿠아 스테트(하이리밋 컨트롤), 스택 릴레이의 설치위치를 쓰시오.

해답
(1) 프로텍터 릴레이 : 버너
(2) 콤비네이션 릴레이 : 보일러 본체
(3) 아쿠아 스테트(Aquastat) : 보일러 본체
(4) 스택 릴레이 : 연도

문제 03
착화불량(점화불량)의 원인을 5가지만 쓰시오.

해답
(1) 기름 또는 가스 등 연료가 분사되지 않을 때
(2) 기름의 온도가 너무 높거나 낮을 때
(3) 기름에 물 또는 슬러지의 혼입
(4) 버너 노즐이 막혔을 때
(5) 1차 공기압력이 너무 높거나 풍압이 과대시
(6) 유압이 낮을 때

문제 04

급수설비인 인젝터의 작동 순서를 쓰시오.(단, 다음의 인젝터 밸브 등 보기에서 주어지는 장치 위주로 기재하시오.

[보기] 핸들 개방, 흡수밸브 개방, 증기밸브 개방, 출구정지밸브 개방

해답 출구정지밸브 개방 → 흡수밸브 개방 → 증기밸브 개방 → 핸들 개방

※ 인젝터 정지순서는 개방순서의 역순이다.

문제 05

반지름이 5m인 구형 용기 안의 20℃ 공기압력이 102kPa일 때, 0℃(표준상태)에서 저장된 유체 공기의 용적은 몇 kmol인가?(단, 표준대기압은 102kPa이다.)

해답
$$V = \frac{4}{3}\pi r^3 = \frac{\pi}{6}D^3 = \frac{3.14}{6} \times (10^3) = 523.33 \text{m}^3$$

표준상태(V) $= \dfrac{1 \times 523.33 \times 273}{1 \times (273+20)} = 487.61 \text{Nm}^3$

$\therefore \dfrac{487.61}{22.4} = 21.77 \text{kmol}$

문제 06

수관의 관으로만 구성되며 드럼이 없는 보일러로서 대표적으로 벤숀보일러 및 슬져어보일러가 있는 보일러는 어떤 보일러인가?

해답 관류보일러(관류식 수관보일러)

문제 07

강제순환식 보일러 종류 2가지만 쓰시오.

해답 (1) 라몬트 보일러   (2) 베록스 보일러

문제 08

피토관을 연결하여 공기의 유동속도를 구하고자 한다. 조건은 표준대기압(101.315kPa) 15℃에서 공기의 밀도는 1.29kg/m³이고, 시차식 액주계가 나타낸 수은주 차는 355mmHg일 때 공기 유동속도는 몇 m/s인가?(단, 수은의 밀도는 13,560kg/m³이다.)

해답
$$V = \sqrt{2g\left(\frac{r_s}{r} - 1\right)h} = \sqrt{2 \times 9.8\left(\frac{13,560}{1.29} - 1\right) \times 0.355}$$
$$= 270.43 \,\text{m/sec}$$

※ 공기밀도가 1.225kg/m³, 수은주차 330mmHg로도 시험에 나온 경우도 있다.
$$V = \sqrt{2 \times 9.8\left(\frac{13,560}{1.225} - 1\right) \times 0.33} = 267.56 \,\text{m/sec}$$

문제 09

다음의 원소분석 및 배기가스 성분을 보고 물음에 답하시오.

- 원소분석 : C 75%, H 10%, O 5%, S 4%, 기타 6%
- 배기가스분석 : CO_2 12%, O_2 2%, CO 2%, N_2 84%

(1) 공기비(과잉공기계수) m은 얼마인가?
(2) 이론산소량(Nm³/kg)은 얼마인가?
(3) 이론공기량(Nm³/kg)은 얼마인가?
(4) 이론습배기가스량(Nm³/kg)은 얼마인가?
(5) 실제습배기가스량(Nm³/kg)은 얼마인가?

해답
(1) $m = \dfrac{N_2}{N_2 - 3.76(O_2 - 0.5CO)} = \dfrac{84}{84 - 3.76(2 - 0.5 \times 2)} = 1.05$

(2) $O_o = 1.867C + 5.6\left(H - \dfrac{O}{8}\right) + 0.7S$
$\quad\quad = 1.867 \times 0.75 + 5.6\left(0.1 - \dfrac{0.05}{8}\right) + 0.7 \times 0.04 = 1.95 \,\text{Nm}^3/\text{kg}$

(3) $A_o = 8.89C + 26.67\left(H - \dfrac{O}{8}\right) + 3.33S$

$A_o = $ 이론산소량 $\times \dfrac{1}{0.21}$

$= 1.95 \times \dfrac{1}{0.21} = 9.30 \text{Nm}^3/\text{kg}(9.29\text{Nm}^3/\text{kg})$

(4) $G_{ow} = (1-0.21)A_o + 1.867C + 11.2H + 0.7S + 0.8N + 1.25W$

$G_{ow} = (1-0.21) \times 9.30 + 1.867 \times 0.75 + 11.2 \times 0.10 + 0.7 \times 0.04$

$= 7.347 + 1.40025 + 1.12 + 0.028 = 9.90 \text{Nm}^3/\text{kg}$

(5) $G_w = (m-0.21)A_o + 1.867C + 11.2H + 0.7S + 0.8N + 1.25W$

$G_w = G_{ow} + (m-1) \times A_o$

$= 9.90 + (1.05-1) \times 9.30 = 10.37 \text{Nm}^3/\text{kg}$

여기서, N : 배기가스성분 중 질소값, W : 연료성분 중 수분값

문제 10

보일러 운전에서 연도 배기가스의 온도가 340℃이다. 여기에 공기예열기를 설치하여 배기가스 온도를 160℃까지 내린다면 연료 절감률은 몇 %인가?(단, 연료의 저위발열량은 9,750kcal/kg, 배기가스 생성량은 연료 1kg당 21Nm³이고, 배기가스 비열은 0.33kcal/Nm³℃, 공기예열기 효율은 50%이다.)

해답 배기가스 절감열량 $= 21 \times 0.33 \times (340-160) = 1,247.4 \text{kcal/kg}$

$= 1,247.4 \times 0.5 = 623.7 \text{kcal/kg}$

연료 절감률 $= \dfrac{623.7}{9,750} \times 100 = 6.40\%$

문제 11

내화벽돌 두께 25cm, 열전도율 6W/mK, 노내온도 1,500℃, 외측에 안전사용온도 900℃의 단열재를 시공하여 10℃ 외기와의 열전달율을 40W/m²K로 하려고 할 때 여기에 필요한 단열재의 두께는 몇 m로 하여야 하는가?(단, 단열재의 열전도율은 0.65W/mK이다.)

📋 **해답** 열유속$(Q) = \dfrac{k_1(t_1-t_2)}{b_1} = \dfrac{t_2-t_3}{\dfrac{b_2}{k_2}+\dfrac{1}{a}}$

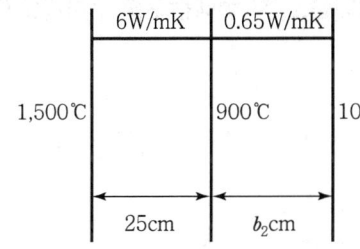

$b_2 = b_1 \times \dfrac{k_2}{k_1} \times \left(\dfrac{t_2-t_3}{t_1-t_2}\right) - \dfrac{k_2}{a}$

$= 0.25 \times \dfrac{0.65}{6} \times \left(\dfrac{900-10}{1,500-900}\right) - \dfrac{0.65}{40}$

$= 0.040173611 - 0.01625 = 0.024\,\text{m}$

문제 12

연료의 연소분석결과 탄소(C) 75%, 수소(H) 15%, 산소(O) 5%, 황(S) 3%, 기타 2%이다. 이론공기량(A_o) 및 이론배기가스량(G_{ow})은 각각 몇 Nm³/kg인가?

📋 **해답** 이론공기량$(A_o) = 8.89\text{C} + 26.67\left(\text{H} - \dfrac{\text{O}}{8}\right) + 3.33\text{S}$

$= 8.89 \times 0.75 + 26.67\left(0.15 - \dfrac{0.05}{8}\right) + 3.33 \times 0.03$

$= 6.6675 + 3.8338125 + 0.0999 = 10.60\,\text{Nm}^3/\text{kg}$

이론습배기가스량$(G_{ow}) = (1-0.21)A_o + 1.867\text{C} + 11.2\text{H} + 0.7\text{S} + 0.8\text{N} + 1.25\text{W}$

$= 0.79 \times 10.60 + 1.867 \times 0.75 + 11.2 \times 0.15 + 0.7 \times 0.03$

$= 8.3898 + 1.40025 + 1.68 + 0.021 = 11.49\,\text{Nm}^3/\text{kg}$

📖 **참고** (1) 이론공기량(A_o)

$A_o = 8.89\text{C} + 26.67\text{H} - 3.33(\text{O}-\text{S}) = \text{Nm}^3/\text{kg}$

$A_o = \left(1.867\text{C} + 5.6\left(\text{H} - \dfrac{\text{O}}{8}\right) + 0.7\text{S}\right) \times \dfrac{100}{21} = \text{Nm}^3/\text{kg}$

(2) 이론습연소가스량(G_{ow})

$G_{ow} = 8.89\text{C} + 32.27\text{H} - 2.63\text{O} + 3.33\text{S} + 0.8\text{N} + 1.25\text{W} = \text{Nm}^3/\text{kg}$

$G_{ow} = (1-0.21)A_o + 1.867\text{C} + 11.2\text{H} + 0.7\text{S} + 0.8\text{N} + 1.25\text{W}$

(3) 이론건연소가스량(G_{od})

$G_{od} = 8.89\text{C} + 21.07\text{H} - 2.63\text{O} + 3.33\text{S} + 0.8\text{N} = \text{Nm}^3/\text{kg}$

$G_{od} = (1-0.21)A_o + 1.87\text{C} + 0.7\text{S} + 0.8\text{N} = \text{Nm}^3/\text{kg}$

여기서, N : 연료 중 질소값, W : 연료 중 수분값

문제 13

외기의 건구온도가 24℃, 습구온도가 23.5℃이고 건구온도에서 포화수증기압이 19.82mmHg(습구온도에서 포화수증기압이 15.47mmHg) 상태에서 상대습도 및 절대습도를 구하시오.(단, 표준대기압은 760mmHg이다.)

해답 (1) 대기 중의 수증기분압$(P_w) = P_s - \dfrac{P}{1,500}(t-t') = 15.47 - \dfrac{760}{1,500}(24-23.5)$

$$= 15.2166667 \text{mmHg}$$

$\therefore$ 상대습도$(\phi) = \dfrac{P_w}{P_s} \times 100 = \dfrac{15.2166667}{19.82} \times 100 = 76.77\%$

(2) 절대습도 $= 0.622 \times \dfrac{\phi P_s}{P - \phi P_s} = 0.622 \times \dfrac{0.7677 \times 19.82}{760 - 0.7677 \times 19.82}$

$= 0.622 \times \dfrac{15.215814}{760 - 15.215814} = \dfrac{9.464236}{744.784186} = 0.013 \text{kg/kg}'$

문제 14

어떤 공장에서 TV 브라운관을 생산하는데 연간 에너지 사용량을 분석한 결과 B-C유 사용량이 28,700kL, 경유 3,400kL, 전력이 9,860MWh가 사용되었다. 연간 브라운관 생산량이 189,700개이며 제품 1개당 중량이 15kg일 경우 다음 표에 에너지 사용량과 에너지원 단위를 계산하시오.(단, 석유환산계수의 적용은 B-C유 : 0.99, 경유 : 0.92, 전력 : 0.25이다.)

(1) 에너지 사용현황

연료	B-C유	경유	계	전력	총계
TOE	①	②	③	④	⑤

(2) 에너지원단위

브라운관(kg)	연료원단위(kgOE/kg)	전기원단위(kgOE/kg)	에너지원단위(kgOE/kg)
2,845,500kg/년	①	②	③

해답 (1) ① $28,700 \times 0.99 = 28,413 \text{TOE}$ ② $3,400 \times 0.92 = 3,128 \text{TOE}$
③ $28,413 + 3,128 = 31,541 \text{TOE}$ ④ $9,860 \times 0.25 = 2,465 \text{TOE}$
⑤ $31,541 + 2,465 = 34,006 \text{TOE}$

(2) ① $\dfrac{31,541 \times 1,000}{2,845,500} = 11.08 \text{kgOE/kg}$ ② $\dfrac{2,465 \times 1,000}{2,845,500} = 0.87 \text{kgOE/kg}$
③ $11.08 + 0.87 = 11.95 \text{kgOE/kg}$

문제 15

주철제온수보일러의 최고사용압력이 수두압 50mAq, 용량 50만 kcal/h이다. 만일 안전밸브를 설치하지 않고 방출관을 설치할 계획이라면 방출관의 최소 안지름은 몇 mm 이상이어야 하는가?(단, 전열면적은 18m²이다.)

해답 40mm 이상

전열면적(m²)	방출관의 안지름(mm)
10 미만	25 이상
10 이상~15 미만	30 이상
15 이상~20 미만	40 이상
20 이상	50 이상

문제 16

면적식 유량계의 장점을 2가지만 쓰시오.

해답
① 고점도의 유체나 레이놀즈수가 작은 유체의 측정이 가능하다.
② 적은 유량의 측정이 가능하며 직접 눈금을 읽어서 유량이 측정된다.
③ 장치가 간단하다.
④ 유효측정 범위가 넓다.
⑤ 압력손실이 적고 거의 일정하다.

문제 17

내화물, 단열재, 보온재 등은 무엇을 기준으로 구분하는가?

해답 안전사용온도

참고
(1) 내화재(내화벽돌) : SK26(1,580℃) 이상의 내화도
(2) 단열재 : 900~1,500℃
(3) 보온재 : 300~800℃
(4) 보냉재 : 100℃ 이하 온도 보호

에너지관리기사(2011.5.1)

-주관식 필답형(서술형, 단답형)-

문제 01

다음은 탄소의 반응열이다. CO 1kg의 완전연소 시 반응열은 몇 MJ/kg인가?

[조건] 완전연소 시 $C + O_2 \rightarrow CO_2 + 405MJ/kmol$

불완전연소 시 $C + \frac{1}{2}O_2 \rightarrow CO + 283MJ/kmol$

해답 $CO + 1/2O_2 \rightarrow CO_2 + 405$, $405 - 283 = 122$, CO의 분자량 : 28

∴ 반응열 = $\frac{122}{28}$ = 4.36MJ/kg

문제 02

어떤 유체의 비중을 측정하기 위한 비중계를 비중이 1인 물(H_2O)에 넣었을 때 수위를 0점으로 하고 사용하는 연료를 이 비중계에 넣었을 때 기준위 2cm가 되었다면 이 연료의 비중은 얼마인가?(단, 비중계 질량은 0.04kg$_f$(40g), 비중계 유리관의 단면적은 4cm²이다.)

해답 $S\left(V + \frac{\pi}{4}d^2 \times L\right) = W = r(H_2O) \times V$, $FB = W$, $V = \frac{40}{r(H_2O)} = 40cm^3$

$S = \dfrac{V}{V + \frac{\pi}{4}d^2 \times L} = \dfrac{40}{40 + (4 \times 2)} = 0.83$

※ 물 1g = 1cm³, 단면적$(A) = \left(\frac{\pi}{4}d^2\right)$

문제 03

보일러 운전 중 노 내에서 일어나는 가마울림(공명음) 방지법을 4가지만 쓰시오.

해답 ① 습분이 적은 연료를 사용한다.
② 2차 공기의 가열 통풍의 조절을 개선한다.
③ 연소실 내에서 빨리 연소시킨다.
④ 연소실이나 연도를 개조한다.
⑤ 석탄분에서는 연도 내의 가스포켓이 되는 부분에 재를 남기도록 한다.

문제 04
공기예열기를 사용하면 어떤 장점이 있는지 4가지만 쓰시오.

해답
① 연료의 착화열을 감소시킨다.
② 연소실의 온도상승 및 완전연소가 가능하다.
③ 전열효율, 연소효율이 상승된다.
④ 수분이 많은 저질탄의 연료도 유효하게 연소한다.
⑤ 보일러 열효율이 상승된다.

문제 05
절탄기 입구온도 180℃, 출구온도가 100℃일 때 절탄기 설치 후의 배기가스 열손실은 몇 kcal/h인가?(단, LNG 사용량 50Nm³/hr, 공기비 1.1, 이론공기량 10.742Nm³/Nm³, 이론배기가스량 11.853Nm³/Nm³, 연소배기가스 비열이 0.33kcal/Nm³·k이다.)

해답
실제배기가스량(G) = $G_{ow} + (m-1)A_o$ = $11.853 + (1.1-1) \times 10.742$ (kcal/Nm³)
∴ 열손실(Q) = $50 \times [11.853 + (1.1-1) \times 10.742] \times 0.33 \times (180-100) = 17,063.90$ kcal/h
※ $G = G_0 + (m-1)A_0$ (Nm³/Nm³)

문제 06
다음의 조건을 보고 보일러 상당증발량(kg/h)을 구하시오.

[조건] 급수온도 20℃, 급수사용량 2,000kg_f/h, 발생증기 엔탈피 2,860.5kJ/kg
급수 엔탈피 83.96kJ/kg, 물의 100℃ 포화수 증발잠열 2,257kJ/kg

해답
$$W_e = \frac{G_a(h_2-h_1)}{r} = \frac{2,000(2,860.5-83.96)}{2,257} = 2,460.38 \text{kg/h}$$

문제 07
자동제어에서 시퀀스제어 및 피드백제어에 대하여 간단히 기술하시오.

해답
① 시퀀스제어 : 제어의 각 단계가 미리 정해져 있어서 순서에 따라 순차적으로 행하는 정성적 제어
② 피드백제어 : 원인이 결과가 되어 출력 측의 신호를 입력 측에 되돌려 제어량과 목표값을 비교해서 그 편차를 제거하기 위한 정정 반복동작을 행하는 정량적 제어

문제 08

연료의 연소 시 CO_{2max}값이 18%, CO_2값이 14.5%로 검출된 경우 과잉공기계수(공기비)값은 얼마인가?

해답 공기비$(m) = \dfrac{CO_{2max}}{CO_2} = \dfrac{18}{14.5} = 1.24$

문제 09

다음 연료의 원소 성분을 보고 필요한 이론공기량(Nm^3/kg)을 구하시오

C 85%, H 11%, 수분 4%

해답 이론공기량$(A_o) = 8.89C + 26.67(H - \dfrac{O}{8}) + 3.33S$, 산소나 황의 성분은 없으므로

∴ $A_o = 8.89 \times 0.85 + 26.67 \times 0.11 = 10.49 Nm^3/kg$

문제 10

배열회수장치에서 배기가스 온도를 270℃에서 160℃로 낮추었을 때 배열회수장치 회수율이 85.3%이면 연료 1kg당 절약할 수 있는 열량(kcal/kg)은 얼마인가?(단, 연료의 이론공기량 10.709 Nm^3/kg, 공기비 1.2, 배기가스비열 0.33kcal/Nm^3℃, 이론배기가스량 11.24Nm^3/kg이다.)

해답 배기가스 손실 · 열량 = 실제배기가스량 × 비열 × 온도차 × 회수율
실제배기가스량$(G) = G_o + (m-1)A_o$
∴ $Q = \{11.24 + (1.2-1) \times 10.709\} \times 0.33 \times (270-160) \times 0.853 = 414.35 kcal/kg$

문제 11

보일러 내부를 청소한 후 공기를 빼가면서 급수를 계속하여 보일러 내 공기를 제거하고 물이 가득 찬 상태로 한 다음 물에 용존산소나 용존기체를 제거하고 내부에 약품을 첨가하여 pH12 이하로 밀폐보존(단기보존)하는 보일러 단기보존 방법은 무엇인가?

해답 만수보존

문제 12

증기관 내 수격현상을 간단히 설명한 후 그 방지대책을 4가지만 쓰시오.

해답
① 수격현상(워터해머) : 배관 내부에 존재한 응축수가 증기 이송 시에 밀려 배관 내부를 심하게 타격하여 소음을 발생시키는 현상
② 방지법 : ㉠ 배관에 철저한 보온처리
㉡ 배관에 철저한 구배선정
㉢ 증기트랩을 설치한다.
㉣ 송기하기 전 드레인을 철저히 한다.

문제 13

이상기체 정압비열 5cal/mol·k인 기체가 현재온도 15℃에서 단열 가열과정을 거쳐서 압력 1기압에서 25기압으로 압축시킬 경우에 최종온도(℃)를 계산하시오.

해답

기체상수 $(R) = 8.314 \times \dfrac{1}{4.1868} = 1.986 \, \text{cal/mol} \cdot \text{k}$

정적비열 $= C_p - R = 5 - 1.986 = 3.014 \, \text{cal/mol} \cdot \text{k}$

비열비 $(K) = \dfrac{C_p}{C_v} = \dfrac{5}{3.014} = 1.66$

$\dfrac{P_1}{P_2} = \left(\dfrac{T_1}{T_2}\right)^{\frac{k}{k-1}} = \dfrac{1}{25} = \left(\dfrac{(273+15)}{T_2}\right)^{\frac{1.66}{1.66-1}}$

$T_2 = \dfrac{288}{0.04^{\frac{0.66}{1.66}}} = 1,035.599$

∴ $1,035.599 - 273 = 762.599 = 762.60℃$

문제 14

배관의 지름이 100mm, 길이 10m의 강관에 두께 50mm의 보온재를 감싸 놓았다. 관 표면의 온도가 150℃, 보온재의 온도가 25℃일 때, 관 표면에서 방열량(kcal/h)은 얼마인가?(단, 보온재 열전도율은 0.05kcal/mh℃)

해답

평균 대수 표면적 $(F) = \dfrac{F_2 - F_1}{\ln\left(\dfrac{F_2}{F_1}\right)} = \dfrac{2 \times 3.14 \times 10(0.1-0.05)}{\ln\left(\dfrac{0.1}{0.05}\right)} = 4.53 \, \text{m}^2$

$$손실열량(Q) = \lambda \cdot F \cdot \frac{t_1 - t_2}{x} = 0.05 \times 4.53 \times \frac{(150-25)}{(0.1-0.05)} = 566.25 \text{kcal/h}$$

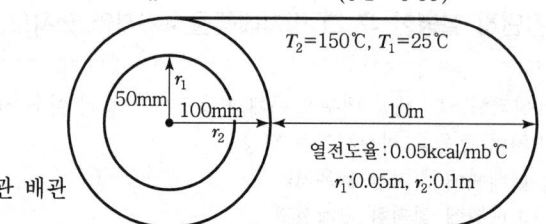

중공원관 배관

참고

- $손실열량(Q) = \dfrac{\lambda 2\pi L(T_2 - T_1)}{\ln\left(\dfrac{r_2}{r_1}\right)} = 0.05 \times \dfrac{2 \times 3.14 \times 10(150-25)}{\ln\left(\dfrac{0.1}{0.05}\right)} = 566.25 \text{kcal/h}$

- $손실열량(Q) = \dfrac{2\pi L(T_2 - T_1)}{\dfrac{1}{k} \cdot \ln\left(\dfrac{r_2}{r_1}\right)} = \dfrac{2 \times 3.14 \times 10(150-25)}{\dfrac{1}{0.05} \cdot \ln\left(\dfrac{0.1}{0.05}\right)} = 566.25 \text{kcal/h}$

문제 15

다음 터보식 냉동기의 냉동 사이클을 4단계 과정으로 설명하시오.

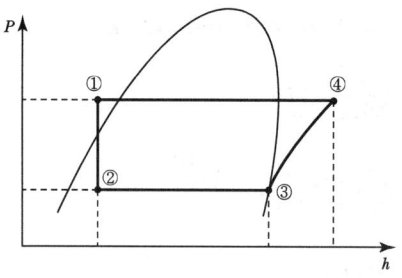

해답
① 단열팽창과정 : 팽창밸브과정(①-②)
② 등온팽창과정 : 증발기 증발과정(②-③)
③ 단열압축과정 : 압축기 압축과정(③-④)
④ 등온방열과정 : 응축기 응축과정(④-①)

문제 16

다음 자동제어의 패널 설계 및 변경 시 주의사항 3가지만 쓰시오.

해답
㉠ 제어동작이 발진상태가 되지 않을 것(발진상태 : 불규칙상태)
㉡ 신속하게 제어동작을 완료할 것
㉢ 제어량이나 조작량이 과대하게 도를 넘지 않도록 할 것
㉣ 잔류 편차가 요구되는 제어 정도 사이에서 억제할 것

문제 17

급격한 온도의 변화, 불균일한 가열 냉각 등에 의해 내화물에 열응력이 생겨 내화벽돌이나 캐스터블 내화물이 변형되는 현상을 쓰시오.

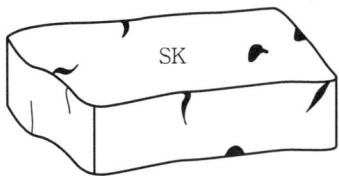

해답 열적 스폴링 현상(Spalling 현상)

에너지관리기사(2011.7.25)

―주관식 필답형(서술형, 단답형)―

문제 01

증기원동소에서 100kPa 50℃의 압축수를 등압하에서 가열하여 450℃의 과열증기를 만들고 이어서 배압 0.0098MPa(9.8kPa)까지 터빈을 통과한 다음 팽창한 다음 복수기에서 응축되고 있다. 이 경우 터빈의 출력은 몇 kJ/s인가?(단, 과열증기 엔탈피 : 3,000kJ/kg, 전 포화증기 엔탈피 : 2,840kJ/kg, 복수기 포화수 엔탈피 : 420kJ/kg, 증발잠열 : 2,256kJ/kg, 증기의 건조도 : 0.9, 수증기량 : 10kg/sec, 펌프의 압축수 엔탈피 : 40kJ/kg, 습포화증기엔탈피 : 2,640kJ/kg)

📖 **해답**

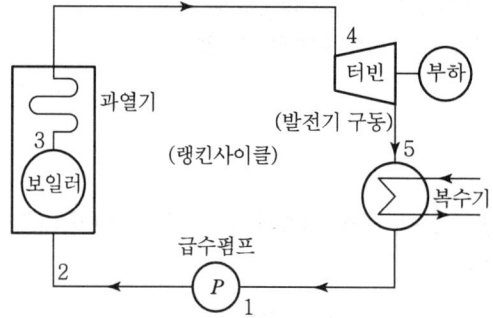

㉠ 1→2 : 단열압축(복수기에서 응축된 포화수를 급수 펌프에서 단열정적압축하여 보일러에 압축수를 보낸다.) 물은 비압축성 유체로 보아 정적압축과정으로 본다.
㉡ 2→3→4 : 압축수는 보일러에서 정압가열하여 포화수를 거쳐 건포화증기가 되며 과열기를 거쳐 같은 압력하에 과열증기가 되는 정압과열과정이다.
㉢ 4→5 : 단열팽창과정(과열증기가 터빈에 들어가 단열팽창하여 일을 하고 습증기 상태로 복수기에 들어간다.) 터빈 출구 압력을 배압이라 한다.
㉣ 5→1 : 정압방열(터빈에서 배출된 증기는 복수기에서 정압방열되어 포화수가 된다.)

① 펌프로 공급되는 일량$(w_p) = \int_1^2 dh = h_2 - h_1 = V_1(P_2 - P_1)$

② 보일러에서 공급되는 열량$(q_1) = \int_2^4 dh = h_4 - h_2$

③ 복수기의 방열량$(q_2) = \int_1^5 dh = h_5 - h_1$

④ 증기 1kg당 얻을 수 있는 유효일$(w) = (h_4 - h_2) - (h_5 - h_1) = q_1 - q_2$

⑤ 랭킨 사이클의 이론열효율$(\eta_R) = \dfrac{w}{q_1} = \dfrac{(h_4 - h_2) - (h_5 - h_1)}{h_4 - h_2} = 1 - \dfrac{h_5 - h_1}{h_4 - h_2}$

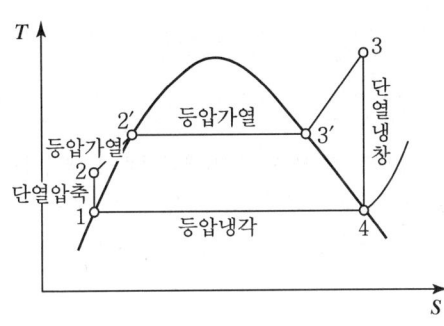

- 1 : 복수기에서 응축된 포화수
- 2 : 급수 펌프로 단열압축된 압축수
- 2′ : 펌프에 의해 압축된 압축수가 온도가 올라간 포화수
- 3′ : 건포화증기
- 3 : 과열증기
- 4 : 터빈에서 습포화된 습포화증기
- 1 : 복수기에서 응축된 포화수

터빈출력(W_2) = $\int_{3}^{4} vdp = h_3 - h_4$

∴ $10 \times (3,000 - 2,640) = 3,600$ kJ/s

[참고사항]
급수펌프가 한 일량 = $h_2 - h_1$
보일러에서 가열량 = $h_3' - h_2 (2,840 - 430 = 2,410$ kJ/kg$)$
물의 증발잠열량 = $h_3' - h_2' (2,256$ kJ/kg$)$
과열기에서 가열량 = $h_3 - h_3' (3,000 - 2,840 = 160$ kJ/kg$)$
터빈에서 발생하는 일 = $h_3 - h_4 (3,000 - 2,640 = 360$ kJ/kg$)$
복수기가 방출한 열량 = $h_4 - h_1 (2,640 - 420 = 2,220$ kJ/kg$)$

> **참고** 1시간 = 3,600초, 1kWh = 860kcal(3,600kJ)
>
> $\dfrac{3,600 \times 3,600}{3,600} = 3,600$ kW (kW로 질문할 때 해답)
>
> ① 습포화증기 엔탈피 = 포화수엔탈피 + 증기의 건조도 × 물의 증발잠열
> ② 과열증기 엔탈피 = 포화증기엔탈피 + 과열증기비열(과열증기온도 – 포화증기온도)(kg/kg)
> ③ 물의 증발잠열 = 포화증기엔탈피 – 포화수엔탈피(kJ/kg)
> ④ 증발계수 = $\dfrac{\text{포화증기엔탈피} - \text{급수엔탈피}}{\text{물의 증발잠열}}$ (단위가 없다)

문제 02

기체연료의 성분이 1m³당 C : 55%, H : 5%, S : 4%, 기타 : 36%일 때 고위발열량(kJ/m³)을 구하시오.(단, 탄소발열량 : 824,000kJ, 수소발열량 : 14,214,000kJ, 황발열량 : 42,000kJ이다.)

해답 고위발열량(H_h) = $824,000 \times 0.55 + 14,214,000 \times 0.05 + 42,000 \times 0.04 = 1,165,580$ kJ/m³

문제 03
저온부식에 대하여 간단히 설명하시오.

해답 황분이 많은 연료의 연소 시 폐열회수장치인 절탄기나 공기예열기에서 배기가스의 온도가 (150℃ 이하) 하강할 때 황산이 발생하여 전열면의 강재를 침식시키는 부식

$S+O_2 \rightarrow SO_2$, $SO_2 + \frac{1}{2}O_2 \rightarrow SO_3$, $SO_3 + H_2O \rightarrow SO_4H_2$ (진한 황산에 의한 저온부식 발생)

문제 04
피토관에서 유속(m/s)을 측정하고자 한다. 압력 10MPa, 배관의 길이 4m, 관경 250mm이고 관의 마찰손실계수는 0.04일 때, 관수두가 150mm라면 유속은 얼마인가?

해답

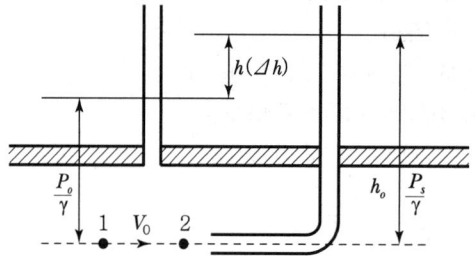

$$\frac{P_0}{\gamma} = h_0, \quad \frac{P_s}{\gamma} = h_0 + \Delta h, \quad P_s = P_o + \frac{\rho V_0^2}{2}$$

$$h_0 + \frac{V_0^2}{2g} = h_0 + \Delta h$$

$$\therefore V_0 = \sqrt{2g\Delta h} = \sqrt{2g\left(\frac{P_s - P_0}{\gamma}\right)}$$

150mmAq(mmH₂O)에서 유속(m/s)

$$V = \sqrt{2 \times 9.8 \times 0.15} = 1.71 \text{m/s}$$

참고 유량$(Q) = A \times V = \frac{3.14}{4} \times (0.25)^2 \times \sqrt{2 \times 9.8 \times 0.15}$

$\qquad = 0.0490625 \times 1.71464282$

$\qquad = 0.084 \text{m}^3/\text{s}$

만약 Δh가 150mmHg 상태라면(수은 비중은 13.6으로 보고)

$$V = \sqrt{2gh\left(\frac{\gamma_s}{\gamma} - 1\right)} = \sqrt{2 \times 9.8 \times 0.15\left(\frac{13.6}{1} - 1\right)} = 6.09 \text{m/s}$$

문제 05

다음 ( )안에 알맞은 용어를 써 넣으시오.

> 보일러의 배기가스의 현열을 이용하여 급수를 예열하는 (①)와 연소용 공기를 예열하는 (②)가 있다.

해답 ① 절탄기(이코노마이저) ② 공기예열기

문제 06

관류보일러의 종류를 4가지만 쓰시오.

해답
① 벤슨보일러 ② 슐저보일러 ③ 앳모스보일러
④ 소형관류보일러 ⑤ 가와사키보일러

문제 07

다음과 같은 열량에서 히트펌프의 입열량과 출열량의 차이(kJ)를 구하시오.

> [조건] • 압축기 발생열량 : 5,000kJ   • 증발기 발생열량 : 50,000kJ
> • 응축기 발생열량 : 55,000kJ   • 재열기 발생열량 : 2,000kJ

해답 열량차(Q) = (5,000 + 50,000 + 2,000) − 55,000 = 2,000kJ

참고 히트펌프(열펌프) 성적계수 = $\dfrac{\text{히트펌프가 고열원으로 방출한 열량}(Q_1)}{\text{냉동기에 공급된 일의 열당량}(Aw)}$

성적계수(ε_h) = $\dfrac{Q_1}{Aw} = \dfrac{Q_1}{Q_1 - Q_2} = 1 + $냉동기 성적계수 $= \dfrac{T_1}{T_1 - T_2}$

문제 08

카르노 사이클에서 외부일량이 100kJ이고 냉동기 고열원 입구온도 300℃, 저열원 출구온도 20℃일 때 출구측에 방출되는 열량은 몇 kJ인가?

해답 $\eta_c = \dfrac{Aw}{Q_1} = 1 - \dfrac{Q_2}{Q_1} = 1 - \dfrac{T_2}{T_1} = 1 - \dfrac{273 + 20}{273 + 300} = 48.87\%$

∴ $Q_2 = Q_1 - w = \dfrac{100}{0.4887} - 100 = 104.6245$kJ

문제 09

어느 내화벽의 두께가 0.2m(열전도율 1.1kcal/mh℃), 내화벽 다음의 벽인 외벽 붙임 두께가 0.22m(열전도율 0.8kcal/mh℃)이다. 내화벽 표면온도가 1,000℃, 외벽의 표면온도가 659℃일 때 외벽의 열손실 차단을 위하여 단열벽을 부착하면 접촉면 온도는 몇 ℃인가?(단, 단열재 두께 0.09m에서 열전도율은 1.6kcal/mh℃, 외부온도는 30℃이다.)

해답

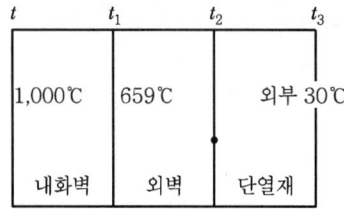

$$Q = \frac{A(1,000-t)}{\frac{b_1}{\lambda_1}+\frac{b_2}{\lambda_2}+\frac{b_3}{\lambda_3}}$$

$$t_2 = t_1 - \frac{\frac{b_1}{\lambda_1}+\frac{b_2}{\lambda_2}}{\frac{b_1}{\lambda_1}+\frac{b_2}{\lambda_2}+\frac{b_3}{\lambda_3}} \times (t_1 - t_3)$$

$$\therefore t_2 = 1,000 - \frac{\frac{0.2}{1.1}+\frac{0.22}{0.8}}{\frac{0.2}{1.1}+\frac{0.22}{0.8}+\frac{0.09}{1.6}} \times (1,000-30) = 136.81\,℃$$

문제 10

펌프 운전 시 캐비테이션을 방지하는 방법을 다음의 3가지로 구분하여 설명하시오.

해답
① 펌프의 선정 : 양흡입펌프를 사용한다. 2대 이상의 펌프를 사용한다.
② 펌프의 설치 : 펌프를 낮게 설치하여 흡입양정을 작게 한다.
③ 운전관련 : 펌프의 회전수를 낮추어 흡입속도를 작게 한다.

문제 11

다음에 해당하는 온도계의 원리를 쓰시오.

해답
① 바이메탈온도계 : 선팽창계수가 다른 2종의 금속을 결합시켜 온도에 따라 굽히는 정도가 다른 점을 이용한 온도계
② 전기저항식 온도계 : 금속의 전기저항은 온도에 따라 변하며 온도가 상승하면 저항치가 증가한다. 고로 온도와 전기저항과의 관계를 알고 정항치를 측정하여 온도를 측정한다.
③ 방사온도계 : 물체는 온도가 높아질수록 큰 복사에너지를 방출하는데, 이 에너지를 이용하여 고온물체로부터 생산하는 전 에너지를 수열판에 집열하여 온도를 측정한다.

문제 12

증기원동소에서 압력 100kPa에서 수증기발생량이 10kg/s, 발생증기엔탈피 3,000kJ/kg, 증기의 건도 0.9, 포화수 엔탈피 420kJ/kg, 터빈의 출구 습증기엔탈피가 2,840kJ/kg, 물의 증발잠열 2,225kJ/kg이면 터빈의 출력은 몇 kW인가?(단, 기계효율은 100%이고 1kWh는 3,600kJ로 한다.)

해답

터빈 출력 = $\dfrac{10 \times 3,600 \times (3,000 - 2,840)}{3,600}$ = 1,600kW

참고 1시간=3,600초, 1kWh=3,600kJ

문제 13

건물내 흡수식 냉온수기 50RT 용량에서 시운전 시 다음과 같은 열량 발생 시 성적계수(COP)를 구하시오.(단, 1RT=6640kcal/h이다.)

[조건]
- 증발기 : 증발열 5,583kJ
- 응축기 : 응축열 5,973kJ
- 흡수기 : 흡수열 7,558kJ
- 재생기 : 재생열 7,952kJ

해답

발생유입열량 = 재생기열량 + 증발기 증발열
= 7,952 + 5,583 = 13,535kJ

유출배출열량 = 흡수기 흡수열 + 응축기 응축열
= 7,558 + 5,973 = 13,531kJ

∴ 성적계수(COP) = $\dfrac{\text{증발열}}{\text{재생열}}$ = $\dfrac{5,583}{7,952}$ = 0.702

문제 14

다음 방직공장의 원단 건조공정에서 전열면적(m²)을 구하시오.

[조건]
- 배기가스량 : 12,000Nm³/h
- 대수평균온도차 : 65.5℃
- 열교환기의 전열회수량 : 117,800kcal/h
- 전열면의 총괄계수 : 15kcal/m²h℃

해답

전열회수량 = 전열면적 × 전열면의 총괄계수 × 대수평균온도차

전열면적(F) = $\dfrac{117,800}{15 \times 65.5}$ = 119.90m²

문제 15

LNG 주성분이 메탄(CH_4)가스 $100m^3$를 공기비 1.2로 연소시키는 경우 필요한 소요공기량(Nm^3)을 구하시오.

해답 연소반응식 : $CH_4 + 2O_2 \rightarrow CO_2 + 2H_2O$

실제공기량(A) = 이론공기량 × 공기비

$$= 100 \times \frac{2}{0.21} \times 1.2 = 1,142.86 Nm^3$$

문제 16

습도계 종류 3가지를 쓰고 상대습도를 구하시오.(단, 습공기 중 수증기의 분압이 15.47mmHg, 동일온도의 포화습공기의 수증기분압이 19.82mmHg이다.)

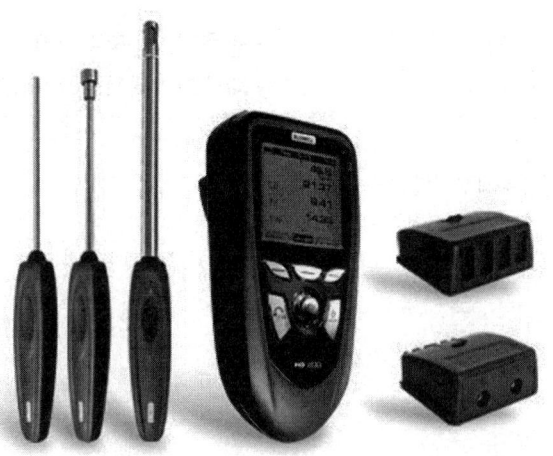

해답
가) 습도계 종류 : 모발습도계, 전기저항습도계, 건습구습도계, 듀셀노점계

나) 상대습도(ϕ) = $\frac{r_w}{r_s} \times 100 = \frac{P_w}{P_s} \times 100 = \frac{15.47}{19.82} \times 100 = 78.05\%$

문제 17
자동제어 패널의 설계 조절 시 주의사항을 3가지만 쓰시오.

해답
① 제어동작이 불규칙 상태가 되지 않을 것
② 신속하게 제어동작을 완료할 것
③ 제어량이나 조작량이 과도하게 도를 넘지 않도록 할 것
④ 잔류편차가 요구되는 제어정도 사이에서 억제할 것

문제 18
가스직화식 냉온수기의 사용 시 장점을 2가지만 쓰시오.

해답
① 냉매가 물이라서 구입이 용이하고 독성이 없다.
② 진공상태에서 운전이 가능하여 압력에 대한 위험성이 없다.
③ 기계 한 대로 냉방, 난방이 가능하다.

제4편 과년도 기출문제

에너지관리기사(2011.11.12)

-주관식 필답형(서술형, 단답형)-

문제 01
노내에서 연료가 연소과정에서 CO가스, 슈트, 분진 등이 발생한 경우에 그 발생원인을 4가지만 쓰시오.

해답
① 연소실 용적이 적을 때
② 공기비가 적어 연소용 공기량이 부족할 때
③ 연료와 연소장치가 서로 맞지 않을 때
④ 연소실의 온도가 저하될 때(연소실의 온도가 낮을 때)
⑤ 연료의 점도가 높거나 연료의 예열온도가 맞지 않을 때
⑥ 연료 중 수분이 다량 함유된 연료를 사용할 때

문제 02
다음 보기에 나타난 보온재 중 최고사용안전온도가 높은 순서대로 쓰시오.

[보기] ① 암면   ② 탄화코르크   ③ 폼글라스   ④ 세라믹 파이퍼

해답 ④-①-③-②

참고 안전사용온도(암면 : 400℃ 이하, 탄화코르크 : 130℃ 이하, 폼글라스 : 300℃ 이하, 세라믹 파이버 : 1,300℃ 이하)

문제 03
황(S) 1kg/s의 연소 시 배기가스량은 몇 Nm^3/s가 발생되는가?

해답
$S + O_2 \rightarrow SO_2$
$32kg : 22.4Nm^3 : 22.4Nm^3$
$1kg : 0.7Nm^3 : 0.7Nm^3$

이론공기량(A_o) = 이론산소량 × $\dfrac{1}{0.21}$

∴ 이론배기가스량$(G_o) = (1-0.21)A_o + SO_2 = (1-0.21) \times (0.7 \times \dfrac{1}{0.21}) + 0.7 = 3.33 Nm^3/s$

문제 04

다음 기체연료 중 저위발열량(H_l)이 높은 순서대로 기술하시오.

[보기] ① 메탄(CH_4)   ② 아세틸렌(C_2H_2)   ③ 프로판(C_3H_8)   ④ 에틸렌(C_2H_4)

해답 ③ - ④ - ② - ①

참고 저위발열량(CH_4 : 8,550kcal/Nm³, C_2H_2 : 13,600kcal/Nm³, C_3H_8 : 22,350kcal/Nm³, C_2H_4 : 14,320kcal/Nm³)

문제 05

압력 0.1MPa, 온도 27℃인 증기 1kg이 $PV^{1.3} = C$ (일정)인 폴리트로픽 변화를 거쳐서 300℃가 되었을 때 엔트로피 변화는 몇 kcal/K인가?(단, 비열비 k는 1.4이고 정적비열(C_v)은 0.17kcal/kg·K이다.)

해답

$$\Delta S = S_2 - S_1 = C_n \ln \frac{T_2}{T_1}$$

폴리트로픽 비열(C_n) = $C_v \dfrac{n-k}{n-1}$

$C_n = 0.17 \times \dfrac{1.3 - 1.4}{1.3 - 1} = -0.05666 \text{kcal/kg·K}$

∴ $\Delta S = 1 \times (-0.05666) \times \ln \dfrac{273 + 300}{273 + 27} = -0.04 \text{kcal/K}$

문제 06

다음 (   ) 안에 알맞은 내용을 써 넣으시오.

① 열전대 온도계의 냉접점 온도는 (㉠)℃로 항상 유지해야 한다.
② 유속식 유량계 중 열선식 유량계는 저항선에 (㉡)를 흐르게 하여 (㉢)을 발생시키고 여기에 직각으로 (㉣)를 흐르게 하여 생기는 온도 변화율로부터 유속을 측정하는 방법과 유체의 온도를 전열로 일정온도를 상승시키는 데 필요한 전기량을 측정하는 방법이 있다. 그 종류는 미풍계, 토마스계, Themal(서멀) 유량계이다.

해답 ㉠ 0, ㉡ 전류, ㉢ 열, ㉣ 유체

문제 07

차압식 유량계인 오리피스 안지름이 20mm인 것을 지름 80mm 배관에 연결하여 유량을 구하고자 한다. 오리피스 차압이 120mmHg에서 물의 유량은 몇 L/min인가?(단, 오리피스 유동계수는 0.66, 수은의 비중은 13.6, 물의 비중은 1로 한다.)

해답

단면적$(A) = \dfrac{\pi}{d^2} = \dfrac{3.14}{4} \times (0.02)^2 = 0.000314 \text{m}^2$

유량계수(유동계수) $C = \dfrac{C_v(\text{속도계수})}{\sqrt{1-(m)^2}}$, 개구비$(m) = \dfrac{A_2^2}{A_1^2} = \left(\dfrac{20}{80}\right)^2 = 0.0625$

공식 유량$(Q) = A \cdot C \cdot \sqrt{2g\left(\dfrac{S_o}{s}-1\right)R}$ (m³/s)

공식 유량$(Q) = 0.01252 \times$ 유량계수 $\times$ 기체의 팽창계수(비압축성인 경우는 1) $\times$ (개구비)

$\times$ (관로내경)² $\times$ 압력차 $\left(\sqrt{\dfrac{P_1-P_2}{s}}\right)$ (m³/h)

$\therefore Q = \left(0.000314 \times 0.66 \times \sqrt{2 \times 9.8\left(\dfrac{13.6}{1}-1\right) \times 0.12}\right) \times 60$

$= 0.00020724 \times 5.443822187 \times 60 = 0.06769 \text{m}^3/\text{min} (67.69 \text{L/min})$

참고

(1) 압력차가 120mmH₂O(물)의 유체와 공기라면 다음과 같이 계산한다.(물의 밀도는 1,000kg/m³, 공기의 밀도는 1.293kg/m³)

$Q = \dfrac{\pi}{4}d^2 \times \dfrac{C_v}{\sqrt{1-m^2}} \times \sqrt{2 \times 9.8\left(\dfrac{S_o-S}{S}\right)R}$ (m³/s)

유속$(V) = \sqrt{2g\left(\dfrac{S_o}{S}-1\right)R} = \sqrt{2 \times 9.8\left(\dfrac{1,000}{1.293}-1\right) \times 0.12} = 42.6224 \text{m/s}$

$\therefore Q = 0.000314 \times 0.66 \times 42.622 \times 60 = 0.529978 \text{m}^3/\text{min} = 529.98 \text{L/min}$

(2) 만약 속도계수(C_v)로 0.66이 주어진 경우라면

유량계수$(C) = \dfrac{C_v}{\sqrt{1-m^2}} = \dfrac{0.66}{\sqrt{1-\left(\dfrac{\frac{3.14}{4} \times (0.02)^2}{\frac{3.14}{4} \times (0.88)^2}\right)^2}} = 0.66$

여기서, m : 개구비

문제 08

해양에너지를 이용할 수 있는 신, 재생에너지를 2가지만 쓰시오.

해답 ① 조력, ② 파력(파랑), ③ 온도차, ④ 조류, ⑤ 밀도차 등

참고 신재생에너지

(1) 재생에너지 : 태양열, 태양광발전, 바이오메스, 풍력, 소수력, 지열, 해양에너지, 폐기물에너지 등 8개
(2) 신에너지 : 연료전지, 석탄액화가스화, 수소에너지 등 3개

문제 09

관수 중 용존산소 및 용존기체를 제거하는 급수처리방법을 이용하여 부식을 방지하는 급수처리방식을 1가지만 쓰시오.

해답 ① 탈기법(산소 제거), ② 기폭법(CO_2, Mn, Fe 제거용)

문제 10

공기의 저항이 너무 세어져서 불꽃의 주위 특히 불꽃의 기저부에 대한 공기의 움직임이 지나쳐서 화염이 소멸되는 현상을 무엇이라고 하는가?

해답 블로-오프 현상(Blow-off 현상)

문제 11

랭킨 사이클 중 과열증기 엔탈피가 660kcal/kg, 습포화증기 엔탈피가 530kcal/kg 포화수 엔탈피가 80.87kcal/kg일 때 이 사이클의 효율은 몇 (%)인가?

해답
$$\eta_R = \frac{\text{사이클에서 일에 사용된 열량}}{\text{사이클 중의 가열량}}$$
$$= \frac{\text{터빈 일}(\omega_2) - \text{급수펌프의 일}(\omega_p)}{\text{보일러에서 가열량}(q_2) + \text{과열기에서 가열량}(q_3)}$$

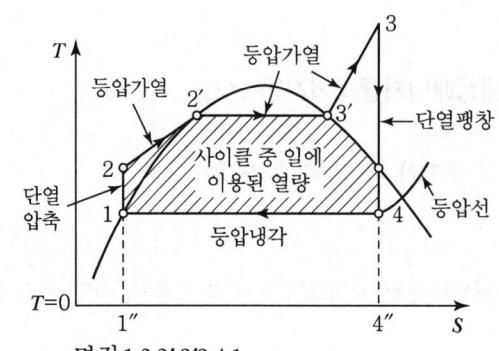

$$\eta_R = \frac{\text{면적 } 1.2.2'.3'3.4.1}{\text{면적 } 1''1.2.2'3'.3\ 4.4''.1''}$$

$$= \frac{h_3 - h_4 - (h_2 - h_1)}{h_3 - h_1 - (h_2 - h_1)} = \frac{h_3 - h_4}{h_3 - h_1}$$

$$= \frac{660 - 530}{660 - 80.87} \times 100 = 22.45\%$$

📖 참고

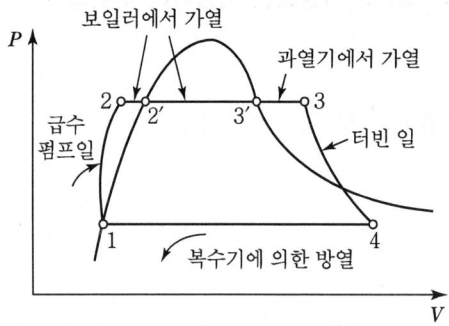

① 단열압축 1-2에서 급수펌프가 하는 일(ω_p)
   $\omega_p = h_2 - h_1 ≒ V_1(P_2 - P_1)$

② 등압가열 2-2'→3'에서 보일러에서 가열량(q_2)
   $q_2 = h_3' - h_2$

③ 등압가열 3'→3에서 과열기에서 가열량(q_3)
   $(q_3) = h_3 - h_3'$

④ 단열팽창 3→4에서 터빈이 발생하는 일(ω_2)
   $\omega_2 = -\int_3^4 Vdp = h_3 - h_4$

⑤ 등압냉각 4→1에서 복수기가 방출한 열량(q_5)
   $q_5 = h_4 - h_1$

문제 12

메탄 기체 연료가 탄소(C_1, 16) 수소(H_4, 32) 당량비 0.286, 사용공기유량 15.9kg/s, 공기분자량 28.85g일 때 이 연료의 연료소비량(kg/s)을 구하시오.

해답 C_1, $H_4 = CH_4$(메탄가스), 공기 중 산소량은 중량당 23.2%

$$\underline{CH_4} + \underline{2O_2} \rightarrow CO_2 + 2H_2O$$
$$16kg + 2 \times 32kg$$

∴ 연료소비량 $= 15.9 \times 0.286 = 4.55 kg/s$

참고
- 메탄 1kg당 산소요구량 $= \dfrac{2 \times 32}{16} = 4 kg/kg \left(\dfrac{2 \times 22.4}{16} = 2.8 Nm^3/kg \right)$
- 메탄 1kg당 공기요구량 $= \dfrac{4}{0.232} = 17.24 kg/kg \left(2 \times \dfrac{1}{0.21} \times \dfrac{22.4}{16} = 13.33 Nm^3/kg \right)$

당량비(當量比 : Equivalent Ratio)
화학반응에 있어서 물질의 양적 관계에 기초하여 각 원소 혹은 화합물마다 할당된 일정량의 비를 말한다.
- 원소의 당량비 : 산소 8.000인 중량에 대하여 이것과 화합한 원소의 중량을 표시하는 수의 비로서 산소의 원자값은 2이기 때문에 당량비는 그 원소의 원자량을 원자값으로 나눈 당량들의 비와 같다.

당량의 기준으로는 최근 Dalton은 가장 당량이 적은 수소를 취하여 이것을 1이라고 했다가 이후 J. J. 베르셀리우스 등은 산소의 원자량의 $\dfrac{1}{2}$인 8.000을 기준으로 했다. 현재 원자량은 $^{12}C = 12.000$을 기준으로 했기 때문에 산소 원자량은 15.9994이다. 따라서 당량은 7.9997이 되지만 8.000과 같다.
- 연료혼합 당량비 : 실제 연공기와 양론 연공기의 비로 정의되며 과농혼합기(양돈혼합기보다 연료 과잉한 혼합기)에서는 1보다 크고 희박혼합기에서는 1보다 작다.

과잉공기비(공기과잉률) = 당량비의 역수

- 과잉공기비$(a) = \dfrac{\left(\dfrac{소요공기부피}{연료부피} \right)}{\left(\dfrac{이론상공기부피}{이론상연료부피} \right)}$

- 당량비 $= \dfrac{\left(\dfrac{이론상공기부피}{이론상연료부피} \right)}{\left(\dfrac{소요공기부피}{연료부피} \right)}$

당량비 ϕ(등가비)가 1 이하이면 연료량은 부족하고 공기량은 과잉이다. $\phi > 1$이면 연료량은 풍부하나 공기량이 부족하고 $\phi = 1$이면 가장 양호하다.

문제 13

다음 보일러 경판의 명칭을 쓰고 경판 A와 경판 B를 비교한 A형 경판의 장점을 쓰시오.

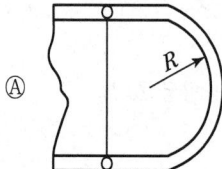
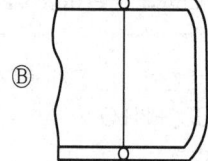

해답
① 경판 명칭
　A : 반구형 경판
　B : 평경판
② 장점 : A 반구형 경판이 B형 평경판보다 강도가 크다.

문제 14

신재생에너지에서 연료전지를 만들 수 있는 원료가 되는 연료 4가지를 쓰시오.

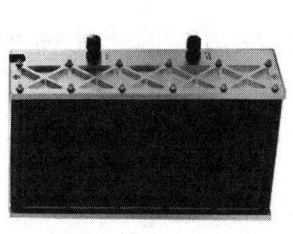
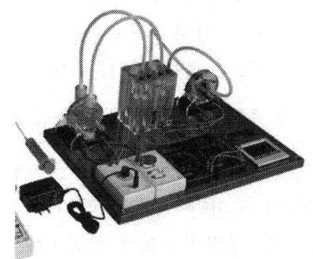

해답 수소, 납사, 천연가스, 메탄올, 석유

참고 연료전지 종류
- 고분자 전해질 연료전지
- 인산형 연료전지
- 용융탄산염 연료전지
- 고체산화물 연료전지
- 직접메탄올 연료전지

문제 15

주철제 증기보일러는 최고사용수두압 0.5MPa, 용량 50만 kcal/h이다. 안전밸브대신 방출밸브를 사용한다면 방출관의 최소 안지름은 몇 mm 이상이어야 하는가?(단, 전열면적은 18m²로 본다.)

해답 40mm 이상

참고
10m² 미만 : 25mm 이상
10m² 이상~15m² 미만 : 30mm 이상
15m² 이상~20m² 미만 : 40mm 이상
20m² 이상 : 50mm 이상

문제 16

폐열회수장치인 절탄기(급수가열기)의 설치 시 그 단점을 3가지만 쓰시오.

제4편 과년도 기출문제

해답
① 배기가스의 온도 저하로 통풍력이 감소한다.
② 저온 부식이 발생하게 된다.
③ 청소나 점검이 곤란하다.
급수온도는 절탄기 입구에서 측정한다.(단, 절탄기가 없는 경우에는 보일러 몸체 입구에서 측정하고 인젝터를 사용하면 그 앞에서 측정한다.)

문제 17

어떤 공장에서 제품생산량이 9,430,000톤/년이나 올해 완제품 생산량은 5,392,500톤/년이었다. 이 완제품 생산량을 생산하고자 B-C유 7,426,000L/년, 경유 118,500L/년을 사용하고 또한 전력 4,347,000kWh/년을 소비한 경우에 위 조건에서 에너지원단위(kgOE/톤)를 계산하시오.(단, 석유환산계수는 B-C유 : 0.99, 경유 : 0.92, 전력 : 0.25이다.)

해답
$$\frac{(7,426,000 \times 0.99) + (118,500 \times 0.92) + (4,347,000 \times 0.25)}{5,392,500} = 1.59 \text{kgoe/톤}$$

문제 18

가솔린 $C_8H_{17.5}$을 완전연소 시 부피비 기준 공연비(AFR)는 몇 mol·arr/mol·fuel인가?(단, 연소반응식은 $C_8H_{17.5} + 12.375O_2 \rightarrow 8CO_2 + 8.75H_2O$이다.)

해답
산소요구량 $= m + \dfrac{n}{4} = 8 + \dfrac{17.5}{4} = 12.375$

$\therefore$ 부피기준(AFR) $= \dfrac{\dfrac{\text{산소몰수}}{0.21}}{\text{연료몰수}} = \dfrac{\dfrac{12.375}{0.21}}{1} = 58.93$

참고 가솔린 분자량 : 113.5, 공기분자량 : 29
중량기준(AFR) $= 58.93 \times \dfrac{29}{113.5} = 15.26 \,(\text{kg·air/kg·fuel})$

에너지관리기사(2012.4.21)

-주관식 필답형(서술형, 단답형)-

문제 01

이미 정해진 순서에 따라 제어의 각 단계를 순서에 따라 차례로 진행되어 가는 정성적 제어의 명칭을 쓰시오.

해답 시퀀스 제어

문제 02

다음의 조건에서 복사에 의한 방열량은 자연대류에 의한 방열량의 몇 배가 되는가?

[조건]
- 표면의 복사율 : 0.9
- 내부온도 : 230℃
- 외부온도 : 30℃
- 자연대류에 의한 열전달률 : 13.96W/m℃
- 스테판-볼츠만의 정수(C_b) : 5.669W/m²K⁴

해답 방열면 1m²당 복사열량(Q_r)

$$Q_r = \varepsilon\, C_b\left[\left(\frac{T_1}{100}\right)^4 - \left(\frac{T_2}{100}\right)^4\right]$$

$230 + 273 = 503\text{K},\ 30 + 273 = 303\text{K}$

$$Q_r = 0.9 \times 5.669\left[\left(\frac{503}{100}\right)^4 - \left(\frac{303}{100}\right)^4\right] = 2,836\text{W/m}^2$$

※ $0.9 \times 5.669^{-8}(503^4 - 303^4)\text{K} = 2,836\text{W/m}^2$

대류방열량(Q_c)

$Q_c = a_1(t_1 - t_2)$

$Q_c = 13.96 \times (230 - 30) = 2,792\text{W/m}^2$

∴ $\dfrac{2,836}{2,792} = 1.02$배

문제 03

두께 600mm 평판 전열면적이 4m²이다. 열전도율 0.06kcal/mh℃에서 전열량(kcal/h)을 구하시오.(단, 내부온도 300℃, 외부온도 15℃)

해답

전열량$(Q) = \lambda \cdot A \dfrac{(t_1 - t_2)}{\delta} = 0.06 \times 4 \times \dfrac{(300 - 15)}{0.6} = 114 \text{kcal/h}$

여기서, K : 열전도율, δ : 두께(m), 전열량 : 손실열량, A : 면적

문제 04

온도 27℃, 압력 5bar, 유체의 비체적 0.168m³/kg의 기체상수(R)는 몇 kg·m/kg·K인가?

해답

기체상수$(R) = \dfrac{PV}{GT} = \dfrac{5.166 \times 10^4 \times 0.168}{1 \times (27 + 273)} = 28.93 \text{kg} \cdot \text{m/kg} \cdot \text{K}$

여기서, 1bar=1.033kg/cm², 1.033×5=5.166kg/cm²

문제 05

다음 조건을 이용하여 보일러 효율(%)을 구하시오.

[조건]
- 압력 : 5kg/cm² abs
- 포화증기 엔탈피 : 650kcal/kg
- 급수온도 : 51℃
- 연료의 발열량 : 9,750kcal/kg
- 포화수 엔탈피 : 151kcal/kg
- 증기건도 : 0.95
- 연료소비량 : 170kg/h
- 증기발생량 : 2,500kg/h

해답

발생 습포화증기 엔탈피$(h_2) = h_1 + rx$
$= 151 + (650 - 151) \times 0.95$
$= 625.05 \text{kcal/kg}$

효율$(\eta) = \dfrac{W \times (h_2 - h_1)}{G_f \times H} \times 100$

$= \dfrac{2{,}500 \times (625.05 - 51)}{170 \times 9{,}750} \times 100 = 86.58\%$

이때, 증기건도가 주어지면 습포화증기 엔탈피로 계산한다.

문제 06
다음 내용에 해당하는 화염검출기의 명칭을 쓰시오.
(1) 화염의 발광체(적외선, 자외선)를 이용한 화염검출기
(2) 화염의 전기전도성을 이용한 화염검출기
(3) 화염의 발열체를 이용하여 연도에 설치하며 소용량 보일러에 사용하는 화염검출기

해답 (1) 플레임 아이 (2) 플레임 로드 (3) 스택스위치

문제 07
자동제어 연속동작인 비례동작(P동작)의 특성을 설명하시오.

해답 입력인 편차에 대하여 조작량의 출력 변화가 일정한 비례 관계가 있는 동작
① 비례대가 좁아지면 동작이 강해진다.
② 잔류편차가 남는다.

문제 08
과열증기 사용 시 이점을 3가지만 쓰시오.

해답 ① 증기 원동기의 이론적 열효율이 증가한다.
② 적은 증기로 많은 열을 얻는다.
③ 관 내 부식이나 수격작용이 방지된다.
④ 관 내 마찰저항이 감소한다.
⑤ 응축수로 되기가 어렵다.

문제 09
건조 증기를 취출하기 위한 수관식 보일러 송기장치인 기수분리기의 종류를 3가지만 쓰시오.

해답 ① 방향전환을 이용한 것(배플형)
② 장애판을 조립한 것
③ 원심력을 이용한 것(사이클론형)
④ 파도형의 다수 강판을 이용한 것(스크러버형)
⑤ 여러 겹의 그물망을 이용한 것(건조스크린형)

문제 10

교토의정서에 대하여 기술하시오.

해답 온실가스배출을 1990년대 수준으로 줄이기 위해서 기후변화협약 당사국들은 제3차 당사국회의(교토 1997년 12월)에서 기후 변화의 기본원칙에 입각하여 선진국에게 구속력 있는 온실가스 감축목표를 부여한 교토의정서를 채택하였다.

참고 ① 교토의정서 : 온실가스를 효과적으로 또한 경제적으로 줄이기 위한 공동이행제도(JL), 청정개발체제(CDM), 배출 전 거래제도(ET)와 같은 체제를 도입하였는데 이를 교토메커니즘이라고 함
② 기후변화협약 : 1992년 브라질 리우데자네이루에서 열린 환경회의에서 기후 변화에 관한 UN협약이 채택되어 1994년 3월에 발효

문제 11

실내온도 30℃, 실내 방열기 표면온도가 230℃에서 방열기 1m²당 복사(방사)열량은 몇 (kcal/h)인가?(단, C_b : 4.88kcal/m²h(100K⁴) = 20.50kJ/m²h(100K⁴), ε : 복사능(흑도) 0.9)

해답
$$복사열량(Q) = \varepsilon C_b A \left[\left(\frac{T_1}{100}\right)^4 - \left(\frac{T_2}{100}\right)^4 \right]$$
$$= 4.88 \times 0.9 \times 1 \left[\left(\frac{230+273}{100}\right)^4 - \left(\frac{30+273}{100}\right)^4 \right] = 2441.28 \text{kcal/h}$$

문제 12

다음 [보기]에 주어진 기기나 유체 중에서 효율이 가장 유리한 것은?

[보기] 전기, 히트펌프, 석유

해답 히트펌프(Heat Pump)

참고

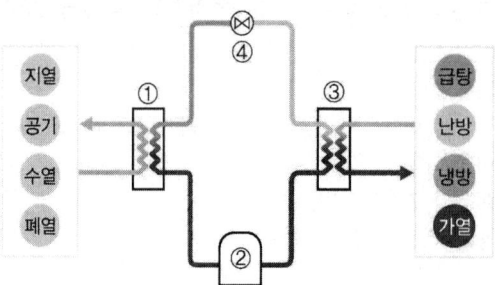

① 증발기에서 열을 흡수하여 저온저압의 냉매를 압축기에서 고온고압으로 압축한다.
② 응축기에서 방출되는 고온의 열을 사용하고 다시 팽창밸브에서 고온고압의 냉매를 저온 저압을 감압시키는 과정을 반복하는 원리이다.

지열용

수열용

공기열원용

문제 13

화면에 나타난 열교환기는 향류형이다. 다음의 조건을 이용하여 저온 유체의 온도 효율을 구하시오.

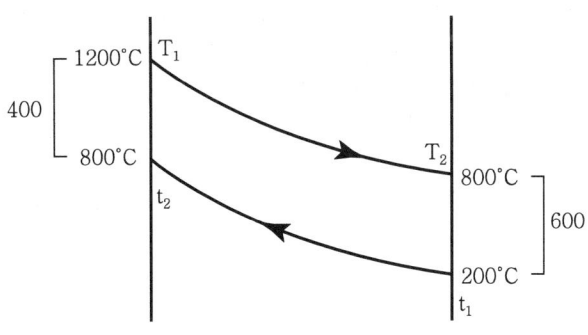

해답 저온 유체의 온도 효율(ε_2) = $\dfrac{t_2 - t_1}{T_1 - t_1}$ = $\dfrac{800 - 200}{1,200 - 200}$ = 0.6 ∴ 60%

참고 고온 유체의 온도 효율(ε_1) = $\dfrac{T_1 - T_2}{T_1 - t_1}$ = $\dfrac{1,200 - 800}{1,200 - 200}$ = 0.4 ∴ 40%

문제 14

다음 히트파이프 내의 압력을 쓰시오.

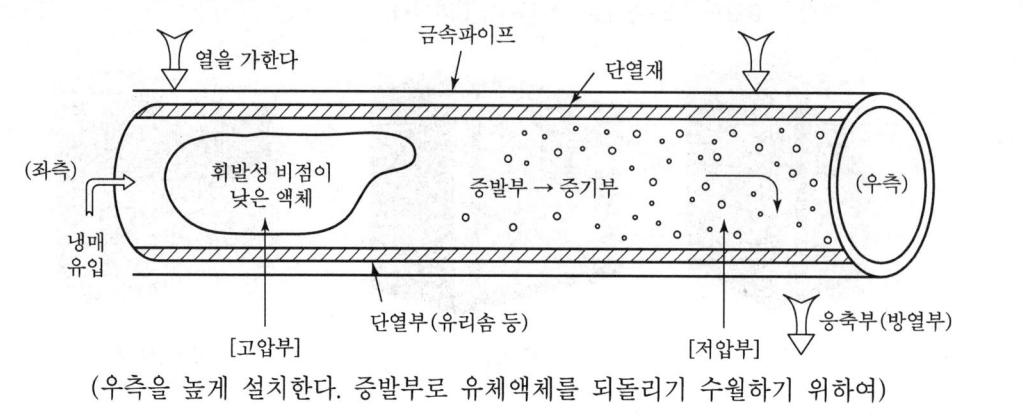

(우측을 높게 설치한다. 증발부로 유체액체를 되돌리기 수월하기 위하여)

해답 진공압력

참고
① 히트파이프 원리 : 금속파이프 안쪽에 유리섬유 등의 심재를 붙이고 열매체로 쓰일 휘발성 비점이 낮은 액체를 넣은 다음 공기를 뺀 파이프이다. 히트파이프 한쪽 끝에 열을 가하면 휘발성 액체는 증발하여 열에너지를 가지면서 다른 쪽 끝으로 이동한다. 그러면 다른 쪽에서는(응축기 등) 액화를 시켜 다시 받아들인다.(열전도율이 구리의 1,000~1,500배로 높아서 배열회수장치로 사용된다)
② 비점이 낮은 액 → 증발부 → 기체상태변화 → 응축부로 열기전달 → 방열핀에서 강제대류 방식으로 열을 식힌다 → 증발부로 되돌아온다.
③ 비점이 낮은 액체(냉매) : 암모니아, 프레온11, 프레온113, 아세톤, 메타놀, 에타놀, H_2O, Flutec pp^2, Flutec pp^9, Thermex

문제 15

외부공기 30℃ 포화습공기의 분압 19.52mmHg, 습공기의 분압이 9.52mmHg일 경우 상대습도는 몇 %인가?

해답

$$\phi = \frac{P_w}{P_s} \times 100 = \frac{9.52}{19.52} \times 100 = 48.77\%$$

참고

습구온도 18℃, 건구온도 23℃에서 공기의 상대습도는 몇 %인가?(단, 18℃일 때 수증기 포화압력: 15.47mmHg, 22℃일 때 수증기 포화압력: 19.82mmHg이다.)

$$P_w = P_s - \frac{P}{1,500}(t-t'), \text{ 표준대기압}(P) = 760\text{mmHg}$$

$$15.47 - \frac{760}{1,500}(22-18) = 13.44\text{mmHg}(\text{대기 중 수증기분압})$$

$$\therefore \phi = \frac{13.44}{19.82} = 0.6781(67.81\%)$$

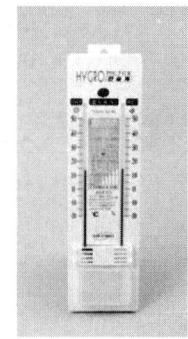

문제 16

절탄기 설치 시 열정산에서 온도 측정부위를 쓰고 절탄기의 단점을 3가지만 쓰시오.

해답
(1) 절탄기 온도 측정부위 : 절탄기 입구
(2) 단점
  ① 배기가스 온도 저하로 통풍력이 감소한다.
  ② 저온부식이 발생한다.
  ③ 청소나 점검이 곤란하다.

참고 장점
  ① 보일러 열효율 향상
  ② 보일러관 열응력 발생 방지
  ③ 급수 중 불순물 일부 제거
  ④ 보일러 증발능력 증가

[절탄기]

문제 17
열교환기인 스파이럴튜브의 장점 3가지만 쓰시오.

해답
(1) 전열효과가 우수하다.
(2) 전열면적을 크게 할 수 있다.
(3) 유체 흐름을 난류로 흐르게 하여 전열효과를 크게 한다.
(4) 열 교환이 양호하다.

참고 스파이럴 열교환기
- 스파이럴튜브는 전열성능이 우수하고(베어튜브의 2배) 열응력을 자체흡수하여 수명이 오래간다.
- 스파이럴튜브는 동 또는 스테인리스 재질이다.
- 강력한 Self Cleaning 효과로 항상 초기효율을 유지한다.
- 설치 공간 및 중량이 적다.

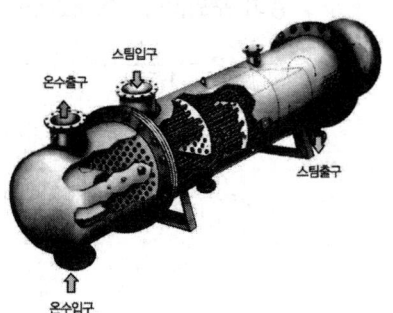

문제 18
천연가스의 사용 시 배기가스 중에 많이 발생할 수 있는 성분을 쓰시오.(단, 수소가 많은 CH_4 연료이다.)

해답 H_2O

문제 19
습도계의 종류를 3가지만 쓰시오.

해답
(1) 오거스트 건습구 습도계
(2) 아스만 통풍건습구 습구온도계(아스만 건습구)
(3) 모발습도계
(4) 전기저항 습도계

문제 20

터보형 냉동기에서 냉동기 4단계 사이클을 설명하시오.

해답

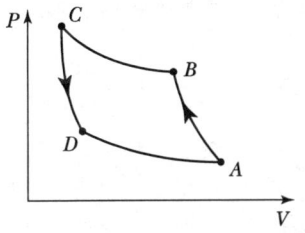

(사이클)
(1) 단열압축 : $A \rightarrow B$(압축기)
(2) 등온압축 : $B \rightarrow C$(응축기)
(3) 단열팽창 : $C \rightarrow D$(팽창밸브)
(4) 등온팽창 : $D \rightarrow A$(증발기)

참고 $P-h$ 선도

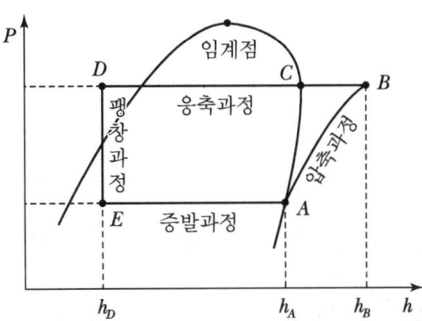

[터보형 냉동기]

문제 21

다음 팬코일 유닛(FCU)의 온도조절방법을 쓰시오.

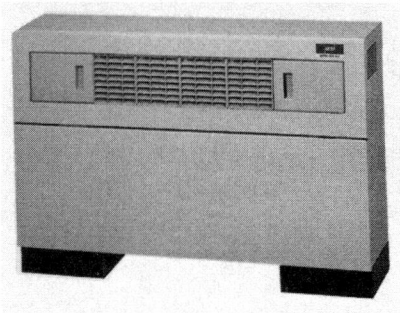
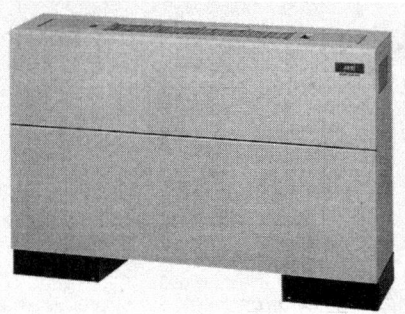

해답 풍량조절스위치

문제 22

다음 스팀트랩의 종류를 3가지만 쓰고, 이것을 설치할 때의 장점을 3가지만 쓰시오.

해답 (1) 명칭
① 플로트 스팀트랩
② 버킷 스팀트랩
③ 디스크 스팀트랩

(2) 증기트랩 부착 시 장점
① 관 내 수격작용 방지
② 응축수 제거로 관 내 부식방지
③ 열설비의 효율저하 방지
④ 관 내 유체 흐름에 대한 저항감소

문제 23

어떤 염직물 공장에서 연간 염직물 생산이 100,000톤을 생산할 수 있는 능력을 갖추고 있다. 이 염직물 생산에 사용된 연료는 다음과 같다.(단, 작년에 염직물을 89,500톤을 생산하였다.)

- LNG : 1,234,000Nm³
- B · C유 : 4,400kL
- 한전의 수전량 : 45,700MWh

이 공장의 에너지 사용 현황을 보고 다음의 양식에 따라 작성하시오.(단, 석유환산계수는 B−C유(벙커C유) 0.98, 경유 0.91, 유연탄 0.66, LNG 1.06, 전기 0.26이다.)

(1) 에너지 사용 현황

구분	B−C유(kL)	LNG(Nm³)	소계(TOE)	전력(MWh)	에너지(TOE)
에너지 사용량	4,400	1,234,000	㉮	45,700	㉯

(2) 원단위 현황

제품명	완제품생산실적	연료원단위 (kgOE/ton)	전기원단위 (kWh/ton)	에너지원단위 (kgOE/ton)
염직물	89,500ton	㉰	㉱	㉲

해답

(1) 에너지 사용 현황

구분	B−C유(kL)	LNG(Nm³)	소계(TOE)	전력(MWh)	에너지(TOE)
에너지 사용량	4,400	1,234,000	㉮ 5620.04	45,700	㉯ 17502.04

TOE(석유환산계수에 의한 계산)
LNG = 1,234,000 × 1.06 = 1308040kg (1308.04TOE)
B−C유 = 4,400 × 0.98 = 4,312(TOE)
전력 = 45,700 × 0.26 = 11,882(TOE)
㉮ 소계 계산 = (LNG + B−C유) = 1,308.04 + 4,312 = 5,620.04(TOE)
㉯ 에너지 계산 = (LNG + B−C유 + 전력) = 1,308.04 + 4,312 + 11,882 = 17,502.04(TOE)

(2) 원단위 현황

제품명	완제품 생산실적	연료원단위 (kgOE/ton)	전기원단위 (kWh/ton)	에너지원단위 (kgOE/ton)
염직물	89,500ton	㉰ 62.79	㉱ 510.61	㉲ 195.55

- 원단위 현황 계산(kgOE)
- 에너지 : 연료, 열, 전기

㉰ 연료원단위 = $\dfrac{\text{총에너지 소비량(kgOE)}}{\text{염직물 총생산량(ton)}}$

$= \dfrac{(1,308.04 + 4,312) \times 100}{89,500} = 62.79 \text{kgOE/ton}$

㉱ 전기원단위

$\dfrac{45,700 \text{MWh} \times 10^6 \text{W}}{1,000 \text{W/kWh}} = 45,700,000 \text{kWh}$

$45,700,000 \times 0.26 = 11,882,000 \text{kg}$(석유환산값)

∴ 전기원단위 = $\dfrac{11,882,000}{89,500} = 132.76 \text{kgOE/ton}$

㉱ 에너지원단위 = (LNG + 벙커C유) + 전력
$= 62.79 + 132.76 = 195.55 \text{kgOE/ton}$

문제 24

배기가스의 분석기 명칭을 쓰고 배기가스의 분석 순서를 쓰시오.

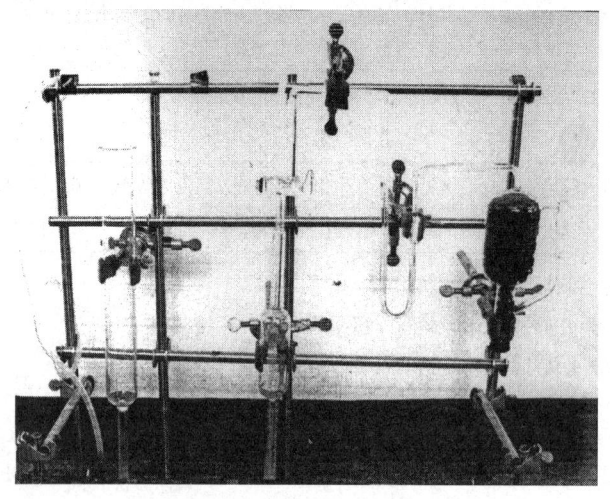
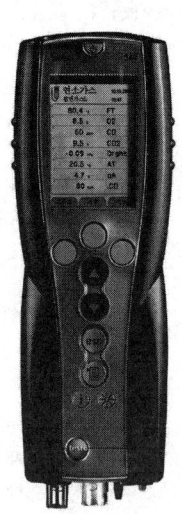

해답 (1) 명칭
① 오르사트 가스분석계
② 연소가스 분석기
(2) 분석 순서 : CO_2, O_2, CO
※ $N_2 = 100 - (CO_2 + O_2 + CO)$

문제 25
안전밸브의 구비조건 2가지를 쓰시오.

해답
① 분출압력에 대한 작동이 확실하고 분출 전 증기가 누설되지 않을 것
② 증기압력이 정상화되면 즉시 증기분출을 멈출 것
③ 안전밸브 크기는 보일러 용량에 대하여 지름과 양정이 충분할 것
④ 밸브 개폐 동작이 자유롭고 신속할 것

문제 26
증류는 물질의 어떤 특성을 이용하여 증류하는가?

해답 유체(액체)의 비등점

참고
- 증류 : 액체를 비등시킬 때 나오는 증기를 응축하여 원액을 정제하는 조작 진공증류와 수증기 증류가 있다.
- 증발 : 수용액으로부터 수분만을 증발시켜 용액을 농축하거나 결정을 분리하는 것

문제 27
폐열회수장치 중 대표적인 것 2가지만 쓰시오.

해답
(1) 공기예열기
(2) 절탄기(급수가열기)

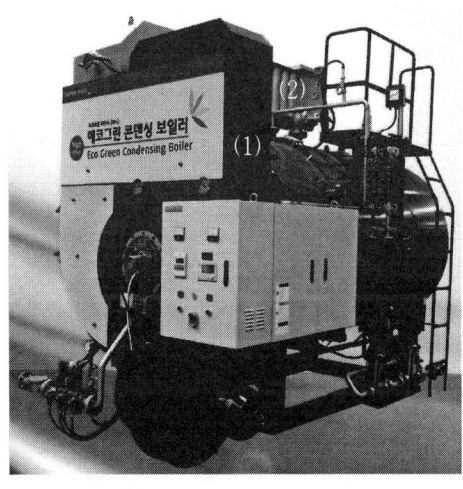

제4편 과년도 기출문제

문제 28

표준대기압 1atm은 수은주 높이 760mmHg(1.033kg/cm²a)이며 1.013bar, 101.302kPa이다. 이 경우 740mmHg에서는 몇 kg/cm², 몇 bar, 몇 kPa에 해당되는가?

 해답

(1) $1.033 \times \dfrac{740}{760} = 1.01 \text{kg/cm}^2$

(2) $1.013 \times \dfrac{740}{760} = 0.99 \text{bar}$

(3) $101.302 \times \dfrac{740}{760} = 98.64 \text{kPa}$

문제 29

태양열과 태양광에 대하여 설명하시오.

해답 (1) 태양열 : 태양열 집열판을 이용하여 난방과 급탕을 제공한다.
(2) 태양광 : 태양열을 이용한 태양전지셀, 태양전지모듈, 태양전지어레이 등을 이용하여 분산형 전원을 발생시킨다.(태양전기 발생)

에너지관리기사(2012.7.7)

−주관식 필답형(서술형, 단답형)−

문제 01
폐열회수장치(보일러 열효율장치)인 절탄기의 설치 시 장점을 4가지만 쓰시오.

해답
① 보일러 열효율 향상
② 보일러판 열응력 발생 방지
③ 급수 중 불순물 일부 제거
④ 보일러 증발능력 증가

참고 단점
① 통풍력 감소
② 저온부식 발생
③ 청소나 수리가 불편
④ 배기가스의 온도저하

문제 02
통풍 건습구습도계로 대기 중의 습도를 측정하였다. 측정 시 기준은 건구온도가 20℃, 습구온도가 15℃, 표준대기압(atm)이 760mmHg 때의 상대습도는 몇 %인가?(단, 물의 포화 수증기압은 20℃에서 17.53mmHg, 습구온도 15℃에서는 12.73mmHg이다.)

해답

대기 중의 수증기압$(P_A) = P'_S - 0.5(t-t')\dfrac{P}{755}$

대기 중 수증기분압$(P_A) = 12.73 - 0.5(20-15) \times \dfrac{760}{755} = 10.21\text{mmHg}$

상대습도$(H_R) = \dfrac{P_A}{P_{sw}} \times 100 = \dfrac{10.21}{17.53} \times 100 = 58.2\%$

문제 03
방사고온계는 어떤 법칙을 이용한 온도계인가?

해답 일정 온도에서 물체에서 복사하는 열에너지는 그 절대온도의 4제곱에 비례한다는 스테판-볼츠만의 법칙을 이용한 비접촉식 온도계이다.(스테판-볼츠만의 법칙)

문제 04
신·재생에너지의 종류를 4가지만 쓰시오.

해답
① 태양에너지　② 바이오에너지
③ 풍력　　　　④ 수력
⑤ 연료전지　　⑥ 해양에너지
⑦ 지열에너지　⑧ 수소에너지

문제 05
700℃와 200℃에서 작동하는 카르노 사이클의 열효율(%)은 얼마인가?

해답 $\eta_c = 1 - \dfrac{T_2}{T_1} = \left(1 - \dfrac{273+200}{273+700}\right) \times 100 = 51.39\%$

문제 06
2동D형 수관식 보일러의 장점을 4가지만 쓰시오.

해답
① 구조상 고압 대용량으로 제작이 가능하다.
② 전열면적이 크고, 열효율이 높다.
③ 증기의 발생이 빠르다.
④ 수관의 배열이 용이하고 패키지형 제작이 가능하다.
⑤ 사고 시 원통형 보일러에 비해 피해가 적다.

문제 07

에틸렌가스(C_2H_4) 10g의 연소 시 소요 이론공기량이 380g이었다. 얼마만큼의 과잉공기(g)가 발생하였는가?

해답

C_2H_4 + $3O_2$ → $2O_2$ + $2H_2O$
28g   3×32g   2×44g   2×18g
(C_2H_4 분자량 = 28)

중량당 이론공기량(A_o) = 이론산소량 × $\dfrac{1}{0.232}$

$28 : 3 \times 32 = 10 : x$

$x = \left\{ (3 \times 32) \times \dfrac{10}{28} \right\} \times \dfrac{1}{0.232} = 147.78\text{g}$ (이론소요공기량)

∴ 과잉공기량 = 380 − 147.78 = 232.22g

문제 08

액체연료의 연소 시 이론배기가스량은 11.5Nm³/kg, 이론공기량은 10.5Nm³/kg, 과잉공기계수(m)가 1.2일 때 실제배기가스량(Nm³/kg)은 얼마인가?

해답

실제배기가스량(G) = $G_{ow} + (m-1)A_o$
               = 11.5 + (1.2 − 1) × 10.5
               = 13.6Nm³/kg

문제 09

배기가스온도가 340℃인 중유연소장치에 공기예열기를 설치하여 배기가스 온도를 160℃까지 하강시켰다. 배기가스량 12.5Nm³/kg, 배기가스비열 0.33kcal/Nm³℃에서 공기예열기 효율이 80%이면 공기예열기의 흡수열량은 몇 kcal/kg인가?

해답

흡수열량(Q) = $G \times C_p(t_1 - t_2)\eta$
            = 12.5 × 0.33(340 − 160) × 0.8
            = 594kcal/kg

문제 10

공기예열기 용적이 10m³에서 연소용 공기를 15℃에서 150℃로 가열하는 데 소요되는 열량은 몇 kcal인가?(단, 공기의 비체적은 0.02m³/kg, 정적비열이 0.172kcal/kg℃이다.)

해답 공기의 질량 = $\dfrac{10}{0.02}$ = 500kg

공기예열기 현열량(Q) = 500 × 0.172(150 − 15) = 11,610kcal

참고 정적비열 $C_v = \dfrac{R(\text{kg}\cdot\text{m/kg}\cdot\text{K}) \times A\left(\dfrac{1}{427}\text{kcal/kg}\cdot\text{m}\right)}{K-1}$ (kcal/kg℃)

정압비열 $C_p = \dfrac{K(\text{비열비}) \times A\left(\dfrac{1}{427}\text{kcal/kg}\cdot\text{m}\right) \times R(\text{kg}\cdot\text{m/kg}\cdot\text{K})}{K(\text{비열비})-1}$ (kcal/kg℃)

정압비열 $C_p = C_v + AP$

$C_v = C_p + R(\text{kJ/kg}\cdot\text{K}) = \dfrac{1}{K-1}R$

$C_p = \dfrac{1}{K-1}R(\text{kJ/kg}\cdot\text{K}) = C_v + R$

$\overline{R}$(기체상수) = 8.314kJ/kg·K, R(가스상수) = $\dfrac{\overline{R}}{\text{가스분자량}(M)}$ (kJ/kg·K)

K : 비열비 = $\left(\dfrac{\text{정압비열}}{\text{정적비열}}\right)$

문제 11

수도관의 밑수면부터 높이 5m인 곳에서 수압이 8kg/cm², 유속이 10m/s로 한 경우 손실수두를 무시할 경우 밑수면에서의 전수두는 몇 m인가?

해답 $H : \dfrac{P}{r} + \dfrac{V^2}{2g} + Z$, (물의 비중량 : 1,000kg/m³)

∴ 전수두(H) = $\dfrac{8 \times 10^4}{1,000} + \dfrac{10^2}{2 \times 9.8} + 5 = 90.10\text{m}$

문제 12

마그네시아, 돌로마이트질 내화물의 성분인 MgO, CaO가 공기 중의 수분을 흡수하여 체적팽창에 따른 비중변화로 균열이 생겨 떨어져 나가는 현상을 무엇이라 하는가?

해답 슬래킹현상(Slaking)

참고 버스팅(Bursting)
산화철을 흡수하여 표면이 부풀어 오르고 떨어져나가는 현상

문제 13

탄화수소에서 $C_{1.15}H_{4.35}$ 상태 연료의 중량당 공연비(이론공기량/연료량)를 계산하시오.(단, 연소 반응식은 $C_mH_n + \left(m + \dfrac{n}{4}\right)O_2 \rightarrow mCO_2 + \dfrac{n}{2}H_2O$ 이며, 공기 중 산소는 21%이고 공기분자량은 29이다.)

해답

$$C_{1.15}H_{4.35} + \left(1.15 + \dfrac{4.35}{4}\right)O_2 \rightarrow 1.15CO_2 + \dfrac{4.35}{2}H_2O$$

C 원자량=12, H 원자량=1이다.
18.15=기체 1kmol(22.4Nm³)의 질량값, 즉 분자량 값이다.

$$\therefore \text{공연비} = \dfrac{\left(1.15 + \dfrac{4.35}{4}\right) \times 29 \times \dfrac{1}{0.21}}{1 \times (12 \times 1.15 + 1 \times 4.35)} = \dfrac{64.8875 \times \dfrac{1}{0.21}}{18.15} = 17.02\,\text{kg/kg연료}$$

문제 14

보온재의 구비조건을 5가지만 쓰시오.

해답
① 보온능력이 크고, 열전도율이 적을 것 ② 어느 정도의 기계적 강도를 가질 것
③ 비중이 적을 것 ④ 흡수성이나 흡습성이 적을 것
⑤ 장시간 사용 온도에 견디며 변질하지 않을 것
⑥ 시공이 용이하고 확실한 시공이 될 수 있을 것

문제 15

다음 부품은 고속도로 터널환기용으로 사용하는 부품이다. 그 명칭을 쓰시오.

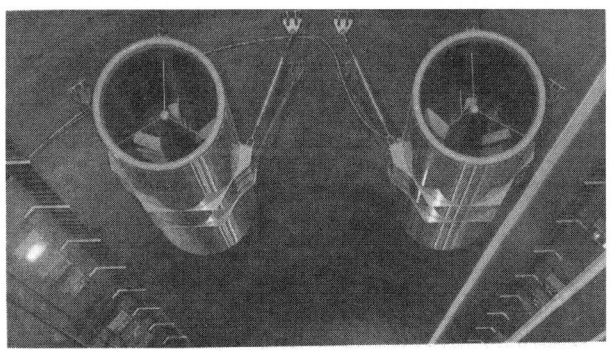

해답 제트팬(Jet Fan)

문제 16

주철제 온수보일러에서 전열면적이 18m²이면 방출관의 안지름은 몇 mm 이상이어야 하는가?

해답 40mm 이상

참고

전열면적(m²)	방출관의 안지름 크기(mm)
10 미만	25 이상
10 이상~15 미만	30 이상
15 이상~20 미만	40 이상
20 이상	50 이상

문제 17

공기압축기 운전 시 에너지 효율 측면에서 외기온도의 조건 (10℃, 20℃, 50℃) 중에서 (가) 가장 유리한 조건의 온도와 (나) 그 이유를 쓰시오.

해답
(가) 온도 : 10℃
(나) 이유 : 공기압축기로 흡입되는 공기의 온도가 낮을수록 압축소비전력은 감소한다.(흡입 공기온도를 20℃ 정도 낮추면 6.4% 정도의 전력절감이 가능하다.)

$$전력절감률(\%) = 1 - \frac{개선\ 후\ 온도(K)}{개선\ 전\ 온도(K)} \times 100$$

참고 동일 중량의 공기를 흡입하여 압축 시 흡입온도가 높을수록 그 체적이 증가하여 적은 실제 공기량의 흡입으로 소비전력의 증대가 수반된다.

공기흡입온도를 저하시키는 방법
① 실내보다 외부공기 흡입　　② 냉각수로 냉각
③ 전기냉동기 이용으로 냉각　　④ 흡수식 냉동기 이용으로 공기냉각

문제 18

핀붙이 수관에서 길이 방향으로 핀이 부착되어 있는 핀 패널식 수관의 지름이 50mm, 관의 길이 3m, 관의 개수가 50개일 때 이 수관의 전열면적을 계산하시오.(단, 핀 끝에서 끝까지의 길이는 80mm 핀붙이 수관은 양쪽면이 연소가스 등에 접촉하고 계수 a는 1.0이다.)

해답

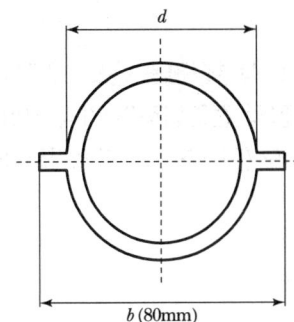

핀 패널식 수관 전열면적(A)
$A = (\pi d + Wa)l \cdot n \, (\text{m}^2)$
$A = [3.14 \times 0.05 + (0.08 - 0.05)1.0] \times 3 \times 50$
$\quad = (0.157 + 0.03) \times 3 \times 50 = 28.05 \, \text{m}^2$

※ $W = (b - d)$

참고 매입 핀 패널식 수관 전열면적(A)
(한쪽 면이 연소가스 등에 접촉하는 경우의 전열면적)

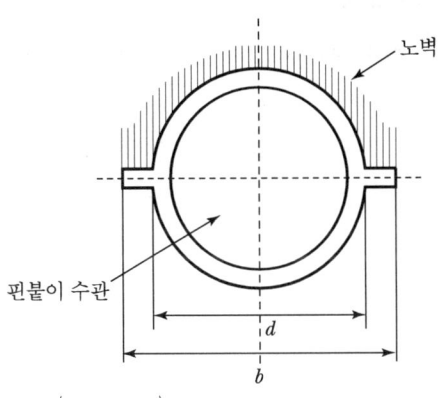

$A = \left(\dfrac{\pi}{2}d + Wa\right)l \cdot n$

계수 a (매입 핀 패널식)

전열의 종류	계수(a값)
방사열을 받는 경우	0.5
접촉열을 받는 경우	0.2

계수 a 핀 패널식

전열의 종류	계수(a값)
양쪽 면에 방사열을 받는 경우	1.0
한쪽 면에 방사열, 다른 면에 접촉열을 받는 경우	0.7
양쪽 면에 접촉열을 받는 경우	0.4

※ $W = (b - d) = \boxed{} \, \text{m}$

문제 19

2개의 평행판 평판 사이에서 복사열전달이 일어나고 있다. 상부평판은 온도 1,273K, 복사능은 0.7이고 하부평판은 온도 773K, 복사능은 0.95이다. 각 판의 전열면적이 각각 10m² 상태에서 복사열전달에 의한 단위면적당 전열량(w/m²)을 계산하시오.(단, 스테판 볼츠만의 정수는 5.67×10⁻⁸w/m²K⁴이다.)

해답 평행판 손실열량$(Q) = \dfrac{A \times 5.67 \times 10^{-8} \times (K_1 - K_2)}{\dfrac{1}{\varepsilon_1} + \dfrac{1}{\varepsilon_2} - 1}$

$= \dfrac{1 \times 5.67 \times 10^{-8} \times (1{,}273^4 - 773^4)}{\dfrac{1}{0.7} + \dfrac{1}{0.95} - 1}$

$= \dfrac{128{,}656.458}{1.481203008} = 86{,}859.44 \mathrm{W/m^2}$

에너지관리기사(2012.11.3)

-주관식 필답형(서술형, 단답형)-

문제 01
급수펌프의 교체를 하려고 한다. 다음과 같은 조건에서 급수펌프의 전동기(모터)의 용량(kw)을 계산하시오.

[조건]
- 급수사용량 : 12,000L/h
- 펌프효율 : 75%
- 설계안전율 : 2
- 중력가속도 : 9.8m/s²
- 양정 : 15m
- 모터효율 : 95%
- 급수밀도 : 1,000kg/m³(비중량)

해답 펌프전효율 $= 0.75 \times 0.95 = 0.7125$ (물 1L = 1kg)

펌프축동력 $= \dfrac{rQH}{102 \times 60 \times \eta} \times$ 설계안전율 $= \dfrac{1 \times 12,000 \times 15}{102 \times 3,600 \times 0.7125} \times 2 = 1.38\text{kW}$

문제 02
프로판가스(C_3H_8)의 고위발열량과 저위발열량(kcal/kg)의 차이를 구하시오.(단, H_2O의 증발잠열은 539cal/g이다.)

해답 $\underline{C_3H_8} + 5O_2 \rightarrow 3CO_2 + \underline{4H_2O}$
44kg 4×18kg

고위와 저위발열량 차이값 $= 44 : 4 \times 18\text{kg} = 1 : x$

$x = \dfrac{4 \times 18}{44} = 1.636\text{kg}$

∴ $539 \times 1.636 = 882\text{kcal/kg}$

문제 03

인젝터 작동원리를 에너지 관점에서 설명하시오.

해답 증기의 열에너지를 속도에너지로 전환시키고 다시 압력에너지로 바꾸어 급수하는 설비이다. 즉, 증기에 의해 급수가 예열되어 동내로 급수되므로 급수엔탈피가 증가되어 연료소비량이 감소한다.

참고 종류
① 메트로 폴리탄형(급수 65℃ 이하 사용)
② 그레샴형(급수온도 50℃ 이하 사용)

특징
① 구조가 간단하고 소형인 급수설비이다.
② 설치장소를 크게 차지하지 않는다.
③ 가격이 저렴하며 취급이 용이하다.
④ 급수가 예열되어 열효율을 높일 수 있다.
⑤ 특별한 동력원을 필요로 하지 않는다.

인젝터(Injector) 작동불능 원인
① 급수의 온도가 너무 높을 때
② 증기압력이 0.2MPa 이하일 때
③ 증기압력이 1MPa 이상일 때
④ 급수 속에 기포 또는 불순물 혼입 시
⑤ 급수양정의 흡상고가 너무 높을 때
⑥ 흡상관에 공기가 누입되었을 때
⑦ 노즐이 폐색됐을 때
⑧ 인젝터 자체 과열로 온도가 너무 높을 때

문제 04

다음의 조건에서 습포화증기 엔탈피(kJ/kg)를 계산하시오.

[조건]
- 증기압력 : 2MPa
- 포화수 엔탈피 : 1,000kJ/kg
- 포화증기 엔탈피 : 3,000kJ/kg
- 포화수 온도 : 200℃
- 증기의 건도 : 0.8

해답 습포화증기 엔탈피(h_2) = $h_1 + rx$ = $1,000 + (3,000 - 1,000) \times 0.8 = 2,600 \text{kJ/kg}$

증발잠열(r) = 포화증기 엔탈피 − 포화수 엔탈피

문제 05

프로판가스(C_3H_8) 1Sm³의 연소 시 이론연소가스량(Sm³/Sm³)을 구하시오.(단, 공기의 조성은 산소 : 21%, 질소 : 79%이다.)

해답

$C_3H_8 + 5O_2 \rightarrow 3CO_2 + 4H_2O$

이론연소가스량(G_{ow}) = $(1-0.21)A_o + (CO_2 + H_2O)$

이론공기량(A_o) = 이론산소량(O_o) × $\dfrac{1}{0.21}$

∴ $G_{ow} = (1-0.21) \times \dfrac{5}{0.21} + (3+4) = 25.81 \, Sm^3/Sm^3$

문제 06

보일러 3대의 구성요소를 쓰시오.

해답 ① 본체 ② 부속장치 ③ 연소장치

문제 07

다음의 조건인 피토관에서 공기유속(m/s)을 구하시오.

[조건] 동압 : 100mmH₂O, 공기의 비중량 : 1.3kg/m³, 물의 비중량 : 1,000kg/m³

해답

$V = \sqrt{2gh\left(\dfrac{\gamma_s}{\gamma} - 1\right)} = \sqrt{2 \times 9.8 \times 0.1 \left(\dfrac{1{,}000 - 1.3}{1.3}\right)} = 38.80 \, m/s$

여기서, 100mm = 10cm = 0.1m

문제 08

보일러 증기보일러 운전 중 드럼 내 프라이밍(비수) 및 포밍(물거품) 발생 시 조치사항을 4가지만 쓰시오.

해답
① 연료 사용량을 줄인다.
② 공기 사용량을 줄인다.
③ 주증기밸브를 닫고 수위의 안정을 기다린다.
④ 급수나 분출을 반복한다.
⑤ 계기류를 점검한다.
⑥ 수질을 분석해본다.

문제 09

복사난방의 장점을 4가지만 쓰시오.

해답
① 실내온도가 균등하게 되어 쾌적도가 높다.
② 방열기 설치가 불필요하여 바닥면의 이용도가 높다.
③ 동일 방열량에 대해 열손실이 대체로 적다.
④ 공기의 대류가 적어 실내 공기의 오염도가 적다.

참고 단점
① 외기 온도 급변화에 대해 온도 조절이 곤란하다.
② 매입배관이므로 시공·수리가 불편하며 설비비가 많이 든다.
③ 고장 시 발견이 곤란하며 시멘몰탈 표면 등에 균열발생이 일어난다.
④ 반드시 단열재를 사용해야 한다.

문제 10

열교환기에서 열가스 입구온도 80℃, 출구온도 40℃, 저온유체의 입구온도 20℃, 출구온도 40℃에서 대향류형 열교환기 대수평균온도(Δt_m)를 구하시오.

해답

$$40 \begin{pmatrix} 80 \longrightarrow 40 \\ 40 \longleftarrow 20 \end{pmatrix} 20$$

$$\Delta t_m = \frac{\Delta t_1 - \Delta t_2}{\ln \dfrac{\Delta t_1}{\Delta t_2}} = \frac{40-20}{\ln \dfrac{40}{20}} = \frac{20}{0.69314718} = 28.85 \ ℃$$

문제 11

노통연관보일러 화실천장 과열부분의 압궤현상을 방지하는 버팀(스테이)의 명칭을 쓰시오.

해답 스테이 볼트

참고 경판용은 거싯스테이 사용

문제 12

수주관과 보일러를 연결하는 관은 호칭지름 몇 A 이상이어야 하는가?(단, 보일러용량 2ton/h, 증기압력 0.5MPa 노통연관식 보일러이다.)

해답 20A 이상

문제 13

길이 15m 관의 외부 지름이 30mm인 배관에 보온재 15mm 두께로 보온하였다. 보온층내면관표면온도가 100℃, 외면온도가 20℃에서 손실열량(kcal/h)을 구하시오.(단, 보온재의 열전도율은 0.05kcal/mh℃이다.)

해답 $Q = \dfrac{2\pi \lambda l (t_1 - t_2)}{\ln \dfrac{r_2}{r_1}}$

r_1 : 15mm, r_2 : 30mm

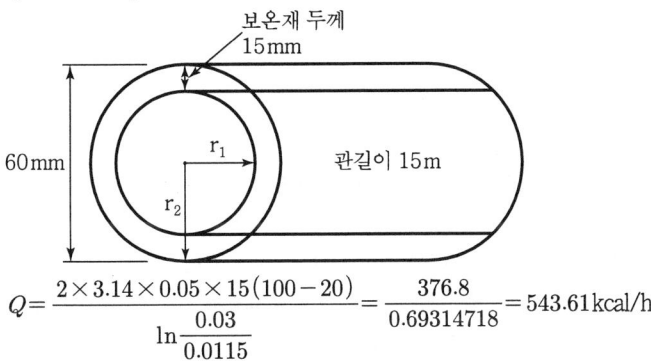

$Q = \dfrac{2 \times 3.14 \times 0.05 \times 15(100-20)}{\ln \dfrac{0.03}{0.0115}} = \dfrac{376.8}{0.69314718} = 543.61 \text{kcal/h}$

참고 평균면적(A)

$$A = \frac{F_2 - F_1}{\ln\frac{F_2}{F_1}} = \frac{3.14 \times 15(0.06 - 0.03)}{\ln\frac{0.06}{0.03}} = \frac{1.413}{0.69314718} = 2.04\,\text{m}^2$$

$$Q = A \cdot \lambda \frac{t_1 - t_2}{r_1} = 2.04 \times 0.05 \times \frac{100 - 20}{0.015} = 544\,\text{kcal/h}$$

※ 평균면적을 구한 후 손실열량을 구해도 된다.

문제 14

다음은 전기식 집진장치의 원리를 설명한 내용이다. ( ) 안에 알맞은 내용을 써 넣으시오.

> 사용전압 30,000~100,000V에서 일반적 구조로서 판상 또는 관상의 (㉮) 집진극 속에 (㉯)인 침상반전극을 매달고 양극 사이에 1,500~6,000V/cm 세기에 고압직류 전장을 만들어 이 사이에 분진 또는 미스트를 포함하는 가스를 1~3m/s 선속도로 통과시킨다. 양극 사이에 (㉰)이 일어나 전극 주위의 기체는 (㉱) 되고 마이너스(-) 이온화된 가스입자는 강한 전장의 작용으로 양극(+)을 향하여 운동하고 그 사이를 흐르는 가스 속의 고체분진은 마이너스(-)로 대전되어 집진극인 양극(+)에 모여 표면에 퇴적된 후 처리·제거된다.
> 전기집진장치에서 집진성능을 좌우하는 가장 큰 인자는 분진의 겉보기 고유전기 저항으로 10^4~10^5Ω·cm인 경우에 집진율이 가장 좋고 10^4Ω·cm 이하에서는 집진극에 흡착된 먼지의 전하의 중화가 너무 빨라 집진율이 저하된다.

해답
㉮ 양극 ㉯ 음극
㉰ 코로나방전 ㉱ 이온화

문제 15

아파트 등에서 많이 사용하고 있는 판형(플레이트형) 열교환기의 사용상 장점을 2가지만 쓰시오.

해답
① 이중구조의 가스켓 구조이기 때문에 누출발생 시 유체의 혼합이 방지된다.
② 플레이트에 형성된 돌기부에서 난류와 와류현상으로 이상적인 열교환 및 스케일 생성이 방지된다.
③ 전열면적 증감이 용이하며 한 대의 열교환기로 다양한 열교환이 가능하다.
④ 스케일 제거 시 열판의 세관, 가스켓 및 열판의 교체, 정비보수 시 특별한 공구가 없어도 분해나 조립이 간편하다.

문제 16

다음 오일사용 보일러에서 조건을 이용하여 보일러 효율을 구하시오.

[조건]
- 급수 사용량 : 4,000l/h
- 급수온도 : 90℃
- 급수의 비체적 : 0.001036m³/kg
- 포화증기 엔탈피 : 673.5kcal/kg
- B-C유 소비량 : 300l/h
- 급유온도 : 65℃
- 15℃의 오일비중 : 0.95
- 발열량 : 9,750kcal/kg
- 온도보정계수(K) = 0.9754 - 0.00067(t - 15)

해답

증기 발생량 = $\dfrac{4{,}000}{0.001036 \times 1{,}000}$ = 3,861kg/h (물 1m³ = 1,000L)

오일중량 = [0.9754 - 0.00067(65 - 15)] × 0.95 × 300 = 268.4415kg/h

∴ $\eta = \dfrac{3{,}861 \times (673.5 - 90)}{268.4415 \times 9{,}750} \times 100 = 86.08\%$

문제 17

다음 다단식 취사기의 조건을 보고 제 몇 종 압력용기에 해당되는지 쓰시오.

[조건]
- 내용적 : 2m³
- 최고사용압력 : 0.2MPa
- 사용유체 : 증기스팀
- 용기 안의 압력 : 대기압 초과상태

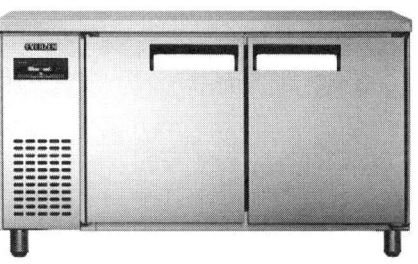

해답 2×0.2=0.4(제1종 압력용기)

참고 최고사용압력(MPa)과 내용적을 곱한 치수가 0.004를 초과하면서 증기 또는 액체의 압력이 대기압을 넘거나 액체비점이 대기압을 넘으면 에너지이용 합리화법에 의한 제1종 압력용기이다.

문제 18

직화식(가스버너장착) 냉온수기의 사용상 장점을 2가지만 쓰시오.

해답
① 냉매가 물(H_2O)이므로 수량이 풍부하다.
② 기기 1대로서 냉, 난방이 가능하다.
③ 냉매가 누설되어도 환경 피해를 일으키지 않는다.
④ 냉방, 난방 시 전환이 편리하다.
⑤ 전기사용량이 절감된다.

문제 19

보일러 용량(상당증발량)이 5톤인 보일러에서 실제 발생증기량(kg/h)을 구하시오.

[조건]
- 보일러 용량 : 5,000kg/h
- 증기 엔탈피 : 650kcal/kg
- 보일러 효율 : 90%
- 보일러 압력 : 0.5MPa
- 급수 온도 : 50℃(급수 비열 : 1kcal/kg℃)
- 연료 소비량 : 오일 사용량 500kg/h

해답 상당증발량(W_e) = $\dfrac{\text{시간당 증기발생량(발생증기 엔탈피 − 급수 엔탈피)}}{539}$ (kg/h)

$5,000 = \dfrac{x(650-50)}{539}$

∴ $x = \dfrac{5,000 \times 539}{650-50} = 4,491.67$ kg/h

문제 20

진공게이지 압력이 50cmHg이면 절대압력은 몇 kg/cm² abs인가?(단, 대기압력은 76cmHg이다.)

해답

절대압력(abs) = 게이지압력 + 표준대기압
= 대기압력 − 진공게이지압력

76 − 50 = 26cmHg(절대압력)

$$\therefore 1.033 \times \frac{26}{76} = 0.35 \text{kg/cm}^2\text{abs}$$

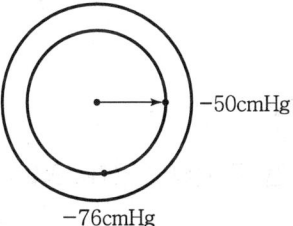

참고 물의 밀도(ρ) = 1,000kg/m³ = 1,000N·sec²/m⁴(SI 단위) = 102kgf·sec²/m⁴(중력 단위)

물의 밀도가 102kgf·sec²/m⁴이면 비중량(kg/m³)은 얼마인가?

102 × g = 102 × 9.81 = 1,000kgf/m³

※ 1kgf × 1m = 1kgf·m = 9.81N·m = 9.81J
   1kgf·m/s = 9.81J/s = 9.8W
   1kgf = 1kg × 9.81m/s² = 9.81kg·m/s² = 9.8N

문제 21

섭씨 온도 29℃ 압력 5bar에서 어느 이상기체의 비체적이 0.158m³/kg일 때 이상기체의 가스상수(R)를 계산하시오.(단, 1bar = 10,332kgf/m², 1013.25mbar로 한다.)

해답

$$R = \frac{P \cdot V}{T} = \frac{5 \times \frac{10332}{1013.25 \times 10^{-3}} \times 0.158}{273 + 29} = 26.67 \text{kgf·m/kg·K}$$

에너지관리기사(2013.4.20)

-주관식 필답형(서술형, 단답형)-

문제 01
보일러 운전 중 캐리오버(기수공발) 현상에 대하여 설명하시오.

해답 프라이밍, 포밍 발생 시 증기에 수분 및 규산이 혼입되어 증기배관으로 배출되는 현상

문제 02
피토관(Pitot Tube) 유량계 측정원리를 쓰시오.

해답 유체가 흐르는 관로에 피토관을 삽입하고 동압과 정압을 측정하여 유속을 구하며 베르누이 정리에 의해 유량을 측정한다.

유속$(V) = \sqrt{2g\left(\dfrac{s_o}{s} - 1\right)h} = \sqrt{2gh}$

유량$(Q) = A \times V = C \cdot A \cdot \sqrt{2g\left(\dfrac{s_o}{s} - 1\right)h}$

여기서, C : 유량계수, A : 단면적

문제 03
다음 조건에 따른 열효율(%)을 구하시오.

[조건]
- 연료의 연소열 : 1,200MJ/kg
- 배기가스열손실 : 80MJ/kg
- 연소실 연소벽 방열손실 : 40MJ/kg

해답 열효율$(\eta) = \dfrac{\text{연료의 연소열} - (\text{배기가스열손실} + \text{연소실 연소벽 방열손실})}{\text{연료의 연소열(공급열)}} \times 100$

$= \dfrac{1,200 - (80 + 40)}{1,200} \times 100 = 90\%$

> 📖 **참고**
> (1) 전열효율 = $\dfrac{\text{연료의 연소열} - (\text{전체손실열})}{\text{실제연소열}} \times 100(\%)$
>
> (2) 보일러 열효율 = $\dfrac{\text{연료의 연소열} - \text{전체손실열}}{\text{연료의 연소열(공급열)}} \times 100$ (열효율)
> $= \dfrac{1,200 - (80+40)}{1,200} \times 100 = 90\%$
> - 실제연소열 = 연료의 연소열 - (불완전열손실 + 미연탄소분에 의한 열손실)
> - 전체열손실 = 배기가스열손실 + 방사열손실 + 불완전열손실 + 미연탄소분에 의한 열손실 + 기타열손실
>
> (3) 연소효율 = $\dfrac{\text{공급열} - (\text{불완전열손실} + \text{미연탄소분에 의한 열손실})}{\text{공급열(연료의 연소열)}}$

문제 04

배기가스량이 50,000kg/h이고, 배기가스비열이 1.045kJ/kg℃, 급수사용량이 30,000kg/h, 급수의 비열이 4.184kJ/kg℃, 절탄기 배기가스 입구온도가 350℃, 절탄기 효율이 0.75인 상태에서 절탄기 배기가스 출구온도는 몇 ℃인가?(단, 절탄기 입구 급수온도는 50℃, 예열 후 출구 절탄기 급수온도는 80℃이다.)

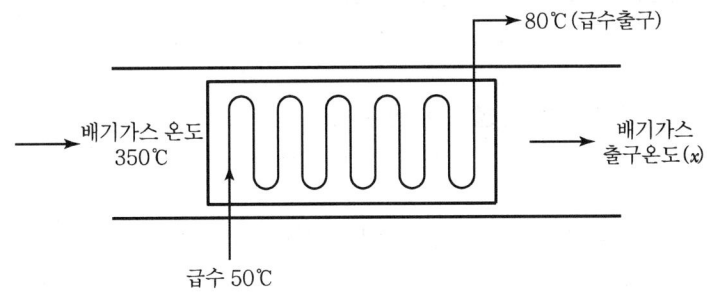

절탄기(급수가열기 = 여열장치 = 폐열회수장치 = 열효율 상승장치)

📖 **해답** $30,000 \times 4.184 \times (80-50) = 50,000 \times 1.045 \times (350-x) \times 0.75$

배기가스 출구온도$(x) = 350 - \dfrac{30,000 \times 4.184 \times (80-50)}{50,000 \times 1.045 \times 0.75}$

$= 350 - \dfrac{3,765,600}{39,187.5} = 253.91$ ℃

문제 05

20℃ 물 10m³를 표준상태에서 100℃ 증기로 변화할 때 필요한 가열량을 구하시오.(단, 물의 비열 : 1kcal/kg℃, 물의 증발열 : 539kcal/kg이다.)

해답 물 10m³=10,000kg(단, 물의 비체적이 주어지면 중량을 다시 구한다.)
물의 현열=10,000×1×(100-20)=800,000kcal
증발잠열=10,000×539=5,390,000kcal
∴ 총 가열량(Q)=800,000+5,390,000=6,190,000kcal

문제 06

연소상태에서 착화지연(Ignition Delay Time) 현상에 대하여 설명하시오.

해답 어느 온도에서 가열하기 시작하여 발화에 이르기까지의 시간
① 고온 고압일수록 발화 지연은 짧아진다.
② 가연성 가스와 산소의 혼합비가 완전산화에 가까울수록 발화지연은 짧아진다.

문제 07

다음의 조건에서 펌프의 비교회전도(N_s)를 구하는 공식을 쓰시오.

[조건]
펌프의 회전수 : N, 양정 : H, 유량 : Q, 단수 : n

해답 비교회전도(N_s) = $\dfrac{N\sqrt{Q}}{\left(\dfrac{H}{n}\right)^{\frac{3}{4}}}$ (단, 단수가 주어지지 않은 경우는 $N_s = \dfrac{N\sqrt{Q}}{H^{\frac{3}{4}}}$)

문제 08

노즐의 입구속도가 10m/s이다. 노즐 출구에서 엔탈피가 100kcal/kg 감소되었을 때 노즐 출구에서의 속도(V_2)는 몇 m/s인가?(단, 입구속도를 무시한다.)

해답 $V_2 = \sqrt{\dfrac{2g}{A}(h_1 - h_2)} = 91.48\sqrt{(h_1 - h_2)}$ (정상류의 일반 에너지식 노즐 속 흐름)
∴ 입구속도를 무시하면, $V_2 = 91.48\sqrt{100} = 914.8$m/s

참고 입구속도를 감안하면, $V_2 = 91.48\sqrt{100 + 10^2} = 1,293.72$m/s

문제 09

다음과 같은 조건에서 플래시탱크 응축수(재증발증기이용장치) 설치 시 재증발에 의한 에너지 회수에 따른 절감률(%)은 얼마인가?

[조건]
- 증기압력 : 10kg/cm²(1MPa), 포화수 엔탈피 : 123kcal/kg
- 재증발증기압력 : 1kg/cm²(0.1MPa), 포화수 엔탈피 : 123kcal/kg
- 1kg/cm²의 발생증기 엔탈피 : 678kcal/kg

해답 증발잠열 = 678 − 123 = 555kcal/kg

절감률 = $\dfrac{555-123}{555} \times 100 = 77.84\%$

문제 10

30℃ 물 3m³(3,000kg)를 100℃의 증기(잠열이 아닌 증기) 엔탈피(kJ/kg)를 사용하여 60℃의 온수로 만들고자 한다. 여기에 사용되는 필요한 증기량은 몇 뉴턴(N)인가?(단, 물의 비열은 4.18kJ/kg℃, 물의 증발열은 2,256kJ/kg이다.)

해답 $3,000 \times 4.18 \times (60-30) = m \times 2,256$

$\therefore m = \dfrac{3,000 \times 4.18 \times 30}{2,256} \times 9.8 = 1,634.20\text{N}$ ※ 1kgf = 9.8N

문제 11

증기보일러에서 온수탱크 10℃의 물(비열 1kcal/kg℃)을 시간당 8,000kg, 80℃로 가열하고자 한다. 증기압력은 8kg/cm²a에서 2kgcm²a까지 감압하여 공급하면 증기절감량(에너지절감량)은 몇 %인가?(단, 8kg/cm²에서 증발잠열량은 489.5kcal/kg, 증기엔탈피는 661.1kcal/kg이며, 감압 후 2kg/cm²에서 증발잠열은 525.9kcal/kg, 증기엔탈피는 646.1kcal/kg이다.)

해답 급탕수 현열(Q) = 8,000 × 1 × (80−100) = 560,000kcal/h

$\dfrac{560,000}{489.5} = 1,144\text{kg/h}$ (8kg/cm²에서 증기소비량)

$\dfrac{560,000}{525.9} = 1,064.84\text{kg/h}$ (2kg/cm²에서 증기소비량)

$\therefore$ 증기절감량 = $\dfrac{1,144-106.84}{1,144} \times 100 = 6.92\%$

참고 열량절감(Q) = 0.0692 × 646.1 = 44.71kcal/kg

제4편 과년도 기출문제

문제 12
신에너지 및 재생에너지 개발·이용·보급 촉진법령에 제시된 (가) 바이오에너지 설비에 대한 설명 및 (나) 활용범위 4가지에 대하여 쓰시오.

[해답] (가) 바이오에너지 설비 : 바이오에너지를 생산하거나 이를 에너지원으로 이용하는 설비
(나) 바이오에너지 활용범위
  ① 생물유기체를 변환시킨 바이오가스, 바이오에탄올, 바이오액화유 및 합성가스
  ② 쓰레기매립장의 유기성 폐기물을 변환시킨 매립지 가스
  ③ 동물, 식물의 유지를 변환시킨 바이오디젤 및 바이오중유
  ④ 생물유기체를 변환시킨 땔감, 목재 칩, 펠릿 및 숯 등의 고체연료

[참고] 신재생에너지법 제2조(정의)
1. "신에너지"란 기존의 화석연료를 변환시켜 이용하거나 수소·산소 등의 화학 반응을 통하여 전기 또는 열을 이용하는 에너지로서 다음 각 목의 어느 하나에 해당하는 것을 말한다.
   가. 수소에너지
   나. 연료전지
   다. 석탄을 액화·가스화한 에너지 및 중질잔사유(重質殘渣油)를 가스화한 에너지로서 대통령령으로 정하는 기준 및 범위에 해당하는 에너지
   라. 그 밖에 석유·석탄·원자력 또는 천연가스가 아닌 에너지로서 대통령령으로 정하는 에너지
2. "재생에너지"란 햇빛·물·지열(地熱)·강수(降水)·생물유기체 등을 포함하는 재생 가능한 에너지를 변환시켜 이용하는 에너지로서 다음 각 목의 어느 하나에 해당하는 것을 말한다.
   가. 태양에너지
   나. 풍력
   다. 수력
   라. 해양에너지
   마. 지열에너지
   바. 생물자원을 변환시켜 이용하는 바이오에너지로서 대통령령으로 정하는 기준 및 범위에 해당하는 에너지
   사. 폐기물에너지(비재생폐기물로부터 생산된 것은 제외한다)로서 대통령령으로 정하는 기준 및 범위에 해당하는 에너지
   아. 그 밖에 석유·석탄·원자력 또는 천연가스가 아닌 에너지로서 대통령령으로 정하는 에너지

신재생에너지법 시행규칙 제2조(신·재생에너지 설비)
「신에너지 및 재생에너지 개발·이용·보급 촉진법」 제2조 제3호에서 "산업통상자원부령으로 정하는 것"이란 다음 각 호의 설비 및 그 부대설비를 말한다.
1. 수소에너지 설비 : 물이나 그 밖에 연료를 변환시켜 수소를 생산하거나 이용하는 설비
2. 연료전지 설비 : 수소와 산소의 전기화학 반응을 통하여 전기 또는 열을 생산하는 설비
3. 석탄을 액화·가스화한 에너지 및 중질잔사유(重質殘渣油)를 가스화한 에너지 설비 : 석탄

및 중질잔사유의 저급 연료를 액화 또는 가스화시켜 전기 또는 열을 생산하는 설비
4. 태양에너지 설비
   가. 태양열 설비 : 태양의 열에너지를 변환시켜 전기를 생산하거나 에너지원으로 이용하는 설비
   나. 태양광 설비 : 태양의 빛에너지를 변환시켜 전기를 생산하거나 채광(採光)에 이용하는 설비
5. 풍력 설비 : 바람의 에너지를 변환시켜 전기를 생산하는 설비
6. 수력 설비 : 물의 유동(流動) 에너지를 변환시켜 전기를 생산하는 설비
7. 해양에너지 설비 : 해양의 조수, 파도, 해류, 온도차 등을 변환시켜 전기 또는 열을 생산하는 설비
8. 지열에너지 설비 : 물, 지하수 및 지하의 열 등의 온도차를 변환시켜 에너지를 생산하는 설비
9. 바이오에너지 설비 : 「신에너지 및 재생에너지 개발·이용·보급 촉진법 시행령」 별표 1의 바이오에너지를 생산하거나 이를 에너지원으로 이용하는 설비
10. 폐기물에너지 설비 : 폐기물을 변환시켜 연료 및 에너지를 생산하는 설비
11. 수열에너지 설비 : 물의 열을 변환시켜 에너지를 생산하는 설비
12. 전력저장 설비 : 신에너지 및 재생에너지를 이용하여 전기를 생산하는 설비와 연계된 전력저장 설비

신재생에너지법 시행령 별표 1(바이오에너지 등의 기준 및 범위)

에너지원의 종류		기준 및 범위
석탄을 액화·가스화 한 에너지	기준	석탄을 액화 및 가스화하여 얻어지는 에너지로서 다른 화합물과 혼합되지 않은 에너지
	범위	1) 증기 공급용 에너지 2) 발전용 에너지
중질잔사유 (重質殘渣油)를 가스화한 에너지	기준	1) 중질잔사유(원유를 정제하고 남은 최종 잔재물로서 감압증류 과정에서 나오는 감압잔사유, 아스팔트와 열분해 공정에서 나오는 코크, 타르 및 피치 등을 말한다)를 가스화한 공정에서 얻어지는 연료 2) 1)의 연료를 연소 또는 변환하여 얻어지는 에너지
	범위	합성가스
바이오 에너지	기준	1) 생물유기체를 변환시켜 얻어지는 기체, 액체 또는 고체의 연료 2) 1)의 연료를 연소 또는 변환시켜 얻어지는 에너지 ※ 1) 또는 2)의 에너지가 신·재생에너지가 아닌 석유제품 등과 혼합된 경우에는 생물유기체로부터 생산된 부분만을 바이오에너지로 본다.
	범위	1) 생물유기체를 변환시킨 바이오가스, 바이오에탄올, 바이오액화유 및 합성가스 2) 쓰레기매립장의 유기성폐기물을 변환시킨 매립지가스 3) 동물·식물의 유지(油脂)를 변환시킨 바이오디젤 및 바이오중유 4) 생물유기체를 변환시킨 땔감, 목재칩, 펠릿 및 숯 등의 고체연료

에너지원의 종류		기준 및 범위
폐기물 에너지	기준	1) 폐기물을 변환시켜 얻어지는 기체, 액체 또는 고체의 연료 2) 1)의 연료를 연소 또는 변환시켜 얻어지는 에너지 3) 폐기물의 소각열을 변환시킨 에너지 ※ 1)부터 3)까지의 에너지가 신·재생에너지가 아닌 석유제품 등과 혼합되는 경우에는 폐기물로부터 생산된 부분만을 폐기물에너지로 보고, 1)부터 3)까지의 에너지 중 비재생 폐기물(석유, 석탄 등 화석연료에 기원한 화학섬유, 인조가죽, 비닐 등으로서 생물 기원이 아닌 폐기물을 말한다)로부터 생산된 것은 제외한다.
수열에너지	기준	물의 열을 히트펌프(Heat Pump)를 사용하여 변환시켜 얻어지는 에너지
	범위	해수(海水)의 표층 및 하천수의 열을 변환시켜 얻어지는 에너지

문제 13

보일러 운전 중 에너지 절감을 위하여 여열장치인 공기예열기를 사용한다. 연소용 공기투입량 30,000Nm³/h, 배기가스 배출량 50,000Nm³/h, 배기가스비열 0.45kcal/Nm³℃, 공기예열기 입구 배기가스 온도 400℃, 공기예열기 공기의 공급온도 150℃ 출구온도 300℃이면 배기가스 출구온도는 몇 ℃인가(단, 공기의 비열은 0.31kcal/Nm³℃, 절탄기 효율은 75%이다.)

해답

$30{,}000 \times 0.31 \times (300-150) = 50{,}000 \times 0.45 \times (400-x)$

배기가스 출구온도$(x) = 400 - \dfrac{30{,}000 \times 0.31 \times (300-150)}{50{,}000 \times 0.45}$

$\qquad = 338℃$

문제 14

정적비열이 0.15kcal/kg℃이고 가스의 정수(R)가 29.27kg·m/kg·℃일 때 이 가스의 정압비열(C_p)는 몇 kcal/kg·℃인가?

해답

$C_p = C_v + AR$, $A = \dfrac{1}{427}$ kcal/kg·m

$C_p = 0.15 + \left(29.27 \times \dfrac{1}{427}\right)$

$\qquad = 0.22$ kcal/kg·℃

문제 15

쓰레기 매립장에서 발생되는 부생가스의 주성분을 쓰시오.

해답 메탄가스(CH_4 가스)

문제 16

다음 보일러(수관식) 핀 붙이 매입 휜 패널형 수냉로벽에서 방사열을 받는 경우 전열면적을 구하시오.(단, 계수 a는 0.5이다.)

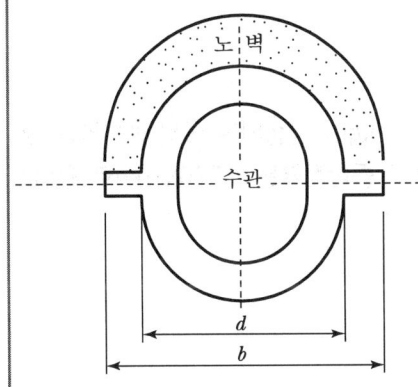

전열의 종류(휜 패널형)	계수(a)
양쪽 면에 방사열을 받는 경우	1.0
한쪽 면에 방사열, 다른 면에 접촉 열을 받는 경우	0.7
양쪽 면에 접촉 열을 받는 경우	0.4
방사열을 받는 경우(매입 휜 패널)	0.5
접촉열을 받는 경우(매입 휜 패널)	0.2

[조건]
수관경 : 60mm, 수관 핀 붙이 외경 : 66mm, 수관길이 : 2m, 수관개수 : 8개
멤브레인 외경 : 30mm, 멤브레인 길이 : 2m, 멤브레인 개수 : 8개

해답 매입 휜 패널형의 전열면적(A) $= \left(\dfrac{\pi d}{2} + W \cdot a\right) l \cdot n$

$$= \left[\dfrac{3.14 \times 0.06}{2} + (0.066 - 0.06) \times 0.5\right] \times 2 \times 8$$

$$= (0.0942 + 0.006 \times 0.5) \times 2 \times 8 = 1.56 m^2$$

참고
- 노벽이 있는 경우 : 매입 휜 패널형 전열면적(A) $= \left(\dfrac{\pi d}{2} + W \cdot a\right) l \cdot n$
- 노벽이 없는 경우 : 휜 패널형 전열면적(A) $= (\pi d + W \cdot a) l \cdot n$
  여기서, W : 1개 수관 핀 너비합(m) $= b - d$
  a : 전열의 계수
  l : 수관 또는 헤더의 길이(m)
  n : 수관의 개수

문제 17

보일러용 도시가스 검침량이 가스미터기에서 250m³/h이고, 가스의 공급압력이 230mmH₂O, 가스의 공급온도가 20℃이며 가스의 저위발열량이 9,550kcal/Nm³이면 도시가스의 총 연소열량은 몇 kcal/h인가?(단, 대기압은 10,332mmH₂O이다.)

해답 표준상태의 가스 사용량(V) = $V_1 \times \dfrac{T_1}{T_2} \times \dfrac{P_2}{P_1}$

$= 250 \times \dfrac{273}{273+20} \times \dfrac{10,332+230}{10,332} = 238.12 \text{Nm}^3/\text{h}$

총 연소열량 = 238.12 × 9,550 = 2,274,046 kcal/h

문제 18

프로판가스(C_3H_8) 연소 시 생성되는 물(H_2O)의 질량은 총 몇 kg이 발생되며 물의 증발열은 몇 kJ이 생성되는가?(단, $C_3H_8 + 5O_5 \rightarrow 3CO_2 + 4H_2O$이고 물의 증발잠열은 2,520kJ/kg로 한다.)

해답
- 물의 총질량 = 4 × 18 = 72kg
  (H_2O 1kmol = 18kg 분자량 값이다.)
- 물의 증발열 = 72 × 2,520 = 181440kJ

문제 19

다음 물음에 답하시오.

(1) 보일러 노 내 연소용 불꽃이 회백색이다. 이 경우 연소상태 현상을 쓰시오.

(2) 연소실 화실에 연소열량이나 부하를 증가하려면 먼저 (㉮)을 증가시킨 후 그 다음 (㉯)량을 증가시킨다.

해답 (1) 노 내에 과잉공기 투입으로 화염의 색깔이 회백색으로 나타남
(2) ㉮ 공기공급, ㉯ 연료

문제 20

연료공급장치인 서비스탱크의 설치 목적을 3가지만 쓰시오.

해답
① 보일러에 기름을 원활하게 공급한다.
② 적시 적소에 오일 공급이 가능하다.
③ 낙차에 의한 오일 공급이 가능하다.
④ 연소장치에 언제나 오일 공급이 원활하다.

문제 21

화염검출기인 광전관은 고온에 노출되면 기능이 상실되므로 사용상 장애가 발생하기 때문에 주위온도는 몇 ℃ 이하로 유지하여야 하는지와 이때 사용되는 셀의 종류를 3가지만 쓰시오.

해답
① 부품의 명칭 : 프레임 아이 화염 검출기(광전관식 화염 검출기)
② 사용상 주위온도 : 50℃ 이하 유지
③ 셀(Cell)의 종류
  ㉠ CdS 셀
  ㉡ PbS 셀
  ㉢ 광전관
  ㉣ 자외선 광전관
  ㉤ 프레임 로드

참고 화염 검출기(안전장치)
(1) 검출방식
  ① 열적 화염 검출기(Stack Switch)
  ② 광학적 화염 검출기(Flame Eye)
  ③ 전기전도 화염 검출기(Flame Rod)
(2) 화염에서 빛을 검출하는 방법의 화염 검출기
  ① 적외선
  ② 가시광선
  ③ 자외선
(3) 사용연료에 따른 화염 검출기의 적합성
  ① 가스연료용 : Pbs 셀, 자외선광전관, 프레임로드
  ② B, C중유용 : cds 셀, Pbs 셀, 광전관, 자외선 광전관
  ③ 등유~A 중유용 : Pbs 셀, 자외선 광전관

에너지관리기사(2013.7.13)

− 주관식 필답형(서술형, 단답형) −

문제 01
두께가 20mm인 강관에 두께 3mm인 스케일이 발생하여 부착하였다. 열전도에 대한 저항은 초기상태 강관의 몇 배가 되는가?(단, 강관의 열전도율 : 40W/m · K, 스케일의 열전도율 : 2W/m · K이다.)

해답

강관의 열전도 저항(R_1) = $\dfrac{0.02}{40}$ = 0.0005m² · K/W

스케일의 열전도 저항(R_2) = $\dfrac{0.003}{2}$ = 0.0015m² · K/W

∴ $\dfrac{0.0005 + 0.0015}{0.0005}$ = 4배

문제 02
보일러 설비 중 하나인 부르동관 압력계에 부착된 사이펀관 내 들어 있는 물의 의미나 물이 들어 있어야 하는 이유를 간단히 설명하시오.

해답 부르동관 내 증기가 직접 들어가면 압력계 내부 부르동관이 파손되며 이것을 방지하기 위하여 사이펀관 내 물을 채워둔다.

문제 03
다음의 조건을 참고하여 보일러 상당증발량(kg/h)을 구하시오.

[조건]
- 급수온도 : 20℃
- 발생증기 엔탈피 : 2,860.5kJ/kg
- 포화수 증발잠열 : 2,257kJ/kg
- 급수사용량 : 2,000kg/h
- 급수엔탈피 : 83.96kJ/kg

해답

상당증발량 = $\dfrac{발생증기량 \times (발생증기엔탈피 - 급수엔탈피)}{증발잠열}$ (kg/h)

= $\dfrac{2,000(2860.5 - 83.96)}{2,257}$ = 2,460.38kg/h

문제 04
보일러 열정산(KS B 6205)에 따른 보일러 효율(%)을 구하는 방법 2가지와 계산식을 쓰시오.

해답 ① 입출열법 = $\dfrac{\text{유효출열}}{\text{입열합계}} \times 100$

② 열손실법 = $\left(1 - \dfrac{\text{열손실합계}}{\text{입열합계}}\right) \times 100$

참고 보일러손실열 : 배기가스현열손실, 방사열손실, 미연탄소분에 의한 열손실, CO에 의한 열손실

문제 05
열전대 온도계의 열전대 구비조건을 3가지만 쓰시오.

해답 ① 열기전력이 클 것
② 온도와의 관계가 직선적이며 열적으로 안정되어 있을 것
③ 내열성, 내식성 및 재현성이 클 것
④ 전기저항 온도계수 및 열전도율이 적을 것

문제 06
신·재생에너지에서 신에너지의 의미와 그에 따른 종류를 3가지만 쓰시오.

해답 ① 의미 : 기존의 화석연료를 변환시켜 이용하는 에너지
② 종류
  ㉠ 연료전지
  ㉡ 석탄을 액화, 가스화한 에너지 및 중질잔사유를 가스화한 에너지
  ㉢ 수소에너지

문제 07
다음의 조건을 이용하여 보일러 효율(%)을 구하시오.

[조건]
- 급수온도 : 60℃
- 발생증기 엔탈피 : 660kcal/kg
- 액체연료소비량 : 140kg/h
- 증기압력 : 7kgf/cm²g
- 증기발생량 : 840kg/h
- 연료의 저위발열량 : 4,600kcal/kg

해답

$$효율 = \frac{발생증기량(발생증기엔탈피 - 급수엔탈피)}{연료소비량 \times 연료의 저위 발열량} \times 100$$

$$= \frac{840 \times (660-60)}{140 \times 4,600} \times 100 = 78.26\%$$

문제 08

보일러 화실 내 연소 중 외부부식인 고온부식의 발생이 되는 성분의 명칭 및 고온부식을 방지하는 방지대책을 3가지만 쓰시오.

해답
① 성분 : 바나지움(V)
② 방지대책
  ㉠ 연료 중 바나듐, 나트륨, 황분을 제거한다.
  ㉡ 첨가제를 가하여 바나듐의 융점을 높인다.
  ㉢ 전열면의 내식재료 또는 내식처리를 한다.
  ㉣ 전열면의 표면온도가 높아지지 않도록 설계한다.

문제 09

증류, 증발에서 증발 농축설비 운전 중 비등점 상승(BPR)의 요인을 간단히 설명하시오.

해답 액층깊이에 의한 포화압력차 및 수용액의 용질에 의한 차이로 비점이 상승한다.

참고 휘발성 용매에 비휘발성 물질이 녹아 있는 경우 용매의 증기압이 저하된다. 따라서 용매의 증기압 하에서 비등하게 되므로 비점이 상승한다. 즉, 수용액의 비점은 순수물질의 비점보다 높다.

문제 10

보일러 운전 중 증기발생과정에서 비수(프라이밍)현상이 발생하는데 그 방지대책을 4가지만 쓰시오.

해답
① 비수방지관을 설치한다.
② 주증기 밸브를 천천히 연다.
③ 관수 중에 불순물이나 농축수를 제거한다.
④ 수위를 항상 정상수위로 유지하고 고수위 운전을 방지한다.

문제 11

다음의 조건을 이용하여 보일러 상당증발량(kg/h)을 계산하시오.

[조건]
- 급수온도 : 30℃
- 증기의 건도 : 0.95
- 포화수 엔탈피 : 908.79kJ/kg
- 물의 비열 : 1kcal/kg·℃
- 증기발생량 : 20ton/h
- 발생증기 엔탈피 : 3,165.79kJ/kg
- 증발잠열 : 2,257kJ/kg
- 1kcal = 4.2kJ

해답 습포화증기 엔탈피 = 포화수 엔탈피 + 증발잠열 × 증기건도
= 908.79 + 2,257 × 0.95 = 3,052.94kcal/kg

∴ 상당증발량 = $\dfrac{\text{시간당 증기발생량}(\text{발생 습포화증기 엔탈피} - \text{급수 엔탈피})}{(\text{포화수})\text{물의 증발잠열}}$

= $\dfrac{20 \times 1,000(3,052.94 - 30 \times 4.2)}{2,257}$ = 25,936.55kg/h

참고 단, 건포화증기 엔탈피가 주어진 경우에는 습포화증기 엔탈피를 구하지 않아도 된다(건포화증기 엔탈피 = 포화수 엔탈피 + 증발잠열).

문제 12

내화물 중 부정형내화물 시공상 보강방법 3가지만 쓰시오.

해답
① 앵커
② 서포트
③ 메탈라스

문제 13

보일러 평형반사식 수면계 2개를 수주계에 부착하였다. 수주관의 부착시 보일러 증기드럼과 연결시 연락관의 관경은 몇 mm 이상이어야 하는가?

해답 20mm 이상

문제 14

다음 열매체 보일러 효율 계산식에서 A와 B에 들어가야 할 내용을 쓰고, 열매체 보일러의 특징을 3가지만 쓰시오.

$$효율 = \frac{A(m^3/h) \times 비중량(kg/m^3) \times 비열(kcal/kg℃) \times 열매입출구온도차(℃)}{시간당 사용연료량(kg/h) \times B(kcal/kg)} \times 100(\%)$$

해답

① A : 시간당 열매체 사용량
   B : 연료의 저위발열량

② 특징
   ㉠ 저압의 운전으로 고온을 얻을 수 있다.
   ㉡ 자극성 인화성 물질이다.
   ㉢ 안전밸브 설치 시 밀폐식으로 해야 한다.
   ㉣ 액상이나, 기상으로 사용이 가능하다.
   ㉤ 열매체는 휘발성이 강하다.
   ㉥ 사용하는 열매체는 동파의 위험이 없다.

문제 15

에스코(ESCO) 사업에 대해서 간단히 기술하시오.

해답 ESCO(Energy Service Company)란 에너지 절약전문기업으로서 ESCO 사업은 제3자로부터 위탁을 받아 시행하는 에너지관리 용역, 시설투자, 에너지 절약을 위한 사업을 말한다.

문제 16

다음 건습구 온도계의 조건을 가지고 상대습도(%)와 절대습도(kg/kg′)를 구하시오.(단, 표준대기압 = 760mmHg이다.)

> [조건]
> • 건구온도 24℃ : 수증기포화압력 19.82mmHg
> • 습구온도 23.5℃ : 수증기포화압력 15.47mmHg

해답

(1) 대기 중 수증기분압(P_A) = $P_s' - \dfrac{P}{1,500}(t-t') = 15.47 - \dfrac{760}{1,500} \times (24-23.5)$
   = 15.22mmHg

∴ 상대습도(ϕ) = $\dfrac{P_A}{P_s} \times 100 = \dfrac{15.22}{19.82} \times 100 = 76.79\%$

(2) 절대습도(x) = $0.622 \dfrac{\phi P_s}{P - \phi P_s} = 0.622 \times \dfrac{0.7679 \times 19.82}{760 - 0.7679 \times 19.82} = 0.0127$ kg/kg′

문제 17

급수처리장치의 명칭을 쓰고 급수처리에서 슬러지조정제를 3가지만 쓰시오.

해답
① 명칭 : 청관제 주입장치(약액주입장치)
② 슬러지 조정제
  ㉠ 리그린
  ㉡ 전분
  ㉢ 탄닌
  ㉣ 해초추출물
  ㉤ 고분자 유기화합물

문제 18
보온이나 단열재의 구비조건을 5가지만 쓰시오.

해답
① 열전도율이 적을 것
② 세포조직이며 다공질일 것
③ 시공성이 좋을 것
④ 물리적·화학적 강도가 클 것
⑤ 부피 비중이 작을 것
⑥ 흡수성·흡습성이 적을 것
⑦ 안전사용온도 범위에 적합할 것

문제 19
증기압축식 냉동기의 종류를 3가지만 쓰시오.

해답
① 왕복동식
② 터보형식(원심식)
③ 스크루식
④ 스크롤식
⑤ 로터리식

문제 20
보일러 폐열회수장치인 공기예열기를 설치하였다. 다음의 조건에서 공기예열기의 배기가스 출구 온도는 몇 ℃인가?

[조건]
- 연소용 공기량 : 30,000Nm³/h
- 연소용공기 공기예열기 입구온도 : 30℃
- 연소용공기예열기 출구온도 : 200℃
- 공기예열기 입구 배기가스 온도 : 300℃
- 공기의 비열 : 1.0kcal/Nm³℃
- 배기가스량 : 50,000Nm³/h
- 배기가스 비열 : 1.2kcal/Nm³℃

해답
$30{,}000 \times 1 \times (200-30) = 50{,}000 \times 1.2(300-x)$

∴ 배기가스 출구온도$(x) = 300 - \dfrac{30{,}000 \times 1 \times (200-30)}{50{,}000 \times 1.2} = 215\,℃$

문제 21

보일러 압력 1MPa의 증기로 열교환기에서 50℃의 급수를 100℃의 급수로 가열한 후 응축수 생성량이 3,500kg/h 발생되었다. 이 응축수가 플래시 탱크에서 0.1MPa로 감압된 후 재증발된 증기를 제외하면 순수한 응축수량은 몇 kg/h이 생성되는가?(단, 1MPa의 포화수엔탈피는 760kJ/kg, 0.1MPa의 포화수엔탈피는 420kJ/kg, 물의 증발잠열은 2,265kJ/kg이다.)

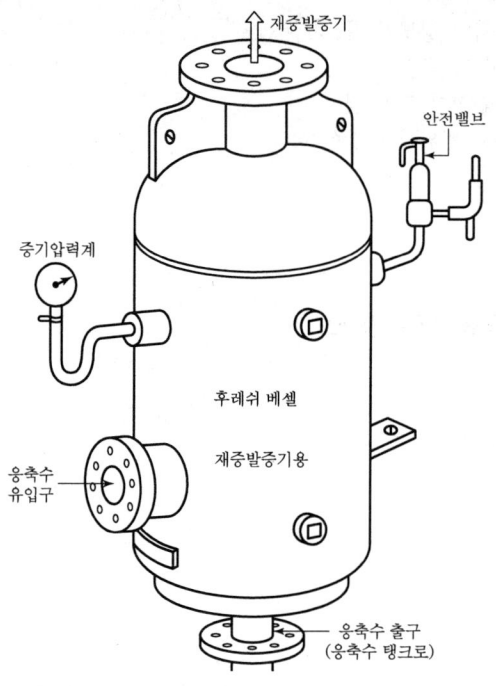

해답 응축수 1kg당 플래시탱크 재증발 증기량 = $\dfrac{760-420}{2,265}$ = 0.15kg/kg

전체 재증발 증기발생량 = 3,500 × 0.15 = 525kg/h

∴ 순수한 응축수 발생량 = 3,500 − 525 = 2,975kg/h

참고 순수한 응축수 발생량은 응축수 탱크로 보내며 보일러급수용으로 재사용(복수)한다.

에너지관리기사(2013.11.10)

-주관식 필답형(서술형, 단답형)-

문제 01
보일러 운전 중 잉여증기를 급수탱크에 보내어 온수로 저장하였다가 사용부하가 다시 증가할 때 증기의 과부족을 해소하기 위해 증기의 부하를 조절하는 송기장치의 일종인 이 부품의 명칭을 쓰시오.

해답 증기축열기(스팀 어큐뮬레이터)   ※ 제1종 압력용기

문제 02
보일러용 수면계 파손원인을 5가지만 쓰시오.

해답
① 수면계 조임너트의 무리한 조임
② 외부에서 충격을 가한 경우
③ 장기간 사용으로 알칼리에 의한 노후시
④ 상하부의 축이 이완된 경우
⑤ 수면계 형식과 사용압력이 맞지 않았을 때
⑥ 보일러 사용압력과 온도가 수면계와 맞지 않을 때

문제 03
보일러자동제어 중 되먹임제어(피드백 제어)의 궁극적인 목적을 쓰시오.

해답 결과가 원인이 되어 제어단계를 진행하는 제어로서 편차를 제거하기 위하여 수정동작을 꾀하는 정량적 자동제어이다.

문제 04

물의 유속측정을 위하여 피토관 측정결과 전압이 12mH₂O, 유속이 11.71m/s이다. 이 경우 정압은 몇 kPa인가?

해답

① 피토관 유속(V_0) = $\sqrt{2g\Delta h}$ = $\sqrt{\dfrac{2g(P_s - P_0)}{\gamma}}$ (m/s)

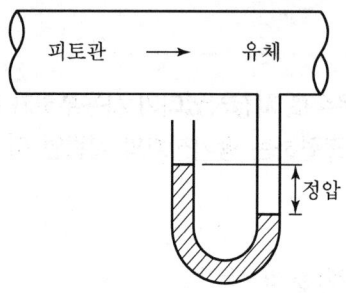

② 피토정압관 유속(V_0) = $C_v \sqrt{2g\left(\dfrac{S_0}{S} - R\right)h}$ (m/s)

③ 전압 - 정압 = 동압, 동압 = 전압 - 정압, 전압 = 정압 + 동압

$11.71 = \sqrt{2 \times 9.8(12 - x)}$

$x = 12 - \dfrac{(11.71)^2}{2 \times 9.8} = 5.0039 \text{mH}_2\text{O}$

∴ 정압 = $101.325 \times \dfrac{5.0039}{10.332} = 49.07 \text{kPa}$

참고 1atm = 10.332mAq = 101.325kPa = 1.0332kg/cm²

동압 = 12 - 5.0039 = 6.996mH₂O

문제 05

내화물 손상 중 마그네시아질, 돌로마이트질 염기성 노재의 성분인 MgO, CaO 등은 수증기와 작용하여 Ca(OH)₂, Mg(OH)₂를 생성하여 노재의 비중변화에 의해 체적 팽창을 일으키면서 균열이 발생하고 붕괴되는 현상을 무엇이라 하는가?

해답 슬래킹 현상(Slaking 현상)

문제 06
뜨거운 태양에서 태양열을 이용하여 냉방을 하기 위한 시스템 설비에 대하여 간단히 설명하시오.

해답 진공관형 태양열 집열기를 통하여 얻은 열을 축열조에 저장 후 88℃ 이상의 온수를 흡수식 냉동기 재생기의 구동열원으로 공급하여 증발기의 7℃ 냉수를 발생시킨 후 건물 내 팬코일 유닛에 연결하여 냉방을 실시한다.

문제 07
내화물 노재의 함수 총중량이 5ton/hr인 물질 함수량 40%에서 함수량 10%로 건조시킨다면 필요한 가열량(kcal/h)은 얼마인가?(단, 수분의 증발잠열은 580kcal/kg, 건조기 효율은 70%이다.)

해답
- 건조 : 고체나 고체에 가까운 물질의 수분을 증발시켜 제거하는 조작이다.
- 수분의 형태 : ㉠ 부착수분(재료의 표면에 부착된 수분)
  ㉡ 결합수분(재료의 모세관 및 세포 속에 들어가 있는 수분)
- 수분$(x) = \dfrac{\text{습한 물질의 전중량} - \text{완전건조중량}}{\text{습한 물질의 전중량}}$ (H_2Okg/습량 kg)
- 함수율$(w) = \dfrac{\text{습한 물질의 전중량} - \text{완전건조중량}}{\text{완전건조중량}}$ (H_2Okg/습량 kg)
- 수분 $= \dfrac{w}{1+w}$

∴ 건조기 가열량 $= \dfrac{5 \times 1{,}000 \times (0.4 - 0.1) \times 580}{0.7} = 1242857.14 \text{kcal/h}$

문제 08
기체연료 중 메탄(CH_4)이 90%, 일산화탄소(CO)가 10%, 혼합기체의 완전연소 시 고위발열량(MJ)을 구하시오.(단, CH_4 고위발열량은 39.75MJ/Sm^3, CO의 고위발열량을 12.64MJ/Sm^3, 연료 소비량은 5Sm^3이다.)

해답 고위발열량(H_h) = $(39.75 \times 0.9 + 12.64 \times 0.1) \times 5 = 185.20$MJ

문제 09

1MPa, 150℃의 공기가 단열팽창하여 0.5MPa, 74℃로 변화하였다면 이 공기의 유속은 몇 m/s 인가?(단, 정압비열은 1.0035kJ/kg℃이다.)

해답 유속$(w) = \sqrt{2gJ(h_1 - h_2)} = \sqrt{2gJC_p(T_1 - T_2)}$ (m/sec)

일의 열당량$(A) = \dfrac{1}{427}$ kcal/kg·m, 열의 일당량$(J) = 427$kg·m/kcal

정압비열$(C_p) = \dfrac{1.0035\text{kJ/kg℃}}{4.186} = 0.241$kcal/kg℃, 1kcal=4.186kJ

∴ 유속$(w) = \sqrt{2 \times 9.8 \times 427 \times 0.241(423 - 347)} = 391.52$m/s

참고 유속$(V_1) = \sqrt{\dfrac{2k}{k_1}RT\left\{1 - \left(\dfrac{P_2}{P_1}\right)^{\frac{k-1}{k}}\right\}}$

공기 기체상수$(R) = 287$J/kg·K, 공기의 비열비$(K) = 1.4$

∴ $V_1 = \sqrt{\dfrac{2 \times 1.4}{1.4 - 1} \times 287 \times (150 + 273)\left\{1 - \left(\dfrac{510}{1,020}\right)^{\frac{1.4-1}{1.4}}\right\}} = 390$m/s

※ 1MPa=10kg/cm²×102kPa=1,020kPa
　0.5MPa=5kg/cm²×102kPa=510kPa

문제 10

달 표면에 있는 압력용기의 부르동관 압력계의 지시압력이 5kg/cm²일 때 이 압력용기의 절대압력(kg/cm²a)은 얼마인가?(단, 지구의 중력가속도는 9.81mS²이고 표준대기압은 101.3kPa이고 달의 인력은 지구의 1/8 정도이다.)

해답 절대압력(abs) = 게이지압력 + 표준대기압

∴ $\left(1.033 \times \dfrac{1}{8}\right) + 5 = 5.13$kg/cm²a

문제 11

외경 30mm의 파이프에 두께 15mm인 보온재를 감아 시공한 증기관에서 표면온도 100℃, 외기온도 20℃일 때 관의 길이가 15m이면 파이프에서 방출되는 손실열량(W/h)을 구하시오.(단, 열전도율은 0.2093W/m·K이다.)

해답 평균 보온재 면적(F) = $\dfrac{F_2 - F_1}{\ln\dfrac{F_2}{F_1}} = \dfrac{F_2 - F_1}{2.3\log\dfrac{F_2}{F_1}}$ (m²)

평균면적(F) = $\dfrac{2 \times 3.14 \times 15(0.03 - 0.015)}{\ln\left(\dfrac{0.03}{0.015}\right)} = 2.04\,\text{m}^2$

∴ 열손실(Q) = $\lambda F \dfrac{t_1 - t_2}{b} = 0.2093 \times 2.04 \times \dfrac{(100-20)}{0.015} = 2{,}277.18\,\text{W/h}$

참고

(1) 열손실(Q) = $\dfrac{3.14 \times 15(0.03-0.015)}{\ln\left(\dfrac{0.03}{0.015}\right)} \times 0.2093 \times \dfrac{(100-20)}{0.015} = 2{,}277.18\,\text{W/h}$

(2) 열손실(Q) = $\dfrac{\lambda 2\pi L(t_1 - t_2)}{\ln\left(\dfrac{r_2}{r_1}\right)} = \dfrac{0.2093 \times 2 \times 3.14 \times 15(100-20)}{\ln\left(\dfrac{0.03}{0.015}\right)} = 2{,}275.54\,\text{W/h}$

문제 12

단면 확대노즐의 입구속도가 10m/s이고 노즐 출구에서의 엔탈피가 110kcal/kg이다. 입구 속도를 무시할 경우 노즐의 출구속도를 구하시오.

해답 유속(V_2) = $\sqrt{\dfrac{2g}{A}(h_1 - h_2)} = 91.48\sqrt{110} = 959.45\,\text{m/s}$

여기서, $\sqrt{2 \times 9.8 \times 427} = 91.48$
 열의 일당량 = 427 kg·m/kcal

참고 입구유속을 반영하면 $V_2 = \sqrt{\dfrac{2g}{A}(h_1 - h_2) + W_1^2}$, W_1 : 입구유속(m/s)

SI 단위 유속(V_2) = $\sqrt{2(h_1 - h_2)} = 1.414\sqrt{h_1 - h_2}$

문제 13

보일러 증기압력 1MPa, 증기발생량(Sw_1) 2,500kg/h가 플래시탱크(재증발증기탱크)로 이송된다. 탱크 내 증기압력이 0.1MPa일 때 회수 가능한 재증발증기량(kg/h)을 계산하시오.

> 단, 증기압력 1MPa에서 포화수 엔탈피(h_1) : 180kcal/kg
> 증기압력 0.1MPa에서 증기 엔탈피(h_2) : 640kcal/kg
> 증기압력 0.1MPa에서 포화수 엔탈피(h_3) : 120kcal/kg

해답 재증발증기량(Sw_2) = $Sw_1 \times \dfrac{h_1 - h_3}{h_2 - h_3} = 2,500 \times \dfrac{180 - 120}{640 - 120} = 288.46$kg/h

문제 14

다음 영상화면에서 보여주는 신축이음의 명칭과 설치목적을 간단히 기술하시오.(단, 가지관이 아닌 주관에 연결한 이음)

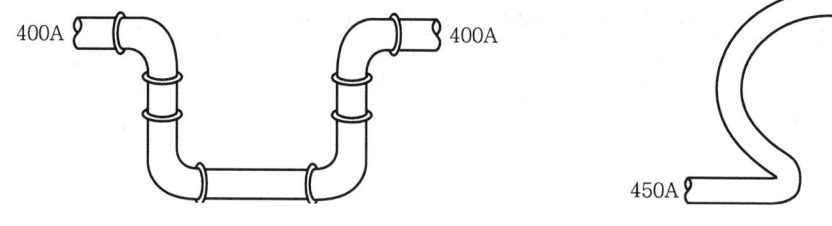

해답 ① 명칭 : 루프형 신축이음(곡관형 신축이음)
② 설치목적 : 온도변화에 따른 관의 열팽창 및 신축을 흡수하기 위함

문제 15

폐열회수장치인 공기예열기에서 통상적으로 열효율이 1% 향상되었다면 공기의 예열온도가 몇 ℃ 상승되어야 하는가?

해답 25℃(또는 20~25℃ 상승)

참고 (1) 급수온도를 10℃ 상승시키면 (절탄기에서) 보일러 열효율 1.5% 향상
(2) 공기예열기 종류
① 전열식(강판형, 강관형)
② 재생식(융그스트롬식)

문제 16

급수처리 타워형 장치(급수처리 외처리)의 불순물 처리과정을 ( ) 안에 써 넣으시오. 또한 보일 급수처리 외처리에서 제거해야 할 불순물을 5가지만 쓰시오.

해답
① 처리순서 공정도
　　원수 → (㉠) → (㉡) → 여과 → (㉢) → 급수
　　㉠ 응집
　　㉡ 침전
　　㉢ 탈이온 연화
② 불순물 종류(불순물 5대 원소)
　　㉠ 염류
　　㉡ 유지분
　　㉢ 알칼리분
　　㉣ 가스분
　　㉤ 산분

참고 보일러 급수처리 내처리 순서
오염된 복수 → 여과 → 급수 → 보일러수 → 프로세스
　↑
이온교환수지 순서(역세 → 재생 → 압출 → 수세 → 통수)

문제 17

온도 218℃의 습증기를 교축하여 압력 1.5kg/cm² abs로 감압하여 온도가 111℃로 변화하였다. 이때 이 218℃의 습증기의 포화수 엔탈피(kcal/kg)는 얼마인가?

해답 압력기준표

압력(kg/cm²)	포화온도(℃)	포화수 엔탈피(kcal/kg)	포화증기 엔탈피(kcal/kg)
20	211.38	215.82	668.5
21	216.23	221.12	668.9
22	220.75	226.13	669.3
23	223.75	228.15	671.35

• 습증기 압력을 보간법에 의해 계산하면(218℃ 증기압력계산)

$$21 + \frac{218 - 216.23}{220.75 - 216.23} \times (22 - 21) = 21 + \frac{1.77}{4.52} \times 1 = 21.39 \text{kg/cm}^2$$

계산표

압력	포화온도
21	216.23℃
21.39	218℃
22	220.75℃
23	223.75℃

∴ 포화수 엔탈피(h_1)
$$= 221.12 + \frac{218-216.23}{220.75-216.23}(226.13-221.12) = 221.12 + \frac{1.77}{4.52} \times 5.01$$
$$= 223.08 \text{kcal/kg}$$

참고
- 218℃의 포화증기 엔탈피(h_2)를 구하면?(단, 1.5kg/cm² 111℃의 증기엔탈피는 648.8 kcal/kg이다.)
$$h_2 = 668.9 + \frac{218-216.23}{220.75-216.23} \times (669.3-668.9) = 670.71 \text{kcal/kg}$$
- 증기의 건조도(218℃에서)
$$건조도(x) = \frac{648.8-222.89}{670.71-222.89} = \frac{425.91}{447.82} = 0.95$$

문제 18
보일러 급수는 응축수로 하며 재증발증기로 응축수온도 60℃에서 75℃로 승온하여 공급하면 연료절감률(%)은 얼마인가?(단, 재증발증기 엔탈피는 650kcal/kg, 물의 비열은 1kcal/kg℃이다.)

해답 $\dfrac{75-60}{650-60} \times 100 = 2.54\%$

문제 19
보일러 효율 85%, 증기압력 5kg/cm²a, 포화수 엔탈피 150kcal/kg, 급수온도 50℃, 포화증기 습증기 엔탈피 659kcal/kg일 때 실제 보일러 증기발생량(kg/h)은 얼마인가?(단, 연료는 오일이고 고위발열량은 10,500kcal/kg, 사용량 150kg/h, 저위발열량은 9,750kcal/kg, 열정산 기준에 의한다.)

해답

① 고위발열량에 의한 증기발생량(kg/h)
$$85 = \frac{x(659-50)}{150 \times 10,500} \times 100$$
$$\therefore 증기발생량(x) = \frac{(150 \times 10,500) \times 0.85}{659-50} = 2,198.28 \text{(kg/h)}$$

② 저위발열량에 의한 증기발생량(kg/h)
$$85 = \frac{x(659-50)}{150 \times 9,750} \times 100$$
$$\therefore 증기발생량(x) = \frac{(150 \times 9,750) \times 0.85}{659-50} = \frac{1,243,125}{609} = 2,041.26 \text{(kg/h)}$$

- 상당증발량(환산증발량) 계산(kg/h)

$$W_e = \frac{보일러\ 증기발생량[발생\ 습포화증기\ 엔탈피 - 급수\ 엔탈피]}{증발잠열}$$

- 발생 습포화증기(h_2) 엔탈피(kcal/kg)

$$h_2 = 포화수\ 엔탈피 + 증발잠열 \times 증기\ 건조도$$

- 보일러 효율(%) 계산

$$효율(\eta) = \frac{시간당\ 증기발생량(발생\ 습포화증기\ 엔탈피 - 급수\ 엔탈피)}{시간당\ 연료소비량 \times 연료의\ 발열량} \times 100(\%)$$

참고 열정산 기준에서는 고위발열량을 기준으로 하고(KS B 6205 기준에서) 다만, 저위발열량을 기준으로 할 경우 반드시 기재하여야 한다.

문제 20

보일러 연도에 공기예열기 입구에서 배기가스온도가 230℃, 공기예열기 배기가스 출구온도는 150℃로 10kg/s이 배출되고 있다. 공기예열기에서 20℃의 공기가 들어가서 5kg/s 질량으로 노내로 투입된다. 연소용 공기가 20℃ 상승 시마다 연료가 1% 절감한다면 공기예열기 사용 시 연료 절감률은 몇 %인지 계산하시오.(단, 배기가스비열은 1.25KJ/kg · K, 공기의 비열은 1.57KJ/kg · K 이다.)

해답 $1.25 \times 10 \times (230 - 150) = 1.57 \times 5 \times (x - 20)$

공기예열기 연소용 공기출구온도$(x) = \frac{1.25 \times 10 \times (230 - 150)}{1.57 \times 5} + 20 = 147.39℃$

예열공기 상승온도 = 147.39 - 20 = 127.39℃

∴ 연료 절감률 $= \frac{1\%}{20℃} \times 127.39 = 6.37\%$

에너지관리기사(2014.4.19)

-주관식 필답형(서술형, 단답형)-

문제 01

보일러드럼 내 보유수량이 2,000톤이다. 용존산소가 9ppm 함유된 상태에서 이 산소(O_2)를 제거하기 위한 탈산소재인 아황산나트륨의 첨가량은 몇 g이 소요되어야 하는가?

해답

$2Na_2SO_3 + O_2 \rightarrow 2Na_2SO_4$
Na_2SO_3 분자량 : 126

산소량 질량 $= 2{,}000{,}000{,}000 \times \dfrac{9}{10^6} = 18{,}000\text{g}$

아황산나트륨 첨가량
$32 : (126 \times 2) = 18{,}000 : x$

$\therefore x = 252 \times \dfrac{18{,}000}{32} = 141{,}750\text{g}$

참고 1ppm의 용존산소를 제거하기 위해 $\left(\dfrac{252}{32}\right) = 7.88$ppm의 아황산나트륨이 필요하다.

물 2,000톤 $= 2{,}000{,}000\text{kg} = 2{,}000{,}000{,}000\text{g}$ (1ppm $= \dfrac{1}{10^6}$, 1ppb $= \dfrac{1}{10^9}$)

문제 02

보일러 압력 5kg/cm²일 때, 증기발생량 3,500kg/h, 증기엔탈피 650kcal/kg, 급수온도 35℃에서 보일러 효율(%)을 구하시오.(단, 액체 연료소비량은 300L/h, 연료의 비중 0.96, 연료의 저위발열량 9,750kcal/kg이다.)

해답

효율 $= \dfrac{\text{증기발생 이용열량}}{\text{노 내 공급열량}} \times 100 = \dfrac{3{,}500(650-35)}{(300 \times 0.96) \times 9{,}750} \times 100 = 76.66\%$

참고

$\dfrac{3{,}500(650-35)}{539} = 3{,}993.51\text{kg/h}$ (상당증발량)

$300 \times 0.96 = 288\text{kg/h}$ (연료소비량 중량)

제4편 과년도 기출문제

문제 03
캐리오버에 대하여 설명하시오.(Carry Over 현상)

해답 보일러 운전 중 프라이밍, 포밍 발생 시 수분이나 규산이 증기 속에 혼입되어 함께 보일러 외부 배관으로 배출되는 현상이다.(일명 기수공발이라고 한다.)

문제 04
수관보일러 운전 중 자연순환을 원활하게 하기 위한 방법을 2가지만 쓰시오.

해답
① 강수관이 연소가스로 가열되지 않게 한다.
② 수관의 경사도를 크게 한다.
③ 관내 스케일을 제거시킨다.
④ 포화수의 온도를 상승시킨다.
⑤ 증기와 포화수의 비중차를 크게 한다.
⑥ 수관의 관경을 크게 한다.

문제 05
1톤의 물을 15℃에서 40℃로 만들 때 소요되는 증기의 양은 몇 kg인가?(단, 증기압력 5kg/cm²에서 엔탈피는 646kcal/kg, 포화수엔탈피 140kcal/kg이다.)

해답 물의 현열 = $1,000 \times 1 \times (40-15) = 25,000$ kcal

∴ 증기소비량 = $\dfrac{25,000}{646-140} = 49.41$ kg

참고 증기는 잠열을 이용한다. (646 - 140) = 506kcal/kg

문제 06
바이오매스란(바이오에너지) 무엇인지 설명하시오.

해답 신·재생에너지로서 생물자원을 변화시켜 이용하는 에너지로서 기체, 액체, 고체 연료가 있다.

참고 바이오에너지의 범위
㉠ 생물 유기체를 변화시킨 바이오가스, 바이오에탄올, 바이오액화 석유 및 합성가스
㉡ 쓰레기 매립장의 유기성 폐기물을 변화시킨 매립지 가스
㉢ 동물, 식물의 유지를 변환시킨 바이오디젤
㉣ 생물 유기체를 변환시킨 땔감, 목재칩, 펠릿 및 목탄 등의 고체연료

문제 07

C_{12}, H_4, 분자량 16인 가스의 연소 시 소요되는 공기량은 몇 Nm^3/Nm^3인가?(단, 산소의 분자량은 32이다.)

해답 메탄가스(CH_4 가스 분자량 16)

$$CH_4 + 2O_2 \rightarrow CO_2 + 2H_2O$$

∴ 이론공기량(A_0) $= 2 \times \dfrac{1}{0.21} = 9.52 Nm^3/Nm^3$

참고 $CH_4 + 2O_2 \rightarrow CO_2 + 2H_2O$
$16kg + 22.4 \times 2 \rightarrow 22.4 + 22.4 \times 2$

이론공기량 $= (22.4 \times 2) \times \dfrac{1}{0.21} \times \dfrac{1}{16} = 13.33 Nm^3/kg$(kg당 이론공기량)

문제 08

증기 원동소에서 재열기를 통과한 과열증기 사용상 그 장점을 4가지만 쓰시오.

해답
① 사이클의 열효율 증가
② 증기의 건도가 증가하여 터빈효율 상승
③ 터빈날개의 부식 감소
④ 과열도 증가

문제 09

보일러 배기가스를 이용하여 물 50,000kg을 절탄기를 통하여 40℃의 물을 70℃로 예열하는 경우 배기가스의 절탄기 출구 온도는 몇 ℃인가?(단, 배기가스량은 75,000kg, 절탄기 입구의 배기가스의 온도는 350℃, 배기가스의 비열은 0.25kcal/kg·℃, 물의 비열은 1kcal/kg·℃, 절탄기효율 80%이다.)

해답 $50,000 \times 1 \times (70-40) = 75,000 \times 0.25(350-x) \times 0.8$

∴ $x = 350 - \dfrac{50,000 \times 1 \times (70-40)}{75,000 \times 0.25 \times 0.8} = 350 - \dfrac{1,500,000}{18,750 \times 0.8} = 250℃$

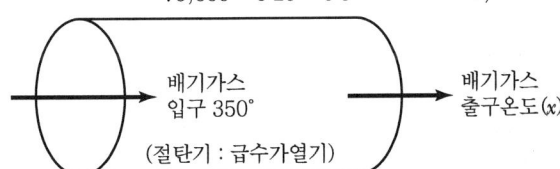

배기가스 입구 350°
배기가스 출구온도(x)
(절탄기 : 급수가열기)

문제 10

연료 중 수소(H_2) 성분이 포함된 연료의 연소 시 배기가스 중 그 성분이 증가하는 연소생성물을 쓰시오.

해답 H_2O

문제 11

원자량이 C_1, H_4, 16, 32, 분자량 16인 가스연료의 연소 시 공연비(AFR)는 얼마인가?

해답 $AFR = \dfrac{\text{공기의 몰수}}{\text{연료의 몰수}} = \dfrac{\dfrac{\text{산소몰수}}{0.21}}{\text{연료의 몰수}}$

메탄가스(CH_4) 분자량 : 16

연소반응식 : $\underline{CH_4} + \underline{2O_2} \rightarrow CO_2 + 2H_2O$
  　　　　　　1몰　　2몰

공기연료비(공연비) $= \dfrac{2/0.21}{1} = 9.52$

참고 등가비(ϕ : Equivalent Ratio) : 공기비의 역수

$\phi = \dfrac{(\text{실제의 연료량/산화제})}{(\text{완전연소를 위한 이상적연료량/산화제})} = \dfrac{1}{m}$

등가비(ϕ)에 따른 특성

① $\phi = 1$　　㉠ m(공기비) $=1$
　　　　　　　㉡ 완전연소에 알맞은 연료와 산화제가 혼합된 이상적 연소형태

② $\phi > 1$　　㉠ $m < 1$
　　　　　　　㉡ 연료가 과잉으로 공급된 경우로 불완전 연소형태
　　　　　　　㉢ 일반적으로 CO는 증가하고 NO는 감소한다.

③ $\phi < 1$　　㉠ $m > 1$
　　　　　　　㉡ 공기가 과잉공급된 경우로 불완전 연소 형태
　　　　　　　㉢ CO는 완전연소를 기대할 수 있어 최소가 되나 NO는 증가한다.

메탄 1몰이 공기비(m) 1.4로 연소하는 경우 등가비(ϕ)는

$\phi = \dfrac{1}{m} = \dfrac{1}{1.4} = 0.71$

※ 이론공기량 = 산소량 $\times \dfrac{1}{0.21}$

　공기비(m) $= \dfrac{\text{실제공기량}}{\text{이론공기량}}$

문제 12
횡주 원통형의 축방향과 원주방향의 응력비를 구하시오.

해답 원주방향의 응력 $= \dfrac{P \cdot D}{2t}$ (kg/cm²)

축방향의 응력 $= \dfrac{P \cdot D}{4t}$ (kg/cm²)

∴ 응력비 $\dfrac{P \cdot D}{4t} : \dfrac{P \cdot D}{2t} = 1 : 2$

문제 13
정압비열 5kcal/kg·K인 경우 이상기체가 1atm, 온도 25℃에서 압력 10atm으로 단열가역과정으로 변화 시 온도는 몇 ℃가 되는가?(단, 정적비열은 3.013kcal/kg·K이다.)

해답 가역단열과정 $PV^k = C$, $TV^{k-1} = C$, $\dfrac{T_2}{T_1} = \left(\dfrac{V_1}{V_2}\right)^{k-1} = \left(\dfrac{P_2}{P_1}\right)^{\frac{k-1}{k}}$

비열비 $(k) = \dfrac{5}{3.013} = 1.6594 = 1.66$

∴ $T_2 = T_1 \times \left(\dfrac{P_2}{P_1}\right)^{\frac{k-1}{k}} = (25+273) \times \left(\dfrac{10}{1}\right)^{\frac{1.66-1}{1.66}} = 744.40\text{K}$

744.40 − 273 = 471.40℃

문제 14
흡수식 냉·온수기 운전에서 증발열이 5,553kJ, 응축열이 5,610kJ, 재생기발생열이 7,650kJ, 흡수열이 7,500kJ일 때 입열량과 출열량의 차이를 구하시오.

해답 입출열량의 차이 = (출열 − 입열)
∴ (7,650+5,553) − (7,500+5,610) = 93kJ

참고 성적계수(COP) $= \dfrac{증발열}{입열} = \dfrac{5,553}{7,650} = 0.73$

① 흡수식의 성적계수 $= \dfrac{냉동효과}{(발생기\ 가열용량 + 순환펌프일량)}$

흡수식 열평형 = 발생기 가열용량 + 증발기 냉동효과 + 순환펌프일량
= 응축기 방출열량 + 흡수기 방출열량

② 흡수식 냉동기 성적계수(열원 : 증기열)

$$COP = \frac{증발기제거열량(kcal)}{증기가 공급한 열량(kcal)} = \frac{냉수유량 \times 비열 \times 온도차 \times 가동시간}{증기가열량 \times 지시치 \times 가동시간}$$

문제 15

팽창 도중의 과열증기를 터빈으로부터 뽑아내어 재열기에서 다시 가열하여 과열도를 높인 다음 다시 터빈에 넣는 과열증기의 사용상 이점을 3가지만 쓰시오.

해답
(1) 터빈 날개의 부식 방지
(2) 이론적 열효율 증가
(3) 과열도 증가
(4) 터빈 내 팽창 지속
(5) 증기의 건도 증가

문제 16

산소 1kg을 5kg/cm² 압력하에서 25℃의 상태에서 감압하여 대기압(1.033kg/cm²)까지 등온팽창시킨다. 이때 헬름홀츠(Helmholtz) 함수 변화는 몇 kcal인가?(단, 산소가스의 가스정수는 26.49kg·m/kg·K이다.)

해답 등온변화 $dF = -APdV = -AGRT\dfrac{dV}{V}$

상태 1에서 2까지 적분하면

$$F_2 - F_1 = -AGRT\int_1^2 \frac{dV}{V} = -AGRT\ln\frac{V_2}{V_1} = AGRT\ln\frac{P_1}{P_2}$$

헬름홀츠 함수 변화(ΔF) = $F_2 - F_1 = -\dfrac{1 \times 26.49 \times (25+273)}{427}\ln\dfrac{5}{1.033} = -29.15\text{kcal}$

참고 깁스(Gibbs)함수로 구하면 등온변화이므로 $dG = AVdp = AGRT\dfrac{dp}{p}$

상태 1에서 2까지 적분하면

$$G_2 - G_1 = AGRT\int_1^2 \frac{dp}{p} = AGRT\ln\frac{p_2}{p_1}$$

깁스함수의 변화(ΔG) = $G_2 - G_1 = \dfrac{1 \times 26.49 \times 298}{427}\ln\dfrac{1.033}{5} = -29.15\text{kcal}$

이상기체 등온변화에서 Helmholtz 함수와 Gibbs 함수의 변화량은 같다.

문제 17

다음 물음에 답하시오.

(1) 건습구 습도계를 제외한 습도계의 종류를 3가지만 쓰시오.

(2) 건구온도 28℃에서 포화수증기압($P_{sw}{'}$)이 19.87mmHg, 습구온도 20℃에서 포화수증기압력($P_s{'}$)이 15.47mmHg일 때 상대습도는 몇 %인가?(단, 대기압은 760mmHg이다.)

해답 (1) 전기저항 습도계, 모발습도계, 오거스트 습도계
(2) 대기 중의 수증기분압을 먼저 구하면
$$P_A = P_s{'} - 0.0008P(t-t') = 15.47 - 0.0008 \times 760(28-20) = 10.606 \text{mmHg}$$
$$\therefore 상대습도(\phi) = \frac{P_A}{P_{sw}{'}} \times 100 = \frac{10.606}{19.87} \times 100 = 53.38\%$$

참고 ① $P_A = P_s{'} - 0.5(t-t')\dfrac{P}{755} = 15.47 - 0.5(28-20) \times \dfrac{760}{755} = 11.444 \text{mmHg}$

$\therefore 상대습도(\phi) = \dfrac{11.444}{19.87} \times 100 = 59.59\%$

② $P_A = P_s{'} - \dfrac{P}{1,500}(t-t') = 15.47 - \dfrac{760}{1,500}(28-20) = 11.417 \text{mmHg}$

$\therefore 상대습도(\phi) = \dfrac{11.417}{19.87} \times 100 = 57.46\%$

문제 18

내화물의 제겔콘 번호의 최고사용온도를 쓰시오.

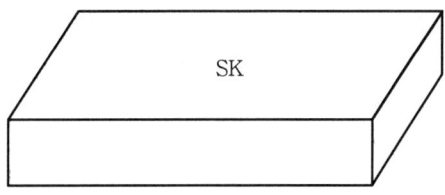

해답 (1) SK 32번 : 1,710℃
(2) SK 34번 : 1,750℃

문제 19

온도 218℃의 습증기가 있다. 이것을 교축하여 대기압까지 감압하여 120℃가 되었다. 이 경우 다음 증기표를 작성하여 증기의 건도를 측정하시오.

절대압력(kg/cm²)	포화온도(℃)	엔탈피(kcal/kg)	
		포화수	포화증기
1	120	120.5	645
22	216	216.5	670
(1)	218	(2)	(3)
24	220	220.5	680

 해답

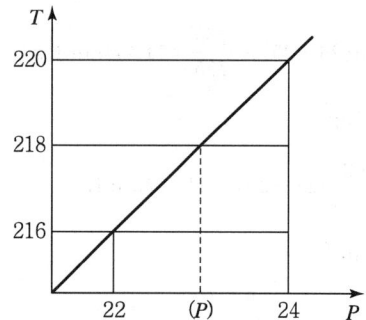

(1) 218℃의 증기압력(P)

$$P = 22 + \frac{218-216}{220-216} \times (24-22) = 23 \text{kg/cm}^2 (절대압력)$$

(2) 218℃의 포화수 엔탈피(h_1)

$$h_1 = 216.5 + \frac{218-216}{220-216}(220.5-216.5) = 218.5 \text{kcal/kg}$$

(3) 218℃의 포화증기 엔탈피(h_2)

$$h_2 = 670 + \frac{218-216}{220-216}(680-670) = 675 \text{kcal/kg}$$

∴ 218℃의 증기건도(x)

$$x = \frac{645-218.5}{670-218.5} = \frac{426.5}{451.5} = 0.94 (93\%)$$

문제 20

어떤 공장에서는 연간 10만 톤의 철강을 생산할 수 있는 능력을 갖추고 있다. 작년에 89,500톤을 생산했으나 불량품 5%가 있어서 이를 폐기했다. 완제품의 생산을 위해 연료로는 LNG(천연가스) : 1,234,000Nm³, B-C 油 : 4,400kL를 사용하였으며 전력은 한전으로부터 45,700MWh를 수전받았다. 이 공장의 현황을 아래 양식에 따라 작성하시오.(단, TOE 계산 시 석유환산계수 B-C 油는 0.98, LNG는 1.06, 전력(전기)은 0.26으로 한다.)

(1) 에너지 사용현황

구분	B-C 油	LNG(Nm³)	소계(TOE)	전력(MWh)	에너지(TOE)
사용량					

(2) 원단위 현황

제품명	완제품생산실적 (톤/년)	연료원단위 (kgOE/ton)	전기원단위 (kWh/ton)	에너지원단위 (kgOE/ton)
염직물	85,025			

해답

(1) 에너지 사용현황

LNG 1,234,000Nm³ × 1.06 = 1,308,040kg(원유) = 1,308.04TOE
벙커C유 4,400kL × 0.98 = 4,312TOE = 4,312,000kg
전력 45,700MWh × 0.26 = 11,882TOE = 11,882,000kg(원유)
　　　　　　10만 = 45,700,000kWh
100만MWh = 10만kWh, 45,700MWh = 45,700,000kWh

- 소계(벙커C유 + LNG) = 1,308.04 + 4,312 = 5,620.04TOE
- 에너지계(벙커C유 + LNG + 전력) = 1,308.04 + 4,312 + 11,882 = 17,502.04TOE

구분	벙커C유	LNG(Nm³)	소계(TOE)	전력(MWh)	에너지(TOE)
사용량	4,400	1,234,000	(가) 5,620.04	45,700	(나) 17,502.04

(2) 원단위 현황

연간 염직물 총생산은 85,025톤이므로 오일소비량(원유환산이므로)
LNG 1,234,000Nm³ = 원유환산 1,308,040kg
벙커C유 4,400kL(4,400,000L) = 원유환산 4,312,000kg

- 연료원단위(kgOE) = (1,308,040 + 4,312,000)/85,025
　　　　　　　　 = 66,098,676kg/톤 = 66.01kgOE/ton
- 에너지원단위 = (LNG + 벙커C유 + 전력)
　　　　　　　 = (1,308,040 + 4,312,000 + 11,882,000)/85,025
　　　　　　　 = 205.8458kgOE/ton = 205.85kgOE/ton
- 전기원단위 = 45,700,000/85,025 = 537.4889kWh/ton

제품명	완제품생산실적 (톤/년)	연료원단위 (kgOE/ton)	전기원단위 (kWh/ton)	에너지원단위 (kgOE/ton)
염직물	85,025	(다) 66.01	(라) 537.49	(마) 205.85

※ 에너지＝연료＋열＋전기, 1MWh＝1,000,000Wh＝1,000kWh

문제 21

메탄(CH_4)의 연소 시 발생하는 연소가스량(Nm^3/Nm^3)을 계산하시오.

해답

반응식 $CH_4 + 2O_2 \rightarrow CO_2 + 2H_2O$

이론연소가스량(G_{ow}) $= (1-0.21)A_0 + CO_2 + 2H_2O$

이론공기량(A_0) ＝ 이론산소량 $\times \dfrac{1}{0.21} = 2 \times \dfrac{1}{0.21} = 9.5238 Nm^3/Nm^3$

$\therefore G_{ow} = (1-0.21) \times 9.5238 + (1+2) = 10.52 Nm^3/Nm^3$

참고

(1) 가스연료의 화학반응 질량관계식

$$(12m+n) + \left(m + \dfrac{n}{4}\right) \times 32 = (m \times 44) + \left(\dfrac{n}{2} \times 18\right)$$

C 분자량 12, 산소분자량 32, H_2O 분자량 18, CO_2 분자량 44, H_2 분자량 2

(2) 가스연료의 화학반응 체적비

$C_m H_n + O_2 \rightarrow CO_2 + H_2O$

$1 + \left(m + \dfrac{n}{2}\right) \rightarrow m : \dfrac{n}{2}$

(3) 일반적으로 탄화수소계 연료 $C_m H_n$이 이론공기로서 연소할 때 반응식

$C_m H_n + xO_2 + 3.76xN_2 \rightarrow$ ⓐ $CO_2 +$ ⓑ $H_2O +$ ⓒ N_2

$\dfrac{질소\ 79\%}{산소\ 21\%} = 3.76배$

$m =$ ⓐ (탄소평형으로부터)

$n = 2$ⓑ, ⓑ $= \dfrac{n}{2}$ (수소평형으로부터)

$2x = 2m + \dfrac{n}{2}$, $x = m + \dfrac{n}{4}$ (산소평형으로부터)

$C_m H_n + \left(m + \dfrac{n}{4}\right)O_2 + 3.76\left(m + \dfrac{n}{4}\right)N_2 \rightarrow mCO_2 + \dfrac{n}{2}H_2O + 3.76\left(m + \dfrac{n}{4}\right)N_2$

에너지관리기사(2014.7.5)

-주관식 필답형(서술형, 단답형)-

문제 01
보온재의 열전도율을 낮게 할 수 있는 방법 4가지만 쓰시오.

해답
① 내부, 외부의 온도차를 줄인다.
② 흡수성 및 흡습성을 제거한다.
③ 보온재의 비중을 적게 한다.
④ 기공층을 다공질로 한다.(다공질이며 기공을 균일하게 한다.)

참고 보온재가 보온에 영향을 미치는 요소
① 밀도 또는 비중   ② 열전도율
③ 기공의 층   ④ 기공의 크기와 균일도
⑤ 흡습성(수분)

문제 02
원통형 보일러의 종류 4가지만 쓰시오.

해답
① 입형보일러(코크란, 입형연관, 입형횡관)
② 노통보일러(코니시, 랭커셔)
③ 노통연관보일러
　㉠ 육용 : 노통연관패키지
　㉡ 박용 : 하우든존슨, 스코치, 브로돈카프스
④ 연관식보일러(횡연관식, 기관차, 케와니)

문제 03
중유 사용 보일러에서 노벽에 카본(탄화물)이 쌓이는 원인 4가지만 쓰시오.

해답
① 기름의 점도 과대   ② 버너 분무 불량
③ 기름의 예열온도 과대   ④ 연소용 공기량 부족
⑤ 오일 중 카본량 과대   ⑥ 분무상태의 불균일(분무가 균일하지 못함)

문제 04

다음 조건을 이용하여 오일사용 보일러의 효율(%)을 구하시오.

[조건]
- 급수 사용량 : 4,000L/h
- 급수 온도 : 90℃
- 오일의 예열온도 : 65℃
- 15℃에서 기름의 비중 : 0.95
- 포화증기 엔탈피 : 653.4kcal/kg
- 물의 비체적 : 0.001036m³/kg
- 연료 소비량 : 500L/h
- 오일 발열량 : 9,800kcal/kg
- 비중(dt) = d_{15} - 0.0006(t - 15)
- 물의 비열 : 1kcal/kg℃

해답

증기 발생량 = $\dfrac{4,000 \times 10^{-3}}{0.001036}$ = 3,861kg/h

오일 65℃의 비중 = 0.95 - 0.0006(65 - 15) = 0.92

연료 사용량 = 500 × 0.92 = 460kg/h

∴ 보일러 효율(η) = $\dfrac{W_G(h_2 - h_1)}{G_f \times H} \times 100(\%)$

= $\dfrac{3,861(653.4 - 90)}{460 \times 9,800} \times 100$ = 48.25%

문제 05

메탄가스 1kg의 연소 시 필요 산소량은 몇 kg/kg인가?

해답

CH_4 + $2O_2$ → CO_2 + $2H_2O$
16kg + 64kg → 44kg + 36kg

이론산소량 = 16 : 64 = 1 : x

∴ $x = 64 \times \dfrac{1}{16} = 4$kg/kg

참고

- 중량 기준 이론공기량 = $4 \times \dfrac{1}{0.232}$ = 17.24kg/kg(공기 중 산소는 중량당 23.2%)
- 용적 기준 이론공기량 = $2 \times \dfrac{1}{0.21}$ = 9.52Nm³/Nm³(공기 중 산소는 용적당 21%)

문제 06

다음 조건에서 구형 용기 안의 공기량은 몇 kmol인가?(단, 표준압력 102kPa, 용기 내 온도 20℃, 구형 용기 반지름 5m이다.)

해답 용기 내 용적(V) = $\frac{4}{3}\pi r^3 = \frac{\pi}{6}D^3 = \frac{3.14}{6} \times 10^3 = 523.33 \text{m}^3$

$\frac{102 \times V}{0+273} = \frac{102 \times 523.33}{20+273}$

$V = 487.61(\text{Nm}^3)$

∴ 공기량(kmol) = $\frac{487.61}{22.4} = 21.77(\text{kmol})$

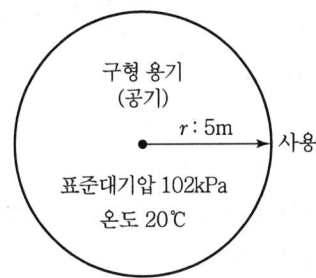

참고 탱크 내 용적(V) : 523.33m³
1kmol = 22.4Nm³

① 사용상의 20℃의 공기 = $\frac{561.67}{22.4}$ = 25.07kmol

② 용기 상태공기 = $\frac{523.33}{22.4}$ = 23.36kmol

③ 0℃에서 공기 = $\frac{523.33 \times 273}{273+20}$ = 21.77kmol

※ 이 문제는 수험자의 기억에 의존한 문제입니다. 실전에서는 문제를 확실하게 읽어서 요구사항이 무엇인지 잘 파악한 후 답안을 작성하세요.

문제 07

강판으로 리벳이음 보일러를 제작하고자 한다. 강판 두께가 12mm이며 리벳의 지름이 50mm, 피치가 80mm일 때 강판의 효율(%)은 얼마인가?

해답 $\eta = \frac{P-d}{P} \times 100 = \frac{80-50}{80} \times 100 = 37.5\%$

문제 08

다음 열전대 온도계의 종류와 측정범위를 서로 연결하시오.

① 백금로듐 - 백금(R형) •
② 크로멜 - 알루멜(K형) •
③ 철 - 콘스탄탄(J형) •
④ 구리 - 콘스탄탄(T형) •

• -20℃~800℃(I-C)
• -180℃~300℃(C-C)
• -20℃~1,200℃(C-A)
• 0℃~1,600℃(P-R)

해답

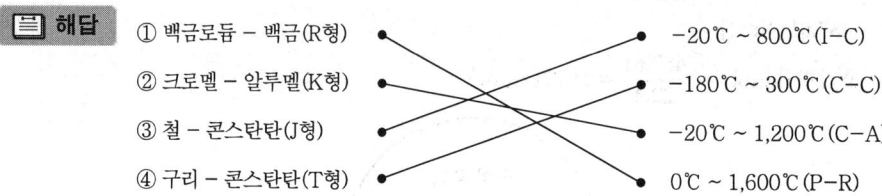

문제 09

다음 조건을 이용하여 노 내 내화벽 외측의 단열벽의 두께는 몇 m인지 계산하시오.(단, 단열벽과 외기와의 열전달률은 15W/m²℃이다.)

[조건] • 내화벽 : 열전도율 1.2W/m℃, 두께 20cm(δ_1)
- 단열벽 : 열전도율 0.25W/m℃, 두께 $x$cm(δ_2)
- 노 내의 내측온도 : 1,300℃   • 외부온도 : 30℃   • 단열벽 온도 : 900℃

해답

열유속$(q) = \dfrac{\lambda_1(t_1-t_2)A}{\delta_1} = \dfrac{t_2-t_3}{\dfrac{\delta_1}{\lambda_1}+\dfrac{1}{a}}$

$\delta_2 = \delta_1 \times \dfrac{\lambda_2}{\lambda_1} \times \dfrac{t_2-t_3}{t_1-t_2} - \dfrac{\lambda_2}{a}$

$\delta_2 = 0.2 \times \dfrac{0.25}{1.2}\left(\dfrac{900-30}{1,300-900}\right) - \dfrac{0.25}{15} = 0.073\text{m}$

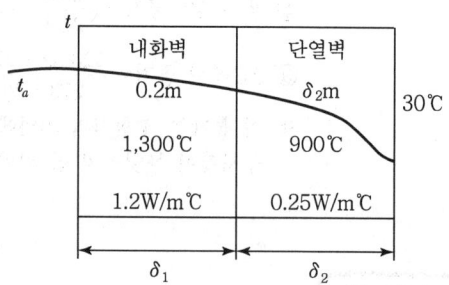

문제 10

지름 1m인 원통에 내경 100mm, 관의 직관길이 2m인 연관을 가로·세로 30cm 간격으로 일정하게 배치할 때 이 연관의 전열면적(m²)을 구하시오.(단, 연관의 총 개수는 9개이다.)

해답 연관은 내경이 전열면적(수관은 외경이 전열면적)
전열면적$(A) = \pi dLN = 3.14 \times 0.1 \times 2 \times 9 = 5.65 \text{m}^2$

문제 11

어떤 공장에서 겨울철에 기계열 때문에 공조냉동기를 가동하고 있다. 이때 공조기의 외부급기댐퍼는 40%에서 70%로 변경하였다. 이 경우 냉동기의 부하 감소량은 몇 kcal/h인가?

[조건]
- 외기온도 = 20℃
- 공조기 소요 풍량 = 50,000m³/h
- 공조기 가동시간 = 3,393시간/연간
- 공기의 밀도 = 1.24kg/m³
- 공기의 비열 = 0.24kcal/kg℃
- 시간당 전력비 = 1
- 조건 개선 전 실내온도 = 24℃, 상대습도 = 60%, 공기 엔탈피 = 11kcal/kg
- 조건 개선 후 실내온도 = 22℃, 상대습도 = 60%, 공기 엔탈피 = 10kcal/kg

해답 공기의 현열$(q_{IS}) = 0.24G_1(t_0 - t_r) = 0.29Q_1(t_0 - t_r)$
공기의 잠열$(q_{IL}) = 597.5G_1(x_0 - x_r) = 717Q_1(x_0 - x_r)$
공기 사용 질량 = $50,000 \times 1.24 = 62,000$ kg/h
∴ 부하 감소량$(Q) = 62,000 \times (11 - 10) = 62,000$ kcal/h

참고
- 건공기의 정압비열 = 0.24kcal/kg℃ = 0.29kcal/m³℃
- 0℃에서 물의 증발잠열 = 597.5kcal/kg = 717kcal/m³

문제 12

전기기기가 동작을 하지 않는데도 전력측정기에는 7~8W 전력이 표시되고 있다. 이러한 전기를 1W까지만 줄여도 연간 온실가스 배출량을 많이 줄일 수 있다. 컴퓨터, TV, 가전제품 등 실제로 사용하지 않는 상태에서 전력을 소비하는 것을 무엇이라고 하는가?

해답 대기전력

참고 기기당 가정용의 경우 대기전력 소비량은 3.7W 정도이다. 대기전력 마크가 사용된 가전제품 등을 사용하여 대기전력 소비량을 줄여야 한다.

문제 13

가스 직화식 흡수식 냉온수기의 특징을 2가지만 쓰시오.

해답
① 냉매가 H_2O이라서 양이 매우 풍부하여 가격이 저렴하다.
② 기기 한 대로 냉·난방이 가능하다.
③ 저압력에서 기기작동이 가능하여 안전관리상 편리하다.(운전상 안전성이 높다.)
④ 가스냉방 시 설치면적을 작게 차지한다.
⑤ 전기사용량이 대폭 감소하여 계약전력을 줄일 수 있다.
⑥ 소음이나 진동이 적은 편이다.
⑦ 용량제어범위가 25~100%로 넓다.
⑧ 부분부하 운전특성이 좋은 편이다.
⑨ 프레온, 암모니아 냉매 등의 사용이 불필요하여 환경오염이 감소한다.
⑩ 냉각수를 통한 배열량이 커서 냉각탑 등의 설비비가 증가한다.
⑪ 소형일수록 설치면적과 중량면에서 타 기종에 비해 열세이다.
⑫ 설치에 필요한 천장 높이가 높아야 한다.
⑬ 용액의 부식성이 커서 기밀성 관리와 부식억제제의 보충에 주의가 요구된다.
⑭ 냉동기의 성적계수가 낮은 편이다.
⑮ 일반적으로 6℃ 이하의 낮은 냉수 출구온도를 얻기가 어렵다.

문제 14

급수펌프의 구비조건을 3가지만 쓰시오.

해답
① 고온, 고압에 견딜 것
② 고속회전에 안전할 것
③ 저부하에서도 효율이 좋을 것
④ 작동이 확실하고 조작이 간단할 것
⑤ 부하변동에 대응할 수 있을 것
⑥ 병렬운전에 지장이 없을 것

문제 15

다음의 스크루식 냉동기의 성능계수(COP)를 계산하시오.

[조건]
- 냉각수량 : 2,500kg/h
- 입출구의 온도차 : 5℃
- 동력소비량 : 5kW
- 냉각수 비열 : 1kcal/kg℃
- 동력 1kWh : 860kcal

해답

응축부하(냉각수 현열) = 2,500 × 1 × 5 = 12,500kcal/h
증발기부하 = 응축부하 − 압축기소요동력일량
동력소비일량 = 5 × 860 = 4,300kcal/h

$$\therefore \text{성적계수(COP)} = \frac{\text{증발기부하(냉동효과)}}{\text{압축기소요일량(동력소비)}} = \frac{12,500 - 4,300}{4,300} = 1.91$$

문제 16

다음 보기의 내용을 참고하여 ( ) 알맞은 내용이나 용어를 써 넣으시오.

[보기] 물, 연소가스, 높다, 낮다, 좋다, 나쁘다

(1) 수관식 보일러의 수관 내부에는 (　　)이 흐르고 노통연관식 보일러 연관 내부에는 (　　)가 흐른다.
(2) 수관식 보일러의 사용압력은 (　　). 그리고 노통연관식 보일러 사용압력은 (　　).
(3) 수관식 보일러 부하대응은 (　　). 그리고 노통보일러, 노통연관식 보일러는 수관식 보일러보다 부하대응이 (　　).

해답
(1) 물, 연소가스
(2) 높다, 낮다
(3) 나쁘다, 좋다

참고 노통연관식 등 원통형 보일러는 증기 급수요에 응하기 어렵다.

제4편 과년도 기출문제

문제 17

어떤 공장에서 철근제품생산량이 188,000m/년이고, 이 철근 완제품 중량은 0.5kg/m이 생산된다. 다음의 수치를 근거로 도표를 완성하시오.

(A) 연간 에너지 사용량
  ① B-C유 : 3,500kL/년
  ② LNG 가스 : 2,340m³/년
  ③ 전기 사용 : 742,600kWh/년

(B) 석유환산계수
  ① B-C유 : 0.99   ② 경유 : 0.92
  ③ LNG : 1.05   ④ 전력 : 0.25

(1) 연간 에너지 사용현황

구분	B-C 유	LNG	소계	전력	총계
사용량(TOE)	①	②	③	④	⑤

(2) 에너지 사용 원단위

철근 생산량(kg/년)	연료원단위 (kgOE/kg)	전기원단위 (kgOE/kg)	에너지 총 원단위 (kgOE/kg)
188,000×0.5=94,000	①	②	③

(3) 석유사용량 계산

구분	연간 에너지 사용량(TOE/년)
B-C유	①
LNG가스	②
전력사용	③

해답 (1) 연간 에너지 사용현황
① 3,465
② 2.457
③ 3,465+2.457=3,467.457
④ 185.65
⑤ 3,467.457+185.65=3,653.107

(2) 에너지 사용 원단위
① $\dfrac{3{,}467.457\text{TOE} \times 1{,}000\text{kg/TOE}}{94{,}000} = 36.89$

② $\dfrac{185.65 \times 1{,}000\text{kg/TOE}}{94{,}000} = 1.98$

③ $36.89 + 1.98 = 38.87$

(3) 석유사용량 계산
① $3{,}500 \times 0.99 = 3{,}465\text{TOE}$
② $2{,}340 \times 1.05 = 2{,}457\text{kg} = 2.457\text{TOE}$
③ $742{,}600 \times 0.25 = 185{,}650\text{kg} = 185.65\text{TOE}$

참고 전력원단위 $= \dfrac{742{,}600\text{kWh}}{94{,}000} = 7.9\text{kWh/kg}$

연료 및 전기사용량은 제품생산량 1톤당, kL, kWh로 주어질 수 있다.

문제 18

부탄가스 1Sm³ 연소 시 실제습배기가스량 중 CO_2가 11%이다. 이 경우에 공기비(m)는 얼마인가?

해답 $C_4H_{10} + 6.5O_2 \rightarrow 4CO_2 + 5H_2O$

실제습연소가스량(G_w) = $(m - 0.21) \times$ 이론공기량 $+ CO_2 + H_2O$

이론공기량(A_0) $= \dfrac{O_0}{0.21} = \dfrac{6.5}{0.21} = 30.95\text{Sm}^3$

$G_w = [(m - 0.21) \times 30.95] + 4 + 5 = 30.95m + 2.5$

$11 = \dfrac{4}{30.95 \times m + 2.5} \times 100$

$30.95 \times m + 2.5 = 36.36$

∴ 공기비(m) $= \dfrac{36.36}{30.95 + 2.5} = 1.09$

에너지관리기사(2014.11.2)

-주관식 필답형(서술형, 단답형)-

문제 01

다음 조건을 보고 보일러운전시간 8시간 가동 중 1일 보일러분출량(L/day)을 계산하시오.

[조건]
- 보일러관수의 허용농도 : 2,000ppm
- 보일러급수의 허용농도 : 20ppm
- 급수사용량 : 1,000L/h
- 응축수사용량 : 400L/h

해답

순수한 급수 사용 총량 = $(1,000 - 400) \times 8 = 4,800$ L/day

㉠ 보일러수의 분출량 = $\dfrac{W(1-R)d}{r-d} = \dfrac{4,800 \times 20}{2,000-20} = 48.48$ L/day

㉡ 보일러수의 분출량 = $\dfrac{1,000 \times 8(1-0.4) \times 20}{2,000-20} = 48.48$ L/day

참고 2가지 공식 중 1개만 사용 (응축수 회수율 = $\dfrac{400}{1,000} \times 100 = 40\%$)

문제 02

보일러 운전 중 노 내 가마울림방지법 4가지만 쓰시오.

해답
① 연료 중 수분이 적은 연료를 사용한다.
② 연료와 공기의 혼합을 좋게 하여 연소속도를 알맞게 한다.
  (연소실 내에서 빨리 연소시킨다.)
③ 2차공기의 가열 및 통풍조절을 개선한다.
④ 연소실이나 연도를 개선시킨다.
⑤ 석탄분에서는 연도 내의 가스포켓이 되는 부분에 재를 남긴다.

문제 03

파이프 중공원관에서 전열량을(W/h)을 계산하고 중간지점의 온도(℃)를 구하시오.(단, 관의 내경 100mm, 반지름 r_1 = 50mm, 관 중심에서 보온재 외경까지 r_2 = 150mm, 열전도율은 0.04W/m℃ 이며 내측온도 t_1 = 300℃, 외부온도 t_2 = 30℃, 관길이 1m이다.)

해답

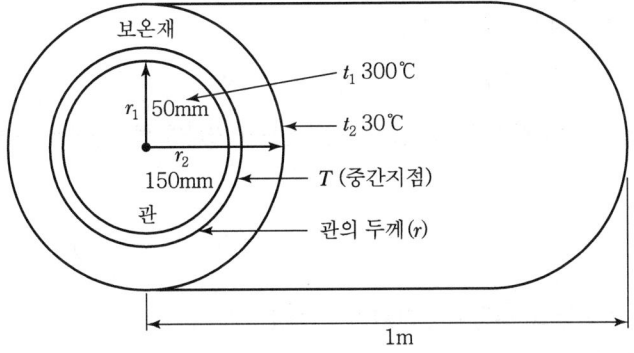

관의 두께$(r) = r_2 - r_1 = 150 - 50 = 100\text{mm}(0.10\text{m})$

㉠ 전열량(Q) $\dfrac{2\pi l(t_1 - t_2)}{\dfrac{1}{k}\ln\dfrac{r_2}{r_1}} = \dfrac{2 \times 3.14 \times 1 \times (300 - 30)}{\dfrac{1}{0.04} \cdot \ln\dfrac{0.15}{0.05}} = 61.77\text{W}$

㉡ 중간지점의 온도(T)

$T = t_1 - (t_1 - t_2) \times \dfrac{\ln\left(\dfrac{r}{r_1}\right)}{\ln\left(\dfrac{r_2}{r_1}\right)} = 300 - (300 - 30) \times \dfrac{\ln\left(\dfrac{0.10}{0.05}\right)}{\ln\left(\dfrac{0.15}{0.05}\right)} = 129.65\text{℃}$

문제 04

다음 조건에서 경유 2kg의 연소 시 저위발열량(kcal)을 구하시오.

[조건]
고위발열량 : 10,000kca/kg, 연료 중 수소 : 0.18kg, 수분 : 0.002kg

해답 저위발열량(H_l) = 고위발열량(H_h) - 600(9H + W)
= {10,000 - 600(9 × 0.18 + 0.002)} × 2
= (10,000 - 973.2) × 2
= 18,053.6kcal

제4편 과년도 기출문제

문제 05
통풍에서 연돌에 자연 통풍력을 증가시키기 위한 조건을 4가지만 쓰시오.

해답
㉠ 연돌 상부 단면적을 크게 한다.
㉡ 배기가스의 온도를 높게 유지한다.
㉢ 연도의 길이는 짧게 한다.
㉣ 연도의 굴곡부는 최소한 적게 한다.
㉤ 연도의 단면적을 다소 크게 한다.

참고 연돌높이에 의한 통풍력은 연돌 내 가스의 평균온도가 같다면 연돌높이에 비례한다.

문제 06
도자기를 소성할 수 있는 소성요의 종류를 3가지만 쓰시오.

해답 ㉠ 터널요, ㉡ 윤요, ㉢ 셔틀요

문제 07
보일러 폐열회수장치를 이용하면 열효율을 높일 수 있다. 다음 폐열회수장치의 명칭을 쓰시오.

해답
㉠ 연소배기가스 열을 이용하여 보일러용 급수를 예열하는 장치
   절탄기(이코너마이저)
㉡ 연소배기가스 열을 이용하여 보일러용 공기를 예열하는 장치
   공기예열기(전열식, 재생식)

문제 08
다음 기호에 대한 자동제어 명칭을 써 넣으시오.(단, 보일러 자동제어는 A, B, C이다.)

해답
㉠ A.C.C : 자동연소제어
㉡ F.W.C : 자동급수제어
㉢ S.T.C : 자동 증기온도 제어

문제 09
열교환기의 효율을 올리기 위한 방법을 4가지만 쓰시오.

해답
㉠ 유체의 흐름을 향류로 한다.
㉡ 유체의 흐름 속도를 빠르게 한다.
㉢ 전열면적을 크게 한다.
㉣ 열교환하는 유체의 온도차를 크게 한다.
㉤ 열교환기 재질은 열전도가 좋은 금속으로 제작한다.
   (열전도가 좋은 재질로 열교환기를 제조한다.)

문제 10
보일러의 전열면을 교체해야 하는 이유나 그 시기를 3가지만 쓰시오.

해답
㉠ 보일러 열효율이 현저히 저하된 경우
㉡ 스케일 침식이 증가된 경우
㉢ 재질의 강도가 심히 저하된 경우

참고 보일러 열교환기의 튜브를 수리해야 하는 경우(3가지 이상)
㉠ 열효율이 현저히 저하된 경우
㉡ 스케일의 부착이 심한 경우
㉢ 열교환기에서 증기나 물이 누설되는 경우
㉣ 열교환기 튜브의 부식이 심한 경우
※ 전열면적 : 한쪽 면이 연소가스 등에 접촉하고 다른 면이 물(기수 혼합물 포함)에 접촉하는 부분의 면을 연소가스 등의 쪽에서 측정한 면적, 특별히 지정하지 않을 때는 과열기 및 절탄기의 전열면은 제외한다.(수관보일러 본체의 전열면적은 계산에 따르고 실측한다.)

문제 11
포화증기를 과열증기로 바꾸는 폐열회수장치 과열기 설치 시 그 단점을 3가지만 쓰시오.

해답
㉠ 가열표면의 온도를 일정하게 유지하기 곤란
㉡ 가열장치에 큰 열응력 발생
㉢ 직접 가열 시 열손실 증가
㉣ 제품의 손상 우려
㉤ 과열기 표면에 고온부식이 발생하기 쉽다.
㉥ 통풍력 감소

참고 과열증기의 설치 시 이점
㉠ 이론적인 열효율 증가
㉡ 적은 증기로 많은 열을 얻는다.
㉢ 관 내의 부식이나 수격작용 방지
㉣ 관 내 마찰저항 감소
㉤ 응축수로 되기 어렵다.

문제 12

실내 외경 20mm 증기관의 노출 시 그 길이 1m당 방사열손실(W)을 구하시오.(단, 관의 표면온도 : 65℃, 실내온도 : 20℃, 복사율 : 0.65, 스테판-볼츠만의 상수 : 5.669×10^{-8}W/m²K⁴이다.)

해답 표면적$(A) = \pi DLN = 3.14 \times 0.02 \times 1 = 0.0628 \text{m}^2$
방사열량$(Q) = \varepsilon \cdot \sigma \cdot A(T_1^4 - T_2^4)$
$= 0.65 \times (5.669 \times 10^{-8}) \times 0.0628 \times [(65+273)^4 - (20+273)^4]$
$= 13.15 \text{W}$

참고
- 복사열전달 계산에서는 절대온도(K)로 계산하여야 한다.
- 방사(복사)전열량$(Q) = \sigma \cdot A \cdot \varepsilon \cdot T^4$
$= \varepsilon \cdot C_b \left[\left(\dfrac{T_1}{100} \right)^4 - \left(\dfrac{T_2}{100} \right)^4 \right] \times A$
$= 0.65 \times 5.669 \left[\left(\dfrac{273+65}{100} \right)^4 - \left(\dfrac{273+20}{100} \right)^4 \right] \times 0.0628$
$= 3.68485 \times (130.5169154 - 73.70050801) \times 0.0628 = 13.15 \text{W}$

문제 13

송풍기의 회전수를 증가시키는 경우 다음 요소의 변화를 각각 쓰시오.
(1) 풍량　　　　　　(2) 풍압　　　　　　(3) 동력

해답 (1) 풍량 : 회전수 증가에 비례한다.
(2) 풍압 : 회전수 증가 2제곱에 비례한다.
(3) 동력 : 회전수 증가 3제곱에 비례한다.

참고 ㉠ $Q_2 = Q_1 \times \dfrac{N_2}{N_1}$　　㉡ $P_2 = P_1 \times \left(\dfrac{N_2}{N_1} \right)^2$　　㉢ $L_2 = L_1 \times \left(\dfrac{N_2}{N_1} \right)^3$

문제 14

통풍 건습구 습도계로 대기 중의 습도를 측정했다. 건구온도가 24℃, 습구온도가 23.5℃, 표준대기압이 760mmHg인 때 상대습도 및 절대습도를 구하시오.(단, 24℃에서 물의 포화수증기압은 19.82mmHg, 23.5℃에서는 15.47mmHg이다.)

해답 대기 중의 수증기압 계산(P_A)

$$P_A = P_S' - 0.5(t-t')\frac{760}{755}$$

$$15.47 - 0.5(24-23.5) \times \frac{760}{755} = 15.47 - 0.251655 = 15.22 \text{mmHg}$$

① 상대습도(ϕ) $= \dfrac{P_A}{P_{SW}} = \dfrac{15.22}{19.82} \times 100 = 76.79\%$

② 절대습도(H) $= \dfrac{804}{1+0.00366t} \times \dfrac{P_A}{P_0} = \dfrac{804}{1+0.00366 \times 24} \times \dfrac{15.22}{760}$

$$= \dfrac{804}{1.08784} \times 0.020026 = 14.80 \text{ gH}_2\text{O/m}^3 \cdot \text{air}$$

참고 ㉠ 대기 중의 수증기압 계산

$(P_A) = P_{sw}' - 0.0008P(t-t')$

$= 15.47 - 0.0008 \times 760(24-23.5) = 15.47 - 0.304 = 15.166 \text{mmHg}$,

상대습도(ϕ) $= \dfrac{15.166}{19.82} \times 100 = 76.52\%$

㉡ APjohn식의 상대습도(ϕ) 계산식

대기 중 수증기분압(P_w) $= P_s - \dfrac{P}{1,500}(t-t')$

$= 15.47 - \dfrac{760}{1,500}(24-23.5) = 15.22 \text{mmHg}$

∴ 상대습도(ϕ) $= \dfrac{15.22}{19.82} \times 100 = 76.79\%$

㉢ 건구온도 포화수증기압에 의한 절대습도(H) 계산

$$H = 0.622 \times \dfrac{P_w}{P-P_w} = 0.622 \times \dfrac{19.82}{760-19.82} = \dfrac{12.32804}{740.18} = 0.01 \text{(kg/kg')}$$

㉣ 상대습도에 의한 절대습도(H) 계산

$$H = 0.622 \times \dfrac{\phi P_w}{P-\phi P_w} = 0.622 \times \dfrac{0.7679 \times 19.82}{760 - 0.7679 \times 19.82}$$

$$= 0.622 \times \dfrac{15.219778}{760 - 15.219778} = \dfrac{9.466701916}{744.780222} = 0.01 \text{(kg/kg')}$$

㉤ 대기 중 수증기 분압에 의한 절대습도(H) 계산

$$H = \dfrac{18}{29} \times \left(\dfrac{P_w}{P-P_w}\right) = 0.622 \times \dfrac{15.166}{760 - 15.166} = 0.622 \times \dfrac{15.166}{744.834} = 0.01 \text{(kg/kg')}$$

제4편 과년도 기출문제

문제 15
자동제어 설계 시 주의할 점을 4가지만 쓰시오.

해답
㉠ 제어동작이 발진(불규칙)상태가 되지 않을 것
㉡ 신속하게 제어동작을 완료할 것
㉢ 제어량이나 조작량이 과하게 도를 넘지 않도록 할 것
㉣ 잔류 편차가 요구되는 제어 정도 사이에서 억제할 것

참고 자동제어의 운영상의 동작순서 : 검출, 비교, 판단, 조작

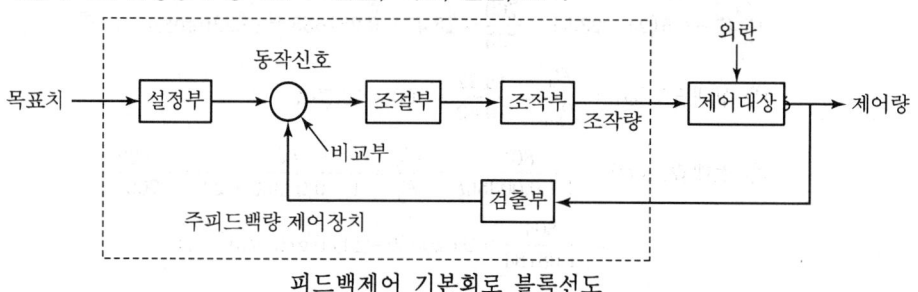

피드백제어 기본회로 블록선도

보일러 제어(ABC) 제어량과 조작량

제어장치의 명칭	제어량	조작량
자동연소제어장치 A·C·C	증기 압력	연료량, 공기량
	노내 압력	연소가스량
자동급수제어장치 F·W·C	보일러 수위	급수량
과열증기온도 제어장치 S·T·C	증기온도	전열량

문제 16

다음 수관식 보일러의 멤브레인 월의 전열면적을 구하시오. (단, 한쪽면에서 방사열을 받는다.)

[조건]
- 관의 길이 : 2m
- 관의 내경 : 60mm
- 관의 외경 : 66mm
- 관의 개수 : 8개
- 내부온도 : 1,430℃
- 외부온도 : 430℃

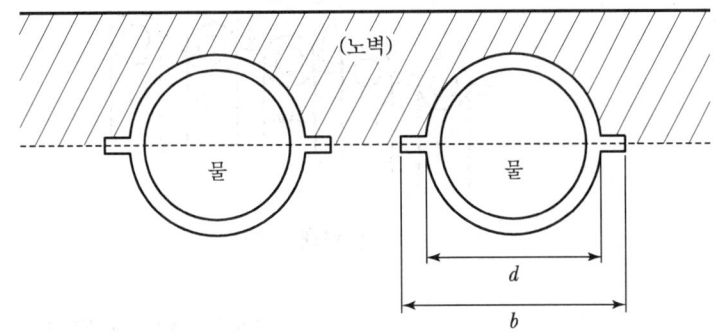

전열의 종류	계수(a)
방사열을 받는 경우	0.5
접촉열(대류열)을 받는 경우	0.2

한쪽면에서 방사열을 받는 전열의 종류(계수 a)

해답 전열면적$(A) = \left(\dfrac{\pi}{2}d + W \cdot a\right)L \cdot n(\text{m}^2)$, $W = b - d$

$\therefore A = \left[\dfrac{3.14}{2} \times 0.06 + (0.066 - 0.06) \times 0.5\right] \times 2 \times 8$

$= (0.0942 + 0.003) \times 16 = 1.56 \text{m}^2$

참고 양쪽 면에서 전열을 받는 경우라면 계수(a) 값을 취한다.

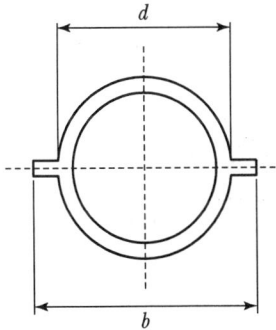

전열의 종류	계수(a)
양쪽 면에서 방사열을 받는 경우	1.0
한쪽 면에 방사열, 다른 면은 접촉열을 받는 경우	0.7
양쪽 면에 접촉열을 받는 경우	0.4

※ 단, 시험에서는 계수(a) 값은 시험지에서 주어진 수치로 계산한다.

양쪽 면에서 방사열을 받는 경우의 계산이라면
전열면적$(A) = (\pi d + W \cdot a)L \cdot n (m^2)$
$A = [3.14 \times 0.06 + (0.066 - 0.06) \times 1.0] \times 2 \times 8 = (0.20724 + 0.006) \times 16 = 3.11 m^2$

멤브레인 월(Membrane Wall, 壁)
수냉벽관과 수냉벽관 사이에 따로 만든 강재를 삽입하고 양 수냉벽관에 용접으로 부착하여 한 장의 패널모양으로 만든 것

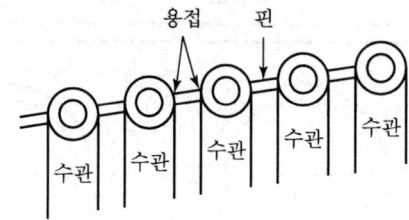

멤브레인 벽

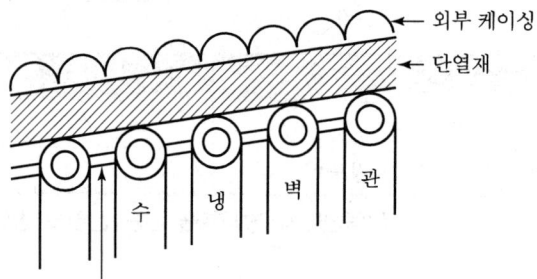

핀(Fine) : 용접으로 수관과 연결한다.

멤브레인 벽

수냉로벽관(Water-Wall Tube)
- 노벽수관이며 수냉벽을 구성하기 위한 수관의 상승벽관이다. 복사전열면을 형성한다.
- 멤브레인벽, 핀부착수관, 탄젠트 관 배열, 스페이스드 관 배열, 베일리식, 내화벽돌식 등 다양하게 사용한다.
- 수냉벽(베일리식 전열면적)은 수냉벽의 폭(m)×수관길이(m) = (m²)로 계산한다.

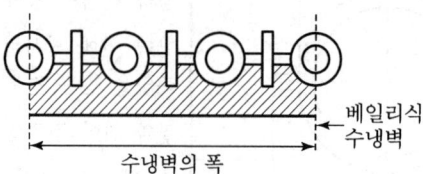

문제 17

외측반지름 0.15m, 내측반지름 0.05m인 구형 용기(중공구)가 있다. 외측, 내측의 온도가 30℃, 300℃에서 전열열량(W) 및 중간지점의 온도(℃)를 구하시오.(단, 열전도율은 0.04W/m℃이다.)

해답 ① 전열량(Q)

$$Q = \frac{4 \cdot \pi \cdot k(t_1 - t_2)}{\dfrac{1}{r_1} - \dfrac{1}{r_2}} = \frac{4 \times 3.14 \times 0.04(300 - 30)}{\dfrac{1}{0.05} - \dfrac{1}{0.15}}$$

$$= \frac{135.648}{20 - 6.6667} = \frac{135.648}{13.3333} = 10.17\text{W}$$

② 중간지점의 온도(T)

$$T = t_1 - \frac{\dfrac{r_2}{r_1} - \dfrac{r_2}{r}}{\dfrac{r_2}{r_1} - 1}(t_1 - t_2) = 300 - \frac{\left(\dfrac{0.15}{0.05}\right) - \left(\dfrac{0.15}{0.1}\right)}{\left(\dfrac{0.15}{0.05}\right) - 1}(300 - 30)$$

$$= 300 - \frac{1.5}{2} \times 270 = 97.5℃\ (370.5\text{K})$$

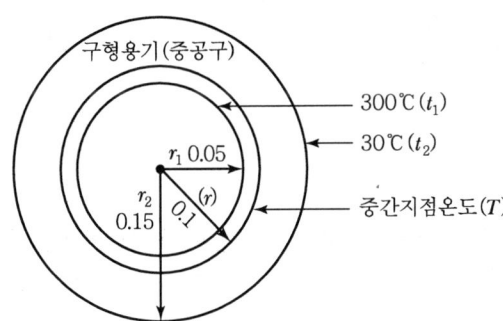

여기서, 구형 중간 두께(r) = $r_2 - r_1$ = 0.15 - 0.05 = 0.1m

에너지관리기사(2015.4.19)

-주관식 필답형(서술형, 단답형)-

문제 01
프로판가스(C_3H_8)의 연소 시 소요되는 이론공기량(Nm^3/Nm^3)을 구하시오.

해답 $C_3H_8 + 5O_2 \rightarrow 3CO_2 + 4H_2O$(연소반응식)

이론공기량(A_0) = 이론산소량 $\times \dfrac{1}{0.21}$

$= 5 \times \dfrac{1}{0.21} = 23.81 \, Nm^3/Nm^3$

참고 $\left(5 \times \dfrac{1}{0.21}\right) \times \dfrac{22.4}{44} = 12.12 \, Nm^3/kg$(중량당 이론공기량)

문제 02
보일러용량(상당증발량)이 1.5t/h이며 증기엔탈피 650kcal/kg, 급수온도 10℃의 보일러에서 실제증기발생량(kg/h)을 구하시오.(단, 급수엔탈피는 1kcal/kg℃, 물의 증발잠열 539kcal/kg이다.)

해답 상당증발량 = $\dfrac{\text{시간당 증기발생량(발생증기 엔탈피 - 급수 엔탈피)}}{539}$ (kg/h)

$1,500 = \dfrac{x(650-10)}{539}$

∴ 실제증기발생량(x) = $\dfrac{1,500 \times 539}{650-10} = 1,263.28 \, kg/h$

문제 03

다음의 조건하에서 연소용 공기비 조절 후 연료절감금액(원/년)을 구하시오.

[조건]
- 연간중유사용량 : 3,500,000L
- 연소용공기비 조절 후 : 1.1 측정
- 연료의 이론배기가스량 : 11.443Nm³/kg
- 배기가스온도 : 225℃
- 연료의 발열량 : 9,750kg/kg
- 연소용 공기비(과잉공기계수) : 1.3 측정
- 연료의 이론공기량 : 10.709Nm³/kg
- 배기가스비열 : 0.33kcal/Nm³℃
- 외기온도 : 25℃
- 연료 1L당 가격 : 200원

해답

- 공기비 조절 전 배기가스 손실열량(실제 배기가스량×배기가스비열×온도차)

  실제 배기가스량(G_w) : $G_{ow} + (m-1)A_0$

  $\{11.443 + (1.3-1) \times 10.709\} \times 0.33 \times (225-25) = 967.2762$ kcal/kg

- 공기비 조절 후 배기가스 손실열량

  $\{11.443 + (1.1-1) \times 10.709\} \times 0.33 \times (225-25) = 825.9174$ kcal/kg

- 연료 1kg당 연료절감률(%)

  $\dfrac{967.2762 - 825.9174}{9,750} \times 100 = 1.4498\%$

- 연간 연료절감 사용량

  $3,500,000 \times 0.014498 = 50,743$ L/연간

∴ 연간 연료 절감금액

  $50,743 \times 200 = 10,148,600$ 원/연간

문제 04

연소 후 매연을 제거하는 집진장치의 종류 6가지만 쓰시오.

해답

㉠ 건식 : 여과식(백필터), 원심식(사이클론식, 멀티사이클론식), 관성식

㉡ 전기식 : 코트렐식

㉢ 습식 : 유수식, 가압수식, 회전식

참고 가압수식 : 스크러버형, 제트스크러버형, 사이클론스크러버형, 충전탑

문제 05
자동제어는 수동식, 자동식이 있다. 자동식 중 피드백 제어, 시퀀스 제어가 있는데 이 중 시퀀스 제어에 대한 설명을 기술하시오.

해답 미리 정해진 순서에 따라서 제어의 각 단계를 차례로 진행시키는 정성적 제어이다.

문제 06
보일러에서 강제순환식 보일러 종류 2가지만 쓰시오.

해답 베록스 보일러, 라몬트보일러(라몬트노즐보일러)

문제 07
어느 생산공장에서 배기가스의 성분 분석 결과 CO_2 함량이 10.2%이고 CO가스는 발견되지 않으며 산소(O_2)가 7.11%가 검출하였다면 탄산가스최대량(CO_{2max})은 몇 %인가?

해답
- CO가 없는 경우 : $CO_{2max} = \dfrac{21 \times CO_2}{21 - (O_2)}(\%)$

- CO가 있는 경우 : $CO_{2max} = \dfrac{21(CO_2 + CO)}{21 - (O_2) + 0.395(CO)}(\%)$

∴ CO_{2max}(탄산가스최대양) $= \dfrac{21 \times 10.2}{21 - 7.11} = 15.42(\%)$

문제 08
청관제(급수처리 내처리제)의 사용목적 4가지만 쓰시오.

해답
㉠ pH 및 알칼리도 조정
㉡ 경도 성분을 연수로 변화시킨다.
㉢ 절연면의 스케일 생성방지
㉣ 농축수의 생성방지
㉤ 가성취화 방지
㉥ 기포 발생을 방지시킨다.
㉦ 보일러수 내 탈산소제가 가능하다.
㉧ 보일러관 내 부식방지

문제 09
차압식 유량계인 오리피스 유량계의 원리를 간단히 기술하시오.

해답 관의 단면을 갑자기 축소시켜 유속을 증가시키고 압력강화를 일으킴으로써 유량을 측정한다.(압력손실이 크고 내구성이 적고 침전물이 고이기 쉬우나 제작이 용이하고 설치장소가 적게 들고 가격이 저렴하고 교환이 용이하며 유량계수의 신뢰도가 높다.)

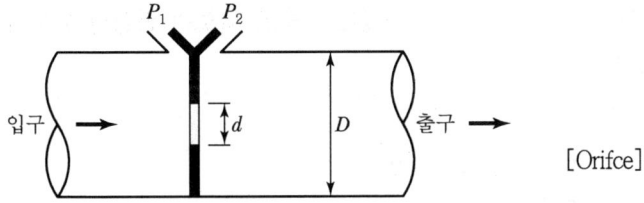

[Orifce]

문제 10
다음과 같은 조건에서 보일러의 마력을 구하시오.

[조건]
- 실제증기 발생량 : 4,500kg/h
- 발생증기엔탈피 : 640kcal/kg
- 급수엔탈피 : 80kcal/kg
- 급포화수의 증발열 : 539kcal/kg

해답 보일러마력 : $\dfrac{\text{상당증발량}}{15.65}$

상당증발량(정격용량) = $\dfrac{\text{시간당 증기발생량}(\text{발생증기엔탈피} - \text{급수엔탈피})}{539}$

∴ 보일러마력 = $\dfrac{4{,}500 \times (640 - 80)}{539 \times 15.65}$ = 298.74 마력

문제 11

유속식 유량계인 피토관 유량계로 공기유량(m^3/s)을 다음 조건에서 구하시오.

[조건]
- 유량계수 : 1
- 정압 : 40mmAq
- 유체의 밀도 1.25kg/m³
- 물의 밀도 : 1,000kg/m³
- 전압 : 80mmAq
- 피토관의 지름 : 400mm
- 평균유속은 피토관 중심선 유속의 $\frac{3}{4}$이다.

해답

동압(압력차) = 80 - 40 = 40mmAq(H_2O)

유량(Q) = 단면적 × 유속

단면적 = $\frac{3.14}{4} \times (0.4)^2 = 0.1256 m^2$

유속(V) = $c\sqrt{2gh} = 1\sqrt{2 \times 9.8 \times \frac{\gamma_0 - \gamma}{\gamma} h}$

$= 1\sqrt{2 \times 9.8 \times \left(\frac{1,000}{1.25} - 1\right) \times 0.04} = 25.0283 m/s$

∴ 유량 = $0.1256 \times \left(25.0283 \times \frac{3}{4}\right) = 2.36 m^3/s$

문제 12

교토의정서의 채택(목적) 등에 대하여 3가지만 기술하시오.

해답

㉠ 선진국에 대하여 구속력 있는 감축목표 설정

㉡ 공동이행(JI), 청정개발체제(CDM), 배출권 거래제(ET) 등 시장 원리에 입각한 새로운 온실가스 감축수단 도입

㉢ 국가 간 연합을 통한 공동 감축목표 달성

참고

(1) 교토의정서 채택 : 1997년 제3차 당사국총회에서 채택
(2) 교토의정서 발효 : 2005년 2월 16일
(3) 교토메커니즘 : 온실가스를 효과적이고 경제적으로 줄이기 위하여 JI(공동이행제도), CDM(청정개발체제), ET(배출권거래제도) 등 유연성 체제 도입

(4) 온실가스 채택
  ㉠ 이산화탄소(CO_2)   ㉡ 메탄(CH_4)
  ㉢ 아산화질소(N_2O)   ㉣ 수소불화탄소(HFCs)
  ㉤ 과불화탄소(PFCs)   ㉥ 육불화황(SF_6)

※ 실기시험 시 문제를 잘 보시고 답안지를 작성하세요.

문제 13
신·재생에너지를 6개만 쓰시오.

해답
㉠ 신에너지 : 석탄액화가스화 에너지, 수소에너지, 연료전지 등 3개
㉡ 재생에너지 : 태양열, 태양광, 풍력, 수력, 폐기물, 바이오, 해양에너지, 지열 등 8개

문제 14
다음과 같은 조건하에서 중유 사용 보일러 효율(%)을 계산하시오.

[조건]
- 급수 사용량 : 1,500kg/h
- 증기압력 : 1MPa
- 증기발생 엔탈피 : 2,860.5kJ/kg
- 포화수의 증발잠열 : 2,257kJ/kg
- 중유 소비량 : 140kg/h
- 중유의 저위발열량 : 40,950kJ/kg
- 급수 엔탈피 : 83.96kJ/kg

해답
$$\text{보일러 효율}(\eta) = \frac{\text{증기발생량} \times (\text{발생증기 엔탈피} - \text{급수 엔탈피})}{\text{연료소비량} \times \text{연료의 저위발열량}} \times 100(\%)$$
$$= \frac{1,500(2,860.5 - 83.96)}{140 \times 40,950} \times 100 = 72.65\%$$

문제 15

40L 용기에 27℃의 산소(O_2) 가스가 130atm으로 압축시켜 저장하는 경우 물음에 답하시오.(단, 기체상수 R = 0.082L · atm/mol · K이다.)

(1) 이 용기 내부에는 몇 (mol)의 산소가 충전되어 있는가?

(2) 이 용기 내부 충전된 산소는 몇 kg인가?

해답

(1) $PV = nRT$

$130 \times 40 = n \times 0.082 \times (273 + 27)$

$\therefore n = \dfrac{130 \times 40}{0.082 \times 300} = 211.382 (\text{mol})$

(2) 산소 1mol = 22.4L = 32g (분자량값)

$211.382 \times 32 = 6,764.224g$

$\therefore 6.76 \text{kg}$

문제 16

원통횡형 보일러에서 평형노통이 아닌 파형노통 설치 시 그 장점을 2가지만 쓰시오.

해답

㉠ 외압에 대한 강도가 크다.
㉡ 열에 의한 신축이 원활하다.
㉢ 평형노통에 비하여 전열면적이 크다.

문제 17

공기압축기 사용 시 기수분리기 고장으로 인한 수분의 제거가 불충분할 때 나타나는 현상을 2가지만 쓰시오.

해답

㉠ 기기 손상 및 압축기 효율저하로 인한 에너지소비 비중 증가
㉡ 기기의 오작동 및 소비전력 증가
㉢ 공기의 밀도 감소로 인한 소요공기량 부족

참고
- 공기압축기 : 용적식, 터보형
- 공기압축기 냉각방식 : 수랭식, 공랭식

문제 18
다음 전기식 집진장치에 대한 내용에서 각각 ( ) 안에 알맞은 내용을 써 넣으시오.

> 사용전압 30,000~100,000V에서 일반적 구조로서 판상 또는 관상의 (㉮) 집진극 속에 (㉯)인 침상반전극을 매달고 양극 사이에 1,500~6,000V/cm 세기에 고압직류 전장을 만들어 이 사이에 분진 또는 미스트를 포함하는 가스를 1~3m/s 선속도로 통과시킨다. 양극 사이에 (㉰)이 일어나 전극 주위의 기체는 (㉱) 되고 마이너스(-) 이온화된 가스입자는 강한 전장의 작용으로 양극(+)을 향하여 운동하고 그 사이를 흐르는 가스 속의 고체분진은 마이너스(-)로 대전되어 집진극인 양극(+)에 모여 표면에 퇴적된 후 처리·제거된다.
> 전기집진장치에서 집진성능을 좌우하는 가장 큰 인자는 분진의 겉보기 고유전기 저항으로 10^4~10^5Ω·cm인 경우에 집진율이 가장 좋고 10^4Ω·cm 이하에서는 집진극에 흡착된 먼지의 전하의 중화가 너무 빨라 집진율이 저하된다.

해답
- ㉮ 양극
- ㉯ 음극
- ㉰ 코로나방전
- ㉱ 이온화

문제 19
증기트랩 설치 시 이점을 3가지만 쓰시오.

해답
- ㉠ 응축수 배출로 워터햄머(수격작용 방지) 방지
- ㉡ 응축수 제거로 인한 부식 방지
- ㉢ 응축수로 인한 열설비 효율저하 방지
- ㉣ 관내 유체의 흐름에 대한 저항 감소

참고
- 기계식(비중차 이용) 트랩 : 버킷형, 플로트형
- 온도조절식 트랩 : 벨로스식, 바이메탈식
- 열역학적 트랩 : 오리피스형(충격식), 디스크형

문제 20

다음의 조건에서 수관식 보일러의 전열면적(m²)을 계산하시오.(단, 전열의 종류는 양면에서 방사열을 받는 계수(a)가 1.00이다.)

[조건]
- 수관의 외경 : 60mm
- 수관의 개수 : 8개
- A면온도 : 1,000℃
- 멤브레인 : 폭 3mm, 두께 2.5mm, 길이 2m, 개수 7개
- 핀붙이 외경 : 66mm
- 수관 1본의 길이 : 2m
- B면온도 : 430℃

해답 전열면적$(A) = (\pi d + W_a)L_1 \cdot n$

$W_a = (b - d)$

a = 전열(열전달에 따른 계수) 계수

∴ 전열면적$(A) = \{3.14 \times 0.06 + (0.066 - 0.06) \times 1.0\} \times 2 \times 8$
$= (0.1884 + 0.006) \times 16 = 3.11 \text{m}^2$

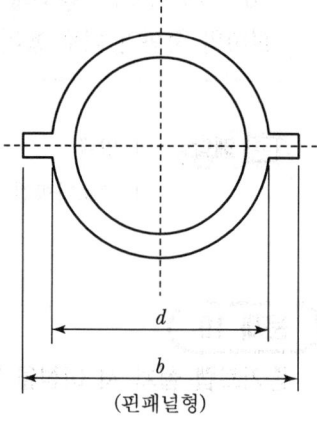
(핀패널형)

참고 전열면적

한쪽 면이 연소가스 등에 접촉하고 다른 면이 물(기수혼합물)에 접촉하는 부분의 면(단, 과열기, 절탄기의 전열면을 고려하라는 제시문이 있을 경우에는 포함시킨다.)

문제 21

에너지 분야 폐열회수장치의 종류 2가지만 쓰시오.

해답
㉠ 열 교환기
㉡ 히트 펌프
㉢ 전열교환기

참고
① 보일러의 폐열회수장치(여열장치) : 과열기, 재열기, 절탄기, 공기예열기
② 열교환기 종류 : 원통다관형 열교환기, 플레이트형 열교환기, 스파이럴형 열교환기
③ 공조기 열교환기 : 전열교환기

에너지관리기사(2015.7.11)

−주관식 필답형(서술형, 단답형)−

문제 01
보일러 폐열회수장치 중 하나로서 배기가스 현열을 이용하여 보일러 급수를 예열하고 열효율을 높이는 장치의 명칭을 쓰시오.

해답 절탄기(이코너마이저)

참고 폐열회수장치 설치순서
과열기 → 재열기 → 절탄기 → 공기예열기

문제 02
자동제어 연속동작에 대한 물음에 답하시오.

(1) 잔류편차가 남는 동작
(2) 잔류편차가 제거되는 동작
(3) 편차의 변화속도에 비례하는 동작

해답 (1) 비례동작(P 동작) (2) 적분동작(I 동작) (3) 미분동작(D 동작)

참고 잔류편차(옵셋) 제거 동작
적분동작, 비례적분동작, PID 복합동작, 2자유도 PID 동작

문제 03
보일러 운전 중 열효율을 증가시키는 방법 2가지만 쓰시오.

해답
(1) 공기비를 조절하여 운전한다.
(2) 증기의 건도를 높여 증기의 증발잠열을 최대한 이용한다.
(3) 폐열회수장치를 이용하여 배기가스 열손실을 줄인다.

문제 04

(1) 용수 중의 경도 성분인 불순물(Ca, Mg)을 슬러지로 만들어서 스케일의 생성을 방지하는 청관제로서 수산화나트륨, 탄산나트륨 생석회 등을 이용하는 급수처리 내처리는 어떤 종류의 청관제인가?

(2) 급수처리 외처리에서 나트륨 강산성 양이온교환수지에 통과시켜 원수 중의 칼슘이나 마그네슘을 제거하는 용존고형물처리방법의 명칭은?

해답 (1) 경도성분 연화제
(2) 이온교환법(경수연화법)

문제 05

수관식 보일러의 수냉로벽 설치 시 그 장점을 4가지만 쓰시오.

해답
(1) 노벽의 지주역할을 한다.
(2) 노벽을 보호한다.
(3) 노 내 기밀을 유지한다.
(4) 보일러 중량이 경감된다.
(5) 자연순환을 돕기 위해 강수관에 순환 펌프를 설치할 수 있다.
(6) 내화물의 과열을 방지하고 수명을 길게 한다.
(7) 급수를 예열하므로 열효율이 상승한다.
(8) 연소실이 기밀이라 연소 시 가압연소가 가능하다.

문제 06

수관식 보일러의 보일러수 유동방식에 따라서 3가지로 분류하고 각각의 유동에 대한 작동원리를 간단히 설명하시오.

해답
(1) 자연순환식 : 물과 증기의 밀도차에 의해 순환하는 방식
(2) 강제순환식 : 동력을 이용한 순환펌프를 이용한 순환방식
(3) 관류순환식 : 증기드럼 없이 펌프로 물을 수관에 공급하여 수관 내 물을 가열, 증발, 과열의 과정을 거쳐 순환하는 방식

문제 07

요로의 운전에서 열효율을 증가시키는 방법을 2가지만 쓰시오.

해답
(1) 에너지원단위를 잘 관리한다.
(2) 폐열을 회수하여 재사용한다.
(3) 공기비를 잘 관리한다.
(4) 벽체의 단열을 강화한다.
(5) 요로 내부의 밀폐를 강화시킨다.
(6) 가열온도를 적정 온도로 유지시킨다.
(7) 가열대상 물질을 예열시킨다.
(8) 대차의 손실 중 가열하는 데 소비되는 에너지 손실을 줄인다.
(9) 노장의 길이를 연장시킨다.(킬른의 길이를 연장시킨다.)
(10) 고효율 설비를 선정한다.

문제 08

메탄(CH_4) 1kg의 완전연소 시 다음의 조건을 이용하여 저위발열량(kcal/kg)을 구하시오.(단, 물의 증발잠열은 600kcal/kg이다.)

[조건] $C + O_2 \rightarrow CO_2 + 97.0$ kcal, $H_2 + \frac{1}{2}O_2 \rightarrow H_2O + 57.6$ kcal

해답

$$\underset{16kg}{CH_4} + 2O_2 \rightarrow CO_2 + \underset{2 \times 18kg}{2H_2O}$$

탄소(C)의 원자량=분자량=12, H_2O 분자량=18, CH_4 분자량=16, 수소분자량=2

C의 발열량 = $\frac{97}{12}$ = 8.083kcal/g = 8,083kcal/kg (8,083×4.1868kJ/kcal=33,841.9044kJ/kg)

H_2의 발열량 = $\frac{57.6}{2}$ = 28.8kcal/g = 28,800kcal/kg (28,800×4.1868kJ=120,579.84kJ/kg)

∴ 저위발열량(H_L) = $8,083 \times \frac{12}{16} + 28,800 \times \frac{4}{16}$ = 13,262.25 kcal/kg

(13,262.25×4.1868kJ=55,526.3883kJ/kg)

참고
- 고위발열량(H_h) = $H_L + 600(9H+W)$ = $13,262.25 + 600 \times \frac{2 \times 18}{16}$ = 14,612.25 kcal/kg
  (14,612.25×4.1868kJ/kcal=61,178.5683kJ/kg)
- $1MJ = 10^6 J = 1,000,000J = 1,000kJ$
- 천연가스(LNG) 1kg=54.6MJ(총발열량)=49.3MJ(순발열량)
- 도시가스(LNG) Nm^3=43.6MJ(총발열량)=39.4MJ(순발열량)

제4편 과년도 기출문제

문제 09

보일러 연료인 B-C유를 연간 450,000L 소비하고 있다. 공기비 1.2 상태에서 현재 배기가스 온도가 280℃, 외기온도 20℃, 이론공기량 10.709Nm³/kg, 배기가스 비열 0.33kcal/Nm³℃, 이론배기가스량 11.443Nm³/kg, 연료의 발열량 9,750kcal/kg, 중유의 비중량 0.98kg/L일 경우 아래의 물음에 답하시오.

(1) 연간 연료소비량은 몇 kg/년인가?
(2) 연료의 배기가스 열손실은 몇 kcal/kg인가?
(3) 폐열회수장치를 이용하여 배기가스 온도를 280℃에서 180℃로 감소시키면 절약되는 열량은 몇 kcal/kg인가?(단, 폐열회수장치 열효율은 100%이다.)
(4) 연료절감량(%)은 얼마인가?
(5) 연간 연료소비절감량은 몇 L/년인가?
(6) 연료 1L당 가격이 300원이면 연간 연료사용 절감금액(원/년)은 얼마인가?

해답
(1) $450,000 \times 0.98 = 441,000 (kg/년)$
(2) 실제배기가스량 = 이론배기가스량 + (공기비 − 1) × 이론공기량
$\{11.443 + (1.2 − 1) \times 10.709\} \times 0.33(280 − 20) = 1,165.58 (kcal/kg)$
(3) $(\{11.443 + (1.2 − 1) \times 10.709\} \times 0.33(280 − 20)) − (\{11.443 + (1.2 − 1) \times 10.709\} \times 0.33 \times (180 − 20)) = 1,165.58 − 717.28 = 448.3 (kcal/kg)$
(4) $\dfrac{448.3}{9,750} = 0.04597 (약 \ 4.597\%)$
(5) $450,000 \times 0.04597 = 20,686.5 (L/년)$
(6) $20,686.5 \times 300 = 6,205,950 (원/년)$

문제 10

용해로에서 발생하는 폐가스온도가 500℃이다. 열교환회수기를 통하여 80℃로 배기가스 온도를 저하시켜 배출하는 폐가스량이 40,000Nm³/h이다. 1일 20시간 가동하며 연간 300일을 가동하는 경우 탄소배출량은 몇 ton C/year인가?(단, IPCC 탄소배출계수 메탄의 경우 15.3kg(C/GJ)이며 배기가스 비열은 0.31kcal/Nm³℃, 1kcal는 4.186kJ로 한다.)

해답
배기가스 배출량(Nm³/year) = $40,000 \times 20 \times 300 = 240,000,000 (Nm³/year)$
발생열량 = $\dfrac{240,000,000 \times 0.31 \times 4.186 \times (500 − 80)}{10^6} = 130,804.128 (GJ)$
∴ 탄소배출량 = $130,804.128 \times 15.3 = 2,001,303.158 (kg/year)$
$\dfrac{2,001,303.158}{1,000} = 2,001.30 (ton \ C/year)$

> **참고**
> - $1GJ = 10^6 kJ$, $1kcal = 4.186kJ$, $1toe = 1,000kg$, $1MJ = 10^6 J$
> - LNG 탄소배출계수 = 0.630ton C/toe 정도이다.

문제 11

보일러(노통연관식)실에서 전력소비량이 43.2kWh이다. 매일 24시간, 365일 가동하는 보일러 전력 사용 시 아래 물음에 답하시오.(단, 석유환산계수 전력 = 0.211이고 탄산가스(CO_2) 배출계수는 0.4517tCO_2/MWh이다.)

(1) 석유환산 톤(TOE/년)은 얼마인가?
(2) 석유환산(kgOE/년)은 얼마인가?
(3) 탄산가스 배출(CO_2)량은 몇 tCO_2/년인가?(단, 전력 CO_2 배출계수는 0.4517tCO_2/MWh이다.)

해답

(1) $43.2 \times 24 \times 365 = 378,432 kWh = 378.432 MWh$
$\therefore 378.432 \times 0.211 = 79.85 TOE/년$

(2) $79.85 \times 10^3 = 79,850 (kgOE/년)$

(3) $378.432 \times 0.4517 = 170.94 (tCO_2/년)$

> **참고** 1TOE = 1,000kg, 전기의 온실가스 배출계수는 1kWh당 CO_2 452.4g 배출 = 0.4524tCO_2/MWh 전력거래소 기준이다.

문제 12

다음과 같은 조건에서 프로판가스(C_3H_8) 1kg의 완전연소 시 고위발열량(kJ/kg)을 계산하시오.

[조건] $C + O_2 \rightarrow CO_2 + 450kJ$
$H_2 + \frac{1}{2}O_2 \rightarrow H_2O + 240kJ$ (물의 증발잠열 : 2,250kJ/kg)

해답

연소반응식 : $\underline{C_3H_8} + 5O_2 \rightarrow 3CO_2 + \underline{4H_2O}$ (프로판 분자량 = $12 \times 3 + 1 \times 8 = 44$)
  44kg 4×18kg

프로판 44kg 연소 시 H_2O 4×18kg 생성(H_2O 분자량 = 18)

$\frac{450}{12} = 37.5 kJ/g = 37,500 kJ/kg$, $\frac{240}{2} = 120 kJ/g = 120,000 kJ/kg$

저위발열량$(H_l) = 37,500 \times \frac{36}{44} + 120,000 \times \frac{8}{44} = 52,500 kJ/kg$

$\therefore$ 고위발열량$(H_h) = 52,500 + 2,250 \times \frac{4 \times 18}{44} = 56,181.82 kJ/kg$

문제 13

보일러실 노벽의 온도가 230℃, 보일러실 온도가 30℃이다. 이 노벽에 의한 복사열은 자연대류에 의한 방열량의 몇 배가 되는지 계산하시오.(단, 노벽 표면의 복사율은 0.9, 자연대류에 의한 열전달율은 12.96w/m²℃이고 흑체의 복사정수(C_b)는 5.669W/m²K⁴이다.)

해답 $T_1 = 273 + 230 = 503\text{K}$, $T_2 = 273 + 30 = 303\text{K}$

- 복사열량(Q) = $0.9 \times 5.669 \left[\left(\dfrac{503}{100} \right)^4 - \left(\dfrac{303}{100} \right)^4 \right] = 2,835.99 \text{W/m}^2$

- 대류방열량(Q) = $12.96 \times (230 - 30) = 2,592 \text{W/m}^2$

∴ $\dfrac{2,835.98}{2,592} = 1.09$ 배

참고
- 스테판-볼츠만의 정수(σ) = $5.669 \times 10^{-8} \text{W/m}^2\text{K}^4$
- 복사 전열량(Q) = $\varepsilon \cdot C_b \left[\left(\dfrac{T_1}{100} \right)^4 - \left(\dfrac{T_2}{100} \right)^4 \right] \times A$

  $Q = 0.9 \times 5.669 \times 10 - 8[503^4 - 303^4] = 2,835.99 \text{w/m}^2$

  A : 복사면적, ε : 복사율, C_b : 흑체복사정수

문제 14

보일러 운전 중 급수온도가 10℃ 상승하면 보일러 열효율이 1.5% 향상되고 연소용 공기의 공급 온도를 25℃ 정도 높이면 보일러 열효율은 1% 정도 향상된다. 급수온도를 10℃에서 25℃로 상승하고 연소용 공기를 20℃에서 30℃로 상승한다면 열효율은 몇 % 높아지겠는가?

해답 $\dfrac{1.5\%}{10℃} \times (25-10)℃ + \dfrac{1\%}{25℃} \times (30-20)℃ = 2.65(\%)$

문제 15

다음 ( ) 안에 알맞은 내용을 써 넣으시오.

두 가지의 서로 다른 금속선을 접합시켜 전 후 양접점에서 (㉠)를 서로 다르게 하면 (㉡)이 생기는데 이것을 (㉢)효과라고 한다. 이 기전력의 값은 두 금속의 종류와 양접점의 온도차에 의해서 결정된다. 이때 두 금속선의 조합을 (㉣)라 하고 일정한 온도로 유지되는 한 끝을 기준접점 혹은 (㉤)이라고 하며 표준용으로 물탱크에 넣어 (㉥)℃로 유지하는 장치를 쓰기도 한다. 이런 온도계를 열전대 온도계라고 한다.

해답 ㉠ 온도　㉡ 열기전력　㉢ 제벡
㉣ 열전대　㉤ 냉접점　㉥ 0

문제 16
고체용기에 의한 열전달이 16.7W이다. 면적 0.06m²에서 내부 표면온도 220℃, 외부 표면온도 20℃에서 용기의 열전도율(W/m℃)은 얼마인가?(단, 두께는 50mm)

해답 $16.7 = \dfrac{K \cdot 0.06 \times (493-293)}{0.05}$, 열전도율$(K) = \dfrac{16.7 \times 0.05}{0.06 \times 200} = 0.07 \, \text{W/m℃}$

문제 17
부르동관 압력계 지침(적색)이 50cmHg이다. 이 경우 절대압력은 몇 kgf/cm²a인가?(단, 대기압은 760mmHg이다.)

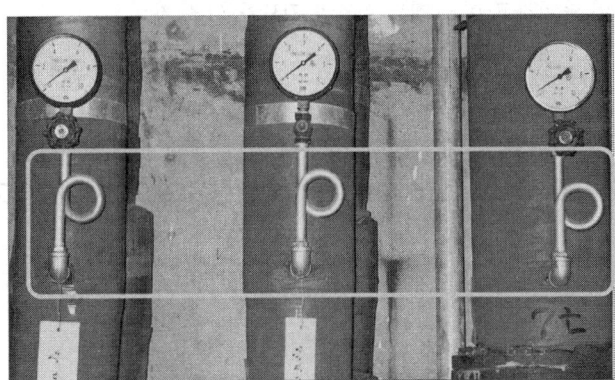

해답 절대압=대기압-진공압, 절대압=게이지압력+대기압력
760-500=260mmHg(76cmH-50cmHg=26cmHg)
∴ $1.033 \times \dfrac{26}{76} = 0.35 \, \text{kgf/cm}^2\text{a}$

문제 18
자동제어 연속동작 중 제어편차(옵셋) 발생 시 잔류편차 제거가 가능한 조작량을 3가지 동작으로 기술하시오.

해답 ㉠ 적분동작(I 동작)　㉡ 비례적분동작(PI 동작)　㉢ 비례적분미분동작(PID 동작)

문제 19
보일러 본체 드럼에서 원주방향응력과 길이방향응력비를 계산하시오.

해답
- 원주방향 응력 = $\dfrac{PD}{200t}$ (kg/mm²)
- 길이방향 응력 = $\dfrac{PD}{400t}$ (kg/mm²)
- ∴ 응력비 = 2 : 1

문제 20
보온재의 구비조건을 5개만 쓰시오.

해답
(1) 열전도율이 작을 것
(2) 사용온도에서 내구성이 있을 것
(3) 비중이 적을 것
(4) 시공이 용이하고 어느 정도 기계적 강도가 있을 것
(5) 흡수성 및 흡습성이 없을 것

문제 21
B-C유 1kL의 발열량을 TOE로 계산하시오.(단, 발열량은 9,950kcal/L이고 석유환산계수는 0.9950이다.)

해답 $1 \times 0.995 = 0.995$ TOE

참고
- 1kL = 1,000L
- $1,000 \times 9,950 = 9,950,000$ kcal $= 9.95 \times 10^6$ kcal $= 0.995 \times 10^7 = 0.995$ TOE
- 석유환산톤 1TOE $= 10^7$ kcal (단, 1kWh = 2,300kcal이다.)

문제 22
선박 탱크(LNG) 내 가스의 주성분을 쓰시오.

해답 CH_4(메탄)

참고
- $CH_4 + 2O_2 \rightarrow CO_2 + 2H_2O$ (연소반응식)
- 산소량(O_0) = 2Nm³/Nm³
- 이론공기량(A_0) = $2 \times \dfrac{1}{0.21}$ = 9.52Nm³/Nm³

문제 23

급수장치 중 급수탱크(저수조)에서 엠보싱(Embossing)으로 처리한 이유를 간단히 기술하시오.

해답 요철이 서로 반대로 되어 있는 상하 한 쌍의 다이로 얇은 판금에 여러 가지 모양의 형상을 찍어내어 가공한 후 모양, 문자, 보강리브 등을 부각하여 내부 유체의 압력에 잘 견디게 한다.

문제 24

중유(B-C유) 1,000kL 사용 시 온실가스 배출량(tCO_2)은 얼마인가?(단, 에너지원별 TOE당 온실가스 배출계수에서 중유 B-C유에서는 3.208tCO_2/TOE, B-C유의 석유환산계수는 0.935이다.)

해답 먼저 에너지사용량(TOE)을 계산하면

$1,000kL \times 0.935 = 935(TOE)$

∴ 온실가스배출량 $= 935 \times 3.208 = 2,999.5(tCO_2)$

참고
- 휘발유 1TOE 소비 시 CO_2 배출량(TOE) : 휘발유는 IPCC에서 권고한 에너지원별 온실가스 배출계수가 2.871이므로 휘발유 1TOE(1,000kg) 사용 시 온실가스 배출량은 2.871톤이 배출된다.
- 전기의 온실가스 배출계수는 0.4524tCO_2/MWh, 1kWh당 CO_2 452.4g 배출(전력거래소 기준 전기의 온실가스 발전단 배출계수)

문제 25

보일러 폐열회수장치(공기예열기)의 입구 배기가스 온도가 230℃인 가스가 10kg/s씩 배출하면서 폐열회수장치 출구에서 160℃로 배기된다. 공기예열기 입구 공기는 20℃ 연소용 공기량 공급은 7kg/s로 배출하여 보일러 화실로 공급하고 있다. 연료의 절감률(%)은 얼마인가?(단, 배기가스 정압비열은 1.2kJ/kg·K, 공기의 정압비열은 1.17kJ/kg·K이고 공기예열기 연소용 공기는 온도가 20℃ 상승할 때마다 연료의 절감률은 1%이다.)

해답 연소용 공기예열기 공기온도 상승(공기예열기 공기출구온도)

$1.2 \times 10 \times (230-160) = 1.17 \times 7 \times (t-20)$

공기예열기 출구온도(t) $= \dfrac{1.2 \times 10 \times (230-160)}{1.17 \times 7} + 20 = 122.56$

$122.56 - 20 = 102.56℃$ (공기예열에 의한 상승 온도)

∴ 연료 절감률 $= \dfrac{1}{20} \times 102.56 = 5.13\%$

에너지관리기사(2015.11.7)

－주관식 필답형(서술형, 단답형)－

문제 01
폐열회수장치 중 공기예열기 설치 시 그 장점을 4가지만 쓰시오.

해답
(1) 연료의 착화 시 착화열의 감소
(2) 연소실 내 온도 상승으로 완전연소가 가능하다.
(3) 전열효율, 연소효율이 향상된다.
(4) 수분이 많은 저질탄의 연료도 연소가 용이하다.
(5) 보일러 열효율이 5% 이상 높아진다.

참고 연소용 공기가 25℃ 상승 시 열효율이 1% 정도 향상된다.

문제 02
보일러 운전 중 연소에서 매연의 발생 분진 등을 매진 자체 중력을 이용한 (포집)집진장치의 명칭을 쓰시오.

해답 중력침강식(침강식)집진장치

문제 03
연소 후 발생하는 슈트, 분진, 매연의 발생원인을 4가지만 쓰시오.

해답
(1) 연소용 공기량이 부족할 때
(2) 공기와 연료의 혼합상태가 불량할 때
(3) 노 내 연소실 온도가 낮을 때
(4) 연소장치가 부적합할 때
(5) 연료 중 수분, 슬러지분이 혼입될 때
(6) 연소의 기술이 부적합할 때
(7) 무리한 연소, 버너 조작 불량에 의해 화염이 노벽과 충돌할 때

문제 04
보일러 운전에서 급수처리 내처리에서 용존산소를 제거하는 탈산소제 종류 3가지를 쓰시오.

해답
(1) 아황산소다
(2) 히드라진
(3) 탄닌

문제 05
보일러 운전 중 증기드럼 내 프라이밍(비수)의 발생원인을 4가지만 쓰시오.

해답
(1) 관수의 농축
(2) 주증기 밸브의 급개방
(3) 증기 발생 속도가 너무 빠른 경우
(4) 관수의 수위가 고수위로 운전하는 경우

문제 06
공업용 요로에 단열재를 사용할 때 그 단열효과를 4가지만 쓰시오.

해답
(1) 축열 열량의 감소
(2) 열전도도 감소
(3) 노내 온도 균일
(4) 노벽의 온도 구배 감소로 스폴링 발생 방지(박락현상방지)
(5) 노벽의 내화재 보호

문제 07
신·재생에너지 중 신에너지 종류 2개와 재생에너지 4개를 쓰시오.

해답
(1) 신에너지 : 연료전지, 수소에너지, 석탄액화가스화에너지, 중질잔사유가스화에너지 중 선택
(2) 재생에너지 : 바이오에너지, 태양광, 태양열, 수력, 풍력, 폐기물에너지, 지열에너지, 해양에너지 중 선택

문제 08

압력 1kg/cm²(0.1MPa), 온도 27℃의 공기 1kg을 $PV^{1.3} = C$(일정) 상태에서 폴리트로픽 변화를 거쳐서 온도가 330℃로 변화하였다면 그 엔트로피 변화량(kcal/k)은 얼마인가?(단, 비열비 (K) = 1.4이고 CV(정적비열) = 0.156kcal/kg · K이다.)

해답 엔트로피 변화량(ΔS) = m(질량) $\times \dfrac{n-K}{n-1} \cdot CV \cdot \ln\left(\dfrac{T_2}{T_1}\right)$

$$\therefore \Delta S = 1 \times \dfrac{1.3-1.4}{1.3-1} \times 0.156 \times \ln\left(\dfrac{273+330}{273+27}\right)$$
$$= 1 \times (-0.052) \times 0.698134722 = -0.036 \text{kcal/K(감소)}$$

문제 09

보일러 운전 중 배기가스량이 12,000Nm³/kg에 의해 손실되는 배기가스 폐열을 회수하고자 연소통로에 열교환기(공기예열기)를 설치하여 폐열을 회수한 결과 배기가스 온도를 120℃까지 하강시켰다. 이 열교환기에서 전열량은 117,800W 전열면의 열관류통과율(k)15W/m²·℃, 전열면 입·출구의 대수평균온도차(Δt_m)는 65.5℃일 때 공기예열기의 열교환 전열면적(m²)은 얼마인가?

해답 $Q = K \cdot \Delta t_m \cdot A$ [W]

$$전열면적(A) = \dfrac{Q}{K \cdot \Delta t_m} = \dfrac{117,800}{15 \times 65.5} = 119.90 \text{m}^2$$

문제 10

보일러 증기압력 0.8MPa에서 증기의 건도가 0.95이다. 교축작용 후 증기압력이 0.3MPa 상태에서 다음의 조건을 보고 증기건도(x)를 구하시오.

증기압력	0.8MPa	0.3MPa
현열	185.8kcal/kg	133.8kcal/kg
증발잠열	478kcal/kg	516.9kcal/kg
전열량	663.8kcal/kg	650.7kcal/kg
증기건도	0.95	x

해답 0.8MPa 상태 습증기 엔탈피
$185.8 + 478 \times 0.95 = 639.9 \text{kcal/kg}$
$639.9 - 133.8 = 506.1 \text{kcal/kg}$ (0.8MPa의 증발잠열)
$$\therefore 증기의\ 건도(x) = \frac{506.1}{516.9} = 0.98$$

참고 0.3MPa 상태 습증기 엔탈피
$133.8 + 516.9 \times 0.98 = 640.36 \text{kcal/kg}$

문제 11

배관직경 150mm에서 물이 이송되고 있다. 물의 평균 유속이 3m/s이라면 물의 유속은 몇 kg/s인가?(단, 물의 비중량은 1,000kgf/m³이다.)

해답 유량(Q) = 단면적 × 유속(m²/s), 단면적(A) = $\frac{\pi}{4}d^2$
$$\therefore Q = \frac{3.14}{4} \times (0.15)^2 \times 3 \times 1,000 = 52.99 \text{kg/s}$$

문제 12

난방부하가 12,000kcal/h이다. 급탕공급수 온도 60℃, 급수온도 10℃, 물의 비열은 1kcal/l·℃일 때 온수사용량은 몇 m³/h인가?(단, 물 1m³ = 1,000l이다.)

해답 온수사용량(Q) = $\frac{12,000}{1 \times (60-10)} = 240 l/h$
$\therefore 0.24 \text{m}^3/\text{h}$

문제 13

내화물, 보온단열재, 보온재, 보냉재를 구별하는 온도를 각각 쓰시오.

해답
(1) 내화물 : 1,580℃ 이상
(2) 단열재 : 800~1,200℃
(3) 보온재 : 무기질=300~800℃, 유기질=100~300℃
(4) 보냉재 : 100℃ 이하

문제 14

보일러 평형반사식 수면계에서 수면은 수면계 어느 부위에 위치하여야 가장 이상적인 사용수위가 되겠는가?

평형반사식 수면계

해답 수면계 $\frac{1}{2}$ 지점(수면계 중앙부)

문제 15

보일러 또는 배관에서 스케일(관석)의 발생을 방지하는 방법을 2가지만 쓰시오.

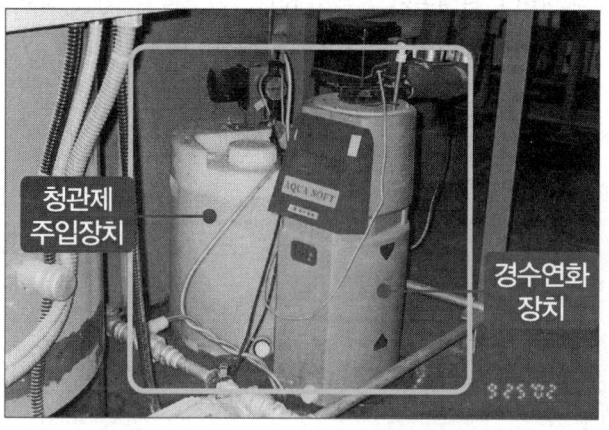

해답
(1) 전처리가 된 용수를 사용한다.
(2) 응축수를 회수하여 재사용한다.
(3) 청관제 사용을 적절히 한다.
(4) 관수의 분출을 적기에 실시한다.
(5) 고온화염의 집중과열을 방지한다.

문제 16

흡수식 냉-온수기 사용 시 그 장점을 2가지만 쓰시오.

해답
(1) 전기사용량이 대폭 감소한다.
(2) 용량제어가 25~100% 가능하다.
(3) 부분부하 운전 특성이 좋다.
(4) 진공에서 운전이 가능하므로 위험성이 별로 없다.
(5) 냉매가 H_2O라서 환경파괴의 위험성이 없다.
(6) 기기 한 대로 냉-난방에 대한 공조가 가능하다.

문제 17

보일러 열정산 시 급수온도 측정위치는 절탄기(이코너마이저)의 입구와 출구 중 어느 쪽 부위에서 측정하여야 하는가? 그리고 절탄기 사용 시 장점 및 단점을 각 3가지씩 쓰시오.

해답 (1) 측정부위 : 절탄기 입구
(2) 장점 : ㉠ 연료 절감
㉡ 급수온도 상승
㉢ 열효율 향상
㉣ 보일러 증기발생량 증가
㉤ 급수와 관수의 온도차 감소로 인하여 열응력이 감소한다.
(3) 단점 : ㉠ 저온부식 초래
㉡ 통풍력 약화
㉢ 연도 내 청소나 검사·보수가 불편하다.
㉣ 설비비가 증가한다.
㉤ 배기가스 흐름에 대한 마찰저항 증가

문제 18

외기온도 10℃, 배기가스온도 90℃, 외기비중량 1.293kg/Nm³, 배기가스비중량 1.354kg/Nm³, 통풍력은 2.5mmAq일 때 연돌(굴뚝)의 높이는 몇 m인가?(단, 실제통풍력은 이론통풍력의 80%로 한다.)

배기가스 측정 온도계

해답 실제통풍력$(Z') = 273 \times H \times \left[\dfrac{\gamma_a}{273+t_a} - \dfrac{\gamma_g}{273+t_g}\right] \times 0.8$

$2.5 = 273 \times H \times \left[\dfrac{1.293}{273+10} - \dfrac{1.354}{273+90}\right] \times 0.8$

실제 굴뚝높이$(H) = \dfrac{2.5}{273\left[\dfrac{1.293}{273+10} - \dfrac{1.354}{273+90}\right] \times 0.8}$

$= \dfrac{2.5}{(1.247310954 - 1.018297521) \times 0.8}$

$= \dfrac{2.5}{0.18321} = 13.65\text{m}$

문제 19

오일 연료의 점화 시 필요한 화염검출기 종류 3가지만 쓰시오.

해답 ㉠ PbS셀, ㉡ 자외선광전관, ㉢ CdS셀

참고
(1) 가스연료에 필요한 화염검출기
  ㉠ PbS셀   ㉡ 자외선광전관
  ㉢ 프레임로드
(2) 중유 B-C급 오일에 필요한 화염검출기
  ㉠ CdS셀   ㉡ PbS셀
  ㉢ 광전관   ㉣ 자외선광전관
(3) 등유, 중유 A급에 필요한 화염검출기
  ㉠ PbS셀
  ㉡ 자외선광전관
(4) 광학적 화염검출기 종류(자외선, 적외선(유류용))
  ㉠ 황화카드뮴 광전셀 : CdS셀   ㉡ 황화납 광전셀 : PbS셀
  ㉢ 자외선 광전관   ㉣ 광전관
(5) 전기전도성 화염검출기 : 프레임로드
(6) 화염검출기 종류
  ㉠ 열적 화염검출기(가정용 소형 보일러)
  ㉡ 광학적 화염검출기
  ㉢ 전기전도 화염검출기(도전식, 정류식)
(7) 화염검출기 사용온도
  화염검출기의 파손을 방지하기 위하여 최고사용온도는 50℃를 초과하지 않도록 한다.(단, 주위의 온도보다는 30℃ 이상을 초과하지 않도록 한다.)

프레임아이 화염검출기의 수광부 종류
㉠ 광전관   ㉡ Cds셀
㉢ Pbs셀   ㉣ 자외선 광전관

문제 20

오리피스 유량계 사용 시 교축기구(코너탭, 배너탭, 플랜지탭)의 직전, 직후의 무엇을 이용하여 유량을 측정하는가?

해답 차압

참고 유량은 압력차(차압)의 제곱근에 비례한다.

문제 21
보일러용 수위검출기의 종류 3가지만 쓰시오.

해답
㉠ 부자식(플로트식 = 기계식)
㉡ 전극봉식
㉢ 차압식
㉣ 자석식
㉤ 코프식(열팽창식)

문제 22
보일러용 급수밸브(게이트식 = 슬루스 밸브)에 대하여 호칭 크기를 쓰시오.

해답
㉠ 전열면적 $10m^2$ 이하 보일러 : 15A 이상
㉡ 전열면적 $10m^2$ 초과 보일러 : 20A 이상

문제 23
등가비(ϕ)가 1보다 크면 CO가스 및 NO의 발생은 어떻게 되는가?

해답
- $\phi > 1$: CO는 증가, NO는 감소(등가비가 1보다 클 경우)
- $\phi < 1$: CO는 최소, NO는 증가(등가비가 1보다 작을 경우)

참고
$$등가비(\phi) = \frac{실제연료량/산화제}{완전연소를\ 위한\ 이상적\ 연료량/산화제} = \frac{1}{공기비}$$

에너지관리기사(2016.4.17)

−주관식 필답형(서술형, 단답형)−

문제 01
무기질 보온재의 특성을 5개만 쓰시오.

해답
① 비교적 강도가 높다.
② 안전사용온도 범위가 넓다.
③ 일반적으로 안전사용온도가 높다.
④ 불연성이다.
⑤ 기공이 균일하고 열전도율이 적다.

문제 02
수격작용(워터 해머)의 정의와 그 방지방법을 3가지만 쓰시오.

해답
① 수격작용 : 관 내에 드레인이 고여 있는 경우 증기의 송기에 의해 드레인이 관이나 밸브를 평소압력보다 14배 힘으로 타격하는 현상
② 방지방법 : ㉠ 주증기밸브를 천천히 개방한다.
　　　　　　㉡ 응축수를 관 내에서 신속히 제거한다.
　　　　　　㉢ 관의 굴곡부를 최대한 줄인다.
　　　　　　㉣ 스팀트랩을 설치한다.
　　　　　　㉤ 관 도중에 드레인 포켓을 설치한다.
　　　　　　㉥ 배관의 보온을 철저히 한다.

문제 03
프라이밍(비수현상)의 발생에 대한 정의를 쓰시오.

해답 보일러 운전 중 증기밸브를 신속히 개방하면 순간의 증기압이 낮아져서 수면에서 포화수 일부가 증발하여 증기에 혼입되는 현상

문제 04

함진가스 50g이 집진장치 입구로 들어가서 집진 후 함진가스가 5g으로 감소하였다면 집진효율은 몇 %인가?

해답 $\dfrac{50-5}{50} \times 100 = 90\%$

문제 05

폐열회수장치인 절탄기(급수가열기) 설치 시 그 장점을 3가지만 쓰시오.

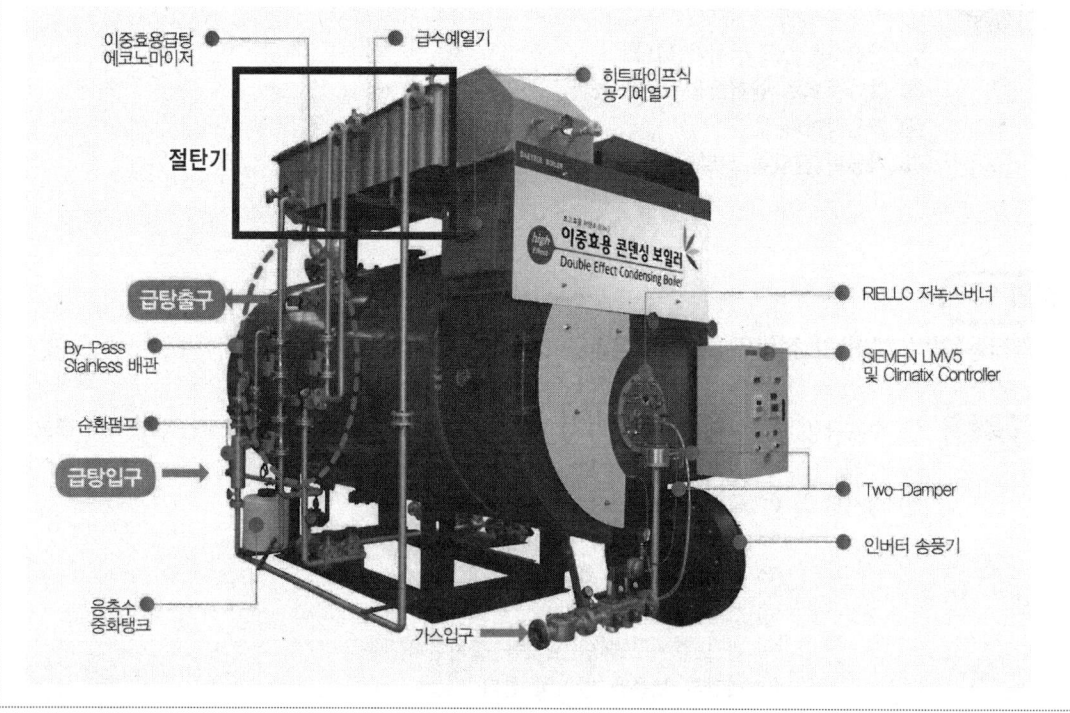

해답
① 급수를 예열하여 공급하므로 연료소비량이 감소한다.
② 보일러 증기발생량이 증대하여 열효율을 높일 수 있다.
③ 보일러수와 급수와의 온도차를 줄임으로써 보일러 동체의 열응력을 경감시킬 수 있다.

문제 06
점화불량의 원인을 5가지만 쓰시오.

해답
① 기름이 분사되지 않는 경우
② 배관이나 기름 속에 물이나 슬러지가 들어간 경우
③ 기름의 온도가 너무 높거나 낮은 경우
④ 연료노즐이 폐색된 경우
⑤ 버너와 오일유압이 서로 맞지 않는 경우
⑥ 풍압이 적당하지 않은 경우

문제 07
자동제어에서 피드백제어, 시퀀스제어에 대하여 설명하시오.

해답
① 시퀀스제어 : 미리 정해진 순서에 따라 제어의 각 단계가 순차적으로 진행되는 제어(연소 초기에 많이 사용한다.)
② 피드백제어 : 결과(출력)를 원인(입력) 쪽으로 되돌려 비교한 후에 입력과 출력의 편차를 지속적으로 수정시키는 제어

문제 08
다음 냉동기의 명칭과 그 냉매의 사이클 과정을 4단계로 나누어서 쓰시오.

해답
① 명칭 : 터보형 냉동기
② 냉매 사이클 : 압축 → 응축 → 팽창 → 증발(증발 → 압축 → 응축 → 팽창)

문제 09

구형 용기의 내부 반지름이 55cm이고 외부 바깥쪽 반지름이 90cm이며 그 열전도율이 41.87 W/m·K인 고압용기에서 내부표면온도가 551K, 외부표면온도가 543K일 때 열전도에 의한 열손실은 몇 kW인지 계산하시오.

해답

열손실$(Q) = \dfrac{\lambda \cdot \Delta t \cdot 4\pi}{\dfrac{1}{r_1} - \dfrac{1}{r_2}} = K \dfrac{4\pi(t_1 - t_2)}{\dfrac{1}{r_1} - \dfrac{1}{r_2}}$

$Q = 41.87 \times \dfrac{4 \times 3.14(551-543)}{\dfrac{1}{0.55} - \dfrac{1}{0.9}} = \dfrac{4,207.0976}{1.818181 - 1.111111} = \dfrac{4,207.0976}{0.707070}$

$= 5,950.043984 \text{W} = 5.95 \text{kW}$

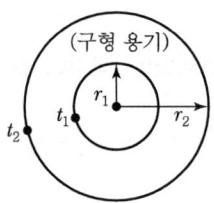

(구형 용기)

문제 10

표준대기압(1.0332kg/cm²)에서 공기의 비체적이 0.7734m³/kg이다. 표준상태온도(273K)에서 공기의 기체상수는 몇 kg·m/kg·K인가?

해답

$R = \dfrac{P_0 \cdot V_0}{T_0} = \dfrac{1.0332 \times 10^4 (\text{cm}^2/\text{m}^2) \times 0.7734 \text{m}^3/\text{kg}}{273K} = 29.27 \text{kg} \cdot \text{m/kg} \cdot \text{K}$

참고 1bar = 10^5N/m² = 10^5Pa = 1.0199kg/cm²

문제 11

온도 27℃ 압력 5bar에서 어느 이상기체의 가스상수(R)는 몇 kg·m/kg·K인가?(단, 이상기체의 비체적은 0.168m³/kg이고 표준대기압은 10,332kgf/m², 1,013mbar이다.)

해답

$PV = mRT$, $P = \dfrac{mRT}{V} = \rho RT$

밀도$(\rho) = \dfrac{m}{V}$, 비체적$(V) = \dfrac{1}{\rho}$

$$\therefore R = \frac{P_0 \cdot V_0}{T_0}$$

$$= \frac{5\text{bar} \times \dfrac{10{,}332\text{kg}_f/\text{m}^2}{1{,}013 \times 10^{-3}\text{bar}} \times 0.168\,\text{m}^3/\text{kg}}{(273+27)\text{K}} = 28.56\,\text{kg}_f \cdot \text{m/kg} \cdot \text{K}$$

문제 12

보일러 운전 중 급수사용량이 30,000kg$_f$/h인 상태에서 폐열회수장치인 공기예열기와 절탄기 중 급수온도 50℃를 절탄기(이코너마이저)를 통하여 80℃까지 높여서 급수하는 경우 배기가스 온도가 절탄기 입구에서 350℃이라면 출구(절탄기 출구) 온도는 몇 ℃인가?(단, 연소 후 배기가스량은 50,000kg$_f$/h이고, 물의 비열은 4.184kJ/kg · K이며 배기가스 비열은 1.045kJ/kg · K, 절탄기 효율은 75%이다.)

해답

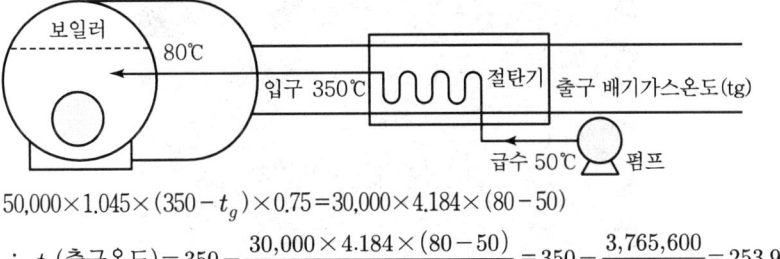

$50{,}000 \times 1.045 \times (350 - t_g) \times 0.75 = 30{,}000 \times 4.184 \times (80 - 50)$

$$\therefore t_g(\text{출구온도}) = 350 - \frac{30{,}000 \times 4.184 \times (80-50)}{(50{,}000 \times 1.045) \times 0.75} = 350 - \frac{3{,}765{,}600}{39{,}187.5} = 253.91\,℃$$

문제 13

반지름 5m인 구형의 공기탱크 내의 온도가 20℃, 용기 내 압력이 100kPa일 때 용기 안의 공기 용적은 몇 kmol인가?(단, 기체상수 R=0.082L · atm/mol · K이다.)

해답 구형용기 내용적(V) = $\dfrac{4}{3}\pi r^3 = \dfrac{4}{3} \times 3.14 \times 5^3 = 523.60\,\text{m}^3$ $\left(V = \dfrac{\pi}{6}D^3\right)$

$$\frac{P_1 V_1}{T_1} = \frac{P_2 V_2}{T_2}$$

$$V_1 = V_2 \times \frac{P_2 \cdot T_1}{T_2 \cdot P_1}$$

$$n = \frac{PV}{RT} = \frac{(100+101.325) \times 523.60}{0.082 \times (273+20)} = 43.3\,\text{kmol}$$

문제 14

보일러 용량 1,500kg/h에서 과열증기엔탈피가 660kcal/kg, 급수엔탈피가 80kcal/kg, 증발잠열이 530kcal/kg, 연료소비량이 600kg/h, 연료의 발열량이 4,500kcal/kg이다. 이 보일러의 효율은 몇 %인가?(단, 보일러는 증기원동소에서 전력을 생산한다.)

해답 효율$(\eta) = \dfrac{G_w \times (h_2 - h_1)}{G_f \times H_l} \times 100 = \dfrac{1,500 \times (660 - 80)}{600 \times 4,500} \times 100 = 32.22\%$

문제 15

태양열 집열기에서 매니폴더(Manifolder) 집열기에 대하여 그 주요기능이나 역할에 대하여 쓰시오.

해답 판넬형 또는 이중진공관형의 집열기에서 가열된 온수를 집안에 설치된 축열조 급탕탱크나 방바닥의 엑셀파이프에 직접 연결하여 난방을 하는 장치이다.

문제 16

가스·오일 배관 라인에 설치되는 부품(여과기)의 기능을 2가지만 쓰시오.

해답
㉠ 가스 중 불순물을 제거한다.(급수라인의 경우 급수 중의 불순물 제거)
㉡ 가스 중 불순물을 제거하여 연소상태를 양호하게 한다.

문제 17

내화재가 온도의 급격한 변화 또는 불균일한 가열이나 냉각 등의 열충격에 의하여 열응력을 일으켜서 내화벽돌이 균열되거나 표면이 갈라지고 조각이 떨어지는 현상을 무엇이라 하는가?

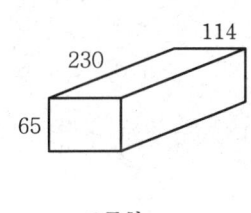
보통형
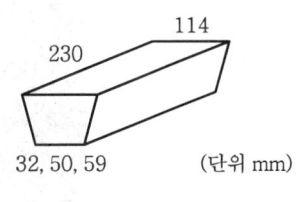
쐐기형
(단위 mm)

해답 스폴링 현상(Spalling 현상)

참고 스폴링 현상의 유형
① 기계적 스폴링
② 구조적 스폴링
③ 열적 스폴링

문제 18

급수수면계 옆 안전장치의 부품 명칭과 그 기능 및 종류를 3가지만 쓰시오.

해답
① 명칭 : 고저수위 경보장치
② 기능 : 보일러 운전 중 저수위 사고 시 부저를 울린 후 연료공급을 차단하여 보일러 저수위 사고를 방지한다.
③ 수위 검출기 종류
  ㉠ 맥도널식(플로트식 : 부자식)   ㉡ 전극식
  ㉢ 차압식   ㉣ 코프식(금속관의 열팽창식)

문제 19

원심식 펌프의 종류 2가지와 왕복동식 펌프의 종류 3가지를 쓰고, 펌프 운전 시 발생하는 캐비테이션(Cavitation)에 대하여 간단히 설명하시오.

해답
① 원심식 펌프 : 터빈 펌프, 볼류트 펌프
② 왕복동식 펌프 : 워싱턴 펌프, 웨어 펌프, 플런저 펌프
③ 캐비테이션 현상 : 보일러의 경우 급수압력이 낮고 펌프의 흡입양정이 너무 높을 경우 부압이 형성되어 수중의 기포가 분리되어 소음, 진동, 부식을 일으키는 현상

참고 서징(Surging) 현상 : 맥동현상이라 하며 펌프 입출구의 진공계 및 압력계의 지침이 흔들리고 동시에 송출유량이 변화하는 현상

문제 20

절탄기(이코노마이저) 설치 시 급수온도의 온도계 측정부위와 그 설치 시 단점을 3가지만 쓰시오.

해답
① 급수온도계 설치위치 : 절탄기 내 급수 전후의 온도를 측정하는 급수온도계
② 절탄기 설치 시 단점
　㉠ 저온부식을 일으킨다.
　㉡ 통풍력이 감소한다.
　㉢ 연도 등에서 청소 또는 검사를 하기가 어렵다.

참고 공기예열기 측정온도계 : 공기예열기 공기유체의 전후의 온도측정온도계

문제 21

자동제어 설계 시 주의할 점 4가지만 쓰시오.

해답
- ㉠ 제어동작이 발진상태가 되지 않을 것
- ㉡ 신속하게 제어동작을 완료할 것
- ㉢ 제어량이나 조작량을 과대하게 하지 않을 것
- ㉣ 잔류편차가 요구되는 제어 정도 사이에서 억제할 것

문제 22

압력계(연성계)의 눈금이 적색 표시에서 50cmHg를 나타내고 있다. 대기압력이 1kg$_f$/cm²(또는 수은주 760mmHg)일 때 이 압력계의 절대압력은 몇 kg$_f$/cm²abs인가?

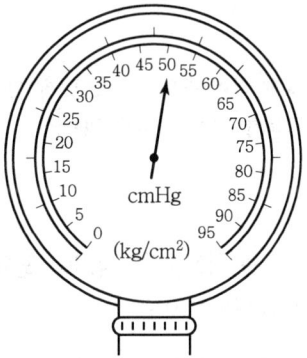

해답 절대압 = 대기압 − 진공압 = 게이지압 + 대기압

$$1\,\mathrm{kgf/cm^2} - \left(50\,\mathrm{cmHg} \times \frac{1\,\mathrm{kgf/cm^2}}{76\,\mathrm{cmHg}}\right) = 0.34\,\mathrm{kgf/cm^2 abs}$$

문제 23

보일러 열정산 시 급수온도의 측정은 절탄기의 입구, 출구 중에서 어느 위치에서 급수온도를 측정하는가?

해답 절탄기 입구

문제 24

TV, 선풍기의 전원 플러그가 접속되어 있다. 가전제품을 사용하지는 않으나 측정기에는 9.5W, 8.5W라고 수치가 표시되어 있다. 향후에 가전제품 동력을 1W 이하로 줄이면 많은 양의 에너지를 절약할 수 있을 것으로 기대된다. 위에서 표시되는 이 수치는 무엇을 나타내는 것인지 쓰시오.

해답 대기 전력

문제 25

보일러용 급수펌프 운전 중 캐비테이션(공동현상)이 발생한다면 이를 억제하기 위하여 급수의 압력을 같은 온도의 포화증기압력보다 높게 하려면 펌프의 선정이나 설치 또는 운전사항을 포함하여 급수펌프의 캐비테이션 방지법을 3가지만 쓰시오.

해답
(1) 양흡입펌프를 사용한다.
(2) 펌프를 2대 이상 설치한다.
(3) 펌프의 설치위치를 낮게 하여 흡입양정을 낮게 한다.
(4) 펌프의 임펠러 회전속도를 다소 느리게 한다.

문제 26

오일 사용 보일러에서 일반적으로 중유를 사용한다. 여기에 필요한 보일러용 오일 서비스 탱크를 설치하는 경우에 그 설치 목적을 3가지만 쓰시오.

해답
(1) 설치높이 낙차에 의하여 보일러 버너로 오일 공급이 원활하다.
(2) 오일 예열온도를 60℃ 정도로 공급하므로 점성이 낮아져서 기름 이송이 원활하다.
(3) 2시간 이상의 연료 공급이 가능하여 신속한 보일러 운전이 가능하다.
(4) 오일 저유조 탱크에서 펌프로 연소용 기름 공급에 의한 저장이 원활하다.

에너지관리기사(2016.6.26)

-주관식 필답형(서술형, 단답형)-

문제 01
흡수식 냉동기의 동작원리에 대하여 간단히 기술하시오.(단, 재생기의 버너에 사용하는 연료는 도시가스이다.)

해답 증발기 내부에 냉매인 물을 넣고 진공 6.5mmHg 상태에서 냉매를 증발시키고 이 냉매증기를 흡수기 내의 흡수제 리튬브로마이드가 흡수하여 묽은 용액이 된 희용액을 재생기에서 버너의 가열로 냉매와 리튬브로마이드로 다시 분리 재생하여 하절기에는 냉방을 실시하는 기기이다. 즉 증발기, 흡수기, 재생기, 응축기, 열교환기로 구성되는 냉방기기이다.

문제 02
산업용 보일러나 각종 연소기기에는 점화 또는 착화하기 전에 반드시 프리퍼지를 실시한다. 그 이유를 쓰시오.

해답 화실이나 보일러 노통 내 잔류가스를 외부로 배출하여 점화나 착화 시 가스폭발을 방지하여 보일러 안전운전을 도모하기 위함이다.

문제 03
미리 정해진 순서에 따라서 각 단계가 순차적으로 진행되는 제어로서 전기세탁기, 자동판매기, 승강기, 교통신호, 전기밥솥 등의 제어에 사용하는 순차제어는?

해답 시퀀스 제어

문제 04

내화벽돌 두께 20cm, 열전도율 1.3W/m℃인 노에서 두께 10cm의 플라스틱 절연체의 열전도율 0.5W/m℃로 시공된 이중벽이 있다. 다음을 구하시오.

> 내화벽돌 내측온도 : 500℃, 플라스틱 절연체의 외측온도 : 100℃

(1) 단위면적당 전열량(W/m²)을 구하시오.

(2) 내화벽돌과 플라스틱 절연체 접촉면의 온도(℃)를 계산하시오.

해답

(1) 전열량$(Q) = \dfrac{A \cdot \Delta t}{R} = \dfrac{1 \times (500-100)}{\dfrac{0.2}{1.3} + \dfrac{0.1}{0.5}} = \dfrac{1 \times 400}{0.353846} = 1,130.44 \, (\text{W/m}^2)$

(2) 단위면적당 전열량(열유속)은 일정하므로

$\dfrac{\lambda_1 \cdot \Delta t}{d_1} = \dfrac{\lambda_2 \cdot \Delta t}{d_2}$

$\dfrac{1.3 \times (500 - t_2)}{0.2} = \dfrac{0.5 \times (t_2 - 100)}{0.1}$

$\dfrac{Q}{A} = \dfrac{\lambda_1}{d_1}(t_1 - t_2), \; t_2 = t_1 - \dfrac{d_1}{\lambda_1} \cdot \dfrac{Q}{A}$

∴ 접촉면의 온도$(t_2) = 500 - \dfrac{0.2}{1.3} \times 1,130.44 = 326.09 \, ℃$

문제 05

강철제 강판의 두께가 12mm이고 리벳의 직경이 25mm이며 피치가 50mm인 1줄 겹치기 리벳 조인트 방식이 있다. 이 강판의 효율(%) 및 강판의 인장강도(인장응력)는 몇 kg/mm²인가?(단, 1피치에 걸리는 하중은 800kg이다.)

해답

① 강판의 효율$(\eta) = \dfrac{P-d}{P} = 1 - \dfrac{d}{p} = 1 - \dfrac{25}{50} = 0.5 \, (50\%)$

② 인장응력$(\sigma_t) = \dfrac{W}{(P-d)t} = \dfrac{800}{(50-25) \times 12} = 2.67 \, \text{kg/mm}^2$

문제 06

보일러 폐열회수장치인 절탄기 사용 시 연도에서 배출되는 배기가스량이 75,000kg/h이고, 배기가스온도가 340℃, 절탄기 출구의 배기가스 온도가 240℃ 상태에서 절탄기를 거쳐 간 급수사용량이 60,000kg/h인 물을 60℃에서 90℃까지 가열시켰다. 이 경우 절탄기의 열효율은 몇 %인가?(단, 배기가스비열은 0.25kcal/kg℃, 물의 비열은 1kcal/kg℃이다.)

해답 절탄기(급수가열기)

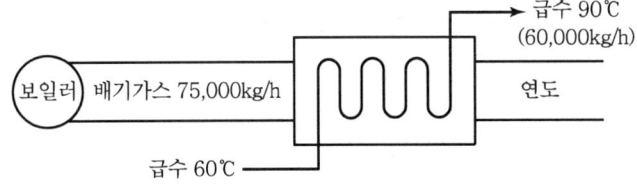

- 배기가스현열(Q_1) = 75,000 × 0.25 × (340 − 240) = 1,875,000(kcal/h)
- 물의 현열(Q_2) = 60,000 × 1 × (90 − 60) = 1,800,000(kcal/h)

∴ 절탄기 효율(η) = $\dfrac{1,800,000}{1,875,000}$ × 100 = 96(%)

문제 07

압력 0.1MPa 온도 27℃인 공기 1kg이 $PV^{1.3} = C$(일정)인 폴리트로픽 변화를 거쳐서 온도가 300℃가 되었다. 이때 압축비는 얼마인가?(단, 비열비(K) = 1.4이고 정적비열(C_V) = 0.17kcal/kg · K이다.)

해답 $T_1 V_1^{n-1} = T_2 V_2^{n-1}$

∴ 압축비(ε) = $\dfrac{V_1}{V_2}$ = $\left(\dfrac{T_2}{T_1}\right)^{\frac{1}{n-1}}$ = $\left(\dfrac{273+300}{273+27}\right)^{\frac{1}{1.3-1}}$ = 8.65

참고 폴리트로픽 비열(C_n) = $\dfrac{n-k}{n-1} C_v$ = $\dfrac{1.3-1.4}{1.3-1}$ × 0.17 = −0.057(kcal/kg℃)

폴리트로픽 엔트로피 변화 = $S_1 - S_2 = G \cdot C_n \int_1^2 = G \cdot C_n \cdot \ln \dfrac{T_2}{T_1}$

제4편 과년도 기출문제

문제 08

프로판가스(C_3H_8) $1Sm^3$의 연소 시 이론연소가스량(Sm^3/Sm^3)을 구하시오.(단, 공기의 조성은 산소 : 21%, 질소 : 79%이다.)

해답 $C_3H_8 + 5O_2 \rightarrow 3CO_2 + 4H_2O$

이론공기량(A_o) = 이론산소량 $\times \dfrac{1}{0.21} = 5 \times \dfrac{1}{0.21} = 23.81 \, (Sm^3/Sm^3)$

이론배기가스량(G_{ow}) = $(1-0.21)A_o + CO_2 + H_2O$
$\qquad\qquad\qquad\quad = (1-0.21) \times 23.81 + 3 + 4 = 25.81 \, (Sm^3/Sm^3)$

문제 09

복사난방(방사난방)의 장점을 3가지만 기술하시오.

해답
① 실내온도가 균등하여 쾌적도가 높다.
② 방열기의 설치가 불필요하여 바닥면의 이용도가 높다.
③ 동일 방열량에 대해 대체적으로 열손실이 적다.
④ 공기의 대류가 적어서 실내공기의 오염도가 적다.

문제 10

터널요의 구조 및 구성부분을 3가지씩 쓰시오.

해답
① 구조부분 : 예열대, 소성대, 냉각대
② 구성구분 : 대차, 샌드실, 푸셔

문제 11

증기트랩의 설치 시 얻을 수 있는 이점을 3가지 이상 기술하시오.

해답
① 수격작용을 방지할 수 있다.
② 응축수로 인한 설비의 부식을 방지할 수가 있다.
③ 관 내 유체의 저항을 감소시킨다.
④ 열설비의 효율저하를 방지할 수가 있다.

문제 12
요로나 공업용로에서 에너지 절감방안 또는 열손실을 방지하기 위한 조건을 3가지만 쓰시오.

해답
① 전열량을 증가시킨다.
② 연속조업을 행하여 손실열을 최대한 방지한다.
③ 장치의 설계조건과 일치된 운전조건을 강구한다.
④ 환열기나 축열기를 설치하여 운전한다.
⑤ 배기가스 여열로 연소용 공기를 예열하여 공기의 온도를 높인다.
⑥ 축열식 버너를 사용하여 배기가스 폐열을 회수한다.
⑦ 공기비를 낮추어 운전한다.

문제 13
증기용 안전밸브에서 증기가 누설되는 원인을 2가지 이상 쓰시오.

해답
㉠ 분출조정 압력이 낮을 때
㉡ 스프링의 장력이 감쇄하였을 때
㉢ 밸브와 밸브시트 사이에 이물질이 끼어 있을 때
㉣ 밸브축이 이완되었을 때
㉤ 밸브와 밸브시트 가공이 불량하여 서로 맞지 않을 때

문제 14
신재생에너지인 연료전지로 발전을 하고 있는 발전소에서 연료전지로 사용이 가능한 연료를 4가지만 쓰시오.

해답
① 천연가스   ② 석탄가스
③ 수소   ④ 메탄올

문제 15

다음의 조건을 이용하여 물음에 답하시오.

[보일러 운전 조건]
- 급수사용량 : 3,000kg/h
- 급수온도 : 20℃
- 연료의 발열량 : 9,750kcal/kg
- 물의 비열 : 1kcal/kg℃
- 물의 증발잠열 : 498kcal/kg
- 습포화증기 건도 : 0.95
- 증기압력 : 7kg/cm²a
- B-C유 소비량 : 220kg/h
- 전열면적 : 55m²
- 포화수 엔탈피 : 159.25kcal/kg
- 건포화증기 엔탈피 : 658kcal/kg

(1) 습포화증기 엔탈피(kcal/kg)를 구하시오.

(2) 상당증발량(환산증발량)은 몇 kg/h인가?

(3) 전열면(Sb)의 상당증발량은 몇 kg/m²h인가?

(4) 보일러 효율(%)은 얼마인가?

해답

(1) $h_2 = h_1 + rx = 159.25 + 498 \times 0.95 = 632.35 \, (\text{kcal/kg})$

(2) $We = \dfrac{W_G(h_2 - h_1)}{539} = \dfrac{3,000(632.35 - 20)}{539} = 3,408.26 \, (\text{kg/h})$

(3) 전열면 상당증발량 $= \dfrac{We}{\text{전열면}} = \dfrac{3,408.26}{55} = 61.97 \, (\text{kg/m}^2\text{h})$

(4) $\eta = \dfrac{W_G(h_2 - h_1)}{G_f \times H_L} \times 100 = \dfrac{3,000(632.35 - 20)}{220 \times 9,750} \times 100 = 85.64 \, (\%)$

참고
- 증발잠열(r) = 증기 엔탈피 - 포화수 엔탈피(kcal/kg, kJ/kg)
- 포화수 엔탈피(h_1) = 증기 엔탈피 - 증발잠열(kcal/kg, kJ/kg)
- 습포화증기 엔탈피(h_2) = 포화수 엔탈피 + 증발잠열 × 건조도(kcal/kg, kJ/kg)
- 증기 절대압력(abs) = 게이지 압력 + 1.033 = (kg/cm²a)

문제 16

보일러 폐열회수장치인 절탄기(이코너마이저)로 급수를 가열하고자 한다. 물음에 답하시오.

(1) 보일러 열정산 시 급수온도의 온도 측정위치는 절탄기 입구, 출구 중 어느 쪽의 온도를 기준하는가?

(2) 절탄기 사용 시 장점도 많으나 그에 따른 단점도 발생하고 있다. 그 단점을 3가지 이상 쓰시오.

해답
(1) 절탄기 입구
(2) 단점
① 저온부식이 발생한다.
② 통풍력이 감소한다.
③ 연도 내 청소나 검사, 보수가 불편하다.
④ 배기가스 흐름에 대한 마찰저항이 증가한다.
⑤ 설비비가 많이 든다.

문제 17

연속건조기에서 목재 건조재료 함수중량 4,000kg/h을 처리하여 함수량 20% 건량기준으로부터 함수량 10%까지 건조하는 경우 이때 소비해야 할 소요열량은 몇 kcal/h인가?(단, 물의 증발잠열은 540kcal/kg로 하고 건조재료의 습열은 무시하고 열효율은 정상 건조기에서 80%로 본다.)

해답
- 건조재료의 건조량=4,000kg/h이므로 함수율=$\dfrac{\text{최초의 수분}}{\text{건조재료의 건조량}}=20\%(0.2)$

- 최초의 수분을 제외한 건조재료의 고형 물량=$\dfrac{4{,}000}{(1+0.2)}=3{,}333.33\,(\text{kg/h})$

- 최초의 수분량=$(4{,}000-3{,}333)=666.67\,(\text{kg/h})$

- 건조 함수율 수분=$3{,}333.33\times 0.1=333.33\,(\text{kg/h})$

- 최종 증발시켜야 할 수분=$666.67-333.33=333.34\,(\text{kg/h})$

∴ 총 건조해야 할 소요열량=$\dfrac{333.34\times 540}{0.8}=225{,}004.5\,(\text{kcal/h})$

제4편 과년도 기출문제

에너지관리기사(2016.11.12)

―주관식 필답형(서술형, 단답형)―

문제 01

보일러(증기보일러) 운전 시 보일러수에서 발생하는 장해 중 프라이밍(비수), 포밍(거품), 캐리오버(기수공발) 현상의 원리 또는 발생원인에 대하여 간단히 기술하시오.

해답
(1) 프라이밍 : 수면에서 물방울이 수면위로 튀어올라 송기되는 증기 속에 포함되어 나가는 현상
(2) 포밍 : 관수 중에 용존고형물, 관수농축, 유지분, 부유물 등을 다량 함유하고 있으면 증기발생 시에 거품이 발생되어 없어지지 않는 현상이다.
(3) 캐리오버 : 프라이밍 포밍 발생 시에 보일러 외부로 증기와 함께 혼입되어 배출되어서 수격작용(워터해머)을 일으키는 원인을 제공하는 것. 무수규산이나 선택적 캐리오버가 발생한다.

문제 02

다음 연료분석에서 ( ) 안에 알맞은 내용을 써넣으시오.

- 고체연료 공업분석에서 수분 측정 시 온도 (①)℃ ±2℃에서 (②)시간 건조감량을 (③)에 대한 (④)로 표시한다.
- 수분(%) = $\dfrac{건조감량}{시료무게} \times 100$

해답 ① 107   ② 1   ③ 시료무게   ④ %

문제 03

다음 (   ) 안에 알맞은 내용을 보기에서 골라 써 넣으시오.

[보기] 밀도(비중), 열전도율, 흡습성, 적을수록, 공기구멍

보온재는 (①)가 클수록 (②) 클수록 (③) 기공의 다공질층이 (④) 기공의 크기와 균일도가 맞지 않을수록 (⑤) 흡수성이 클수록 열전도가 커진다.

해답
① 밀도(비중)   ② 열전도율
③ 공기구멍   ④ 적을수록
⑤ 흡습성

참고 보온재 구비조건
㉠ 보온능력이 크고 열전도율이 적을 것
㉡ 비중이 적을 것
㉢ 흡습성이나 흡수성이 적을 것
㉣ 어느 정도 기계적 강도를 가질 것
㉤ 장시간 사용온도에 견디며 변질하지 않을 것
㉥ 시공이 용이하고 확실한 시공이 될 수 있을 것
㉦ 기공의 층이 많고 기공의 크기가 균일할 것

문제 04

관류보일러 사용 시 그 장점을 4가지만 쓰시오.

해답
㉠ 증기드럼이 필요없다(단관식의 경우 순환비가 1이므로 증기드럼이 필요없다).
㉡ 전열면적이 커서 효율이 높다.
㉢ 점화 후 가동시간이 짧아도 증기발생이 신속하다.
㉣ 드럼이 없고 관만으로 제작이 가능하여 고압운전이 가능하다.
㉤ 보일러 내에서 가열, 증발, 과열이 함께 이루어진다.
㉥ 입형 설치가 가능하여 설치 시 장소를 작게 차지한다.
㉦ 단관식, 다관식의 보일러 제작이 가능하다.

문제 05

부정형 내화물 사용 시 그 탈락을 방지할 수 있는 기구 3가지만 쓰시오.

해답 보강기구
① 메탈라스
② 앵커
③ 서포터

문제 06

보일러 일반부식에서 물의 pH가 낮아서 약산성이 되면 철표면에서 Fe^{2+}가 물에 녹아 나온다. 그러나 물에 산소가 녹아 있으므로 다음과 같이 수산화제 철[Fe(OH)]로서 침전물이 생긴다. 하여 물의 경우 (①)에서는 (②) (③)하에서 (④)이 된 후, 사삼화철(Fe_3O_4)이 발생하여 이것이 녹물로서 표면이 들고 일어나는 부식이 일반부식이다. ( ) 안에 알맞은 내용을 써넣으시오.

해답
① 높은 온도
② 수산화 제1철($Fe(OH)_2$)
③ 용존산소
④ 수산화제2철

참고 $Fe \rightleftarrows Fe^{2+} + 2e^-$, $2H_2O \rightleftarrows H_3O^+ \ OH^-$
$Fe^{2+} + 2OH^- \rightleftarrows Fe(OH)_2$: 수산화제1철 → $[Fe(OH)_3]$: 수산화제2철

문제 07

집진장치에서 세정식 집진장치의 장단점을 각각 2개씩 기술하시오.

해답 (1) 장점
㉠ 분진제거능력이 좋다.
㉡ 장치에 따라 $0.1\mu m$ 입자까지도 제거된다.
㉢ 알칼리액 사용으로 황산화물이 제거된다.
(2) 단점
㉠ 다량의 물 또는 세정액이 필요하다.
㉡ 일부의 경우 압력손실이 크다.
㉢ 부식성 가스의 경우 부식되기 쉽다.
㉣ 설비비가 비싸다.

문제 08

배관 총길이가 50m의 관에 유체 80℃가 이송되고 있다. 외기온도가 10℃에서 열손실(kcal/h)은 얼마인가?(단, 관의 표에서 열전달률은 15kcal/m²h℃이고 관의 직경은 32mm이다. 관은 보온처리 후에 보온효율이 90%이고 열손실은 보온 후의 열손실로 계산한다.)

해답

관의 표면적 $= \pi DLn = 3.14 \times 0.032 \times 50 = 5.024 \text{m}^2$

보온 후 열손실(Q) $= (1-0.9) \times 15 \times 5.024 \times (80-10) = 527.52 \text{kcal/h}$

문제 09

열전달면적이 A이고 온도차가 50℃ 열전도율이 15W/mK, 두께가 30cm인 내화노벽을 통한 열전달량이 800W인 내화벽에서 동일한 열전달면적 상태에서 온도차가 2배, 벽의 열전도율이 4배 벽의 두께가 4배로 변화한다면 열전도 전열은 몇 W가 되는가?

해답

변화 전(Q_1) $= \dfrac{\lambda_1(t_1-t_2)A}{d_1} = \dfrac{15 \times 50 \times A}{0.3} = 800 \text{W}$

변화 후(Q_2) $= \dfrac{\lambda_2(t_1-t_2)A}{d_2} = \dfrac{4\lambda_1 \times 2\Delta t \times A}{4d_1} = 2Q_1$

∴ 변화 후 열전도 전열 $= 2 \times 800 = 1,600 \text{W}$

문제 10

열교환장치에서 배기가스 온도가 250℃에서 150℃로 감소하고 연소용 공기는 10℃에서 90℃로 예열되는 경우 대수평균온도차(℃)를 구하시오(단, 흐름방향은 향류형이다.)

해답

$$\Delta t_m = \dfrac{\Delta t_1 - \Delta t_2}{\ln\left(\dfrac{\Delta t_1}{\Delta t_2}\right)}$$

$$\therefore \dfrac{(250-90)-(150-10)}{\ln\left(\dfrac{250-90}{150-10}\right)} = \dfrac{160-140}{0.13353} = 149.78℃$$

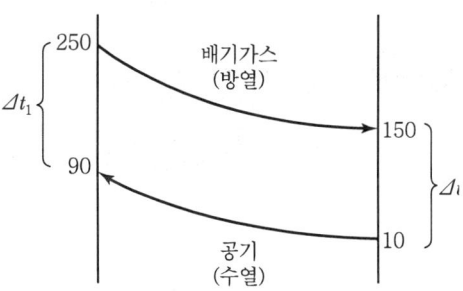

문제 11

증기관의 길이 20m 배관에서 관의 내반경이 6cm(외경 12cm), 외반경이 8cm이다(보온재 포함). 열전도도(K)가 20W/m·K인 증기관의 열손실은 몇 kW인가?(단, 증기관 내부는 150℃, 증기관 외부는 60℃이다.)

해답

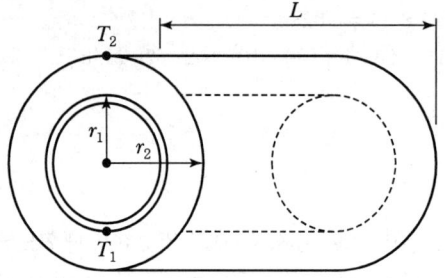

$$Q = 2\pi KL \frac{T_1 - T_2}{\ln\left(\frac{r_2}{r_1}\right)} = 2 \times 3.14 \times 20 \times 20 \times \frac{(150-60)℃}{\ln\left(\frac{0.08}{0.06}\right)} = 785867.531 \text{W}$$

∴ 785.87kW

문제 12

다음 조건을 이용하여 증기발생량(kgf/h)을 구하시오.

[조건]
- 보일러 효율 65%
- 고위발열량 26,000kJ/kg
- 저위발열량 25,000kJ/kg(기준발열량)
- 연료 소비량 100kg/h
- 증기 엔탈피 3,000kJ/kg
- 급수 엔탈피 80kJ/kg

해답

$$65 = \frac{x(3000-80)}{100 \times 25,000} \times 100$$

$$\therefore x = \frac{0.65(100 \times 25,000)}{3,000 - 80} = 556.51 \text{kg/h}$$

문제 13

유속계인 피토관에서 공기가 이송되고 있다. 시차식 액주계에 나타난 수은의 수주차는 335 mmHg를 읽고 있다. 공기압력은 대기압력(101.3kPa)과 같고 대기의 비중량은 1.293kgf/m³일 때 공기의 유동속도는 몇 m/s인가?(단, 수은과 공기의 비중량은 각각 13,600kgf/m³, 1.293 kgf/m³으로 한다.)

해답

$$유속(V) = \sqrt{2gh} = \sqrt{2g \times \frac{\Delta P}{\gamma}} = \sqrt{2gh\left(\frac{\gamma_0}{\gamma} - 1\right)}$$

$$= \sqrt{2 \times 9.8\text{m/s}^2 \times 0.335\text{m} \times \left(\frac{13,600\text{kg/m}^3}{1.293\text{kg/m}^3} - 1\right)}$$

$$= \sqrt{2 \times 9.8 \times 0.335 \times \left(\frac{13,600}{1.293} - 1\right)} = 262.78\text{m/s}$$

문제 14

보일러 폐열회수장치인 공기예열기 입구에서 연소용 배기가스 온도가 450℃, 배기가스 유량이 10kg/s인 상태에서 공기예열기 출구에서 가스온도가 150℃로 하강하여 배출된다. 공기예열기 입구에서 공급되는 연소용 공기는 20℃에서 유량이 15kg/s 상태로 출구에서 연소용 공기가 상승되어 화실로 공급된다. 연소용 공기가 20℃ 상승시마다 가스의 연료절감이 1%씩 효과를 본다면 공기예열기에서 연소용 공기의 온도 상승에 따른 도시가스의 절감률은 몇 %인지 계산하시오.(단, 배기가스 정압비열, 공기의 정압비열은 1.354kJ/kg·K, 1.293kJ/kg·K이다.)

해답

$1.354 \times 10 \times (450 - 150) = 1.293 \times 15 \times (x - 20)$

$x = \dfrac{1.354 \times 10 \times (450 - 150)}{1.293 \times 15} + 20 = 229.435℃$

연소용 공기 예열온도(t_2) = 229.435 - 20 = 209.435℃

∴ 연료 절감률 = $\dfrac{1\%}{20℃} \times 209.435℃ = 10.47\%$

문제 15

폐열회수장치인 절탄기(이코너마이저)에서 부착되는 온도계의 위치 및 이 장치의 설치 시 그 단점을 3가지만 쓰시오.

해답

(1) 온도계 설치위치
  ㉠ 절탄기 급수입구　　　㉡ 절탄기 급수출구

(2) 설치 시 단점
　　㉠ 통풍력이 감소한다.(연소가스 마찰에 의한 통풍이 손실된다.)
　　㉡ 배기가스 온도가 저하한다.
　　㉢ 저온부식이 발생한다.
　　㉣ 청소나 점검이 곤란하다.

문제 16
증기원동소의 재열 사이클 및 재생 사이클의 사이클에 대하여 각각 기술하시오.

해답 (1) 재열 사이클 : 터빈에서 팽창된 증기가 포화상태에 이르렀을 때 증기를 빼내어 재열기에서 적당한 온도까지 재열한 후 이것을 터빈에서 다시 보내 복수기 압력까지 팽창시키도록 한다.
(2) 재생 사이클 : 터빈 내에서 팽창하는 도중의 증기의 일부를 추기하여 복수기에서 보일러에 보내지는 저온의 급수를 가열하고 온도가 높아진 급수를 보일러에 되돌려 주어 열효율을 높인다.

참고 재열 사이클
① → ② : 단열압축(급수펌프)
② → ③ → ④ : 정압가열
④ → ⑤ : 단열팽창
⑤ → ⑥ : 정압가열
⑥ → ⑦ : 단열팽창
⑦ → ① : 정압방열

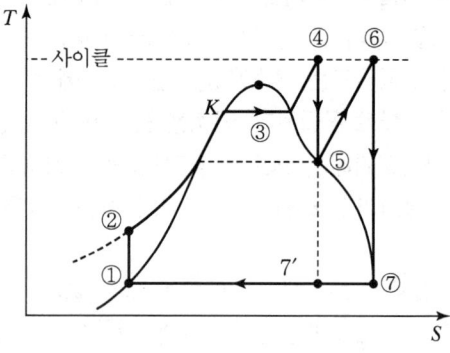

재생 사이클
① → ② : 단열압축
② → ③ → ④ : 정압가열
④ → ⑤ : 단열팽창
⑦ → ① : 정압가열
⑤ → ⑥ : 정압방열
⑥ → ⑧ : 단열압축

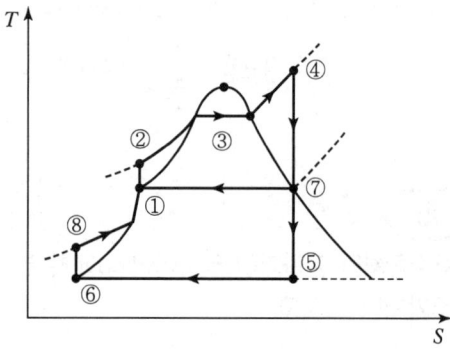

문제 17

보일러 케이싱 두께가 20mm인 강판에서 스케일이 3mm 형성된 경우에 열전도저항은 초기보다 몇 배로 증가하는가?(단, 강철판 케이싱의 열전도율은 45kcal/mh℃이고 스케일의 열전도율은 1.5kcal/mh℃이다.)

해답

스케일이 형성되기 전 열저항 $(R_1) = \dfrac{d_1}{\lambda_1} = \dfrac{0.02m}{45kcal/mh℃} = 0.00044444 m^2 h℃/kcal$

스케일이 형성된 후 열저항 $(R_2) = \dfrac{d_1}{\lambda_1} + \dfrac{d_2}{\lambda_2} = \dfrac{0.02m}{45kcal/mh℃} + \dfrac{0.003m}{1.5kcal/mh℃}$

$= 0.0024444 m^2 h℃/kcal$

∴ 열전도저항 증가 $= \dfrac{0.0024444}{0.00044444} = 5.5$배

참고

$\dfrac{\left(\dfrac{0.02}{45}\right) + \left(\dfrac{0.003}{1.5}\right)}{\left(\dfrac{0.02}{45}\right)} = 5.5$배

문제 18

관류보일러의 장점을 3가지 이상 기술하시오.

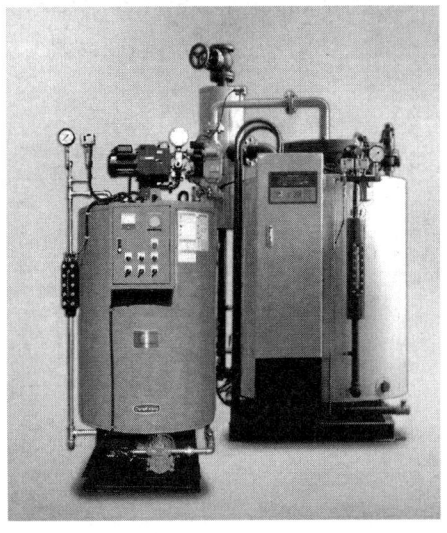

해답
① 증기드럼이 없어서 고압증기 생산이 가능하다.
② 단관식의 경우 순환비가 1이라서 드럼이 필요없다.
③ 전열면적이 커서 보일러효율이 높다.
④ 보일러 가동시간이 짧아서 증기발생시간이 단축된다.

에너지관리기사(2017.4.15)

-주관식 필답형(서술형, 단답형)-

문제 01
보일러 운전 시 노 내 가마울림(공명음)의 방지법을 4가지 이상 쓰시오.

해답
(1) 습분이 적은 연료를 사용한다.
(2) 2차 공기의 가열, 통풍 조절을 개선한다.
(3) 연소실 내에서 연소를 빨리 시킨다.
(4) 연소실이나 연도를 개조한다.
(5) 석탄 연소 시 연도 내의 가스 포켓이 되는 부분에 재를 남기도록 한다.

문제 02
메탄가스(CH_4) $3Nm^3$의 연소 시 소요되는 이론공기량은 몇 Nm^3인가?(단, 공기 중 산소는 21%이다.)

해답 연소반응식 : $CH_4 + 2O_2 \rightarrow CO_2 + 2H_2O$

이론공기량(A_o) = 이론산소량(O_o) $\times \dfrac{1}{0.21}$

$= \left(2 \times \dfrac{1}{0.21}\right) \times 3 = 28.57 Nm^3$

문제 03
증기원동소의 과열증기 사용 시 그 장점을 3가지 이상 쓰시오.

해답
(1) 이론상의 열효율 증가
(2) 열낙차 증대에 의한 증기소비량 감소
(3) 관 및 터빈 내 마찰저항 감소
(4) 수분에 의한 관 내 수격작용 및 부식방지

문제 04
다음의 조건을 이용하여 보일러 열효율(효율)을 구하시오.

[조건]
- 연료의 연소열 : 12,000kJ
- 증기 발생열 : 10,600kJ
- 방사열 손실 : 1,100kJ
- 입열 = 12,000 + 1,000 = 13,000kJ
- 급수의 현열 : 1,000kJ
- 배기가스 현열 : 1,300kJ
- 손실열 = 1,300 + 1,100 = 2,400kJ

해답 보일러 효율 = $\dfrac{\text{유효열}}{\text{공급열}} \times 100 = \dfrac{13,000 - 2,400}{13,000} \times 100 = 81.54\%$

문제 05
관류보일러의 종류를 4가지만 쓰시오.

해답
(1) 람진보일러
(2) 슐저보일러
(3) 앳모스보일러
(4) 벤슨보일러

문제 06
자동제어 연속동작 중 비례동작(P) 특징을 3가지만 쓰시오.

해답
(1) 부하가 변화하는 등 외란이 발생하면 잔류편차가 발생한다.
(2) 프로세스의 반응속도가 중 또는 소이다.
(3) 부하의 변화가 적은 곳에 적합하다.

제4편 과년도 기출문제

문제 07
보일러 운전 중 증기드럼 내 비수(프라이밍) 방지법을 4가지만 쓰시오.

해답
(1) 운전 중 과부하 상태를 피할 것
(2) 보일러수의 수처리를 철저히 할 것
(3) 송기 시 주 증기밸브를 서서히 개방할 것
(4) 보일러 운전 중 정상수위로 운전할 것
(5) 보일러수의 농축을 방지할 것

문제 08
보일러수 20℃의 물을 10kg 증발시켜 100℃의 증기로 만들려 할 경우 소요되는 열량(kcal)을 구하시오.(단, 물의 비열은 1kcal/kg℃, 물의 증발잠열은 539kcal/kg이다.)

해답
물의 현열 $= 10 \times 1 \times (100-20) = 800\text{kcal}$
증발열 $= 10 \times 539 = 5{,}390\text{kcal}$
∴ 소요열량 $= 800 + 5{,}390 = 6{,}190\text{kcal}$

문제 09
일산화탄소(CO) 1kg의 완전 연소 시 반응열은 몇 MJ/kg인가?

[조건]
$C + O_2 \rightarrow CO_2 + 405\text{MJ/kmol}$
$C + \frac{1}{2}O_2 \rightarrow CO + 283\text{MJ/kmol}$

해답
$CO + \frac{1}{2}O_2 \rightarrow CO_2$

물질의 발열량 = 생성물질 생성열 - 반응물질의 생성열
$405 - 283 = 122\text{MJ/kmol}$, CO 1kmol의 분자량 $= 28$

∴ 반응열 $= \dfrac{122\text{MJ}}{1\text{kmol} \times \dfrac{28\text{kg}}{1\text{kmol}}} = 4.3571\text{MJ/kg} = 4.36\text{MJ/kg}$

문제 10
마그네시아, 돌로마이트질 염기성 내화물의 성분인 MgO, CaO가 공기 중의 수분을 흡수하여 체적 팽창에 따른 비중 변화로 가루모양의 균열이 생겨 떨어져 나가는 현상을 무엇이라고 하는지 쓰시오.

해답 슬래킹(Slaking) 현상

문제 11
보온재의 열전도율(kcal/mh℃) 또는 열이동을 감소시키는 방법을 4가지 이상 쓰시오.

해답
(1) 보온재의 밀도를 작게 한다.
(2) 흡습성, 흡수성을 작게 한다.
(3) 보온재 내부를 다공질성으로 하고 기공의 크기를 균일하게 한다.
(4) 부피비중을 적게 하고 보온재 두께를 다소 두껍게 한다.
(5) 보온재 표면 온도를 높지 않게 한다.

문제 12
보일러 운전 중 인터록(Interlock)에 대하여 간단히 설명하시오.

해답 보일러 운전 중 이상상태 발생 시 제어결과에 따라 현재 진행 중인 제어동작이 다음 단계로 옮겨가지 못하게 하여 보일러 운전을 중지함으로써 위해방지 및 안전운전에 대비하는 자동제어이다.

참고 인터록의 종류
① 저연소 인터록
② 압력초과 인터록
③ 불착화 인터록
④ 저수위 인터록
⑤ 프리퍼지 인터록
⑥ 배기가스 온도조절 인터록

문제 13

천연가스(NG), 액화천연가스(LNG)의 주성분을 쓰시오.

해답 메탄(CH_4)

문제 14

자동제어 설계 시 주의사항 4가지를 쓰시오.

해답
(1) 제어동작이 발진상태가 되지 않게 할 것(제어동작이 불규칙 상태가 되지 않게 할 것)
(2) 신속하게 제어동작이 완료되게 할 것
(3) 제어량이나 조작량이 과하게 도를 넘지 않게 할 것
(4) 잔류편차가 요구되는 제어 정도 사이에서 억제하도록 할 것

참고 보일러 자동제어 목적
① 안전운전
② 경제적인 온수나 증기 이용
③ 온수 및 증기의 온도나 압력의 일정한 기준 공급
④ 작업인원의 절감

문제 15

열교환기에서 가열유체가 240℃에서 160℃로 하강하고 흡열유체는(주 열유체) 20℃에서 90℃로 상승하고 있다. 향류형 열교환기의 대수평균온도차(Δt_m)를 계산하시오.

해답

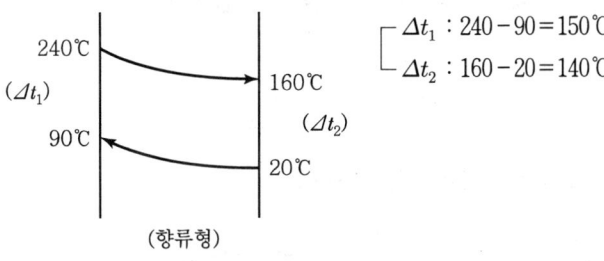

(향류형)

$\Delta t_1 : 240 - 90 = 150℃$
$\Delta t_2 : 160 - 20 = 140℃$

∴ 대수평균온도차 $= \dfrac{150 - 140}{\ln\left(\dfrac{150}{140}\right)} = \dfrac{10}{0.0689928} = 144.94℃$

에너지관리기사(2017.6.25)

-주관식 필답형(서술형, 단답형)-

문제 01
매연을 방지하는 집진장치를 3가지로 분류하여 쓰시오.

해답 (1) 건식 집진장치 (2) 습식 집진장치 (3) 전기식 집진장치

참고
- 건식 : 여과식, 사이클론식, 관성식, 중력식
- 습식 : 유수식, 가압수식, 회전식
- 전기식 : 코트렐식
- 가압수식 : 제트 스크러버, 사이클론 스크러버, 충전탑, 벤투리 스크러버

문제 02
보일러 운전 중 역화의 원인을 3가지 이상 쓰시오.

해답
(1) 노 내 연료의 불완전 연소 발생
(2) 프리퍼지 부족으로 노 내 잔류가스 발생
(3) 통풍력 부족 및 방폭문을 설치하지 않았을 때
(4) 연료의 예열온도가 맞지 않을 때
(5) 보일러 관리자의 운전 미숙

참고 매연의 발생원인
㉠ 연소실 온도가 낮을 때
㉡ 연소실의 용적이 작을 때
㉢ 보일러 운전자의 운전이 미숙할 때
㉣ 통풍력이 약할 때
㉤ 연료의 예열온도가 맞지 않을 때
㉥ 연료에 불순물이 혼입되었을 때
㉦ 불완전 연소 발생

문제 03

연소가스 성분을 분석한 결과 CO_2 : 15%, O_2 : 8%, CO : 1.2%, 기타가 N_2 성분이다. 위 성분을 응용하여 공기비(m)를 구하시오.

해답 질소(N_2) = 100 − (15 + 8 + 1.2) = 75.8%

$$공기비(과잉공기계수) = \frac{N_2}{N_2 - 3.76\{O_2 - 0.5(CO)\}}$$
$$= \frac{75.8}{75.8 - 3.76(8 - 0.5 \times 1.2)}$$
$$= 1.58$$

문제 04

노통연관식 보일러의 연관 9개를 교체하고자 한다. 이 연관의 외경은 100mm, 두께가 2.5mm이고 관의 길이는 2m인 경우 전열면적(m²)은 얼마인지 계산하시오.

해답 연관은 내경 기준, 수관은 외경 기준(1m = 1,000mm)
연관의 전열면적 = πdLN(m²)

$$\therefore 전열면적 = 3.14 \times \left[\frac{100 - (2.5 \times 2)}{10^3}\right] \times 2 \times 9 = 5.37\text{m}^2$$

문제 05

배관에 설치하는 플랙시블(가요관이음)의 설치목적을 쓰시오.

해답 펌프 가동 시 진동이 배관에 전달될 때 방진, 방음역할 및 배관의 신축을 흡수하여 배관의 파손이나 밸브의 파손을 방지한다.

문제 06

신·재생에너지 중 신에너지, 재생에너지의 종류를 각각 2가지만 쓰시오.

해답 (1) 신에너지 : 연료전지, 수소에너지, 석탄을 액화 또는 가스화한 에너지 및 중질잔사유를 가스화한 에너지
(2) 재생에너지 : 태양광, 태양열, 풍력에너지, 지열에너지, 수력에너지, 해양에너지, 바이오에너지, 폐기물에너지

문제 07
보일러 관 내로 물을 급수하여 가열, 증발, 과열 등의 순으로 순환하며 대표적인 것으로는 벤슨보일러, 슐쳐보일러가 있다. 이러한 보일러의 명칭을 쓰시오.

해답 관류보일러

문제 08
보일러 전열면에 부착시켜 매연이나 찌꺼기를 걸러내고 가마검댕을 처리하여 보일러 전열을 좋게 하는 장치의 명칭을 쓰시오.

해답 수트블로어(슈트블로어, Soot blower)

문제 09
급수펌프의 상사법칙에 의한 공식을 3가지로 분류하여 쓰시오.(단, 토출량은 Q_1, 양정은 H_1, 축동력은 L_1, 회전수 변경 전 N_1, 회전수 변경 후 N_2)

해답
(1) 토출량 $(Q_2) = Q_1 \left(\dfrac{N_2}{N_1} \right)$

(2) 양정 $(H_2) = H_1 \left(\dfrac{N_2}{N_1} \right)^2$

(3) 축동력 $(L_2) = L_1 \left(\dfrac{N_2}{N_1} \right)^3$

참고 비교회전도(펌프의 비속도 계산)

단단 비속도 $(N_s) = \dfrac{N \times \sqrt{Q}}{H^{\frac{3}{4}}}$, n단 비속도 $(N_s) = \dfrac{N \times \sqrt{Q}}{\left(\dfrac{H}{n} \right)^{\frac{3}{4}}}$

여기서, N : 임펠러의 회전속도(rpm)
 Q : 토출량(m³/min)
 H : 양정(m)
 n : 단수

문제 10

펌프의 캐비테이션(공동) 현상에 대한 방지법을 대비한 급수펌프 선정, 설치높이, 또는 운전방법을 4가지만 쓰시오.

해답
(1) 양흡입펌프를 사용하고 2대 이상의 급수펌프를 사용한다.
(2) 펌프의 설치위치를 낮게 하여 흡입양정을 짧게 한다.
(3) 임펠러의 회전속도를 작게 한다.
(4) 급수압력을 포화증기압보다 높게 유지한다.

문제 11

실내온도 20℃(293K), 실외온도 10℃(283K), 두께 4mm인 유리창문의 유리를 통해서 단위면적당 이동하는 열량(W/m²)의 열유속을 구하시오.(단, 유리의 열전도율(λ) : 0.76W/m℃, 내면의 열전달계수(a_1) : 10W/m²℃, 외면의 열전달계수(a_2) : 50W/m²℃이다.)

해답
$$열유속 = \frac{Q}{A} = \frac{\Delta t}{\frac{1}{a_1}+\frac{b}{\lambda}+\frac{1}{a_2}} = \frac{1(20-10)}{\frac{1}{10}+\frac{0.004}{0.76}+\frac{1}{50}} = 79.83 \text{W/m}^2$$

문제 12

관 내 유량을 구하기 위하여 차압식 유량계인 오리피스를 사용한다. 배관 내경은 80mm인 관로에 설치된 지름 20mm의 오리피스 차압식 유량계를 통하여 흐르는 물의 오리피스 전후의 압력수두 차이가 120mm H₂O일 때, 유량은 몇 (L/min)인가?(단, 오리피스의 유동계수(유량계수)은 0.660이다.)

해답
차압식 유량계 유량(Q) $= k \cdot A \cdot V = k \cdot A \cdot \sqrt{2g\left(\frac{P_2-P_2}{r}\right)h}$
$= k \cdot A \cdot \sqrt{2gh}$

유량(Q) $= 0.66 \times \frac{3.14}{4}(0.02)^2 \times \sqrt{2 \times 9.8 \times 0.12} = 0.66 \times 0.000314 \times 1.533623161$
$= 0.00031782 \text{m}^3/\text{sec}(0.01906 \text{m}^3/\text{min})$
∴ 19.07L/min

참고
유량계수(k) $= \dfrac{C_v(\text{속도계수})}{\sqrt{1-\left(\dfrac{A_o}{A}\right)^2}}$, 개구비($m$) $= \dfrac{A_o}{A} = \dfrac{d^2}{D^2}$

1min = 60sec, 단면적(A) $= \dfrac{\pi}{4}d^2$(m²), 1m = 1,000mm

문제 13

노통연관식 보일러 등에 사용되는 다음 경판의 명칭을 4가지 쓰고 반구형 경판이 평경판보다 더 좋은 이유나 장점을 쓰시오.

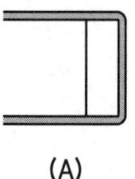 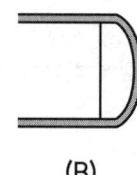 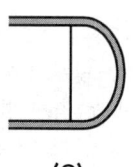 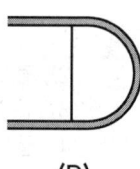

(A)　　　　　　(B)　　　　　　(C)　　　　　　(D)

해답 (1) (A) 평경판
　　　(B) 접시형 경판
　　　(C) 반타원형 경판
　　　(D) 반구형 경판
(2) 반구형이나 반타원형은 평경판에 비해 강도상 유리하고 열팽창흡수에 적응이 용이하다.

문제 14

배관 등에 사용하는 보온재의 구비조건을 5가지만 쓰시오.

해답 (1) 흡수성이나 흡습성이 작을 것
(2) 열전도율이 작을 것
(3) 장시간 사용에도 변질되지 않을 것
(4) 비중이 작고 다공질일 것
(5) 어느 정도의 기계적 강도가 있을 것

문제 15

다음 자동제어 설계 시 주의할 점을 3가지 이상 쓰시오.

해답
(1) 제어동작이 불규칙(발진) 상태가 되지 않을 것
(2) 신속하게 제어동작을 완료할 것
(3) 제어량이나 조작량이 과도하지 않도록 할 것
(4) 잔류편차가 요구되는 제어 정도 사이에서 억제하도록 할 것

문제 16

다음과 같은 보일러의 운전조건에서 해당 보일러의 열효율(%)을 계산하시오.

[조건]
- 급수량 : 4,000L/h
- 급수온도 : 80℃
- 급유온도 : 65℃
- 보일러 운전 중 압력 : 1MPa
- 증기엔탈피 : 674kcal/kg
- 연료소비량 : 350L/h
- 급수의 비체적 : 0.001036m³/kg
- 연료비중 : 0.95(15℃)
- 연료의 보정계수(k) = 0.9754 - 0.00067(t - 50)
- 중유오일의 저위발열량(H_L) : 9,750kcal/kg

해답
급수사용량(W) = $4{,}000 \times \dfrac{1}{1.036}$ = 3,861kg/h(증기소비량)

연료사용량(F) = 350 × 0.95 × [0.9754 - 0.00067(65 - 50)] = 320.98kg/h

∴ 보일러 열효율(η) = $\dfrac{W(h_2 - h_1)}{F \times H_L} \times 100$ = $\dfrac{3{,}861 \times (674 - 80)}{320.98 \times 9{,}750} \times 100$ = 73.28%

참고 4,000L/h = 4m³/h, 0.001036m³/kg = 1.036L/kg

에너지관리기사(2017.11.11)

-주관식 필답형(서술형, 단답형)-

문제 01
접촉식 온도계 측정원리를 4가지로 분류하여 기술하시오.

해답
(1) 열팽창을 이용하는 방법(유리제 온도계, 바이메탈 온도계)
(2) 상태변화를 이용하는 방법(압력식 온도계, 제겔콘 온도계)
(3) 전기저항을 이용하는 방법(백금측온, 니켈측온, 구리측온, 서미스터)
(4) 열기전력을 이용하는 방법(열전대 온도계)

문제 02
2개의 무한한 크기를 지닌 평행한 평판 사이에서 복사(방사)에 의한 열전달이 이루어지고 있다고 가정할 경우 첫 번째 평판에 대한 복사능은 0.5이고 온도(t_1)는 1,000℃이며, 두 번째 평판에 대한 복사능은 0.9이고 온도(t_2)는 500℃이다. 단위면적당 복사에 의한 전열량은 몇 (W/m²)인지 계산하시오.(단, 스테판 볼츠만의 정수(σ)는 5.67×10^{-8} W/m² · K⁴이고 두 평판의 복사능은 혼합 평균치로 계산한다.)

해답
- 두 평판 사이 복사능(σ') = $\dfrac{1}{\left(\dfrac{1}{0.5} + \dfrac{1}{0.9}\right) - 1}$ = 0.4737

- 복사열 전달량(Q) = $0.4737 \times 5.67 \times 10^{-8} \times [(273+1,000)^4 - (273+500)^4]$ K⁴
  = 60,944.56 W/m²

참고

$$Q = \dfrac{\sigma(T_1^4 - T_2^4)}{\dfrac{1}{\varepsilon_1} + \dfrac{1}{\varepsilon_2} - 1}$$

$$= \dfrac{(5.67 \times 10^{-8} \text{W/m}^2 \cdot \text{K}^4) \times [(1,273\text{K})^4 - (773\text{K})^4]}{\dfrac{1}{0.5} + \dfrac{1}{0.9} - 1}$$

$$= 60,944.56 \text{W/m}^2$$

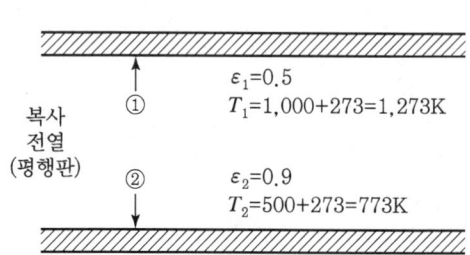

문제 03
수관식 보일러의 장점을 4가지 이상 쓰시오.(단, 2동 D형 보일러이다.)

해답
(1) 구조상 대용량 제작이 가능하다.
(2) 전열면적이 크고 효율이 높다.
(3) 증기발생시간이 빠르다.
(4) 수관의 배열이 용이하다.
(5) 동일 용량이면 다른 보일러에 비해 설치면적이 작다.
(6) 원통형 보일러에 비해 설치면적이 작아도 된다.
(7) 패키지형 보일러 제작이 가능하다.

문제 04
집진극인 양극과 침상방전극인 음극 사이에 코로나 방전이 일어나게 하고 함진가스를 통과시켜 매진에 전하를 주어 대전된 매진을 전기적으로 분리하는 장치구조의 집진장치 명칭을 쓰시오.

해답 전기식 집진장치

참고
- 종류 : 건식, 습식
- 전극형식 : 평판형, 원통형
- 대표적인 전기식은 코트렐식

문제 05
3층의 벽돌로 된 노벽(내화벽, 단열벽, 일반벽돌)이 있다. 내부로부터 벽돌 두께가 160mm, 85mm, 190mm 두께로 이루어지며 각 벽돌의 열전도율은 0.111kcal/mh℃, 0.0487kcal/mh℃, 1.24kcal/mh℃이다. 노의 내측 온도가 1000℃, 실외측벽의 온도가 50℃일 때 단위면적당 전열손실량(kcal/m²h)을 계산하시오.

해답 $Q = K \cdot A \cdot \Delta t$, 열관류율 $(K) = \dfrac{1}{\dfrac{b_1}{\lambda_1} + \dfrac{b_2}{\lambda_2} + \dfrac{b_3}{\lambda_3}}$

∴ 전열손실량 $Q = \dfrac{1 \times (1,000 - 50)}{\dfrac{0.16}{0.111} + \dfrac{0.085}{0.0487} + \dfrac{0.19}{1.24}} = \dfrac{950}{3.353151138} = 283.32 \,(\text{kcal/m}^2\text{h})$

문제 06
증기보일러 드럼 내 수위가 지나치게 고수위 운전일 때 나타나는 장해를 3가지 이상 쓰시오.

해답
(1) 비수나 포밍 발생이 증가한다.
(2) 기수공발(캐리오버) 발생이 증가한다.
(3) 수격작용 워터해머 발생이 증가한다.
(4) 급수처리 비용이 증가한다.

문제 07
폐열 회수 장치에서 (1) 연소용 공기를 예열하는 장치와 (2) 급수를 예열하는 장치의 명칭을 쓰시오.

해답
(1) 공기 예열기
(2) 절탄기(이코너마이저)

참고
㉠ 공기예열기
 • 전열식 : 강판형, 강관형
 • 재생식(축열식) : 융그스트롬식
㉡ 절탄기(Ecomomizer)
 • 강관제
 • 주철제 : 집중식, 부속식, 비증발식, 증발식
㉢ 연소용 공기 25℃ 상승 시 열효율 1% 향상, 급수온도 10℃ 상승 시 열효율 1.5% 향상

문제 08
보온재의 구비조건을 5가지 이상 쓰시오.

해답
(1) 보온능력이 크고 열전도율이 작을 것
(2) 장시간 사용하여도 사용온도에 견디며 변질되지 않을 것
(3) 어느 정도 기계적 강도를 가질 것
(4) 비중이 적을 것
(5) 흡습성 흡수성이 적을 것
(6) 시공이 용이하고 확실하게 될 수 있을 것

문제 09
아파트 등에 설치하는 소형 열병합 발전(코젠)이 기존의 열병합 발전보다 단점으로 지적되는 내용을 쓰시오.

해답
① 아파트 등 개별수용가 입장에서 보면 처음 설치 시공 시 개인별 투자 금액이 비교적 크다.
② 전력 시설단위가 기존의 대형 전력회사 발전설비에 비해 소규모이다.
③ 전력이나 난방 등 열수요 변동의 불확실성이 클 경우 에너지이용효율 감소가 심하게 우려된다.
④ LNG나 오일 등 화석연료 사용으로 온실가스 증가 및 향후 유가변동 등에 의한 연료비의 불확실성이 우려된다.

문제 10
정압비열 C_p = 5cal/mol·K인 이상기체(25℃, 1기압)를 가압하여 10기압까지 압축시키면 최종 온도는 몇 ℃가 되는지 계산하시오.(단, 가역단열과정으로 한다.)

해답 정적비열(C_v) = $C_p - R$ = 5 − 1.986 = 3.014cal/mol·K

비열비(K) = $\dfrac{5}{3.014}$ = 1.66

(1) $\dfrac{P_1}{P_2} = \left(\dfrac{T_2}{T_1}\right)^{\frac{1}{K-1}} = \dfrac{1}{10} = \left(\dfrac{273+25}{T_2}\right)^{\frac{1}{1.66-1}}$

T_2 = 744.40K, 744.40 − 273 = 471.40℃

(2) $T_2 = T_1 \times \left(\dfrac{P_2}{P_1}\right)^{\frac{K-1}{K}}$ (℃)

∴ 최종 온도 = $(25+273) \times \left(\dfrac{10}{1}\right)^{\frac{1.66-1}{1.66}}$ = 744.40K

744.40 − 273 = 471.40℃

참고 비열비(K) = $\dfrac{C_p}{C_v}$, 기체상수(R) = $C_p - C_v$(정적비열)

이상기체 정수($\overline{R}$) = 8.314J/mol·K, 1cal = 4.1868J

$\overline{R}$ = 8.314J × $\dfrac{1cal}{4.1868J}$ × $\dfrac{1}{mol \cdot K}$ = 1.986cal/mol·K

문제 11

공기식 급수조절 장치(코프식 3요소) 자동제어 기본회로이다. ①~④의 빈칸을 완성하시오.

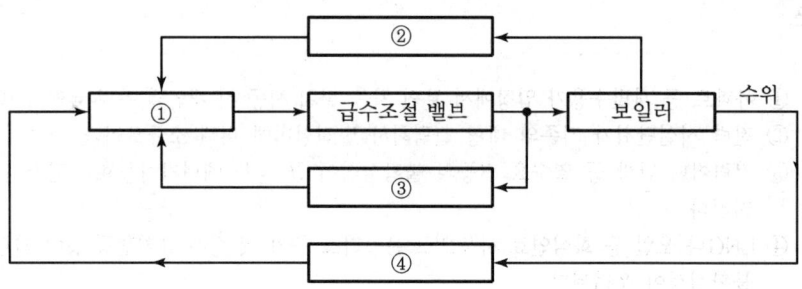

해답
① 수위 조절기
② 증기유량발신기
③ 급수유량발신기
④ 수위발신기

문제 12

랭킨 사이클로 작동하는 증기원동소에서 터빈 입·출구에서 증기엔탈피가 각각 843(kcal/kg), 493(kcal/kg)이다. 전력 50만 kWh를 발생시키는 데 필요한 증기량(ton/h)을 계산하시오.(단, 1kWh = 860kcal이다.)

해답
$(843-493)x = 860 \times 500,000$

증기소비량$(x) = \dfrac{860 \times 500,000}{(843-493)} \times \dfrac{1}{10^3} = 1,228.57 (\text{ton/h})$

문제 13

다음은 폐열회수장치(여열장치)에 관한 설명이다. (　) 안에 알맞은 장치를 각각 쓰시오.

> 보일러 배기가스의 여열을 회수하여 급수를 예열하는 장치를 (㉠)라고 하며, 연소용 공기를 예열하는 장치를 (㉡)라고 한다.

해답
㉠ 절탄기
㉡ 공기예열기

문제 14

내화물 온도의 급격한 변화와 불균일한 가열 냉각으로 인해 벽돌의 안과 밖의 열팽창 등에 의한 변형 때문에 내화물에서 박락현상이 일어나는데 이러한 현상을 스폴링(Spalling)현상이라고 한다. 다음 물음에 답하시오.

(1) 스폴링의 원인이나 종류 3가지를 쓰시오.
(2) 내화물의 내화도 표시는 SK(㉠)번 내화도는 (㉡)℃ 이상을 기준으로 한다.

해답
(1) 열적 스폴링, 구조적 스폴링, 기계적 스폴링
(2) ㉠ 26
　　㉡ 1,580

문제 15

주철제 온수보일러 전열면적이 18m²일 때 방출관의 크기는 몇 mm인가?

해답 40mm 이상

참고

전열면적(m²)	방출관의 안지름(mm)
10 미만	25 이상
10 이상~15 미만	30 이상
15 이상~20 미만	40 이상
20 이상	50 이상

문제 16

물체가 가진 방사선량을 측정하여 고온의 온도를 측정하는 기기의 명칭과 온도 측정 시 주의할 점 3가지를 쓰시오.

해답 (1) 명칭 : 방사온도계(복사온도계)
(2) 온도 측정 시 주의사항
   ㉠ 측정거리, 방사 발신기에 의해 오차가 발생되기 쉬우므로 측정거리 등에 주의한다.
   ㉡ 피측온체와 복사 고온체 사이에 먼지나 연기 등이 있으면 정확한 측정이 곤란하므로 H_2O나 CO_2에 의한 오차에 주의한다.
   ㉢ 계기의 온도가 상승하면 오차가 발생하므로 높은 온도의 연속 측정 시 물로 본체를 냉각시킨다.

참고 적외선 온도계의 온도 측정 시 주의사항
① 적외선 출구 온도계 렌즈의 파손 및 긁힘에 주의한다.
② 충격에 주의한다.
③ 사용온도 범위를 벗어나지 않는다.
④ 측정 시 안정화 시간에 주의한다.

문제 17

다음 열병합발전의 기본인 랭킨 사이클에서 재생 사이클 및 재열 사이클에 대하여 간단히 설명하시오.

해답 (1) 재생 사이클 : 증기 터빈에서 팽창 중인 과열증기의 일부를 빼내어 보일러 입구 급수 가열에 사용하는 사이클이다.(과열증기의 열에너지를 재사용하여 공급열량을 감소시킴으로써 열효율 향상)
(2) 재열 사이클 : 고압의 터빈에서 1차로 단열 팽창한 증기를 전부 추출하여 재열기 내에서 다시 가열하여 저압터빈을 2차로 단열팽창시키는 사이클이다.

문제 18

수소(H_2) 연료 성분이 많은 건타입 버너 내 연료의 연소 시 발생하는 배기가스 중 연소생성물은 무엇인지 쓰시오.

해답 H_2O

참고
- 메탄 : $CH_4 + 2O_2 \rightarrow CO_2 + 2H_2O$
- 프로판 : $C_3H_8 + 5O_2 \rightarrow 3CO_2 + 4H_2O$

에너지관리기사(2018.4.14)

-주관식 필답형(서술형, 단답형)-

문제 01
건습구 습도계 측정 시 건구온도 25℃에서 포화수증기분압이 19.82mmHg이고 습구온도 23.5℃에서 포화수증기분압이 15.45mmHg일 때 상대습도를 구하시오.

해답

현재 수증기 압력 $= 15.45 - \dfrac{1}{1,500} \times 760 \times (25-23.5)$

$= 15.45 - 0.76 = 14.69 \, (\text{mmHg})$

∴ 상대습도$(\psi) = \dfrac{\text{현재 상태의 수증기 압력}}{\text{어떤 온도상태에서 수증기 포화 압력}} \times 100(\%)$

$= \dfrac{14.69}{19.82} \times 100 = 74.12(\%)$

참고

절대습도$(x) = 0.622 \dfrac{P_w}{P-P_w} = 0.622 \dfrac{P_w}{P_a}$

$= 0.622 \times \dfrac{14.69}{760-14.69} = 0.01 \, (\text{kg/kg}')$

문제 02
자동제어계의 설계 또는 조절 시 제어대상에 따른 주의사항 4가지를 쓰시오.

해답
① 제어동작이 발진상태가 되지 않을 것(제어동작이 불규칙상태가 되지 않을 것)
② 신속하게 제어동작을 완료할 것
③ 제어량이나 조작량이 과대하게 도를 넘지 않도록 할 것
④ 잔류 편차가 요구되는 제어 정도 사이에서 억제할 것
　　(자동제어 동작순서 : 검출-비교-판단-조작)

문제 03
보일러 본체에 청관제를 사용하여 급수 처리를 하는 목적 3가지만 쓰시오.

해답
① 보일러수를 연화시킨다.(연화시키기 위하여)
② 보일러수의 pH를 조절하기 위하여
③ 슬러지를 조정하기 위하여
④ 가성 취화를 방지하기 위하여
⑤ 보일러수의 용존산소를 제거하기 위하여

문제 04
수관이나 횡관 등에 스케일 부착 시 과열로 인장응력이 발생하여 부동팽창으로 관이 변형되는 것은?

해답 팽출(bulge)

문제 05
노통이나 연관이 저수위사고나 스케일로 과열되어 압축응력을 받아서 변형을 가져오는 것은?

해답 압궤(collapse)

문제 06
다음 용어에 대하여 설명하시오.

(1) 현열
(2) 잠열
(3) 전열

해답
(1) 현열 : 물체의 상태 변화는 없고 온도만 변화할 때 필요한 열
(2) 잠열 : 물체의 온도 변화는 없고 상태가 변화할 때 필요한 열
(3) 전열 : 어떤 물체가 현열과 잠열을 포함한 열의 총합

문제 07
보일러 송기장치 일종인 기수분리기의 종류를 4가지만 쓰시오.

해답 (1) 스크러버형 (2) 사이클론형 (3) 건조스크린형 (4) 배플형

문제 08
안전밸브의 누설원인을 3가지만 쓰시오.

해답
(1) 밸브와 변좌의 가공불량 시
(2) 이물질이 끼어 있을 때
(3) 스프링의 장력이 감쇄될 때
(4) 변좌(시트)에 밸브축이 이완되었을 때
(5) 변좌의 마모로 손상되었을 때
(6) 압력조정이 낮을 때

문제 09
다음 보일러의 종류를 쓰시오.
(1) 노통이 1개인 보일러
(2) 노통이 2개인 보일러

해답 (1) 코르니시 보일러
(2) 랭커셔 보일러

문제 10
보일러 증기드럼 내 증기의 온도를 일정하게 유지하기 위한 방법을 4가지만 쓰시오.

해답
(1) 증기온도조절밸브를 설치한다.
(2) 압력조절기를 설치한다.
(3) 캠, 링크 등을 이용하여 공연비를 조절한다.
(4) 부하량을 일정하게 한다.

문제 11
초음파 유량계의 사용 시 장점을 4가지만 쓰시오.

해답
(1) 압력손실이 없다.
(2) 비전도성의 액체도 유량 측정이 가능하다.
(3) 대유량의 유량 측정이 가능하다.
(4) 도플러식 효과를 이용한 유량계이다.
(5) 유체를 직접 측정하는 센서에 접촉하지 않아도 유량이 측정된다.
(6) 식음료, 폐수와 같은 부유물질이 있는 액체 유량 측정에 이상적이다.

문제 12
화실이나 연도에서 발생하는 진동음인 공명음(가마울림) 방지책을 4가지만 쓰시오.

해답
(1) 연도 내에 칸막이 벽을 설치한다.
(2) 연도 내에서 과류를 만드는 포켓을 없앤다.
(3) 통풍력을 조절한다.
(4) 연소부하를 줄이고 연소장치나 연소상태를 개선한다.
(5) 배플의 모양 변형에 의한 연도 내 단면적이 크게 변화하지 않도록 한다.

문제 13
다음 ( ) 안에 들어갈 적절한 용어를 써넣으시오.

(1) 고온부식
(①)이 연소에 의하여 (②)하고 (③)이 되어 (④)에 융착하고 이것을 부식시키는 것을 말한다.

(2) 저온부식
연료 중의 (⑤)이 연소에 의하여 산화되어 (⑥)가 되고 그 일부는 다시 산화하여 (⑦)이 된다. 이는 연소가스 중의 (⑧)과 화합하여 (⑨)가 되고 보일러의 공기예열기나 절탄기의 저온 전열면에 접촉하여 노점 이하로 되면 진한 황산으로 되어 금속면에 심한 부식을 일으킨다.

해답
① 바나듐 ② 산화 ③ 5산화바나듐 ④ 고온 전열면 ⑤ 황분
⑥ 아황산가스 ⑦ 무수황산 ⑧ 수분 ⑨ 황산가스(진한 황산)

문제 14

다음과 같은 조건에서 피토관에서의 유체의 유속(m/s)을 구하시오.

[조건]
- 시차액주계의 수은(Hg)의 수주차 : 330(mmHg)
- 공기의 압력 : 101.325(kPa)
- 공기의 온도 15℃에서 비중량 : 1.293(kg/m³)
- 배기가스 온도 : 230(℃)
- 수은의 비중량 : 13,600(kg/m³)

해답 공기유속(V) = $\sqrt{2gh} = \sqrt{2gh\left(\dfrac{\gamma_0 - \gamma}{\gamma}\right)}$ (m/s)

$= \sqrt{2 \times 9.8 \text{m/s}^2 \times 0.33\text{m} \times \left(\dfrac{13,600 \text{kg/m}^3}{1.293 \text{kg/m}^3} - 1\right)} = 260.82 \text{(m/s)}$

문제 15

전공기방식 공기조화기 운전에서 동절기에 냉방부하가 발생하며 실내온도가 27℃로 유지되고 생산용 기기의 내부 발열에 의해 현재 공기조화기(2중덕트 방식) 외기 유입댐퍼의 개도율이 30% 상태에서 고정운전이 되고 있다. 만약 외기 유입댐퍼의 개도율을 70%까지 높여서 외기 풍량을 증가시킬 경우에 다음 공기조화기 운전 조건에 따른 냉방부하의 감소량(kcal/h)을 계산하시오.

[조건]
- 공조기 사용 정격 풍량 : 51,500(m³/h)
- 댐퍼 개도율 30% 상태에서 냉각코일 입구 건구온도 24(℃), 상대습도 55(%)일 때 공기엔탈피 : 11.5(kcal/kg)
- 댐퍼 개도율 70% 상태에서 냉각코일 입구 건구온도 21(℃), 상대습도 55(%)일 때 공기엔탈피 : 10.15(kcal/kg)
- 공기의 평균밀도 : 1.29(kg/m³)
- 공조냉동기 성적계수 COP : 3.7
- 외기냉방 적용 가능한 4계절 소요 시간 : 3,500(hr)

해답 냉방부하 감소량(Q) = $G \times (H' - H)$, $G = V \times \rho$

∴ $Q = 51,500 \times 1.29 \times (11.5 - 10.15) = 89,687.25 \text{(kcal/hr)}$

문제 16

증기원동소 랭킨 사이클에서 1.5MPa 압력 운전 중 과열기를 거친 과열증기 엔탈피(h_3)가 669(kcal/kg), 습포화증기 엔탈피(h_2)가 550(kcal/kg), 포화수 엔탈피(h_1)가 80.5(kcal/kg)이다. 이 경우 랭킨 사이클의 이론적 열효율(%)을 구하시오.

해답

$$\eta_R = \frac{W}{Q} = \frac{(h_3 - h_2)}{(h_3 - h_1)} \times 100 = \frac{669 - 550}{669 - 80.5} \times 100 = 20.22(\%)$$

문제 17

보일러실 건습구 습도계의 건구온도 29℃에서 수증기분압이 19.52mmHg, 습구온도 24℃에서 수증기분압이 15.67mmHg일 때 보일러실 내의 상대습도를 구하시오.

해답

압력차 = 19.52 - 15.67 = 3.85(mmHg)

29℃에서 포화수증기분압 = 19.52 + 3.85 = 23.37(mmHg)

∴ 상대습도(ψ) = $\frac{e}{e'} \times 100 = \frac{19.52}{23.37} \times 100 = 83.53(\%)$

문제 18

습도계의 종류를 4가지만 쓰시오.

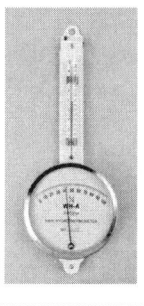
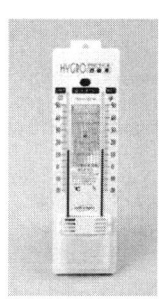
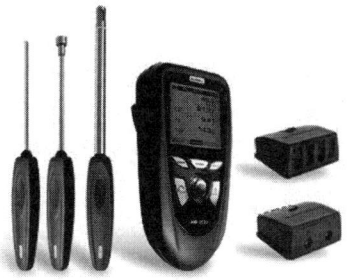

해답
(1) 모발 습도계 (2) 건습구 습도계
(3) 전기식 건습구 습도계 (4) 듀셀 노점계
(5) 전기저항식 습도계 (6) 광전관 노점 습도계
(7) 노점 습도계

문제 19

보일러 열정산 시 급수온도를 측정하는 절탄기의 부위와 절탄기 부착 시 단점을 3가지만 쓰시오.

해답 (1) 급수온도 측정부위 : 절탄기 입구(절탄기가 없으면 보일러 본체입구)
(2) 절탄기 설치 시 단점
① 통풍력이 감소한다.(배기가스 온도 저하에 의해)
② 저온 부식이 발생한다.
③ 연도 내 청소나 점검이 불편하다.
④ 연소가스 마찰 손실에 의한 통풍 손실이 발생한다.

문제 20

면적식 유량계(로터미터)의 장점을 3가지만 쓰시오.

해답 (1) 압력 손실이 적다.
(2) 유량에 따라 균등한 눈금을 얻는다.
(3) 고점도 유체나 슬러리 유체 측정이 가능하다.
(4) 차압이 일정하면 오차 발생이 적다.
(5) 유량계수는 레이놀즈 수가 낮은 범위까지 일정하다.

문제 21

압력계 적색눈금이 50cmHg를 나타내고 있다. 대기압이 1kgf/cm²(또는 760mmHg)일 때 이 압력계의 절대압력(kgf/cm²abs)은 얼마인가?

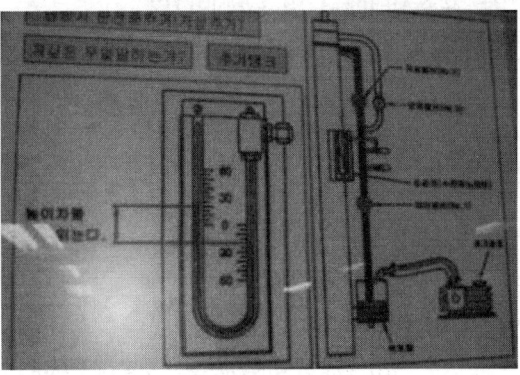

해답 절대압력(abs) = 대기압력 − 진공압력

$$= 1\,\text{kgf/cm}^2 - \left(50\,\text{cmHg} \times \frac{1\,\text{kgf/cm}^2}{76\,\text{cmHg}}\right) = 0.34\,(\text{kgf/cm}^2\text{abs})$$

문제 22

바이패스관의 용도를 쓰시오.

해답 유량계, 감압밸브, 증기트랩 등 장치의 점검·수리·교체 시 유체를 잠시 우회시켜 원활하게 공급하기 위한 장치로 사용한다.

문제 23

건조공기가 채워진 구형 용기에서 이 용기의 반지름이 500cm, 내부 압력이 101.325kPa, 온도가 20℃인 구형 용기 안에 채워진 건조공기는 표준상태에서 몇 kmol인가? (단, $\pi = 3.14$, $\overline{R} = 8.314$kJ/kmol·K, 1m = 100cm이다.)

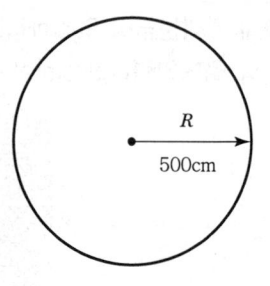

해답

$$PV = n\overline{R}T = \frac{n}{M}\overline{R}T = m\overline{R}T$$

몰수$(n) = \dfrac{PV}{RT}$, 용적$(V) = \dfrac{4}{3}\pi r^3$

$\therefore$ 건조공기 몰수$(n) = \dfrac{101.325 \times 10^3 \text{N/m}^2 \times \frac{4}{3} \times 3.14 \times (5\text{m})^3}{8.314 \text{kJ/kmol}\cdot\text{K} \times (20+273)\text{K}} = 21,767.9419\,(\text{mol})$

$\fallingdotseq 21.77\,(\text{kmol})$

문제 24

다음 조건을 이용하여 보일러의 열효율(%)을 구하시오.

[조건]
- 급수량 : 4,500(L/h)
- 급수의 비체적 : 0.001036(m³/kg)
- 급수온도 : 90(℃)
- 증기엔탈피 : 670(kcal/kg)
- 급유온도 : 15(℃)
- 연료의 발열량 : 9,750(kcal/kg)
- 연료소비량 : 330(L/h)
- 연료의 비중 15(℃) = 0.95(kg/L)

해답

열효율$(\eta) = \dfrac{4,500 \times \frac{1}{1.036} \times (670-90)}{(330 \times 0.95) \times 9,750} \times 100 = 82.42\,(\%)$

참고
- 급수 사용량(kg/h) = $4,500\,(\text{L/h}) \times \dfrac{1}{1.036\,(\text{L/kg})}$
- 연료 소비량(kg/h) = 15℃ 연료소비량 330(L/h) × 15℃의 비중(kg/L)

문제 25

증기원동소(화력발전)의 랭킨 사이클에서 단열팽창 시 터빈의 열낙차가 241kcal이다. 보일러급수에서 급수펌프 일량이 28.65kcal, 터빈입구 일량이 776kcal이면 랭킨 사이클의 이론 열효율(%)은 얼마이며 실제 열효율은 몇 %인가?(단, 실제 열효율은 이론 열효율의 70%이다.)

해답
- 이론 열효율$(\eta_R) = \dfrac{\text{일에너지}}{\text{공급에너지}} = \dfrac{241}{776-28.65} = 0.32247(32.25\%)$
- 실제 열효율$(\eta_R) = 32.25 \times 0.7 = 22.58(\%)$

참고

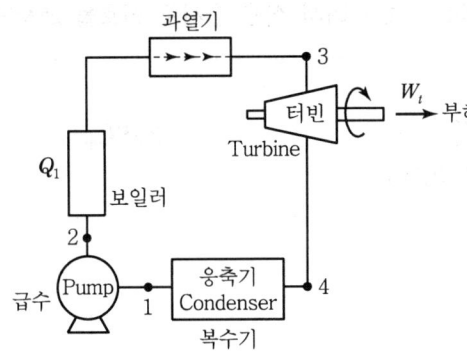

- 단열압축(급수펌프)
- 등압가열(보일러 → 과열기)
- 단열팽창(터빈)
- 등압방열(복수기 : 응축기)

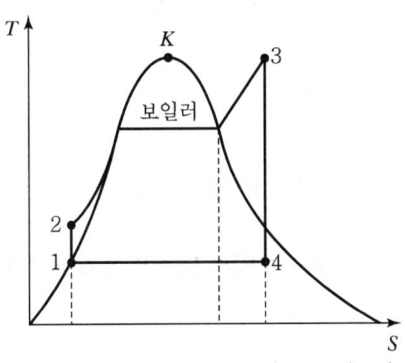

- 효율$(\eta_R) = \dfrac{W_t - W_p}{Q_1} = \dfrac{(h_3-h_4)-(h_2-h_1)}{(h_3-h_2)}$
- 펌프일을 무시한 경우$(\eta_R) = \dfrac{(h_3-h_4)}{(h_3-h_1)}$
- 공급에너지=보일러에 가열한 열에너지$(Q_1) = (h_3 - h_2)$
- 열낙차=터빈입구의 열에너지-터빈출구의 열에너지$= (h_3 - h_4)$
- 일에너지=터빈에서 한 일(W_t)
- 펌프에서 한 일$(W_p) = (h_3 - h_4) - (h_2 - h_1)$
- 터빈효율$(\eta_T) = \dfrac{\text{실제 단열낙차}}{\text{이론 단열낙차}} = \dfrac{\text{실제 일}}{\text{이론 일(등엔트로피 과정 일)}}$

제4편 과년도 기출문제

에너지관리기사(2018.6.30)

― 주관식 필답형(서술형, 단답형) ―

문제 01
다음 기체연료 중 저위발열량(kcal/Nm³)이 큰 순서에서 작은 순서로 번호를 쓰시오.

[보기]
① 프로판(C_3H_8)   ② 에탄(C_2H_6)   ③ 부탄(C_4H_{10})
④ 아세틸렌(C_2H_2)   ⑤ 메탄(CH_4)

해답 ③ > ① > ② > ④ > ⑤

참고
- 분자량이 크면 부피당 발열량이 크다.
- 분자량 = 부탄 : 58, 프로판 : 44, 에탄 : 30, 아세틸렌 : 26, 메탄 : 16

문제 02
다음에서 설명하는 자동제어가 무엇인지 자동제어 명칭을 쓰시오.

미리 정해진 순서에 따라서 각 단계를 동작시키며 특히 보일러 연소제어 등에 적용이 가능한 이상적인 제어이다.

해답 시퀀스 제어

문제 03
연돌에서 배출되는 배기가스 성분 중 CO_2가 14.5%, O_2가 2.5%로 검출되었다. 이때 공기비(과잉공기 계수)를 구하시오.(단, CO가스는 검출되지 않았다.)

해답 공기비$(m) = \dfrac{21}{21-O_2} = \dfrac{21}{21-2.5} = 1.14$

참고 공기비$(m) = \dfrac{N_2}{N_2 - 3.76[O_2 - 0.5(CO)]} = \dfrac{83}{83 - 3.76 \times 2.5} = 1.13$

질소$(N_2) = 100 - (14.5 + 2.5) = 83(\%)$

문제 04

급수설비에서 급수펌프 후단에 설치된 급수의 역류를 방지하는 밸브의 명칭과 종류를 2가지만 쓰시오.

해답 (1) 밸브 명칭 : 체크밸브
(2) 종류 : 스윙식, 리프트식, 스모렌스키식

문제 05

연소 중 500℃ 이상에서 고온 부식을 일으키는 인자 2가지와 부식 방지법을 4가지만 기술하시오.

해답 (1) 인자 : 바나듐, 나트륨
(2) 방지법 : ㉠ 연료에 첨가제를 사용하여 회분의 융점을 높인다.
㉡ 연료를 전처리하여 바나듐이나 나트륨 성분을 제거한다.
㉢ 배기가스의 온도를 바나듐의 융점 이하로 유지한다.
㉣ 고온의 전열면을 내식재료로 피복한다.
㉤ 전열면의 온도가 높아지지 않도록 설계온도 이하로 유지한다.

참고 고온부식 발생처 : 과열기, 재열기

문제 06

보일러실에서 경유소비량이 2,000(kL)이고 경유의 발열량이 9,200(kcal/ℓ)일 때 연료소비량은 몇(TOE)인가?[단, 경유의 석유환산계수는 0.92(TOE/kℓ)이다.]

해답 $2,000 \times 0.92 = 1,840 \text{(TOE)}$

참고 $\dfrac{2,000(\text{k}\ell) \times 1,000(\ell/\text{k}\ell) \times 9,200(\text{kcal}/\ell)}{10,000(\text{kcal/kg})} \times \dfrac{1}{1,000(\text{kg/TOE})} = 1,840(\text{TOE})$

TOE 계산에서 석유 1kg = 10,000kcal

문제 07

보일러에서 증기소비량이 3톤/h이고 증기압력이 1.5MPa이며 급수온도가 50℃이다. 이 1.5MPa 압력하에서 발생증기 엔탈피가 665kcal/kg일 때 증발계수, 환산증발량(kg/h) 및 환산증발배수 (kg/kg)를 구하시오.(단, 연료소비량은 1,500kg/h, 물의증발잠열은 539kcal/kg이다.)

해답

- 증발계수 = $\dfrac{h_2 - h_1}{539} = \dfrac{665 - 50}{539} = 1.14$

- 환산증발량 = $\dfrac{Wg(h_2 - h_1)}{539} = \dfrac{3 \times 10^3 \times (665 - 50)}{539} = 3{,}423.01\,(\text{kg/h})$

- 환산증발배수 = $\dfrac{\text{환산증발량}}{\text{연료소비량}} = \dfrac{3{,}423.01}{1{,}500} = 2.28\,(\text{kg/kg})$

문제 08

온수 90℃로 기름을 가열하는 열교환기에서 열교환열량이 450,000(kcal/h)일 때 열관류율이 12.5(kcal/m² h℃)이라면 전열면적은 몇 (m²)인가?(단, 온수의 출구온도는 65℃이다.)

해답

$450{,}000 = 전열면적(A) \times 12.5 \times (90 - 65)$

열교환기 전열면적$(A) = \dfrac{450{,}000}{12.5(90-65)} = 1{,}440\,(\text{m}^2)$

문제 09

증기이송장치인 감압밸브 설치 시 주의 사항을 5가지만 쓰시오.

해답

(1) 열설비 가까이에 설치한다.
(2) 감압밸브 전단에 기수분리기나 여과기를 설치한다.
(3) 해체작업이나 분해 수리 시를 대비하여 반드시 바이패스라인을 설치한다.
(4) 바이패스 라인의 관경은 주배관 직경보다 작은 관을 설치한다.
(5) 감압밸브의 전후단 압력차가 10 : 1을 넘지 않게 한다.
(6) 사용용도에 맞는 감압밸브를 설치한다.

참고 감압밸브 설치목적

- 고압의 증기를 저압의 증기압으로 낮추기 위해
- 부하 측의 증기압력을 일정하게 유지하기 위해
- 고압과 저압을 동시에 사용하기 위해

문제 10

어느 공장의 제조공정에서 연소실의 노 내 가스온도가 1,200℃, 외부온도가 0℃고 노벽의 열전도율이 0.5kcal/mh℃, 노벽두께가 200mm며 내측 노벽의 열전달률이 1,000kcal/m²h℃, 외측 벽의 열전달률이 10kcal/m²h℃일 때 1일(24시간) 동안 손실열량은 몇 kcal인가?(단, 노벽 전체 면적은 5m²이다.)

해답

손실열량(Q) = $K \cdot A \cdot \Delta t \cdot k$

열관류율(K) = $\dfrac{1}{\dfrac{1}{a_1}+\dfrac{b}{\lambda}+\dfrac{1}{a_2}}$ (kcal/m²h℃)

∴ 24시간 손실열량(Q) = $\dfrac{5\times(1{,}200-0)}{\dfrac{1}{1{,}000}+\dfrac{0.2}{0.5}+\dfrac{1}{10}}\times 24 = \dfrac{6{,}000}{0.501}\times 24$

$= 287{,}425.15$ (kcal)

문제 11

스파이럴형 튜브(향류식) 열교환기에서 1,200℃의 연소가스 3,600Nm³/h를 사용하여 2,500Nm³/h 공기를 200℃에서 800℃까지 예열한다. 공기 측의 대류열전달률이 15kcal/m²h℃, 연소가스 측 평균 대류열전달률이 17kcal/m²h℃이고 열교환기 두께가 20mm, 열전도율이 1.2kcal/mh℃일 때 다음 물음에 답하시오.(단, 연소가스의 평균 정압비열은 0.33kcal/Nm³·℃, 공기의 평균 정압비열은 0.30kcal/Nm³·℃이다.)

(1) 연소가스의 출구온도(t)는 몇 ℃인가?

(2) 열교환기의 소요면적(A)은 몇 m²인가?

해답

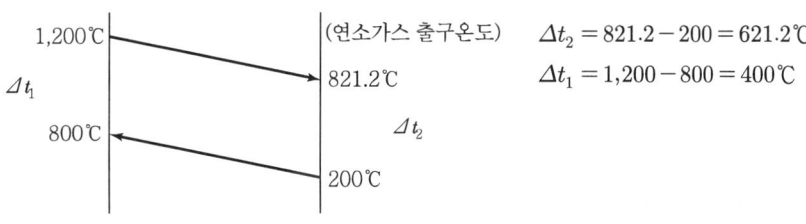

$\Delta t_2 = 821.2 - 200 = 621.2℃$
$\Delta t_1 = 1{,}200 - 800 = 400℃$

(1) 연소가스 출구온도

$3{,}600 \times 0.33 \times (1{,}200-t) = 2{,}500 \times 0.30 \times (800-200)$

∴ $t = 1{,}200 - \dfrac{2{,}500 \times 0.30 \times 600}{3{,}600 \times 0.33} = 1{,}200 - \dfrac{450{,}000}{1{,}188} = 821.2℃$

(2) 열교환기 소요면적

면적$(A) = \dfrac{G \cdot C \cdot \Delta t}{K \cdot LMTD}$

열관류율$(K) = \dfrac{1}{\dfrac{1}{15} + \dfrac{0.02}{1.2} + \dfrac{1}{17}} = 7.03 (\text{kcal/m}^2\text{h}℃)$

$LMTD$(대수평균온도차) $= \dfrac{\Delta t_2 - \Delta t_1}{\ln\left(\dfrac{\Delta t_2}{\Delta t_1}\right)} = \dfrac{621.2 - 400}{\ln\left(\dfrac{621.2}{400}\right)} = \dfrac{221.2}{0.4401} = 502.61(℃)$

∴ 열교환기 소요면적$(A) = \dfrac{2{,}500 \times 0.30(800 - 200)}{7.03 \times 502.61} = \dfrac{450{,}000}{3{,}533.3483} = 127.36(\text{m}^2)$

문제 12

과열증기 온도를 조절하는 방법을 5가지만 쓰시오.

해답
(1) 과열기 전용회로를 이용하는 방법
(2) 연소실의 화염위치를 조절하는 방법
(3) 과열증기에 습증기나 급수를 분무하는 방법
(4) 연소가스를 재순환시키는 방법
(5) 과열저감기를 사용하는 방법

문제 13

피토관으로 유속을 측정한 결과 유속이 11.71(m/s) 전압이 12(mH$_2$O)이면 정압은 몇 kPa인가?(단, 1atm = 101.325kPa, 10.332mH$_2$O이다.)

해답
유속$(V) = \sqrt{2gh}$

전압$(P) = \dfrac{P_s}{\gamma} = 12(\text{mH}_2\text{O})$

동압 $= \dfrac{V^2}{2g} = \dfrac{11.71^2}{2 \times 9.8} = 7.0(\text{mH}_2\text{O})$

정압 = 전압 − 동압 = 12 − 7.0 = 5(mH$_2$O)

∴ 정압 $= 101.325 \times \dfrac{5}{10.332} = 49.03(\text{kPa})$

문제 14

다음 보기 ①~④ 보온재의 두께가 동일할 때, 보온효율이 높은 순서대로 쓰시오.

①

②

③

④

[보기]   ① 글라스울   ② 석면   ③ 염화비닐 폼   ④ 규산칼슘

해답 ③ > ① > ② > ④

참고 안전사용온도 : ④ > ② > ① > ③

문제 15

보일러 급수 사용량이 3,500kg/h, 증기압력이 0.6MPa, 급수온도가 20℃, 중유(B-C 유) 사용량이 250kg/h인 보일러의 증기건도가 0.95일 때 다음 물음에 답하시오.(단, 포화수 엔탈피 : 159kcal/kg, 물의 증발잠열 : 498kcal/kg, 포화증기 엔탈피 : 658kcal/kg, 연료의 저위발열량 : 9,750kcal/kg이다.)

(1) 상당증발량(kg/h)을 계산하시오.

(2) 보일러 효율(%)을 계산하시오.

해답

(1) 상당증발량(We)

$$We = \frac{Ws(h_2 - h_1)}{539}$$

습포화증기 엔탈피(h_2) = $h_1 + rx = 159 + 498 \times 0.95 = 632.1$ (kcal/kg)

∴ 상당증발량(We) = $\dfrac{3,500 \times (632.1 - 20)}{539} = 3,974.68$ (kg/h)

(2) 보일러 효율

$$\eta = \frac{Ws(h_2 - h_1)}{G_f \times H_L} \times 100 = \frac{3,500 \times (632.1 - 20)}{250 \times 9,750} \times 100 = 87.89(\%)$$

문제 16

다음 히트파이프 내의 내부 압력은 어떤 상태의 압력을 유지해야 사용이 가능한지 쓰시오.

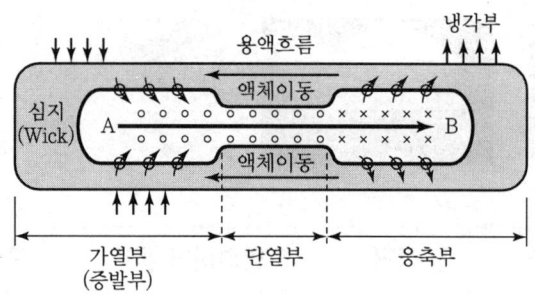

해답 진공압력

참고
- 내부 밀봉금속 재료 : 텅스텐, 스테인리스, 구리, 세라믹 등
- 내부 작동 유체 : 알곤, 헬륨, 크립톤, 메탄, 질소, 프레온, 아세톤, 메탄올, 에탄올, 나트륨, 은, 납 등
- 구조에 따른 종류 : 원통형, 평판형, 분리형, 롱 히트파이프형 등

문제 17

다음 흡수식 냉온수기에서 마노미터 유자관 압력계 수치를 보고 진공도(%)를 계산하시오.(단, 대기압은 760mmHg이고 단위압력표시는 mmHg이다.)

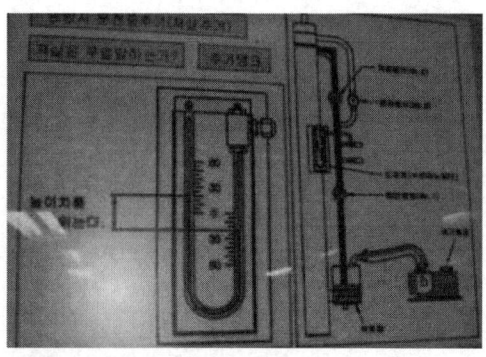 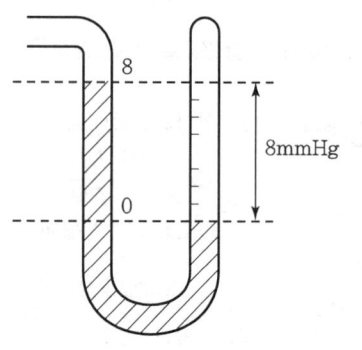

해답 진공압 = 760 − 8 = 752mmHg

$$\therefore 진공도 = \frac{752}{760} \times 100 = 98.95(\%)$$

문제 18

다음 관류보일러에서 수주관에 부착된 장치의 명칭과 기능을 2가지만 쓰시오.

해답 (1) 명칭 : 전극봉식 수위검출기
(2) 기능 : • 이상 저수위 시 경보 발령
• 안전저수위에 수위가 도달하면 인터록 신호로 보일러 운전 정지

문제 19

다음 가스분석기의 명칭과 가스 분석 순서를 3가지로 구별하여 쓰시오.

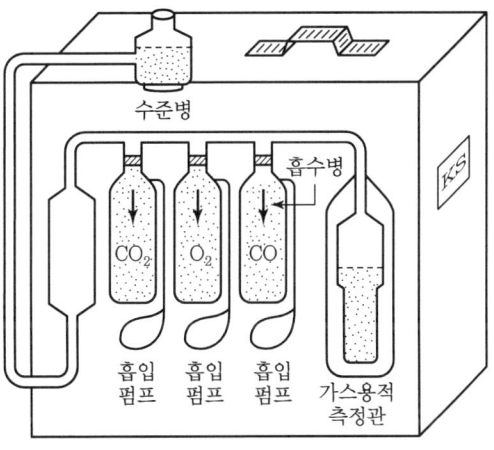

해답 (1) 명칭 : 오르자트 가스분석기
(2) 가스 분석 순서 : CO_2, O_2, CO

문제 20

수관식 보일러의 특징에 대한 다음 설명에서 ( )에 들어갈 용어를 보기에서 골라 써넣으시오.

[보기] 드럼, 대용량, 전열면적, 보유수량

(㉮)가(이) 적어서 파열사고 시 피해가 적으며 (㉯)가(이) 작아서 고압력에 잘 견디며 또한 (㉰)가(이) 커서 증기발생 시간이 짧고 증기발생량이 많으므로 (㉱) 보일러에 이상적이다.

해답 ㉮ 보유수량
㉯ 드럼
㉰ 전열면적
㉱ 대용량

에너지관리기사(2018.11.10)

-주관식 필답형(서술형, 단답형)-

문제 01
보일러나 관에서 발생하는 부식의 종류를 5가지만 쓰시오.

해답
(1) 전식 (2) 이종금속부식 (3) 입계부식
(4) 선택부식 (5) 틈새부식(알칼리부식, 가성취화) (6) 점식
(7) 국부부식 (8) 일반부식

문제 02
폐열회수장치인 급수가열기로 사용하는 장치의 명칭을 쓰시오.

해답 절탄기(이코노마이저)

문제 03
에너지관리기준에서 열수송 및 저장설비 평균 표면온도의 목표치는 주위온도에 몇 ℃를 더한 값 이하로 하여야 하는가?

해답 30℃

문제 04
유속식 유량계인 피토관에 대하여 간단하게 설명하시오.

해답 베르누이 정리를 이용한 유속측정기로서, 전압과 정압을 측정하고 동압을 구하여 유체의 유속을 계측한 후 유량을 계산한다. 설치 시에는 반드시 두부를 유체의 흐름방향과 일치시킨다.

문제 05

외경이 100mm(0.1m)인 원통형 강관의 열손실 방지를 위하여 두께 50mm(0.05m)인 보온피복재를 감싸서 놓았을 때 보온재 표면 방사에 의한 하루 동안의 손실열량(kcal/day)을 계산하시오. (단, 배관보온재의 표면온도는 20℃, 강관의 외부 표면온도는 120℃, 관의 총연장길이는 50m, 글라스울 보온재의 열전도율은 2kcal/mh℃이다.)

해답 $2 \times \dfrac{2 \times 3.14 \times 50(120-20)}{\ln\left(\dfrac{0.1}{0.05}\right)} \times 24 = \dfrac{62,800}{0.69314718} \times 24 = 2,174,429.97 \,(\text{kcal/day})$

참고

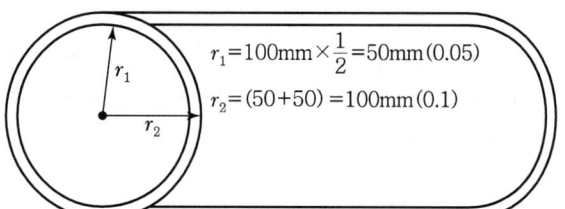

- 강관의 횡치 원통형 손실열량 $(Q) = \lambda \times \dfrac{2 \times 3.14 \times L(t_1 - t_2)}{\ln\left(\dfrac{r_2}{r_1}\right)}$ (kcal/h)

- 평균면적 $(F) = \lambda \times \dfrac{2 \times 3.14 \times L(r_2 - r_1)}{\ln\left(\dfrac{r_2}{r_1}\right)}$ (m²)

문제 06

강판의 두께가 20mm이고 리벳의 직경이 28.2mm이며 피치가 50.1mm인 1줄 겹치기 리벳조인트가 있다. 이 강판의 효율은 몇 (%)이며 1피치마다 하중이 800kg일 때 이 강판에 생기는 인장응력은 몇 kg/mm²인가?

해답

(1) 강판효율 $(\eta) = \dfrac{p-d}{p} \times 100 = \dfrac{50.1-28.2}{50.1} \times 100 = 43.71\,(\%)$

(2) 인장응력 $(\sigma_t) = \dfrac{W}{(p-d)t} = \dfrac{800}{(50.1-28.2) \times 20} = 1.83\,(\text{kg/mm}^2)$

문제 07

배열보일러를 설치하고 급수가열기인 절탄기를 설치한 열교환기에 열교환기 입구에 배기가스의 온도가 400℃가 지나가고 열교환기인 절탄기 출구로 150℃로 하강하여 배기된다. 이때 배열보일러의 손실열량(kJ/h)을 계산하시오.[단, 배기가스 3,000Nm³/h을 이용하고 0℃로 공급되는 급수 300kg/h을 가열하면 8kg/cm²(0.8MPa) 포화증기가 발생하고 그 증기엔탈피가 2,769kJ/kg인 경우 배기가스의 비열이 1.38kJ/Nm³·℃(5.78kcal/Nm³·℃)이다.]

해답

- 배기가스 보유열(Q') = $G_g \times C_p \times \Delta t$
  $Q = 1.38 \times 3,000 \times (400 - 150) = 1,035,000 \, (kJ/h)$
- 증기발생열(Q'') = $G_s \times (h_2 - h_1)$
  $Q'' = 300 \times (2,769 - 0) = 830,700 \, (kJ/h)$

∴ 배기가스 손실열(Q) = $Q' - Q'' = 1,035,000 - 830,700 = 204,300 \, (kJ/h)$

문제 08

화력발전소(증기원동소)의 랭킨 사이클을 이용하여 과열증기 엔탈피 660(kcal/kg)를 얻고 습포화증기 엔탈피가 530(kcal/kg), 포화수의 엔탈피가 80.9(kcal/kg)일 때 이 사이클의 이론적 열효율(%)을 계산하시오(단, 펌프일은 무시한다.)

해답

사이클의 열효율(η) = $\dfrac{h_3 - h_4}{h_3 - h_1} \times 100 \, (\%)$

$= \dfrac{660 - 530}{660 - 80.9} \times 100 = 22.45 \, (\%)$

참고 랭킨 사이클

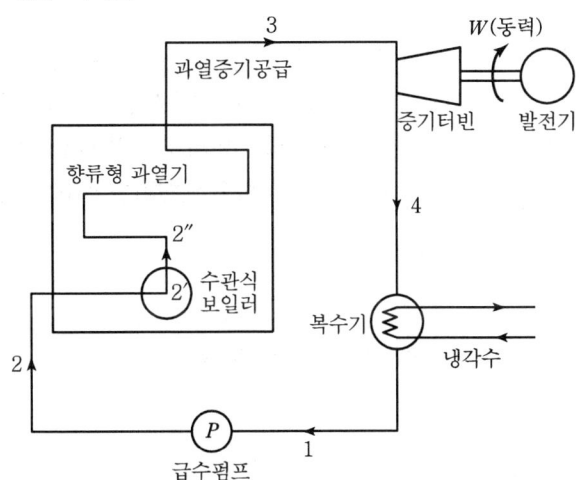

문제 09

압력이 1kg/cm²(0.1MPa)인 상태에서 소요 공기 1kg의 온도가 27℃(300K)에서 $PV^{1.3} = C$로 일정한 폴리트로픽 변화를 거쳐 300℃(573K)로 상승하였다. 이때 엔트로피 변화량(kcal/K)을 계산하시오.(단, 비열비 $K = 1.4$, 공기의 정적비열 $C_v = 0.17$ kcal/kg·K이다.)

해답

- 폴리트로픽(C_n) 비열 $= \dfrac{n-K}{n-1} C_v = \dfrac{1.3-1.4}{1.3-1} \times 0.17$
  $= -0.056666$ kcal/kg·℃

- 엔트로피 변화(Δs) $= \dfrac{\delta q}{T} = G \times \dfrac{C_n \cdot dT}{T}$

∴ $1 \times (-0.056666) \ln\left(\dfrac{573}{300}\right) = -0.04$ (kcal/K)

문제 10

보일러 증기압력이 1MPa인 상태에서 증기엔탈피가 640(kcal/kg), 보일러효율이 85%, 급수의 공급온도가 30(℃), 포화수엔탈피가 110(kcal/kg)일 때 연료의 저위발열량이 9,750(kcal/kg)이면 이 보일러에서 사용한 연료소비량은 몇 kg/h인가?(단, 증기발생량은 1,100kg/h이다.)

해답

$0.85 = \dfrac{1,100 \times (640-30)}{x \times 9,750}$

∴ 연료소비량(x) $= \dfrac{1,100 \times (640-30)}{0.85 \times 9,750} = 80.97$ (kg/h)

문제 11

스팀의 압력이 100kPa인 상태에서 보일러 운전 중 발생증기 엔탈피 3,250(kJ/kg)이 증기원동소 터빈으로 공급된 후 압력 15(kPa)까지 팽창시키는 터빈에서 이 증기원동소 증기기관의 증기소모량이 100(kg/s)일 때 터빈 출구증기의 건도가 0.97이라면 이 충동식 터빈의 발전기에서 얻는 출력(kW)을 계산하시오.(단, 15kPa에서 포화증기 엔탈피는 2,830kJ/kg, 포화수 엔탈피는 410kJ/kg, 1J/s = 1W 로 한다.)

해답

터빈출구의 엔탈피(h_2) $= 410 + 0.97 \times (2,830 - 410) = 2,757.4$ (kJ/kg)

∴ 터빈출력 $= 100 \times (3,250 - 2,757.4) = 49,260$ kJ/s $= 49,260$ (kW)

문제 12

건물 내 온도가 27℃인 실내에 표면온도가 227℃인 고온 방열면이 있을 때 흑체 복사(방사)에 의한 방열량은 자연대류에 의한 방열량의 몇 배가 되는지 계산하시오.(단, 방열면의 표면 복사능은 0.9, 자연대류에 의한 열전달률은 5.56W/m²·℃, 흑체의 복사 방열면 열전달률은 5.7W/m²·K⁴이다.)

해답

- 자연대류 방열량(Q_1)
  $Q_1 = 5.56 \times (227-27) \times 1 = 1,112 (\text{W})$
- 방사(복사)전열 방열량(Q_2)
  $Q_2 = 0.9 \times 5.7 \times \left[\left(\dfrac{273+227}{100}\right)^4 - \left(\dfrac{273+27}{100}\right)^4\right] \times 1 = 2,790.72 (\text{W})$

∴ 복사 방열량 배수 $= \dfrac{2,790.72}{1,112} = 2.51$ 배

문제 13

연도에서 사각형 내 공기예열기 설치 중 향류형일 때 배기가스가 입구온도는 240℃, 출구온도는 160℃로 연돌로 배기되며, 연소용 공기는 20℃로 들어와서 90℃로 예열되어 보일러 연소실로 투입된다. 이때 향류형의 대수평균온도차 $LMTD$는 몇 ℃인가?

해답

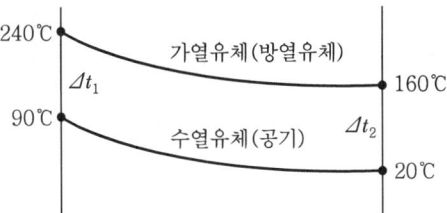

향류형의 경우 $LMTD(\Delta t_m) = \dfrac{\Delta t_1 - \Delta t_2}{\ln\left(\dfrac{\Delta t_1}{\Delta t_2}\right)}$ (℃)

∴ 대수평균온도차$(LMTD) = \dfrac{(240-90)-(160-20)}{\ln\left(\dfrac{240-90}{160-20}\right)}$
$= 144.94 (\text{℃})$

문제 14

다음 사이클(랭킨 사이클)에서 재생 사이클, 재열 사이클에 대하여 간단히 설명하시오.

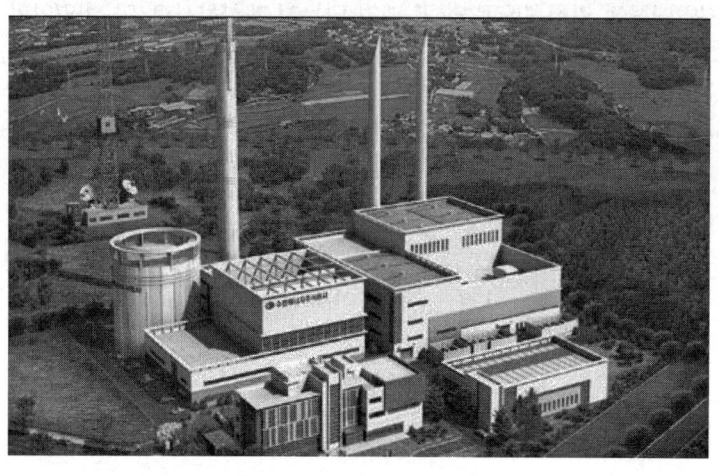

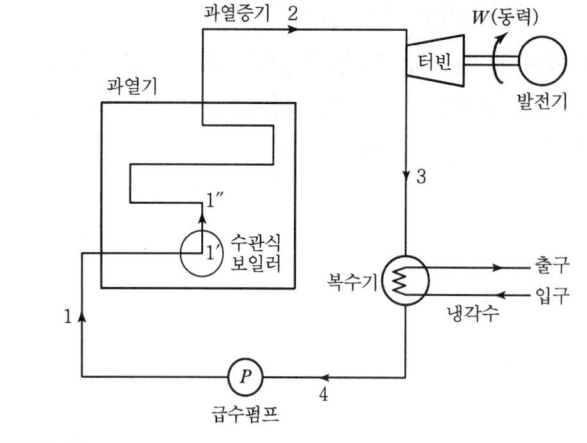

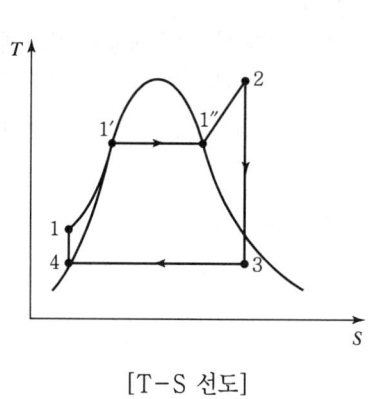

[T-S 선도]

해답 (가) 재생 사이클 : 증기터빈에서 팽창 중인 과열증기 일부를 추출하여 보일러 입구 쪽의 급수를 가열하는 데 사용하는 사이클이다.

(나) 재열 사이클 : 고압터빈에서 1차로 단열 팽창시킨 증기를 추출하여 재열기에서 다시 재가열한 후 저압터빈에서 2차로 단열 팽창시켜 열효율을 높이는 데 사용하는 사이클이다.

문제 15
다음 장치의 명칭과 측정 가능한 배기가스의 성분을 측정 순서대로 3가지를 쓰시오.

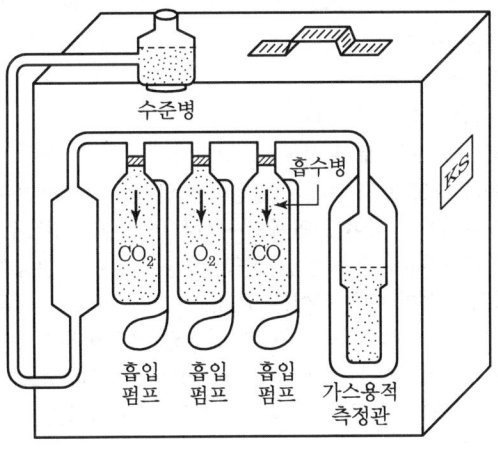

해답
(1) 명칭 : 오르자트 가스분석기
(2) 가스 분석 순서 : $CO_2 \to O_2 \to CO$

문제 16
보일러 운전 중 사고를 미연에 방지하기 위한 인터록의 종류를 5가지만 쓰시오.

해답
(1) 압력 초과 인터록 (2) 저수위 인터록
(3) 불착화 인터록   (4) 저연소 인터록
(5) 프리퍼지 인터록   (6) 배기가스 상한 스위치 인터록

문제 17
보일러 저수위를 방지하기 위한 수위 검출기를 3가지만 쓰시오.

해답
(1) 맥도널식(플로트식, 부자식)
(2) 전극봉식
(3) 차압식
(4) 금속관의 열팽창식(코프식)

문제 18

판형 열교환기의 특징을 3가지만 기술하시오.

해답
① 열효율이 85~90%로 높다.
② 설치면적이 작아도 된다.
③ 청소를 간편하게 할 수가 있다.
④ 재질이 스테인리스이므로 부식에 잘 견딘다.
⑤ 유체의 난류가 크고 유량 분배가 일정하며 열판의 표면이 매끄러워서 오염이 매우 적다.
⑥ 관류형 열교환기에 비하여 오염계수가 (1/7)~(1/10) 정도로 작아서 제품이 우수하다.
⑦ 타 열교환기에 비하여 같은 용량이라면 유량이 적어도 가능하다.
⑧ 제작 시 재료의 양이 아주 적어도 된다.
⑨ 관류형에 비하여 유체와 유체 사이에 열전달 계수가 3배 이상이다.
⑩ 관류형 열교환기에 비하여 열전달면적이 (1/3)~(1/5) 정도이면 충분하므로 경제적이다.
⑪ 가스켓과 열판 손상 시 교환 및 장비의 분해, 조립이 간편하고 청소를 간편하게 할 수가 있다.
⑫ 충분한 정비가 가능하다.

참고 판형 열교환기
두께가 0.6~1.5mm인 스테인리스 강철판으로 파형 가공하여 4~7mm 간격을 두고 여러 겹으로 조립한 열교환기이다.

문제 19

다음 횡치 원관형 직선배관의 안지름은 20mm이다. Re(레이놀즈 수)가 2,320인 오일의 유체 동점성계수가 1.05×10^{-6}(m²/sec)인 상태에서 흐를 때 이 오일유체의 임계 유동 속도는 몇 (m/sec)인지 계산하시오.

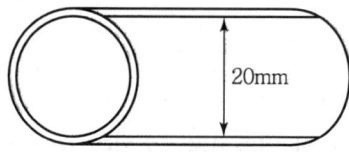

해답 $Re = \dfrac{D \cdot V}{\nu}$, $2,320 = \dfrac{0.02 \times V}{1.05 \times 10^{-6}}$

∴ 유동속도$(V) = \dfrac{Re \cdot \nu}{D} = \dfrac{2,320 \times 1.05 \times 10^{-6}}{0.02} = 0.12 \, (\text{m/sec})$

문제 20

다음 보일러 오일공급라인에 부착된 유수분리기의 기능을 간단히 쓰시오.

해답 오일 내부에 함유한 수분을 제거하여 오일의 성능을 향상하고 불착화, 간헐연소, 화염의 소멸 등을 방지한다.

문제 21

강관지름(외경기준)이 30mm인 배관 파이프에 열손실을 방지하고자 두께가 15mm인 글라스 울 보온피복재를 감아서 마감 처리한 스팀증기관에서 관의 외부 표면온도가 100℃, 글라스 울 보온재 표면온도가 20℃, 증기스팀배관의 총연장길이가 15m일 때 글라스 울 보온 후의 손실열량(kcal/h)을 구하시오.(단, 글라스 울 보온재의 열전도 전열은 0.05kcal/mh℃이다.)

해답 전열량$(Q) = \lambda \times \dfrac{2\pi L(t_1 - t_2)}{\ln\left(\dfrac{r_2}{r_1}\right)} = \dfrac{0.05 \times 2 \times 3.14 \times 15(100-20)}{\ln\left(\dfrac{0.03}{0.015}\right)} = 543.61 (\text{kcal/h})$

참고

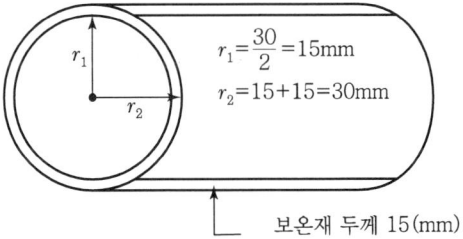

$r_1 = \dfrac{30}{2} = 15\text{mm}$

$r_2 = 15 + 15 = 30\text{mm}$

보온재 두께 15(mm)

제4편 과년도 기출문제

에너지관리기사(2019.4.14)

-주관식 필답형(서술형, 단답형)-

문제 01
급수처리 외처리에서 탈산소제(용존산소 제거) 3가지를 쓰시오.

해답
① 아황산소다(아황산나트륨)
② 히드라진
③ 탄닌

문제 02
열전대 온도계의 구비조건을 4가지만 쓰시오.

해답
① 온도 상승에 따른 열기전력이 커야 한다.
② 내식성이나 내열성이 커야 한다.
③ 재생도가 커야 한다.
④ 장시간 사용해도 변형이 없어야 한다.
⑤ 전기저항 및 온도계수가 작아야 한다.

문제 03
보온재에서 열전도율이 작아지는 조건이나 영향을 미치는 경우를 4가지만 쓰시오.

해답
① 온도가 낮을수록 열전도율이 작아진다.
② 습도가 낮을수록 열전도율이 작아진다.
③ 균일한 기공이 많거나 기공률이 클수록 열전도율이 작아진다.
④ 밀도가 작을수록 열전도율이 작아진다.
⑤ 전기의 절연체일수록 열전도율이 작아진다.

문제 04

내화벽돌의 두께가 20cm인 노벽의 열전도율이 1.3W/m·℃이고 시공된 이중벽의 재료는 플라스틱 절연체로서 두께가 10cm이고, 절연체의 열전도율이 0.5W/m·℃이다. 이 벽의 단위 면적당 전열량(W/m²)을 계산하시오.(단, 내화벽돌 내측온도는 500℃, 플라스틱 절연체 외측온도는 100℃이다.)

해답

열관류(K) = $\dfrac{1}{\dfrac{d_1}{\lambda_1}+\dfrac{d_2}{\lambda_2}}$, $\dfrac{Q}{A}=\dfrac{\Delta t}{d}$

$Q = \dfrac{(500-100)}{\dfrac{0.2}{1.3}+\dfrac{0.1}{0.5}} = \dfrac{400}{0.353846} = 1,130.43(\text{W/m}^2)$

참고

접촉면의 온도(t) = $\dfrac{(500-100)}{\dfrac{0.2}{1.3}+\dfrac{0.1}{0.5}} \times \dfrac{0.2}{1.3} = 173.913℃$

∴ $t_2 = 500 - 173.913 = 326.09(℃)$

또는, $\dfrac{1.3\times(500-t_2)}{0.2} = \dfrac{0.5\times(t_2-100)}{0.1}$

∴ $t_2 = 326.09(℃)$

문제 05

분자량 32인 기체인 산소(O_2) 10kg이 '$PV^{1.3}=$일정'인 폴리트로픽 변화를 거쳐서 90,000kgf·m의 일을 하였다. 온도는 350℃, 정적비열 C_v = 0.72kJ/kg·K인 상태에서 엔트로피 변화량(kJ/K)을 구하시오.(단, 산소의 기체상수 R = 26.5kgf·m/kg·K로 한다.)

해답

엔트로피 변화량(Δs) = $m \cdot C_v \dfrac{n-K}{n-1} \cdot \ln\left(\dfrac{T_2}{T_1}\right)$

- 비열비(K) = $\dfrac{C_p}{C_v}$, $C_p = R + C_v$

  기체상수(R) = $26.5 \times 9.81 = 259.965$ J/kg·K ≒ 0.26 kJ/kg·K
  정압비열(C_p) = $0.26 + 0.72 = 0.98$ (kJ/kg·K)

  ∴ $K = \dfrac{0.98}{0.72} = 1.361$ (단, 비열비 K 값이 1.4 등으로 주어지면 계산 없이 그대로 따른다.)

- 외부에 의한 절대일($_1W_2$) = $90,000 \times 9.81 = 882,900$ J = 882.9 kJ
- $T_1 = 350 + 273 = 623$ K

- $882.9 = \dfrac{1}{1.3-1} \times 10 \times 0.26(623 - T_2)$, $T_2 = 623 - \dfrac{882.9}{\left(\dfrac{1}{1.3-1}\right) \times 10 \times 0.26} = 521.13\text{K}$

변화 후 온도(T_2) = 521.13K

∴ 엔트로피 변화량(Δs) = $10 \times 0.72 \times \dfrac{1.3 - 1.361}{1.3 - 1} \times \ln\left(\dfrac{521.13}{623}\right)$
$= 0.26(\text{kJ/K})$

문제 06
자동제어의 시퀀스 제어와 피드백 제어에 대하여 간단히 설명하시오.

해답
(1) 시퀀스 제어 : 미리 정해진 순서에 따라서 각 단계를 동작시키는 정성적 제어방식
(2) 피드백 제어 : 설정된 목표값과 제어량을 비교하여 편차 발생 시 수정동작을 가하여 목표치와 일치시키는 정량적 제어방식

문제 07
효율 65%인 산업용 보일러의 연료 사용량이 시간당 100kg이고, 이 보일러 급수입구 엔탈피가 80kJ/kg, 증기출구 엔탈피가 3,000kJ/kg인 경우 이 보일러의 시간당 증기 발생은 몇 kg인가? (단, 연료는 저위발열량 25,000kJ/kg, 고위발열량 26,500kJ/kg이고 발열량은 저위발열량을 기준으로 한다.)

해답
$65 = \dfrac{W_2 \times (3{,}000 - 80)}{100 \times 25{,}000} \times 100$

∴ 증기발생량(W_2) = $\dfrac{0.65(100 \times 25{,}000)}{(3{,}000 - 80)} = 556.51(\text{kg/h})$

문제 08
다음 보일러 자동제어(A.B.C)에 대한 표에서 (1)~(5)의 내용을 써 넣으시오.

제어의 분류	제어량	조작량
연소제어(A.C.C)	증기압력	연료량, 공기량
	노 내 압력	(3)
급수제어(F.W.C)	(1)	(4)
과열증기온도제어(S.T.C)	(2)	(5)

해답
(1) 보일러 수위
(2) 증기온도
(3) 연소가스량
(4) 급수량
(5) 전열량

문제 09

집진장치에서 분진을 함유하고 있는 연소가스를 공기실 내에 유도하여 함진가스 내 매진의 자체 중력에 의해서 자연침강시키는 방식으로 청정가스와 분리시켜 매연을 포집하는 건식에 해당하는 집진장치의 명칭을 쓰시오.

해답 중력식 집진장치(중력침강식, 다단침강식)

문제 10

다음에 열거한 최고사용압력의 보일러 제조 시 수압시험 압력을 쓰시오.

(1) 0.35MPa
(2) 0.6MPa
(3) 1.8MPa

해답
(1) 0.43MPa 이하 : $P \times 2$ ∴ $0.35 \times 2 = 0.7$MPa
(2) 0.43MPa 초과 1.5MPa 이하 : $P \times 1.3 + 0.3$MPa   ∴ $0.6 \times 1.3 + 0.3 = 1.08$MPa
(3) 1.5MPa 초과 : $P \times 1.5$ ∴ $1.8 \times 1.5 = 2.7$MPa

문제 11

연돌(굴뚝)의 단면적이 0.65m²이고 보일러의 배기가스 온도가 230℃이며 연소가스 배출량이 2,500Nm³/h인 경우 배기가스의 유속(m/s)은 얼마인가?

해답
연돌 최소단면적 $(A) = \dfrac{G \times (1 + 0.0037t)}{3,600 \times V}$ (m²)

$0.65 = \dfrac{2,500 \times (1 + 0.0037 \times 230)}{3,600 \times V}$

∴ 유속 $(V) = \dfrac{2,500 \times (1 + 0.0037 \times 230)}{3,600 \times 0.65} = \dfrac{2,500 \times 1.851}{3,600 \times 0.65} = 1.98$(m/s)

문제 12

다음에 열거한 오일버너의 명칭을 쓰시오.

(1) 유압펌프로 오일에 0.5~2MPa의 압력을 주어서 버너 팁에서 노 내로 분무하여 무화시키는 버너로서 유량은 유압의 평방근에 비례한다.

(2) 분무컵을 3,500~10,000rpm 정도로 회전시켜 오일을 미립화시켜 분사시키는 오일버너로서 연료의 유압은 0.3~0.5kg/cm² 정도로 가압하여 공급한다. 유량조절범위는 1 : 5 정도이며 분무컵을 이용하는 버너이다.

(3) 공기나 보일러 증기의 고속류에 의하여 중유 등의 오일을 무화하는 버너이다. 유량조절범위가 크며 연료의 점도가 커도 무화가 가능하며 무화매체는 공기나 증기를 사용하는 버너이다.

해답
(1) 유압분무식 버너(유압분사식 버너)
(2) 회전분무식 버너(수평 로터리 버너)
(3) 기류식 버너(고압기류식 : 2~7kg/cm², 저압기류식 : 0.05~0.25kg/cm²)

문제 13

폐열회수장치인 절탄기의 설치위치와 급수온도 측정 위치를 쓰고, 설치 시 단점을 4가지만 쓰시오.

해답
(1) 설치위치 : 과열기나 재열기와 공기예열기 사이
(2) 급수온도 측정 위치 : 절탄기 입구
(3) 단점
  ① 저온부식이 발생한다.
  ② 설비비가 많이 든다.
  ③ 배기가스의 압력 손실로 통풍력이 감소한다.(배기가스 흐름에 대한 마찰저항 증가)
  ④ 청소, 검사, 보수가 불편하다.

참고 보일러 열정산 시 급수온도의 측정 위치는 절탄기 입구와 출구 중 어느 쪽에서 측정하는가에 대한 답변이다.

문제 14

다음 장치는 연소가스의 가스 분석을 하는 계기이다. 이 계측기의 명칭을 쓰시오.(단, CO_2, O_2, CO를 검출한다.)

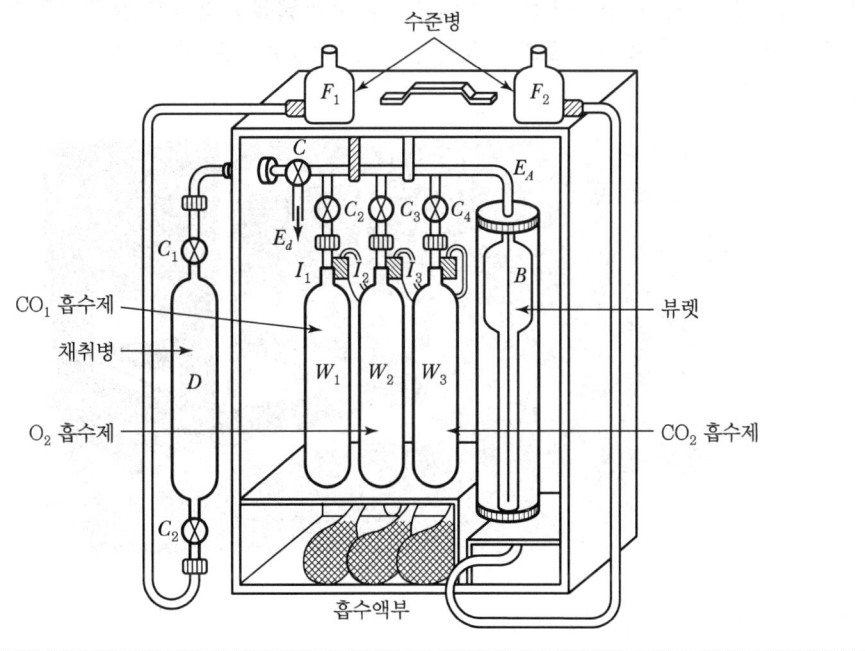

해답 오르자트 가스 분석계(Orsat 가스 분석계)

문제 15

보일러 증기 압력 0.7MPa에서 증기건도가 0.75인 습포화증기를 이용하여 급수사용량 3t/h을 현재의 30℃에서 80℃로 예열하고자 한다.(온수가열기 부착) 이때 증기 사용 후 발생되는 응축수량은 몇 kg/h이 발생하는가?(단, 이 증기의 현열은 급수 예열에 사용되지 않고 증기의 응축잠열만 사용되며 0.7MPa 절대압력에서 포화수 엔탈피가 324kcal/kg, 포화증기 엔탈피가 654kcal/kg으로 표시되었다.)

해답

습포화증기 엔탈피 $(h_2) = h_1 + rx$
$= 324 + 0.75(654 - 324)$
$= 571.5 \text{kcal/kg}$

잠열(γ) = 습포화증기 엔탈피 - 포화수 엔탈피
$= 571.5 - 324 = 247.5 \text{kcal/kg}$

급수량 1톤 $= 10^3 (\text{kg})$

급수현열$(Q) = 3 \times 10^3 \times 1 \times (80 - 30) = 150,000 \text{kcal/h}$

∴ 응축수량$(m) = \dfrac{\text{급수 예열 전 열량}}{\text{잠열}}$
$= \dfrac{150,000}{247.5} = 606.06 (\text{kg/h})$

문제 16

다음 면적식 유량계의 사용 시 장점 또는 특징을 3가지만 쓰시오.

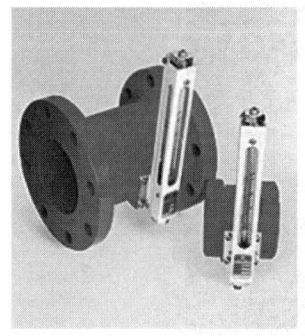
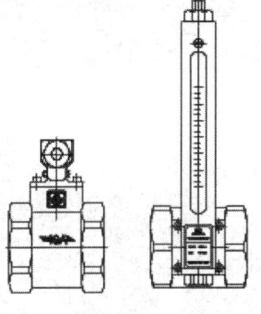

바이패스형
면적식 유량계

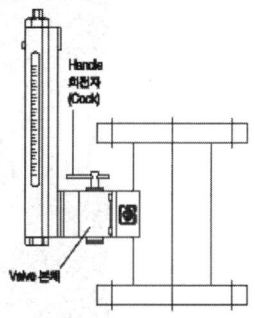

소방용 유량계
Cock Valve 결합형

해답
① 고점도 유체의 유량 측정이 가능하다.
② 가격이 싸고 사용이 간편하다.
③ 수직 배관에만 사용이 가능하다.(단점 : 진동 시 사용 불가)
④ 부식성 유체나 슬러리 유체의 측정이 가능하다.
⑤ 소유량이나 고점도 유체의 측정이 가능하다.
⑥ 측정 시 균등한 눈금을 얻을 수 있다.

문제 17

오리피스 차압식 유량계의 원리를 간단히 쓰시오.

해답 베르누이 정리를 이용한 유속 측정 유량계로서 오리피스 전후의 탭에 의한 압력 차와 유속과 관의 단면적을 이용한 차압식 유량계로서 압력 손실이 크다.

문제 18

보일러 본체 상부에 부착되는 안전장치 종류를 3가지 쓰시오.

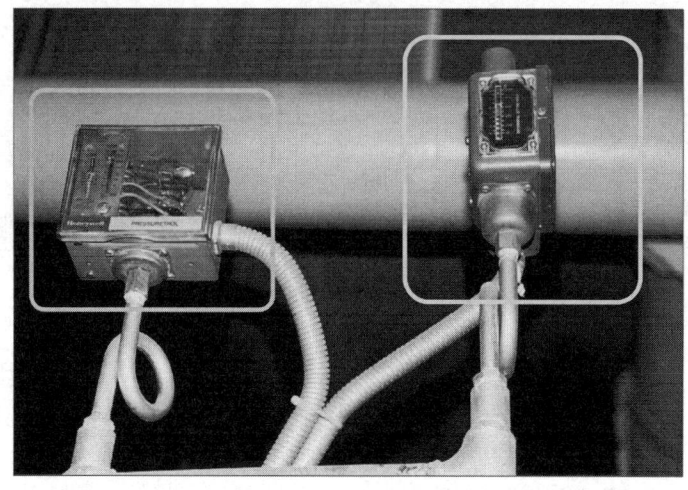

해답 ① 압력제한기 ② 압력비례조절기 ③ 안전밸브

문제 19

용적 3m³ 용기에 온도 30℃의 물이 들어 있다. 표준대기압하에서 건조포화증기를 혼입하여 30℃의 물을 60℃로 가열하려면 건포화증기 소비량은 몇(N)이 필요한지 계산하시오.(단, 표준대기압하에서는 포화수 엔탈피 및 증발잠열은 각 100kcal/kg, 539kcal/kg으로 하고 1kgf는 9.8N으로 한다.)

해답 $m \times [(100+539)-60] = 3 \times 10^3 \times 1 \times (60-30)$

증기량$(m) = \dfrac{90,000}{579} = 155.44 (\mathrm{kgf})$

∴ $155.44 \times 9.8 = 1,523.3 (\mathrm{N})$

문제 20

재열 사이클, 재생 사이클에 대하여 간단히 설명하시오.

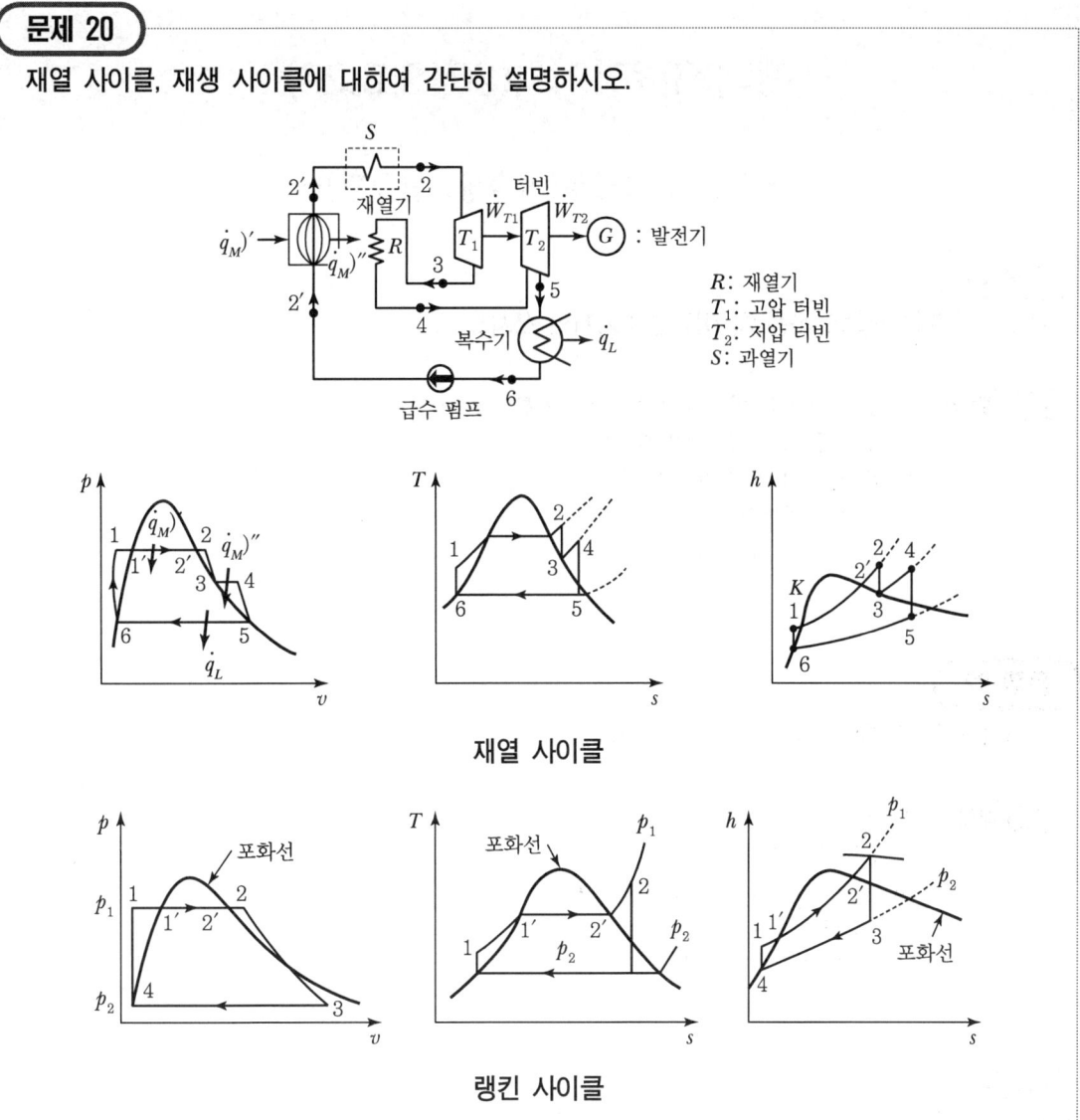

📋 **해답** (1) 재열 사이클 : 랭킨 사이클에서 단열팽창 과정 도중에 증기를 빼내어서 재열기로 보내고 재열한 후에 다시 원동기에 보내어 복수압력까지 단열팽창시키는 사이클로서 이론적인 열효율을 증가시키고 습도에 의한 터빈 날개의 부식도 방지한다.
(2) 재생 사이클 : 팽창 중인 증기의 일부를 빼내어 보일러로 공급되는 물을 예열하는 데 사용함으로써 열효율을 향상시킨 사이클이다.

에너지관리기사(2019.6.29)

-주관식 필답형(서술형, 단답형)-

문제 01
과열기(폐열회수장치) 사용 시 이점을 3가지만 쓰시오.

해답
① 증기원동기의 이론적 열효율이 증가한다.
② 적은 증기로 많은 열을 얻는다.
③ 관 내 부식 및 수격작용 방지
④ 관 내 마찰저항 감소
⑤ 응축수로 되기 어렵다.

문제 02
보일러 운전 중 열손실을 3가지만 쓰시오.

해답
① 배기가스 열손실
② 방사 열손실
③ 미연 탄소분에 의한 열손실
④ 불완전 열손실
⑤ 회분(재)에 의한 현열손실

문제 03
증기 축열기의 기능을 쓰시오.

해답 보일러 운전 중 저부하 시 보일러에서 과잉 발생한 증기를 저장하고 부하가 증가하면 스팀어큐물레이터 내 포화온수 또는 증기를 방출하여 증기의 일시적 과부족을 해소하는 장치이다.

참고 변압식 : 증기 측에 설치한다.(증기로 공급한다.)
정압식 : 급수 측에 설치한다.(급수가 예열되며, 급수로 공급한다.)

문제 04

보일러 화실벽 SK 26 내화벽돌의 두께가 20cm이고 열전도율이 0.1W/m·K이며, 그 외측에 안전사용온도 300℃인 규조토 단열재를 시공하여 화실벽의 열손실을 방지한다. 단열재의 외측온도가 30℃이고, 단열재 열전도율이 0.2W/m·K이며 열유속이 같을 때 이 규조토 단열재의 두께는 몇 cm인가?(단, 단열재와 외기와의 열전달률은 15W/m²·℃로 하고 화실 내 내화벽 온도는 1,300℃이다.)

해답

$$Q = \frac{\lambda \cdot A \cdot \Delta t}{d} = \frac{0.1 \times (1,300 - 300)}{0.2} = \frac{(300 - 30)}{\frac{d_2}{0.2} + \frac{1}{15}}$$

$$500 = \frac{270}{\frac{d_2}{0.2} + 0.066666}$$

$$\therefore d_2 = 0.0947(\text{m}) = 9.47(\text{cm})$$

문제 05

배기가스에서 'CO 성분 및 매연, 분진, 수트' 등이 발생하는 원인을 4가지만 쓰시오.

해답

① 연료 중 회분 과다
② 공기 부족에 의한 불완전연소
③ 연소 공급량의 과대
④ 통풍력의 불량
⑤ 연소실의 온도 저하
⑥ 오일 연료의 점도 과다
⑦ 공기비의 부적당
⑧ 연료의 예열온도가 맞지 않을 때
⑨ 운전 관리자의 보일러 운전이 미숙할 때

문제 06

유속식 유량계인 피토관에서 공기가 빠른 속도로 흐르고 있다. 시차식 액주계에 나타난 수은의 수주차는 335(mmHg)이다. 표준공기압력 101.325kPa에서 공기온도는 15℃(288K), 비중량은 1.29(kgf/m³)일 때 공기 유동속도(m/s)를 구하시오.(단, 수은의 비중은 13.6으로 한다.)

해답

$$V = \sqrt{2gh} = \sqrt{2g\left(\frac{r_0 - r}{r}\right)h}$$

수은의 비중량 $= 13.6 \times 1,000(\text{kg}_f/\text{m}^3) = 13,600(\text{kg}_f/\text{m}^3)$

$$\therefore 유속(V) = \sqrt{2 \times 9.8 \times \left(\frac{13,600 - 1.29}{1.29}\right) \times 0.335} = 263.09(\text{m/s})$$

문제 07

다음 화면에 나타난 마노미터(U자 관)에서 압력계 차압 수치가 8mmHg의 진공을 나타낸다. 표준 대기압이 760mmHg인 상태에서 진공도는 몇(%)인지 계산하시오.

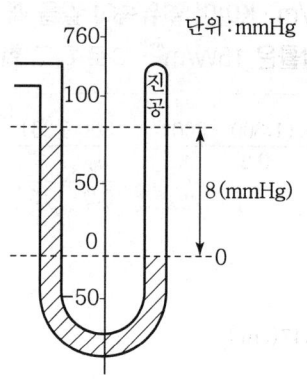

해답 진공압력 = 760 − 8 = 752(mmHg)

∴ 진공도 = $\dfrac{752}{760} \times 100 = 98.95(\%)$

문제 08

다음 내용은 보일러의 일반부식(철부식)에 관한 설명이다. (　) 안에 알맞은 말을 쓰시오.

보일러 드럼 철 표면은 보일러수와 항상 접촉하기 때문에 드럼 표면에서 철(Fe)이 녹아 나와서 $Fe \rightleftarrows Fe^{2+} + 2e^-$가 되며, 물은 극히 일부분이 전리되어 $2H_2O \rightleftarrows H_2 + 2OH^-$가 되고 Fe^{2+}와 $2OH^-$가 결합한 (㉠)을 침전시킨다. 또한 물의 (㉡)가 낮아서 약산성이 되면 철 표면에서 철 이온이 물에 녹아 나오는데, 보일러수에 용존산소가 녹아 있어 산화되어 (㉢)로서 침전물이 된다. 높은 보일러수 온도에서는 (㉣)이 분해되어 쉽게 사산화삼철(Fe_3O_4)이 생기고 쇳녹(용철)이 생겨 철의 표면이 들떠 일어나는 현상이 생긴다.

해답
㉠ 수산화제1철
㉡ pH
㉢ 수산화제2철
㉣ 수산화제1철

문제 09

석탄 등 고체연료 성분 분석 결과가 탄소(C)가 55%, 수소(H)가 5%, 황분이 2%, 기타 연소물이 38%인 상태일 때, 고위발열량(kJ/kg)을 계산하시오.

> 단, 발열량 조건은
> C(33,858kJ/kg), H(142,120kJ/kg), S(10,450kJ/kg)이다.

해답

고위발열량(H_h) = $33,858C + 142,120\left(H - \dfrac{O}{8}\right) + 10,450S$

= $33,858C + 142,120H + 10,450S$
= $33,858 \times 0.55 + 142,120 \times 0.05 + 10,450 \times 0.02$
= $25,936.9 \text{(kJ/kg)}$

참고 산소(O)가 주어지지 않으면 $\dfrac{O}{8}$ 값은 0이 된다.

문제 10

공기의 비중량이 12.64N/Nm³, 배기가스 비중량이 13.27N/Nm³일 때, 통풍력이 527Pa인 연돌의 높이(m)를 계산하시오.(단, 외기온도 20℃, 배기가스온도 200℃이다.)

해답

이론통풍력(Z) = $273H\left[\dfrac{r_a}{273+t_a} - \dfrac{r_g}{273+t_g}\right]$

$527 = 273H\left[\dfrac{12.64}{273+20} - \dfrac{13.27}{273+200}\right]$

∴ H(굴뚝높이) = $\dfrac{527}{273\left[\dfrac{12.64}{293} - \dfrac{13.27}{473}\right]} = 127.97 \text{(m)}$

참고 $760\text{mmHg} = 10.332\text{mAg} = 101,325\text{N/m}^2 = 101,325\text{Pa} = 1.0332\text{kg/cm}^2$

문제 11

다음 3가지 온도계의 측정원리를 간단히 설명하시오.(바이메탈 온도계, 저항온도계, 방사온도계)

해답
① 바이메탈식 온도계 : 열팽창계수가 다른 2개의 금속판을 서로 붙여서 온도 변화에 따른 금속판의 구부러짐의 곡률 변화를 이용한 1차 온도계
② 저항온도계 : 금속선의 전기저항값이 다른 백금, 니켈 등의 금속이 온도에 따라 변화하는 성질을 이용한 온도계
③ 방사온도계 : 물체의 온도로부터 방사되는 모든 파장의 복사열을 측정하는 비접촉식 고온계이다.

문제 12

다음 차압계에서 $P_x - P_y$의 차압은 몇 kPa인가?(단, 수은의 비중은 13.6, 물의 비중은 1이다.)

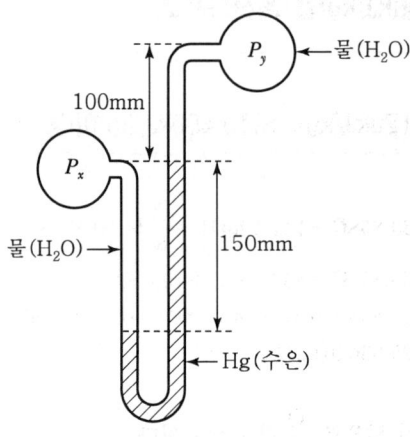

해답
$P_x + 9,800 \times 0.15 = P_y + 9,800 \times 0.1 + 9,800 \times 13.6 \times 0.15$
$P_x - P_y = 9,800 \times 0.1 + 9,800 \times 13.6 \times 0.15 - 9,800 \times 0.15 = 19,502 (\text{Pa})$
$\therefore \dfrac{19,502}{10^3} = 19.50 (\text{kPa})$

참고 비중량(물 $1,000 \text{kg}_f/\text{m}^3 = 9,800 \text{N}/\text{m}^3$이다. $1 \text{kPa} = 10^3 \text{Pa}$)

문제 13

보일러용 Oil(오일)의 비중을 측정하고자 비중계를 비중이 1인 물(水)에 담갔을 때의 수위를 기준점 0으로 하였다. 이 비중계를 비중 5인 오일에 담가 놓아 수위가 기준점으로부터 3cm까지 올라가서 평형을 이루었다면 이 연료오일의 비중은 얼마가 되겠는가?(단, 비중계 유리관의 단면적은 4cm²이고 비중계의 질량은 0.05kg이며 물의 비중량은 1,000kg/m³이다.)

해답 비중계 깊이$(h) = \dfrac{m}{\gamma \cdot A} = \dfrac{0.05}{1,000 \times 4 \times (10^{-2})^2} = 0.125 \text{m} (12.5 \text{cm})$

$\therefore$ 비중 $= \dfrac{12.5}{12.5 + 3} = 0.81$

문제 14

20℃ 상온 표준대기압 공기의 유속을 피토관으로 측정한 결과 동압이 100mmH₂O로 측정되었다. 이 경우 유속은 몇 (m/s)인가?(단, 공기비중량은 1.3kg$_f$/m³이고 물의 비중량은 1,000kg$_f$/m³, 표준대기압은 101,325N/m²이다.)

해답 유속$(V) = \sqrt{2g\left(\dfrac{\gamma - \gamma_a}{\gamma_a}\right)h} = \sqrt{2 \times 9.8\left(\dfrac{1,000 - 1.3}{1.3}\right) \times 0.1} = 38.80(\text{m/s})$

문제 15

단열재 A의 두께가 20cm이고 온도 차가 200℃이며, 열전도율이 0.1W/m·K인 벽이 있다. 단열재 B의 열전도율이 0.2W/m·K이고 온도 차가 400℃로 측정되었고, 두 개의 단열재 벽을 통한 열유속이 같다면 단열재 B의 두께는 몇 m인지 계산하시오.

해답 열유속 $= \dfrac{Q}{A} = \dfrac{\lambda \cdot \Delta t}{d}$

두 개의 단열재 열유속이 같으므로

$\dfrac{Q_1}{A} = \dfrac{Q_2}{A}$, $\dfrac{\lambda_1 \cdot \Delta t}{d_1} = \dfrac{\lambda_2 \cdot \Delta t_2}{d_2}$

$\dfrac{0.1 \times 200}{0.2} = \dfrac{0.2 \times 400}{d_2}$, $100 = \dfrac{80}{d_2}$

$\therefore d_2 = \dfrac{80}{100} = 0.8\text{m}$

문제 16

액화석유가스(LPG)의 주성분을 2가지만 쓰시오.

해답 프로판가스, 부탄가스

참고 LPG가스 주성분

프로판(C_3H_8), 부탄(C_4H_{10}), 프로필렌(C_3H_6), 부틸렌(C_4H_8), 부타디엔(C_4H_6)

문제 17

다음 전기식 집진장치의 동작원리에 관한 설명에서 ①~⑤에 알맞은 말을 써 넣으시오.

전기집진장치의 대표적인 종류는 코트렐식이며 주요 작용은 (①)에 의한 포집이다. 분진의 포집원리는 코로나 (②)의 형성이다. 분진함진가스의 (③), 대전입자의 (④), 포집극 (⑤)도 이루어지는 건식 집진장치로서 효율이 매우 높은 집진장치(매연장치)이다.

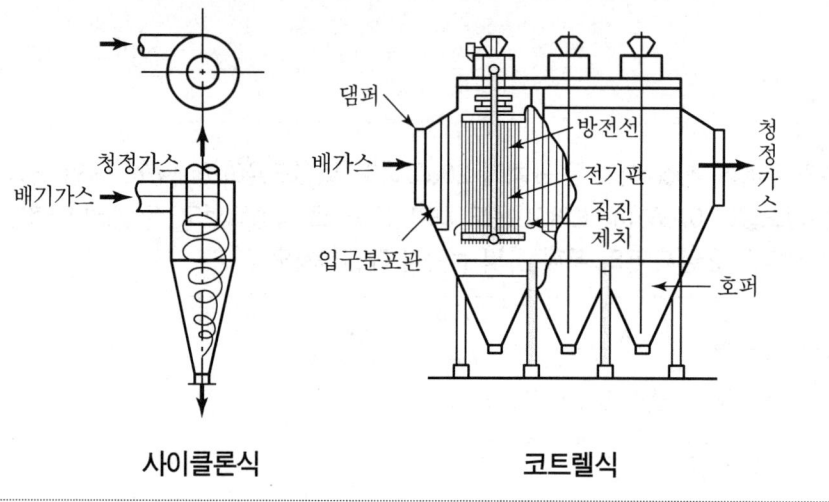

사이클론식　　　코트렐식

해답　① 전기력　② 방전　③ 이온화
　　　　④ 음극화　⑤ 양극화

문제 18

내화물의 급가열, 급랭에 의한 심한 온도차로 인하여 내화벽돌에 균열이 생기고 표면이 갈라지는 박락현상을 무엇이라고 하는가?

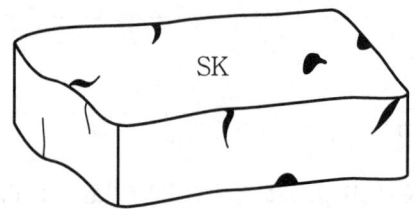

해답　스폴링 현상
　　　　※ 열적스폴링, 조직적 스폴링, 기계적 스폴링

문제 19

다음 보일러 상부 증기배관에 설치된 감압밸브의 작동방식에 의한 종류를 3가지만 쓰시오.

해답 피스톤식, 다이어프램식, 벨로스식

참고
① • 안전밸브 : 추식, 스프링식, 지렛대식, 복합식
　　• 체크밸브 : 스윙식, 리프트식, 해머레스식, 판형, 디스크식
② 안전밸브(보일러 드럼에 직접 수직으로 부착), 체크밸브(급수 배관 라인에 부착), 감압밸브(보일러 상부 주증기 배관에 설치)

문제 20

폐열회수장치 공기예열기에서 배기가스 온도는 입구에서 240℃이고 출구에서 160℃이다. 연소용 공기는 입구에서 20℃, 출구에서 90℃로 온도가 상승 예열된다. 이 공기예열기의 대수평균온도차(℃)를 계산하시오.(단, 열가스 흐름 방향은 향류형이다.)

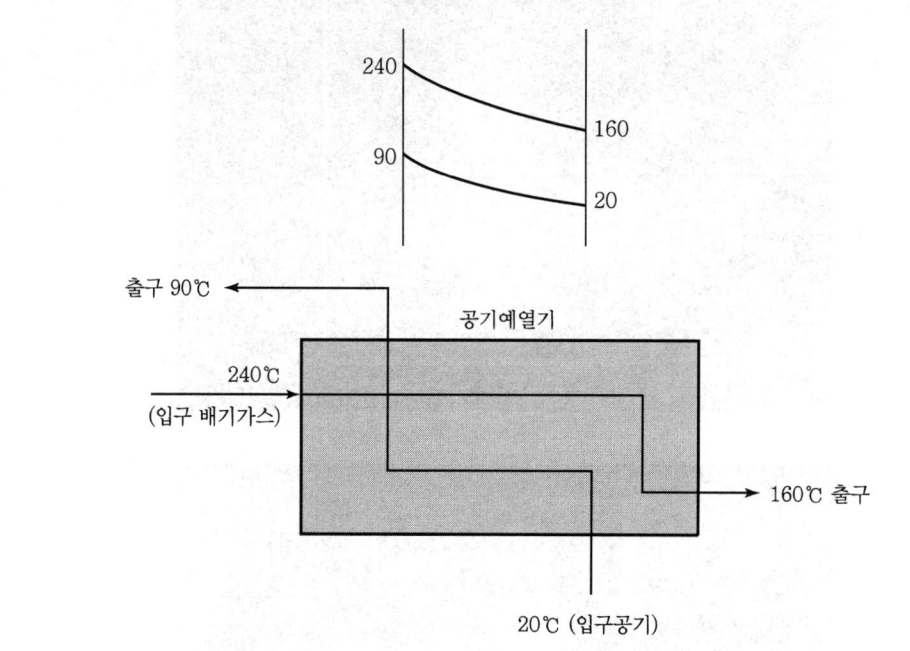

해답

$\Delta t_1 = 240 - 90 = 150\,℃$

$\Delta t_2 = 160 - 20 = 140\,℃$

대수평균온도차$(\Delta t_m) = \dfrac{\Delta t_1 - \Delta t_2}{\ln\left(\dfrac{\Delta t_1}{\Delta t_2}\right)} = \dfrac{(240-90)-(160-20)}{\ln\left(\dfrac{240-90}{160-20}\right)}$

$= \dfrac{150-140}{\ln\left(\dfrac{150}{140}\right)} = \dfrac{10}{0.06899} = 144.94\,(℃)$

문제 21

차압식 오리피스 유량계 사용 시 장점을 3가지만 쓰시오.

해답
① 제작이 쉽다.
② 설치가 간편하여 장착이 용이하다.
③ 가격이 저렴하다.

참고 오리피스 명칭을 질문하는 경우가 많다.

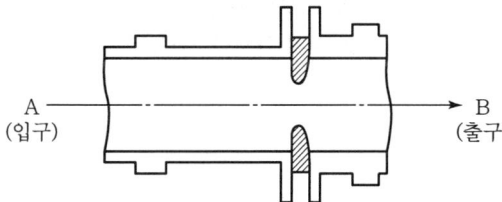

문제 22

다음 안지름 25mm인 횡치원통 파이프의 레이놀즈수(Re)가 2,320이고 이송유체인 유체의 동점성계수(ν)가 1.5×10^{-6}(m²/sec)인 상태에서, 이송하는 유체의 임계유동속도(m/sec)를 계산하시오.

횡치원통형 탱크

해답 $Re = \dfrac{D \cdot V}{\nu}$, 유속($V$) = $\dfrac{Re \cdot \nu}{D}$, 25mm = 0.025(m)

유속(V) = $\dfrac{2{,}320 \times 1.5 \times 10^{-6}}{0.025} = 0.14$(m/s)

제4편 과년도 기출문제

문제 23

과열기, 재열기에서 나타나는 바나듐(V)에 의한 고온부식 방지대책을 4가지만 쓰시오.

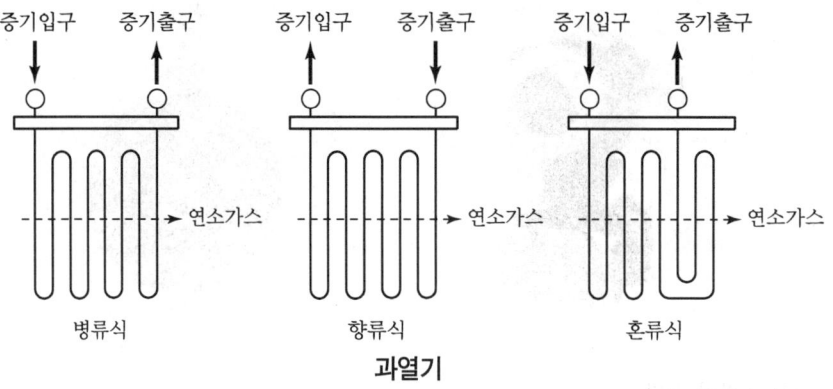

과열기

해답
① 연료 중의 바나듐, 나트륨, 황분을 제거한다.
② 첨가제를 가하여 바나듐의 융점을 높인다.(첨가제 : 돌로마이트, 알루미나 분말)
③ 전열면에 내식재료를 쓰거나 내식처리를 한다.
④ 저공기비를 투입하여 융점이 높은 바나듐을 생성한다.
⑤ 과열기, 재열기의 전열면 표면온도가 높아지지 않도록 한다.

문제 24

플로트식 증기트랩의 설치 시 이점을 3가지만 쓰시오.

해답
㉠ 수격작용 방지
㉡ 증기 손실 방지
㉢ 응축수 재사용으로 열효율 향상
㉣ 60~70℃의 응축수 공급에 의한 보일러 내의 열응력이나 부동팽창 방지
㉤ 열의 유효한 이용과 증기소비량 감소

문제 25
수관식 보일러의 장점을 4가지만 쓰시오.

해답
① 구조상 고압 대용량으로 제작이 가능하다.
② 전열면적이 크고 열효율이 좋다.
③ 관수의 순환방향이 일정하여 순환이 잘 된다.
④ 패키지형으로 제작이 가능하다.
⑤ 수관의 배열이 용이하다.
⑥ 원통형 보일러에 비하여 사고 시 피해가 적다.
⑦ 증기 발생이 빨라서 부하 급수요에 응하기 쉽다.

에너지관리기사(2019.11.9)

－주관식 필답형(서술형, 단답형)－

문제 01
판형의 열교환기 사용 시 장점을 3가지만 쓰시오.

해답
① 전열면적이 큰 판형이므로 열전달능력이 우수하다.
② 난방·급탕 수요량에 따라서 판의 매수 증감이 자유롭다.
③ 해체가 가능하여 고장 난 판의 매수 교환이 용이하고 시공이 간편하다.

문제 02
증기트랩의 기능이나 역할을 3가지만 쓰시오.

해답
① 응축수의 배출이 가능하여 관 내 수격작용이 방지된다.
② 공기빼기가 가능하여 부식이 방지되고 유체의 이송이 순조롭다.
③ 응축수를 재사용하므로 열효율이 증가하고 급수처리비용이 절감된다.

문제 03
프로판 $1m^3$ 연소 시 필요한 실제공기량(Nm^3/Nm^3)을 계산하시오.(단, 연소 시 공기비는 1.20이다.)

해답
$C_3H_8 + 5O_2 \rightarrow 3CO_2 + 4H_2O$

이론공기량(A_o) $= 5 \times \dfrac{1}{0.21} = 23.81(Nm^3/Nm^3)$

∴ 실제공기량(A) $= 23.81 \times 1.2 = 28.57(Nm^3/Nm^3)$

문제 04
자동제어 연속동작 중 PID 동작에 대하여 설명하시오.

해답
PID 동작 : I 동작으로 잔류편차를 제거하고 D 동작으로 안정화를 하는, 제어계의 난이도가 큰 경우에 필요한 연속 복합 동작이다.

> 📖 참고
> - P 동작(비례동작) : 잔류편차 발생
> - I 동작(적분동작) : 잔류편차 제거
> - D 동작(미분동작) : 시간적분에 비례하는 동작

문제 05

용존산소를 제거하기 위하여 급수처리 외처리로 탈기기를 설치하는데 그 설치 목적을 쓰시오.

📋 **해답** 급수 중에 녹아 있는 산소, 이산화탄소 등은 관이나 드럼 내부에 점식이나 부식을 일으키는 용존기체이므로 이러한 가스를 제거하기 위한 급수처리 방법인 급수처리 중 외처리 장치이다.

문제 06

연료의 성분원소가 C 78%, H 12%, O 3%, S 3%일 때 이론공기량(Nm³/kg)을 계산하시오.

📋 **해답** 이론공기량$(A_o) = 8.89\,C + 26.67\left(H - \dfrac{O}{8}\right) + 3.33S$

$\therefore A_o = 8.89 \times 0.78 + 26.67 \times \left(0.12 - \dfrac{0.03}{8}\right) + 3.33 \times 0.03 = 10.13\,(\mathrm{Nm^3/Nm^3})$

문제 07

연돌(굴뚝)에서 배출되는 매연을 제거하는 집진장치 종류를 5가지만 쓰시오.

📋 **해답**
① 사이클론식　② 중력식　③ 충전탑
④ 여과식　⑤ 코트렐식　⑥ 스크러버식

문제 08

열의 이동에서 열전달면적이 A이고 내외온도차가 50℃, 열전도율이 10W/m·K 내화벽의 두께가 30cm인 경우 이 내화벽을 통한 열전달량이 1,000W이다. 이 경우 동일한 열전달면적 상태에서 온도차가 2배, 벽의 열전도율이 4배, 벽돌의 두께가 4배로 변화한 경우 열전도전열은 몇 W가 되겠는가?

📋 **해답** $Q_1 = \dfrac{A \times \lambda_1 (t_1 - t_2)}{d_1}$, $Q_2 = \dfrac{A \times 4\lambda_1 \times 2\Delta t}{4d_1} = 2Q_1$

$Q_1 = \dfrac{A \times 10 \times 50}{0.3} = 1,000\,(\mathrm{W})$

$\therefore Q_2 = 2Q_1 = 2 \times 1,000 = 2,000\,(\mathrm{W})$

문제 09

물이 이송되는 배관 내부에 유속측정기구인 피토관을 삽입한 후 어느 지점의 압력을 측정한 결과 전압이 128kPa, 정압이 120kPa로 나타났다. 이 경우 물의 유속은 몇(m/s)인지 계산하시오.

해답

유속(V) = $\sqrt{2g \times \Delta P} = \sqrt{2gh}$

동압 = 전압 − 정압

$1kP = 10^3 N/m^2$

∴ $V = \sqrt{2 \times \dfrac{(128-120)kPa \times \dfrac{10^3 N/m^2}{1kPa}}{1{,}000 kg/m^3}} = 4(m/s)$

문제 10

횡치원통형의 외경이 30mm인 파이프형에 두께 15mm 보온재를 감아서 관 내 온수의 열손실을 방지하고자 한다. 관의 표면온도 t_1은 100℃이고 보온재 표면온도 t_2는 20℃, 횡치배관의 총 연장길이가 6m일 때 관의 보온재 표면에서 방열에 의한 열손실(kcal/h)을 계산하시오.(단, 글라스울 보온재는 열전도율을 0.05kcal/m·h·℃로 한다.)

해답

$r_1 = \dfrac{30}{2} = 15mm$, $r_2 = 15+15 = 30mm$

열손실(Q) = $\lambda \times \dfrac{A \times \Delta t}{d} = \dfrac{2\pi l \times (t_1 - t_2)}{\ln\left(\dfrac{r_2}{r_1}\right)}$

$= 0.05 \times \dfrac{2 \times 3.14 \times 6 \times (100-20)}{\ln\left(\dfrac{0.03}{0.015}\right)}$

$= 217.55 (kcal/h)$

문제 11

다음 노통연관식 증기보일러 조건을 보고 상당증발량[환산증발량(kg/h)]을 계산하시오.

- 급수온도 : 20℃
- 급수 엔탈피 : 84kJ/kg
- 보일러 증기발생량 : 2,000kg/h
- 발생 습포화증기 엔탈피 : 2,860kJ/kg
- 100℃ 물의 포화수 증발잠열 : 539kcal/kg (2,257kJ/kg)

해답 상당증발량$(W_e) = \dfrac{S_1(h_2-h_1)}{2,257} = \dfrac{2,000 \times (2,860-84)}{2,257} = 2,459.90 \text{(kg/h)}$

문제 12

도자기나 벽돌의 소성요에서 대차를 이용하여 소성대, 예열대, 냉각대 등으로 구성하는 연속요의 명칭을 쓰시오.

해답 터널요

문제 13

랭킨 사이클을 이용하여 화력발전소에서 보일러의 압력이 100kPa이고 보일러 발생증기 엔탈피가 3,250kJ/kg인 상태로 전기를 생산하기 위하여 증기가 터빈으로 들어가 압력 16kPa 이하까지 팽창시킨다. 이때 증기원동소 증기기관에서 증기의 소모량이 100kg/s일 때 증기터빈의 증기건도(x)는 0.97이라면 터빈의 발전기에서 얻어지는 전기출력(kW)은 얼마인지 계산하시오.(단, 압력 16kPa에서 포화증기 엔탈피는 2,840kJ/kg으로 감소하였고 100℃의 포화수 엔탈피는 420kJ/kg이다.)

해답 터빈 출구 발생 습포화증기 엔탈피$(h_2) = h_1 + x(h_2 - h_1)$
$h_2 = 420 + 0.97 \times (2,840-420) = 2,767.4 \text{(kJ/kg)}$
전체 열량소비량$(Q) = 100 \times (3,250-2,767.4) = 48,260 \text{(kJ/s)}$
∴ 발전량 $= 1 \text{kJ/s} = 1 \text{kW}$ 이므로 $48,260 \text{(kW)}$

참고
- $1 \text{kW} = 102 \text{kg} \cdot \text{m/s}$
- $1 \text{kWh} = 102 \text{kg} \cdot \text{m/s} \times 1\text{h} \times 3,600 \text{s/h} \times \dfrac{1}{427} = 860 \text{kcal} = 3,600 \text{kJ}$
- $1 \text{J/s} = 1 \text{W}$, $1 \text{kcal} = 4.186 \text{kJ}$

문제 14

보일러용 파형 노통의 사용상 장점을 3가지만 쓰시오.

해답
① 전열면적이 증가한다.
② 노통의 신축 흡수가 용이하다.
③ 노통의 강도가 증가된다.

문제 15
감압밸브의 기능을 4가지만 쓰시오.

해답
① 보일러에서 발생된 증기의 압력을 부하 측 용도에 맞게 감압시킨다.
② 고압의 증기를 저압으로 변환한다.
③ 고압의 증기와 저압의 증기를 동시에 사용할 수 있다.
④ 증기의 압력을 감소시켜 증기의 증발잠열을 크게 한다.

문제 16
산업용 보일러 안전장치인 화염검출기의 종류를 3가지만 쓰시오.

해답 ① 플레임아이 ② 플레임로드 ③ 스택스위치

문제 17
중형보일러, 관류보일러의 증기건도를 높이는 송기장치의 종류를 2가지만 쓰시오.

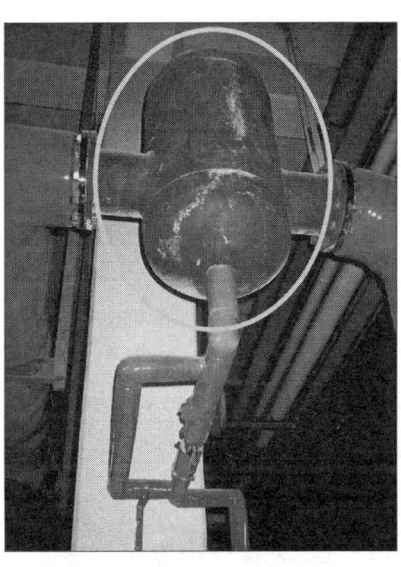 

해답 기수분리기, 비수방지관

참고 증기 속에 혼입된 수분을 제거하여 건조증기를 취출한다.

문제 18

방사형 수관식 보일러의 수냉로 벽관의 특징을 3가지만 쓰시오.

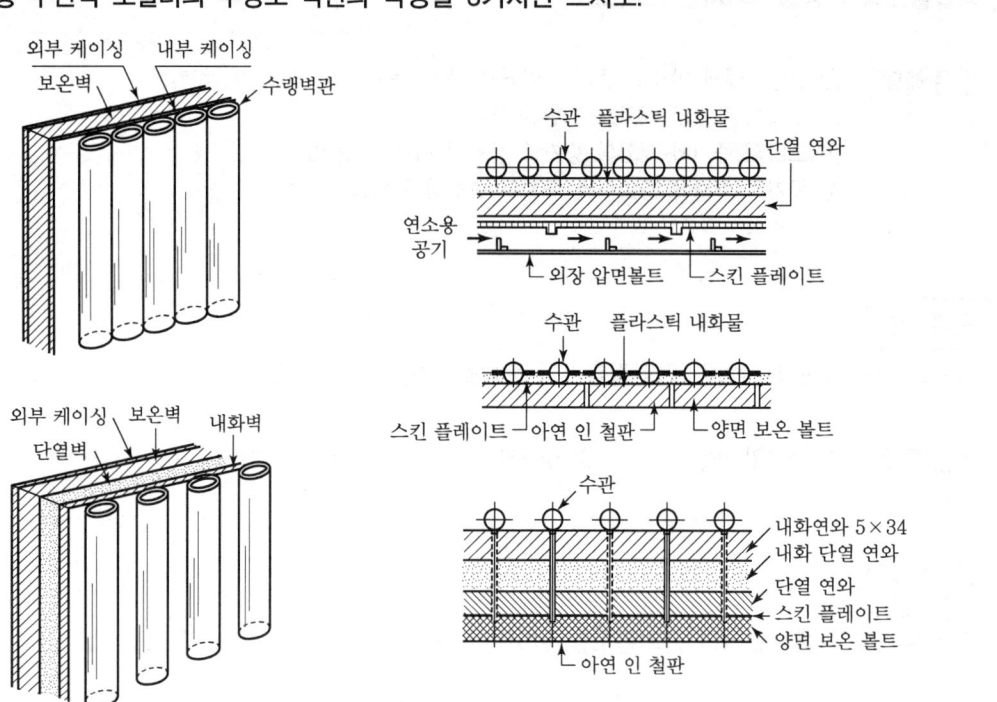

해답
① 전열면적 증가
② 복사열의 흡수열량 증가
③ 열손실 방지로 전열 및 열효율 상승

문제 19

메탄가스 $100m^3$ 연소 시 소요되는 공기량(Nm)을 계산하시오.(단, 연소 시 공기비는 1.2이다.)

해답 $CH_4 + 2O_2 \rightarrow CO_2 + 2H_2O$ (메탄가스 연소반응식)

이론공기량(A_o) = $2 \times \dfrac{1}{0.21}$ = $9.52 Nm^3/Nm^3$

실제공기량(A) = $9.52 \times 1.2 = 11.42 Nm^3/Nm^3$

∴ 총소요공기량 = $11.42 \times 100 = 1,142 Nm^3$

문제 20

압력계에서 압력계 눈금이 적색 상태에서 50cmHg를 나타내고 있다. 이 압력계의 게이지압력(kg_f/cm^2)을 구하시오.(단, 대기압은 760mmHg 또는 1.0332kg_f/cm^2이며 101.325kPa로 한다.)

해답 게이지압력(atg) = $-50 cmHg \times \dfrac{1.0332 kg_f/cm^2}{76 cmHg} = -0.68 (kg_f/cm^2)$

참고
- 절대압력 = 대기압 − 진공압

$= 1.0332 kg_f cm^2 - \left(50 cmHg \times \dfrac{1.0332 kg_f/cm^2}{76 cmHg} \right)$

$= 0.35346 (kg_f/cm^2)$

- $101.325 \times \dfrac{0.35346}{1.0332} = 34.66 (kPa)$

문제 21

절탄기(이코노마이저) 열교환에서 배기가스 온도가 입구에서 125℃ 출구에서 40℃이고, 절탄기 급수온도가 20℃, 열교환 후 급수의 온도가 40℃로 높아진 경우 향류인 경우 대수평균온도차는 얼마인가?

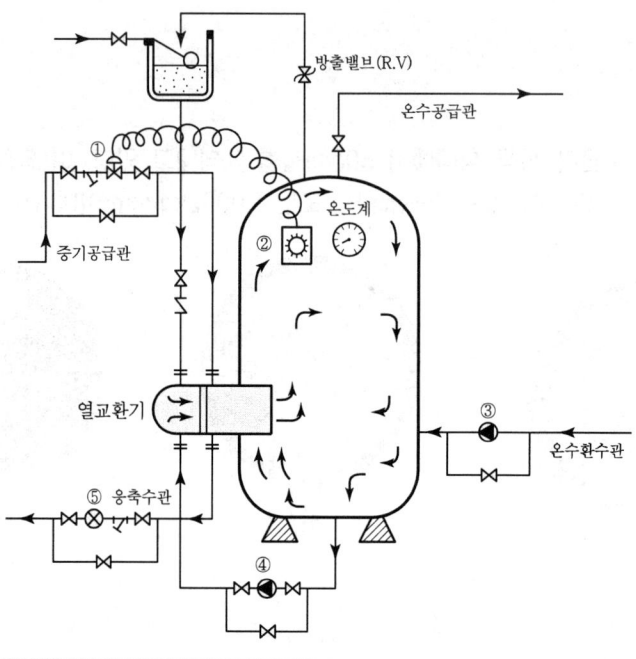

해답 향류 열교환 대수평균온도차(LMTD)

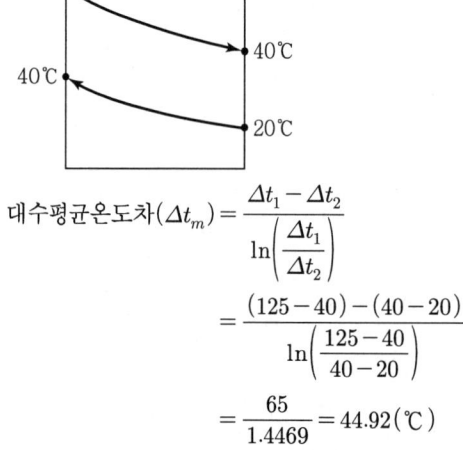

$$대수평균온도차(\Delta t_m) = \frac{\Delta t_1 - \Delta t_2}{\ln\left(\dfrac{\Delta t_1}{\Delta t_2}\right)}$$

$$= \frac{(125-40)-(40-20)}{\ln\left(\dfrac{125-40}{40-20}\right)}$$

$$= \frac{65}{1.4469} = 44.92(℃)$$

문제 22

원심식 터보형 송풍기에서 회전수 rpm이 4배로 증가하면 풍압은 몇 배로 증가하는가?

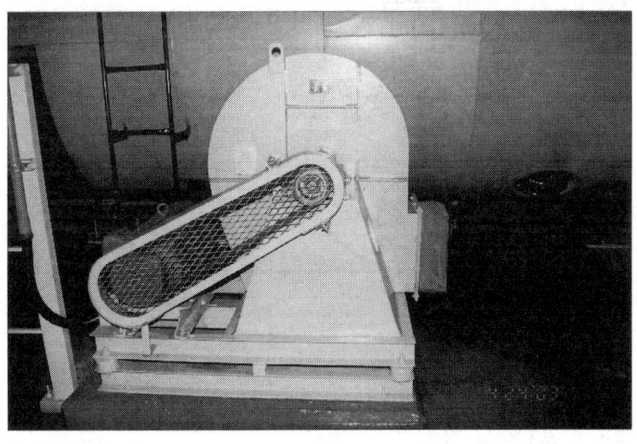

해답 풍압은 회전수 증가의 2승에 비례하므로
$$\left(\frac{4}{1}\right)^2 = 16배\ 증가$$

참고 풍량은 회전수 증가에 비례하고, 풍동력은 회전수 증가의 3승에 비례한다.

문제 23

방사형 수관식 보일러에서 수관을 연소실 울타리 모양으로 배치하여 전열면적 증가, 복사열 흡수, 열손실 감소 등의 기능을 하는 관벽의 명칭을 쓰시오.

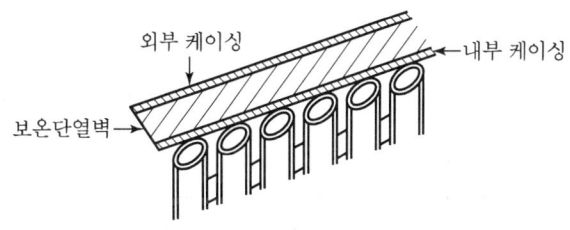

해답 수냉로 벽관(수랭노벽)

문제 24

다음 보일러 증기드럼 내에 설치된 화살표로 표시된 부품의 명칭을 쓰시오.

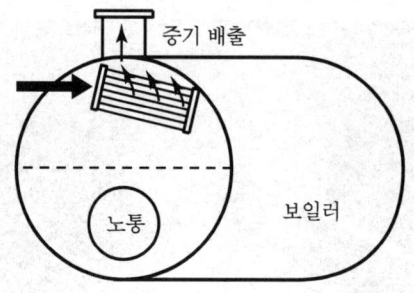

해답 기수분리기

참고
- 원통횡치형 보일러의 경우 비수방지관
- 수면 아래의 배관이면 급수내관

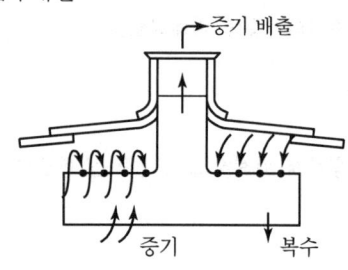

[원통형 보일러 비수방지관]

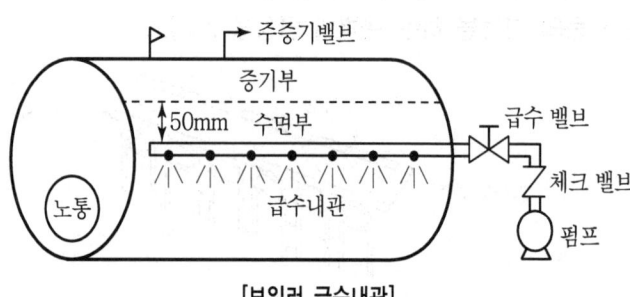

[보일러 급수내관]

문제 25

비접촉식 적외선 온도계 취급 시 주의사항 3가지를 쓰시오.

해답
㉠ 적외선 배출구의 렌즈의 긁힘에 주의한다.
㉡ 사용 시 충격에 주의한다.
㉢ 사용 온도 범위 내에서 측정한다.
㉣ 측정 시 안정화 시간을 충분히 준다.

참고
- 광온도계 : 고온의 물체로부터 방사되는 특정 파장인 $0.65\mu m$의 적외선의 방사에너지를 표준온도의 고온물체 방사에너지 즉 전구의 필라멘트 휘도와 비교하여 온도를 측정한다.
- 방사온도계 : 물체의 방사선을 측정하여 온도를 측정한다. 즉 물체에서 나오는 열복사에너지의 양을 재서 전기적인 에너지로 변환하여 고온도를 측정하는 기기로서 측정 범위가 200~3,000℃ 정도이다.

문제 26

열교환기나 수랭로 벽관 등에서 핀패널 배열을 이용하여 수관이나 전열관에 핀을 부착하는 이유를 쓰시오.

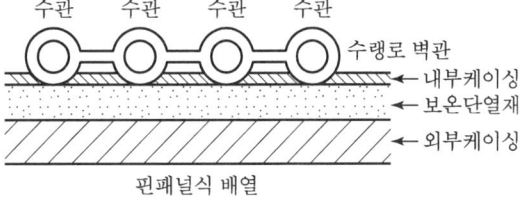

해답 전열면적 증가 및 열전달 양호(전열 이용 증가)

에너지관리기사(2020.7.25)

―주관식 필답형(서술형, 단답형)―

문제 01
20℃의 물 10kg을 100℃의 증기로 생산하는 데 소요되는 전체 현열량(kJ)은?(단, 물의 비열은 4.186 kJ/kg℃, 물의 증발열은 2257kJ/kg이다.)

해답 물의 현열(Q_1) = $10 \times 4.186 \times (100-20)$ = 3,348.8(kJ)
물의 증발열(Q_2) = $10 \times 2,257$ = 22,570(kJ)
∴ 소요 현열량(Q) = 3,348.8 + 22,570 = 25,918.8(kJ)

문제 02
메탄가스의 저위발열량은 50,000kJ/Nm³이고 물의 증발잠열은 2,480kJ/Nm³일 때 메탄가스(CH_4)의 고위발열량(kJ/Nm³)을 구하시오.

[조건]
$CH_4 + 2O_2 \rightarrow CO_2 + 2H_2O$

해답 고위발열량(H_h) = 저위발열량 + 생성된 물의 증발잠열량
= 50,000 + (2480×2) = 54,960(kJ/Nm³ 연료)

문제 03
보일러 구조상 드럼이 없고 관으로만 구성되는 보일러로서 가열, 증발, 과열의 순서를 거치는 수관식 보일러의 명칭을 쓰시오.

해답 관류보일러(단관식 관류보일러)

문제 04
석유를 대체한 화력발전시스템으로 이용이 가능한 신·재생에너지의 종류를 3가지만 쓰시오.

해답
① 연료전지
② 바이오에너지
③ 태양광에너지

참고 신에너지의 종류

연료전지, 수소에너지, 석탄액화가스화에너지, 중질잔사유가스화에너지

재생에너지의 종류

바이오에너지, 태양광에너지, 태양열에너지, 소수력에너지, 풍력에너지, 지열에너지, 폐기물에너지, 해양에너지

문제 05
총발열량이 23,000kJ/kg인 석탄을 사용하여 배기가스온도 300℃의 연소가스량을 배출하고 있다. 외기온도는 0℃, 배기가스 비열은 1.3kJ/Nm³℃, 연소가스발생량은 10Nm³/kg일 때 보일러 열효율은 몇 %인가?(단, 외부 방사 손실 등은 총발열량의 10%이다)

해답
배기가스 열손실(Q_1) = 10 × 1.3 × (300 − 0) = 3,900(kJ/kg)
외부 방사 열손실(Q_2) = 23,000 × 0.1 = 2,300(kJ/kg)

$$\therefore 효율(\eta) = \left(1 - \frac{총손실량}{총입열량}\right) \times 100$$
$$= \left(1 - \frac{3,900 + 2,300}{23,000}\right) \times 100 = 73.04(\%)$$

문제 06
사용하는 건습구 습도계 측정 시 건구온도가 25℃(수증기 분압이 23.8mmHg)이고 방 안의 습구온도가 20℃(수증기 분압이 19.5mmHg)이다. 이 경우에 상대습도를 계산하시오.

해답
건구온도 25℃에서 20℃ 습구온도를 5℃를 낮추는 데 이용된 수증기 양은
23.8 − 19.5 = 4.3mmHg
25℃ 건구온도에서 수증기가 포화되려면 23.8 + 4.3 = 28.1(mmHg)

$$\therefore 상대습도(\phi) = \frac{23.8}{28.1} \times 100 = 84.7(\%)$$

제4편 과년도 기출문제

문제 07
열역학 또는 유체역학을 이용한 증기보일러용 증기트랩의 종류를 2가지만 쓰시오.

해답
① 오리피스식 증기트랩
② 디스크식 증기트랩

문제 08
가마 중 연속식 가마로서 피열물이 정해져 있고 소성대의 위치를 점차 바꾸면서 벽돌이나 기와 보도블록 등 건축재료를 소성하는 윤요가마가 있다. 연속식 가마 중 윤요 외에 사용하는 연속요의 명칭과 그 구성요소를 4가지만 쓰시오.

해답
(1) 명칭 : 터널요
(2) 구성 : 예열대, 소성대, 냉각대, 대차
    (부속장치 : 푸셔, 샌드실, 대차, 공기재순환장치)

참고 윤요의 종류 : 호프만요, 복스형요, 해리슨요

문제 09
보일러 운전 중 폐열회수장치에 대한 다음 물음에 답하시오.
(1) 배기가스 현열을 이용하여 급수를 예열하는 장치명을 쓰시오.
(2) 배기가스 현열을 이용하여 연소용 공기를 예열하는 장치명을 쓰시오.

해답
(1) 절탄기(이코노마이저)
(2) 공기예열기

문제 10
보일러 운전 중 이상상태 발생 시 그 다음 동작을 제한하여 안전한 운전을 하여야 한다. 이러한 운전정지 동작을 무엇이라고 하는지 쓰고 그 종류를 5가지만 쓰시오.

해답
(1) 동작의 명칭 : 인터록
(2) 인터록의 종류 : 불착화 인터록, 프리퍼지 인터록, 저수위 인터록, 저연소 인터록, 압력초과 인터록

문제 11

연성계 압력에서 압력계 눈금이 적색 눈금에서 50cmHg를 지시한다면 대기압 1kgf/cm² 또는 760mmHg일 때 이 압력계의 절대압력은 몇 kgf/cm²abs인가?

해답 절대압력 = 대기압 − 진공압

$$\therefore 1\mathrm{kg_f/cm^2} - \left(50\mathrm{cmHg} \times \frac{1\mathrm{kg_f/cm^2}}{76\mathrm{cmHg}}\right) = 0.34\,(\mathrm{kg_f/cm^2 \cdot a})$$

참고 대기압이 1.033kgf/cm²로 주어지면 계산이 달라진다.

문제 12

실내 방 안의 온도가 25℃에서 포화수증기 분압이 23.8mmHg이다. 실내 방 안의 온도를 점차 낮추어서 20℃에서 물방울이 형성되었다고 가정한다면 현재의 상대습도(ϕ)는 몇 %인가?(단, 20℃에서 포화수증기 분압은 17.5mmHg 상태로 나타났다.)

해답 $\phi = \dfrac{17.5}{23.8} \times 100 = 73.5\,(\%)$

문제 13

메탄의 연소반응식을 보고 고위발열량(kJ/kg)을 계산하시오.(단, 메탄의 저위발열량은 44,100 kJ/kg, 물의 증발열은 2,520kJ/kg이다.)

[조건]
$CH_4 + 2O_2 \rightarrow CO_2 + 2H_2O$

해답
- 메탄의 분자량 : 16
- H_2O의 분자량 : 18

$$\therefore \text{고위발열량}(H_h) = 44{,}100 + \left(2{,}520 \times \frac{2 \times 18}{16}\right) = 49{,}770\,(\mathrm{kJ/kg})$$

문제 14

이상기체의 정압비열 C_P가 5cal/mol·K에서 압력 1기압 온도 25℃를 나타낸다. 이 이상기체를 압축기로 가압하여 10기압까지 압축시키면 최종온도는 몇 ℃가 되는가?(단, 가역단열과정이며 기체상수 R = 8.314J/mol·K, 0K = -273.15℃이다)

해답 단열변화이므로

$$\frac{T_2}{T_1} = \left(\frac{V_1}{V_2}\right)^{k-1} = \left(\frac{P_2}{P_1}\right)^{\frac{k-1}{k}}$$

$$\therefore T_2 = T_1 \times \left(\frac{P_2}{P_1}\right)^{\frac{k-1}{k}} = (273.15 + 25) \times \left(\frac{10}{1}\right)^{\frac{1.66-1}{1.66}} = 744.7751\text{K}(471.78℃)$$

참고 비열비$(K) = \frac{C_P}{C_V} = C_P - R$

정적비열$(C_V) = 5 - 1.986 = 3.014\text{cal/mol·K}$

$K = \frac{5}{3.014} = 1.66$

문제 15

보일러용 윈드박스(바람상자)의 기능을 3가지만 쓰시오.

해답 ① 동압상태의 공기를 정압상태로 바꿔 노내 압력을 안정화시킨다.
② 가이드베인에 의하여 공급공기의 선회류를 형성하여 연소상태를 양호하게 한다.
③ 연료와 공기의 혼합을 촉진시켜 연소효율을 높인다.

문제 16

경질유, 중질유 보일러 버너의 종류를 3가지 쓰시오.

해답 ① 건타입버너(경질유 버너)
② 회전무화식 버너(수평로터리버너)
③ 스팀제트버너
④ 기류식 버너
⑤ 유압분사식 버너

문제 17
레버플로트식 스팀버너의 기능 또는 설치 시 이점을 3가지만 쓰시오.

해답
① 응축수 배출에 의한 수격작용 방지
② 관내 부식방지 및 에어 처리
③ 응축수의 재사용으로 열효율증가 및 청관제 사용 절감

문제 18
관류보일러 전극봉식 수위검출기의 기능을 3가지만 쓰시오.

해답
① 이상감수 시 수위 차단
② 안전저수위 하강직전 보일러연료 공급차단 경보
③ 수위 감소 시 펌프 작동

문제 19
유기질, 무기질 등 보온재 사용 시 그 구비조건을 5가지만 쓰시오.

해답
① 흡습성, 흡수성이 적을 것
② 열전도율이 작을 것
③ 장시간 사용 시에도 변질되지 않을 것
④ 비중이나 밀도값이 작을 것
⑤ 다공질이며 다공도가 균일할 것
⑥ 어느 정도 기계적 강도가 있을 것

문제 20
폐열회수장치(여열장치)인 핀튜브형 열교환용 절탄기에 핀을 설치하는 이유를 3가지만 쓰시오.

해답
① 전열면적의 증가
② 열전달 양호
③ 열매체와 피열물체 간의 전열 양호로 열전달량 증가

문제 21
오일이나 물배관의 찌꺼기를 제거할 수 있는 장치의 명칭을 쓰시오.

해답 스트레이너

문제 22
유수분리기의 기능을 3가지만 쓰시오.

해답
① 오일 중에 함유한 수분을 분리하여 연소상태를 양호하게 한다.
② 오일라인의 부식을 방지한다.
③ 화염의 실화를 방지한다.

문제 23
공기예열기 종류를 3가지만 쓰시오.

해답
① 히트펌프용
② 전열식
③ 재생식(융그스트롬식)

문제 24
보일러 드럼상부 본체 부위의 안전장치 종류를 3가지만 쓰시오.

해답
① 압력 조절기
② 압력 제한기
③ 안전밸브
④ 방출밸브

문제 25

다음은 폐열회수장치에 관한 설명이다. ( ) 안에 알맞은 장치명을 각각 쓰시오.

> 보일러 배기가스의 여열을 회수하여 급수를 예열하는 장치를 (㉠)라고 하며 공기를 예열하는 장치를 (㉡)라고 한다.

해답 ㉠ 절탄기(이코노마이저)
㉡ 공기예열기

에너지관리기사(2020.10.17)

―주관식 필답형(서술형, 단답형)―

문제 01
폐열회수장치 중 하나인 공기예열기 사용상 그 장점을 4가지만 쓰시오.

해답
① 연소용 공기의 예열로 연료의 착화열 감소
② 연료의 완전연소 도모 및 연소실의 온도 상승
③ 전열효율, 연소효율 상승
④ 보일러 등의 열효율 상승 (기타 : 수분이 많은 저질탄의 연료의 연소 가능)

참고 단점 : ① 전열면의 부식 발생
② 철매회분 부착
③ 그을음 발생
④ 통풍력 감소
※ 연소용 공기가 25℃ 상승하면 열효율이 1% 증가한다.

문제 02
자동제어에서 시퀀스제어에 대하여 설명하시오.

해답 보일러 등에서 점화·소화 등의 조작의 순서로 이미 정해진 순서에 따라 제어의 각 단계를 차례로 진행하여 가는 정성적 제어를 말한다.

문제 03
세정식 집진장치의 장점·단점을 각각 3가지만 쓰시오.

해답 (1) 장점 : ① 분진의 제거능력이 높다(장치에 따라 0.1μ 정도까지 포집한다).
② 집진장치가 견고하다.
③ 배기가스의 가스제거와 집진이 동시에 가능하다.
④ 배기가스 중 고온다습가스의 냉각이 가능하다.
⑤ 부식성 가스나 미스트의 제거, 중화가 가능하다.
⑥ 배기가스 중 먼지의 폭발이 감소한다.

(2) 단점 : ① 설비비가 비싸다.
② 다량의 물이나 세정액이 많이 필요하다.
③ 배출액을 다시 고정, 분리, 조작이 필요하다(재생비용이 증가한다).
④ 벤투리식은 배기가스의 압력손실이 크다(300~800mmH$_2$O).
⑤ 동절기 외부기온의 변화로 동결의 위험이 따른다.
⑥ 대기상태에 따라 겨울철 수분의 흰 연기가 발생된다.

참고 세정식 집진장치의 종류
- 유수식
- 세정탑(충진탑)
- 가압수식(벤투리 스크러버, 제트 스크러버, 사이클론 스크러버, 충진탑)

문제 04

다음 보기에서 단열재의 사용온도가 높은 순서대로 쓰시오.

[보기]
암면, 글라스울, 탄화코르크, 세라믹파이버

해답 세라믹파이버 > 암면 > 글라스울 > 탄화코르크

참고 세라믹파이버(1,300℃), 암면(400~600℃), 글라스울(300℃ 이하), 탄화코르크(130℃)

문제 05

수관식 보일러에서 관류보일러의 단점을 4가지만 쓰시오.

해답 ① 완벽한 급수처리가 필요하다.
② 부하변동에 대한 적응력이 적다.
③ 온도 및 연소제어장치의 자동제어가 필요하다.
④ 대용량 보일러 제작이 어렵다.

참고 ㉠ 종류 : 벤슨보일러, 슐저보일러, 소형관류보일러, 앳모스보일러, 가와사키보일러
㉡ 원리 : 가열 → 증발 → 과열
㉢ 장점 : • 제작이 간단하다.
• 무동형 제작이 가능하고 고압에 유리하다.
• 단관식은 순환비가 1이므로 증기드럼이 필요 없다.
• 높은 효율이 유지되고 가동시간이 짧다(예열부하가 적다).

문제 06

다음 열전대 온도계를 가장 낮은 온도 측정이 가능한 순서대로 쓰시오.

[보기]
동-콘스탄탄, 크로멜-알루멜, 백금-백금로듐, 철-콘스탄탄

해답 동-콘스탄탄 > 철-콘스탄탄 > 크로멜-알루멜 > 백금-백금로듐

참고

형별	종류	기호	측정온도범위(℃)	비고
J	철-콘스탄탄	I-C	-20~800	• 열기전력이 매우 크다. • 산화분위기에 약하다.
K	크로멜-알루멜	C-A	20~1,200	• 열기전력이 크다. • 환원분위기에 강하다.
T	동-콘스탄탄	C-C	-180~350	산화되기 쉽다.
R	백금-백금로듐	P-R	0~1,600	열기전력이 적다.

온도가 높은 측정순서(P-R > C-A > I-C > C-C)

문제 07

보일러 운전 중 프라이밍(비수현상), 포밍(거품 발생)이 발생하여 부유물을 다량함유한 상태로 기수드럼에서 배관으로 송기되는 현상을 무엇이라고 하는가?

해답 캐리오버 현상(기수공발 현상)

문제 08

보일러 내화노벽의 두께가 20cm인 벽돌에서 열전도율이 0.1W/m·K이고 그 외측으로 열차단용 단열재를 안전사용온도 300℃로 시공하였다. 단열재 외측의 온도는 현재 30℃이고 단열재 열전도율이 0.2W/m·K인 상태에서 열유속이 같다고 하면, 이 단열재의 두께는 몇 cm인가?(단, 단열재와 외기와의 열전달률은 15W/m²·℃로 하고, 내화노벽 벽돌내벽 온도는 1,300℃이다.)

해답 전도열유속 $\dfrac{Q}{A} = \dfrac{A \cdot \Delta t}{\dfrac{1}{a_1} + \dfrac{d}{\lambda} + \dfrac{1}{a_2}} = \dfrac{0.1 \times (1{,}300 - 300)}{0.2} = \dfrac{300 - 30}{\dfrac{d_2}{0.2} + \dfrac{1}{15}}$

∴ $d_2 = 9.47$cm

문제 09

다음 주어진 반응식을 보고 도시가스 주성분인 메탄가스(CH_4)의 1몰당 생성열은 몇 kJ/mol인지 계산하시오.

[조건]
$C + O_2 \rightarrow CO_2 + 400(kJ)$
$H_2 + \dfrac{1}{2}O_2 \rightarrow H_2O + 280(kJ)$
$CH_4 + 2O_2 \rightarrow CO_2 + 2H_2O + 800(kJ)$

해답 물질의 연소 시 발열량=생성물의 생성열 − 반응물의 생성열
$800 = (2 \times 280) + 400 - x$
∴ 생성열(x) = $(560 + 400) - 800 = 160(kJ/mol)$

문제 10

향류형 열교환기 사용 중 온수가 80℃로 들어가서 50℃로 나오고, 급수가 30℃에서 들어가서 40℃ 온도 상승으로 나올 경우 이 열교환기의 대수평균온도차(LMTD)를 계산하시오.

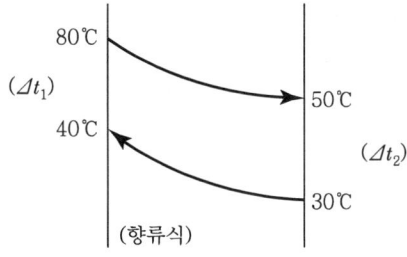

해답 대수평균온도차(LMTD)
$$LMTD = \dfrac{\Delta t_1 - \Delta t_2}{\ln\left(\dfrac{\Delta t_1}{\Delta t_2}\right)} = \dfrac{(80-40)-(50-30)}{\ln\left(\dfrac{80-40}{50-30}\right)} = 28.85(℃)$$

문제 11

보일러 절대압력기준 1MPa에서 건도 80%인 포화증기가 10ton/h 발생하고 있다. 이때 급수온도 30℃, 포화수 엔탈피가 1,000kJ/kg, 건포화증기 엔탈피(h'')가 3,000kJ/kg, 30℃의 급수 엔탈피가 125kJ/kg일 때 습포화증기 엔탈피(h_2)는 몇 kJ/kg인가?

해답
$$h_2 = h_1 + r(h'' - h_1)$$
$$= 1,000 + 0.8(3,000 - 1,000) = 2,600 (\text{kJ/kg})$$

문제 12

연료의 연소 결과 이론배기가스량(G_1)이 11.853Nm³/kg, 이론공기량(A_o)이 10.742Nm³/kg, 공기비(m)가 1.1, 연료 소비량이 50kg/h, 배기가스온도가 180℃, 외부온도가 100℃, 배기가스비열이 1,382J/Nm³℃일 때 배기가스 손실열량은 몇 W인가?

해답
실제 배기가스량(G) = $G_{ow} + (m-1)A_o$
$$= 11.853 + (1.1-1) \times 10.742 = 12.9272 (\text{Nm}^3/\text{kg})$$
배기가스 손실열량(Q) = $G \times C_p(t_1 - t_2)$
$$= 50 \times 12.9272 \times 1,382 \times (180 - 100) = 71,461,561.6 (\text{J/h})$$
$$\therefore \frac{71,461,561.6}{3,600} = 19,850.43 (\text{W})$$

참고
$1\text{kWh} = 860\text{kcal} = 3,600\text{kJ}$ ($1\text{kW} = 1,000\text{W} = 1,000\text{J/s}$)
$1\text{W} = 1\text{J/s} = 1\text{N} \cdot \text{m/s} = 10^7 \text{erg/s}$, $1\text{hr} = 3,600\text{s}$

문제 13

피드백제어계를 간단히 설명하시오.

해답 폐루프제어계로서 출력의 일부를 입력방향으로 피드백시켜 목표값과 비교하도록 밀폐식 회로인 폐루프를 형성하는 정량적 제어계이다.

참고 피드백제어계의 특징
① 정확성의 증가, 감대폭의 증가
② 계의 특성 변화에 따른 입력 대 출력비 감소
③ 비선형과 왜형에 대한 효과 감소
④ 발진을 일으키고 불안정한 상태로 되어 가는 경향이 있음

문제 14

횡치원통형의 지름이 0.02m인 관에서 유체 이송의 레이놀즈수(Re)가 2,320인 물의 동점성계수가 1.06×10^{-6} m²/s인 상태로 흘러가고 있을 때 이 물의 임계유동속도(m/s)를 구하시오.

해답

$$Re = \frac{D \cdot V}{\nu} = \frac{\text{내경} \times \text{유속}}{\text{동점성계수}}$$

$$\therefore \text{유속}(V) = \frac{Re \cdot \nu}{D} = \frac{2,320 \times 1.06 \times 10^{-6} (\text{m}^2/\text{s})}{0.02\text{m}} = 0.12 (\text{m/s})$$

문제 15

제백효과 열기전력을 이용하는 열전대온도계에서 아래의 표는 일반적으로 많이 사용하는 열전대온도계를 나타낸다. 이 온도계의 (형식-재질-사용온도)의 조합을 ( )에 완성하여 쓰시오.

번호	형식별	번호	재질별	번호	사용온도(℃)
㉮	PR(R형)	㉠	크로멜 – 알루멜	ⓐ	0~1,600
㉯	IC(J형)	㉡	철 – 콘스탄탄	ⓑ	-20~1,200
㉰	CA(K형)	㉢	플라티늄로듐 – 플라티늄	ⓒ	-200~350
㉱	CC(T형)	㉣	순구리 – 콘스탄탄	ⓓ	-20~850

① (㉮) — ( ) — ( )
② (㉰) — ( ) — ( )
③ (㉯) — ( ) — ( )
④ (㉱) — ( ) — ( )

해답

① (㉮) — (㉢) — (ⓐ)
② (㉰) — (㉠) — (ⓑ)
③ (㉯) — (㉡) — (ⓓ)
④ (㉱) — (㉣) — (ⓒ)

문제 16

보일러 등에서 사용하는 수면계의 종류를 3가지만 쓰시오.

해답

① 평형반사식 ② 평형투시식
③ 멀티포트식 ④ 유리관식

문제 17
수위검출기의 종류를 3가지만 쓰시오.

해답 ① 맥도널식 ② 차압식 ③ 전극식 ④ 코프식

문제 18
보일러 자동제어(A.B.C)에서 급수제어(F.W.C)를 3가지로 분류하여 쓰시오.

해답 ① 단요소식 ② 2요소식 ③ 3요소식

참고 단요소식(수위 검출), 2요소식(수위, 증기량 검출), 3요소식(수위, 증기량, 급수량 검출)

문제 19
급수배관 등에 설치하는 플렉시블 조인트의 설치목적을 간단하게 서술하시오.

해답 배관의 진동이나 신축을 흡수하여 배관의 파손 및 누수를 방지한다.

문제 20
유체이송 중 역류를 방지하는 체크밸브의 종류를 3가지만 쓰시오.

해답 ① 스윙형 ② 리프트형 ③ 서모렌스키형
④ 해머리스형 ⑤ 판형(디스크형)

참고
- 유체의 유량조절밸브 : 글로브밸브
- 유체의 유량 조절이 불가능한 밸브 : 슬루스게이트형

문제 21
바이패스 배관의 사용목적(설치목적)을 쓰시오.

해답 급수량계, 증기트랩, 감압밸브 등 수리·교체·점검 시 유체를 우회시키기 위함

문제 22
흡수분석 가스분석계에서 오르사트가스분석기의 가스분석 순서를 3가지만 쓰시오.

해답 CO_2, O_2, CO

참고

분석순서	가스명	흡수제 종류
①	CO_2	KOH 30% 수용액
②	O_2	알칼리성 피로가롤 용액
③	CO	암모니아성 염화제 1동 용액

문제 23
압축기에는 용적형(체적식)과 원심식이 있다. 각각의 압축기 종류를 1가지씩만 쓰시오.

해답
(1) 용적형 : ㉠ 왕복동식
　　　　　 ㉡ 회전식(로터리식)
　　　　　 ㉢ 스크루식(나사식)
(2) 원심식 : 터보형

문제 24
다음 재열 사이클(Reheating Cycle)의 계통도를 보고 재열 사이클에 대하여 간단히 서술하시오.

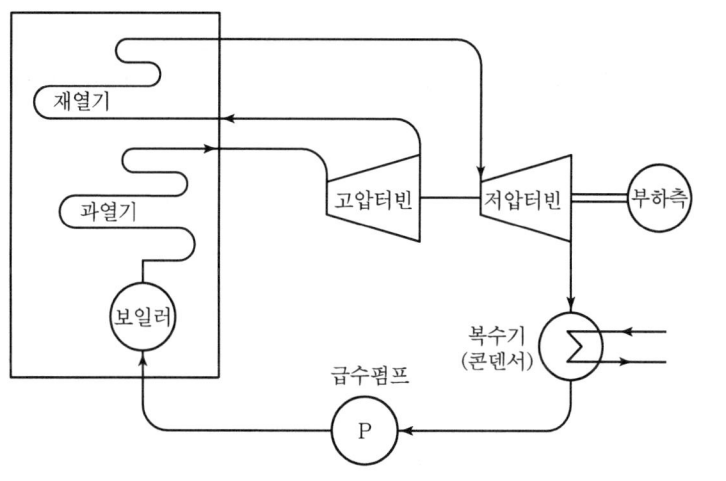

해답 증기터빈 내에서 팽창과정이 가능하면 건조증기 범위 내에서 행해지도록 터빈 내에서 팽창 도중 증기를 빼내어 보일러로 돌려보내고 재열에서 적당한 온도까지 재열한 후 이것을 터빈으로 다시 보내 복수기 압력까지 팽창시키도록 한 사이클이다.

참고 과열증기 사용 시 장점
- 터빈날개의 부식 방지
- 팽창 도중의 증기과열도 증가

문제 25

다음 재생 사이클(Regenerative Cycle)의 계통도를 보고 이 사이클을 간략하게 설명하시오.

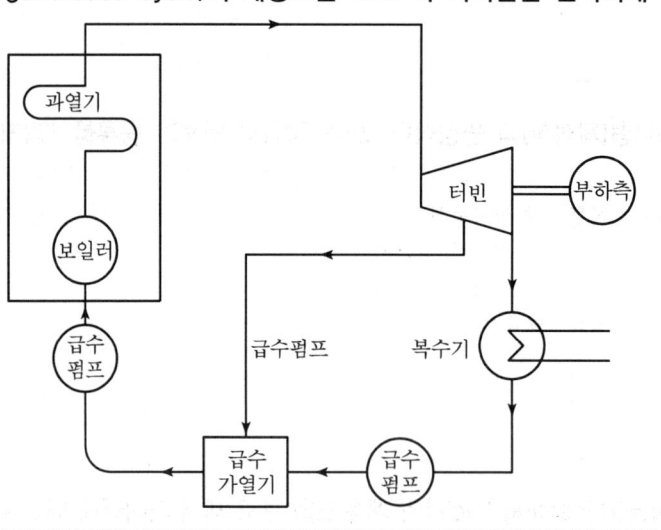

해답 랭킨 사이클의 터빈에서 팽창 도중 증기의 일부를 빼내어 증기의 에너지로 보일러에 공급되는 급수를 예열하고 복수기에서 방출되는 스팀의 일부 열량을 급수재생에 사용하는 사이클이다.

에너지관리기사(2020.11.30)

-주관식 필답형(서술형, 단답형)-

문제 01
보일러용 기수분리기의 종류를 5가지만 쓰시오.

해답
① 사이클론형(원심식 기수분리기)
② 스크러버형(다수의 파형강판 이용)
③ 건조 스크린형(금속망 이용)
④ 배플형(방향전환 이용)
⑤ 다공판형(다수의 구멍 이용)

문제 02
시퀀스 제어의 정의를 쓰시오.

해답 미리 정해진 순서에 따라 순차적으로 제어의 각 단계를 진행하는 자동제어로서 보일러에서는 대표적으로 연소제어가 있다. 예 커피자판기, 신호등 체계, 아파트승강기, 가정용 세탁기 등

문제 03
증기원동소에서 압력은 일정하면서도 포화발생증기의 온도를 높여 터빈으로 보내서 전력을 생산하는 송기장치 또는 과열기를 설치할 경우 발생하는 단점을 5가지만 쓰시오.

해답
① 고온의 증기에 의하여 배관 및 열설비 계통 손상이 우려된다.
② 직접 가열 시 증기의 열에너지가 커서 열손실이 많아진다.
③ 연소가스의 저항으로 압력손실이 발생한다.
④ 기기 표면에서 고온부식이 발생한다.
⑤ 설비증가로 설비비가 고가이다.
⑥ 가열장치에 열응력이 발생한다.
⑦ 가열표면의 온도를 일정하게 유지하기 곤란하다.

문제 04

다음 그림과 조건을 참고하여 급수펌프의 용량(m³/s) 및 소요동력(PS)을 계산하시오.

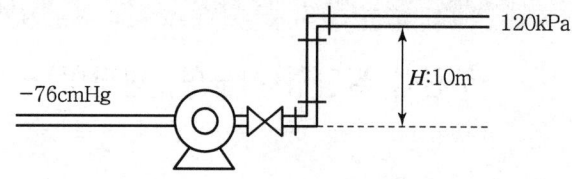

[조건]
- 배관의 지름 20(cm)
- 유체의 유속 2(m/s)
- 표준대기압 101(kPa)
- 펌프배관 내 진공압력 76(cmHg)
- 배관부속품(엘보 1.5개, 부차적 손실 k값 0.75)
- 밸브(2개, 부차적 손실 k값 0.20)
- 유체 관내 마찰계수(0.02)
- 배관길이 20(m)
- 유체의 비중 0.9
- 토출게이지의 절대압력 120(kPa)
- 펌프 효율 90%

해답

- 유량$(\theta) = A \times V = \dfrac{\pi}{4} \times (0.2)^2 \times 2 = 0.0628 (\text{m}^3/\text{s})$

- 배관의 수두양정$(H) = f\dfrac{L}{d} \times \dfrac{V^2}{2g} = 0.02 \times \dfrac{20}{0.2} \times \dfrac{2^2}{2 \times 9.8} = 0.40816(\text{m})$

- 관내 진공 흡입양정$(H) = -\dfrac{760}{760} \times \dfrac{1.0332}{1.0332} \times 10.332 = 10.332(\text{m})$

- 토출양정 절대압력수두양정$(H) = 10.332 \times \dfrac{120}{101} = 12.2756(\text{m})$

- 부차적 손실수두(H)

  $-$ 엘보 $= k\dfrac{V^2}{2g} = 0.75 \times \dfrac{2^2}{2 \times 9.8} \times 1.5 = 0.22959(\text{m})$

  $-$ 밸브 $= k\dfrac{V^2}{2g} = 0.20 \times \dfrac{2^2}{2 \times 9.8} \times 2 = 0.08163(\text{m})$

- 토출양정 $= 10(\text{m})$
- 전양정$(H) = 0.40816 + 10.332 + 12.2756 + 0.22959 + 0.08163 + 10 = 33.32698(\text{m})$

∴ 급수펌프 동력(PS)

$-\text{PS} = \dfrac{rQH}{75 \times \eta} = \dfrac{1{,}000 \times 0.9 \times 0.0628 \times 33.32698}{75 \times 0.9} = 27.90(\text{PS})$

$-\text{kW} = \dfrac{1{,}000 \times 0.9 \times 0.0628 \times 33.32698}{102 \times 0.9} = 20.52(\text{kW})$

참고 표준대기압 $1\text{atm} = 76\text{cmHg} = 101\text{kPa} = 10.332\text{mH}_2\text{O}$

참고문제

다음 그림과 같이 지하 저수조에서 옥상 물탱크에 양수펌프를 설치하여 양수량을 23m/h 급수한다. 관경은 65mm이고, 관 마찰손실은 0.04mAq/m로 하고, 전동기 효율은 50%, 펌프와 전동기의 전달계수(K)는 1.1이다. 다음 그림을 보고 실양정 및 전양정을 구하여 전동기 동력(kW)을 구하시오.(단, 관 65mm에서 밸브류, 부속 등의 국부저항 상당길이는 다음과 같다.)

부속명칭	개수	국부저항 1개당 상당관 길이(m)	전체 국부저항 상당관 길이(m)	국부저항 총계 (m)
풋밸브	1	10.2	1×10.2	10.2
90도 엘보	4	2.4	4×2.4	9.6
게이트밸브	3	0.48	3×0.48	1.44
체크밸브	3	4.6	3×4.6	13.8

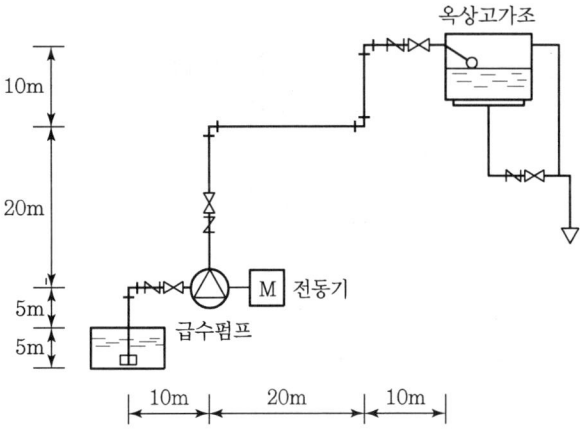

해답

- 전양정 = 실양정 + (배관길이 + 국부저항 상당관 길이) × 관 마찰손실
- 실양정 = 흡입양정 + 토출양정 = 5 + 20 + 10 = 35m
- 배관의 실제길이 = 5 + 5 + 20 + 10 + 10 + 20 + 10 = 80m

전양정 = 35 + (80 + 10.2 + 9.6 + 1.44 + 13.8) × 0.04 = 39.60m

$$\therefore \text{전동기 동력}(P) = \frac{\gamma \times Q \times H}{102 \times 60 \times \eta} = \frac{1{,}000 \times \frac{23}{60} \times 39.60}{102 \times 60 \times 0.5} \times 1.1 = 5.46(\text{kW})$$

참고문제

다음 그림과 같은 양수펌프(원심식 펌프)에서 아파트 고가수조 용량 14(m³)를 40분 동안 탱크 내부를 적정용량까지 채운다고 가정하에 펌프의 축동력(kW)를 구하시오.[단, 펌프전양정(m)을 구하고 펌프효율은 55%이며 물의 비중량 1(kg/L)이고 펌프토출 측 속도수두는 무시하며 배관 마찰손실은 50(mmAq), 국부손실은 직관의 40%로 한다.]

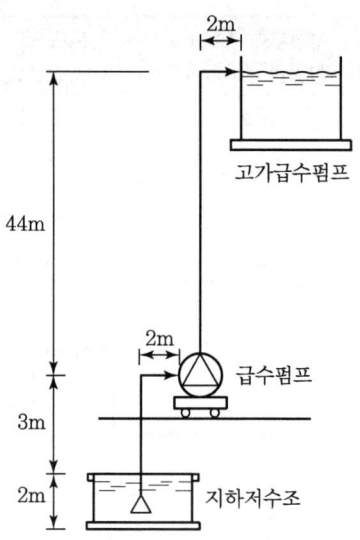

해답

펌프 양수량(Q) = $\dfrac{14 \times 10^3}{40}$ = 350(L/min)

실양정 = 44 + 3 = 47(m)

마찰손실 = $(47+2+2+2) \times 1.4 \times \left(\dfrac{50}{1,000}\right)$ = 3.71(m)

전양정 = $47 + (47+2+2+2) \times 1.4 \times \left(\dfrac{50}{1,000}\right)$ = 50.71(m)

∴ 축동력(kW) = $\dfrac{\gamma QH}{60 \times 102 \times \eta}$ = $\dfrac{1 \times 350 \times 50.71}{60 \times 102 \times 0.55}$ = 5.27(kW)

참고 토출 측 유속(m/s)이 주어지면 속도수두를 구하여 전양정에 포함하여야 한다.

속도수두 = $\dfrac{V^2}{2g}$ [m]

문제 05

보일러 운전 중 수부가 크게 되면 어떤 현상이 발생하는가?

해답
① 건조증기를 얻기 힘들다.
② 부하변동에 대한 압력변화가 적다.
③ 사고 시 열수가 증가하여 피해가 크다.
④ 증기발생 시간이 길어진다.
⑤ 캐리오버 현상이 발생한다(프라이밍, 포밍 등 기수공발 발생).
⑥ 습증기 발생이 심하다.

참고 보일러 운전 중 수부가 크면 증기부가 작아진다.

문제 06

슈트블로어에 대한 다음 물음에 답하시오.

(1) 기능을 쓰시오.

(2) 작동을 위한 3가지를 매체별로 구별하여 쓰시오.

(3) 종류를 5가지만 쓰고 어느 부위에 설치하는 것인지 쓰시오.

해답
(1) 보일러 운전 중 전열면에 부착된 그을음이나 재를 불어 내어 연소열 등의 전열을 좋게 하는 장치이다.
(2) ① 증기분사식 → 가장 많이 사용한다.
    ② 공기분사식
    ③ 물분사식
(3) ① 롱 리트랙터블형 : 고온의 전열면에 부착하여 사용
    ② 쇼트 리트랙터블형 : 연소실 노벽에 설치하여 사용
    ③ 건타입형 : 보일러 전열면에 부착하여 사용
    ④ 로터리형 : 저온의 전열면에 부착하여 사용
    ⑤ 롱 리트랙터블형, 트래블링 프레임형 : 공기예열기에 부착하여 사용

참고 전열이나 열전달을 방해하는 물질
① 공기
② 그을음
③ 스케일(관석)

문제 07

보일러가 고압으로 운전하면 증기와 보일러수와의 비중량 차가 적어져서 보일러수의 순환이 어려워진다. 이를 극복하기 위하여 강제순환으로 보일러를 운전하는데, 강제순환 수관식 보일러의 종류를 2가지만 쓰시오.

해답
① 베록스 보일러
② 라몬트노즐 보일러

문제 08

자동제어의 동작 중 연속동작에서 비례동작(P)의 특징을 3가지만 쓰시오.

해답
① 구조는 간단하나 잔류편차가 생기는 결점이 있다.
② 수동리셋이 필요하다.
③ 비례대가 좁아지면 동작이 강해진다.

참고
- 연속동작 : 비례동작, 적분동작, 미분동작, 복합동작
- 불연속동작 : 온–오프 2위치 동작, 다위치동작, 불연속 속도동작(부동제어)
- 비율제어 : 목표값이 다른 양과 일정한 비율관계에서 변화되는 추치제어

문제 09

옥탄(C_8H_{18})이 150%인 이론공기로서 연소할 때의 공기연료비(A/F)와 CO_2, H_2O, O_2, N_2 등 몰분율(%)을 구하시오.

해답

$$C_8H_{18} + \left(8 + \frac{18}{4}\right)O_2 + 3.76\left(8 + \frac{18}{4}\right)N_2$$
$$\rightarrow 8CO_2 + \frac{18}{2}H_2O + 3.76\left(8 + \frac{18}{4}\right)N_2$$

공기비$(m) = \frac{150\%}{100\%} = 1.5$

$C_8H_{18} + 1.5(12.5)O_2 \rightarrow 1.5(3.76)(12.5)N_2$
$\rightarrow 8CO_2 + 9H_2O + 0.5(12.5)O_2 + 1.5(3.76)(12.5)N_2$

- 옥탄연료 $(1)(114) = 114$ kg/kmol · fuel
- 공기량 $(1.5)(12.5)(1+3.76)(28.96) = 2,584.68$ kg/kmol · fuel

∴ 공연비 $\left(\dfrac{A}{F}\right) = \dfrac{2,584.68}{114} = 22.67$ kg air/kg fuel

생성물질 총몰수(n)

$n = 8 + 9 + (0.5)(12.5) + 1.5(3.76)(12.5) = 93.75 \text{mol/mol} \cdot \text{fuel}$

∴ 몰분율

① $CO_2 = \dfrac{8}{93.75} = 8.53(\%)$

② $H_2O = \dfrac{9}{93.75} = 9.60(\%)$

③ $O_2 = \dfrac{6.25}{93.75} = 6.66(\%)$

④ $N_2 = \dfrac{70.5}{93.75} = 75.21(\%)$

참고

- 공기 중 질소와 산소의 비 ($\dfrac{N_2\ 79\%}{O_2\ 21\%} = 3.76$)
- 공기의 평균분자량 28.96 (28.96kg/kmol)
- 옥탄의 연소반응식
  $C_8H_{18} + 12.5O_2 \rightarrow 8CO_2 + 9H_2O + (12.5 \times 3.76)N_2$
- 실제 공기량(A) = 이론공기량(A_o) × 공기비(m)
- $C_xH_y + \left(x + \dfrac{y}{4}\right)O_2 + \left(x + \dfrac{y}{4}\right)(3.76)N_2$
  $\rightarrow xCO_2 + \left(\dfrac{y}{2}\right)H_2O + \left(x + \dfrac{y}{4}\right)(3.76)N_2$

문제 10

보일러 압력 0.6MPa 운전에서 다음 물음에 답하시오.

[조건]
- 급수사용량 : 3,500kg/h
- 급수온도 : 20℃
- 연료소비량 : B-C유 250kg/h
- 증기의 건조도 : 0.95
- 포화수 엔탈피 : 666.63kJ/kg
- 증발잠열 : 2,257kJ/kg
- 급수엔탈피 : 83.72kJ/kg
- 습포화증기 엔탈피 : 2,754.81kJ/kg

(1) 상당증발량(kg/h)을 계산하시오.

(2) 보일러효율(%)을 계산하시오(단, 연료의 발열량은 40,830.244kJ/kg).

해답

(1) 상당증발량(W_e) = $\dfrac{W(h_2 - h_1)}{r}$

$= \dfrac{3,500\text{kg/h} \times (2,754.81 - 83.72)\text{kJ/kg}}{2,257\text{kJ/kg}} = 4,142.14(\text{kg/h})$

(2) 보일러효율(η) = $\dfrac{W(h_2 - h_1)}{G_f \times H_l} \times 100(\%)$

$= \dfrac{3,500 \times (2,754.81 - 83.72)}{250 \times 40,830.244} \times 100 = 91.59(\%)$

참고
- 증발잠열 539kcal/kg = 2,257kJ/kg
- 건포화증기(포화증기)인 경우 증기의 건조도가 주어지면 습포화증기 엔탈피로 다시 계산한다. $h_2 = \gamma h$

문제 11

병행류(병류흐름)에서 배기가스 온도가 240(℃)에서 160(℃)로 하강하고 열교환에서 연소용 외기온도가 20(℃)에서 90(℃)로 예열되는 경우 LMTD, 대수평균온도차(℃)를 구하시오.

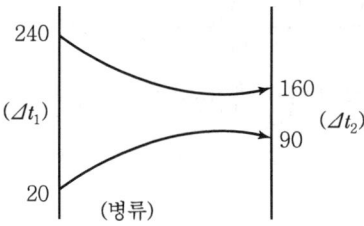

해답 대수평균온도차(LMTD) = $\dfrac{\Delta t_1 - \Delta t_2}{\ln\left(\dfrac{\Delta t_1}{\Delta t_2}\right)}$

$\Delta t_1 = 240 - 20 = 220$

$\Delta t_2 = 160 - 90 = 70$

∴ LMTD = $\dfrac{220 - 70}{\ln\left(\dfrac{220}{70}\right)} ≒ 130.99℃$

문제 12

고체연료 석탄 1kg 중 원소분석 결과가 다음과 같을 때 실제 배기가스량(Sm³/kg)을 구하시오.

[원소성분]
C : 0.66, H : 0.17, O : 0.15, S : 0.02
[단, 공기비(m)는 1.3, 이론공기량은 10(Sm³/kg)으로 한다.]

해답

• 실제 배기가스량(G_w) $= (m-0.21)A_o + 1.867C + 0.7S + 0.8N + 1.244(9H+W)$
$= (1.3-0.21) \times 10 + 1.867 \times 0.66 + 0.7 \times 0.02$
$+ 0.8 \times 0 + 1.244 \times (9 \times 0.17 + 0)$
$≒ 14.05(Sm^3/kg)$

• 이론공기량(A_o) $= 8.89C + 26.67\left(H - \dfrac{O}{8}\right) + 3.33S$
$= \left\{1.867C + 5.6\left(H - \dfrac{O}{8}\right) + 0.7S\right\} \times \dfrac{1}{0.21} (Nm^3/kg)$

문제 13

다음과 같은 조건에서 보일러가 운전되고 있다. 이 경우 압력 0.6MPa 보일러의 상당증발량 (kg/h)을 계산하시오.(단, 급수사용량은 2,000kg/h)

[보일러 운전조건]
• 포화증기 엔탈피 : 2,860.5kJ/kg
• 펌프에서 급수온도 20℃의 엔탈피 : 83.9kJ/kg
• 100℃의 포화수가 100℃의 건포화증기로 상태변화 시 잠열은 539kcal/kg, 2,257kJ/kg 이다.(단, 1kcal = 4.186kJ로 한다.)

해답

상당증발량(W_e) $= \dfrac{W(h_2 - h_1)}{r}$
$= \dfrac{2{,}000 \times (2{,}860.5 - 83.9)}{2{,}257}$
$= 2{,}460.43(kg/h)$

문제 14

화력발전 증기원동소 발전실 보일러 압력이 101kPa일 때 발생증기의 엔탈피 3,250kJ/kg이 발전을 목적으로 터빈에 송입된 후 압력을 16kPa까지 팽창시키는 증기터빈이 설치되어 있다. 이때 증기보일러에서 증기소모량이 100kg/s일 경우 터빈에서 얻는 전력생산량은 몇 kW인가?(단, 1J/s는 1W이며 증기건도는 0.97이고 16kPa에서 포화증기 엔탈피는 2,840kJ/kg, 포화수 엔탈피는 420kJ/kg으로 측정되었다.)

해답 터빈에서 습포화증기 엔탈피$(h_2'') = h_1 + x(h_2 - h_1)$
$$= 420 + 0.97 \times (2,840 - 420)$$
$$= 2,767.4 (kJ/kg)$$
∴ 터빈출력 $= 100(kg/s) \times (3,250 - 2,767.4)$
$$= 48,260(kJ/s) = 48,260(kW)$$

참고 증기는 증발잠열로만 이용되고, 물은 현열로만 이용된다.

문제 15

저온창고 콘크리트 벽체에 대한 다음 조건을 참고하여 물음에 답하시오.

[조건]
- 외기온도 : -10℃
- 실내온도 : 22℃
- 실내공기 노점온도 : 14℃
- 벽체면적 : 50m²
- 콘크리트 두께 : 200mm(열전도율 1.17W/m · K)
- 단열재 열전도율 : 0.03(W/m · K)
- 외기 측 열전달률 : 20W/m² · K
- 실내 측 열전달률 : 10W/m² · K

(1) 벽체의 열관류율(K)은 몇 (W/m² · K)인가?

(2) 결로의 발생 여부를 판정하시오.

(3) 결로를 방지하기 위하여 단열재 두께를 몇 mm 이상 부착하여야 하는가?

해답 (1) $K = \dfrac{1}{R} = \dfrac{1}{\dfrac{1}{a_1} + \dfrac{b}{\lambda} + \dfrac{1}{a_2}} = \dfrac{1}{20} + \dfrac{0.2}{1.17} + \dfrac{1}{10} = 3.12(W/m^2 \cdot K)$

(2) 실내 측 벽체 표면 열전달량과 벽체 전체 열통과량은 같으므로 평형식을 세우면
$a_2 A \Delta T_s = KA \Delta T$ (ΔT : 실내 외 온도차, ΔT_s : 실내 표면온도와 실내와의 온도차)
벽체면적 A는 제외하고 대입하면 $10 \Delta T_s = 3.12[22-(-10)]$

$$\Delta T_s = \frac{3.12(22+10)}{10} = 9.98(℃)$$

실내 표면온도(T_s) $= 22 - \Delta T_s = 22 - 9.98 = 12.02(℃)$
∴ 실내 표면온도가 12.02℃이고 이는 노점온도 14℃보다 낮으므로 결로가 발생한다.

(3) 결로방지를 위해 표면온도가 최소 14℃가 되어야 하므로
$a_2 A \Delta T_s = KA \Delta T$
$10(22-14) = K[22-(-10)]$

열관류율(K) $= \dfrac{10 \times (22-14)}{22+10} = 2.5(W/m^2 \cdot K)$가 되어야 하므로

$$\frac{1}{K} = \frac{1}{K} + \frac{b}{\lambda}$$

$$\frac{1}{2.5} = \frac{1}{3.12} + \frac{b}{0.03}$$

∴ $b = 0.00238m(2.38mm)$ 이상 두께의 단열재가 필요하다.

문제 16

보일러강판 두께가 20(mm)에서 3(mm)인 전열면에 스케일이 형성된 경우 스케일이 생기고 난 후 열전도 저항이 스케일이 부착되기 전의 초기보다 몇 배로 증가하는가?(단, 강철판의 열전도율은 40(kcal/mh℃)이고 스케일의 열전도율은 2(kcal/mh℃)로 측정되었다.)

해답

• 스케일 발생 전 열저항(R_1) $= \dfrac{b_1}{\lambda_1} = \dfrac{0.02m}{40kcal/mh℃}$
$\qquad\qquad\qquad\qquad\quad = 5 \times 10^{-4} m^2 h℃/kcal$

• 스케일 생성 후 열저항(R_2) $= \dfrac{b_1}{\lambda_1} + \dfrac{b_2}{\lambda_2} = \dfrac{0.02m}{40kcal/mh℃} + \dfrac{0.003m}{2kcal/mh℃}$
$\qquad\qquad\qquad\qquad\quad = 2 \times 10^{-3} m^2 h℃/kcal$

∴ 열전도 저항 증가 $= \dfrac{2 \times 10^{-3}}{5 \times 10^{-4}} = 4$배

(0.02m)	(0.003m)	
20mm	3mm	→ Q
강판	스케일 생성	

문제 17

핀이 부착된 핀패널식 수관에서 다음과 같은 조건으로 전열량(W)을 계산하시오.

[조건]
- 수관의 외경 : 50mm
- 수관의 핀과 핀과의 거리 : 60mm
- 수관의 길이 : 3,000mm
- 수관의 개수 : 150개
- 수관 내부 보일러수 온도 : 120℃
- 외부 벽체의 공기온도 : 25℃
- 핀패널식 한쪽 면에서 방사열을 받는 열전달계수 : 0.7
- 열전달률 : 0.5W/m²℃

해답

핀패널형 전열면적$(HA) = (\pi d + Wa)L_1 \cdot N$

$W = (b - d)$

∴ $HA = \{\pi \times 0.05 + (0.06 - 0.05) \times 0.7\} \times 3 \times 150$
$= (0.157 + 0.007) \times 450 = 73.8(m^2)$

∴ 전열량$(Q) = 73.8 \times 0.5(120 - 25) = 3,505.5(W)$

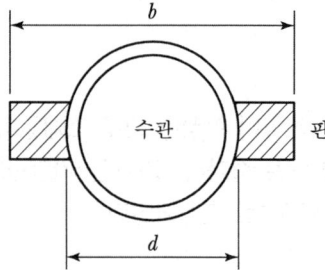

참고 매입 핀패널형$(HA) = \left(\dfrac{\pi d}{2} + W \cdot a\right)L_1 \cdot N(m^2)$

문제 18

가스연료 연소 시 이상현상을 4가지만 쓰시오.

해답
① 불완전연소
② 역화(백파이어현상)
③ 리프팅 현상(선화현상=비화현상)
④ 옐로우팁 현상(황염현상)

참고

① 역화 : 불꽃이 염공 속으로 빨려 들어가서 버너 혼합관 내에서 연소하는 현상이다. 가스의 연소속도가 가스 분출속도보다 빨라서 나타나는 이상연소 현상이다. 분젠연소 방식이나 전 1차 공기식 연소에서 많이 발생하는 이상연소이다.

② 리프팅 현상 : 역화의 반대이며, 불꽃이 버너에서 부상하여 어느 정도 거리를 두고 노 내 공간에서 연소하는 현상으로 가스 연소속도보다 가스 분출속도가 빨라서 발생한다.

③ 옐로우팁 현상 : 불꽃 끝이 적황색으로 되어 연소하는 황염발생 현상이다. 연소반응 도중 탄화수소가 열분해하여 탄소입자가 발생하고 미연소인체 적열되어 적황색을 나타내는 연소반응이다. 1차 공기가 부족할 경우에 나타나는 현상이다.

④ 불완전연소 원인
 - 공기와의 혼합이 불충분한 경우
 - 가스공급이 과대하거나 소요 공기량이 부족하다.
 - 배기가스 분출이 원활하지 못할 경우
 - 불꽃이 저온 물질에 접촉하여 온도가 내려가는 경우

참고문제

보일러 압력 0.5MPa 상태에서 급수온도 30℃(126kJ/kg), 포화수온도 151℃(634kJ/kg)이고 포화증기 엔탈피 2,730kJ/kg, 증기의 건도가 0.95일 때 발생증기 엔탈피(습포화증기 엔탈피)를 구하시오.

해답

증발잠열 $= h'' - h_1 = 2{,}730 - 634 = 2{,}096 \,(\text{kJ/kg})$

발생증기 엔탈피 $(h_2) = h_1 + xr = 634 + 0.95 \times 2{,}096 = 2{,}625.2 \,(\text{kJ/kg})$

에너지관리기사(2021.5.25)

-주관식 필답형(서술형, 단답형)-

문제 01
자동제어동작 중 연속동작을 6가지만 쓰시오.

해답
① 비례동작(P 동작)
② 적분동작(I 동작)
③ 미분동작(D 동작)
④ 비례적분동작(PI 동작)
⑤ 비례미분동작(PD 동작)
⑥ 비례적분미분동작(PID 동작)

문제 02
난방방식 중 복사난방을 하는 경우 그 장점을 4가지만 쓰시오.

해답
① 방열기가 필요 없어서 바닥면의 이용도가 높다.
② 쾌감도와 온도분포가 좋아서 천장이 높은 방에 적합하다.
③ 실내 평균온도가 낮기 때문에 같은 방열량에 대해서 손실열량이 적다.
④ 공기의 대류가 적으므로 바닥면의 먼지가 상승하지 않는다.

문제 03
보일러 등 연소기기에서 최초 점화 시 프리퍼지(치환)를 먼저 하는 이유를 쓰시오.

해답 보일러 화실이나 노 내의 잔류가스에 의한 가스 폭발을 방지하기 위하여 최초 점화 전 송풍기를 이용하여 노 내의 가스와 신선한 공기로 치환하는 프리퍼지를 실시한다.

문제 04

압입송풍기 덕트나 연도 등에서 연소용 공기량 또는 배기가스양을 조절하기 위하여 설치하는 부품의 명칭을 쓰시오.

해답 댐퍼

문제 05

급수 사용량을 구하고자 80mm인 관로에 지름 20mm인 오리피스를 설치하여 물의 사용량을 측정하고자 한다. 오리피스 전후의 압력수두 차이가 120mmH₂O일 경우 물의 유량(L/min)을 구하시오(단, 오리피스 유량계수 C는 0.66으로 한다.)

해답

$$Q(유량) = C \cdot A \cdot \sqrt{2g\frac{(P_1-P_2)}{\gamma}}$$

$$A(단면적) = \frac{\pi D^2}{4}$$

$$\therefore Q = 0.66 \times \left(\frac{\pi \times 0.02^2}{4}\right) \times \sqrt{2 \times 9.8 \times 0.12} \times 1,000 \times 60$$
$$= 19.0693 \text{L/min} ≒ 19.07 \text{L/min}$$

참고 1m³=1,000L, 1시간=60분=3,600초

문제 06

대향류 판형 열교환기에서 뜨거운 물이 80℃로 들어가서 열교환 후 50℃로 나오고 차가운 물이 30℃로 들어가서 40℃로 10℃가 상승되어 나올 때 이 판형 열교환기의 대수평균온도차(LMTD)는 몇 ℃인가?

해답

$\Delta t_1 = 80 - 40 = 40$

$\Delta t_2 = 50 - 30 = 20$

$\Delta t_m = \dfrac{\Delta t_1 - \Delta t_2}{\ln\left(\dfrac{\Delta t_1}{\Delta t_2}\right)}$

$= \dfrac{40 - 20}{\ln\left(\dfrac{40}{20}\right)} = 28.85℃$

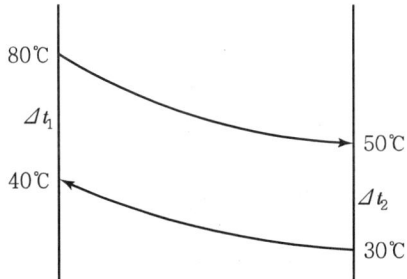

문제 07

연료 1kg의 항습 베이스 원소분석 결과 C : 0.85kg, H : 0.11kg, W : 0.04kg이고, 시간당 5kg을 연소시키는 경우 물음에 답하시오.

(1) 이론공기량(A_0)은 몇 Sm³/kg인가?

(2) 무수 베이스로 환산한 이론공기량(A_0)은 몇 Sm³/kg인가?

해답

(1) $A_0 = \left\{ 1.867C + 5.6\left(H - \dfrac{O}{8}\right) + 0.7S \right\} \times \dfrac{1}{0.21}$

$= (1.867 \times 0.85 + 5.6 \times 0.11) \times \dfrac{1}{0.21} = 10.49 \, Sm^3/kg$

(2) $C = \dfrac{0.85}{1 - 0.04} = 0.8854$, $H = \dfrac{0.11}{1 - 0.04} = 0.1145$

∴ 무수 베이스 환산 $A_0 = 0.89C + 26.67\left(H - \dfrac{O}{8}\right) + 3.33S$

$= 8.89 \times 0.8854 + 26.67 \times 0.1145 = 10.92 \, Sm^3/kg$

문제 08

다음 각각에 해당하는 계측기기인 온도계의 종류를 2가지씩 쓰시오.

(1) 열팽창을 이용한 온도계   (2) 전기저항을 이용한 온도계

(3) 열기전력을 이용한 온도계   (4) 물질의 상태변화를 이용한 온도계

해답

(1) 열팽창을 이용한 온도계
  ① 바이메탈 온도계
  ② 유리제 봉입식 온도계(수은, 알코올 등)
(2) 전기저항을 이용한 온도계
  ① 백금 온도계
  ② 니켈 온도계
  ③ 구리 온도계
(3) 열기전력을 이용한 온도계
  ① 백금 – 백금로듐 온도계
  ② 크로멜 – 알루멜 온도계
  ③ 철 – 콘스탄탄 온도계
(4) 물질의 상태변화를 이용한 온도계
  ① 제게르콘 온도계
  ② 증기압력식 온도계

문제 09

보일러 운전 중 발생하는 저온부식에 관한 다음 내용의 ( ) 안에 알맞은 화학식 또는 숫자 또는 용어를 써넣으시오.

> 저온부식이란 원소성분 황(①)이 연소 후에 아황산(②)이 되고 다시 연소가스 중 산소와 결합하여 무수황산(③)으로 산화됨과 동시에 수분(④)과 반응 화합하여 진한 황산(⑤)을 생성함으로써 배기가스 온도가 노점 (⑥)℃가 되면 황산가스 노점에 의해 절탄기나 (⑦) 등에 접촉하여 심한 부식을 일으키는 현상을 말한다.

해답
① S
② SO_2
③ SO_3
④ H_2O
⑤ H_2SO_4
⑥ 150
⑦ 공기예열기

문제 10

수관식 보일러 절탄기에서 급수공급량 5,000kg/h을 60℃에서 90℃로 높여서 제공한다. 절탄기 초입 입구 배기가스 온도가 340℃라면 절탄기 출구 배기가스 온도는 몇 ℃인가?(단, 연돌의 출구 배기가스 송출량은 75,000kg/h이고 배기가스 비열은 1.05kJ/kg·K, 급수비열은 4.186kJ/kg·K, 절탄기 이용 효율은 100%로 본다.)

해답

배기가스 현열 $Q_1 = 1.05 \times 75,000 \times (340 - x)$

급수의 현열 $Q_2 = 4.186 \times 5,000 \times (90 - 60)$

∴ 절탄기 출구 온도 $(x) = 340 - \dfrac{4.186 \times 5,000 \times (90-60)}{1.05 \times 75,000}$

$= 340 - \dfrac{627,900}{78,750} = 332.03℃$

문제 11

단열과정에서 소요공기가 1MPa, 150℃에서 노즐로 0.5MPa, 74℃로 팽창한다면 노즐 출구에서의 공기유속(m/s)을 구하시오.(단, 노즐 입구 속도는 무시하고 흐름과정은 정상상태이며 공기의 평균정압비열은 1.0035kJ/kg·K이다.)

해답 공기유속 $V_2 = \sqrt{2 \times \Delta H} = \sqrt{2 \times C_p \cdot dT}$

$\therefore V_2 = \sqrt{2 \times \dfrac{1.0035}{10^{-3}} \times \{(273+150)-(273+74)\}}$

$= 390.55345 \text{m/s} ≒ 390.55 \text{m/s}$

참고 $1\text{kJ} = 10^3 \text{J}$, $1\text{Pa} = 1\text{N/m}^2$, $1\text{J} = 1\text{N} \cdot \text{m}$, $1\text{W} = 1\text{J/s}$

문제 12

다음 수위제어 3요소식에서 ( ) 안에 알맞은 내용을 써넣으시오.

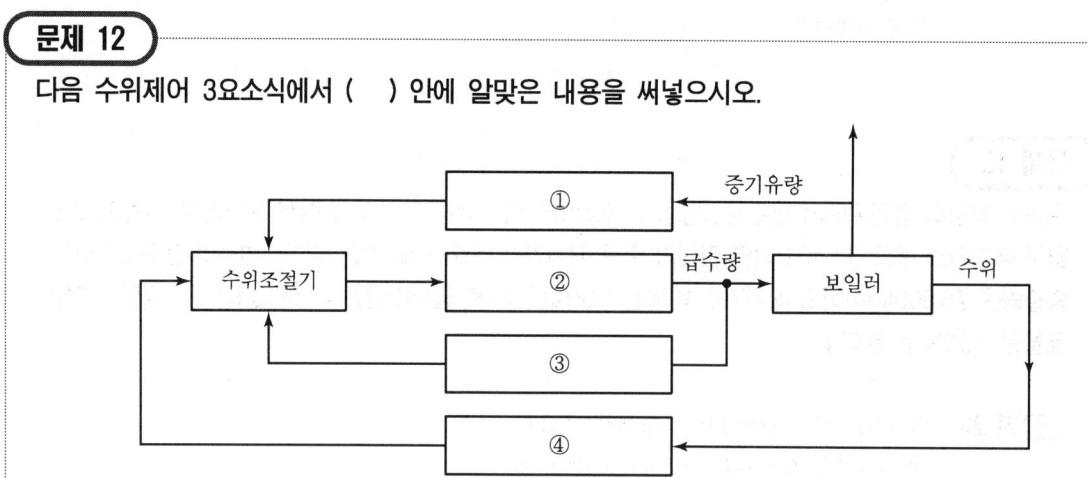

해답
① 증기유량발신기
② 급수조절밸브
③ 급수유량발신기
④ 수위발신기

문제 13

다음 재생기를 갖춘 표준공기의 스털링 사이클 선도를 보고 정미일량(kJ/kg)을 구하시오.(단, 사이클 최고온도는 1,100℃, 최저온도는 25℃, 최저압력은 100kPa이며, 압축비 10, 기체상수 0.287kJ/kg·K, 공기의 정적비열 0.7165kJ/kg·K이다.)

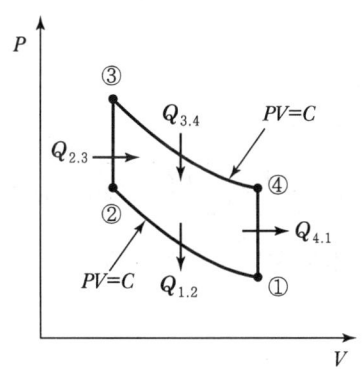 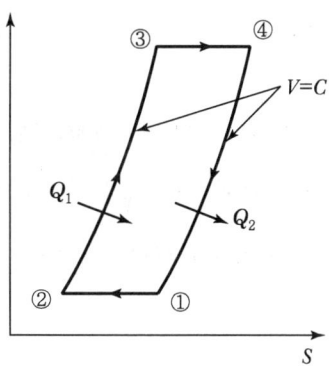

해답

① → ② 과정 $= {}_1W_2 = -RT_1 \ln\left(\dfrac{V_1}{V_2}\right) = -0.287 \times (25+273)\ln 10 = -197\,\text{kJ/kg}$

③ → ④ 과정 $= {}_3W_4 = RT_3 \ln\left(\dfrac{V_4}{V_3}\right) = 0.287 \times (1,100+273)\ln 10 = 907.33\,\text{kJ/kg}$

∴ 정미일$(w) = -197 + 907.33 = 710.33\,\text{kJ/kg}$

참고

열효율$(\eta_s) = \dfrac{w}{q} = \dfrac{710.33}{907.33} = 0.78287\,(78.29\%)$

스털링 사이클

- ① - ② : 등온압축과정
- ② - ③ : 정적가열과정
- ③ - ④ : 등온팽창과정
- ④ - ① : 정적방열과정

제4편 과년도 기출문제

문제 14
직경 400mm의 배관 중심부에서 공기의 양(m³/s)을 측정하고자 유량계수가 1인 피토튜브를 설치한 결과 전압이 80mmAq, 정압이 40mmAq로 계측되었다. 공기의 비중량이 1.23kgf/m³일 때 평균유량(m³/s)을 구하시오.(단, 물의 비중량은 1,000kgf/m³이며 평균유속은 배관 중심부 유속의 $\frac{3}{4}$에 해당한다.)

해답 공기의 동압 = 80 − 40 = 40mmAq

$$\text{공기유속}(V) = C \times \sqrt{2g \frac{r_s - r}{r} h} = 1 \times \sqrt{2 \times 9.8 \times \frac{1,000 - 1.23}{1.23} \times 0.04} = 25.23 \text{m/s}$$

$$\therefore \text{공기평균유량}(Q) = A \times V = \frac{\pi}{4} \times 0.4^2 \times \left(25.23 \times \frac{3}{4}\right) = 2.38 \text{m}^3/\text{s}$$

문제 15
안전밸브의 누설원인을 5가지만 쓰시오.

해답
① 밸브와 변좌의 가공이 불량할 때
② 이물질이 끼어 있을 때
③ 스프링의 장력이 감쇄될 때
④ 변좌와 밸브의 축이 서로 어긋날 때
⑤ 변좌의 마모로 손상이 심할 때
⑥ 보일러 설정 조정압력이 낮을 때

문제 16
지름 15cm인 원형관 속을 급수가 유속 4.5m/s의 평균속도로 흐르고 있다. 이때 길이 30m에 걸친 결과의 수두손실이 5m라면 마찰손실계수는 얼마인가?(단, 지구의 중력가속도는 9.81m/s², 손실수두 $H_L = \lambda \times \frac{L}{d} \times \frac{V^2}{2g}$이다.)

해답 마찰손실계수$(\lambda) = 5 \times \frac{0.15}{30} \times \frac{2 \times 9.81}{4.5^2} = 0.024$

참고문제

배관의 길이가 25m이고 지름이 50mm인 파이프 내부 마찰손실이 운동에너지의 3.2%일 때 마찰손실계수를 구하시오.(단, 달시 - 바이스바하 방정식을 이용하고 소수점 이하 6자리까지 구하시오.)

해답

마찰손실$(h_f) = f \times \dfrac{L}{D} \times \dfrac{V^2}{2g}$, 운동에너지 $= \dfrac{V^2}{2g}$

내부 마찰손실 $= \dfrac{V^2}{2g} \times 0.032$, $50\text{mm} = 0.05\text{m}$

∴ 마찰손실계수$(f) = 0.032 \times \dfrac{0.05}{25} = 0.000064$

문제 17

유체 유속측정에서 x축의 위치에 따라 지름 $D = \dfrac{D_o}{1+ax}$ 로 변환하는 관에서 $x=0$일 때 유속$(V_o) = 4\text{m/s}$이면 $x=3$에서 유체의 가속도(m/s²)는 얼마인가?(단, 이송유체는 비압축성이고 정상상태에서 상수 a는 0.01m⁻¹이다.)

해답

$V = \dfrac{4Q}{\pi D^2}$ 에서 $D = \dfrac{D_o}{1+ax}$, $V_o = \dfrac{4Q}{\pi D_o^2}$

$ax = 2aV_o^2(1+ax)^3$
$\quad = (2 \times 0.01 \times 4^2) \times (1+ax)^3$
$\quad = 0.32 \times (1+ax)^3$

∴ $x=3$일 때 가속도 $= 0.32 \times (1+0.01 \times 3)^3 = 0.35\text{m/s}^2$

문제 18

다음 내화벽돌, 단열벽돌, 일반벽돌 등의 실내 측 열전달률이 40W/m²·K, 실외 측 열전달률이 10W/m²·K인 경우 내화벽돌의 열전도율(W/m·℃)을 구하시오.(단, 나머지 조건은 아래 그림과 같다.)

해답

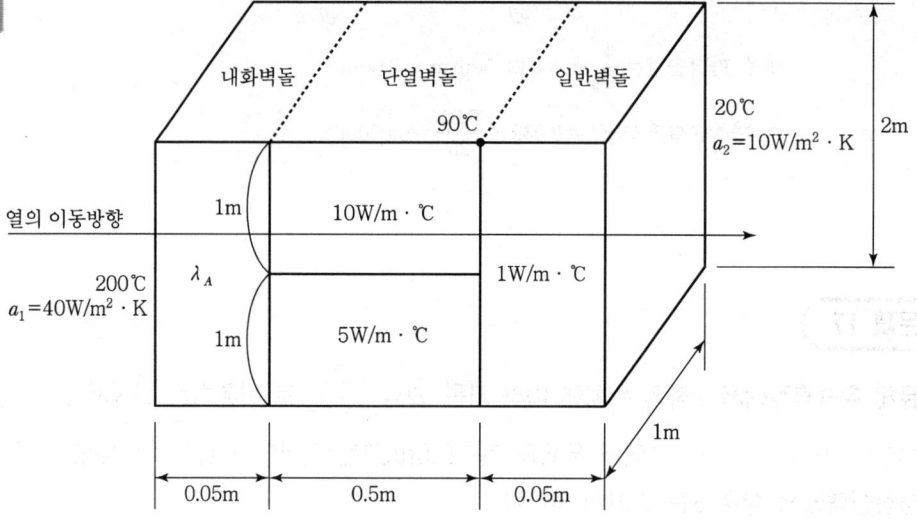

면적$(A) = 2 \times 0.5 = 1\text{m}^2$, 전체 : $1 \times 2 = 2\text{m}^2$

전열량$(Q) = \dfrac{1}{\dfrac{0.05}{1} + \dfrac{1}{10}} \times 2 \times (90-20) = 933.33\text{W}$

내화벽, 단열벽의 접촉면 온도 $= \left[\dfrac{1}{0.5} \times 1 \times (T-90)\right] + \left[\dfrac{5}{0.5} \times 1 \times (T-90)\right] = 933.33\text{W}$

단열벽돌 온도 $T = 121.11℃$

$$\dfrac{1}{\dfrac{0.05}{x} + \dfrac{1}{40}} \times 2 \times (200 - 121.11) = 933.33$$

∴ 내화벽돌 열전도율 $x = 0.35\text{W/m}·℃$

참고문제

다음 그림에서 3중 구조체가 설치된 경우 구조체 중간부분은 B와 C의 2단으로 구성된다. 내부온도 200℃, 외부온도 20℃인 곳에서 B의 열전도율 10W/m·℃, C의 열전도율 5W/m·℃, D의 열전도율 1W/m·℃이고 내부의 표면열전달률 40W/m²·℃, 외부의 표면열전달률 10W/m²·℃일 때 A의 열전도율(W/m·℃)은 얼마인지 계산하시오.(단, B와 D의 경계면의 측정온도는 90℃이고 A, B, C가 만나는 면의 온도 t_1과 B, C, D가 만나는 면의 온도 t_2는 각각의 면 전체에 동일한 것으로 간주하며, 열의 상하 이동은 없고 좌에서 우로 직선방향으로만 열이 이동하는 것으로 한다.)

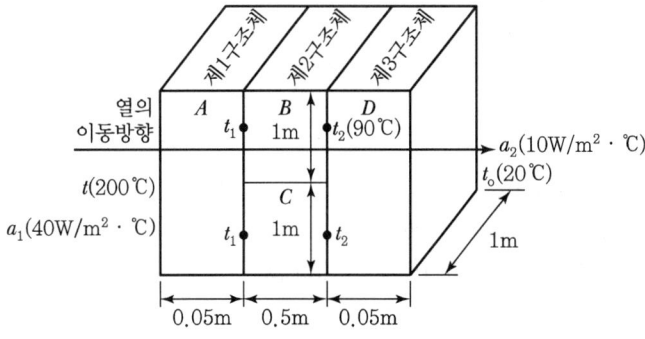

해답 전체 면적$(F) = (1+1 \times 1) = 2m_2$

전열량$(Q_1) = \dfrac{F \times \Delta t_2}{\dfrac{b_o}{\lambda_o} + \dfrac{1}{a_2}} = \dfrac{2 \times (90-20)}{\dfrac{0.05}{1} + \dfrac{1}{10}}$

$= \dfrac{140}{0.15} = 933.33W$

∴ 제1구조체(A)의 열전도율(λ_A)

$= \dfrac{b_A}{\dfrac{F \times (t-t_o)}{Q_1} - \left\{ \dfrac{1}{a_1} + \dfrac{b_{B,C}}{\left(\dfrac{\lambda_B + \lambda_C}{2}\right)} + \dfrac{b_D}{\lambda_D} + \dfrac{1}{a_2} \right\}}$

$= \dfrac{0.05}{\dfrac{2 \times (200-20)}{933.33} - \left\{ \dfrac{1}{40} + \dfrac{0.5}{\left(\dfrac{10+5}{2}\right)} + \dfrac{0.05}{1} + \dfrac{1}{10} \right\}}$

$= \dfrac{0.05}{\dfrac{2 \times 180}{933.33} - 0.2416} = 0.3469(0.35 W/m \cdot ℃)$

참고문제

연속 건조기에서 어떤 건조재료 5,000kg/h(함수중량)을 처리하여 함수량 40%(건량기준)로부터 함수량 10%까지 건조한다고 하면 소요되는 열량은 몇 kcal/h가 되겠는가?(단, 물의 증발잠열은 580kcal/kg이며, 건조재료의 습열은 무시하고, 열효율은 70%로 한다.)

해답 건조재료 건조량을 W_d(kg), 최초의 수분을 X_1, 함수율을 W_1, 건조 후의 수분을 X_2, 함수율을 W_2라고 한다면

$W_d + X_1 = 5,000\text{kg}$

$X_1 = \dfrac{X_1}{W_d} = 0.4$

$X_1 = 0.4 \times W_d$

그러므로

$W_d + 0.4 \times W_d = 5,000\text{kg}$

$W_d \times (1+0.4) = 1.4 \times W_d = 5,000\text{kg}$

건조재료 건조량(W_d) = $5,000 - 3,750 = 1,430\text{kg}$

$X_1 = 0.1(W_2/W_d)$

건조 후 수분 $W_2 = W_d \times 0.1 = 357$

시간당 증발수분 = $1,430 - 357 = 1,073\text{kg/h}$

$\therefore$ 소요열량(Q) = $\dfrac{1,073 \times 580}{0.7} = 889,057\text{kcal/h}$

> **참고문제**
>
> 기류건조기에서 어떤 재료의 수분을 습량 기준으로 50%에서 5%로 건조하여 360kg/h로 건조제품을 얻고 있다. 건구온도 30℃, 노점온도 25℃인 공기가 120℃로 가열되고, 송입하여 배기되는 공기가 55℃로 하강하여 건조시키고 있다. 단 건조는 항률건조이며 입구공기 습도 H_1=0.020, 출구공기습도 H_2=0.048, 출구공기의 비체적 V_h=1.00m³/kg이다. 이 경우 건조에 필요한 공기량은 몇 m³/h인가?

해답 습량 기준 함수율을 W_W, 건량기준 함수율을 W_d라고 하면

$$W_d = \frac{W_W}{1-W_W}$$

입구 재료 건량 기준 함수율= W_{d1}, 출구 재료 건량 기준 함수율= W_{d2}로 하면

$$W_{d1} = \frac{0.5}{(1-0.5)} = 1.0$$

$$W_{d2} = \frac{0.05}{(1-0.05)} = 0.053$$

무수재료를 W, 제품의 함유 수분을 x(kg)로 하면
$W + x = 360\text{kg}$

$$W_d = 0.053 = \frac{x}{W}$$

$W(1+0.053) = 360\text{kg/h}$

증발하여야 할 수분을 W(kg/h)으로 하면
$X = 342 \times (1.0 - 0.053) = 323.9\text{kg/h}$

소요 공기량을 G(kg/h)로 하면
G 중의 증가수분 = $G \times (H_1 - H_2) = G \times (0.048 - 0.020) = 0.028 \times G$

증발수분은 공기 중의 증가수분과 같으므로
$0.028 \times G = 323.9\text{kg/h}$

소요 공기량 $G = \frac{323.9}{0.028} = 11,568\text{kg/h}$

공기 비체적 $V_h = 1.00\text{m3/kg}$

∴ 공기량 = $G \times 1.00 = 11,568 \times 1.00 = 11,568\text{m}^3/\text{h}$

참고문제

면적 1.5m² 1단 밴드형 연속식 건조기에서 폭 0.5m, 길이 2.5m, 두께 3cm의 판상 재료를 공급하여 온도 65℃, 습도 $H = 0.02$kg/kg의 건조용 공기를 풍속 3m/s로 판상 표면에 평행으로 공급하여 건조하고 있다. 이때 항률건조속도는 몇 kcal/m² · h인지 계산하시오.(단, 공기의 습비용적 V_h = 0.998m³/kg, 습비열 C_h = 0.249kcal/kg · ℃, 포화온도 t_s = 35.5℃, 포화습도 H_s = 0.034kg/kg 이다. 공기 측의 열전달률이 h(kcal/m² · h)이고 공기의 질량속도(건조재료표면 m³당)가 G (kg/m² · h)일 때 관계식은 $h = 0.017 \times G^{0.8}$로 한다.)

해답 피건조재료 표면적 $A = 0.5 \times 2.5 = 1.25$m²
시간당 공기공급량 $Q = (3 \times 1.5) \times 3{,}600 = 16{,}200$m³h
공기질량속도 $G_a = \dfrac{16{,}200}{V_h} \times (1+H) = \dfrac{16{,}200}{0.998} \times (1+0.02) = 16{,}724.7$kg/h

$G = \dfrac{16{,}724.7}{1.25} = 13{,}380$kg · m² · h

$h = 0.017 \times 13{,}380^{0.8} = 34.0$kcal/m² · h · c

항률건조속도를 R_c로 하면

$R_c = \dfrac{h}{C_h} \times (H_w - H) = \dfrac{34}{0.249} \times (0.034 - 0.02) = 1.9$kcal/m² · h

참고문제

밴드형 건조기의 한 단에서 다량의 수분을 함유한 직경 15mm 정도의 입자층 습윤 재료를 250kg/h의 비율로 컨베이어에 공급하고 있다. 이 습윤 재료는 컨베이어와 함께 이동하고 그 사이에 80℃의 열풍을 공급하여 건조하면 대부분의 물이 제거된다. 물이 건조된 타 단에서 100kg/h의 비율로 입자층 재료가 송출되며, 80℃의 열풍은 건조 후에 온도가 하강하여 37℃로 배출되고 있다. 이때 건조에 사용된 열량은 몇 kJ/h인가?(단, 물의 증발열은 2,512kJ/kg이고 재료 중에 남은 수분 및 재료 자체의 가열에 필요한 열량은 무시한다.)

해답 건조기에서 건조된 수분 $M_W = 250 - 100 = 150$g/h
∴ 건조에 필요한 열량(Q) = $2{,}512 \times 150 = 376{,}800$kJ/h

에너지관리기사(2021.7.10)

-주관식 필답형(서술형, 단답형)-

문제 01
초음파 유량계의 사용상 장점을 4가지만 쓰시오.

해답
① 초음파 발산으로 유체의 유속 측정이 가능하다.
② 기체나 액체 유량 측정에 유리하다.(특히, 액체 측정에 유리함)
③ 펄스 파장이 작고 저항성이 강하다.
④ 바다의 깊이나 어군 탐지기로 사용이 가능하다.
⑤ 초음파는 유체의 종류나 상태에 따라 변화하지만 그에 따른 영향이 매우 적다.

문제 02
배관에서 발생하는 수격작용 현상의 개념 및 방지대책 3가지를 쓰시오.

해답
(1) 개념
  수격작용이란 배관 내부에 존재하는 응축수가 송기 시에 밀려, 배관 내부를 심하게 타격하여 소음, 진동, 부식 또는 배관 내부 파열을 일으키는 작용이다.
(2) 방지대책
  ① 배관을 철저히 보온한다.
  ② 관로의 구배 선정을 잘한다.
  ③ 응축수가 고이는 곳에는 증기트랩을 설치한다.
  ④ 최초 송기 시 증기밸브를 천천히 개방한다.
  ⑤ 과열증기를 이용한다.
  ⑥ 송기작업 전 배관 내부의 드레인을 철저히 하고 천천히 증기를 송기한다.

문제 03
오일, 급수 배관에 설치하는 부속기기로서 U, V, Y형이 있는 장치의 명칭을 쓰시오.

해답 여과기(스트레이너)

참고 가스 라인이나 경질유 버너 입구에는 필터가 설치된다.

제4편 과년도 기출문제

문제 04
포화증기와 비교한 과열증기의 장점을 4가지만 쓰시오.

해답
① 증기원동기의 이론적 효율이 증가한다.
② 적은 증기로 많은 열을 얻는다.
③ 관 내 부식이나 수격작용을 방지한다.
④ 관 내 마찰저항이 감소한다.
⑤ 관 내 응축수 생성이 감소한다.

문제 05
급수처리에 사용하는 탈산소제의 종류를 3가지만 쓰시오.

해답
① 아황산소다
② 히드라진
③ 탄닌

문제 06
펌프 운전에서 발생하는 캐비테이션 현상 방지를 위한 방법을 4가지만 쓰시오.

해답
① 펌프의 설치 높이를 낮춘다.
② 입상 수직용 펌프를 사용한다.
③ 회전차를 수중에 완전히 잠기게 한다.
④ 펌프의 회전수를 줄인다.
⑤ 양흡입 펌프를 사용한다.
⑥ 두 대 이상의 펌프를 사용한다.
⑦ 흡입양정을 낮춘다.

문제 07
연돌에서 자연통풍력을 증가시키는 방법을 4가지만 쓰시오.

해답
① 배기가스 온도를 적당하게 높여서 배가스의 밀도를 낮춘다.
② 연돌의 상부 단면적을 크게 한다.
③ 연돌을 수직으로 주위 건물보다 더 높게 설치한다.
④ 연돌 일부를 보온 단열 처리한다.
⑤ 연도 길이를 짧게 한다.
⑥ 연소가스 온도보다 외기 온도가 매우 낮을 때 배기한다.

문제 08
관류보일러의 사용상 장점을 5가지만 쓰시오.

해답
① 증기드럼이 없는 무동형으로 제작이 가능하다.
② 단관식 보일러는 순환비가 1이므로 증기드럼이 필요 없다.
③ 수관군으로만 제작이 가능하여 고압 보일러로 제작이 가능하다.
④ 전열면적이 크고 열효율이 매우 높다.
⑤ 보일러 초기 기동시간이 매우 짧고 증기 발생이 신속하다.
⑥ 보일러가 파열되어도 피해가 매우 적다.

문제 09
신에너지, 재생에너지를 각각 3가지씩 쓰시오.

해답
(1) 신에너지
 ① 수소에너지
 ② 연료전지
 ③ 석탄을 액화, 가스화한 에너지 및 중질잔사유를 가스화한 에너지
(2) 재생에너지
 ① 태양에너지
 ② 풍력
 ③ 수력
 ④ 해양에너지
 ⑤ 지열에너지
 ⑥ 폐기물에너지
 ⑦ 바이오에너지

문제 10

원통형 보일러를 2시간 운전할 경우 증기발생량이 3톤(3,000kg)이고 증기압력이 0.5MPa이다. 보일러 급수온도가 80℃이고 증기엔탈피가 640kcal/kg일 때 이 보일러의 증발계수 값은 얼마인가?(단, 연료소비량은 중유 10kg이고 이 연료의 저위발열량은 5,000kcal/kg이며 물의 증발잠열은 539kcal/kg, 비열은 1kcal/kg · ℃로 한다.)

해답

증발계수 $= \dfrac{\text{증기엔탈피} - \text{급수엔탈피}}{\text{증발잠열}} = \dfrac{640 - 80}{539} = 1.04$

참고
- 효율 = [증기발생량 × (발생증기엔탈피 − 급수엔탈피) / (연료소비량 × 연료의 발열량)] × 100(%)
- 증기건도가 주어지면 증기엔탈피는 습증기엔탈피로 구한다. {포화수엔탈피 + (포화증기엔탈피 − 포화수엔탈피) × 건도} 엔탈피가 kcal/kg이 아닌 kJ/kg으로 주어지면 증발잠열 539kcal/kg = 2,256kJ/kg이나 시험에서 주어지면 그 값을 그대로 따른다.

문제 11

다음 기호를 이용하여 펌프의 비교회전도(N_s)를 구하시오.

- N : 임펠러 회전수
- Q : 분당 토출량
- H : 양정
- n : 단수

해답

$$N_s = \dfrac{N \times \sqrt{Q}}{\left(\dfrac{H}{n}\right)^{\frac{3}{4}}}$$

참고 펌프의 비교회전도(N_s) : 펌프 토출량 1m³/min, 양정 1m가 발생하도록 설계한 경우의 판상 임펠러의 매분 회전수

문제 12

2,000rpm으로 회전하는 원심펌프의 펌프 임펠러 회전수를 3,500rpm으로 증가시키면 유량(m³/min), 양정(m), 동력(kW)은 얼마가 되겠는가?

해답

(1) 유량 : $Q_2 = Q_1 \times \left(\dfrac{N_2}{N_1}\right)$, $1 \times \left(\dfrac{3,500}{2,000}\right) = 1.75 \text{m}^3/\text{min}$

(2) 양정 : $H_2 = H_1 \times \left(\dfrac{N_2}{N_1}\right)^2$, $1 \times \left(\dfrac{3,500}{2,000}\right)^2 = 3.06 \text{m}$

(3) 동력 : $L_2 = L_1 \times \left(\dfrac{N_2}{N_1}\right)^3$, $1 \times \left(\dfrac{3,500}{2,000}\right)^3 = 5.36 \text{kW}$

문제 13

유체의 흐름을 단속하는 대표적인 밸브로서, 밸브를 완전히 열면 급수 등 유체 흐름의 단면적 변화가 없어서 마찰저항이 없으나 리프트가 커서 개폐에 시간이 걸리며, 밸브를 반 정도 열면 와류가 발생하여 유체의 저항이 커지기 때문에 유량 조절에 적합하지 않은 밸브의 명칭을 쓰시오.(단, 물의 비열은 4.186kJ/kg·℃으로 한다.)

해답 슬루스밸브(게이트밸브)

문제 14

중유를 연소시키는 노통연관식 보일러에서 보일러 운전 중 압력 0.1MPa인 상태에서 증기엔탈피 2,856kJ/kg, 증기 발생량 2,400kg/h, 급수온도 32℃, 중유 사용량 250L/h, 중유의 저위발열량 37,800kJ/kg, 중유의 비중 0.90일 경우 이 노통연관식 보일러의 효율(%)을 구하시오.(단, 물의 비열은 4.186kJ/kg·K으로 한다.)

해답

보일러효율 = $\dfrac{\text{증기발생량} \times (\text{발생증기엔탈피} - \text{급수엔탈피})}{\text{연료소비량} \times \text{연료의 발열량}} \times 100\%$

$= \left\{\dfrac{2{,}400 \times (2{,}856 - 32 \times 4.186)}{(250 \times 0.90) \times 37{,}800}\right\} \times 100\%$

$= \left(\dfrac{2{,}400 \times 2{,}722.048}{225 \times 37{,}800}\right) \times 100\%$

$= 76.81\%$

참고 오일중량 = 오일용량 × 비중, 물의 비열은 1kcal/kg·℃(4.186kJ/kg·K)

문제 15

어떤 구형 용기 내부에 맑은 공기가 채워져 있다. 구형 용기 반지름은 5m이고 내부 압력이 100kPa이며 내부 공기온도는 20℃이다. 이 경우 구형 용기 내부에 채워진 공기 몰수는 표준상태에서 몇 kmol인가? (단, 공기의 기체상수는 0.287kJ/kg·K이고, 공기의 분자량은 28.97g/mol이다.)

해답

몰수 $n = \dfrac{PV}{RT}$

용기 내용적 $V = \dfrac{4}{3}\pi r^3 = \dfrac{4}{3} \times 3.14 \times 5^3 = 523.60 \text{m}^3$

$G = \dfrac{PV}{RT} = \dfrac{(100 + 101.325) \times 523.60}{0.287 \times (273 + 20)} = 1{,}253.57 \text{kg}$

$\therefore n = \dfrac{1{,}253.57}{28.97} = 43.27 \text{kmol}$

문제 16

직경 3cm 길이 5m의 전선이 열전도율 0.15W/m · ℃이고, 두께 2cm인 플라스틱으로 잘 피복되어 있다. 전선을 통하여 10A의 전류가 흐르고, 이 전선에서 전압강하는 8V이다. 이 전선 플라스틱 외측 표면의 온도가 30℃, 열전달계수가 12W/m² · K로 주위에 노출되어 있다면 내부 전선과 플라스틱 접촉면의 온도는 몇 ℃가 되겠는가?

해답

전열량 $= 8 \times 10 = 80\text{W}$

면적$(A) = 2\pi r_2 L = 2 \times \pi \times 0.035 \times 5 = 1.099\text{m}^2$

저항$(R_2) = \dfrac{1}{a \times A} = \dfrac{1}{12 \times 1.099} = 0.0758\text{℃/W}$

저항$(R_1) = \dfrac{\ln \dfrac{r_2}{r_1}}{2\pi \lambda \times L} = \dfrac{\ln \dfrac{3.5}{1.5}}{2\pi \times 0.15 \times 5} = 0.18\text{℃/W}$

총 저항$(R) = 0.0758 + 0.18 = 0.2558\text{℃/W}$

$\therefore T_1 = T_2 + QR = 30 + (80 \times 0.2558) = 53.02\text{℃}$

참고

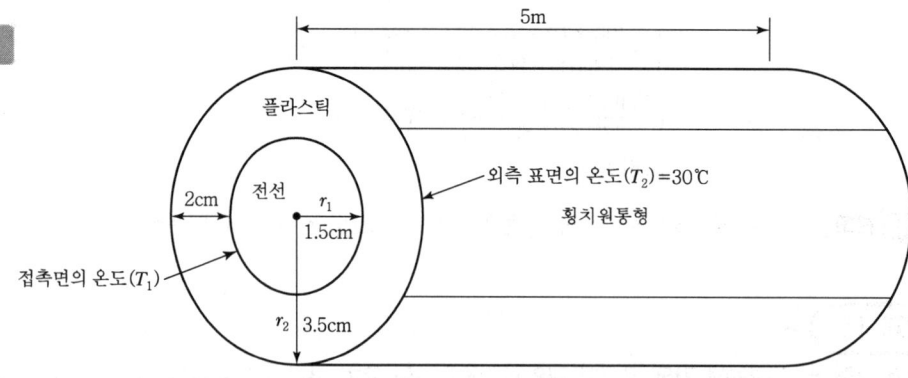

문제 17

지름 40cm의 파이프에 중심 유속 3m/s의 속도로 물이 흐르고 있다. 입구압력이 190kPa, 출구압력이 170kPa일 때 파이프 입구와 출구 사이의 벽면이 받는 마찰력(N)을 구하시오.(단, 출구유속 $V_2 = 2 \times$ 입구유속 $\times \left\{ 1 - \left(\dfrac{R}{R_w} \right)^2 \right\}$이다.)

해답

출구유속(V_2) = $2 \times 3 = 6$m/s

출구지름(D_2) = $\sqrt{\dfrac{D_1^2 \times V_1}{V^2}} = \sqrt{\dfrac{0.4^2 \times 3}{6}} = 0.28$m

마찰력(F) = $(P_1 A - P_2 A) - \rho Q (V_2 - V_1)$

$\quad = 190 \times 10^3 \times \dfrac{\pi}{4} \times 0.4^2 - 170 \times 10^3 \times \dfrac{\pi}{4} \times 0.28^2 - 1,000 \times \left(\dfrac{\pi}{4} \times 0.4^2 \times 3 \right) \times (6-3)$

$\quad = (23,864 - 10,462.48) - 1,130.4 = 12,271.12$N

참고

파이프 벽면으로부터 떨어진 지점의 유속(U) = 중심유속 $\times \left\{ 1 - \left(\dfrac{r}{r_w} \right)^2 \right\}$ (m/s)

- N = Pa = N/m² (kg · m/s²)
- 물 1m³ = 1,000kgf

에너지관리기사(2021.11.14)

-주관식 필답형(서술형, 단답형)-

문제 01
강제순환식 수관식 보일러에서 라몬트 노즐을 설치하는 이유를 쓰시오.

> **해답** 보일러 순환수량을 일정하게 조절하기 위해 설치한다.(보일러 송수량을 조절하기 위하여 설치한다.)

문제 02
증기축열기(어큐뮬레이터)의 기능을 쓰시오.

> **해답** 보일러에서 과잉 발생한 증기를 급수탱크에 저장하고 부하가 증가하면 축열기 내부 증기 또는 온수를 방출하여 증기의 과부족을 해소하는 송기장치이다.

> **참고** **증기축열기의 종류**
> - 변압식 : 증기 측에 설치하며, 부하 증가 시 저압의 증기 상태로 이용하는 방식이다.
> - 정압식 : 급수 측에 설치하며, 부하 증가 시 여분의 관수를 보일러에 급수하는 방식이다.

문제 03
보일러에서 저수위 사고를 방지하기 위하여 사용하는 수위검출기를 4가지만 쓰시오.

> **해답**
> ① 맥도널식(플로트식, 부자식)　② 전극식
> ③ 차압식　④ 열팽창식(코프식)

> **참고** **수위제어방식**
> - 단요소식
> - 2요소식
> - 3요소식

문제 04

관류보일러의 특징을 4가지만 쓰시오.

해답
① 증기드럼이 불필요하고, 고압증기 생산이 가능하다.
② 단관식은 순환비가 1이므로 드럼이 필요 없다.
③ 전열면적이 크고 효율이 매우 높다.
④ 보일러 기동 시간이 매우 짧다.(증기 발생 속도가 빠르다.)

참고 관류보일러의 단점
① 철저한 급수처리가 요망된다.
② 부하 변동에 대한 적응력이 낮다.
③ 급격한 압력 변화로 자동제어 운전이 반드시 필요하다.
④ 습증기 유발 가능성이 커서 기수분리기 설치가 반드시 필요하다.

문제 05

다음 ( ) 안에 알맞은 내용을 써넣으시오.

(1) 소형 온수보일러는 전열면적이 (①)제곱미터 이하이고 최고사용압력이 (②)MPa 이하인 온수보일러이다. 다만, (③), 축열식 전기보일러 및 가스사용량이 17kg/h(도시가스는 232.6킬로와트) 이하인 가스용 온수보일러는 제외한다.

(2) 축열식 전기보일러는 정격소비전력이 (①)킬로와트 이하이고 최고사용압력이 (②)MPa 이하인 것이다.

해답
(1) ① 14
② 0.35
③ 구멍탄용 온수보일러
(2) ① 30
② 0.35

문제 06

액체연료 원소성분 중 탄소(C) 70%, 수소(H) 20%, 회분 10%인 연료 50kg의 연소 시 필요한 이론공기량(Nm^3)을 구하시오.

해답 $A_o = (8.89 \times 0.7 + 26.67 \times 0.2) \times 50 = 577.85 Nm^3$

- 이론공기량(A_o) $= 8.89C + 26.67\left(H - \dfrac{O}{8}\right) + 3.33S$
- 이론공기량(A_o) $= \left\{1.867C + 5.6\left(H - \dfrac{O}{8}\right) + 0.7S\right\} \times \dfrac{1}{0.21}$

참고 황(S)성분이 없으므로 3.33S, 0.7S는 제외한다.

문제 07

어느 회사에서 연간 액체연료 200L를 소비하는데, 이 연료의 발열량이 9,030kcal/kg이고 비중은 1이다. 석유 1kg당 발열량이 10,000kcal라고 할 때 석유환산 연간 에너지사용량(TOE)을 계산하시오.

해답 $200L \times 1 kg/L = 200 kg$
$200 kg \times 9,030 kcal/kg = 1,806,000 kcal$

∴ 에너지사용량 $= \dfrac{1,806,000 kcal}{10,000 kcal/kg \times 1,000 kg/ton} = 0.1806 TOE$

문제 08

다음 (1)~(3) 내용에 알맞은 용어를 쓰시오.

(1) 보일러 운전 중 물방울이 수면 위로 튀어 올라 송기되는 증기 속에 포함되어 습증기를 유발하는 현상

(2) 관수 중에 용존고형물, 관수농축, 유지분 부유물 등을 다량 함유하여 증기 발생 시 거품이 유지되어 수면 위로 상승하는 현상

(3) 물방울 및 거품이 수면 위로 튀어 올라 송기되는 증기 속에 포함되어 프라이밍, 포밍 현상을 일으키며 보일러 외부 배관으로 나가는 현상

해답
(1) 프라이밍
(2) 포밍(거품 발생)
(3) 기수공발(캐리오버)

📖 **참고** 프라이밍(비수)의 발생 원인
- 관수의 농축
- 유지분, 알칼리분, 부유물 함유
- 주증기밸브의 급한 개방
- 보일러 부하의 급변
- 청관제 사용 부적당
- 관수의 수위가 지나치게 높을 경우
- 증기 발생 속도가 지나치게 빠른 경우

문제 09

보일러 중 노통연관식 보일러와 수관식 보일러를 비교하여 특징을 나열하였다. ( ) 안에 알맞은 용어를 [보기]에서 골라 써넣으시오.

[보기]
(물, 연소가스) (높다, 낮다) (좋다, 나쁘다) (좋다, 나쁘다)

(1) 노통연관식 보일러의 연관 내부에는 (①)가 흐르고 수관식 보일러의 수관 내부는 (②)이 흐른다.

(2) 노통연관식 보일러는 사용압력이 일반적으로 (①). 그러나 수관식 보일러는 사용압력이 (②).

(3) 노통연관식 보일러는 일반적으로 수관식에 비해 효율이 (①). 그러나 수관식 보일러는 효율이 (②).

(4) 수관식 보일러는 부하 변동 시 열부하 대응이 (①). 노통연관식 보일러는 (②).

📋 **해답**
(1) ① 연소가스   ② 물
(2) ① 낮다   ② 높다
(3) ① 나쁘다   ② 좋다
(4) ① 나쁘다   ② 좋다

📖 **참고** 보일러 운전 시 부하변동이 아닌 사용처의 증기 급수요에 응하는 것은 수관식이나 관류보일러가 우수하고 보유수가 많은 원통형 보일러는 좋지 않다.

문제 10

온도 350℃, 정적비열(C_v) 0.72kJ/kg·K인 산소(O_2) 10kg이 $PV^{1.3}$의 일정한 폴리트로픽 변화를 거쳐서 900kJ의 일을 하였다. 이때 엔트로피 변화량은 몇 kJ/K인지 계산하시오.(단, 산소의 기체상수(R) = 0.26kJ/kg·K, k = 1.4이다.)

해답

엔트로피 변화량(ΔS) = $m \cdot C_v \cdot \dfrac{n-k}{n-1} \cdot \ln\left(\dfrac{T_2}{T_1}\right)$

$900 = \dfrac{1}{1.3-1} \times 10 \times 0.26(623 - T_2)$

$T_2 = 623 - \dfrac{900}{\dfrac{1}{1.3-1} \times 10 \times 0.26} = 519.154(\text{K})$

$T_1 = 350 + 273 = 623\text{K}$

∴ 엔트로피 변화량(ΔS) = $10 \times 0.72 \times \dfrac{1.3-1.4}{1.3-1} \times \ln\left(\dfrac{519.154}{623}\right) = 0.44(\text{kJ/K})$

문제 11

다음 [보기]의 기호를 참고하여 열손실법에 의한 보일러 효율을 구하시오.

[보기]
- L_s : 열손실 합계
- H_h : 연료의 총발열량
- Q_s : 유효출열량
- Q : 연료의 단위당 발열량, 연료 및 공기 쪽에 가해지는 열량

해답

열손실법에 의한 보일러 효율(η) = $\left(1 - \dfrac{\text{총손실열}}{\text{총입열량}}\right) \times 100$

$= \left(1 - \dfrac{L_s}{Q}\right) \times 100(\%)$

참고 입·출열법에 의한 보일러 효율(η) = $\dfrac{\text{유효출열량}}{\text{총입열량}} \times 100$

문제 12

온도 27℃인 어느 실내에 표면온도 227℃인 방열면이 있을 때 복사에 의한 방열량은 자연대류에 의한 방열량의 몇 배가 되는지 계산하시오.(단, 표면의 복사율은 0.9, 자연대류에 의한 열전달률은 5.56W/m²·℃ 흑체의 복사정수는 약 5.7W/m²·K⁴이다.)

해답

복사열량 $(Q_1) = \varepsilon \cdot C_b \times \left[\left(\dfrac{T_1}{100}\right)^4 - \left(\dfrac{T_2}{100}\right)^4\right] \times A(\mathrm{m}^2)$

$= 0.9 \times 5.7 \left[\left(\dfrac{273+227}{100}\right)^4 - \left(\dfrac{273+27}{100}\right)^4\right] \times 1 = 2{,}790.72\mathrm{W}$

대류열량 $(Q_2) = a \times \Delta t \times A(\mathrm{m}^2)$

$= 5.56 \times (227-27) \times 1 = 1{,}112\mathrm{W}$

$\therefore \dfrac{\text{복사에 의한 방열량}}{\text{대류에 의한 방열량}} = \dfrac{Q_2}{Q_1} = \dfrac{2{,}790.72}{1{,}112} = 2.51(\text{배})$

문제 13

보일러용 급수장치에 설치된 원심식 모터가 장기간 사용에 의해 소손되어 교체하고자 한다. 사용하는 보급수의 밀도는 1,000kg/m³이고 중력가속도는 9.81m/s²을 적용할 때 아래 내용을 참고하여 물음에 답하시오.

급수량	12,000kg/h	기성품 모터 용량 구분	100W, 300W, 700W, 1kW, 2kW, 5kW, 10kW, 1.5HP, 1HP, 2HP, 10HP
펌프의 전양정	15m		
원심식 펌프효율	75%		
전동기모터 효율	95%		
펌프설계안전율	2		

(1) 교체할 모터(전동기)의 용량은 몇 kW인가?
(2) 표에 제시된 기성품 모터 중 최소 용량의 모터를 한 가지 선정하여 HP로 표시하시오.

해답

(1) $\dfrac{9.81 \times Q \times H \times K}{\eta_p \times \eta_m} = \dfrac{9.81 \times \dfrac{\left(\dfrac{12{,}000}{10^3}\right)}{3{,}600} \times 15 \times 2}{0.75 \times 0.95} = 1.38\mathrm{kW}$

여기서, 물 $1\mathrm{m}^3 = 10^3\mathrm{kg}$, 1시간 = 3,600s

(2) 1HP = 0.746kW이므로
2HP = 0.746 × 2 = 1.492kW
∴ 기성품 모터 2kW와 2HP 중에서 최소 용량은 2HP이다.

제4편 과년도 기출문제

문제 14

다음 표의 ①~⑧에 알맞은 말을 한 가지씩 [보기]에서 골라 써넣으시오.

[보기]
물, 연소가스, 높다., 낮다., 좋다., 나쁘다., 필요하다., 필요 없다.

질문 내용	노통연관식 보일러	수관식 보일러
관의 내부물질	①	②
증기의 압력	③	④
부하 변동 시 열부하 대응	⑤	⑥
강수관, 승수관	⑦	⑧

해답
① 연소가스
② 물
③ 낮다.
④ 높다.
⑤ 좋다.
⑥ 나쁘다.
⑦ 필요 없다.
⑧ 필요하다.

문제 15

내화물 중 마그네시아 벽돌, 돌로마이트 벽돌 등이 저장 중이거나 사용 후에 수증기를 흡수하여 체적 변화를 일으켜 분화하고 떨어져 나가는 소화성 현상을 무엇이라고 하는가?

해답 슬래킹 현상(Slacking 현상)

참고 (1) 버스팅 현상 : 크롬철광을 원료로 하는 내화물이 1,600℃ 이상의 온도에서 산화철을 흡수하여 표면이 부풀어 오르고 떨어져 나가는 현상이다.
(2) 스폴링 현상(박락 현상)
① 열적 스폴링
② 조직적 스폴링
③ 기계적 스폴링

문제 16

외기온도 10℃, 배기가스온도 90℃, 외기비중량 1.293kg/Nm³, 배기가스비중량 1.354kg/Nm³, 통풍력 2.5mmAq일 때 연돌(굴뚝)의 높이는 몇 m인가?(단, 실제통풍력은 이론통풍력의 80%로 한다.)

해답

실제통풍력$(Z') = 273 \times H \times \left[\dfrac{r_a}{273+t_a} - \dfrac{r_g}{273+t_g} \right] \times 0.8$

$2.5 = 273 \times H \times \left[\dfrac{1.293}{273+10} - \dfrac{1.354}{273+90} \right] \times 0.8$

실제 굴뚝높이$(H) = \dfrac{2.5}{273 \left[\dfrac{1.293}{273+10} - \dfrac{1.354}{273+90} \right] \times 0.8}$

$\therefore H = \dfrac{2.5}{(1.247310954 - 1.018297521) \times 0.8} = \dfrac{2.5}{0.18321} = 13.65\text{m}$

문제 17

고도 1,600m에서 국소대기압은 83.4kPa이고 표준대기압은 101.325kPa이다. 이 압력하에서 20℃의 공기가 140℃인 1.5m×6m 크기의 평판 위를 유속 8m/s의 속도로 흐른다. 공기가 1.5m×0.6m인 면에 평행하게 흐를 때 열전도율 0.02953W/m·℃, 프란틀수(Pr) 0.7154, 공기의 동점성계수 $2.548 \times 10^{-5} \text{m}^2/\text{s}$, 길이 6m 관 끝에서의 레이놀즈수($Re$) 1.884×10^6이다. 다음 물음에 답하시오.

(1) 평판 평균 너셀수(Nu)를 구하시오.

(2) 전열계수(W/m²·℃)를 구하시오.

(3) 총면적(m²)을 구하시오.

(4) 전열량(W)을 구하시오.

해답 (1) 임계레이놀즈수 5×10^5보다 크므로

$$\text{너셀수}(Nu) = \frac{h \cdot L}{K} = (0.037 Re^{0.8} - 871) Pr^{\frac{1}{3}}$$
$$= [0.037(1.884 \times 10^6)^{0.8} - 871] 0.7154^{\frac{1}{3}}$$
$$= 2,687$$

(2) 전열계수$(h) = \frac{K}{L} Nu = \frac{0.02953}{6} \times 2,687 = 13.2 \text{W/m}^2 \cdot \text{℃}$

(3) 총면적$(A) = a \times b = 1.5 \times 6 = 9 \text{m}^2$

(4) 전열량$(Q) = hA(T_1 - T_2) = 13.2 \times 9 \times (140 - 20) = 1.43 \times 10^4 \text{W}$

문제 18

내연기관 오토 사이클에서 통극체적이 행정체적의 15%일 때 이 기관의 효율(%)을 구하시오.(단, $k = 1.4$이다.)

해답 오토기관 효율$(\eta_o) = 1 - \left(\frac{1}{\varepsilon}\right)^{k-1}$

압축비 $= \frac{\text{행정체적} + \text{통극체적}}{\text{통극체적}} = \frac{1 + 0.15}{0.15} = 7.67$

∴ 효율$(\eta_o) = 1 - \left(\frac{1}{7.67}\right)^{1.4-1} = 0.55733 \, (55.73\%)$

문제 19

차압식 유량계 벤투리미터를 설치하여 20℃의 급수를 통과시켰다. 아래의 온도 - 포화증기압력 표를 이용하여 그림의 2지점에서 캐비테이션(공동현상)이 발생하지 않는 조건으로 최대유량(L/s)을 구하시오.(단, 물의 밀도 ρ = 1,000kg/m³이다.)

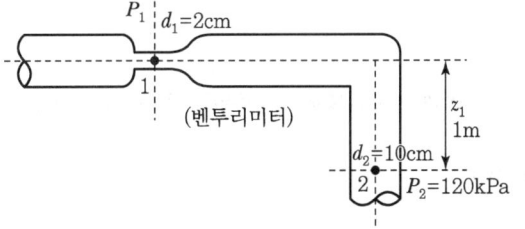

온도(℃)	포화증기압(kPa)
10	1.24
20	2.34
100	101.3256

해답

입구유속$(V_1) = \sqrt{\dfrac{2g\{(P_1-P_2)+z\}}{\rho r} \bigg/ \left(1-\left(\dfrac{d_1}{d_2}\right)^4\right)}$

$= \sqrt{\dfrac{2\times 9.8 \times \{(120\times 10^3 - 2.34\times 10^3)+1\}}{9.8\times 1{,}000} \bigg/ \left(1-\left(\dfrac{2}{10}\right)^4\right)}$

$= 15.33\,(\text{m/s})$

출구유속$(V_2) = V_1 \times \left(\dfrac{A_1}{A_2}\right)^2 = 15.33\times\left(\dfrac{2}{10}\right)^2$

$= 0.6132\,(\text{m/s})$

∴ 2번 지점의 최대유량$(Q) = A_2 V_2 = \dfrac{\pi}{4}(0.1)^2 \times 0.6132 \times 10^3 = 4.81\,(\text{L/s})$

참고

- $1\text{Pa} = 1\text{N/m}^2$, $1\text{kPa} = 10^3\text{Pa}$
- $1{,}000\text{kgf/m}^3 = 1{,}000\times 9.8 = 9{,}800\text{N/m}^3$
- $1\text{atm} = 1.01325\text{kgf/cm}^2 = 101{,}325\text{Pa} = 101{,}325\text{N/m}^2$
- $1\text{N} = 1\text{kg}\cdot\text{m/s}^2 = \dfrac{1\text{kg}\cdot\text{m/s}^2}{9.8\text{m/s}^2} = \dfrac{1}{9.8}\text{kg}$
- $1\text{kg}\cdot\text{m/s}^2 = 9.8\text{N}\cdot\text{m/s} = 9.8\text{J/s} = 9.8\text{W}$
- $1\text{kgf}\cdot\text{m} = 9.8\text{N}\cdot\text{m} = 9.8\text{J}$
- $1\text{kg}\cdot\text{m} = 1\text{kgf}$

참고문제

길이 2m, 폭 2m 평판에서 온도 60℃의 유체를 10℃, 2m/s로 유동시킬 때 (1) 너셀수 및 (2) 전열량(W)을 구하시오.[단, 임계 레이놀즈수(Re)는 2,000, 열전달률(K)은 0.6W/m²·K, 평균물성치(ν)는 2×10^{-4}m²/K, 프란틀수(Pr)는 0.8이다.]

해답

(1) $Nu_{평판} = 0.0296(Re)^{0.8} \times (Pr)^{\frac{1}{3}}$
$= 0.0296(2,000)^{0.8} \times (0.8)^{0.4} = 0.0296 \times 437.3448 \times 0.91461 = 11.84$

면적(A) $= 2\times 2 = 4$m²

(2) 전열량 $= 4 \times 0.6 \times (60-10) = 120$(W)

참고

$Re = \dfrac{관성력}{점성력} = \dfrac{V \times D}{\nu}$

$Pr = \dfrac{운동량의 분자 확산율}{열의 분자 확산율} = \dfrac{\nu}{a}$

여기서, a : 열전달률(W/m²·h)

$Nu_{원관} = 0.023(Re)^{0.8} \times (Pr)^{0.4}$

참고문제

60℃의 물이 유속 2m/s의 속도로 온도가 20℃이고 길이가 5m인 평판 위의 표면을 흐르고 있을 때 단위 폭 1m당 전열량(W)을 구하시오.(단, 물의 밀도(ρ) : 1,000kg/m³, 프란틀수(Pr) : 2,962, 열전도율(K) : 0.1444W/m·℃, 점성(ν) : 2.485×10^{-4}(m²/s), 임계 레이놀즈수(Re) : 5×10^5이다.)

해답

레이놀즈수(Re) $= \dfrac{VL}{\nu} = \dfrac{2\times 5}{2.485\times 10^{-4}} = 4.024\times 10^4$ (임계 레이놀즈수보다 작으므로 층류)

층류의 너셀수(Nu) $= \dfrac{h\cdot L}{K} = 0.664Re^{0.5}\cdot Pr^{\frac{1}{3}}$
$= 0.664 \times (4.024\times 10^4)^{0.5} \times 2,962^{\frac{1}{3}} = 1,913$

열전달률 $h = \dfrac{K}{L}Nu = \dfrac{0.1444}{5} \times 1,913 = 55.25$(W/m²·℃)

∴ 전열량 $Q = hA(T_1 - T_2)$
$= 55.25 \times (5\times 1) \times (60-20) = 11,050$(W)

참고

$Nu_{층류} = \dfrac{hL}{K} = 0.664Re^{0.5}Pr^{\frac{1}{3}}$

$Nu_{난류} = \dfrac{hL}{K} = 0.0308Re^{0.8}Pr^{\frac{1}{3}}$

여기서, h : 열전달계수(경막계수) = 열전달률

문제 20

내경 50mm인 관 내를 비중 0.9인 액체가 흐른다. 관에 직경 20mm인 오리피스를 장치하여 수은 마노미터차 520mmHg를 얻었다. 이때 관로의 평균유속(m/s)을 구하시오.(단, 수은의 밀도는 13.6, C_o = 0.61로 한다.)

해답

$$Q = AV = \frac{\pi}{4}d^2 \frac{C_o}{\sqrt{1-m^2}} \sqrt{2g\left(\frac{\rho_1 - \rho}{\rho}\right)h}$$

$$= \frac{\pi}{4} \times (0.02)^2 \times \frac{0.61}{\sqrt{1-0.16^2}} \sqrt{2 \times 9.8 \times \frac{(13.6-0.9) \times 10^3}{900} \times 0.52}$$

$$= 0.00233 \, \text{m}^3/\text{s}$$

$$\therefore \text{유속}(V) = \frac{0.00233}{\frac{\pi}{4} \times 0.05^2} = 1.19 \, \text{m/s}$$

참고

개구비$(m) = \left(\frac{D_o}{D}\right)^2 = \left(\frac{A_o}{A}\right)^2 = \left(\frac{0.02}{0.05}\right)^2 = 0.16$

유량계수$(C) = \frac{C_o}{\sqrt{1-m^2}}$

1mm = 0.001m

제4편 과년도 기출문제

참고문제

다음 그림과 같은 관로에 차압식 유량계(벤투리미터)를 설치하여 20℃의 물을 통과시켰을 때 캐비테이션이 발생하지 않는 조건으로 유량(L/s)을 구하시오.(단, 물의 온도 20℃에서 포화증기압은 2.34kPa이고, 수은의 비중은 13.6이다.)

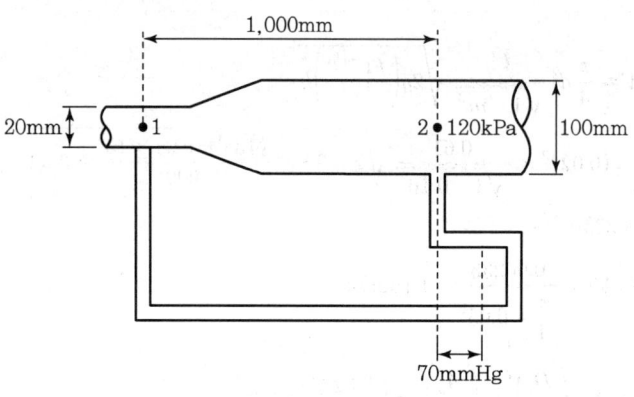

해답 유량$(Q) = A_1 \times V_1$

$$A_1 = \frac{\pi}{4}d^2, \quad V_1 = \frac{\sqrt{2g\left(\frac{S_o - S}{S}\right)h}}{1 - \left(\frac{d_1}{d_2}\right)^4}, \quad 1 - m^2 = 1 - \left(\frac{d_1}{d_2}\right)^4, \quad 개구비(m) = \left(\frac{A_1}{A_2}\right)$$

$$\therefore Q = \frac{\pi}{4}(0.02)^2 \times \sqrt{\frac{2 \times 9.8\left(\frac{13.6 - 1}{1}\right) \times 0.07}{1 - \left(\frac{0.02}{0.1}\right)^4}}$$

$$= 0.000314 \times 4.16112 = 0.001307 (\text{m}^3/\text{s}) = 1.31 (\text{L/s})$$

에너지관리기사(2022.5.7)

-주관식 필답형(서술형, 단답형)-

문제 01
집진장치를 크게 3가지로 구분하여 종류 1가지 이상 쓰시오.
(1) 건식   (2) 습식   (3) 전기식

해답
(1) 건식 : 중력침강식, 관성식, 원심력식, 여과식
(2) 습식 : 세정식(유수식)
    가압수식 : 벤투리스크러버, 제트스크러버, 사이클론스크러버, 충전탑
(3) 전기식 : 코트렐식

문제 02
다음 보온단열재 중 최고사용 안전온도가 낮은 순서대로 쓰시오.

[보기]
규조토, 규산칼슘보온재, 폼글라스, 우레탄폼, 세라믹파이버

해답 우레탄폼, 폼글라스(유리솜), 규조토, 규산칼슘보온재, 세라믹파이버

참고
- 우레탄폼(80℃ 이하), 글라스울(유리솜 300℃ 이하)
- 규조토(500℃ 이하), 규산칼슘보온재(650℃ 이하)
- 세라믹파이버(1,300℃ 이하), 실리카파이버(1,100℃ 이하)

문제 03
강판을 1줄 겹치기 리벳이음을 한다. 두께가 20mm, 피치가 80mm, 리벳직경이 30mm일 때 이 강판의 효율(%)은 얼마인가?

해답 $\eta = \dfrac{p-d}{p} \times 100\% = \dfrac{80-30}{80} \times 100 = 62.5\%$

문제 04

열 사용 기자재인 로에서 배출되는 고온의 연소가스가 온도 750℃, 배기가스량 5kg/s로 열교환기 출구에서 150℃로 배출이 되었다. 배기가스의 정압비열이 1.3kJ/kg·K일 때 열교환기인 공기예열기의 입구에 공급되는 공기온도는 20℃, 연소용 공기 질량유량은 8kg/s로 주입될 때 연료는 연소용 공기의 온도가 20℃ 상승할 때마다 1%씩 절감된다고 하면 공기의 예열온도 상승에 따른 연료 절감률은 몇 %인지 계산하시오.(단, 공기의 정압비열은 1.139kJ/kg·K이다.)

해답 공기예열기의 공기 출구온도$(T) = 1.3 \times 5 \times (750-150) = 1.139 \times 8 \times (x-20)$

출구온도$(x) = 20 + \dfrac{1.3 \times 5 \times (750-150)}{1.139 \times 8} = 448℃$

공기예열기 온도 상승$(x) = 448 - 20 = 428℃$

∴ 연료 절감률 $= \dfrac{1\%}{20℃} \times 428℃ = 21.4\%$

문제 05

수관보일러에서 보일러수의 유동방식에 따라 3가지로 분류하시오.

해답
① 자연순환식
② 강제순환식
③ 관류유동식

문제 06

보일러 운전 시 점화불량 원인을 5가지만 쓰시오.

해답
① 기름 또는 연료가 분사되지 않을 경우
② 연료배관 내부에 물, 먼지, 슬러지 등 불순물이 들어갔을 때
③ 통풍력이 맞지 않을 때
④ 버너개도 또는 공연비가 적당하지 못한 경우
⑤ 1차 공기량의 과다 또는 양이 과대한 경우
⑥ 점화용 불꽃의 불량 및 타이밍이 맞지 않을 때
⑦ 화염검출기의 불량

참고 (1) 불완전연소의 원인
① 공기나 연료공급 압력의 불안정
② 1차 공기압력 과대
③ 기름보일러의 경우 예열온도 과대
④ 기름의 점도 과대
⑤ 공기와의 접촉, 혼합이 불충분한 경우

⑥ 배기가스 배출이 불량한 경우
⑦ 불꽃이 저온물체에 접촉하여 온도가 하강할 경우
⑧ 소요공기 공급량의 부족

(2) 역화의 원인
① 연료나 가스공급 압력 이상 저하
② 1차 공기댐퍼의 열림이 적을 경우
③ 연소속도가 느릴 경우
④ 버너온도가 상승하여 가스 등 연료가 고온이 되어 연소속도가 너무 빠를 경우
⑤ 버너 부식으로 염공이 지나치게 커진 경우
⑥ CO 가스가 잔류할 경우

(3) 매연 발생 원인
① 연료 중 회분이 과다한 경우
② 공기공급량 부족
③ 연소량 과대
④ 통풍력 불량
⑤ 연소실 온도 저하
⑥ 공기비의 부적당

문제 07

연돌에서 배출하는 배기가스 성분의 분석결과 이산화탄소(CO_2)가 15%, 일산화탄소(CO)가 1.2%, 산소(O_2)가 8%로 분석되었다면 공기비(과잉공기계수)를 계산하시오.

해답

공기비$(m) = \dfrac{N_2}{N_2 - 3.76(O_2 - 0.5\,CO)}$

$N_2 = 100 - (CO_2 + O_2 + CO) = 100 - (15 + 1.2 + 8) = 75.8\%$

∴ 공기비$(m) = \dfrac{75.8}{75.8 - 3.76(8 - 0.5 \times 1.2)} = \dfrac{75.8}{47.976} = 1.58$

문제 08

아래에 해당하는 강철제보일러의 최고사용압력을 이용하여 수압시험압력(MPa)을 쓰시오.

(1) 0.3MPa   (2) 0.6MPa   (3) 1.6MPa

해답
(1) 0.3MPa
0.43MPa 이하는 2배
∴ 0.3×2 = 0.6MPa

(2) 0.6MPa
   0.43MPa 초과~1.5MPa 이하는 1.3배 + 0.3MPa
   ∴ 0.6×1.3+0.3=1.08MPa
(3) 1.6MPa
   1.5MPa 초과는 1.5배
   ∴ 1.6×1.5=2.4MPa

문제 09

다음 보일러의 자동제어에서 빈칸에 올바른 내용을 써 넣으시오.

제어의 분류	제어량	조작량
자동연소제어(ACC)	증기압력	연료량, 공기량
	(①)	연소가스량
자동급수제어(FWC)	보일러 수위	(②)
과열증기온도제어(STC)	(②)	전열량

해답

제어의 분류	제어량	조작량
자동연소제어(ACC)	증기압력	연료량, 공기량
	노 내압	연소가스량
자동급수제어(FWC)	보일러 수위	급수량
과열증기온도제어(STC)	증기온도	전열량

문제 10

유속을 측정하는 피토관을 유체인 물속에 삽입하여 측정한 결과 전압이 12mH$_2$O이고 물의 유속은 11.71m/s로 측정한 결과를 얻었다. 이 경우 정압은 몇 kPa인지 계산하시오.(단, 1atm = 10,332mmH$_2$O = 101.325kPa이다.)

해답 정압(P_2) = $P_1 - \dfrac{\gamma V^2}{2g}$, $(12\times 10^3) - \dfrac{10^3 \times (11.71)^2}{2\times 9.8} = 5003.87\text{mmH}_2\text{O}$

∴ $P_2 = 101.325 \times \dfrac{5{,}003.87}{10{,}332} = 49.07\text{kPa}$

참고 유속(V) = $\sqrt{2g\dfrac{P_1-P_2}{\gamma}}$, 물의 비중량($\gamma$) = 1,000kg/m^3

문제 11
기계식 증기트랩으로서 비중차 또는 부력을 이용한 트랩을 보기에서 번호를 골라 쓰시오.

[보기]
(1) 플로트트랩 (2) 디스크트랩 (3) 버킷트랩 (4) 바이메탈트랩 (5) 벨로스트랩

해답 (1), (3)

문제 12
스테인리스강(STS)의 종류를 3가지만 쓰시오.

해답
① 오스테나이트계강
② 페라이트계강
③ 마르텐사이트계강

문제 13
연소 시 불꽃이 버너에서 부상하여 노즐에서 벗어나 어떤 거리를 두고 버너선단 즉 공간에서 연소하며 분출속도에 비하여 연소속도가 평형점 이하로 늦어졌을 때 이상반응을 나타내는 이상연소를 무엇이라고 하는가?

해답 리프팅 현상

참고
(1) 리프팅의 그 반대는 역화현상이다.
(2) 옐로팁 : 연소 시 유리탄소가 많아지면서 충분한 속도로 진행하지 못하고 미연소상태에서 탄소입자가 적열되어 불꽃이 적황색으로 나타나는 연소 이상현상이다.

참고문제
증기원동소에서 10^4MPa(10,000kPa), 500℃의 증기 1kg이 증기터빈에 공급되며 복수기 압력이 5kPa이라고 하면 펌프일은 몇 kJ/kg인가?(단, 비체적은 0.001005m³/kg이다.)

해답 $W_P = V_1(P_2 - P_1) = 0.001005(10,000 - 5) = 10.05 \text{kJ/kg}$

제4편 과년도 기출문제

문제 14

보일러증기 발생량이 1.5t/h인 보일러에서 다음 각 항목 엔탈피를 이용하여 다음 물음에 답하시오.(단, 보일러압력 1MPa에서 증기엔탈피는 2,864kJ/kg, 급수온도 50℃에서 급수엔탈피는 210kJ/kg이고 물의 증발잠열은 2,257kJ/kg으로 한다.)

(1) 상당증발량(kg/h)을 계산하시오.

(2) 연료소비량 158kg/h, 연료의 저위발열량 28,250kJ/kg에서 이 보일러의 효율(%)을 계산하시오.

해답 (1) 상당증발량(W_e) = $\dfrac{증기발생량(kg/h) \times (발생증기엔탈피 - 급수엔탈피)(kcal/kg)}{표준대기압상태 물의 증발잠열}$

$= \dfrac{1.5 \times 10^3 \times (2,864 - 210)}{2,257} = 1,763.85 \text{kg/h}$

(2) 효율(η) = $\dfrac{시간당\ 증기발생량(발생증기엔탈피 - 급수엔탈피)}{시간당\ 연료소비량 \times 연료의\ 저위발열량} \times 100\%$

$= \dfrac{1.5 \times 10^3 \times (2,864 - 210)}{158 \times 28,250} \times 100 = 89.19\%$

문제 15

수관식 보일러에서 발생하는 일반부식에 대한 내용 중 (1), (2), (3) 안에 알맞은 용어를 쓰시오.

보일러수 물 pH가 낮게 유지되어 약산성이 되면 약알칼리성의 (1)은 철과 물로 중화 용해되면서 그 양이 감소하면 보일러 드럼의 철(Fe)이 물과 반응하여 그 감소량을 보충하는 방향으로 반응이 진행되기 때문에 보일러 재료인 강판으로부터 용출되는 철의 양이 많아져서 부식이 발생하게 된다. 보일러 물에 용존산소(O_2)가 존재하고 물의 온도가 상승하여 고온이 되면 (2)은 용존산소와 결합하여 (3)으로 산화된다.

해답 (1) 수산화제1철
(2) 수산화제1철
(3) 수산화제2철

문제 16

연소과정 이상현상에서 불꽃 주변의 기류에 의하여 불꽃이 염공에서 떨어져 연소하는 현상을 무엇이라고 하는지 쓰시오.

해답 블로오프 현상

문제 17

원통형 보일러 운전에서 그 용량인 상당증발량이 1.5t/h에서 급수온도가 40℃, 급수엔탈피가 168kJ/kg, 발생 증기엔탈피가 689kcal/kg = 2,885kJ/kg일 때 실제 증기 발생량은 몇 kg/h인지 계산하시오.(단, 물의 증발잠열은 2,256kJ/kg으로 한다.)

해답

$$1.5 \times 10^3 = \frac{\text{시간당 실제 증기발생량(발생증기엔탈피 - 급수엔탈피)}}{\text{물의 증발잠열}}$$

$$1,500 = \frac{x(2,885 - 168)}{2,256}$$

∴ 시간당 증기발생량 $(x) = \frac{1,500 \times 2,256}{2,885 - 168} = 1,245.49 \text{kg/h}$

문제 18

제강로 연소로의 화실 규조토 내화벽돌 두께가 20cm, 열전도율이 0.1W/m·K일 때 온도차가 200℃인 곳에 열전도율이 0.2W/m·K인 단열벽돌을 시공하여 내외 온도차가 200℃에서 400℃로 증가하였다. 내화벽돌(b_1)과 단열벽돌의 손실열량 즉, 열유속이 같다면 이 단열벽돌 두께(b_2)는 몇 cm로 하여야 하는지 계산하시오.(단, 주위 기타 열손실은 없는 것으로 한다.)

해답 벽체 손실열량 $(Q) = \dfrac{1}{\left(\dfrac{b}{\lambda}\right)} \times F \times \Delta T$

여기서, F : 면적, ΔT : 온도차, b : 두께

$\dfrac{\lambda_1 \times 1}{b_1} \times F_1 \times \Delta T_1 = \dfrac{\lambda_2 \times 1}{b_2} \times F_2 \times \Delta T_2$, 20cm = 0.2m, 200℃ = 200K, 400℃ = 400K

단열벽돌 두께 $(b_2) = b_1 \times \dfrac{\lambda_2 \times F_2 \times \Delta T_2}{\lambda_1 \times F_1 \times \Delta T_1}$

∴ $b_2 = 0.2 \times \left(\dfrac{0.2 \times 1 \times 400}{0.1 \times 1 \times 200}\right) = 0.8\text{m}$

$0.8 \times 100 = 80\text{cm}$

문제 19

물속에 그림과 같이 길이 3m, 폭 2m의 평판이 30°의 각도로 0점에서 8m되는 곳에 잠겨 있다면 평판이 받는 전압력은 몇 kN이 되는지 계산하시오.(단, 1kgf = 9.8N으로 한다.)

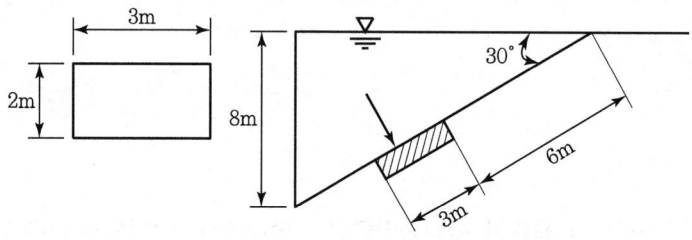

해답

힘$(F) = \gamma \cdot y_c \cdot \sin\theta \cdot A$, $A = 3 \times 2 = 6\text{m}^2$, $y_c = 6 + \dfrac{3}{2} = 7.5\text{m}$

$1,000 \times 7.5 \times \sin 30° \times 6 = 22,500 \text{kgf}$

∴ $22,500 \times 9.8 = 220,500\text{N} = 220.5\text{kN}$

참고문제

그림과 같이 평판(4×2m)이 물속에 45°로 잠겨 있다. 이 평판에 작용하는 전압력(kN)과 작용점(m)을 구하시오.

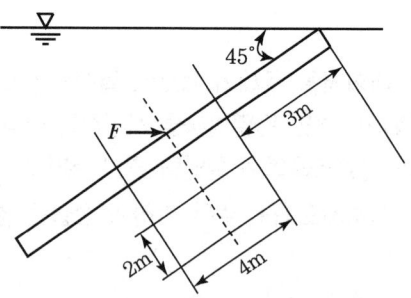

해답

전압력$(F) = \gamma h_c A = 9,800 \times \left(3 + \dfrac{4}{2}\right)\sin 45° \times 2 \times 4 = 277,185.86\text{N} = 277.19\text{kN}$

작용점$(y_P) = y_c + \dfrac{I_G}{A y_c} = (3+2) + \dfrac{\frac{2 \times 4^3}{12}}{2 \times 4 \times (3+2)} = 5.27\text{m}$

📒 참고

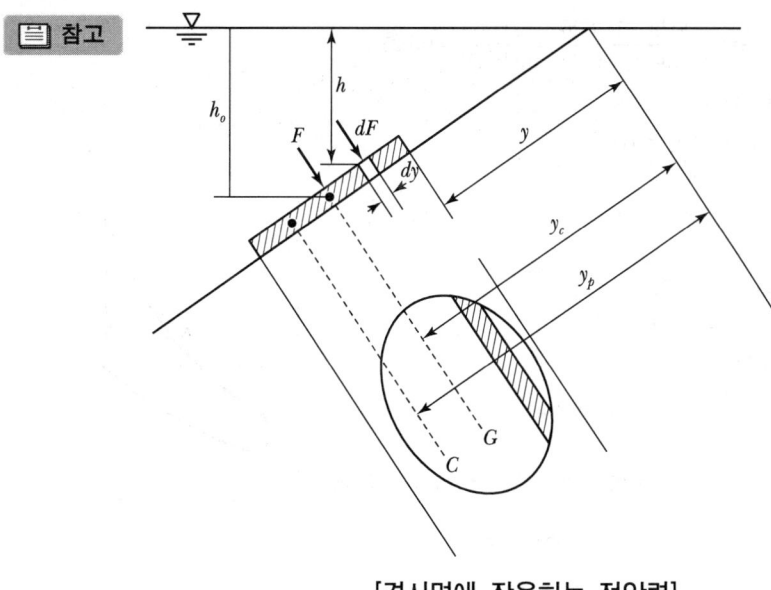

[경사면에 작용하는 전압력]

문제 20

증기원동소에서 랭킨 사이클을 이용하여 100bar, 400℃의 과열증기가 터빈으로 2kg/s 공급이 되고 터빈에서 팽창하여 1.75MW를 얻은 후 압력이 하강하여 복수기 압력이 1bar가 되었다. 아래 물음에 답하시오.(단, 펌프일은 무시한다.)

구분	압력	비체적	엔탈피	엔트로피
과열증기표	100bar, 400℃	과열증기 $V_1 = 38.37 \text{cm}^3/\text{g}$	$h_2 = 3,625.3 \text{kJ/kg}$	$S_1 = 6.9029 \text{kJ/kg} \cdot \text{K}$
압력기준 포화증기표	1bar, 포화온도 99.63℃	포화수 $V_2 = 1.0432 \text{cm}^3/\text{g}$	$h_1 = 417.46 \text{kJ/kg}$	$S_2 = 1.3026 \text{kJ/kg} \cdot \text{K}$
		포화증기 $V_3 = 1,694 \text{cm}^3/\text{g}$	$h_2 = 2,675.5 \text{kJ/kg}$ γ = 증발잠열 $2,258 \text{kJ/kg}$	$S_3 = 7.3594 \text{kJ/kg} \cdot \text{K}$

(1) 복수기 입구에서 증기건도는 얼마인가?
(2) 랭킨 사이클의 효율은 몇 %인가?

📒 해답 • 복수기 입구의 증기건도(x_3)

$$x_3 = \frac{S_1 - S_2}{S_3 - S_2} = \frac{6.9029 - 1.3026}{7.3594 - 1.3026} = \frac{5.6003}{6.0568} = 0.925$$

- 등엔탈피 효율(η_R)

$$\eta_R = \frac{(h_2 - h_3) - (h_1 - h_4)}{h_2 - h_1}$$

$h_3 = 417.46 + 0.925(2{,}675.5 - 417.46) = 2{,}506 \text{kJ/kg}$

$\therefore \eta_R = \dfrac{3{,}625.3 - 2{,}506}{3{,}625.3 - 427.8} = 0.35(35\%)$

- 펌프일 $(h_1 - h_4) = V_2(P_2 - P_1)$

$= 1.0432 \times (100 - 1)$

$= \dfrac{1.0432}{1{,}000} \times 99.63 \times 10^5 \text{N/m}^2$

$= \dfrac{1.0432}{10^3} \text{m}^3/\text{kg} \times 99.63 \times 10^2 \text{J/kg} = 10.33 \text{kJ/kg},$

$h_1 = 417.46 + 10.33 = 427.8 \text{kJ/kg}$

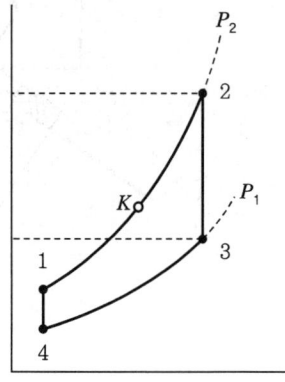

참고 랭킨 사이클 선도

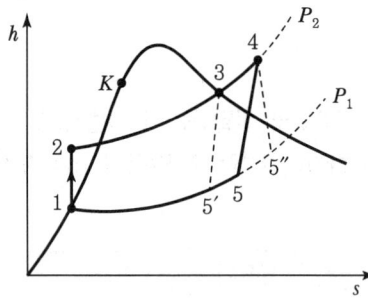

(1) 1 → 2(단열압축) : 복수기에서 응축된 포화수를 급수펌프에서 단열 정적압축하여 보일러에 압축수 공급
(2) 2 → 3 → 4(정압가열) : 압축수가 보일러에서 정압가열되어 포화수를 거쳐 건포화증기가 되며 과열기를 거쳐서 동일 압력하에서 과열증기가 생성된다.
(3) 4 → 5(단열팽창) : 과열증기가 터빈에 들어가서 단열팽창 일을 하고 습증기상태로 복수기에 도입된다(전기발전).
(4) 5 → 1(정압방열) : 터빈에서 배출된 습증기가 복수기에서 정압방열되어 포화수가 된다.

참고 스테인리스강(STC) 분류
(1) 오스테나이트계 스테인리스강[304]
(2) 페라이트계 스테인리스강[430]
(3) 마르텐사이트계 스테인리스강[410]
(4) 석출경화계 스테인리스강[630]

참고문제

랭킨 사이클로 작동되는 증기원동소에서 4MPa, 400℃의 과열증기가 원동기에 공급되고 복수기 압력은 15kPa일 때 다음의 증기표를 이용하여 물음에 답하시오.(단, 펌프일은 1.18kcal/kg)

구분	압력	비체적	엔탈피	엔트로피
과열증기표	4MPa, 400℃	V(비체적)$=0.06998 m^3/kg$	h_2(kcal/kg)$=820.6$	$S=1.6689$ kcal/kg·K
압력기준 포화증기표	15kPa, 포화온도 32.55℃	V'(비체적)$=0.0010052 m^3/kg$	$h_4=32.55$ kcal/kg $h_3=611.3$ kcal/kg	$S'=0.1126$ kcal/kg·K
		V''(비체적)$=28.7 m^3/kg$	γ(증발잠열) $=578.8$ kcal/kg	$S''=2.0058$ kcal/kg·K

(1) 증기의 건도(x_3)를 구하시오.
(2) h_3(복수기 증기 엔탈피) 값을 구하시오.
(3) 랭킨 사이클의 열효율을 구하시오.
(4) 펌프일이 있을 경우 열효율을 구하시오.

해답

(1) $x_3 = \dfrac{1.6689 - 0.1126}{2.0058 - 0.1126} = 0.822$

(2) $h_3 = 32.55 + 0.822 \times 578.8 = 508.3$ kcal/kg

(3) $\eta_R = \dfrac{820.6 - 508.3}{820.6 - 33.73} = 0.39688 (39.69\%)$

(4) $\eta_R = \dfrac{(820.6 - 508.3) - 1.18}{820.6 - 33.73}$
$= 0.3954 (39.54\%)$
여기서, $h_1 = h_4 + W_P = 32.55 + 1.18$
$= 33.75$(kcal/kg)

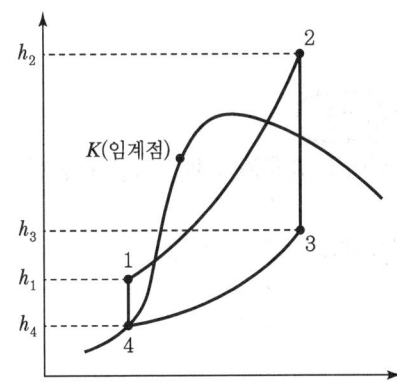

참고문제

증기원동소에서 600℃, 100bar의 증기가 원동기에 공급이 되고 복수기 압력이 1bar가 되었다면 펌프일은 몇 kJ/kg인가?(단, 비체적은 1.0432(m³/kg)이다.)

해답

$h_2 - h_1 = V'(P_2 - P_1) = 1.0432 \times (100 - 1)$
$= \dfrac{1.0432}{1,000} \times 99 \times 10^5 N/m^2 = 1.0432 \times 99 \times 10^2 J/kg = 10.33$ kJ/kg

여기서, $1 bar = 10^5 N/m^2$

에너지관리기사(2022.7.24)

-주관식 필답형(서술형, 단답형)-

문제 01
연료의 연소 시 황분이 많은 연료가 연소하는 경우 발생하는 부식 명칭과 이 부식을 방지하는 방지법을 2가지만 기술하시오.

해답
(1) 명칭
  저온부식
(2) 부식방지법
  ① 황분이 적은 연료를 사용한다.
  ② 적은 과잉공기량으로 연소시킨다.
  ③ 수산화마그네슘 등을 사용하여 노점온도를 낮춘다.
  ④ 내식성 재료를 사용한다.

문제 02
보일러의 송풍기나 배풍기를 이용한 강제통풍장치에서 통풍방식 3가지를 기술하시오.

해답
① 압입통풍
② 흡입통풍
③ 평형통풍

문제 03
유체의 역류를 방지하는 밸브의 명칭과 종류를 2가지만 기술하시오.

해답
① 명칭 : 체크밸브
② 종류 : 스윙식, 리프트식, 디스크식, 판형

문제 04
보일러 운전에서 본체 내부의 청관제 사용 목적을 4가지만 기술하시오.

해답
① pH·알칼리도 조정
② 슬러지 조정
③ 산소나 이산화탄소 제거(O_2, CO_2 제거)
④ 가성취화 억제
⑤ 기포방지
⑥ 스케일 생성 방지

문제 05
배관 등에 사용하는 보온재의 구비조건을 5가지만 기술하시오.

해답
① 보온능력이 크고 열전도율이 적을 것
② 장시간 사용온도에서도 견디며 변질하지 않을 것
③ 어느 정도 기계적 강도를 가질 것
④ 비중이 적을 것
⑤ 사용이 편리하고 보온시공이 확실할 것
⑥ 흡습, 흡수성이 적을 것

문제 06
플레이트형(판형) 열교환기의 사용 시 그 장점을 3가지만 기술하시오.

해답
① 열교환 시 전열이 양호하다.
② 내구성이 크고 스케일 생성 및 부착이 적다.
③ 설치시공이 편리하다.
④ 전열판 고장 시 교체가 매우 용이하다.
⑤ 대용량 설비에 이상적이다.

문제 07

보일러에 사용하는 부르동관 압력계의 선정 및 선정사유를 3가지만 기술하시오.

해답
① 고압용 기기나 보일러에 유리하다.
② 부르동관의 고장이 적다.
③ 부착 시 설치시공이 용이하다.
④ 압력계 연결관 중 강관이나 동관 사용이 편리하다.
⑤ 제품의 구입이 매우 용이하다.

문제 08

보일러실에 사용하는 원심식 펌프의 종류를 2가지만 기술하시오.

해답
① 다단터빈펌프
② 벌류트펌프(센트리퓨걸펌프)

문제 09

보일러 화실벽에서 내화벽은 두께 20cm, 열전도율 1.1W/m·℃, 외벽은 적색벽돌로서 두께 22cm, 열전도율 0.9W/m·℃이며, 내벽 표면온도가 1,000℃일 때 외벽 적색벽돌 표면온도가 685℃이다. 외벽온도가 너무 높아서 열손실을 줄이고자 내벽과 외벽 사이에 규조토 단열벽을 두께 9cm, 열전도율 0.12W/m·℃로 시공하였다면, 시공 후 외벽 표면온도는 몇 ℃가 되는지 구하시오.(단, 별도의 열손실은 없는 것으로 간주한다.)

해답

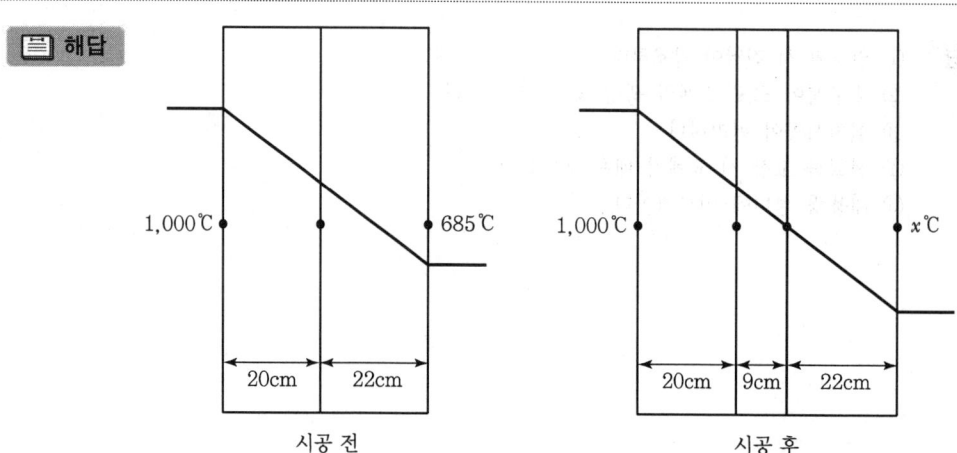

시공 전 / 시공 후

열관류율$(K) = \dfrac{1}{\dfrac{b_1}{\lambda_1} + \dfrac{b_2}{\lambda_2} + \dfrac{b_3}{\lambda_3}}$ [W/m²℃]

$Q_1 = K \cdot \Delta t = \dfrac{1{,}000 - 685}{\dfrac{0.2}{1.1} + \dfrac{0.22}{0.9}} = 738.96 \text{W/m}^2$

$Q_2 = \dfrac{(1{,}000 - x)}{\dfrac{0.2}{1.1} + \dfrac{0.22}{0.9} + \dfrac{0.09}{0.12}}$

∴ $x = 1{,}000 - 738.98 \times \left(\dfrac{0.2}{1.1} + \dfrac{0.22}{0.9} + \dfrac{0.09}{0.12}\right) = 130.77$ ℃

문제 10

저온창고의 열전도율이 6.6W/m · ℃이고 내부온도가 5℃이며 외부온도가 30℃, 창고 벽면의 두께가 250mm이다. 이 경우 벽면에 두께 15mm의 단열재를 부착하니 외부온도가 20℃로 되었다면 벽면 1m²당 절감되는 열량(W)과 단열효율(%)을 구하시오.(단, 단열재의 열전도율은 1.6W/m · ℃이다.)

해답 (1) 절감열량(Q_1)

- 단열 전 손실열량$(Q_1) = KF\Delta t_1$

$Q_1 = \dfrac{1}{\left(\dfrac{b}{\lambda}\right)} \times F \times \Delta t_1 = \dfrac{1}{\left(\dfrac{0.25}{6.6}\right)} \times 1 \times (30-5) = 660 \text{W/m}^2$

- 단열 후 절감되는 열량$(Q_2) = KF\Delta t_2 = \dfrac{1}{\dfrac{b_1}{\lambda_1} + \dfrac{b_2}{\lambda_2}} \times F \times \Delta t_2$

$Q_2 = \dfrac{1}{\dfrac{0.25}{6.6} + \dfrac{0.015}{1.6}} \times 1 \times (20-5) = 317.46 \text{W/m}^2$

(2) 단열효율(η)

$\eta = \dfrac{Q_1 - Q_2}{Q_1} \times 100 = \dfrac{660 - 317.46}{660} \times 100 = 51.9\%$

문제 11

열정산용 보일러 운전 시 증기압력이 0.15MPa일 때 포화증기 엔탈피 2,796kJ/kg, 급수 엔탈피 49kJ/kg에서 증기발생량이 3,950kg/h이며 연료는 도시가스이다. 공급압력 100Pa, 온도 20℃에서 연료사용량이 10m³/min일 때 이 보일러의 효율을 구하시오.(단, 공급압력, 온도에서 연료의 저위발열량 4,058kJ/Nm³, 고위발열량 41,508kJ/Nm³이며 1atm = 101,325Pa이다.)

해답

표준상태 연료소비량 $= (10 \times 60) \times \dfrac{273}{273+20} \times \dfrac{101,325+100}{101,325} = 559.60 \mathrm{Nm^3/h}$

$\therefore$ 보일러 효율$(\eta) = \dfrac{3,950 \times (2,796-49)}{559.60 \times 41,508} \times 100 = 41.71(\%)$

참고 육용 보일러 열정산
- 정격부하에서 정상상태로 적어도 2시간 이상의 운전결과에 따른다.
- 단위연료량은 고체·액체는 1kg, 기체는 0℃, 101.3kPa로 환산한 1Nm³에 대하여 열정산을 한다.
- 발열량은 원칙적으로 고발열량(총열량)으로 한다. 저발열량(진발열량)을 사용하는 경우 기준발열량을 분명하게 명기해야 한다.
- 기체연료 표준상태로의 용적유량 환산은 측정값을 압력온도에 따라 표준상태 0℃, 101.3kPa로 환산한다.

$$V_0 = V \times \dfrac{P}{P_0} \times \dfrac{T_0}{T}$$

여기서, P : 연료가스 압력, P_0 : 표준상태 압력,
T : 연료가스 K 온도, T_0 : 표준상태 K 온도
- 열정산의 기준온도는 시험 시 외기온도를 기준한다.

문제 12

전기식 집진장치의 원리에 대한 설명 중 ( ) 안에 올바른 용어나 숫자를 써 넣으시오.

판상 또는 관상으로 이루어진 집진극을 (①)으로 하고 집진전극 중앙에 매달린 금속선으로 이루어진 (②) 간에 직류고전압을 가해서 (③)을 발생하게 한 다음 이곳에 분진이 포함된 함진가스를 통과시키면 전극 주위의 함진가스는 (④)되면서 대전입자가 되어 정전기력에 의해 +(양극)에 포집되면서 불순물이 처리되는 효율이 매우 높은 전기식 집진장치이다.

해답
① 양극　② 음극
③ 코로나방전　④ 이온화

참고문제

카르노 사이클에서 최고온도 600K에서 최저온도 250K일 때 이 사이클의 물음에 답하시오.

(1) 이 사이클의 열효율(%)을 계산하시오.

(2) 카르노 사이클에 공급하는 열량이 사이클당 500kJ이면 1사이클상 외부에 하는 일은 몇 kJ인가?

(3) 고열원과 저열원 사이에서 작동하는 사이클일이 20kJ이라면 저온에서 방출하는 열은 몇 kJ인가?

해답

(1) $\eta = \dfrac{W}{Q_1} \times 100 = \dfrac{T_1 - T_2}{T_1} \times 100 = \dfrac{600 - 250}{600} \times 100 = 58.33\%$

(2) $Q_1 \times \left(1 - \dfrac{T_2}{T_1}\right) = 500 \times \left(1 - \dfrac{250}{600}\right) = 291.67\text{kJ}$

(3) $Q_1 = \dfrac{20}{0.5833} = 34.29\text{kJ}$

∴ $Q_2 = Q_1 - W = 34.29 - 20 = 14.29\text{kJ}$

문제 13

원형관 내부에 상온, 상압 상태의 공기가 흐르고 있다. 원형관 내부에 피토관을 설치하여 유속을 측정하였더니 전압과 정압의 차인 동압이 980Pa로 나타났다. 원형관 내 공기를 비압축성 흐름으로 가정할 때 속도(m/s)는 얼마인가?(단, 공기의 비중량은 12.7N/m³이다.)

해답

전압 − 정압 = 동압 980Pa, 공기의 밀도$(\rho) = \dfrac{\gamma}{g}$

유속$(V) = C\sqrt{2 \times \dfrac{P_1 - P_2}{\rho}}$, $\rho = \dfrac{980}{9.8}$

∴ $V = \sqrt{2 \times \dfrac{980}{\left(\dfrac{12.7}{9.8}\right)}} = 38.89\text{m/s}$

문제 14

강판 두께가 1.6mm이고 리벳의 지름이 20mm, 리벳의 피치가 50mm일 때 한줄겹치기 리벳조인트에서 한 피치마다 하중이 8kN 작용하면 이 강판에 작용하는 인장응력은 몇 kgf/mm²인가?

해답

$$\text{인장응력}(\sigma t) = \frac{W}{t(P-d)} = \frac{\left(\frac{8 \times 10^3}{9.8}\right)}{1.6 \times (50-20)} = 17.01 \text{kgf/mm}^2$$

참고
$17.01 \times 9.8 = 166.70 \text{Pa}(0.0001667\text{MPa})$
$1\text{kgf} = 9.8\text{N}$

문제 15

증기발생량 8,000kg/h, 증기엔탈피 2,796kJ/kg, 급수엔탈피 49kJ/kg에서 보일러마력을 계산하시오.

해답

$$\text{보일러마력} = \frac{\text{상당증발량}}{15.65}$$

$$\text{상당증발량}(W_e) = \frac{\text{증기발생량} \times (\text{증기엔탈피} - \text{급수엔탈피})}{2{,}256} \text{ (kg/h)}$$

100℃에서의 증기의 잠열을 2,256kJ/kg로 보면

$$\text{보일러마력} = \frac{8{,}000 \times (2{,}796 - 49)}{2{,}256} \times \frac{1}{15.65} = 622.44\text{마력}$$

문제 16

질량 1kg, 증기압력 0.1MPa에서 온도가 27℃인 증기 1kg이 $PV^n = C$이고 $n = 1.3$인 폴리트로픽 변화를 거쳐 온도가 300℃가 되었을 때 엔트로피(kcal/k) 변화를 계산하시오.(단, 비열비 $k = 1.4$에서 정적비열 $C_V = 0.17 \text{kcal/kg} \cdot \text{K}$로 하고 그 압력은 절대압력(abs)이다.)

해답

$$\text{엔트로피 변화}(\Delta S) = G \times C_V \times \frac{n-K}{n-1} \times \ln\left(\frac{T_2}{T_1}\right)$$

$$= 1 \times 0.17 \times \frac{1.3 - 1.4}{1.3 - 1} \times \ln\left(\frac{573}{300}\right)$$

$$= -0.04 (\text{kcal/K})$$

문제 17

액체연료의 원소중량 분석에서 C : 81%, H : 15%, S : 4%일 때 물음에 답하시오.

(1) 이론공기량(Nm³/kg)을 계산하시오.

(2) 이론건연소가스량(Nm³/kg)을 계산하시오.

(3) CO_{2max}를 계산하시오.

해답

(1) 이론공기량(A_o) = $8.89C + 26.67\left(H - \dfrac{O}{8}\right) + 3.33S$
   = 8.89C + 26.67H + 3.33S
   = 8.89×0.81 + 26.67×0.15 + 3.33×0.04 = 11.33 Nm³/kg

(2) 이론건연소가스량(G_{od}) = (1 − 0.21)A_o + 1.867C + 0.7S + 0.8N
   = (1 − 0.21)×11.33 + 1.867×0.81 + 0.7×0.04
   = 10.49 Nm³/kg

(3) $CO_{2max} = \dfrac{1.867C + 0.7S}{G_{od}} \times 100$
   = $\dfrac{1.867 \times 0.81 + 0.7 \times 0.04}{10.49} \times 100 = 14.68\%$

문제 18

최고사용압력이 1MPa인 보일러에서 다음 중 알맞은 부르동관 압력계를 고르고 그 이유를 간단히 설명하시오.

[보기]
- A제품 : 최고사용압력 2MPa, 관경 100mm
- B제품 : 최고사용압력 2.5MPa, 관경 100mm
- C제품 : 최고사용압력 3MPa, 관경 100mm
- D제품 : 최고사용압력 5MPa, 관경 100mm

해답
- B제품을 고른다.
- 선정사유 : 증기보일러에서는 부착하는 압력계 눈금판의 바깥지름은 100mm 이상으로 하여야 하고 압력계 최고눈금은 최고사용압력의 1.5배 이상 3배 이하로 하여야 한다. 1MPa×(1.5~3) = 1.5~3MPa 범위에 해당한다. 따라서 가장 알맞은 압력계는 B제품이므로 선정한다.

문제 19

다음 증기압력 0.5MPa 보일러 운전에 대한 물음에 답하시오.(단, 대기압은 표준상태 0℃, 101.325kPa이며 공급연료는 도시가스를 공급한다.)

[조건]
- 도시가스 공급 분당 사용량 : 10.5m³/min
- 연료의 공급온도 및 압력 : 10℃, 40kPa
- 도시가스 고위발열량, 표준상태 : 38,500kJ/Nm³
- 보일러 급수사용량 : 10,800kg/h
- 급수엔탈피 15℃, 64kJ/kg
- 건포화발생증기엔탈피 : 2,875kJ/kg

(1) 도시가스 연료공급압력, 공급온도기준에서 도시가스 발열량(kJ/m³)을 계산하시오.

(2) 보일러 효율(%)을 계산하시오.

해답 (1) 온도, 압력 변화 후 가스 용적과 발열량

$$\frac{101.325 \times 1}{273} = \frac{(101.325+40) \times V_1}{273+10}$$

$$V_1 = 1 \times \frac{0.371153}{0.499381} = 0.7432 (\text{m}^3)$$

∴ 발열량(H) $= \frac{38,500}{0.7432} = 51,803.01 (\text{kJ/m}^3)$

(2) $\frac{10,800 \times (2,875-64)}{10.5 \times 60 \times 51,803.01} \times 100 = \frac{30,358,800}{32,635,896.3} \times 100 = 93.02(\%)$

참고문제

비중 0.8인 기름이 흐르고 있는 관에 Hg의 U자관을 설치했을 때 H는 몇 m인가?(단, 수은의 비중은 13.6, $P=0.5\,kgf/cm^2$, 대기압은 760mmHg이다.)

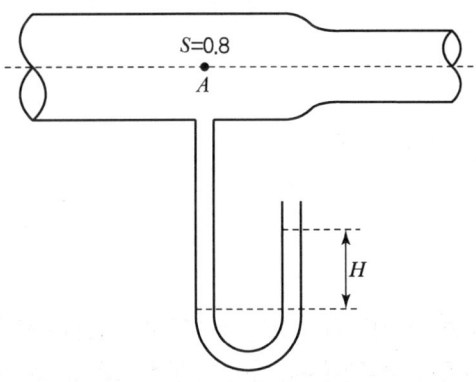

해답

$P_A + \gamma H = \gamma_{(Hg)} \times H + P_a$

$0.5 \times 10^4 + 800 = 13.6 \times 10^3 \times H$

$H = \dfrac{0.5 \times 10^4 + 800}{13.6 \times 10^3} = 0.426\,m$

참고 물의 비중량($1,000\,kgf/m^3 = 9,800\,N/m^3$)

참고문제

다음 피토관의 설치 시 유속(V_1)을 구하시오.(단, 계수는 C값으로 한다.)

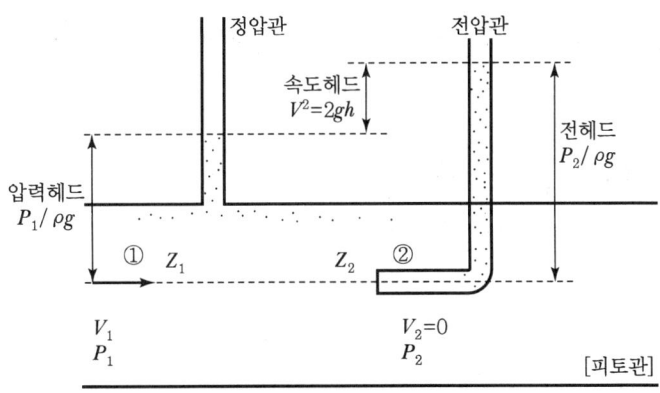

[피토관]

해답

$$\frac{P_1}{\rho g}+\frac{V_1^2}{2g}+Z_1=\frac{P_2}{\rho g}+\frac{V_2^2}{2g}+Z_2$$

$$\frac{V_1^2}{2g}=\frac{P_2-P_1}{\rho g}=h$$

$$V_1=\sqrt{\frac{2(P_2-P_1)}{\rho}}=\sqrt{2gh}$$

$$=C\sqrt{\frac{2(P_2-P_1)}{\rho}}=C\sqrt{2gh}$$

참고문제

내벽은 내화벽돌(두께 220mm, 열전도율 1.1W/m · ℃)이고 중간벽은 단열벽돌(두께 9cm, 열전도율 0.12W/m · ℃)이며 외벽은 적벽돌(두께 20cm, 열전도율 0.8W/m · ℃)인 3겹의 화실벽이 있다. 이때 내벽 표면온도는 1,000℃이고, 외부 공기온도는 14℃일 때 다음 물음에 답하시오.(단, 외벽 표면의 열전달률은 10W/m² · ℃이다.)

(1) 벽면 1m²당 손실열량은 몇 W/m²인가?
(2) 외벽 표면의 온도는 몇 ℃인가?

해답

(1) $Q=K(t_2-t_1)$

$$K=\frac{1}{R}=\frac{1}{\frac{0.22}{1.1}+\frac{0.09}{0.12}+\frac{0.2}{0.8}+\frac{1}{10}}\times(1{,}000-14)$$

$$=\frac{1}{0.2+0.75+0.25+0.1}\times(1{,}000-14)=758.46\,\text{W/m}^2$$

(2) $t_0=t_2-\left\{Q\times\left(\dfrac{b_1}{\lambda_1}+\dfrac{b_2}{\lambda_2}+\dfrac{b_3}{\lambda_3}\right)\right\}=1{,}000-\left\{758.46\times\left(\dfrac{0.22}{1.1}+\dfrac{0.09}{0.12}+\dfrac{0.2}{0.8}\right)\right\}$

$$=1{,}000-(758.46\times 1.2)=89.85\,℃$$

참고 열관류율 $(K)=\dfrac{1}{\dfrac{1}{a_1}+\dfrac{b_1}{\lambda_1}+\dfrac{b_2}{\lambda_2}+\dfrac{b_3}{\lambda_3}+\dfrac{1}{a_2}}$ (W/m² · ℃)

참고문제

화실의 노를 설계하고자 한다. 현재의 내화벽돌 두께 $x$mm, 단열벽돌 및 일반벽돌 두께 300mm, 150mm의 3중 구조로 설계한다. 각각의 열전도율(내화벽돌 : 5W/m·℃, 단열벽돌 0.9W/m·℃, 일반벽돌 3W/m·℃)에서 노의 내부온도가 1,200℃, 실내부온도가 30℃라고 할 때 단열벽돌의 내화도를 감안하여 온도를 900℃ 이하로 유지하려면 내화벽돌의 두께(b_1)는 몇 m로 하는 게 이상적인가?(단, 외기의 일반벽돌 외부면과의 열전달률 W/m²·℃는 무시한다.)

해답

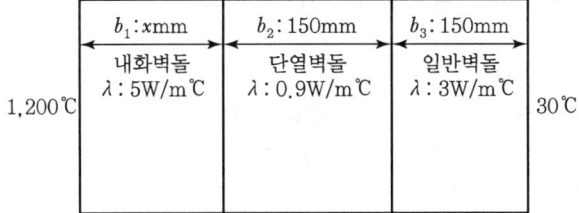

- 단열벽돌에 의한 전열량(Q_1)

$$Q_1 = KF\Delta t = \frac{1}{\frac{b_2}{\lambda_2}+\frac{b_3}{\lambda_3}} \times F \times \Delta t$$

$$= \frac{1}{\frac{0.3}{0.9}+\frac{0.15}{3}} \times 1 \times (900-30) = 2{,}269.57\text{W}$$

- 내화벽돌 두께(b_1)

$$b_1 = \lambda_1 \times \left\{\frac{1 \times F \times \Delta t}{Q_1} - \left(\frac{b_2}{\lambda_2}+\frac{b_3}{\lambda_3}\right)\right\}$$

$$= 5 \times \left\{\frac{1 \times 1 \times (1{,}200-30)}{2269.57} - \left(\frac{0.3}{0.9}+\frac{0.15}{3}\right)\right\} = 0.66\text{m}$$

에너지관리기사(2022.11.19)

―주관식 필답형(서술형, 단답형)―

문제 01
수관식 보일러에서 수냉로벽을 설치하는 목적을 4가지만 쓰시오.

해답
① 노 내의 복사열을 흡수한다.
② 노벽의 지주 역할을 한다.(노벽의 무게를 경감시킨다.)
③ 내화물 노재의 과열을 방지하고 수명을 연장시킨다.
④ 노의 구조상 기밀을 유지한다.
⑤ 가압연소가 가능하다.
⑥ 연소실의 열부하율(kcal/m³h)을 크게 한다.
⑦ 노 내의 온도 구배를 줄여 노재의 스폴링 현상을 방지한다.

문제 02
폐열회수장치로서 배기가스의 여열을 이용하여 보일러 급수를 가열하는 열효율 상승장치의 명칭을 쓰시오.

해답 절탄기(급수가열기, 이코노마이저)

문제 03
노나 연도 내의 가마울림(공명음) 방지대책을 4가지만 쓰시오.

해답
① 습분이 적은 연료를 사용한다.
② 2차 공기의 가열·통풍의 조절을 개선한다.
③ 연소실 내에서 연소를 빨리 연소시킨다.
④ 연소실이나 연도를 개조한다.
⑤ 석탄분에서는 연도 내의 가스포켓이 되는 부분을 재로 채워서 메꾼다.

📖 **참고**
(1) 가마울림 : 연소 중 연소실이나 연도 내에서 연속적인 울림을 내는 공명음인 것이다.
(2) 발생원인 : ① 수분이 많은 연료를 사용하는 경우
② 연료와 공기의 혼합이 나빠 연소속도가 늦은 경우
③ 연도에 소용돌이를 일으키는 포켓이 있는 경우

문제 04
횡형 노통보일러의 종류를 2가지만 쓰시오.

📄 **해답**
① 노통이 1개인 보일러명 : 코르니시 보일러
② 노통이 2개인 보일러명 : 랭커셔 보일러

문제 05
보일러 증기용 감압밸브 설치 시 주의사항을 5가지만 쓰시오.

📄 **해답**
① 가능한 한 부하 측(증기 사용처)의 가까이에 설치한다.
② 감압배관의 주변배관 구경 선정 시 적정한 구경으로 한다.
③ 감압밸브 설치 시 입구 측에 이물질 손상으로 인한 손상 방지를 위하여 여과기를 장착한다.
④ 감압밸브 설치 시 입구 측에는 습포화증기 유입을 방지하기 위하여 기수분리기 등을 설치한다.
⑤ 감압밸브 검사·수리·교체를 위하여 바이패스 배관을 설치한다.
⑥ 감압밸브 출구 측에는 반드시 안전밸브를 설치한다.

문제 06
보일러 운전 중 이상증기가 발생하는 원인을 4가지만 쓰시오.

📄 **해답**
① 운전기술의 미숙
② 연소를 무리하게 하는 경우
③ 이상 고수위로 운전하는 경우
④ 기수분리기, 비수방지관의 기능 불량
⑤ 보일러 용량에 비해 부하량이 클 때

문제 07

다음 냉동기 부속장치를 이용하여 냉매가 순환된다. 그 사이클의 순서를 쓰시오.

[보기]
증발기, 팽창밸브, 수액기, 압축기, 응축기

해답 압축기 → 응축기 → 수액기 → 팽창밸브 → 증발기

문제 08

다음 열전도율에 관한 내용에서 ( ) 안에 들어갈 말을 증가 또는 감소로 답하시오.

기공이 클수록	열전도율이 (①)
밀도가 작을수록	열전도율이 (②)
습도가 높을수록	열전도율이 (③)

해답 ① 증가 ② 감소 ③ 증가

참고 기공층(다공질)이 많고 균일한 기공의 지름이 작을수록 열전도율은 감소한다.

문제 09

석탄을 200mesh 이하로 분쇄하여 연소 표면적을 넓혀 1차 공기와 함께 연소하는 장치명과 이 장치를 사용하는 경우 단점을 3가지만 쓰시오.

해답 (1) 장치명 : 미분탄 연소장치
(2) 단점
① 설비비, 유지비가 많이 든다.
② 회분이나 분진 등이 많이 발생하여 집진장치가 필요하다.
③ 연소실 면적이 커야 하고 폭발의 위험성이 있다.

참고 장점
① 적은 공기비로 완전연소가 가능하다.
② 점화, 소화가 쉽고 부하변동에 대응하기 쉽다.
③ 대용량에 적당하고, 사용연료 범위가 넓다.

문제 10

검사 대상기기로 선정된 보일러 중 계속사용검사가 면제되는 범위의 보일러를 3가지만 쓰시오.

해답
① 증기보일러로서 전열면적이 5m² 이하의 보일러로서 대기에 개방된 안지름이 25mm 이상인 증기관이 부착된 것
② 증기보일러로서 전열면적이 5m² 이하의 보일러로서 수두압 5m 이하이며 안지름이 25mm 이상인 대기에 개방된 U자형 입관이 보일러에 부착된 것
③ 온수보일러로서 유류, 가스 외의 연료를 사용하는 것으로서 전열면적이 30m² 이하인 것
④ 온수보일러로서 가스 외의 연료를 사용하는 주철제 보일러

에너지이용 합리화법 시행규칙 [별표 1] 〈개정 2022.1.21.〉

열사용 기자재(제1조의2 관련)

구분	품목명	적용범위
보일러	강철제 보일러, 주철제 보일러	다음 각 호의 어느 하나에 해당하는 것을 말한다. 1. 1종 관류보일러 : 강철제 보일러 중 헤더(여러 관이 붙어 있는 용기)의 안지름이 150밀리미터 이하이고, 전열면적이 5제곱미터 초과 10제곱미터 이하이며, 최고사용압력이 1MPa 이하인 관류보일러(기수분리기를 장치한 경우에는 기수분리기의 안지름이 300밀리미터 이하이고, 그 내부 부피가 0.07세제곱미터 이하인 것만 해당한다) 2. 2종 관류보일러 : 강철제 보일러 중 헤더의 안지름이 150밀리미터 이하이고, 전열면적이 5제곱미터 이하이며, 최고사용압력이 1MPa 이하인 관류보일러(기수분리기를 장치한 경우에는 기수분리기의 안지름이 200밀리미터 이하이고, 그 내부 부피가 0.02세제곱미터 이하인 것에 한정한다) 3. 제1호 및 제2호 외의 금속(주철을 포함한다)으로 만든 것. 다만, 소형 온수보일러·구멍탄용 온수보일러·축열식 전기보일러 및 가정용 화목보일러는 제외한다.
	소형 온수 보일러	전열면적이 14제곱미터 이하이고, 최고사용압력이 0.35MPa 이하의 온수를 발생하는 것. 다만, 구멍탄용 온수보일러·축열식 전기보일러·가정용 화목보일러 및 가스사용량이 17kg/h(도시가스는 232.6킬로와트) 이하인 가스용 온수보일러는 제외한다.
	구멍탄용 온수 보일러	「석탄산업법 시행령」제2조 제2호에 따른 연탄을 연료로 사용하여 온수를 발생시키는 것으로서 금속제만 해당한다.
	축열식 전기 보일러	심야전력을 사용하여 온수를 발생시켜 축열조에 저장한 후 난방에 이용하는 것으로서 정격(기기의 사용조건 및 성능의 범위)소비전력이 30킬로와트 이하이고, 최고사용압력이 0.35MPa 이하인 것
	캐스케이드 보일러	「산업표준화법」제12조 제1항에 따른 한국산업표준에 적합함을 인증받거나 「액화석유가스의 안전관리 및 사업법」제39조 제1항에 따라 가스용품의 검사에 합격한 제품으로서, 최고사용압력이 대기압을 초과하는 온수보일러 또는 온수기 2대 이상이 단일 연통으로 연결되어 서로 연동되도록 설치되며, 최대 가스사용량의 합이 17kg/h(도시가스는 232.6킬로와트)를 초과하는 것
	가정용 화목보일러	화목(火木) 등 목재연료를 사용하여 90℃ 이하의 난방수 또는 65℃ 이하의 온수를 발생하는 것으로서 표시 난방출력이 70킬로와트 이하로서 옥외에 설치하는 것

구분	품목명	적용범위
태양열집열기		태양열집열기
압력용기	1종 압력용기	최고사용압력(MPa)과 내부 부피(m^3)를 곱한 수치가 0.004를 초과하는 다음 각 호의 어느 하나에 해당하는 것 1. 증기 그 밖의 열매체를 받아들이거나 증기를 발생시켜 고체 또는 액체를 가열하는 기기로서 용기 안의 압력이 대기압을 넘는 것 2. 용기 안의 화학반응에 따라 증기를 발생시키는 용기로서 용기 안의 압력이 대기압을 넘는 것 3. 용기 안의 액체의 성분을 분리하기 위하여 해당 액체를 가열하거나 증기를 발생시키는 용기로서 용기 안의 압력이 대기압을 넘는 것 4. 용기 안의 액체의 온도가 대기압에서의 끓는점을 넘는 것
	2종 압력용기	최고사용압력이 0.2MPa을 초과하는 기체를 그 안에 보유하는 용기로서 다음 각 호의 어느 하나에 해당하는 것 1. 내부 부피가 0.04세제곱미터 이상인 것 2. 동체의 안지름이 200밀리미터 이상(증기헤더의 경우에는 동체의 안지름이 300밀리미터 초과)이고, 그 길이가 1천 밀리미터 이상인 것
요로(窯爐 : 고온가열장치)	요업요로	연속식 유리용융가마 · 불연속식 유리용융가마 · 유리용융도가니가마 · 터널가마 · 도염식 가마 · 셔틀가마 · 회전가마 및 석회용선가마
	금속요로	용선로 · 비철금속용융로 · 금속소둔로 · 철금속가열로 및 금속균열로

에너지이용 합리화법 시행규칙 [별표 3의3] 〈개정 2021.10.12.〉

검사대상기기(제31조의6 관련)

구분	검사대상기기	적용범위
보일러	강철제 보일러, 주철제 보일러	다음 각 호의 어느 하나에 해당하는 것은 제외한다. 1. 최고사용압력이 0.1MPa 이하이고, 동체의 안지름이 300밀리미터 이하이며, 길이가 600밀리미터 이하인 것 2. 최고사용압력이 0.1MPa 이하이고, 전열면적이 5제곱미터 이하인 것 3. 2종 관류 보일러 4. 온수를 발생시키는 보일러로서 대기개방형인 것
	소형 온수 보일러	가스를 사용하는 것으로서 가스사용량이 17kg/h(도시가스는 232.6킬로와트)를 초과하는 것
	캐스케이드 보일러	별표 1에 따른 캐스케이드 보일러의 적용범위에 따른다.
압력용기	1종 압력용기, 2종 압력용기	별표 1에 따른 압력용기의 적용범위에 따른다.
요로	철금속가열로	정격용량이 0.58MW를 초과하는 것

에너지이용 합리화법 시행규칙 [별표 3의4] 〈개정 2022.1.21.〉

검사의 종류 및 적용대상(제31조의7 관련)

검사의 종류		적용대상	근거 법조문
제조 검사	용접검사	동체·경판(동체의 양 끝부분에 부착하는 판) 및 이와 유사한 부분을 용접으로 제조하는 경우의 검사	법 제39조 제1항 및 법 제39조의2 제1항
	구조검사	강판·관 또는 주물류를 용접·확대·조립·주조 등에 따라 제조하는 경우의 검사	
설치검사		신설한 경우의 검사(사용연료의 변경에 의하여 검사대상이 아닌 보일러가 검사대상으로 되는 경우의 검사를 포함한다)	법 제39조 제2항 제1호
개조검사		다음 각 호의 어느 하나에 해당하는 경우의 검사 1. 증기보일러를 온수보일러로 개조하는 경우 2. 보일러 섹션의 증감에 의하여 용량을 변경하는 경우 3. 동체·돔·노통·연소실·경판·천정판·관판·관모음 또는 스테이의 변경으로서 산업통상자원부장관이 정하여 고시하는 대수리의 경우 4. 연료 또는 연소방법을 변경하는 경우 5. 철금속가열로서 산업통상자원부장관이 정하여 고시하는 경우의 수리	
설치장소 변경검사		설치장소를 변경한 경우의 검사. 다만, 이동식 검사대상기기를 제외한다.	법 제39조 제2항 제2호
재사용검사		사용중지 후 재사용하고자 하는 경우의 검사	법 제39조 제2항 제3호
계속사용 검사	안전검사	설치검사·개조검사·설치장소 변경검사 또는 재사용검사 후 안전부문에 대한 유효기간을 연장하고자 하는 경우의 검사	법 제39조 제4항
	운전성능 검사	다음 각 호의 어느 하나에 해당하는 기기에 대한 검사로서 설치검사 후 운전성능부문에 대한 유효기간을 연장하고자 하는 경우의 검사 1. 용량이 1t/h(난방용의 경우에는 5t/h) 이상인 강철제보일러 및 주철제보일러 2. 철금속가열로	

에너지이용 합리화법 시행규칙 [별표 3의6] 〈개정 2022.1.21.〉

검사의 면제대상 범위(제31조의13 제1항 제1호 관련)

검사대상 기기명	대상범위	면제되는 검사
강철제 보일러, 주철제 보일러	1. 강철제 보일러 중 전열면적이 5제곱미터 이하이고, 최고사용압력이 0.35MPa 이하인 것 2. 주철제 보일러 3. 1종 관류 보일러 4. 온수 보일러 중 전열면적이 18제곱미터 이하이고, 최고사용 압력이 0.35MPa 이하인 것	용접검사
	주철제 보일러	구조검사
	1. 가스 외의 연료를 사용하는 1종 관류 보일러 2. 전열면적 30제곱미터 이하의 유류용 주철제 증기 보일러	설치검사

	1. 전열면적 5제곱미터 이하의 증기 보일러로서 다음 각 목의 어느 하나에 해당하는 것
	  가. 대기에 개방된 안지름이 25밀리미터 이상인 증기관이 부착된 것
	  나. 수두압(水頭壓 : 압력을 물기둥의 높이로 표시하는 단위)이 5미터 이하이며 안지름이 25밀리미터 이상인 대기에 개방된 U자형 입관이 보일러의 증기부에 부착된 것
	2. 온수 보일러로서 다음 각 목의 어느 하나에 해당하는 것
	  가. 유류·가스 외의 연료를 사용하는 것으로서 전열면적이 30제곱미터 이하인 것
	  나. 가스 외의 연료를 사용하는 주철제 보일러
		계속사용검사

소형 온수 보일러	가스사용량이 17kg/h(도시가스는 232.6kW)를 초과하는 가스용 소형 온수 보일러	제조검사
캐스케이드 보일러	캐스케이드 보일러	제조검사
1종 압력용기, 2종 압력용기	1. 용접이음(동체와 플랜지와의 용접이음은 제외한다)이 없는 강관을 동체로 한 헤더 2. 압력용기 중 동체의 두께가 6밀리미터 미만인 것으로서 최고사용압력(MPa)과 내부 부피(m³)를 곱한 수치가 0.02 이하(난방용의 경우에는 0.05 이하)인 것 3. 전열교환식인 것으로서 최고사용압력이 0.35MPa 이하이고, 동체의 안지름이 600밀리미터 이하인 것	용접검사
	1. 2종 압력용기 및 온수탱크 2. 압력용기 중 동체의 두께가 6밀리미터 미만인 것으로서 최고사용압력(MPa)과 내부 부피(m³)를 곱한 수치가 0.02 이하(난방용의 경우에는 0.05 이하)인 것 3. 압력용기 중 동체의 최고사용압력이 0.5MPa 이하인 난방용 압력용기 4. 압력용기 중 동체의 최고사용압력이 0.1MPa 이하인 취사용 압력용기	설치검사 및 계속사용검사
철금속가열로	철금속가열로	제조검사, 재사용검사 및 계속사용검사 중 안전검사

문제 11

안쪽 반지름 50cm, 바깥쪽 반지름 90cm인 구형 고압반응용기(K = 41.87W/m · K) 내외의 표면온도가 각각 563K, 543K일 때 손실은 약 몇 (kW)인가?

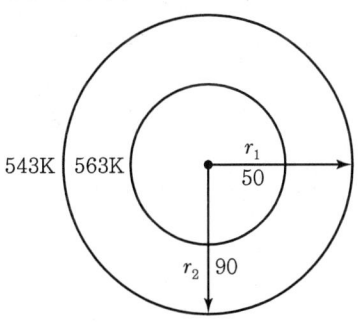

해답 구형 반응용기 열손실(Q) = $K \dfrac{4\pi(T_1 - T_2)}{\dfrac{1}{r_1} - \dfrac{1}{r_2}}$

$= 41.87 \times 10^{-3} \times \dfrac{4 \times \pi \times (563 - 543)}{\dfrac{1}{0.5} - \dfrac{1}{0.9}} = 11.84 \text{(kW)}$

문제 12

보일러용 보급수 2,000ton 중에 용존산소(O_2)가 9ppm 용해되어 있다. N_2나 CO_2의 용해도는 없다는 가정하에 탈산소제를 위한 아황산나트륨(Na_2SO_3)의 소요량은 몇 g인가?

해답 반응식 $2Na_2SO_3 + O_2 \rightarrow 2Na_2SO_4$

1ppm = $\dfrac{1}{10^6}$ 이므로, $(2,000 \times 10^6) \times \dfrac{9}{10^6} = 18,000 \text{(g)}$

$(2 \times 126)\text{g} : 32\text{g} = x\text{g} : 18,000\text{g}$

$\therefore x = \dfrac{2 \times 126 \times 18,000}{32} = 141,750 \text{(g)}$

참고
- 산소의 분자량 : 32
- 물의 용존산소량 : $(2,000 \times 10^3) \times 9 \times 10^{-3} = 18,000 \text{(g)}$

문제 13

연료 1kg 중 탄소 : 70%, 수소 : 20%, 산소 : 2%, 황 : 3%일 때 이론산소량(Nm^3)을 구하시오.

해답 이론산소량(O_o) $= 1.867C + 5.6\left(H - \dfrac{O}{8}\right) + 0.75S$

$= 1 \times \left\{1.867 \times 0.7 + 5.6\left(0.2 - \dfrac{0.02}{8}\right) + 0.7 \times 0.03\right\} = 2.43(Nm^3)$

참고 이론공기량(A_o) $= 2.43 \times \dfrac{1}{0.21} = 11.57(Nm^3)$

문제 14

폐열회수장치에서 급수를 가열하는 장치가 있다. 아래 조건을 이용하여 열효율(%)을 구하시오.

[조건]
- 배기가스 입구온도 : 330℃
- 배기가스 출구온도 : 300℃
- 배기가스의 배기량 : 165,000㎥/h
- 배기가스의 밀도 : 1.35kg/㎥
- 배기가스의 비열 : 1.3kJ/kg·K
- 급수의 비열 : 4.18kJ/kg·K
- 급수 초기온도 : 20℃
- 급수 출구온도 : 50℃
- 급수 사용량 : 12,000kg/h

해답 열교환효율(η) $= \dfrac{\text{급수의 현열}}{\text{배기가스 현열}} \times 100(\%)$

$= \dfrac{12,000 \times 4.18 \times (50 - 20)}{165,000 \times 1.35 \times 1.3 \times (330 - 300)} \times 100 = 17.32\%$

문제 15

입구유속이 10m/s이고 출구에서의 에너지가 400kJ/kg일 때 단열노즐의 출구유속(m/s)을 구하시오.

해답 $V = \sqrt{2(h_2 - h_1) + V^2} = \sqrt{2 \times 400 \times 10^3 + 10^2} = 894.48(m/s)$

참고 $1J = 1N \cdot m, \ 1N = 1kg \cdot m/s^2$

문제 16

동체 안지름이 150mm이고 최고사용압력이 4,000kPa이다. 이 원통형 동판의 두께는 몇 mm로 하여야 하는가? [단, 강판의 인장강도는 450N/mm², 안전율은 4.5, 용접부의 이음 효율은 0.71, 부식 여유치수는 2mm이며, 동체의 유체온도에 대응하는 값(k)은 무시한다.]

해답

$$t = \frac{PD}{2\sigma_a \times \eta - 2P(1-k)} + a = \frac{\left(\frac{4,000}{10^3}\right) \times 150}{2 \times \left(450 \times \frac{1}{4.5}\right) \times 0.71 - 2 \times \left(\frac{4,000}{10^3}\right)} = \frac{600}{134} + 2 = 6.48 (\text{mm})$$

참고 $1\text{MPa} = 10^3 \text{kPa}$

문제 17

열교환 시 절탄기를 이용한다. 배기가스가 절탄기 입구에서 80℃, 출구에서 50℃로 배출되고 급수가 절탄기에서 20℃로 공급되어 40℃로 배수되는 경우 절탄기 열관류율은 125W/m²℃, 물의 공급량이 0.8kg/s, 급수의 비열이 4.186kJ/kg℃일 때 대향류 절탄기에서 전열면적은 몇 m²인가?

해답

$\Delta t_1 = 80 - 40 = 40℃$, $\Delta t_2 = 50 - 20 = 30℃$

$$\Delta t_m = \frac{(80-40)-(50-20)}{\ln\left(\frac{80-40}{50-20}\right)} = \frac{40-30}{\ln\left(\frac{40}{30}\right)}$$

$$= \frac{10}{0.287682} = 34.76(℃)$$

$4,180 \text{J/kg℃} \times 0.8\text{kg/s} \times (40-20) = 66,880 \text{J/s}$
$= 66,880\text{W}$

절탄기 전열면적(A)을 구하면

$66,880\text{W} = 125\text{W/m}^2℃ \times 34.76℃ \times A$

$\therefore A = \frac{66,880}{125 \times 34.76} = 15.39(\text{m}^2)$

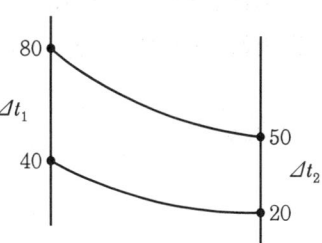

문제 18

랭킨 사이클에서 4MPa, 380℃의 상태로 보일러에서 나와 전력을 얻고자 증기터빈으로 들어간다. 복수기의 압력이 0.015MPa일 때 다음 물음에 답하시오.(단, 아래의 조건을 이용하며, 1MPa = 1,000kPa이다.)

[조건]
P_1 : 0.015MPa, V_1 : 0.001014m³/kg, h_1 : 225.94kJ/kg
P_4 : 4MPa, T_4 : 380℃, h_4 : 3,168.4kJ/kg
0.015MPa에서 S_5' = 0.7549kJ/kg·K, S_5'' : 8.0085kJ/kg·K
4MPa에서 S_4 = 6.7019kJ/kg·K

(1) 펌프일(W_p)은 몇 kJ/kg인가?
(2) 압축수의 엔탈피(h_2)는 몇 kJ/kg인가?
(3) 증기의 건도는 얼마인가?
(4) 복수기 유입 증기엔탈피(h_4)는 몇 kJ/kg인가?
(5) 3 → 4 과정에서 열손실이 10%가 발생하면 실제 터빈일은 몇 kJ/kg인가?
(6) 유효일(W_{met})은 몇 kJ/kg인가?
(7) 공급열량(q_1)은 몇 kJ/kg인가?
(8) 랭킨 사이클의 이론 열효율(η_R)은 몇 %인가?

해답

(1) $W_P = h_2 - h_1 = \int_1^2 VdP = 0.001014(4,000 - 150) = 3.9 (\text{kJ/kg})$

(2) $h_2 = h_1 + W_p = 225.94 + 4.04 = 229.98 (\text{kJ/kg})$

(3) $x = \dfrac{S_4 - S_5'}{S_5'' - S_5'} = \dfrac{6.7019 - 0.7549}{8.0085 - 0.7549} = \dfrac{5.947}{7.2536} = 0.82$

(4) $h_4 = h_1 + x(h_5'' - h_5')$
증기표에서 $h_5'' - h_5' = 2,373.1 (\text{kJ/kg})$ 이므로
$h_4 = 225.94 + 0.82 \times (2,373.1) = 2,171.88 (\text{kJ/kg})$

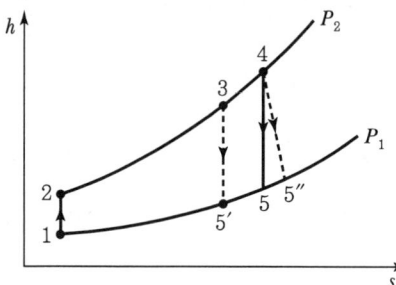

(5) $W_t = \eta(h_4 - h_5) = (1 - 0.1) \times (3{,}168.4 - 2{,}171.88) = 896.87 \text{(kJ/kg)}$

(6) $W_{net} = W_t - W_p = 896.87 - 3.9 = 892.97 \text{(kJ/kg)}$

(7) $q_1 = h_4 - h_2 = 3{,}168.4 - 229.98 = 2{,}938.42 \text{(kJ/kg)}$

(8) $\eta_R = \dfrac{W_{net}}{q_1} = \dfrac{892.97}{2{,}938.42} \times 100 = 30.39(\%)$

📖 참고

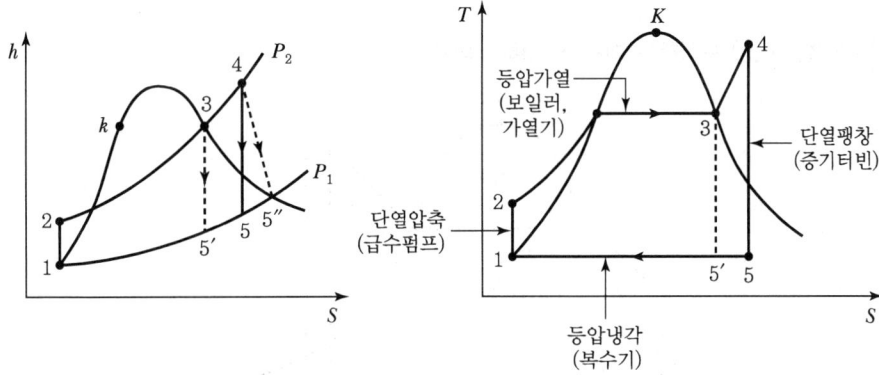

① 급수펌프일 $(W_p) = h_2 - h_1 = V_1(P_2 - P_1)$

② 과열증기 엔탈피 $(q_1) = (h_3 - h_2) + (h_4 - h_3) = h_4 - h_2$
: 보일러에서 가열량 + 과열기에서 가열량

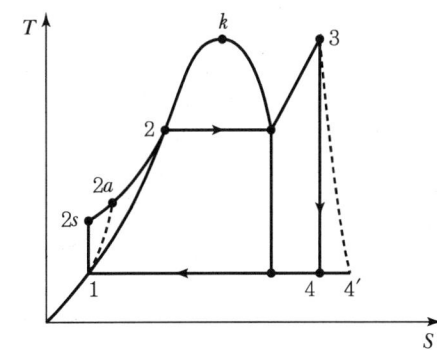

③ 단열팽창 터빈일 (W_t)

　$W_t = h_4 - h_5$

④ 복수기 내에서 습증기의 복수에 필요한 방출열량 (q_2)

　$q_2 = h_5 - h_1$

⑤ 증기 1kg당 얻을 수 있는 유효일 (W_{net})

　$W_{net} = q_1 - q_2 = (h_4 - h_2) - (h_5 - h_1) = (h_4 - h_5) - (h_2 - h_1) = W_t - W_p$

⑥ 랭킨 사이클의 이론열효율(η_R)

$$\eta_R = \frac{W_{net}}{q_1} = \frac{q_1 - q_2}{q_1} = \frac{W_t - W_p}{q_1} = \frac{(h_4 - h_5) - (h_2 - h_1)}{h_4 - h_2}$$

⑦ 펌프일을 무시한 랭킨 사이클 열효율($\eta_R{'}$)

$$\eta_R{'} = \frac{(h_4 - h_5) - W_p}{(h_4 - h_1) - W_p} = \frac{(h_4 - h_5)}{(h_4 - h_1)}$$

📖 **참고** 이상 사이클과 실제 사이클의 비교

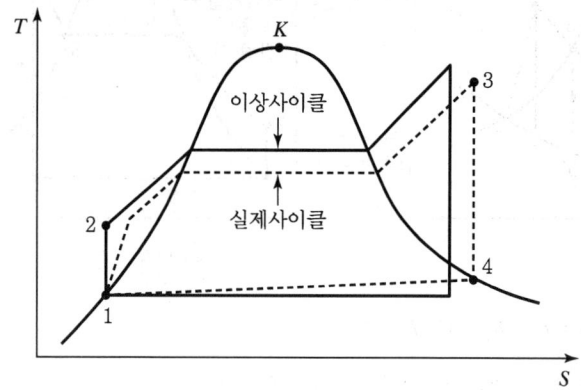

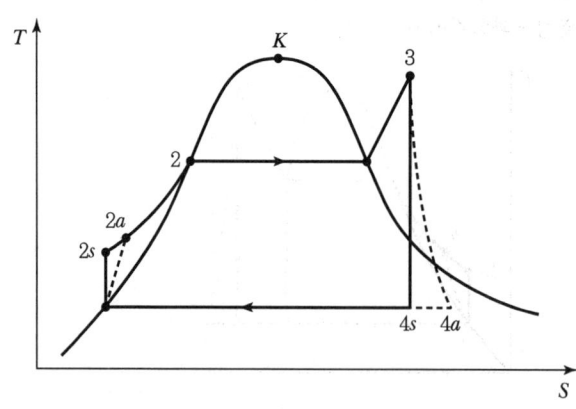

문제 19

다음 공기 1kg의 시스템이 3개의 A, B, C의 과정으로 된 시스템이 P-V 선도상에서 $A \to B \to C \to A$의 경로로 한 사이클을 작동한다. 이 시스템과 주위의 조건에 따른 물음에 답하시오.

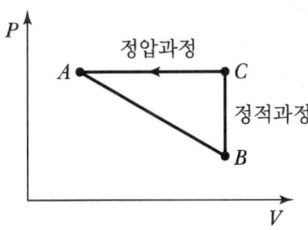

- 각 지점의 압력 $P(A : 300\text{kPa}, B : 200\text{kPa})$
- 각 체적 부피 $V(A : 2\text{m}^3, B : 5\text{m}^3)$
- 공기의 비열 : 1.001kJ/kg·K, 공기의 정적비열 : 0.7134kJ/kg·K
- 공기의 기체상수(R) : 0.287kJ/kg·K

(1) 한 사이클 동안에 이 시스템이 한 일은 몇 kJ인가?

(2) 한 사이클 동안에 이 시스템의 엔트로피 변화는 몇 kJ/K인가?

해답

(1) $W = \dfrac{1}{2}(P_A + P_B)(V_B - V_A) + P_A(V_A - V_C)$

일의 양 : $\dfrac{1}{2} \times (300 + 200) \times (5 - 2) = 750\text{kJ}$

받은 일의 양 : $300 \times (2 - 5) = -900\text{kJ}$

∴ $W = 750 + (-900) = -150\text{kJ}$

(2) 사이클이 $A \to B \to C \to A$의 상태점으로 되돌아오면서 한 사이클에서의 각 단계 시스템의 엔트로피 변화의 합은 0kJ/K

문제 20

강철제 보일러의 최고사용압력이 아래와 같을 때, 각각의 수압시험압력은 몇 MPa인가?

(1) 최고사용압력이 0.35MPa인 경우

(2) 최고사용압력이 0.6MPa인 경우

(3) 최고사용압력이 1.8MPa인 경우

해답
(1) 0.35×2배=7MPa
(2) 0.6×1.3+0.3=1.08MPa
(3) 1.8×1.5=2.7MPa

참고
• 0.43MPa 이하= P×2배
• 0.43MPa 초과~1.5MPa 이하= P×1.3배+0.3MPa
• 0.15MPa 초과= P×1.5배

참고문제
강철제 보일러, 주철제 보일러에서 검사 대상기기에서 제외되는 보일러 조건을 4가지만 쓰시오.

해답
① 최고사용압력이 0.1MPa 이하이고 동체의 안지름이 300mm 이하이며 그 길이가 600mm 이하인 것
② 최고사용압력이 0.1MPa 이하이고 전열면적이 5m² 이하인 것
③ 2종 관류 보일러
④ 온수를 발생시키는 보일러로서 대기 개방형인 것

참고문제
공기예열기(대향류식)에 배기가스가 240℃로 들어가서 160℃로 배기되고 연소용 공기는 외기가 20℃로 들어가서 90℃로 예열되어 나온다면, 이 공기예열기의 대수평균온도차는 몇 ℃인가?

해답
향류형이므로
$\Delta t_1 = 240 - 90 = 150℃$, $\Delta t_2 = 160 - 20 = 140℃$
∴ 대수평균온도차

$$\Delta t_m = \frac{\Delta t_1 - \Delta t_2}{\ln\left(\dfrac{\Delta t_1}{\Delta t_2}\right)} = \frac{150 - 140}{\ln\left(\dfrac{150}{140}\right)} = 144.94℃$$

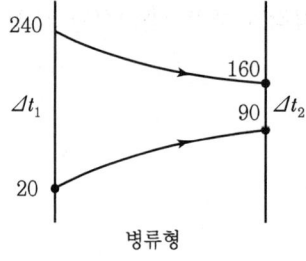

병류형

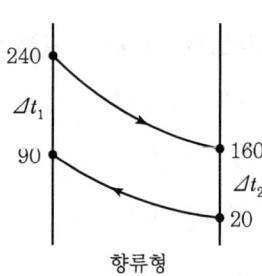

향류형

> **참고** 병류형인 경우
> $\Delta t_1 = 240 - 20 = 220℃$, $\Delta t_2 = 160 - 90 = 70℃$
> ∴ 대수평균온도차
> $$\Delta t_m = \frac{\Delta t_1 - \Delta t_2}{\ln\left(\frac{\Delta t_1}{\Delta t_2}\right)} = \frac{(240-20)-(160-90)}{\ln\left(\frac{240-20}{160-90}\right)} = \frac{220-70}{\ln\left(\frac{220}{70}\right)} = \frac{150}{1.145132} = 130.99℃$$

참고문제

두께 $20a$인 내화벽돌(열전도율 1.3W/m℃)과 두께 $10a$인 플라스틱 절연체(열전도율 0.5W/m℃)로 시공한 2중 벽돌이 있다. 온도는 내화벽돌 쪽이 500℃, 플라스틱 절연체 쪽이 100℃일 때 이 벽의 단위면적당 전열량(W/m²)과 접촉면의 온도(℃)를 계산하시오.

(1) 전열량

(2) 접촉면의 온도(t_2)

해답

(1) $Q = K \Delta t A$, $k = \dfrac{1}{\dfrac{d_1}{\lambda_1} + \dfrac{d_2}{\lambda_2}}$

$\dfrac{Q}{A} = \dfrac{(500-100)℃}{\left(\dfrac{0.2}{1.3} + \dfrac{0.1}{0.5}\right)\dfrac{m}{W/m℃}} = 1{,}130.43 \text{W/m}^2$

(2) $\dfrac{1.3 \times (500 - t_2)}{0.2} = \dfrac{0.5 \times (t_2 - 100)}{0.1}$

∴ $t_2 = 326.09℃$

참고문제

수관식 보일러를 보일러수의 유동방향에 따라서 3가지로 분류하고, 각각의 작동원리를 간단히 설명하시오.

해답
① 자연순환식 : 보일러 내부 보일러수의 밀도차에 의해 자연적으로 순환시키는 방식이다.
② 강제순환식 : 순환펌프나 라몬트노즐을 이용하여 강제로 보일러수를 일정하게 순환시키는 방식이다.
③ 관류순환식 : 급수펌프 등을 이용하여 예열, 가열, 과열의 과정을 거쳐서 순환시키는 방식이다.

참고문제
보일러 운전 시 연료가 노 내에서 점화불량을 일으키는 원인을 5가지만 쓰시오.

해답
① 연료탱크에 연료가 없는 경우
② 오일이나 가스의 경우 여과기나 필터가 막힌 경우
③ 연료 분사노즐이 폐쇄된 경우
④ 오일 공급 펌프가 고장 난 경우
⑤ 자동점화 시 점화플러그가 불량인 경우
⑥ 온도조절스위치가 손상된 경우

참고문제
보온재의 구비조건을 5가지만 쓰시오.

해답
① 열전도율이 작고 보온능력이 클 것
② 부피비중이 작고 다공질일 것
③ 시공이 편리하고 확실할 것
④ 가격이 저렴하고 경제적일 것
⑤ 흡수성이나 흡습성이 없을 것
⑥ 내구성이나 내변질성이 클 것

참고문제
물속에 피토관을 삽입하여 압력을 측정한 결과 전압력이 12mH₂O이고 측정지점에서 유체의 유속이 11.71m/s이다. 이 위치에서 유체의 정압(kPa)을 계산하시오.(단, 대기압은 101.324kPa, 10.332mH₂O이다.)

해답
$V = \sqrt{2gh}$
$h = \dfrac{V_2}{2g} = \dfrac{11.71\text{m/s}}{2 \times 9.8\text{m/s}^2} = 7\text{mH}_2\text{O}$
정압 = 12 − 7 = 5 mH₂O
$5\text{mH}_2\text{O} \times \dfrac{101.325\text{kPa}}{10.332\text{mH}_2\text{O}} = 49.03(\text{kPa})$

참고문제

연료 공급라인의 노즐 기저부에 붙어 있던 불꽃이 공기의 운동과 움직임이 세어짐에 따라 노즐에 정착하지 않고 떨어지게 되어 화염이 꺼져버리는 현상을 무엇이라고 하는가?

해답 블로오프 현상

참고문제

노통연관보일러의 상당증발량이 1.5ton/h, 급수온도가 10℃, 발생증기 엔탈피가 659kcal/kg일 때 실제 증기발생량(kg/h)을 계산하시오.

해답
$$W_e = \frac{W(h_2 - h_1)}{539} = \frac{W(659-10)}{539} = 1.5 \times 10^3$$
$$\therefore W = \frac{539 \times 1.5 \times 10^3}{659-10} = 1,245.76 \,(\text{kg/h})$$

참고
- $W_e = \dfrac{W(659 \times 4.186 - 10 \times 4.186)}{2,256} = 1.5 \times 10^3$
- $W = \dfrac{2,256 \times 1.5 \times 10^3}{(659 \times 4.186) - (10 \times 4.186)} = \dfrac{3,384,000}{2,716.714} = 1,245.61 \,(\text{kg/h})$
- 증발잠열(539kcal/kg = 2,256kJ/kg)

참고문제

연돌에서 배기되는 가스의 분석 결과 CO_2 : 15%, O_2 : 8%, CO : 1.2%로 검출된다면 이 상태에서 질소가스(N_2)를 포함하는 공기비(m)를 구하시오.

해답
질소값 $= 100 - (CO_2 + O_2 + CO)$
$= 100 - (15 + 8 + 1.2) = 75.8\%$

공기비$(m) = \dfrac{N_2}{N_2 - 3.76(O_2 - 0.5CO)} = \dfrac{75.8}{75.8 - 3.76(8 - 0.5 \times 1.2)} = 1.58$

Ⅳ 제4편 과년도 기출문제

참고문제
집진장치의 종류를 분리하는 방식에 따라 3가지만 쓰시오.

해답 중력식, 원심력식, 관성식, 여과식, 전기식, 충진탑, 세정식

참고
- 건식 : 원심력식(사이클론식), 관성식, 여과식, 음파식
- 습식(세정식) : 사이클론스크러버, 벤투리스크러버, 충진탑, 제트스크러버
- 전기식 : 코트렐식

참고문제
고압 대용량 보일러 운전에서 ABC(자동제어)의 안정성 확보를 위해 다양한 제어방식을 이용하는데, ①~④에 알맞은 요소를 써 넣으시오.

제어방법	제어량	조작항목
자동급수(FWC)	보일러 수위	(①)
과열증기온도(STC)	증기온도	(②)
자동연소(ACC)	노내압, (③)	연소가스양, 연료량, (④)

해답
① 급수량
② 전열량
③ 증기압력
④ 공기량

참고문제
보일러 마력의 정의를 쓰시오.

해답 표준대기압하에서 100℃의 물을 증발시켜 상당증발량 15.65kg/h를 생산하는 능력이며, 증기는 전부 건조증기이다.

참고문제
강제통풍방식의 종류를 3가지만 쓰시오.

해답
① 압입통풍
② 흡입통풍(유인통풍)
③ 평형통풍

참고문제

저온부식의 정의와 저온부식 방지법을 2가지만 쓰시오.

해답 (1) 정의

연료 중 황(S)성분이 연소하여 아황산가스(SO_2)가 되고 그 일부가 다시 과잉공기에 의해 산화하여 무수황산(SO_3)이 된 후 연소가스 중의 수증기(H_2O)와 화합하여 노 내나 연도의 온도가 노점온도인 150℃ 이하가 된 후 진한 황산(H_2SO_4)이 되어 전열면을 부식시키는 것을 말한다.

(2) 방지법
① 배기가스의 온도를 노점온도 이하로 낮추지 않는다.
② 연료에서 황성분을 제거하고 과잉산소 투입을 자제한다.
③ 전열면에 보호피막을 씌운다.
④ 저온부식 억제제를 첨가한다.

참고문제

판형(플레이트형)의 열교환기 사용상의 장점을 3가지만 쓰시오.

해답 ① 부식성 유체도 열교환이 가능하다.
② 설비부하에 따른 증설이나 감설·가감이 용이하다.
③ 오염이 심하게 부착한 경우 세척이나 검사 및 교체가 용이하다.

참고문제

배기가스 온도가 80℃에서 50℃로 낮아지고, 급수온도가 20℃에서 40℃로 높아진다. 전열량이 120W/m², 물의 무게가 0.8kg/s, 비열이 4,180J/kg℃일 때, 병류형 계산법을 이용하여 전열면적(m²)을 계산하시오.

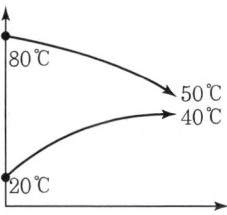

해답 $\dfrac{(80-20)-(50-40)}{\ln\left(\dfrac{80-20}{50-40}\right)} \times 4{,}180 \times 0.8 \times 전열면적(F) = 120$

∴ 전열면적(F) = 0.0013(m²)

참고문제

다음과 같은 열기관의 사이클을 보고 물음에 답하시오.

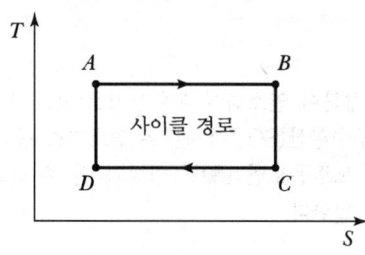

- 온도(A지점 : 600K, C지점 : 400K)
- 엔트로피(A지점 : 100J/K, C지점 : 200J/K)
- 시스템 주위온도 : 20℃ 일정

(1) 한 사이클 동안에 전달된 열량은 몇 J인가?
(2) 한 사이클 동안에 한 일량은 몇 J인가?
(3) 한 사이클 동안에 외부에 대한 엔트로피 변화는 몇 J/K인가?
(4) 이 사이클의 열효율은 몇 %인가?

해답
(1) 전달열량(Q_1) = $T_A \cdot \Delta S$ = 600 × (200 − 100) = 60,000J
(2) 방출열(Q_2) = $T_C \cdot \Delta S$ = 400 × (100 − 200) = 40,000J
∴ 60,000 − 40,000 = 20,000J
(3) 엔트로피 변화(ΔS) = $\dfrac{Q}{T}$ = $\dfrac{40,000}{273+20}$ = 136.52 J/K
(4) 효율(η) = $\dfrac{Q_1 - Q_2}{Q_1}$ = $\left(1 - \dfrac{T_2}{T_1}\right) \times 100$ = $\left(1 - \dfrac{400}{600}\right) \times 100$ = 33.33%

참고문제

급수의 내처리에서 청관제의 사용목적을 3가지만 쓰시오.

해답
① 경수를 연수로 만든다.
② 프라이밍, 포밍을 방지한다.
③ 용존산소를 제거한다.
④ 기포 발생을 방지한다.
⑤ pH를 조정한다.
⑥ 불순물을 슬러지화하여 스케일 생성을 방지한다.

참고문제

다음 피토관에서 측정한 유체의 유속이 19.83m/s일 때 h값은 몇 m인가?(단, 이송 중인 유체는 공기이며, 공기밀도 ρ_1=1.245kgf/m³, 마노미터 내 유체 물의 밀도 ρ_2=1,000kg/m³이다.)

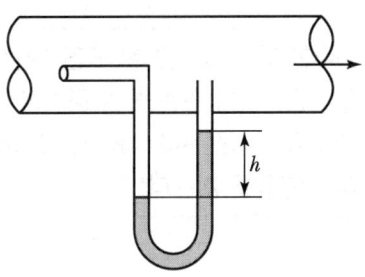

해답

$$19.83 = \sqrt{2 \times 9.8 \left(\frac{1,000-1.245}{1.245} \right) \times h}$$

$$(19.83)^2 = 2 \times 9.8 \left(\frac{1,000-1.245}{1.245} \right) \times h = 15,723.37 \times h$$

$$h = \frac{393.23}{15,723.37} = 0.025(\text{m})$$

참고문제

산업용 소성로에서 배출되는 고온의 연소배기가스로부터 폐열을 회수하여 보일러로 주입되는 연소용 공기를 예열하는 데 활용하고자 한다. 온도가 750℃이고 질량유속이 5kg/s인 소성로 배출가스는 열회수장치에 의해 폐열이 회수되고 150℃로 배출되며, 이때 보일러로 주입되는 공기의 온도는 20℃이고 질량유속이 8kg/s이다. 보일러로 주입되는 공기의 온도가 20℃만큼 올라갈 때마다 1%의 연료가 절약된다고 할 때 폐열 회수로 인한 연료의 절감은 몇 %인지 구하시오.(단, 소성로 폐열 배가스 열회수장치의 입구와 출구의 평균 정압비열은 1,130J/kg℃이고, 보일러로 유입되는 공기의 평균 정압비열은 1,139J/kg℃로 표시된다.)

해답

$1,130\text{J/kg℃} \times 5\text{kg/s} \times (750-150) = 1,139\text{J/kg℃} \times 8\text{kg/s} \times (t_a - 20)$

$t_a = 392.04℃$

$$\frac{1\%}{20℃} = \frac{x(\%)}{372.04℃}$$

$$\therefore x(\%) = 1\% \times \frac{372.04℃}{20℃} = 18.60\%$$

참고문제

다음은 보일러의 관리상 주의해야 할 철의 부식에 관한 설명이다. ( ) 안에 알맞은 내용을 써 넣으시오.

> 보일러 내면의 순수한 철을 순수한 물에 넣으면 철 표면에서는 (①)이라는 화합물이 생성되어 안정화된다. 그러나 여기에 용존산소가 있는 물을 첨가하면 철 표면의 안정된 물질은 산화 반응에 의하여 (②)이라는 화합물이 침전된다. 따라서 보일러수 속의 용존산소는 철제 보일러 부식과 침전물을 생성시켜 악영향을 끼친다.

해답 ① 수산화제1철
② 수산화제2철

참고문제

다음의 피토관에서 h값을 구하는 공식을 쓰시오.

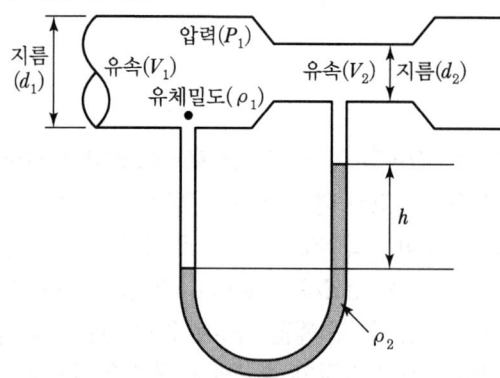

해답
$$\frac{h(d_2-d_1)}{d_1} = \frac{1}{2g}(V_2^2 - V_1^2)$$

$$\therefore h = \frac{1}{2g}(V_2^2 - V_1^2) \times \left(\frac{d_1}{d_2-d_1}\right)$$

$$= \frac{1}{2g}(V_2^2 - V_1^2) \times \left(\frac{\rho_1 g}{\rho_2 g - \rho_1 g}\right)$$

$$= \frac{1}{2g}(V_2^2 - V_1^2) \times \left(\frac{\rho_1}{\rho_2 - \rho_1}\right)$$

에너지관리기사(2023.4.22)

−주관식 필답형(서술형, 단답형)−

문제 01

다음에 열거한 내용의 자동제어 종류를 쓰시오.

(1) 정성적 제어로 미리 정해진 순서에 따라서 각 단계를 동작시키는 제어방식으로 보일러연소제어, 커피자판기, 사거리신호등에 많이 적용된다.

(2) 정량적 제어로 편차의 수정동작이 가능하며 설정된 목푯값과 제어량을 비교하여 일치하도록 반복하여 동작하는 제어방식으로 보일러 자동제어 적용이 가능하다.

(3) 보일러 운전 중 현재의 작동상태가 원활하지 못할 때 다음 동작을 진행하지 못하게 정지시켜 보일러사고를 미연에 방지하는 안전관리 제어이다.

해답
(1) 시퀀스제어
(2) 피드백제어
(3) 인터록제어

참고 인터록
① 저수위 인터록
② 불착화 인터록
③ 저연소 인터록
④ 프리퍼지 인터록
⑤ 압력초과 인터록
⑥ 배기가스 온도조절 인터록

문제 02

다음 연료 중 고위발열량(총발열량)이 큰 순서를 쓰시오.

(1) B-C유   (2) B-A유
(3) 휘발유   (4) 경유

해답 (1) → (2) → (4) → (3)

참고 총발열량
- B-C유 : 41.6MJ/L
- B-A유 : 38.9MJ/L
- B-B유 : 40.5MJ/L
- 휘발유 : 32.6MJ/L
- 경유 : 37.7MJ/L
- 원유 : 44.9MJ/L
- 프로판 : 50.4MJ/L
- 천연가스 LNG : 54.6MJ/L
- 부탄 : 49.6MJ/L
- 도시가스 LNG : 43.6MJ/L
- 도시가스 LPG : 62.8MJ/L

문제 03

다음 보온재 중 안전사용온도 또는 최고사용온도가 높은 순서에서 낮은 순서대로 쓰시오.

(1) 세라믹화이버

(2) 펄라이트

(3) 폴리우레탄 폼

해답 (1) → (2) → (3)

참고 안전사용온도(최고사용온도)
- 세라믹화이버 : 1,300℃
- 펄라이트 : 650℃
- 폴리우레탄 폼 : 80℃
- 폼글라스울 : 300℃
- 탄화코르크 : 130℃
- 규조토 : 500℃
- 규산칼슘 : 650℃

문제 04
증기트랩 설치 시 이점을 3가지만 쓰시오.

해답
① 수격작용 방지
② 응축수 및 공기제거에 의한 부식 방지
③ 증기의 열손실 방지
④ 증기 이송 시 저항 방지

문제 05
신에너지 종류를 3가지만 쓰시오.

해답
① 연료전지
② 수소
③ 석탄액화, 가스화 및 중질잔사유 가스화

참고 재생에너지
- 태양광
- 태양열
- 바이오에너지
- 풍력
- 수력
- 해양에너지
- 폐기물에너지
- 지열

문제 06
탈기기 설치목적을 쓰시오.

해답 보일러 내부 부식이나 점식을 방지하기 위하여 보일러급수가 공급되기 전에 용존산소를 제거하는 외처리 기기이다(탈기기 부착이 어려우면 탈산소제를 보일러수에 첨가한다).
- 저압보일러용 : 아황산소다
- 고압보일러용 : 히드라진

참고
- 동일한 물의 온도에서는 기상압력이 낮을수록, 동일한 기상압력에서는 수온이 높을수록 물속에 산소용해도가 적어서 부식발생이 적다.
- 탈기법 : 보일러 급수처리 외처리법에서 용존물 화학적인 처리방법이며 급수처리 내처리에서 탈산소제를 사용하면 청관제 처리법이 된다.

문제 07
매연발생 원인 및 방지법을 각각 3가지만 쓰시오.

해답
(1) 매연발생 원인
  ① 불완전 연소
  ② 황분의 함량이 높은 연료의 연소
  ③ 회분이 많은 연료의 연소
  ④ 과잉공기량의 투입 시
(2) 방지법
  ① 적절한 보일러 연소장치 운전조작
  ② 적절한 공기비의 유지
  ③ 부하변동을 적게 하고 경부하 운전
  ④ 중유등 연소 시 첨가제 사용(바륨염 등 사용)
  ⑤ 전열면 등의 철저한 청소 및 점검

문제 08
포밍, 거품발생 현상의 원리를 쓰고 그 방지법, 조치법을 각각 3가지만 쓰시오.

해답 용존고형물, 관수의 농축, 유지분, 부유물 등을 다량 함유한 관수에서 증기발생 시 거품이 일어난 후 없어지지 않는 화학적인 상태를 말한다.

(1) 방지법
  ① 급수처리를 철저하게 한다.
  ② 신설보일러나 상용보일러에서 급수할 때 오일이 혼입되지 않도록 한다.
  ③ 1년에 2회 정도 수질분석을 실시하여 용존고형물 처리를 제한한다.
  ④ 보일러수의 온도를 급격하게 올리지 않는다.
(2) 조치법
  ① 일시적인 발생 현상에는 소다보링을 실시한다.
  ② 수면분출을 실시하여 관수의 신진대사를 꾀한다.
  ③ 청관제를 투입한다.

문제 09

화염검출기에 대한 다음 물음에 답하시오.
(1) 화염검출기의 종류에 따른 기능 3가지를 쓰시오.
(2) 화염검출기의 종류 3가지를 쓰시오.

📖 **해답**
(1) 화염검출기의 기능
  ① 점화기능이 작동한 후에 화염의 유무 또는 화염상태를 감지하여 전기신호로 변환한 후 주제어장치인 연소안전제어기(프로텍터 릴레이)로 전달한다.
  ② 정상적인 보일러 운전 중에는 화염검출 신호가 연속적으로 연소안전제어기로 보내지며 그 결과에 따라 연료차단밸브와 버너에 신호를 보낸다.
  ③ 화염검출기는 종류에 따라 구조, 화염검출의 원리 및 점검방법이 다르므로 보일러의 종류에 따라 적합한 것을 선정하고 제조자의 안내에 따라 정비를 한다.

(2) 화염검출기의 종류
  열적 화염검출기, 광학적 화염검출기, 전기전도 화염검출기
  또는 스택스위치, 플레임아이, 플레임로드

문제 10

에탄올(에틸알콜)의 중량당 공연비(AFR)를 계산하시오.

(1) 부피식
   AFR = (공기의 몰수/연료의 몰수) = (산소의 몰수/연료의 몰수)

(2) 중량식
   AFR = (공기의 중량/연료의 중량) = (공기의 몰수×분자량/연료의 몰수×분자량)

📖 **해답**
(1) 제1식
   $C_2H_5OH + 3O_2 \rightarrow 2CO_2 + 3H_2O$

   $\dfrac{\left(\dfrac{3}{0.21}\right)}{1} = 14.29 \,\text{mol} \cdot \text{air/mol} \cdot \text{fuel}$

   $14.29 \times \dfrac{29}{46} = 9 \,\text{kg} \cdot \text{air/kg} \cdot \text{fuel}$

   분자량(에탄올 46, 공기 29, 산소 32)

(2) 제2식
   $3 \times 32 \times \dfrac{1}{0.232} = 414$

   $\dfrac{414}{1 \times 46} = 9 \,\text{kg} \cdot \text{air/kg} \cdot \text{fuel}$

문제 11

연소실에서 두께 20cm인 내화벽돌(열전도율 1.3W/m℃)에 열손실 차단을 위하여 두께 10cm의 플라스틱 절연체를 시공하여 2중벽을 구성하였다. 플라스틱 절연체의 열전도율은 0.5W/m℃이고 내부온도는 내화벽돌 쪽이 500℃, 플라스틱 절연체 쪽이 100℃일 때 다음 물음에 답하시오.

(1) 벽의 단위면적당 열손실전열량(W/m²)을 구하시오.

(2) 내화벽돌과 플라스틱 접촉면의 온도(℃)를 구하시오.

해답

(1) $Q = \dfrac{A(t_1 - t_2)}{\dfrac{b_1}{\lambda_1} + \dfrac{b_2}{\lambda_2}} = \dfrac{(500-100)}{\left(\dfrac{0.2}{1.3} + \dfrac{0.1}{0.5}\right)} = 1,130.43 \text{W/m}^2$

(2) $t' = t_1 - \dfrac{b_1}{\lambda_1} \times Q$

$= 500 - \dfrac{0.2}{1.3} \times 1,130.43 = 326.09℃$

문제 12

B-C유인 중유를 연소시키는 노통연관식 보일러에서 다음과 같은 운전결과를 얻었다면 보일러 효율(%)은 얼마인지 구하시오.

[조건]
- 스팀압력 0.1MPa
- 증기발생량 : 2,400kg/h
- 중유사용량 : 250L/h
- 연료의 저위발열량 : 37,800kJ/kg
- 급수온도 : 32℃(134.4kJ/kg)
- 증기엔탈피 : 2,856kJ/kg
- 중유의 비중 : 0.90

해답

효율$(\eta) = \dfrac{G_a \times (h_2 - h_1)}{G_f \times H_l} \times 100\%$

$= \dfrac{2,400 \times (2,856 - 134.4)}{250 \times 0.90 \times 37,800} \times 100 = 76.8\%$

참고 기름소비량 = 250 × 0.90 = 225kg/h

문제 13

보일러 운전 중 연료절약을 위하여 배기가스 온도를 낮추어 급수를 예열하는 절탄기 장치를 설치하였다. 아래 조건에 의한 절탄기 장치의 효율(%)을 구하시오.(단, 급수의 비열은 4.2kJ/kg℃이다.)

[조건]
- 배기가스량 : 16,500Nm³/h
- 배기가스 입구온도 330℃, 출구온도 300℃
- 배기가스 평균비열 : 1.65kJ/Nm³·℃, 급수사용량 : 12,000kg/h
- 급수입구온도 : 70℃, 급수출구온도 : 80℃

해답

$1.65 \times 16,500 \times (330-300) \times \eta = 4.2 \times 12,000 \times (80-70)$

$\therefore \eta = \dfrac{4.2 \times 12,000 \times (80-70)}{1.65 \times 16,500 \times (330-300)} = 0.61707\,(61.71\%)$

문제 14

폐열회수장치를 설치한 배열보일러에서 배기가스 열교환기 입구온도는 400℃, 출구온도는 150℃이다. 이 배기가스 평균정압비열 1.37kJ/Nm³·℃에서 배출량 3,000Nm³/h을 이용하여 0℃로 공급되는 급수 300kg/h을 가열하여 압력 0.8MPa의 포화증기를 생산하고 포화증기 엔탈피가 2,769kJ/kg일 때 열교환기를 이용한 배열보일러에서 열손실(kW)을 구하시오.(단, 1kWh = 3,600kJ이다.)

해답

(1) 시간당 배기가스 현열
$Q_1 = G \times C_p \times \Delta t$
$3,000 \times 1.37 \times (400-150) = 1,027,500 \text{kJ/h}$

(2) 시간당 증기생산 열량
$Q_2 = G \times (h'' - h_1)$
$300 \times (2,769 - 0) = 830,700 \text{kJ/h}$

(3) 손실열량 계산
$Q = 1,027,500 - 830,700$
$= 196,800 \text{kJ/h} = \dfrac{196,800 \text{kJ/h}}{3,600 \text{kJ/kW·h}} = 54.67 \text{kW}\,(1\text{kW} = 1\text{kJ/s})$

문제 15

비수(플라이밍)의 현상에 대하여 설명한 후 방지법, 조치사항을 각각 3가지만 쓰시오.

해답

(1) 현상

보일러 운전 시 압력의 급강하나 보일러수의 온도상승으로 인하여 증기발생 시 물방울이 수면 위로 튀어올라서 증기에 혼입하는 현상이다.

(2) 방지법
① 기수분리기 비수방지관을 설치한다.
② 주증기밸브를 천천히 연다.
③ 압력을 급하게 내리지 않는다.
④ 관수 중에 농축수나 불순물을 제거한다.
⑤ 보일러 운전 중 고수위 운전을 하지 않는다.

(3) 조치사항
① 연료나 소요공기량을 서서히 줄인다.
② 주증기밸브를 차단하고 수위를 안정시킨다.
③ 급수 및 분출을 반복한다.
④ 각종 계측기기를 점검한다.
⑤ 1년에 2회 이상 수질분석을 실시한다.
⑥ 비수방지관이나 기수분리기가 제대로 작동하는지 점검한다.

에너지관리기사(2023.7.22)

-주관식 필답형(서술형, 단답형)-

문제 01
보일러 수면에서 프라이밍, 포밍이 발생하여 증기관으로 이송되는 현상을 무엇이라고 하는가?

해답 캐리오버(기수공발)

문제 02
작업진행 방법에 따른 요의 분류 3가지를 쓰시오.

해답
① 연속요
② 반연속요
③ 불연속요

참고 구조 및 형식에 따른 요의 분류
① 터널요
② 회전요
③ 등요
④ 원요
⑤ 각요
⑥ 견요(석회소성요)
⑦ 반터널요
⑧ 셔틀요

작업진행 방법에 따른 요의 분류
① 연속요(윤요, 터널요)
② 반연속요(등요, 셔틀요)
③ 불연속요(승염식요, 도염식요, 횡염식요)

문제 03
집진장치 종류 6가지를 쓰시오.

해답
① 침강식 ② 관성식
③ 원심력식(사이클론형) ④ 스크러버식
⑤ 코트렐식 ⑥ 세정탑(충진탑)
⑦ 여과식

참고
(1) 건식
① 중력침강식 ② 관성분리식
③ 원심력식 ④ 여과식(백필터식)
(2) 습식
① 유수식 ② 회전식
③ 가압수식
- 벤투리 스크러버
- 사이크론스크러버
- 세정탑
- 제트스크러버
(3) 전기식 :
① 코트렐식

문제 04
과열증기 사용 시 장단점을 각각 3가지만 쓰시오.

해답
(1) 장점
① 증기 원동기의 이론적 효율이 증가한다.
② 적은 증기로 많은 열을 얻는다.
③ 관 내 부식이나 수격작용을 방지한다.
④ 관 내 증기 이송 시 마찰저항이 감소한다.

(2) 단점
① 가열표면의 온도를 일정하게 유지하기가 곤란하다.
② 가열장치에 큰 열응력이 발생한다.
③ 직접 가열 시 열손실이 증가한다.
④ 고온의 증기로 제품의 손상이 우려된다.
⑤ 과열기 표면에 고온부식이 발생하기 쉽다.
⑥ 응축수로 되기가 어렵다.

문제 05

보일러 운전 중 노 내의 가마울림(공명음 발생) 발생 방지법을 4가지만 쓰시오.

해답
① 수분이 적은 연료를 사용한다.
② 2차 공기의 가열 및 통풍을 조절한다.
③ 연소실이나 연도를 개조한다.
④ 연소실 내에서 완전연소시킨다.

참고
(1) 가마울림
   연소 중에 연소실이나 연도 내에서 바람소리 등의 연속적인 울림을 내는 현상이다.
(2) 가마울림 발생원인
   ① 연료 중에 수분이 많은 연료를 연소시키는 경우
   ② 연료와 연소용 공기의 혼합이 나빠서 연소속도가 느린 경우
   ③ 연도에 에어포켓이 있는 경우

문제 06

원통형 보일러(입형, 횡형) 종류를 4가지만 쓰시오.

해답
① 노통 보일러
② 노통연관식 보일러
③ 연관식 보일러
④ 입형 보일러
⑤ 기관차 보일러
⑥ 기관차형 보일러

문제 07

다음에 해당하는 청관제 약품을 2가지만 쓰시오.

(1) 알칼리도 조정제

(2) 슬러지 조정제

해답
(1) ① 가성소다   ② 탄산소다
(2) ① 전분   ② 리그린   ③ 탄닌

문제 08
착화지연(발화지연)이란 무엇인지 설명하시오.

해답 어느 온도에서 가열하기 시작하여 발화에 이르기까지의 시간이며 고온고압일수록 또는 가연성 가스와 산소의 혼합비가 완전산화에 가까울수록 발화지연은 짧아진다.

문제 09
요로의 용도에 따른 분류 6가지만 쓰시오.

해답 ① 용해로 ② 가열로 ③ 소둔로 ④ 평로 ⑤ 소성로 ⑥ 고로 ⑦ 균열로
⑧ 기타(용융로, 소결로, 분해로, 가스발생로, 서냉로, 열풍로, 소각로, 환원로, 유리용융로, 도금로)

문제 10
신재생에너지 중 해양에너지를 이용하여 발전할 수 있는 에너지를 3가지만 쓰시오.

해답 ① 조력(조수간만의 차 에너지 이용=위치에너지, 운동에너지 이용)
② 파력(파도에너지 이용)
③ 해수온도차 에너지(해수 표면과 심층부 온도차 이용)
④ 염소전위차 에너지

문제 11
내경이 50mm인 수평배관에서 직관배관 길이 25m를 통하여 유체가 흐르고 있다. 배관의 마찰손실은 운동에너지의 3.2%일 때 관의 마찰계수를 구하시오.(단, 달시-바하 방정식을 이용하여 소수점 여섯째 자리까지 구하시오.)

해답 $h_L = f \cdot \dfrac{L}{d} \cdot \dfrac{V^2}{2g}$

$\dfrac{V^2}{2g} \times 0.032 = f \times \dfrac{25}{0.02} \times \dfrac{V^2}{2g}$

$\therefore f = \dfrac{0.032}{\left(\dfrac{25}{0.05}\right)} = 0.000064$

문제 12

수관보일러에서 발열량 25,300kJ/kg의 석탄을 시간당 1,585kg 연소하여 340℃의 과열증기를 13,300kg/h 증발시키고 있다. 급수온도 25℃에서 보일러 효율(%)을 구하시오.(단, 포화수 엔탈피는 627.9kJ/kg, 물의 증발잠열은 2,256kJ/kg, 25℃ 물의 엔탈피는 96kJ/kg이다.)

해답 포화증기 엔탈피(h_2) = $h_1 + r$ = 627.9 + 2,256 = 2,883.9kJ/kg

$$\text{효율}(\eta) = \frac{G \times (h_2 - h)}{G_f \times H_l} \times 100\%$$
$$= \frac{13,300 \times (2,883.9 - 96)}{1,585 \times 25,300} \times 100 = 92.41\%$$

문제 13

보일러 폐열회수장치인 공기예열기 열교환장치 입구에서 배기가스 온도 400℃인 연소가스량 120kg/s이 150℃인 상태로 출구로 배출된다. 공기예열기 입구에 공급되는 공기온도 20℃에서 연소용 공기량 100kg/s이 출구로 배출되는 온도(℃)를 구하시오(단, 연소가스 정압비열은 1.2kJ/kg℃이고, 공기의 정압비열은 1kJ/kg℃이다).

해답 $120 \times 1.2 \times (400 - 150) = 100 \times 1 \times (t_2 - 20)$

$$\therefore \text{출구온도}(t_2) = \frac{120 \times 1.2 \times (400 - 150)}{100 \times 1} + 20 = 380℃$$

문제 14

다음에 주어진 조건을 이용하여 프로판가스(C_3H_8) 1kg이 완전연소 시 저위발열량, 고위발열량(kJ/kg)을 계산하시오.(단, 물의 증발잠열은 2,500kJ/kg으로 한다.)

[조건]
$C + O_2 \rightarrow CO_2 + 450kJ$

$H_2 + \frac{1}{2}O_2 \rightarrow H_2O + 250kJ$

해답 (1) 저위발열량(H_l)

$$C = 450\text{kJ/mol} = \frac{450\text{kJ}}{1\text{mol} \times \frac{12\text{g}}{1\text{mol}}} = 37.5\text{kJ/g} = 37,500\text{kJ/kg}$$

$$H_2 = 250\text{kJ/mol} = \frac{250\text{kJ}}{1\text{mol} \times \frac{2\text{g}}{1\text{mol}}} = 125\text{kJ/g} = 125,000\text{kJ/kg}$$

∴ 저위발열량(H_l) = $37,500\text{kJ/kg} \times \frac{36}{44} + 125,000\text{kJ/kg} \times \frac{8}{44} = 53,409.09\text{kJ/kg}$

(2) 고위발열량(H_h) = $H_l + r$

$C_3H_8 + 5O_2 \rightarrow 3CO_2 + 4H_2O \,(4 \times 18 = 72\text{kg})$

프로판가스(C_3H_8) 분자량 = 44

∴ $H_h = 53,409.09 + 2,500 \times \frac{4 \times 18}{44} = 57,500\text{kJ/kg}$

문제 15

연간 중유 4,500m³를 사용하는 보일러의 과잉공기계수가 1.3이다. 공기비 계수가 지나쳐서 공기비를 1.1로 조절하였을 때 아래 물음에 답하시오.(단, 배기가스 비열 0.33kcal/Nm³·℃, 배기가스 온도 225℃, 외기온도 25℃, 중유발열량 9,500kcal/kg, 중유연료 1L당 가격은 200원, 이론습배기가스양은 11.443Nm³/kg이고 이론공기량은 10.709Nm³/kg이다.)

(1) 공기비 조절 전의 배기가스 손실열량은 몇 kcal/kg인가?
(2) 공기비 조절 후의 배기가스 손실열량은 몇 kcal/kg인가?
(3) 연간 중유연료 사용 절감금액은 얼마인가?

해답 (1) 공기비 조절 전 손실열량(Q_1)

$Q_1 = 0.33 \times \{11.443 + (1.3-1) \times 10.709\} \times (225-25) = 967.28\text{kcal/kg}$

(2) 공기비 조절 후 손실열량(Q_2)

$Q_2 = 0.33 \times \{11.443 + (1.1-1) \times 10.709\} \times (225-25) = 825.92\text{kcal/kg}$

(3) 연간 연료절감금액 = $\{4,500 \times 10^3 \times 0.0149(\text{L/년})\} \times 200(\text{원/L}) = 13,410,000(\text{원/년})$

참고 연료절감률(%) = $\frac{967.28 - 825.92}{9,500} \times 100 = 1.49\%$

배기가스 손실열량(Q) = $C_p \times G \times \Delta t$
실제 배기가스양(G) = $G_o + (m-1)A_o$

문제 16

터빈 입구에서 내부에너지 및 엔탈피가 각각 3,000kJ/kg, 3,300kJ/kg인 수증기가 압력이 100kPa, 건도 0.9인 습증기로 터빈을 나간다. 이때 터빈의 출력은 약 몇 kW인가?(단, 발생되는 수증기 질량은 0.2kg/s이고 입출구의 속도차와 위치에너지는 무시한다. 100kPa에서의 상태량은 다음 표와 같다.)

구분	포화수(kJ/kg)	건포화증기(kJ/kg)
내부에너지(u)	420	2,510
엔탈피(h)	420	2,680

해답

터빈출구 습포화증기 엔탈피(h_2) $= h_1 + rx$
$= 420 + (2,680 - 420) \times 0.9 = 2,454 \text{kJ/kg}$

터빈출력(W_T) $= h_1 - h_2 = 3,300 - 2,454 = 846 \text{kJ/kg}$

∴ $846 \text{kJ/kg} \times 0.2 \text{kg/s} = 169.2 \text{kW} (1\text{kW} = 1\text{kJ/s})$

문제 17

가정용 냉장고의 내부온도는 3℃, 외기온도는 25℃이며 냉장고 벽면은 열전도율이 15W/m · K인 두께 1mm의 얇은 강판 2개와 그 강판 사이에 열전도율이 0.035W/m · K인 단열재의 중간벽을 시공한 구조이다. 냉장고 벽면의 외측표면 열전달율은 1W/m² · K, 내측표면 열전달율은 5W/m² · K이고, 냉장고 외벽 표면의 온도가 20℃일 때 외벽 표면에서 응축현상이 발생된다고 할 때 응축(결로)을 방지하기 위한 단열재의 최소두께(mm)를 계산하시오.(단, 외측표면 열전달율은 10W/m² · K이다.)

해답

	1mm	x mm	1mm	
	강판	단열재	강판	
a_1	λ_1	λ_2	λ_3	a_2
5	15	0.035	15	10

$$Q = \frac{1}{\frac{1}{a_1} + \frac{b_1}{\lambda_1} + \frac{b_2}{\lambda_2} + \frac{b_3}{\lambda_3}} \times (t_2 - t_2)$$

$$\frac{b_2}{\lambda_2} = \frac{1 \times (t_2 - t_1)}{a_2 \times (t_2 - t)} - \left(\frac{1}{a_1} + \frac{b_1}{\lambda_1} + \frac{b_2}{\lambda_2} + \frac{1}{a_2}\right)$$

$$\therefore \text{단열재 최소 두께}(b_2) = \lambda_2 \times \left\{ \frac{1 \times (t_2 - t_1)}{a_2 \times (t_2 - t)} - \left(\frac{1}{a_1} + \frac{b_1}{\lambda_1} + \frac{b_3}{\lambda_3} + \frac{1}{a_2} \right) \right\}$$

$$= 0.035 \times \left\{ \frac{1 \times (25 - 3)}{10 \times (25 - 20)} - \left(\frac{1}{5} + \frac{0.01}{15} + \frac{0.01}{15} + \frac{1}{10} \right) \right\}$$

$$= 0.004895 \text{m} = 4.9 \text{mm}$$

문제 18

기체연료인 에틸렌가스(C_2H_4) 20g을 연소할 경우 표준상태의 공기량 380g이 소비된다면 이 경우 과잉공기량은 몇 g인지 계산하시오.(단, 공기 중 산소는 질량당 23.2%이고 에틸렌 분자량은 28로 한다.)

해답

C_2H_4 + $3O_2$ → $2CO_2 + 2H_2O$

28g   3×32g

1mol   3mol

(1) 이론산소량(O_o)

$$\frac{28}{3 \times 32} = \frac{20}{O_o}$$

$$O_o = (3 \times 32) \times \frac{20}{28}$$

(2) 소요되는 이론공기량$(A_o) = \dfrac{\text{이론산소량}(O_o)}{0.232}$

$$= (3 \times 32) \times \frac{20}{28} \times \frac{1}{0.232} = 295.57 \text{g}$$

∴ 과잉공기량 = 380 − 295.57 = 84.43g

에너지관리기사(2023.11.4)

－주관식 필답형(서술형, 단답형)－

문제 01
절탄기나 공기예열기 등 폐열회수장치를 설치할 경우 나타나는 단점을 2가지만 쓰시오.

해답
① 전열면의 부식이 발생한다.
② 통풍력이 감소한다.
③ 고온부식 및 저온부식이 발생한다.
④ 연도내부 청소나 점검이 곤란한다.
⑤ 폐열회수장치에 열응력이 증가한다.
⑥ 폐열회수장치에 그을음 분출제거 빈도가 늘어난다.

문제 02
다음 내용은 어떤 자동제어에 속하는지 그 명칭을 각각 쓰시오.

(1) 미리 정해진 순서에 입각하여 다음 동작이 연속으로 이루어지는 동작으로 수정동작은 불가하며 보일러 연소 시 점화나 소화에 이용되는 자동제어
(2) 제어량의 크기와 목푯값을 비교하여 그 값이 일치하도록 피드백 신호를 보내어 수정동작을 하여 편차를 제어하는 자동제어

해답
(1) 시퀀스 자동제어
(2) 피드백 자동제어

문제 03
내화물 원료의 종류에 따른 분류 6가지만 쓰시오.

해답
① 규석질 ② 반규석질 ③ 샤모트질
④ 마그네시아질 ⑤ 알루미나질 ⑥ 크롬마그네시아질

제4편 과년도 기출문제

참고 내화물의 분류
① 원료의 종류에 따른 분류
② 조성광물에 따른 분류
③ 화학조성에 따른 분류
④ 내화도에 따른 분류
⑤ 용도에 따른 분류
⑥ 형상에 따른 분류
⑦ 가열처리에 의한 분류

문제 04
수관식 보일러의 장점을 4가지만 쓰시오.

해답
① 구조상 고압, 대용량으로 제작이 가능하다.
② 전열면적이 커서 열효율이 좋다.
③ 증기발생 소요시간이 단축된다.
④ 패키지형 제작이 가능하다.
⑤ 동일 용량이면 원통형 보일러보다 설치면적이 적다.
⑥ 수관의 배열이 용이하다.
⑦ 사고 시 원통형 보일러에 비하여 피해가 적다.

문제 05
공기예열기 설치 시 장점을 4가지만 쓰시오.

해답
① 보일러 점화 시 착화열이 감소한다.
② 연료의 완전연소가 가능하고 연소실의 온도가 상승한다.
③ 전열효율, 연소효율이 향상된다.
④ 보일러 열효율이 5% 이상 향상된다.
⑤ 수분이 많은 저질탄의 연료도 이용이 가능하다.

문제 06
급수배관 설치 시 플렉시블(신축이음)을 설치하는 이유를 쓰시오.

해답 펌프 작동 시 기기의 진동이 배관에 전달하지 않도록 방진, 방음 역할 및 배관의 파손을 방지한다.(배관의 신축이음인 루프형, 벨로스형, 슬리브형과는 구별하여야 한다.)

문제 07

보일러 운전 중 플라이밍(비수발생) 발생 시 조치사항을 4가지만 쓰시오.

해답
① 연료공급을 감소시킨다.
② 연소용 공기량을 감소시킨다.
③ 주증기 밸브를 닫고 수위를 안정시킨다.
④ 급수 및 분출을 반복한다.

참고
(1) 비수현상 방지대책
　① 비수방지관을 설치한다.
　② 주증기 밸브를 천천히 연다.
　③ 관수 중에 농축수나 불순물을 제거한다.
　④ 보일러에서 고수위 운전을 지양하고 정상수위로 운전을 한다.

(2) 비수현상 발생원인
　① 관수의 농축
　② 보일러수에 유지분, 알칼리분, 부유물의 함유
　③ 주증기 밸브의 급개
　④ 보일러 부하의 급변동
　⑤ 부적당한 청관제 사용
　⑥ 고수위 운전

문제 08

에틸렌가스(C_2H_4) 연료 20g을 연소할 경우 표준상태의 공기량 380g이 소비되었다. 이때 과잉공기량(g)을 구하시오.(단, 공기 중 산소량은 질량당 23.2%이다.)

해답
$C_2H_4 + 3O_2 \rightarrow 2CO_2 + 2H_2O$
　28g　　3×32g

(1) 이론산소량

$28g : 3 \times 32g = 20g : x$

$x = 3 \times 32 \times \dfrac{20}{28} = 68.57g$

(2) A_o(이론공기량) $= \dfrac{이론산소량}{0.232} = \dfrac{68.57}{0.232} = 295.56g$

∴ 과잉공기량 $= 380 - 295.56 = 84.44g$

제4편 과년도 기출문제

문제 09

아래 조건을 이용하여 펌프의 동력(kW)을 구하시오.

[조건]
- 물의 비중량 = 9.81kN/m³
- 급수소비량 = 10m³/h
- 펌프양 = 50m

해답

$1kN = 10^3 N$, $9.81 \times 10^3 = 9,810 N/m^3$ (물의 비중량)

$1N = \dfrac{1}{9.81} kg$, 물의 비중량 $= \dfrac{9,810}{9.81} = 1,000 kg/m^3$

동력 $= \dfrac{rQH}{102 \times 3,600} = \dfrac{1,000 \times 10 \times 50}{102 \times 3,600} = 1.36 kW$ (1hr = 3,600sec)

문제 10

최고사용압력 8MPa, 인장강도 420N/mm², 안전율 4일 때 배관의 스케줄번호(SCH)를 구하시오.

해답

$SCH = 1,000 \times \dfrac{8}{\dfrac{420}{4}} = 76.19$

참고 $SCH = 1,000 \times (p/s)$, 허용응력(s) = (인장강도/안전율)

문제 11

1일 보일러용 급수 공급량이 36,000L인 보일러에서 급수 중 염화물의 이온농도를 100ppm, 보일러수의 허용 이온농도를 2,000ppm을 유지하기 위한 1일 분출량(L/day)을 구하시오.(단, 응축수 회수율은 적용하지 아니한다.)

해답

분출량 $= \dfrac{W(1-R)d}{r-d} = \dfrac{36,000 \times 100}{2,000 - 100} = 1,894.74 L/day$

참고 응축수 회수율(R) $= \dfrac{\text{응축수 회수량(kg/day)}}{\text{증기 실제 증발량(kg/day)}} \times 100(\%)$

문제 12

아래에 주어진 압력기준 증기표를 이용하면 압력 0.8MPa인 습증기의 건도가 0.7이다. 이 습증기를 교축하여 압력 0.3MPa까지 변화시킨다면 증기의 건도는 얼마가 되는지 계산하시오.

압력(MPa)	온도(℃)	엔탈피(kJ/kg) 포화액	포화증기
0.3	133.55	561.45	2,725.35
0.5	151.86	640.25	2,748.57
0.8	170.43	721.25	2,769.15

해답

(1) 0.8MPa의 습포화증기 엔탈피(h_2)

$$h_2 = h_1 + rx = 721.25 + (2769.15 - 721.25) \times 0.7$$
$$= 2,154.78 \text{kJ/kg}$$

교축과정에서 엔탈피 변화량은 없으므로,

(2) 0.3MPa에서 증기의 건도(x')

$$2,154.78 = 561.45 + (2,725.35 - 561.45) \times x'$$

$$증기건도(x') = \frac{2,154.78 - 561.45}{2,725.35 - 561.45} = 0.736 = 0.74$$

문제 13

다음 설비 주변온도에 대한 물음에 답하시오.

(1) 자동제어 판넬의 내부 부속품의 변형이나 고장을 방지하기 위하여 내부온도는 몇 ℃ 이하로 유지하여야 하는가?

(2) 보일러 외벽온도는 주위온도보다 몇 K를 초과하여서는 안 되는가?

(3) 열수송 및 저장설비 평균 표면온도의 목표치는 주위온도에 몇 ℃를 더한 값 이하이어야 하는가?

해답
(1) 60℃ 이하
(2) 30K(30℃)
(3) 30℃

문제 14

보일러 출력이 15.5kW이고 연료소비량이 2kg/h이며 연료의 발열량이 36,450kJ/kg일 때 보일러 효율(%)을 구하시오(단, 1kWh = 1kJ/s).

해답

$$\eta = \frac{유효출열}{공급열} \times 100$$

$$= \frac{15.5 \times 3,600}{2 \times 36,450} \times 100 = 76.54\%$$

참고 $1\text{kW} = 1\text{kJ/s} = 3,600\text{kJ/h}$

문제 15

내화벽돌 두께가 40cm이고 열전도율이 1.2W/m·K인 내화벽 외측에 열전도율이 0.15W/m·K이고 최고허용온도가 850℃인 규조토 단열벽돌을 시공하였다. 노 내 온도는 1,200℃이고 단열벽돌 밖의 외기온도는 20℃이다. 여기서 단열벽돌과 외기와의 열전달율은 15.5W/m²·K일 때 단열벽돌의 두께는 몇 mm인가?

해답

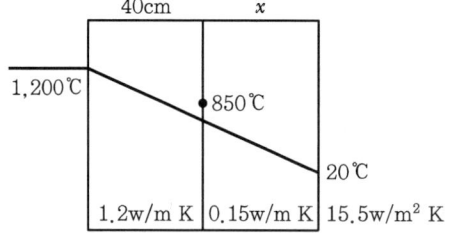

$$Q_1 = K \times F \times \Delta T_1 = \frac{1}{\frac{b_1}{\lambda_1}} \times F \times \Delta T_1$$

$$= \frac{1}{\frac{0.4}{1.2}} \times 1 \times \{(273+1,200)-(273+850)\}$$

$$= 3 \times (1,473 - 1,123) = 1,050\text{W}$$

$$Q_2 = \frac{1}{\frac{b_2}{\lambda_2} + \frac{1}{a}} \times F \times \Delta T_2$$

$$\frac{b_2}{\lambda_2} = \frac{1 \times F \times \Delta T_2}{Q_2} - \frac{1}{a}, \quad Q_1 = Q_2 \text{이므로}$$

$$b_2 = \lambda_2 \times \left\{ \frac{1 \times F \times \Delta T_2}{Q_2} - \frac{1}{a} \right\}$$
$$= 0.15 \times \left(\frac{1 \times 1 \times \{(273+850)-(273+20)\}}{1,050} - \frac{1}{15.5} \right)$$
$$= 0.108894 \text{m} = 108.89 \text{mm}$$

문제 16

스탠다드형 냉장고의 내부온도는 5℃, 외기온도는 20℃이며 냉장고 벽면은 열전도율 15W/m·K, 두께 1mm의 얇은 강철판 2개와 그 사이에 열전도율 0.05W/m·K인 단열재의 중간벽을 시공한 구조이다. 냉장고 벽면의 내측표면 열전달율은 5W/m²·K, 외측표면 열전달율은 12W/m²·K이고 냉장고 표면온도가 17.5℃일 때 외벽표면에서 응축결로 현상이 발생할 경우 아래 물음에 답하시오.

(1) 냉장고 외벽온도(℃)를 계산한 후 결로현상 발생유무에 관하여 설명하시오.

(2) 응축 결로현상을 방지하려면 단열재의 최소두께는 몇 mm로 하여야 하는지 계산하시오.

해답 전체 전열 저항계수(R)

$$= \frac{1}{a_1} + \frac{b_1}{\lambda_1} + \frac{b_2}{\lambda_2} + \frac{1}{a_2} = \frac{1}{5} + \frac{0.001}{15} + \frac{0.001}{15} + \frac{1}{12} = 0.28 \text{m}^2\text{K/W}$$

(1) 결로현상 발생유무 계산

$$\frac{\Delta T_1}{\Delta T_2} = \frac{R_1}{\frac{1}{a_2}} = \frac{20-5}{20-T_2} = \frac{0.28}{\left(\frac{1}{12}\right)}$$

냉장고 표면온도(T_2) $= 20 - \frac{20-5}{\dfrac{0.28}{\left(\dfrac{1}{12}\right)}} = 15.54$℃

냉장고 노점결로온도 17.5℃보다 냉장고 표면온도 15.54℃가 더 낮으므로 결로가 발생한다.

(2) 단열재 최소두께 계산식

단열재 최소두께(dx) $= \dfrac{(20-5)}{(20-17.5)} = \dfrac{15}{2.5} = \dfrac{R_2}{\left(\dfrac{1}{12}\right)}$

$R_2 = \dfrac{15}{2.5} \times \left(\dfrac{1}{12}\right) = 0.5 \text{m}^2\text{K/W}$

$(0.5 - 0.28) = \dfrac{dx}{0.05}$

$\therefore dx = (0.5 - 0.28) \times 0.05 = 0.011\text{m} = 11\text{mm}$

문제 17

연간 보일러에서 중유의 사용량이 450,000L를 사용하는 보일러에서 공기비가 1.3이다. 이 공기비를 1.1로 조절하여 운전을 하는 경우 아래 물음에 답하여 계산하시오.(단, 배기가스 비열은 0.34kcal/Nm³, 배기가스 온도는 250℃, 외기온도는 25℃, 중유의 발열량은 9,750kcal/kg, 연료 1L당 구입가격은 250원이며 중유의 이론습배기가스양은 11.443Nm³/kg, 이론공기량은 10.709 Nm³/kg이다.)

(1) 공기비 조절 전의 배기가스 손실열량은 몇 kcal/kg인가?

(2) 공기비 조절 후의 배기가스 손실열량은 몇 kcal/kg인가?

(3) 연간 연료 절감금액은(원/년)인가?

해답 (1) 공기비 조절 전 손실열량(Q_1)

$Q = G \times C_p \times \Delta t$

실제배기가스량(G) = $G_o + (m-1)A_o$
$= 11.443 + (1.3 - 1) \times 10.709 = 14.6557 \text{Nm}^3/\text{kg}$

$Q_1 = 0.34 \times 14.6557 \times (250 - 25) = 1,121.16 \text{kcal/kg}$

(2) 공기비 조절 후 손실열량(Q_2)

실제 배기가스량(G) = $G_o + (m-1)A_o$
$= 11.443 + (1.1 - 1) \times 10.709 = 12.5139 \text{Nm}^3/\text{kg}$

$Q_2 = 0.34 \times 12.5139 \times (250 - 25) = 957.31 \text{kcal/kg}$

(3) 배기가스에 의한 연료절감 금액

- 절감열량(Q_3) = $Q_1 - Q_2$ = 1,121.16 - 957.31 = 163.85 kcal/kg

- 연료절감률(%) = $\dfrac{163.85}{9,750} \times 100 = 1.68\% (0.0168)$

∴ 연간 연료 절감금액 = (0.0168 × 450,000L/년) × 250원/L = 1,890,000원/년

참고 1kcal=4.186kJ(≒4.2kJ), 1kW=1kJ/s=3,600kJ/h

에너지관리기사(2024.4.27)

-주관식 필답형(서술형, 단답형)-

문제 01

소형 급수설비 인젝터에 대하여 물음에 답하시오.

(1) 장점을 3가지만 쓰시오.

(2) 다음 보기를 보고 급수 시 작동 순서대로 기호를 쓰시오.

[보기]
① 급수밸브(흡수밸브)를 연다.   ② 출구정지밸브를 연다.
③ 증기밸브를 연다.   ④ 핸들을 연다.

해답
(1) ① 구조가 간단하고 소형이다.
    ② 설치장소를 적게 차지한다.
    ③ 증기와 물이 혼합되어 급수하므로 급수가 예열 공급된다.
    ④ 별도의 동력소비가 필요 없다.
    ⑤ 정전 시 임시 급수장치로 사용이 가능하다.

(2) ②-①-③-④

문제 02

보일러에 설치하는 기수분리기의 종류를 4가지만 쓰시오.

해답
① 스크러버형
② 사이클론형
③ 건조스크린형
④ 배플형

참고
① 스크러버형 : 파형의 다수 강판을 사용한다.
② 사이클론형 : 원심분리기를 이용한다.
③ 건조스크린형 : 금속망을 이용한다.
④ 배플형 : 방향 전환을 이용한다.

문제 03
자동제어 신호전달 전송방법 3가지를 쓰고, 그 특징을 각각 3가지씩 쓰시오.

해답 (1) 공기압 신호전송
① 공기압 신호가 0.2~1.0kgf/cm² 정도이다.
② 공기압이 통일되어 있어서 취급이 용이하다.
③ 전송 시 지연시간이 생긴다.
④ 전송거리가 100~150m로 짧다.
⑤ 공기원에서 제진, 제습이 요구된다.

(2) 유압식 신호전송
① 사용유압이 0.2~1kgf/cm² 정도이다.
② 전송거리가 300m 정도이다.
③ 부식의 염려가 없다.
④ 전송 시 지연이 적고 조작력이 크다.
⑤ 조작속도와 응답속도가 빠르다.

(3) 전류식 신호전송
① 전류가 4~20mA(DC 10~50mA)이다.
② 전류량 종류가 많고 통일되어 있지 않다.
③ 전송거리가 수 km까지 가능하다.
④ 방폭이 요구되는 지점은 방폭시설이 필요하다.
⑤ 전송지연이 적다.
⑥ 큰 조작력이 필요한 경우에 사용한다.

참고 조절기의 종류 4가지

공기식, 유압식, 전기식, DDC식

문제 04
무기질 보온재의 구비조건을 5가지만 쓰시오.

해답 ① 보온 능력이 크고 열전도율이 작을 것
② 장시간 사용온도에 견딜 것
③ 어느 정도 기계적 강도를 가질 것
④ 비중이 작을 것
⑤ 시공이 용이하고 확실하게 될 수 있을 것
⑥ 흡습성, 흡수성이 작을 것
⑦ 유기질 보온재보다 더 높은 온도에 견딜 것

📖 **참고** 보온재는 열전도율을 낮추기 위하여 독립기포로 된 다공질을 이용하며, 정지된 공기에 의하여 열전도율을 지연시킨다. 공기포층의 크기와 분포상태에 크게 영향을 받으므로 기공의 크기가 균일하여야 한다.

문제 05
역화의 발생 원인을 5가지만 쓰시오.

📋 **해답**
① 인화점이 너무 낮음
② 공급하는 유압의 과대
③ 1차 공기압력의 부족
④ 프리퍼지(치환) 부족
⑤ 배기구멍의 폐쇄
⑥ 기름배관 내부공기 누설

📖 **참고** 가스보일러의 역화 원인
① 노즐 구경이 너무 작거나 부식에 의해 염공이 너무 크게 된 경우
② 콕이 충분히 열리지 않거나 가스 공급압력이 너무 낮을 경우
③ 버너가 과열 시 또는 버너 위에 직접적으로 탄을 연소시킨 경우
④ 콕에 먼지나 이물질 등이 부착된 경우

문제 06
초음파 유량계의 특징을 5가지만 쓰시오.

📋 **해답**
① 초음파 발사를 이용하면 그 전송시간은 유속에 비례하여 감속하는 원리를 이용한다.
② 일정간격의 전송시간을 측정하여 유속을 측정한다.
③ 초음파의 유속은 유체의 종류나 상태에 따라 변화한다.
④ 기체의 전용 유량계이나 액체의 유량 측정에도 사용이 가능하다.
⑤ 관의 직경은 5cm 이상의 것으로 만든다.
⑥ 정도는 약 1%이다.
⑦ 파장이 작고 저항성이 세기 때문에 그 펄스를 발전시켜 바다 깊이를 측정하거나 어군탐지기로 사용이 가능하다.

제4편 과년도 기출문제

문제 07

다음 보기에 주어진 청관제를 보고 물음에 해당하는 약품을 쓰시오.

[보기]
탄닌, 수산화나트륨, 히드라진

(1) 슬러지 조정제

(2) 경수 연화제

(3) pH 알칼리 조정제

(4) 탈산소제

해답 (1) 탄닌
(2) 수산화나트륨
(3) 수산화나트륨
(4) 히드라진

참고 급수처리 중 내처리의 청관제
① pH 알칼리도 조정제 : 가성소다(수산화나트륨), 탄산소다, 제3인산나트륨
② 경도성분 연화제(관수 연화제) : 수산화나트륨, 탄산나트륨, 각종 인산나트륨
③ 슬러지 조정제 : 탄닌, 리그린, 전분
④ 탈산소제 : 아황산소다, 히드라진
⑤ 가성취화 억제제 : 질산나트륨, 인산나트륨, 탄닌, 리그린
⑥ 기포 포밍 방지제 : 고급 지방산 에스테르, 폴리아미드, 고급지방산 알코올, 프탈산아미드

문제 08

다음 물음에 답하시오.

(1) ( ) 안에 알맞은 내용을 써넣으시오.

「에너지이용 합리화법」제31조 제1항 각 호 외의 부분에서 "대통령령으로 정하는 기준량 이상인 자"란 연료·열 및 전력의 연간 사용량의 합계가 (①)TOE 이상인 자로서 (②)라고 한다.

(2) 다음 보기에 관한 업무를 담당하는 자를 무엇이라고 하는가?

[보기]
- 전년도의 분기별 에너지사용량, 제품생산예정량
- 에너지사용기자재 현황
- 전년도의 분기별 에너지 이용 합리화 실적 및 해당 연도의 분기별 계획
- 해당 연도의 분기별 에너지사용예정량, 제품생산예정량

해답
(1) ① 2,000 ② 에너지다소비사업자
(2) 에너지관리자

참고 에너지사용량이 대통령령으로 정하는 기준량 이상인 자(이하 에너지다소비사업자)는 산업통상자원부령이 정하는 바에 따라 매년 1월 31일까지 그 에너지사용시설이 있는 지역을 관할하는 시·도지사에게 신고하여야 한다.

문제 09

두께가 25cm이고 열전도율이 6W/m·K인 내화벽돌과, 그 외측에 열전도율이 0.65W/m·K이고 최고허용온도가 900℃인 단열벽돌을 시공하였다. 노 내부 온도는 1,500℃이고 단열벽돌 외부 밖의 외기온도는 10℃이다. 단열벽돌과 외기와의 열전달률이 40W/m²·K일 때 단열벽돌의 두께는 몇 cm인가?

해답

$$\frac{6 \times (1,500-900) \times 1}{0.25} = \frac{(900-10) \times 1}{\dfrac{d_2}{0.65} + \dfrac{1}{40}}$$

$$\frac{d_2}{0.65} + \frac{1}{40} = \frac{0.25}{6 \times (1,500-900) \times 1} \times (900-10) \times 1$$

$$\therefore d_2 = 0.024\text{m} = 2.4\text{cm}$$

문제 10

중유의 성분 분석 결과 조성이 다음과 같다면, 이론공기량은 몇 Nm³/kg인지 계산하시오.

> 탄소(C) 78%, 수소(H) 12%, 산소(O) 3%, 황(S) 2%, 기타 5%

해답

이론공기량$(A_o) = 8.89C + 26.67\left(H - \dfrac{O}{8}\right) + 3.33S$

$= \dfrac{1.867C + 5.6\left(H - \dfrac{O}{8}\right) + 0.7S}{0.21}$

$= \dfrac{1.867 \times 0.78 + 5.6\left(0.12 - \dfrac{0.63}{8}\right) + 0.7 \times 0.02}{0.21} = 10.10\,(\text{Nm}^3/\text{kg})$

문제 11

어떤 유체의 비중을 측정하기 위하여 비중계를 비중이 1인 물에 담그었을 때의 수위를 기준점 0으로 하였다. 이 비중계를 비중 s인 어떤 오일 연료에 담그니 수위가 기준점으로부터 위로 2cm까지 올라가서 평형을 이루었다면, 이 오일의 비중은 얼마인지 구하시오.(단, 비중계 유리관의 단면적은 4cm²이며, 비중계의 질량은 0.04kg이다.)

해답

비중계의 깊이$(h_1) = \dfrac{m}{\rho \cdot A} = \dfrac{0.04\text{kg}}{1{,}000\text{kg/m}^3 \times (4 \times 10^{-2})^2} = 0.1\text{m}\,(10\text{cm})$

$\therefore$ 비중$(s) = \dfrac{h_1}{h_2} = \dfrac{10\text{cm}}{10\text{cm} + 2\text{cm}} = 0.83$

문제 12

배기가스를 분석한 결과 CO_2 함량이 10.2%였다. CO는 발생하지 않는다고 가정하였을 때 탄산가스 최대 함유율 $CO_{2\max}$를 구하시오.

해답

공기비$(m) = \dfrac{CO_{2\max}}{CO_2} = \dfrac{21}{21 - O_2} = \dfrac{21}{21 - 0} = 1$

$1 = \dfrac{CO_{2\max}}{10.2}$ $\therefore CO_{2\max} = \dfrac{10.2}{1} = 10.2(\%)$

문제 13

전열면적 450m²인 수관식 보일러에서 연료발열량 25.28MJ/kg의 석탄을 매시 1,585kg 연소하여 압력 2,256kPa, 온도 339℃에서 과열증기를 11,200kg/h로 증발시킨다. 급수온도 25℃에서 보일러 효율은 몇 %인지 구하시오.(단, 과열증기 엔탈피는 3.10MJ/kg, 100℃ 물의 증발잠열은 2.255MJ/kg, 25℃ 물의 엔탈피는 0.0953MJ/kg이다.)

해답

$$보일러\ 효율(\eta) = \frac{G_s(h_2 - h_1)}{G_f \times H_l} \times 100(\%)$$

$$= \frac{11,200 \text{kg/h} \times (3.10 - 0.0953) \text{MJ/kg}}{1,585 \text{kg/h} \times 25.28 \text{MJ/kg}} \times 100$$

$$= 83.99(\%)$$

참고

$W_e \times 2.255 \text{MJ/kg} = 11,200 \text{kg/h} \times (3.10 - 0.0953) \text{MJ/kg}$

$$상당증발량(W_e) = \frac{11,200 \times (3.10 - 0.0953)}{2.255} = 14,923.57 \text{kg/h}$$

문제 14

압력이 1MPa(10kgf/cm²)일 때 증기사용량 1,000kg/h가 배출되고 있다. 플래시탱크를 설치하여 공급증기를 예열하는 열원으로 이용함으로써 공급증기를 절감하고자 한다. 탱크의 압력을 저압의 증기압력 0.1MPa(1kgf/cm²)로 할 경우 탱크에서 회수 가능한 재증발증기량(kg/h)을 구하시오.(단, 증기압력 1MPa일 때 포화수 엔탈피(h_1)=185.55kcal/kg, 증기압력 0.1MPa일 때 스팀 엔탈피(h_2)=645.18kcal/kg, 증기압력 0.1MPa일 때 포화수 엔탈피(h_3)=119.95kcal/kg)이다.)

해답

$$재증발증기량(S_2) = G \times \frac{h_1 - h_3}{h_2 - h_3}$$

$$= 1,000 \text{kg/h} \times \frac{(185.55 - 119.95) \text{kcal/kg}}{(645.18 - 119.95) \text{kcal/kg}}$$

$$= 1,000 \times \frac{65.6}{525.23}$$

$$= 124.90(\text{kg/h})$$

문제 15

배기가스 열손실을 줄이고자 폐열회수장치인 절탄기를 설치하였다. 절탄기 면적은 3.5m², 입구 배가스량은 7kg/s, 배기가스온도는 230℃이고, 절탄기 출구 배가스 온도가 130℃로 감소한 후 연돌 외부로 배기하고 있다. 또한 급수는 절탄기 입구수온이 30℃, 출구수온이 85℃이다. 이 경우 절탄기에 의한 배기가스 손실 전열량은 몇 kW인지 계산하시오.(단, 절탄기에서 배기가스 및 급수는 향류형 열교환이며, 배기가스 비열은 4.18kJ/kg℃이다.)

해답 절탄기 배기가스 손실열량(Q)

$Q = 7\text{kg/s} \times 4.18\text{kJ/kg℃} \times (230-130)℃$
$\quad = 2,926\text{kJ/s} = 2,926(\text{kW})$

참고 절탄기 급수의 흡수열량(단, 급수비열은 4.2kJ/kg℃)
$Q = 7 \times 3,600 \times 4.2 \times (85-30) = 5,821,200(\text{kJ/h})$

문제 16

0.01539m³/s의 유량으로 직경 30cm인 주철관 내부를 기름이 점성 0.0105kgf·s/m², 비중 0.85로 흐르고 있다. 관의 총연장길이가 3,000m에서 손실수두는 몇 m인지 계산하시오.(단, 평균유속, 유체밀도, 레이놀즈수를 구한 다음 손실수두를 계산하시오.)

해답 평균유속(V) $= \dfrac{4Q}{\pi d^2} = \dfrac{4 \times 0.01539}{\pi \times (0.3)^2} = 0.2176(\text{m/s})$

유체밀도(ρ) $= 0.85 \times 10^3 = 850\text{kg/m}^3$

레이놀즈수(Re) $= \dfrac{\rho V d}{\mu g} = \dfrac{850 \times 0.2176 \times 0.3}{0.0105 \times 9.8} = 539.24(층류)$

마찰계수(λ) $= \dfrac{64}{Re} = \dfrac{64}{539.24} = 0.11868$

∴ 손실수두(H_L) $= \lambda \times \dfrac{L}{D} \times \dfrac{V^2}{2g}$

$\quad = 0.11868 \times \dfrac{3,000}{0.3} \times \dfrac{(0.2176)^2}{2 \times 9.8} = 2.87(\text{m})$

문제 17

동점성계수(μ)가 0.98N·s/m²인 유체가 평면벽 위를 평행하게 흐른다. 벽면 근방에서 속도분포가 $u = 1.5 - 150(0.1 - y)^2$이라 할 때 벽면에서 전단응력(N/m²)을 구하시오.(단, y(m)는 벽면에 수직인 방향의 좌표를, u(m/s)는 벽면 근방에서의 접선속도이다.)

해답

$$\left.\frac{du}{dy}\right|_{y=0} = 300(0.1 - y)\bigg|_{y=0} = 30\text{s}^{-1}$$

$$\therefore \text{전단응력}(\tau) = \mu \frac{du}{dy}\bigg|_{y=0} = 0.98 \times 30 = 29.4(\text{N/m}^2)$$

참고문제

점성계수(μ) = 0.077N·s/m²인 액체가 수평벽면 위를 평행하게 흐른다. 수평벽면 근방에서 속도분포가 $u = 30y - 120y^2$으로 주어졌을 때 수평벽면에서 전단응력은 몇 N/m²인지 구하시오. (단, y(m)는 수평벽면에서 수직인 방향의 좌표이고, u(m/s)는 수평벽면 근방에서 접선속도이다.)

해답

전단응력(τ) = $\mu \left(\dfrac{du}{dy}\right)$ = $0.077 \times (30 - 240y)$

$y = 0$이므로

$\therefore \tau = 0.077 \times 30 = 2.31\text{N/m}^2$

참고 $\dfrac{2.31}{9.8} = 0.2357\text{kgf/m}^2$

문제 18

재생 사이클에서 증기 발생기가 71,500kg/h의 율로 60bar, 과열증기온도 500℃의 증기를 생산하여 터빈으로 이송한다. 터빈에서 40bar와 15bar의 증기를 급수가열기로 2단 추출하여 빼낼 때 나머지 증기는 터빈에서 0.06bar까지 팽창하여 복수기(콘덴서)로 들어가는 경우 다음 $h-S$ 선도를 이용하여 2단 추출 재생 사이클의 출력(kW)을 계산하시오.

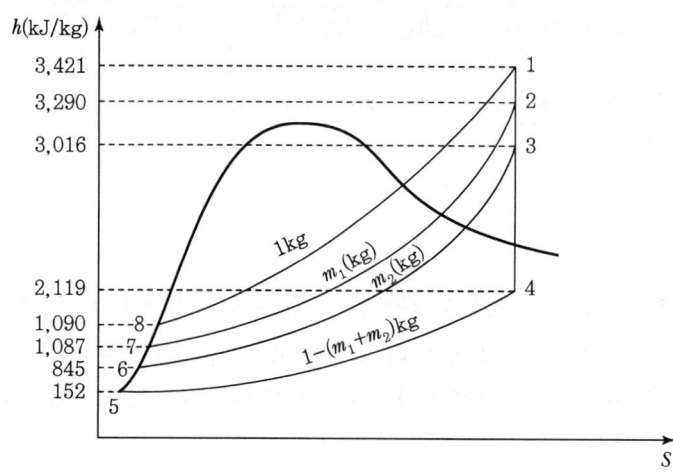

해답

(1) 제1추출구(m_1)에서 빼낸 증기의 양

$h_7 = m_1 h_2 + (1-m_1)h_6$

$m_1 = \dfrac{h_7 - h_6}{h_2 - h_6} = \dfrac{1,087 - 845}{3,290 - 845} = 0.099 \,(\text{kg/kg})$

∴ $71,500 \times 0.099 = 7,078.5 \,(\text{kg/h})$

(2) 제2추출구(m_2)에서 빼낸 증기의 양

$(1-m_1)h_6 = m_2 h_3 + (1-m_1-m_2)h_5$

$m_2(h_3 - h_6) = (1-m_1-m_2)(h_6 - h_5)$

$m_2 = \dfrac{(1-m_1)(h_6-h_5)}{h_3 - h_5} = \dfrac{(1-0.099)(845-152)}{3,016-152} = 0.218 \,(\text{kg/kg})$

∴ $0.218 \times 71,500 = 15,587 \,(\text{kg/h})$

(3) 펌프일을 무시할 경우 일의 양(W_{net})

$W_{net} = (h_1 - h_2) + (1-m_1)(h_2 - h_3) + (1-m_1+m_2)(h_3 - h_4)$
$= (3,421 - 3,290) + (1-0.099)(3,290 - 3,016) + (1-0.099-0.218)(3,016 - 2,119)$
$= 131 + 246.874 + 612.651 = 990.525 \,(\text{kJ/kg})$

(4) 열효율(η)

$\eta = \dfrac{W_{net}}{q_1} = \dfrac{990.525}{2,334} = 0.42438$

여기서, $q_1 = h_1 - h_7 = 3,421 - 1,087 = 2,334$

(5) 출력

   1kWh = 3,600kJ이므로(1kW = 1kJ/s, 1hr = 3,600s)

   $$\frac{990.525 \times 71,500 \times 0.42438}{3,600} = 8,348.88 \text{(kW)}$$

📖 **참고** 재생 사이클

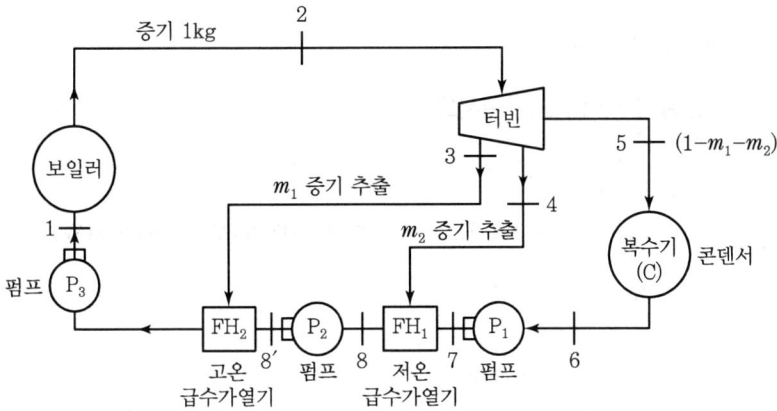

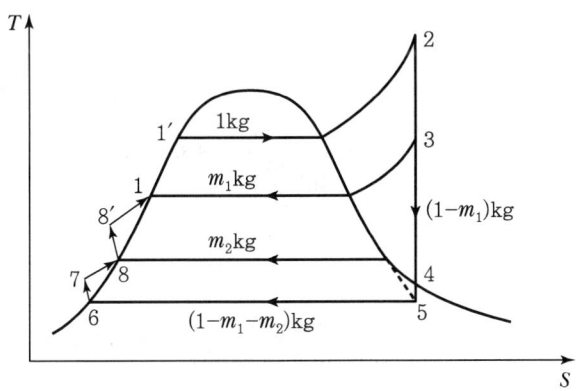

문제 19

다관형 대향류 열교환기를 통하여 유량 0.8kg/s의 저온유체 물을 20℃에서 40℃로 가열하고자 고온의 폐열온수 온도를 80℃에서 40℃로 냉각시키는 열교환이 이루어지고 있다.(단, 열관류율은 125W/m²℃, 저온·고온유체 물의 평균비열은 4,168J/kg℃이고, 대수평균온도차를 이용한다.)

(1) 저온유체 가열에 필요한 열량(W)을 구하시오.

(2) 대수평균온도차(℃)를 구하시오.

(3) 열교환기의 열전달면적(m²)을 구하시오.

해답

(1) $Q = G \cdot C_p \cdot \Delta t$
$= 0.8 \text{kg/s} \times 4,168 \text{J/kg℃} \times (40-20)℃ = 66,688 \text{J/s} = 66,688(\text{W})$

(2)

$\Delta t_1 = 80 - 40 = 40℃$

$\Delta t_2 = 40 - 20 = 20℃$

대수평균온도차(LMTD) $= \dfrac{\Delta t_1 - \Delta t_2}{\ln\left(\dfrac{\Delta t_1}{\Delta t_2}\right)} = \dfrac{40-20}{\ln\left(\dfrac{40}{20}\right)} = 28.85(℃)$

(3) $Q_2 = Q_1$, $Q = K \cdot \Delta t_m \cdot A$

$66,688\text{W} = 125\text{W/m}^2℃ \times A$

∴ 열교환면적$(A) = \dfrac{Q}{K \times \Delta t_m} = \dfrac{66,688\text{W}}{125\text{W/m}^2℃ \times 28.85℃} = 18.49(\text{m}^2)$

에너지관리기사(2024.7.28)

-주관식 필답형(서술형, 단답형)-

문제 01
관류보일러의 종류를 3가지만 쓰시오.

해답
① 벤손 보일러 ② 슐저 보일러 ③ 앳모스 보일러
④ 가와사키 보일러 ⑤ 람진 보일러

문제 02
배관 이음에서 관경이 서로 다른 관의 이음이 가능한 배관 부속품을 6가지만 쓰시오.

해답
① 부싱 ② 이경엘보 ③ 이경소켓
④ 이경티 ⑤ 리듀서 ⑥ 어댑터(동관용)

참고 배관 부속품
① 배관의 방향전환용 : 엘보, 벤드
② 관을 도중에 분기하는 경우 : T크로스, Y크로스
③ 같은 관을 직선으로 결합하는 경우 : 니플, 소켓, 유니언
④ 관의 끝을 막는 경우 : 캡, 플러그

문제 03
복사난방의 장점을 4가지만 쓰시오.

해답
① 실내온도가 균등하므로 쾌감도가 높다.
② 방열기 설치가 불필요하므로 바닥면 이용도가 높다.
③ 동일 방열량에 대해 열손실이 대체적으로 적다.
④ 공기의 대류가 적어 실내 오염도가 낮다.
⑤ 온수난방방식으로는 매우 편리하다.

문제 04

압력용기 제1·2종에 대하여 다음에서 설명하는 압력용기는 각각 제 몇 종 압력용기에 해당하는지 쓰시오.

(1) 용기 안의 액체의 온도가 대기압에서의 비점을 넘으며 최고사용압력(MPa)과 내부 부피(m^3)를 곱한 수치가 0.004를 초과하는 것

(2) 최고사용압력이 0.2MPa을 초과하고 내부 부피가 0.04m^3 이상인 기체를 그 안에 보유하는 용기

해답
(1) 제1종 압력용기
(2) 제2종 압력용기

문제 05

보일러 및 부속장치에 대한 다음 물음에 답하시오.

(1) 수관보일러 중에서 물의 온도 상승으로 인한 밀도차를 이용하여 보일러수를 순환시키는 보일러의 명칭을 쓰시오.

(2) 보일러에서 연소가스의 흐름 및 통풍력을 조절하기 위하여 설치하는 부품의 명칭을 쓰시오.

(3) 보일러에서 점화 시 노 내 잔류가스에 의한 가스 폭발을 방지하기 위하여 화실 후면에 설치하는 장치의 명칭을 쓰시오.

(4) 수관보일러의 화로나 연도 내에 있어서 연소가스 흐름을 기능상 필요로 하는 방향으로 유도하기 위하여 설치하는 내화성의 판 또는 칸막이의 명칭을 쓰시오.

해답
(1) 자연순환식 수관보일러
(2) 배기가스 조절 댐퍼
(3) 방폭문(폭발구)
(4) 배플판(배플플레이트)

문제 06

중질유인 액체연료를 미립화하는 분무방식에서 다음 방법에 대하여 그 특징을 각각 설명하시오.

(1) 가압분사식(유압분무식)

(2) 회전식(회전분무식)

(3) 기류분무식(고압기류식)

해답
(1) 펌프에 의해 오일 연료유를 가압시켜 노즐을 이용하여 고속분출하여 무화시키는 방식으로, 유압분사식 버너가 있다.
(2) 분무컵을 고속으로 회전시켜 연료를 분출하고 1차 공기를 이용하여 무화연소시키는 방식으로, 수평로터리 버너가 있다.
(3) 고압의 공기나 증기를 분무매체로 사용하여 0.2~0.7MPa 정도의 고압으로 고점도 오일 등을 무화시키는 방식으로, 고압기류식 버너가 있다.

참고 400~2,000mmH$_2$O의 저압공기를 이용하는 저압공기 분무식 기류무화방식도 있다(저압기류식 버너가 있다).

문제 07

다음 물음에 알맞은 내용을 보기에서 골라 쓰시오.

[보기]
인산소다, 아황산소다, 리그린, 전분, 히드라진, 탄닌, 가성소다, 탄산소다

(1) 보일러 청관제 중 탈산소제로는 탄닌, 아황산소다, (①) 등이 있고 이 중 특히 탈산소제인 (②)은 황산나트륨이 되어 고형물의 증가를 가져오기 때문에 저압보일러에 사용하는 것이 좋으며, (③)은 고압보일러에 많이 사용하고 있다.

(2) 슬러지 분산제를 3가지만 쓰시오.

(3) pH 알칼리 조정제를 2가지만 쓰시오.

해답
(1) ① 히드라진　② 아황산나트륨　③ 히드라진
(2) ① 전분　② 리그린　③ 탄닌
(3) ① 가성소다　② 탄산소다　③ 제3인산소다

문제 08

배관 내부에 물이 흐르고 있다. 유속을 측정하기 위하여 피토관을 삽입하고 어떤 지점에서 압력을 측정한 결과 전체 압력이 128kPa이고 정압이 120kPa로 나타난 경우 유속은 몇 m/s인지 계산하시오.

해답

유속 $(V) = \sqrt{2gh} = \sqrt{2\dfrac{\Delta P}{\rho}}$

동압 $(\Delta P) = 128 - 120 = 8\text{kPa}$

$\therefore V = \sqrt{2 \times \dfrac{8\text{kPa} \times \dfrac{10^3 \text{N/m}^2}{1\text{kPa}}}{1,000\text{kg/m}^3}} = 4(\text{m/s})$

문제 09

카르노 사이클에서 고열원 온도 300℃와 저열원 온도 20℃ 사이에서 열기관이 작동하고 있다. 이 기관이 외부에 100kJ만큼 일을 한다고 가정하면 출구로 방출하는 열량은 몇 kJ인지 계산하시오.

해답

$\eta_c = \dfrac{T_1 - T_2}{T_1} = 1 - \dfrac{T_2}{T_1} = 1 - \dfrac{273 + 20}{273 + 300} = 0.4887(48.87\%)$

방출열량 $(Q) = \dfrac{100\text{kJ}}{0.4887} = 204.62\text{kJ}$

$\therefore 204.62\text{kJ} - 100\text{kJ} = 104.62(\text{kJ})$

문제 10

보일러 응축수 탱크에서 재증발증기가 방출되고 있다. 에너지 절감을 위하여 열교환기를 설치하여 재증발증기를 회수하여 보일러 급수를 예열하기 위해 재증발증기 회수열을 이용한 후, 현재 보일러용 급수온도 65℃를 80℃로 승온시켜 공급한다면 재증발증기 회수열을 이용한 급수온도 상승에 따른 연료절감률은 몇 %인지 계산하시오.(단, 증기발생압력 1MPa에서 증기엔탈피는 662.50kcal/kg, 65℃의 급수엔탈피는 65kcal/kg, 80℃의 급수엔탈피는 80kcal/kg이다.)

해답

재증발증기에 의한 승온 효과 = 80kcal/kg − 65kcal/kg = 15kcal/kg

실제 증기 발생에 이용된 열량 = 662.50kcal/kg − 65kcal/kg = 597.5kcal/kg

$\therefore$ 단위연료당 연료절감률 = $\dfrac{15\text{kcal/kg}}{597.5\text{kcal/kg}} \times 100 = 2.51(\%)$

문제 11

옥탄연료(C_8H_{18})를 과잉공기 150%로 연소하는 경우 다음 물음에 답하시오.(단, 공기의 분자량은 29이다.)

(1) 질량당 공연비(AFR)는 몇 kg/kg인지 계산하시오.
(2) 배기가스 중 산소(O_2)의 몰분율(%)을 계산하시오.
(3) 배기가스 중 이산화탄소(CO_2)의 몰분율(%)을 계산하시오.
(4) 배기가스 중 수증기(H_2O)의 몰분율(%)을 계산하시오.
(5) 배기가스 중 질소(N_2)의 몰분율(%)을 계산하시오.

해답

(1) 연소반응식 : $C_8H_{18} + 12.5O_2 \rightarrow 8CO_2 + 9H_2O$

실제공기량$(A) = A_o \times m = 1.5 \times \dfrac{12.5}{0.21} = 89.29\,\text{kmol}$

공연비$(\text{AFR}) = \dfrac{\text{공기질량}}{\text{연료질량}} = \dfrac{89.29 \times 29}{1 \times (12 \times 8 + 1 \times 18)} = 22.71\,\text{kg/kg}$

(2) O_2 몰분율 $= \dfrac{O_2}{G_w} \times 100(\%)$

실제 배기가스량$(G_w) = (m - 0.21) \times \dfrac{O_2}{0.21} + CO_2 + H_2O$

$= (1.5 - 0.21) \times \dfrac{12.5}{0.21} + 8 + 9 = 93.79\,\text{Nm}^3/\text{Nm}^3$

∴ O_2 몰분율 $= \dfrac{(m-1) \times O_o}{G_w} \times 100 = \dfrac{(1.5-1) \times 12.5}{93.79} \times 100 = 6.66(\%)$

(3) CO_2 몰분율 $= \dfrac{CO_2}{G_w} \times 100 = \dfrac{8}{93.79} \times 100 = 8.53(\%)$

(4) H_2O 몰분율 $= \dfrac{H_2O}{G_w} \times 100 = \dfrac{9}{93.79} \times 100 = 9.60(\%)$

(5) N_2 몰분율 $= 100\% - (O_2 + CO_2 + H_2O)\%$
$= 100 - (6.66 + 8.53 + 9.60) = 75.21(\%)$

문제 12

오일 냉각기에서 기름과 냉각수가 대향류식으로 열교환을 하고 있다. 고온유체와 저온유체의 작동상태를 나타낸 표를 보고 물음에 답하시오.(단, 열교환기의 전열벽 열관류율은 70W/m²℃이며, 냉각면 이외에서는 손실열이 없는 것으로 간주한다.)

구분	오일(고온 유체)	냉각수(저온 유체)
비열	2.15kJ/kg℃	4.186kJ/kg℃
유량	100kg/h	200kg/h
입구온도	75℃	25℃
출구온도	35℃	( )℃

(1) 저온유체인 냉각수의 출구온도(℃)를 구하시오.

(2) 대수평균온도차(LMTD)를 구하시오.

(3) 열교환기에 소요되는 냉각면적은 몇 m²인지 구하시오.

해답 (1) $Q_1 = Q_2$

$2.15 \times 100 \times (75-35) = 4.186 \times 200 \times (t-25)$

$\therefore t = \dfrac{2.15 \times 100 \times (75-35)}{4.186 \times 200} + 25 = 35.27℃$

(2)

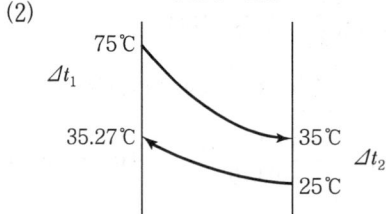

$\text{LMTD} = \dfrac{\Delta t_1 - \Delta t_2}{\ln\left(\dfrac{\Delta t_1}{\Delta t_2}\right)} = \dfrac{(75-35.27)-(35-25)}{\ln\left(\dfrac{75-35.27}{35-25}\right)} = 21.55℃$

(3) 유체교환(고온, 저온)의 열량(Q) = $2.15 \times 100 \times (75-35) = 8,600$ kJ/h

1W = 1J/s 이므로

$8,600 \times 10^3 \text{J}/3,600\text{s} = 70\text{W/m}^2℃ \times 21.55℃ \times A$

$\therefore$ 냉각면적(A) = $1.58(\text{m}^2)$

문제 13

어느 평행류 열교환기에서 고온유체인 기름이 90℃로 들어가서 50℃로 나오고, 저온유체인 물이 20℃에서 열교환 후 40℃로 가열 승온된다. 열관류율이 58.15W/m²℃이고 전열량이 7,200W일 때 대수평균온도차를 구한 후 열교환면적(m²)을 계산하시오.

해답

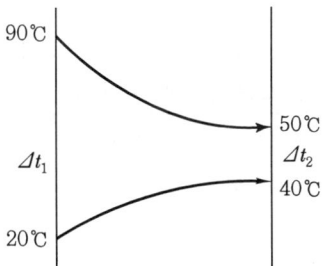

- 대수평균온도차(LMTD) = $\dfrac{\Delta t_1 - \Delta t_2}{\ln\left(\dfrac{\Delta t_1}{\Delta t_2}\right)} = \dfrac{(90-20)-(50-40)}{\ln\left(\dfrac{90-20}{50-40}\right)} = 30.83℃$

- 열교환면적(A)
  $7,200 \text{W/m}^2℃ = 58.15 \text{W/m}^2℃ \times 30.83℃ \times A$
  ∴ $A = 4.02(\text{m}^2)$

문제 14

연돌의 통풍력을 측정한 결과 5mmH$_2$O이었다면 배기가스 평균온도가 200℃, 외기온도가 20℃일 때 굴뚝의 높이는 몇 m인지 구하시오.(단, 대기의 비중량은 20℃에서 1.2kg/m³이고, 배기가스 비중량은 200℃에서 1kg/m³이다.)

해답

이론통풍력(Z) = $273H\left(\dfrac{\gamma_a}{273+t_a} - \dfrac{\gamma_g}{273+t_g}\right)$

∴ 굴뚝높이(H) = $\dfrac{Z}{\gamma_a - \gamma_g} = \dfrac{5}{1.2-1} = 25(\text{m})$

문제 15

고압 대용량 보일러에서 자동보일러(ABC)의 안정성 확보를 위한 다양한 제어 방식에 대하여 ( ) 안에 알맞은 요소를 써넣으시오.

제어방법	제어량	조작항목	비고
자동급수	보일러 수위	(①)	FWC
과열증기온도	증기온도	(②)	STC
자동연소	노 내압, (③)	연소가스양, 연료량, (④)	ACC

해답 ① 급수량 ② 전열량 ③ 증기압력 ④ 공기량

참고 자동제어

명칭	제어량	조작량	기호
자동연소제어	증기압력, 노 내압	연료량, 공기량, 연소가스양	ACC
자동급수제어	보일러 수위	급수량	FWC
증기온도제어	증기온도	전열량	STC

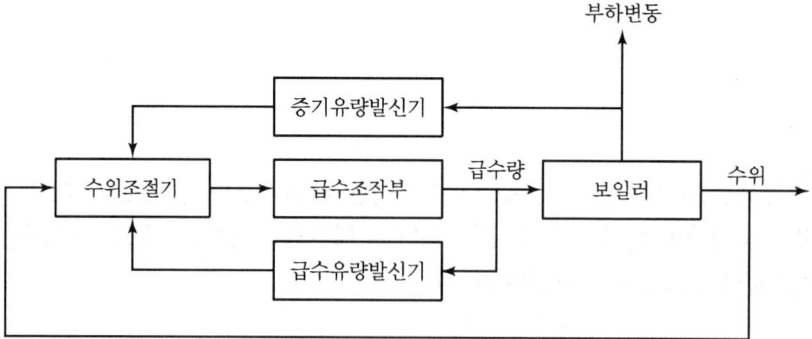

문제 16

보일러 운전 가동시간이 하루 동안 4시간이며 급수 사용량이 6,000kg/h이다. 보일러수 중 불순물의 허용농도가 2,000ppm이고 급수 중의 불순물의 허용농도가 200ppm일 때 보일러 분출량은 몇 L/day인지 구하시오.(단, 급수 1kg은 1L로 본다.)

해답
$$분출량(X) = \frac{W(1-R)d}{r-d}$$
$$= \frac{(6,000 \times 4) \times 200}{2,000 - 200} = 2,666.67(\text{L/day})$$

문제 17

지름 10mm의 관경에서 공기가 유속 4.5m/s로 흐르고 있다. 공기의 비중량이 1.2kg/m³일 때 유량은 몇 kg/s인지 구하시오.

해답

유량(Q) = 단면적(A) × 유속(V) = m³/s

$A = \dfrac{\pi}{4} d^2$

$\therefore Q = \dfrac{\pi}{4} \times (0.1)^2 \times 4.5 \times 1.2 = 0.04 (\text{kg/s})$

문제 18

보일러 급수 사용량 5,000kg/h의 물을 폐열회수장치인 절탄기를 통하여 60℃에서 90℃로 승온하여 급수한다. 절탄기 입구온도 340℃, 출구온도 240℃일 때 절탄기 설치 후에 배기가스 손실 열량은 몇 kJ/h인지 구하시오.(단, 절탄기 효율 85.3%에서 배기가스 출량은 75,000Nm³/h, 배기가스 비열은 1.05kJ/kg℃, 급수의 비열은 4.186kJ/kg℃이다.)

해답

절탄기 설치 후 손실 = 100% − 85.3% = 14.7%

배기가스 열량$(Q_1) = G \cdot C_p \cdot \Delta t$

$\qquad = 75,000 \times 1.05 \times (340 - 240)$

$\qquad = 7,875,000 \text{kJ/h}$

$\therefore$ 절탄기 설치 후 배기가스 손실열량(Q_2)

$Q_2 = 7,875,000 \text{kJ/h} \times 0.147 = 1,157,625 \text{kJ/h}$

참고 $\dfrac{1,157,625 \text{kJ/h}}{3,600 \text{s/h}} = 321.5625 \text{kJ/s} (321.56 \text{kW})$

문제 19

지름 1m, 두께 10mm의 구형용기 안에 얼음과 물이 가득 채워져 있고, 표면온도 0℃, 외기온도 15℃일 때 다음 물음에 답하시오.(단, 대류열전달계수 30W/m²℃, 복사율 0.8, 스테판-볼츠만 상수 5.67×10^{-8} W/m²K⁴, 얼음의 융해잠열 340kJ/kg이다.)

(1) 내부로 전달되는 열량은 몇 W인가?

(2) 2시간 동안 녹는 얼음의 양은 몇 kg인가?

해답 (1) 구형용기 면적$(A) = 4\pi R^2 = 4 \times \pi \times (0.5)^2 = 3.14 (\text{m}^2)$
대류열량 + 복사전열량
$= \{30 \times (15-0) \times 3.14\} + [0.8 \times (5.67 \times 10^{-8}) \times \{(273+15)^4 - (273+0)^4\} \times 3.14]$
$= 1,601.74 (\text{W}) = 1.60174 (\text{kW})$

(2) $\dfrac{1.60174 \times (2 \times 3,600)}{340} = 33.92 (\text{kg})$

참고 구형용기 표면적$(A) = 4\pi R^2 (\text{m}^2)$

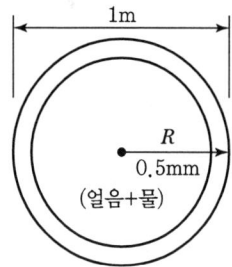

- 실기시험에서 π는 3.14 대신 계산기로 π를 사용한다.
- 1kW = 1kJ/s

에너지관리기사(2024.11.2)

−주관식 필답형(서술형, 단답형)−

문제 01
보일러 운전 중 증기 발생과정에서 비수 발생(프라이밍 발생)의 방지법을 3가지만 쓰시오.

해답
① 비수방지관을 설치한다.
② 주증기밸브를 천천히 연다.
③ 관수 중의 불순물이나 농축수를 제거한다.
④ 보일러 내 수위를 항상 일정하게 하고 고수위 운전을 방지한다.

문제 02
증기보일러 수주관에 대하여 물음에 답하시오.

(1) 보일러는 호칭지름 몇 A 이상의 분출관을 부착해야 하는가?

(2) 수주관과 보일러를 연결하는 관은 호칭지름 몇 A 이상으로 하여야 하는가?

(3) 순수처리를 하는 경우에는 관의 호칭지름을 몇 A 이상으로 할 수 있는가?

해답
(1) 20A 이상
(2) 20A 이상
(3) 10A 이상

문제 03
연돌의 자연통풍력을 증가시킬 수 있는 조건을 4가지만 쓰시오.

해답
① 연돌 상부 단면적을 크게 한다.
② 배기가스 온도를 높게 유지한다.
③ 연돌은 높게 하고 연도 길이는 짧게 한다.
④ 연도의 굴곡부를 최소한으로 한다.

문제 04

유량계 중 용적식 유량계는 유체의 부피를 직접 측정하여 유량을 측정하는 방식이다. 일정한 부피의 공간에 유체를 넣고 이 공간이 채워지는 수를 세어 유량을 계산하는 유량계로서 계량공간부 형식에 따라 기어 타입 등이 있다. 기어 타입 용적식 유량계의 종류를 3가지만 쓰시오.

해답
① 오벌기어 타입
② 루트기어 타입
③ 헬리컬기어 타입
④ 원형 기어 타입
⑤ 나선형 기어 타입

참고 용적식 유량계의 종류
① 오벌형
② 로터리형
③ 루트형
④ 가스미터형

문제 05

다음 설명의 (   ) 안에 들어갈 내용을 쓰시오.

연료 중 유황(S)이 연소하여 (①)가 되고 그 일부는 다시 바나듐의 촉매작용으로 산화되어 (②)이 되며 이것이 연소가스 중의 수분과 화합하여 (③)가 된다. 이는 저온의 금속 등 절탄기나 공기예열기에 접촉하여 응결하여 진한 황산(H_2SO_4)이 되고 금속의 부식을 일으키게 되는데, 이 현상을 (④)이라고 한다.

해답
① 아황산가스(SO_2)
② 무수황산(SO_3)
③ 황산가스(H_2SO_4)
④ 저온부식

참고 저온부식 방지대책
① 연료를 전처리하여 유황성분을 제거한다.
② 공기비를 작게 하여 연소가스 중의 과잉산소를 감소시킨다.
③ 저온장치 전열면 표면을 내식성 재료로 피복한다.
④ 배기가스 온도를 노점온도 이상으로 높게 유지한다.

문제 06

보온재 설치 시 열전도, 열전달을 낮추는 조건을 3가지만 쓰시오.

해답
① 열전도율이 작은 보온재를 시공한다.
② 흡수성이나 흡습성이 적은 보온재를 시공한다.
③ 밀도가 작은 보온재를 시공한다(부피 비중이 작은 보온재를 시공한다).
④ 미세한 독립기포가 연속적인 보온재를 시공한다.
⑤ 보온재 내부가 다공질이며 기공이 연속적이면서 기공층이 균일한 보온재를 시공한다.

참고 보온재의 열전도, 열전도율이 작아지는 조건
① 온도차가 작을수록 열전도가 작아진다.
② 습도가 작을수록 열전도가 작아진다.
③ 기공이 다공질이며 기공률이 클수록 열전도가 작아진다.
④ 보온재 밀도가 작을수록 열전도가 작아진다.
⑤ 전기의 절연체일수록 열전도가 작아진다.
⑥ 기공층이 균일한 크기일수록 열전도가 작아진다.

문제 07

다음은 폐열회수장치에 관한 설명이다. (   ) 안에 알맞은 장치명을 쓰시오.

> 보일러 배기가스 여열을 이용하여 급수를 예열하는 장치를 (①)라고 하며, 연소용 공기를 예열하는 장치를 (②)라고 한다.

해답
① 절탄기(이코노마이저)
② 공기예열기

문제 08

수관식 보일러의 1일 가동시간이 8시간이며, 보일러 수질분석 결과 관수 중 불순물 농도가 2,000ppm으로 나타났다. 시간당 급수펌프 용량이 1,000L이고 회수된 응축수량이 400L일 때 보일러에서의 1일 분출량은 몇 L/day인지 계산하시오.(단, 급수 중의 경도성분은 20ppm으로 측정되었다.)

해답 분출량 = $\dfrac{1일\ 급수량 \times (1-R) \times 급수\ 중\ 불순물\ 허용농도}{관수\ 중\ 불순물\ 허용농도 - 급수\ 중\ 불순물\ 허용농도}$

응축수 회수율 = $\dfrac{400\text{L/h}}{1,000\text{L/h}} \times 100 = 40\%$

∴ 1일 분출량 = $\dfrac{1,000\text{L/h} \times (1-0.4) \times 20}{2,000-20} \times 8\text{h/day} = 48.48\text{L/day}$

문제 09

공기가 흐르는 관의 직경이 400mm이며 관 속을 흐르는 공기 유량은 5kg/s이다. 관 내부의 유체 압력은 200kPa, 온도는 20℃로 일정할 때 공기의 평균유속(m/s)은 얼마인지 계산하시오.(단, 공기 기체상수 R는 287J/kg·K이다.)

해답 $PV = GRT$, $\rho(밀도) = \dfrac{G}{V} = \dfrac{P}{RT}$

$\rho = \dfrac{200}{0.287 \times (273+20)} = 2.38\text{kg/m}^3$

공기 유속(v) = $\rho \cdot A \cdot V = \rho \times \left(\dfrac{\pi}{4} d^2\right) \times V$

∴ $v = \dfrac{m}{\rho \times \left(\dfrac{\pi}{4} d^2\right)} = \dfrac{5}{2.38 \times \left(\dfrac{\pi}{4} \times 0.4^2\right)} = 16.7\text{m/s}$

문제 10

어느 연속보일러에서 시간당 증기발생량이 3,000kg이고 증기압력이 2.5MPa이다. 급수온도 45℃에서 증발하는 발생증기 엔탈피는 2,730kJ/kg이고 급수 엔탈피는 190kJ/kg일 때 연료소비량이 1,500kg/h, 연료의 발열량이 6,300kJ/kg일 경우 다음 물음에 답하시오.(단, 100℃에서 증발잠열은 2,257kJ/kg이다.)

(1) 증발계수를 구하시오.

(2) 증발배수(kg/kg)를 구하시오.

해답 (1) 증발계수(f) = $\dfrac{h_2 - h_1}{2,257} = \dfrac{2,730-190}{2,257} = 1.13$

(2) 증발배수(R_s) = $\dfrac{W_2}{F} = \dfrac{3,000}{1,500} = 2$kg/kg 연료

문제 11

증기스팀으로 물을 열교환하는 향류형 관형의 열교환기에서 가열원으로 80℃의 증기가 열교환기 내부에서 포화상태를 유지하고 이때 유속 2m/s의 속도로 유입되는 물은 20℃로 들어와서 40℃로 상승되어 나간다. 이 경우 열교환기 설계 시 필요한 관의 길이는 몇 m인지 구하시오.(단, 관의 내경은 10cm, 관의 열관류율은 10kW/m² · K, 물의 비중량은 1,000kg/m³, 물의 비열은 4.186kJ/kg · K이며, 열교환기의 단열은 완벽하여 주위로의 열손실은 완전 차단된다.)

해답

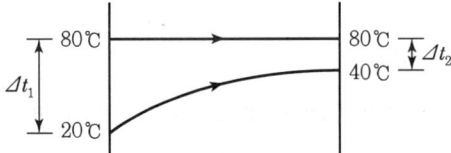

대수평균온도차$(\Delta t_m) = \dfrac{\Delta t_1 - \Delta t_2}{\ln\left(\dfrac{\Delta t_1}{\Delta t_2}\right)} = \dfrac{(80-20)-(80-40)}{\ln\left(\dfrac{80-20}{80-40}\right)} = 49.33℃$

물이 흡수한 열량$(Q) = C_p \cdot \rho \cdot A \cdot \Delta t$

$= 4.186 \text{kJ/kg℃} \times 1,000 \text{kg/m}^3 \times \dfrac{\pi (0.1\text{m})^2}{4} \times 2\text{m/s} \times (40-20)℃$

$= 1,315.07 \text{kJ/s (kW)}$

$1,315.07 \text{kW} = 10 \text{kW/m}^2℃ \times 49.33 \times (\pi \times 0.1\text{m} \times L)$

∴ 관의 길이$(L) = \dfrac{1,315.07}{10 \times 49.33 \times \pi \times 0.1} = 8.49\text{m}$

참고 실기시험에서 π는 3.14 대신 계산기로 π를 사용한다.

문제 12

다음에 주어진 식을 이용하여 프로판 1kg이 완전연소 시 저위발열량과 고위발열량을 구하시오.
(단, 물의 증발잠열은 2,257kJ/kg이다.)

$$C + O_2 \rightarrow CO_2 + 450\text{kJ}$$
$$H_2 + \dfrac{1}{2}O_2 \rightarrow H_2O + 250\text{kJ}$$

(1) 저위발열량(kJ/kg)

(2) 고위발열량(kJ/kg)

해답

(1) C=450kJ/mol이므로, $\dfrac{450\text{kJ}}{1\text{mol} \times \dfrac{12\text{g}}{1\text{mol}}} = 37.5\text{kJ/g}\ (37,500\text{kJ/kg})$

H_2=250kJ/mol이므로, $\dfrac{250\text{kJ}}{1\text{mol} \times \dfrac{2\text{g}}{1\text{mol}}} = 125\text{kJ/g}\ (125,000\text{kJ/kg})$

∴ 저위발열량$(H_l) = 37,500\text{kJ/kg} \times \dfrac{36}{44} + 125,000 \times \dfrac{8}{44} = 53,409\text{kJ/kg}$

(2) $C_3H_8 + 5O_2 \rightarrow 3CO_2 + 4H_2O$
   1kmol : 4kmol
   44kg : $4 \times 18\text{kg} = 72\text{kg}$

∴ 고위발열량$(H_h) = H_l + r = 53,409\text{kJ/kg} + 2,257\text{kJ/kg} \times \dfrac{72}{44} = 57,102\text{kJ/kg}$

참고

$\underset{44\text{kg}}{C_3H_8} + \underset{5\times32\text{kg}}{5O_2} \rightarrow \underset{3\times44\text{kg}}{3CO_2} + \underset{4\times18\text{kg}}{4H_2O}$

문제 13

다음 그림과 같이 A(물), B(오일) 배관 사이의 압력 차이가 이중 유체 마노미터로 측정된다. 두 개의 탱크에서 주어진 높이와 비중에 대한 탱크의 압력차$(\Delta P) = P_B - P_A$는 몇 kPa인지 계산하시오.(단, 수은 비중 13.6, 글리세린 비중 1.3, 오일 비중 0.8, 물의 비중량은 1,000kgf/m³(9,800 N/m³)이다.)

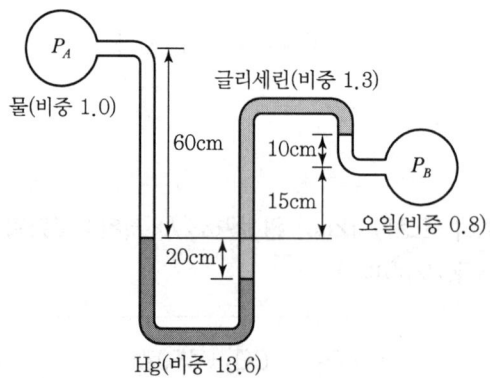

해답

수은=13.6×0.2, 글리세린=1.3×(0.2+0.1+0.15)
오일=0.8×0.1, 물=0.6

$1,000\text{kgf/m}^3 \times \{13.6 \times 0.2 - 1.3(0.2+0.1+0.15) + 0.8 \times 0.1 + 0.6\}\text{m} = 2,815\text{kgf/m}^2$

∴ $\Delta P = P_B - P_A = 2,815\text{kgf/m}^2 \times 9.8\text{m/s}^2 = 27,587\text{Pa}\ (27.59\text{kPa})$

문제 14

길이 1m의 중공원관에서 바깥쪽 반지름이 150mm이고 안쪽 반지름이 50mm이며 열전도율이 0.04W/m·℃, 내부온도가 300℃일 때 관을 통한 손실전열량(W)을 구한 다음, 중간지점의 온도(℃)를 구하시오.(단, 중공원관의 외기온도는 30℃이다.)

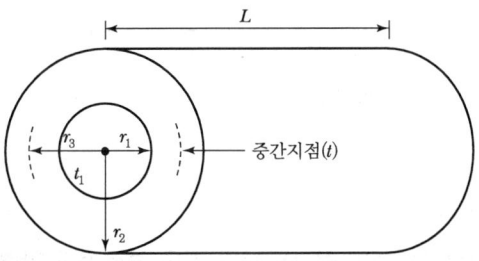

해답

$r_1 = 50\mathrm{mm}$, $r_2 = 150\mathrm{mm}$, $r_3 = 50 + \dfrac{150-50}{2} = 100\mathrm{mm}$

내부온도(t_1) = 300℃, 외기온도(t_2) = 30℃

(1) 손실열량(Q) = $\dfrac{2\pi L(t_1 - t_2)}{\dfrac{1}{\lambda} \times \ln\left(\dfrac{r_2}{r_1}\right)} = \dfrac{2 \times \pi \times 1 \times (300-30)}{\dfrac{1}{0.04} \times \ln\left(\dfrac{0.15}{0.05}\right)} = 61.74\mathrm{W}$

(2) 중간지점온도(t) = $t_1 - \dfrac{Q \times \left\{\dfrac{1}{\lambda} \times \ln\left(\dfrac{r_3}{r_1}\right)\right\}}{2\pi L} = 300 - \dfrac{61.74 \times \left\{\dfrac{1}{0.04} \times \ln\left(\dfrac{0.1}{0.05}\right)\right\}}{2 \times \pi \times 1}$

   $= 129.65$℃

문제 15

랭킨 사이클에서 과열증기 엔탈피(h_3)는 2,772kJ/kg, 습포화증기 엔탈피(h_4)는 2,226kJ/kg, 포화수 엔탈피(h_1)는 378kJ/kg일 때 열효율(%)을 구하시오.(단, 펌프일은 무시한다.)

해답

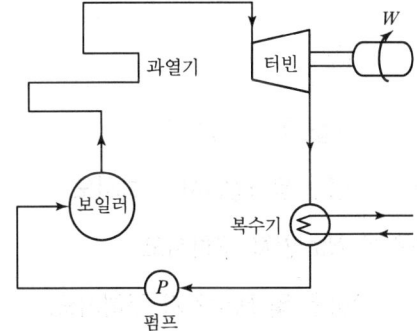

$\eta = \dfrac{h_3 - h_4}{h_3 - h_1} = \dfrac{2,772 - 2,226}{2,772 - 378} \times 100$

  $= 22.81\%$

문제 16

보일러에 부착한 부르동관 압력계에 대한 다음 설명의 ( ) 안에 알맞은 내용을 쓰시오.

> 증기가 부르동관 압력계에 직접 들어가지 못하게 하기 위하여 물을 넣은 (①)은 안지름이 (②)mm 이상이어야 한다.

해답 ① 사이펀관　② 6.5

문제 17

노통연관식 증기보일러에서 최고사용압력 1MPa의 경우 부르동관 압력계 설치 시 다음 중 어느 압력계를 선정해야 하는지 쓰고, 그 이유를 설명하시오.

- A제품 : 최고눈금 2MPa, 눈금판의 바깥지름 100mm, 정확도 0.5%
- B제품 : 최고눈금 2.5MPa, 눈금판의 바깥지름 75mm, 정확도 1.0%
- C제품 : 최고눈금 3.5MPa, 눈금판의 바깥지름 200mm, 정확도 0.5%
- D제품 : 최고눈금 5MPa, 눈금판의 바깥지름 150mm, 정확도 1.5%

해답 (1) 제품 선정 : A제품

(2) 선정 이유 : 증기보일러에 부착하는 부르동관 압력계는 눈금판의 바깥지름이 100mm 이상이어야 하며 압력계 최고눈금은 보일러 최고사용압력의 3배 이하로 하되 1.5배보다 작아서는 안 된다. 1×3배=3MPa, 1×1.5배=1.5MPa, 즉 1.5~3MPa 이내이어야 하므로 A제품이 가장 이상적이다.

문제 18

다음 연소반응식을 보고 물음에 답하시오.

$$C + O_2 \rightarrow CO_2$$

(1) 탄소 1kg의 연소 시 소요되는 산소(O_2)량은 몇 kg인지 구하시오.

(2) 탄소 1kg의 연소 시 소요되는 이산화탄소(CO_2)량은 몇 kg인지 구하시오.

(3) 탄소 1kg의 연소 시 소요되는 산소(O_2)량은 몇 Nm^3인지 구하시오.

(4) 탄소 1kg의 연소 시 소요되는 이산화탄소(CO_2)량은 몇 Nm^3인지 구하시오.

해답

(1) C + O$_2$ → CO$_2$
  12kg   32kg
  $\dfrac{32\text{kg}}{12\text{kg}} = 2.67\text{kg}$

(2) C + O$_2$ → CO$_2$
  12kg   44kg
  $\dfrac{44\text{kg}}{12\text{kg}} = 3.67\text{kg}$

(3) C + O$_2$ → CO$_2$
  12kg   22.4Nm^3
  $\dfrac{22.4\text{Nm}^3}{12\text{kg}} = 1.87\text{Nm}^3$

(4) C + O$_2$ → CO$_2$
  12kg   22.4Nm^3
  $\dfrac{22.4\text{Nm}^3}{12\text{kg}} = 1.87\text{Nm}^3$

문제 19

액체연료 원소분석 결과 다음과 같은 중량조성을 갖는 상태에서 완전연소를 시키는 경우 다음 연소반응식을 보고 물음에 답하시오.(단, 0℃에서 물의 증발열은 600kcal/kg이고 1kcal=4.186kJ 로 한다.)

[액체연료 중량조성 분석 결과]

탄소(C) = 55%, 수소(H) = 4%, 황(S) = 2%

산소(O) = 10%, 질소(N) = 9%, 수분(W) = 20%

[연소반응식]

C + O$_2$ → CO$_2$ + 33.85MJ/kg

H$_2$ + $\dfrac{1}{2}$O$_2$ → H$_2$O + 142MJ/kg

S + O$_2$ → SO$_2$ + 10.45MJ/kg

(1) 고위발열량(MJ/kg)을 구하시오.

(2) 저위발열량(MJ/kg)을 구하시오.

해답

(1) $H_h = 33.85\text{C} + 142\left(\text{H} - \dfrac{\text{O}}{8}\right) + 10.45\text{S}$ [MJ/kg]

$= 33.85 \times 0.55 + 142\left(0.04 - \dfrac{0.1}{8}\right) + 10.45 \times 0.02$

$= 18.6175 + 3.905 + 0.209 = 22.73\text{MJ/kg}$

(2) $H_l = H_h - 600(9\text{H} + \text{W})$ [kcal/kg]

∴ $H_l = 22.73\text{MJ/kg} - \dfrac{600\text{kcal/kg} \times 4.186\text{kJ/1kcal} \times 10^3\text{J/1kJ} \times (9 \times 0.04 + 0.2)}{\text{kg} \times 10^6\text{J/1MJ}}$

$= 22.73 - 1.406496 = 21.32\text{MJ/kg}$

참고문제

랭킨 사이클에서 각 점의 엔탈피가 보기와 같을 때 이 사이클의 이론 열효율은 몇 %인지 구하시오.

[보기]
- 보일러 입구 엔탈피 = 58.6kJ/kg
- 보일러 출구 엔탈피 = 810.3kJ/kg
- 복수기 입구 엔탈피 = 614.2kJ/kg
- 복수기 출구 엔탈피 = 57.4kJ/kg

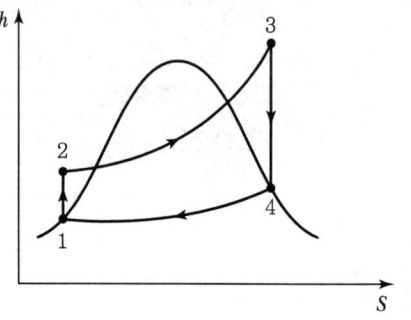

해답
$$\eta_R = \frac{W_{net}}{q_1} = \frac{W_r - W_p}{q_1}$$
$$= \frac{(h_3 - h_4) - (h_2 - h_1)}{h_3 - h_2}$$
$$= \frac{(810.3 - 614.2) - (58.6 - 57.4)}{810.3 - 58.6} = 0.26\ (26\%)$$

참고문제

증기터빈 원동소에서 압력이 9MPa일 때 증기가 유속 100m/s 속도로 증기터빈으로 들어간다. 터빈 출구에서 수증기 압력이 0.1MPa일 때 다음 랭킨 사이클을 보고 물음에 답하시오.(단, h_1 = 90kJ/kg, h_2 = 93kJ/kg, h_3 = 822kJ/kg, h_4 = 2,004kJ/kg, h_5 = 2,292kJ/kg, h_6 = 1,434kJ/kg이다.)

(1) 이론 열효율은 약 몇 %인지 구하시오.
(2) 펌프일을 무시하면 이론 열효율은 몇 %인지 구하시오.

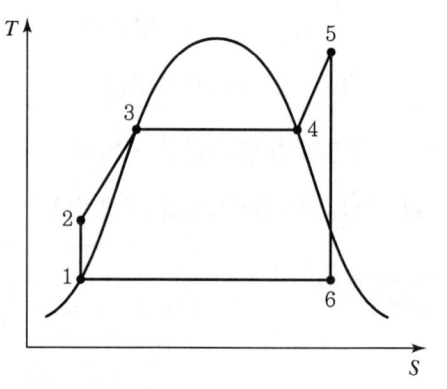

해답
(1) $\eta = \dfrac{(h_5 - h_6) - (h_2 - h_1)}{h_5 - h_2} = \dfrac{(2{,}292 - 1{,}434) - (93 - 90)}{2{,}292 - 93} = 0.39\ (39\%)$

(2) $\eta = \dfrac{h_5 - h_6}{h_5 - h_2} = \dfrac{2{,}292 - 1{,}434}{2{,}292 - 93} = 0.39\ (39\%)$

참고문제

증기보일러에서 압력이 0.8MPa이고 발생한 증기의 엔탈피가 3,000kJ/kg으로 터빈으로 유입된 후 압력 0.1MPa까지 팽창하는 터빈이 있다. 이때 증기기관에서 수증기 질량이 10kg/s이며 터빈 출구에서 습증기 건도는 0.95라고 한다면, 터빈 출구의 습증기 엔탈피(kJ/kg) 및 터빈에서 발생하는 출력(kW)은 얼마인지 구하시오.(단, 0.1MPa에서 포화액의 엔탈피는 420kJ/kg, 포화증기 엔탈피는 2,675kJ/kg이다.)

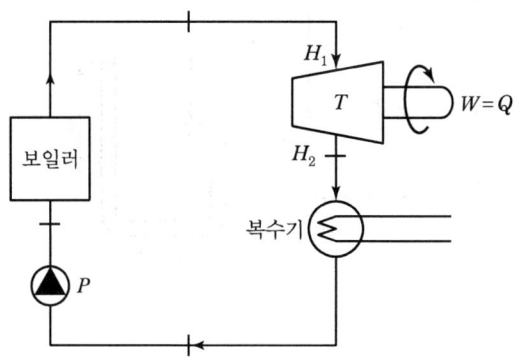

해답

(1) 습포화증기 엔탈피(h_2) : 터빈 출구 엔탈피

$H_2 = h_1 + x(h_2 - h_1)$
$= 420 + 0.95 \times (2,675 - 420)$
$= 2,562.25 \text{kJ/kg}$

(2) 터빈 출력(W_T) = $10 \text{kg/s} \times (3,000 - 2,562.25) \text{kJ/kg}$
$= 4,377.5 \text{kJ/s}$

$1 \text{kW} = 1 \text{kJ/s}$

∴ 4,377.5kW

참고문제

그림과 같은 용기에 압축공기와 기름이 담겨 있고 수은을 사용한 마노미터가 용기에 연결되어 있다. $h_1 = 40$cm, $h_2 = 10$cm, $h_3 = 20$cm일 때 압축공기의 게이지 압력은 몇 kPa인지 구하시오. (단, 기름의 비중은 0.8이고, 수은의 비중은 13.6이다.)

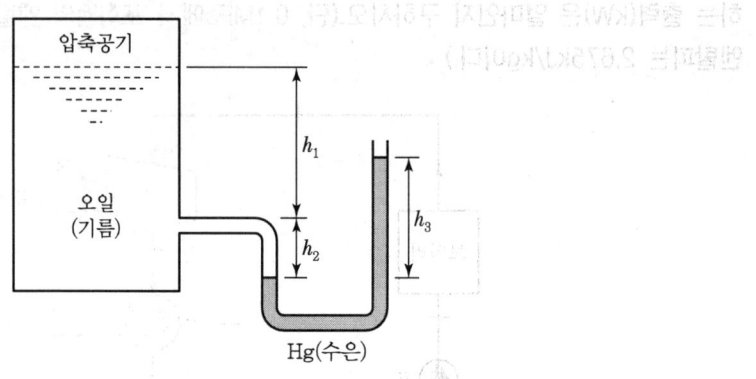

해답
$P_a + r_{oil}(h_1 + h_2) = r_{Hg}h_3$
$P_a = r_{Hg}h_3 - r_{oil}(h_1 + h_2)$
$\quad = (9,800 \times 13.6) \times 0.2 - (9,800 \times 0.8) \times (0.4 + 0.1)$
$\quad = 22,736\text{Pa} \ (22.7\text{kPa})$

참고문제

다음 그림과 같은 마노미터에서 압력 P_x(kPa)를 구하시오. (단, 오일 비중 $S_1 = 0.8$이다.)

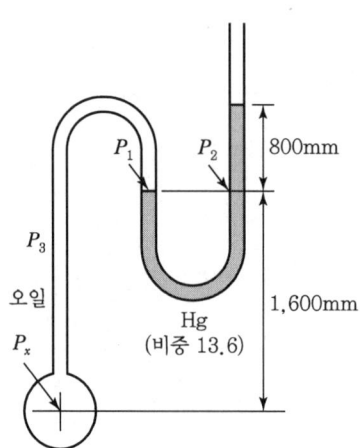

📖 **해답** $P_1 = P_2 = P_3$, 800m = 0.8m, 1,600mm = 1.6m
$P_x - 9{,}800 \times 0.8 \times 1.6 = 9{,}800 \times 13.6 \times 0.8$
∴ $P_x = 9{,}800 \times 13.6 \times 0.8 + 9{,}800 \times 0.8 \times 1.6$
$= 119{,}168 \text{N/m}^2 = 119.17 \text{kPa}$

📖 **참고** 물 $1{,}000\text{kg/m}^3 = 9{,}800\text{N/m}^3$
$1\text{Pa} = 1\text{N/m}^2$, $1\text{kgf} = 9.8\text{N}$

참고문제

다음 그림과 같은 시차액주계 A, B 측의 물의 압력차(ΔP)는 몇 kPa인지 구하시오.(단, 물의 비중량은 9.8kN/m³이고 수은의 비중량은 136kN/m³이다.)

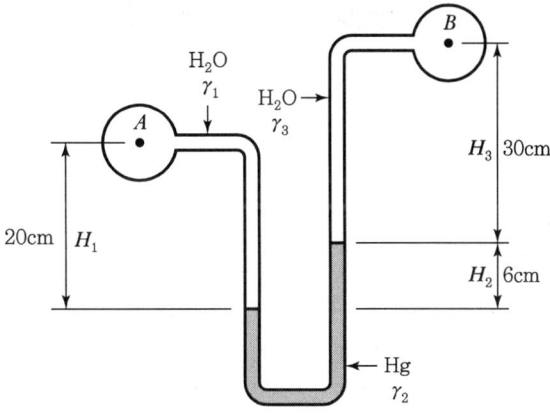

📖 **해답** 물의 비중량 $= 1{,}000\text{kgf/m}^3 = 9{,}800\text{N/m}^3 = 9.8\text{kN/m}^3$
$1\text{atm} = 101.325\text{kPa} = 101{,}325\text{Pa} = 101{,}325\text{N/m}^2$
$g = 9.8\text{m/s}^2$, $1\text{kPa} = 1\text{kN/m}^2$
$P_A + \gamma_1 H_1 = P_B + \gamma_2 H_2 + \gamma_3 H_3$
$\Delta P = P_A - P_B$
$= -\gamma_1 H_1 + \gamma_2 H_2 + \gamma_3 H_3$
$= -(9.8\text{kN/m}^3 \times 0.2\text{m}) + (136\text{kN/m}^3 \times 0.06\text{m}) + (9.8\text{kN/m}^3 \times 0.3\text{m})$
$= 9.14\text{kN/m}^2 = 9.14\text{kPa}$

참고문제

그림에서 압력차 $P_A - P_B$를 구하시오.(단, 기름의 비중은 0.8, 수은의 비중은 13.6이다.)

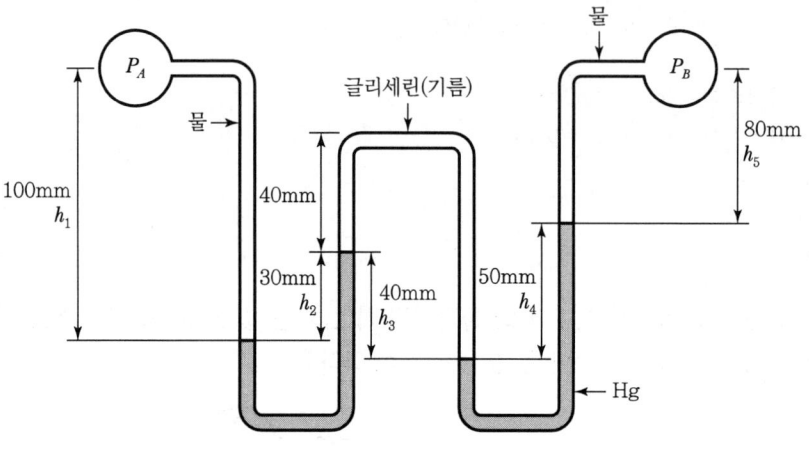

해답

$P_1 = P_A + \gamma_W h_1$

$P_2 = P_1 - \gamma_{Hg} h_2$

$P_3 = P_2 + \gamma_{oil} h_3$

$P_4 = P_3 - \gamma_{Hg} h_4$

$P_B = P_4 - \gamma_W h_5$

$P_A - P_B = (P_A - P_1) + (P_1 - P_2) + (P_2 - P_3) + (P_3 - P_4) + (P_4 - P_B)$
$= -\gamma_W h_1 + \gamma_{Hg} h_2 - \gamma_{oil} h_3 + \gamma_{Hg} h_4 + \gamma_W h_5$
$= \gamma_W (-h_1 + 13.6 h_2 - 0.8 h_3 + 13.6 h_4 + h_5)$
$= 1,000(-0.1 + 13.6 \times 0.03 - 0.8 \times 0.04 + 13.6 \times 0.05 + 0.08)$
$= 1,036 \text{kgf/m}^2 = 1,036 \text{kgf/m}^2 \times 10^{-4} \text{cm}^2/\text{m}^2 = 1.036 \text{kgf/cm}^2$

∴ $1,036 \text{kgf/m}^2 \times 9.81 \text{m/s}^2 = 10,163.16 \text{Pa} = 10.16 \text{kPa}$

책자 발행 이후의 실기 복원문제는 저자가 운영하는 네이버카페 '가냉보열' 게시판에 있으니 참고하시기 바랍니다.

MEMO

저자 약력

권오수
- 한국에너지관리자격증연합회 회장
- 한국가스기술인협회 회장
- 한국기계설비관리협회 명예회장
- 한국보일러사랑재단 이사장
- 한국열관리사협회 서울시 지부장 역임
- 한국에너지기술인협회 교육총괄이사 역임
- 직업훈련교사

문덕인
- 한국에너지관리기능장협회 회장 역임
- 한국기계설비관리협회 회장
- 한국에너지기술인협회 이사
- 기계설비성능점검업 전문위원
- 한국폴리텍대학 산학협동 교수
- 충청북도 보일러 명장
- 직업훈련교사